中国社会科学院教授/博士生导师、签约书记

王伟光

王伟光 著

中国社会科学院办院规律研究 上

中国社会科学出版社

图书在版编目（CIP）数据

中国社会科学院办院规律研究.全2册／王伟光著.—北京：
中国社会科学出版社，2017.5
　（中国社会科学院建院40周年纪念文库）
　ISBN 978-7-5203-0332-3

　Ⅰ.①中…　Ⅱ.①王…　Ⅲ.①中国社会科学院一工作一
文集　Ⅳ.①G322.22-53

　中国版本图书馆 CIP 数据核字（2017）第 079437 号

出 版 人　赵剑英
项目统筹　方　军　白晓丽
责任编辑　凌金良　韩国茹
责任校对　王佳玉
责任印制　王　超

出　　版　中国社会科学出版社
社　　址　北京鼓楼西大街甲 158 号
邮　　编　100720
网　　址　http://www.csspw.cn
发 行 部　010-84083685
门 市 部　010-84029450
经　　销　新华书店及其他书店

印刷装订　北京市十月印刷有限公司
版　　次　2017 年 5 月第 1 版
印　　次　2017 年 5 月第 1 次印刷

开　　本　710×1000　1/16
印　　张　53
插　　页　3
字　　数　618 千字
定　　价　328.00 元（全二册）

凡购买中国社会科学出版社图书，如有质量问题请与本社营销中心联系调换
电话:010-84083683

《中国社会科学院建院 40 周年纪念文库》出版说明

一、中国社会科学院自 1977 年 5 月成立以来，历经 40 年的发展，已经建设成为党中央领导的马克思主义坚强阵地、党的意识形态重镇、哲学社会科学最高殿堂和国家级综合性高端智库。这与历届我院主要负责同志谋篇布局、殚精竭虑、改革创新密不可分。在庆祝建院 40 周年之际，院党组决定，编辑出版《中国社会科学院建院 40 周年纪念文库》，请曾任和在任的院主要领导编撰纪念文集，每位院领导一卷。

二、入选文库作品的作者为我院历届主要负责同志（含党和国家领导人），共十位，名单如下：

胡乔木（中共第十二届中央政治局委员，中国社会科学院第一届院长、党组书记）

邓力群（中共第十二届中央书记处书记，中国社会科学院第一届副院长、党组副书记）

马　洪（中国社会科学院第二届院长）

梅　益（中国社会科学院第二届党组第一书记）

胡　绳（第七届全国政协副主席，中国社会科学院第三届、第四届、第五届院长、第三届党组书记）

郁　文（中国社会科学院第四届党委书记）

王忍之（中国社会科学院第五届党委书记）

李铁映（中共第十三届、第十四届、第十五届中央政治局委员，第十届全国人大常委会副委员长，中国社会科学院第六届院长、党组书记）

陈奎元（第十届、第十一届全国政协副主席，中国社会科学院第七届院长、党组书记）

王伟光（中国社会科学院第八届院长、党组书记）

三、文库各卷内容反映了历任院领导在办院实践过程中，对哲学社会科学科研生产和人才成长规律、中国社会科学院办院规律、哲学社会科学发展规律进行研究、探索和实践的成果。历任院领导办院的大方向、大原则是一致的，但又有不同时期的特点。文库是中国社会科学院弥足珍贵的院史资料，有些文章是第一次公开发表，将为后人留下可资借鉴的宝贵经验。我们相信，随着时代的发展，文库的思想理论价值、学术价值、史料价值一定会愈加凸显。

四、文库的组织、编辑、出版工作由中国社会科学院办公厅具体负责。历经短短的 5 个多月的时间，能够与读者见面，与各位院领导及其秘书、亲属、出版社的大力支持密不可分，在此表示深深的谢意。

编　者
2017 年 4 月

前　　言

　　今年是中国社会科学院建院四十周年。1977 年 5 月 7 日，经邓小平同志亲自批准，中国社会科学院正式成立。为了庆祝中国社会科学院四十华诞，院党组决定组织以科研学术活动为主要内容的纪念活动，其中一项就是请曾任和在任的院主要领导编撰纪念文集。三年前，人民出版社社长黄文元同志曾提出要我把在中国社会科学院工作期间的文稿汇集成册，由人民出版社出版。因时间关系，收集工作一直迟滞至今。现根据党组的统一要求，我把部分文稿整理成册，取名为《中国社会科学院办院规律研究》。

　　2007 年 12 月 25 日，时任中共中央政治局常委、书记处书记、中央党校校长习近平同志找我谈话，传达了中央的决定，选派我到中国社会科学院任党组副书记、副院长（正部长级），对我进行了谆谆教导。当天晚上，时任中国社会科学院院长、党组书记陈奎元同志打电话给我，表示欢迎我到中国社会科学院工作，担任常务副院长，负责中国社会科学院日常工作。12 月 26 日上午，中央党校召开局以上干部会议，中央组织部副部长李建华同志宣布了中央的任免决定，肯定了我在中央党校任职期间的工作。我做了表态式的简要发言。当天下午，我与同时宣布任职的中央党校常务副校长李景田同志做了工作交接。12 月 27 日上午，我即到中国社会科学院就职，陈奎元同志主持党组会议，宣布了中央决定并做了简短讲话，我同样做了一个简短的表态。

从 2007 年 12 月 27 日开始，我在中国社会科学院常务副院长的位置上工作了五年多。2013 年 4 月 19 日，中央正式任命我担任中国社会科学院院长、党组书记。中央政治局会议刚刚结束，习近平总书记就找我谈话，语重心长地提出了殷切期望。第二天，中共中央政治局常委、书记处书记刘云山同志，中共中央政治局委员、中央组织部部长赵乐际同志代表中央与我谈话，提出了工作要求。第三天，中国社会科学院召开了所局级党员干部会议，中央组织部副部长潘立刚同志宣布了中央决定，陈奎元同志做了重要讲话，我做表态式讲话。从我担任常务副院长到接陈奎元同志的班，担任院长、党组书记，又过了四年多，屈指算来，我在中国社会科学院已工作了近十年的时光。

大学、研究生毕业以后，我的工作经历大体分三个阶段。第一阶段是在中央党校，从 1984 年入校到 2007 年离校，工作了整整 23 年时间。第二阶段是 90 年代初，到河北省秦皇岛市代职锻炼不到两年时间，虽然很短，但丰富了我的工作经历，对我的成长是非常有益的，故也作为一个阶段。第三阶段就是在中国社会科学院。

在中央党校工作期间，我的工作经历可以概括为一句话：从事党的干部教育事业。具体来说，主要从事教学科研和行政后勤管理工作，集中办了校园建设这件事。教学科研生涯体现在一系列讲稿论著论文中。行政后勤管理工作主要体现在《党校工作规律研究》及其续集中。我从事的中央党校校园建设工作，主要体现在《校园十年建设纪实》一书中。我在党校的工作历练，可以概括为对党校理论教学科研规律、党校办校规律、干部教育规律的研究、探索和实践。

我在担任社科院常务副院长期间，在院党组和陈奎元同志的领导下，负责日常工作。因我长期在党校工作，一开始对社科院的情况不太熟悉。尽管党校与社科院是有共性的，都是党的理论阵地，都从事哲学社会科学研究，但社科院还有许多与党校不同的院情和特点。要完成中央交给我的任务，履行好社科院主要领导的职责，就必须尽快熟悉社科院的情况，把握社科院的特点，认清社科院的规律。从我来到社科院工作，就很重视调查了解社科院的院情，利用大量时间从事调查研究，到科研一线了解情况，与离退休老同志、科研人员、管理人员、书记所长交朋友，倾听他们的意见和建议。我在 2009 年提出了要认识、研究和把握"三大规律"，即哲学社会科学科研成果和科研人才生产规律、哲学社会科学发展规律和中国社会科学院办院规律。可以说，我在社科院的十年就是对这些规律认识和把握的十年。我在中国社会科学院的工作历练，也可以概括为对哲学社会科学科研生产和人才成长规律、中国社会科学院办院规律、哲学社会科学发展规律的研究、探索和实践的过程。我在 2014 年提出社科院办院的三条基本经验和"五三一"的工作总思路和总要求。2016 年又提出了中国社会科学院办院的八条基本遵循。这可以说是我对中国社会科学院办院规律的初步概括和不甚成熟的总结。

这部文集汇编的文稿大体上分为这样几部分：一是中国社会科学院一年一度的院工作会议工作报告；二是一年一度的党

风廉政建设会议工作报告；三是一年一度的暑期专题工作会议工作讲话；四是一年一度的报刊出版馆网库志和社科评价名优建设会议工作讲话。文集是按这四个大方面分类的，每一类又是按时间顺序排列的。除了一年一度的廉政报告是由我审阅定稿外，绝大多数文稿或是由我亲自动笔撰写，或是由我拟就提纲，请写作班子提供初稿，我再做深加工而就的。

　　为了尊重历史，每篇文稿只做技术性、文字性的编辑，保留了文稿当时的内容，加之不少文稿是根据录音整理而成的即席讲话，故思想上、文字上的错误在所难免，敬请读者谅解，并及时给予指教。

王伟光

2017 年 3 月 20 日

目　　录

上　册

院工作会议报告

院反腐倡廉建设工作会议报告

下　册

院专题会议讲话

院名优建设会议讲话

院工作会议报告

深入学习贯彻党的十七大精神，在新的历史起点上开创中国社会科学院工作新局面

——在中国社会科学院 2008 年度工作会议上的报告

（2008 年 3 月 25 日）

同志们：

受陈奎元同志委托，我代表党组作 2008 年度工作报告。

这次院工作会议，是在深入学习贯彻党的十七大精神、全面推进中国特色社会主义事业的新形势下召开的，也是在认真落实全国宣传思想工作会议精神、推动社会主义文化大发展大繁荣的背景下召开的。本次会议的主题是：深入学习贯彻党的十七大精神，学习贯彻全国宣传思想工作会议精神，高举中国特色社会主义伟大旗帜，以马列主义、毛泽东思想、邓小平理论和"三个代表"重要思想为指导，全面贯彻落实科学发展观，总结 2007 年、过去五年的工作，五年及建院三十年的主要经验，部署 2008 年及今后一个时期的工作，动员和团结全院同志，在新的历史起点上开创各项工作新局面，为把我院建设成为马克思主义的坚强阵地、我国哲学社会科学研究的最高殿堂、党中央国务院重要的思想库和智囊团而努力奋斗。

一　2007 年、过去五年的工作，五年及建院三十年的主要经验

回顾过去，总结经验，是为了更好地前进。这次院工作会议，既要认真总结我院 2007 年的工作，又要全面审视过去五年构建哲学社会科学创新体系的进程，还要提炼概括我院发展历史中积累的宝贵经验。目的在于进一步解放思想，凝聚力量，与时俱进，开拓创新，在新的历史起点上推动我院工作更好更快发展。

（一）　2007 年的主要成绩

2007 年是我院继续全面贯彻落实"5·19"中央政治局常委会议精神、积极推进哲学社会科学创新体系建设的一年。一年来，我院在科学研究、学科建设、学部工作、队伍建设、对外交流、行政管理、后勤保障和党的建设等方面，都迈出新步伐，取得新经验。

一是围绕庆祝建院三十周年推动工作开展。去年上半年，主要围绕庆祝建院三十周年部署和推动各项工作。2007 年 5 月 25 日，隆重召开建院三十周年庆祝大会。李长春同志代表党中央专门发来贺信，刘云山同志出席大会并发表重要讲话。贺信和讲话高度评价了我院取得的成绩，指明了我院前进的方向，对我院工作提出了新的更高要求。特别是李长春同志明确指出，中国社会科学院要"努力建设成为马克思主义的坚强阵地，努力建设成为我国哲学社会科学研究的最高殿堂，努力建设成为党中央国务院重要的思想库和智囊团"。这是对我院职

责定位、工作任务、发展方向的集中概括，对进一步办好中国社会科学院具有长远指导意义。庆祝建院三十周年，是对我院哲学社会科学研究事业的一次大检阅，是对全院同志的一次巨大鼓舞和激励，推动了我院各项工作，扩大了我院社会影响。

二是深入学习贯彻党的十七大精神。去年下半年，主要围绕学习贯彻十七大精神思考、规划和推进工作。院党组高度重视十七大精神的学习贯彻，将其作为全院的首要任务。十七大闭幕后，立即召开全院大会，把十七大精神迅速传达到每一位干部职工；发出《关于认真学习宣传贯彻党的十七大精神的通知》，对全院学习宣传贯彻工作作出全面部署，提出明确要求。对十七大精神的深入学习、研究和宣传，使办院方向更加明确，思想认识更加统一，理想、信念、信仰更加坚定，凝聚力、向心力进一步增强。

三是各项工作都取得重要进展。在上述两件大事的推动下，各项工作都取得显著成绩：

—— 为中央决策服务方面。认真组织落实中央及有关部门的交办委托课题，组织安排数十项重大调研任务，推出高质量研究成果，受到中央及有关部门好评；有三位专家学者分别为中央政治局集体学习讲课；一些专家学者参加中央重要文件和法律法规的起草；编发《要报》《世界社会主义研究动态》《思想理论动态简报》等各类信息稿件近 600 篇，其中有 250 余篇得到中央领导同志批示或被有关部门采用。

—— 科研工作方面。深入研究我国经济社会发展中的重大理论和现实问题，立项院重大重点课题 123 项，国家社科基金课题 41 项。据不完全统计，我院全年共出版专著 332 部，译著 82 部，发表论文 5340 篇，研究报告 1338 份，其中一些具有较高的学术和实践价值。图书出版和学术期刊的水平有所提高。

　　——学科建设方面。围绕院"十一五"事业发展规划提出的学科发展目标，认真总结学科建设成功经验，将学科建设同科研队伍建设相结合，制订"重点学科建设与科研队伍建设计划"，探索科研管理体制改革的新思路、新办法。

　　——学部工作方面。加强学部工作机制建设，较好处理了院、学部、研究所之间的关系。学部的学术指导、学术咨询和科研协调作用得到进一步发挥。围绕经济社会发展的重大问题和学术前沿问题，广泛开展学术交流。大力宣传学部委员、荣誉学部委员的学术成就，学部的社会影响不断扩大。

　　——队伍建设方面。积极推进人事制度改革，制定岗位设置和管理实施方案。调整和充实部分所局领导班子，进一步优化领导干部队伍的年龄、知识和专业结构。加强以科研人才为重点的队伍建设，引进一批急需人才和青年人才。根据现有政策，对工资收入分配制度进行改革。研究生院和博士后流动站工作取得较好成绩。

　　——国情调研方面。确立139项国情调研项目，其中重大项目5项，重点项目88项，各系统国情考察活动6项，研究所国情考察活动40项，推出一批重要调研成果。认真总结国情调研工作经验，积极探索和完善国情调研工作机制。

　　——对外学术交流与合作方面。交流总量稳步增长，交流渠道继续扩展，合作层次不断提高。新签及续签院级对外交流协议16个，举办重要国际学术会议87个。重大国际活动和重要国际合作研究项目顺利开展。接待一批国际贵宾和著名学者来院演讲和访问，我院成为外国元首政要和著名学者的"品牌讲坛"。

——　图书资料和信息化建设方面。电子信息资源建设力度进一步加大，电子资源跨库检索系统投入使用，西文期刊导航系统开发初步完成。网络不断升级扩容，网站信息量更加丰富。电子所务建设稳步推进，网络安全得到加强，网络管理进一步规范。

——　行政后勤方面。机关工作作风有所改进，管理服务水平有所提高，保障能力有所加强。国家财政拨款稳定增长，基础设施建设稳步推进，科研、办公和生活条件得到进一步改善。离退休干部工作得到加强。社团管理、档案保密、新闻宣传、安全保卫等工作都取得较好成绩。

——　党的建设方面。贯彻落实中央保持共产党员先进性长效机制文件，党的思想、组织、作风、制度和反腐倡廉建设取得成效。理论学习和形势政策教育制度更加健全。研究所党委班子建设有所加强。党员队伍结构得到优化。惩治和预防腐败体系建设深入推进，廉政研究取得新成果。统战和工青妇等群众工作取得新进展。

（二）过去五年工作的回顾

从十六大到十七大这五年，是我国哲学社会科学事业繁荣发展的大好时期。五年来，院党组全面贯彻落实中央精神和要求，带领全院同志团结奋斗，每年都有新举措，每年都有新业绩。

一是向中央政治局常委会议汇报工作。2005 年 5 月 19 日，院党组向中央政治局常委会议汇报工作，提交了我院构建哲学社会科学创新体系的总体设想。胡锦涛同志作了"关于进一步办好中国社会科学院"的重要讲话，中央肯定和支持我院发展方案，提出具体而深刻的指导意见。这次会议对中国社会科学院乃至全国哲学社会科学事业的发展，都是具有里程碑意义的大事。

二是成立马克思主义研究院。在 2005 年 12 月 26 日毛泽东同志诞辰 112 周年之际，马克思主义研究院宣告成立。这是为把我院建设成为马克思主义坚强阵地迈出的坚实一步，是切实加强马克思主义基本原理和中国化马克思主义研究、凝聚和培养献身于马克思主义研究事业高素质人才的重要举措。

三是组建中国社会科学院学部。2006 年 8 月，中国社会科学院学部正式成立，推举产生首批学部委员 47 人，荣誉学部委员 95 人。这是我院科研管理体制和人才激励机制的一项重大改革，对于提高综合研究能力，调动广大专家学者的积极性和创造性，更好地为中央决策服务，具有深远影响。

四是全面启动国情调研。2005 年，我院全面启动国情调研，组织专家学者深入基层，调查研究，了解国情民情。这是关系我院长远发展的战略举措，是进行学术研究、推动理论创新、发挥思想库和智囊团作用的重要保证，为坚持正确办院方向、培养高素质人才、端正学风文风，打下了坚实的实践基础。

五是编制实施我院"十一五"事业发展规划。为扎实推进哲学社会科学创新体系建设，我院于 2006 年 8 月正式颁布"十一五"事业发展规划，对 2006—2010 年实施创新体系建设的六大工程作出总体部署，提出明确目标、重大任务和具体措施，对"十一五"期间各项工作的开展具有重要的指导和推动作用。

（三）　五年及建院三十年的经验总结

五年来的工作成就，是在以往建设和发展的基础上取得的。办院实践深化了我们对在新的历史时期"发展什么样的哲学社会科学、怎样发展哲学社会科学"，"建设一个什么样的中国社会科学院、怎样建设中国社会科学院"的认识，积累了宝贵的经验：

第一，必须坚持马克思主义的指导地位，牢牢把握正确的政治方向和学术导向。

第二，必须坚持解放思想、实事求是、与时俱进，积极推进理论创新。

第三，必须服从服务于中国特色社会主义发展大局，以重大理论和现实问题为科研主攻方向。

第四，必须坚持为人民服务、为社会主义服务的方向和百花齐放、百家争鸣的方针，营造既严谨认真又生动活泼的学术环境。

第五，必须坚持一切从实际出发，广泛开展调查研究，深刻把握国情，大力弘扬理论联系实际的马克思主义优良学风。

第六，必须不断深化科研体制改革，积极推进学科体系、学术观点和科研方法创新。

第七，必须重视和加强以优秀科研人才为重点的队伍建设，为我院事业可持续发展提供充足的人才资源。

第八，必须积极开展对外学术交流与合作，借鉴人类文明有益成果，推动我国哲学社会科学优秀人才和优秀成果走向世界。

第九，必须坚持和改善党的领导，加强思想、组织、作风、制度和反腐倡廉建设，为各项工作提供有力的政治和组织保证。

第十，必须切实加强硬件建设，不断改善全院职工的工作和生活条件，为科研事业和人才成长提供坚实的物质保障。

上述经验是宝贵的财富，对于我院今后的建设和发展具有重要意义，必须倍加珍惜、始终坚持，在实践中不断丰富和发展。

同志们，我们所取得的成绩，是党中央正确领导的结果，是全院同志共同奋斗的结果。这里，我代表院党组向辛勤工作在各个岗位上的全体同志，表示衷心的感谢！

（四）目前工作中存在的不足

回顾过去，成绩显著；面向未来，任重道远。全院同志必须清醒地认识到，我们在前进道路上还有不少困难，工作中还存在许多不足。主要表现为：在巩固和加强马克思主义指导地位、深入研究和传播中国特色社会主义理论体系、深入研究和传播科学发展观、用马克思主义中国化最新成果统领科研工作方面，还面临着非常艰巨的任务；在围绕中心、服务大局，为党和国家重大决策服务方面，还不能很好地满足中央的要求，能力和水平还要进一步提高；对科研工作内在规律的认识探索还不够，科研管理、人事管理、行政后勤管理等方面的制度创新，还不能适应新形势新任务的要求，深化改革的任务依然很重；与较大的课题立项规模和较多的经费支持相比，优秀成果和精品力作还相对较少；学科布局还不能很好适应国家经济社会发展需要，学科体系亟待调整创新，学部工作机制还需进一步完善；人才队伍建设还不能适应日益激烈的人才竞争和我院事业快速发展的要求，稳定、培养、优化、吸引人才的问题十分迫切；理论脱离实际、虚夸浮躁、急功近利等现象还不同程度地存在，学风、文风需要进一步端正；"散"的问题还没有根本解决，工作纪律、政治纪律要进一步加强，工作作风要进一步转变；职称评定、住房、待遇等关系全院职工切身利益的问题还比较突出，等等。全院同志必须树立忧患意识，以高度负责的态度，以改革的精神、创新的思路，采取更加有力的措施，在发展中切实加以研究和解决。

二　当前和今后一个时期工作的总体要求和战略任务

2008 年是深入贯彻落实党的十七大作出的战略部署的第一年，是我国改革开放三十周年，中国特色社会主义事业将更加蓬勃发展。今年也是我院继续实施"十一五"规划、构建哲学社会科学创新体系承上启下的重要一年。当前及今后一个时期我院工作的总体要求是：高举中国特色社会主义伟大旗帜，深入学习贯彻党的十七大精神，学习贯彻全国宣传思想工作会议精神，按照十七大关于哲学社会科学的部署和我院构建哲学社会科学创新体系的目标，根据党中央对我院职责定位的要求，进一步明确发展思路和主要任务，坚持以科研为中心，实施科研强院战略和人才强院战略，以改革创新精神加强党的建设，加强行政后勤保障体系建设，围绕中心，服务大局，解放思想，锐意进取，努力开创各项工作新局面。

当前，我国经济社会发展处于历史上的最好时期，也处于关键时期。哲学社会科学和我院事业的繁荣发展，既面临着新的任务、新的问题、新的压力、新的挑战，也面临着难得的机遇和有利的条件。一是三十年的改革开放，经济的快速增长，为哲学社会科学和我院事业发展提供了一定的物质条件和财力支持，也对文化事业，包括哲学社会科学和我院事业发展，提出了新的要求。二是党的十七大提出的推动社会主义文化大发展大繁荣、构建社会主义核心价值体系、发展哲学社会科学事业、提高国家文化软实力的战略任务，为哲学社会科学的繁荣发展提供了新的、更广阔的舞台。全院同志一定要牢固树立机遇意识，科学分析哲学社会科学和我院面临的形势，准确把握党和国家工作大局，全面审视面临的机遇和挑战，充分认识做好新形势下哲学社会科学工作和我院工作的重大意义，扎实工作，使我院事业发展呈现新气象，开拓新局面，迈上新台阶。

以胡锦涛同志为总书记的党中央，从中国特色社会主义事业的全局出发，高度重视哲学社会科学，高度重视我院工作，颁布了《关于进一步繁荣发展哲学社会科学的意见》，作出了实施马克思主义理论研究和建设工程等一系列重大决策，明确了新时期繁荣发展哲学社会科学的指导方针、总体目标和主要任务。中央还专门听取了我院工作汇报，作出重要指示，提出明确要求。党的十七大适应新形势，立足新实践，对哲学社会科学工作提出新任务，作出新部署，特别强调："繁荣发展哲学社会科学，推进学科体系、学术观点、科研方法创新，鼓励哲学社会科学界为党和人民的事业发挥思想库作用，推动我国哲学社会科学优秀成果和优秀人才走向世界。"这是历次党的代表大会对哲学社会科学论述最多的一次。全国宣传思想工作会议又对哲学社会科学工作提出了明确的发展方向和战略任务。这些重要指示和基本精神，是开创我院工作新局面的指导方针和强大动力。我们一定要牢固树立阵地意识和发展意识，把十七大提出的任务和要求有机融入我院整体规划和工作布局中，按照中央关于发展哲学社会科学和办好中国社会科学院的指示精神，努力把我院事业发展推向一个新的阶段。

鉴于以上综合考虑，当前和今后一个时期我院建设和发展的战略任务主要有以下六个方面：

第一，始终坚持马克思主义在哲学社会科学领域的指导地位，以中国特色社会主义理论体系为指南，努力把我院建设成为马克思主义的坚强阵地。

不断巩固和加强马克思主义的指导地位，在坚持和发展马克思主义，特别是中国化马克思主义方面发挥中流砥柱作用，是党中央对我院工作的第一位要求，也是办院方向的根本问题。从事马克思主义理论研究工作的同志，要成为马克思主义的坚强战士和理论骨干。广大科研人员要高举中国特色社会主义伟大旗帜，坚持正确的哲学社会科学研究方向，学习用马克思主义的立场、观点和方法指导科研探索和理论创新。真正把我院建设成为研究和宣传马克思主义基本理论的重要阵地，建设成为研究和宣传当代中国化马克思主义的重要阵地，建设成为研究和宣传中国特色社会主义理论体系，特别是科学发展观的重要阵地。

要大力加强马克思主义基本理论研究和马克思主义学科创新体系建设。十六大以来，我院参与了中央实施的马克思主义理论研究和建设工程，同时将其作为我院构建哲学社会科学创新体系的主要任务。要继续抓好工程各项课题的研究工作，高质量完成所承担的任务。继续加强马克思主义基础理论建设，积极推进马克思主义理论学科体系创新。切实加强马克思主义理论研究队伍建设，进一步充实马克思主义基础理论研究力量，下大力气培养造就一批马克思主义理论大家、名家，培养造就一批高水平的马克思主义理论学科带头人，培养造就一批坚定信仰马克思主义、立志研究马克思主义、善于运用马克思主义的中青年理论骨干。办好马克思主义研究院，办好邓小平理论和"三个代表"重要思想研究中心。充分发挥我院马克思主义研究队伍规模优势和学术资源优势，把马克思主义研究院建设成为坚持、发展、创新和传播马克思主义的重要阵地。

要大力加强马克思主义中国化最新成果的研究和宣传。紧紧围绕十七大提出的新思想、新观点、新论断，深入学习和研究中国特色社会主义理论体系，特别要深入学习和研究科学发展观，全面理解和把握其时代背景、实践基础、科学内涵和重大意义，并根据实践的发展进一步丰富和完善，不断赋予当代中国马克思主义鲜明的实践特色、民族特色、时代特色，为推进马克思主义中国化作出新贡献。深入研究和宣传社会主义核心价值体系，为巩固和发展全党全国人民团结奋斗的共同思想基础贡献智慧和力量。认真总结改革开放三十年的历史经验，深入研究中国特色社会主义经济、政治、文化、社会建设等领域的重大理论和实际问题，切实把改革开放的伟大意义、巨大成就、成功经验、前进方向研究好。大力加强对中国特色社会主义发展道路的研究和宣传，积极推动当代中国马克思主义的大众化。要加强全院科研人员马克思主义世界观和方法论的学习，不断提高运用马克思主义立场观点方法指导哲学社会科学研究的能力。

第二，始终坚持学科体系、学术观点、科研方法创新，加快构建哲学社会科学创新体系，努力把我院建设成为哲学社会科学研究的最高殿堂。

党中央要求我院建设成为我国哲学社会科学研究的最高殿堂，这既是赋予我院的至高荣誉，也是对我院的莫大期望。这一定位，要求我院在学术研究上站得更高、看得更远，创新力度更大，精品力作更多，人才队伍更强，社会影响更广。要进一步拓展学术视野和研究领域，改革和创新科研体制、机制、方法，培育新的理论生长点，催生新的思想和观念，推动我院哲学社会科学研究达到一个新水平，进入一个新境界。

要在前几年工作的基础上，继续全面、扎实地推进我院哲学社会科学创新体系建设。这一创新体系的蓝图，即"六大工程""五大中心""四大作用"的目标和设想，是得到中央批准、肯定和支持的办院规划。要根据十七大的新要求新部署，更好更快地推进"十一五"规划各项工程的开展，切不可错过发展良机。

要大力加强学科建设，推进学科体系创新。学科建设是我院科研事业繁荣发展的基石。要努力构建适应哲学社会科学事业发展要求，符合发展中国特色社会主义需要，具有中国特色、中国风格、中国气派的学科体系。要按计划完成建设100个左右国内一流的二三级重点学科的任务，努力达到学术积累深厚、科研实力领先、科研手段现代化、学术创新能力强的目标，其中三分之一以上的学科在国际学术界具有重要影响，一定数量的重点学科在国内居于发展前列、在国际上具有一定影响。要高度重视哲学社会科学与自然科学的结合，哲学社会科学内部不同学科的结合，基础理论研究与应用对策研究的结合。推动对经济社会发展具有重要意义的新兴学科、交叉学科发展。通过调整、充实、整合，建设一批国内一流、国际知名的研究所、研究中心和研究室。在重大课题立项、重点研究领域、重点学科建设、重点研究室建设、重点实验室建设、重点人才引进等方面，进一步加大工作力度。

第三，始终坚持为发展中国特色社会主义服务，加强重大理论和现实问题研究，努力把我院建设成为党中央国务院重要的思想库和智囊团。

发挥好思想库和智囊团作用，要求我们顾大局、议大事、谋大计，使科学研究完全服从服务于党和国家工作大局，完全融入建设和发展中国特色社会主义的实践中，在党和政府决策的酝酿、制定和执行等各个环节，随时提供充分的知识储备和理论支持，提供有重要价值的咨询、论证和建议。发挥好思想库和智囊团作用，要求我们深入实践，深入群众，加大国情调研力度，真正把握世情、国情、党情、民情，站在中国经济社会发展进步的潮头，正确回答和解决改革发展关键时期的重大问题，以发展中国特色社会主义为中心，开展创造性的理论研究、战略研究和对策研究，不断推出高质量的研究成果。发挥好思想库和智囊团的作用，要求我们继续抓紧抓好中央各类委托交办课题的研究，加强对经济社会发展重大项目的研究、论证和咨询，鼓励越来越多的专家学者参与到中央重大文件起草、法律法规制定、决策咨询等工作的实际过程中去。发挥好思想库和智囊团的作用，要求我们建立健全激励竞争机制，把服务决策的质量和水平同科研工作考核、职称评定、评优评奖等结合起来，提高科研人员服务党和国家工作大局的积极性和主动性。

基础理论研究和应用对策研究是发挥思想库智囊团作用不可或缺的两个方面。两者侧重有所不同，发挥作用的内容和方式不同，但都有用武之地，作为之功。基础理论研究为应用对策研究提供深厚的基础，应用对策研究又积极带动基础理论研究。基础理论研究是我院的优势，要一如既往地重视和加强。在加强基础理论研究的同时，要大力加强应用对策研究，不断提升我院应用对策研究的层次和水平。

第四，始终坚持以科研为中心，实施科研强院战略和人才强院战略，深化科研和人才体制改革与创新，努力把我院建设成为具有中国特色的世界一流名院、强院。

作为中央直接领导的国家哲学社会科学研究机构，无论在科研成果上，还是在人才队伍建设上，都要达到国内一流、国际知名的水准。要在国内引领哲学社会科学的发展潮流，在国际上代表与我国经济社会发展水平和国际地位相称的学术水平。为此，一定要始终坚持以科研为中心，实施科研强院战略和人才强院战略，不断增强我院综合实力。

科研工作是我院的中心工作，一切工作都要围绕这一中心工作来展开，都要为这一中心工作服务。要切实加强对科研工作的领导、组织和管理，不断加大对科研事业的投入，为科研事业发展提供充足的经费支持和有力的物质保障。要大力实施精品战略，不断推出一流的科研成果，推出一批传世之作。要根据经济社会发展和国家安全的需要，确立和承担具有全局性、战略性、前瞻性重大研究项目和研究工程。

学术期刊、报纸、出版社、图书馆和网络等，是我院和全国哲学社会科学界的重要阵地，是展示我院和我国哲学社会科学成就的重要窗口。要充分依靠我院学术优势和队伍优势，坚持以改革为动力，以质量求生存，以特色谋发展，增强活力，壮大实力，扩大影响力，努力建设与我院学术地位相称的、体现我国哲学社会科学最高研究水平的名刊、名报、名社、名馆、名网。我院拥有全国规模最大的哲学社会科学学术期刊群，是长期以来形成的学术品牌。要强化精品意识和品牌意识，始终坚持正确的办刊方向，依托我院丰厚的人文社会科学资源，进一步巩固和提高在国内外学术界的知名度和权威性。出版社、报社必须立足本院，面向整个哲学社会科学界，坚持以服务科研事业为宗旨，正确处理经济效益与社会效益的关系，始终把社会效益放在首位。要树立改革创新意识，强化管理，善于在文化市场竞争中生存和发展。大力实施经典学术期刊和出版物战略，珍惜我院学术出版和期刊资源，占领这一领域的制高点，加大支持力度，积极创造条件，推出一批具有很高理论造诣和实践价值的学术经典刊物，打造一批具有相当知名度和权威性的学术出版物。大力实施图书信息资源建设战略，加快我院哲学社会科学文献信息资源保障体系和信息网络特别是中外文网站建设，使我院图书馆成为世界闻名的哲学社会科学专业图书馆，使我院网络成为国际公认的哲学社会科学专业网。

实施科研强院战略，关键在于以科学发展观为指导，扎实推进科研体制和机制创新。要充分借鉴国内外科研管理成功经验，不断深化科研管理体制改革，形成多出成果、多出精品的管理体制和竞争激励机制，不断提高科研管理水平，更好地适应我院科研事业大发展的需要。

科研强院，人才为本。胡锦涛同志指出："办好中国社会科学院、做好哲学社会科学工作，关键在人，在于抓好人才的培养和使用。"必须充分认识人才工作的极端重要性，牢固树立人才兴院、人才强院的理念，把人才工作放在我院发展战略的重要位置，放在各项工作的首位。深化人事制度改革，调整优化队伍结构，促进科研人才、管理人才和服务人才三支队伍共同发展。根据各类人才的成长规律，建立合理的人才培养体系和人才选拔任用机制。坚持在公平竞争中发现人才，在科研实践中培育人才，在事业发展中凝聚人才，在工作生活中关爱人才，形成有利于优秀人才脱颖而出的良好环境。当前，人才竞争形势日益激烈，特别是在收入、待遇、住房等硬件条件方面，我院还不具备明显优势。但是，绝不能消极应对、无所作为。一方面，以事业留人，靠我院特有的学术地位、政治地位、社会地位吸引人和凝聚人，另一方面，以适当的待遇留人，竭尽所能、千方百计地创造条件留住和吸引人才。

　　当今时代，是应该产生也能够产生理论大家、学术大家的时代。人才队伍建设的重点是科研人才队伍建设。要培养一批享誉海内外的学术大师，一批学术领军人物，一批在本学科领域作出突出贡献的学术带头人，一批政治和业务素质良好的科研骨干。要按照政治强、业务精、作风正的要求，抓好人才的培养、吸引和使用。要下大力气培养和造就具有扎实的理论功底、深厚的传统文化根基、丰富的现代科学知识、强烈的创新意识的哲学社会科学队伍，下大力气培养和造就政治坚定、崇尚真理、学识渊博、学风优良、品德高尚的哲学社会科学人才。要重视对青年人才的扶持和培养，结合我院当前处于学科带头人代际交替的实际情况，切实采取措施，使中青年学术骨干迅速成长。

　　第五，始终坚持开门办院和"走出去"为主的原则，积极扩大国际学术交流，努力把我院建设成为中国哲学社会科学走向世界的重要窗口。

党的十七大报告强调，要推动我国哲学社会科学优秀成果和优秀人才走向世界。哲学社会科学的发展水平和繁荣程度，已经成为一个国家文明水平和综合国力的重要标志。必须从提高综合国力、掌握国际文化竞争和国际意识形态领域斗争主动权的战略高度，充分认识做好对外学术交流工作的重大意义，善于在国内国际两个大局的互动联系中谋划哲学社会科学走向世界。我院作为国家对外学术交流的重要渠道和窗口，要为我国哲学社会科学走向世界，扩大国际声誉和影响，发挥更重要的作用。把开门办院和哲学社会科学"请进来""走出去"，作为关系国家全局的战略任务切实抓紧抓好。以"走出去"为主，以我为主，努力扩大我国哲学社会科学优秀成果和优秀人才在国际上的影响力。

积极探索对外学术交流方式，巩固和拓展对外学术交流渠道，加大对外学术交流投入，不断扩大对外学术交流范围和规模，提高对外学术交流质量和水平。重点加强与世界一流学术机构和国际知名学术团体建立长期合作关系，重点邀请世界一流、国际知名的专家学者来访，邀请国际政要、各界名流来访，重点开展长期性、战略性重大国际合作研究项目，重点举办有国际影响力的高层学术研讨会和国际论坛。积极开展与重要国际学术组织的交流与合作，推荐和鼓励我院学术骨干积极参与国际学术团体和学术组织的领导工作。采取多种措施，不断增强我院在国际上的影响力、吸引力，把我院建设成为国际知名学者的品牌讲坛。

第六，始终坚持为科研服务的宗旨，深化改革，加强行政后勤保障体系建设，努力把我院建设成为具有雄厚保障能力的哲学社会科学发展基地。

　　行政后勤工作是全院整个工作的重要组成部分，是我院哲学社会科学研究事业的重要支撑。如何适应新形势、新任务、新要求，逐步建立起具有我院特色的行政后勤保障体系，是一项长期而艰巨的任务。

　　努力建立包括行政管理体系、图书资料体系、信息网络体系、后勤服务体系、物质条件保障体系等在内的完善的科研保障体系。坚持服务社会化、管理科学化、保障现代化的方向，深化行政管理体制和后勤服务体制改革，向改革要出路，向改革要形象，向改革要效益，向改革要保障。解放思想，转变观念，大胆探索，开拓创新，勇于抛弃不合时宜的思想观念和条条框框，闯出行政管理和后勤服务的新模式，走出新路子。积极争取国家财力的支持，确保事业经费稳定增长，有效调度，统筹安排，提高财政资金使用效益。在经费使用上加大对科学研究、人才培养的支持力度，加大对重点学科、重点研究室、重点课题和重点报刊出版物的支持力度。加强对国有资产特别是经营性资产的规范化管理，确保国有资产特别是经营性资产合理配置、有效利用、保值增值。努力扩大创收来源，增加筹资渠道。建立健全财务管理新体制，稳步推行经费管理绩效考评制度。加强对院属各单位的财务管理，建立并实行财务委派制、结算中心制、收支两条线制度。继续增加基本建设投入，加强对重大项目的建设、管理力度，改善科研、办公和生活条件。坚持以人为本，关心科研人员和全院职工的切身利益问题，及时排忧解难，努力创造有利于潜心科研、踏实工作的环境。加强行政后勤队伍建设，全面提高服务质量，努力推进行政管理和后勤服务的规范化、标准化和制度化建设。

　　上述六个方面，是我院当前和今后一个时期必须扎扎实实完成的战略任务。全院同志要进一步增强责任感、使命感和紧迫感，牢固树立阵地意识、机遇意识、忧患意识和发展意识，奋发有为，埋头苦干，为开创我院工作新局面而不懈奋斗。

三　贯彻落实十七大和全国宣传思想工作会议精神，做好 2008 年各项工作

2008 年，要按照十七大和全国宣传思想工作会议的部署，按照当前和今后一个时期我院发展战略的要求，以更开阔的思路、更有效的政策、更得力的措施，以更加昂扬向上的精神风貌，推动各项工作深入展开。

（一）加强思想政治建设，坚持正确的政治方向和学术导向

胡锦涛同志反复强调，经济工作搞不好要出大问题，意识形态工作搞不好也要出大问题。在新形势下，思想政治工作必须不断加强，不能有丝毫削弱。坚持正确的政治方向和学术导向，是我院建设和发展的重要保证。今年思想政治建设的首要任务，是认真学习贯彻十七大精神，使全院党员干部深入理解"一面旗帜、一条道路、一个理论体系"，使党的理论路线方针政策真正"入耳、入脑、入心"。要在用十七大精神武装头脑、指导科研、推动工作上狠下功夫。把学习贯彻十七大和全国宣传思想工作会议精神，与学习贯彻中央关于繁荣发展哲学社会科学、办好中国社会科学院的一系列指示精神结合起来。要按照中央通知要求和院党组部署，用半年左右的时间，对全院领导干部和科研骨干分期分批进行集中培训。要抓好各级中心组

的学习，领导班子、领导干部要发挥学习表率作用。学习十七大精神，关键是解决好高举中国特色社会主义旗帜问题，重点是学习中国特色社会主义理论体系，学习科学发展观，学习社会主义核心价值体系，解决好全院同志的理论指导、理想信念和价值观问题。下半年，要根据中央部署，认真开展学习落实科学发展观的活动。在认真学习的同时，深入研究十七大提出的新思想、新观点、新论断，深入研究中国特色社会主义理论体系，深入研究中国特色社会主义经济建设、政治建设、文化建设、社会建设和党的建设所面临的一系列重大问题。思想政治建设要紧密结合我院实际，不走过场，不流于形式，务求实效，切实解决好"散"和"粗"的问题，有力促进科研等各项工作的开展，使广大学者始终坚持正确的政治方向、理论方向、科研方向和学术方向。

（二）加强科研创新体系建设，大力推进科研强院战略的实施

在坚持已经推出并被实践证明行之有效的科研管理体制和激励机制的同时，坚定不移地深化改革，全面推进科研体制创新，建立健全各项管理制度和办法，着力解决阻碍和制约科研生产力发挥的深层次矛盾和问题，建立健全科研竞争和激励机制，形成有利于出精品、出人才、出效益的科研发展环境，形成符合哲学社会科学发展规律、具有我院特点的科研管理体制和机制，最大限度地激发和调动科研人员的主动性、积极性和创造性，解放和发展科研生产力。合理分配经费资源，切实解决一些科研项目投入与产出不成比例的问题。建立和完善科研项目公示制度，避免多头下达，重复研究，避免超出实际研究能力承担多个课题的现象。不断完善科研资助体系和课题经费管理办法，强化各类课题的立项、结项和过程管理。不断完善科研成果评价和专业技术职务评聘制度，有效解决偏重科研成果数量和科研项目级别、忽视科研成果质量的问题。切实做好优秀科研成果的出版、宣传、发布和推广工作，不断扩大我院科研成果的社会影响。逐步建立起科研部门、科研管理部门、科研辅助部门和科研保障部门的分工与合作关系。充分发挥我院主管的一百多个学会、协会的作用，加强学术导向、业务管理和财务管理。抓住若干事关国家发展大局和国家安全的重大战略性、前瞻性科研课题，争取国家经费支持，为中央决策提供理论支持和智力服务。比如，我院正进行的改革开放三十年历程和基本经验研究课题、新疆历史与现状综合研究项目、西南边疆历史与现状系列研究工程等。

（三）加强人才队伍建设，大力推进人才强院战略的实施

实施人才强院战略，首先要解放思想，转变观念，开拓人才工作新思路，真正把人才强院战略落到实处。加强院党组对人才队伍建设的统一领导，建立强有力的实施人才强院战略的领导体制。从我院科研事业长远发展需要出发，研究制定我院人才队伍发展规划、整体布局和发展目标，研究制定人才队伍建设和人才体制机制改革的具体实施方案。必须根据国家关于事业单位人事制度改革的总体要求，按照人事部批准的我院岗位设置方案，坚定不移地推进用人制度改革，探索建立能上能下、能进能出的人才流动机制，特别是有效的"退出"机制，形成有利于人才成长的竞争激励机制。要在原来试点基础上，总结经验，扩大试点范围。建立和完善干部任用管理机制、领

导干部任期制及与岗位设置相配套的工资分配机制。对编制问题进行调研，在国家给定的编制之内，统筹解决编制平衡问题。完善专业技术职务聘任制，实施专业技术人员分级制度，统筹解决职称评定工作中的难点问题。积极探索培养、稳定、引进人才的新思路、新方法、新机制。眼睛向内，稳定、信任、培养和用好现有人才。提高引进人才的门槛和层次，吸引稀缺人才，将吸引人才的重点转移到知名学者和重点学科带头人上来。努力办好研究生院和博士后流动站，建立访问学者制度。研究生院要从严治院，从严施教，从严管理，完善研究生培养的体制机制。要对办学情况进行调研，制定未来发展规划，深化教学改革，适度扩大招生规模，提升教学水平，增强创收能力，闯出一条新的办学路子。随着院址搬迁，制定和实施后勤社会化保障方案。建立人才发展基金，加大对稳定、吸引和培养人才特别是青年优秀人才的经费投入。加大管理人才、科研辅助人才、服务人才的培养力度，逐步形成以科研人员为重点、结构合理的人才队伍。进一步规范、统一和完善我院各类评优评奖制度，制定科研辅助人员的院级奖励办法。

（四）加强学科建设，巩固和提升我院学科优势和学术地位

优化学科结构，合理调整学科布局，积极推进制度创新，建立促进学科发展创新的管理制度、组织结构、运行方式和激励机制。坚持从实际出发，有所为有所不为，制定"十一五"学科建设规划的具体实施方案。对建设 100 个重点学科的计划进行检查、督办和调整，推动重点建设一批能够增强原创能力的基础学科，一批对国民经济和社会进步有重大影响的应用学科，一批具有前瞻性和影响力的新兴交叉学科，扶持"绝学"等学科，设立中华传统文化论坛，挽救濒危学科，整合资源和人才，逐步形成重点突出、全面推进、共同发展的学科体系建设新格局。将重点学科建设与科研队伍建设相结合，组织实施"重点学科与科研队伍建设计划"。采取具体措施，推进基础理论研究和应用对策研究的结合、哲学社会科学和自然科学的结合，推动科研事业的全面协调发展。

（五）加强学部建设，更加充分地发挥学部和学部委员的作用

学部在我院科研事业发展中居于重要位置，肩负重要责任。学部建设是一项战略性、基础性的工作，是我院科研体制创新的一项基本建设。积极探索有利于学部和学部委员履行职能、发挥作用的新途径。进一步处理好院、学部和研究所之间的关系，不断完善学部工作制度和工作机制，健全和调整机构，使学部工作规范化、制度化、科学化。充分发挥学部的宏观指导和组织协调作用，精心组织一批跨学科、综合性、前沿性的重大研究课题，组织开展一系列有影响的重大学术活动，不断扩大学部在学术界和社会上的影响。重视和加强学部委员队伍建设，完善学部委员推选制度，严格学部委员推选标准，使学部委员成为哲学社会科学研究最高殿堂的重要形象和标志。

（六）加强国情调研管理体制建设，探索国情调研有效形式和办法

开展国情调研是大力弘扬理论联系实际的马克思主义优良

学风的必然要求，是加强科研队伍建设特别是青年科研人才培养的重要途径，是发挥思想库和智囊团作用的重要举措。继续开阔眼界，拓展思路，探索具有我院特点的国情调研体制、形式和办法。对国情调研工作进行统筹规划，提炼一些党和国家关注的重大国情调研选题，组织一批重大国情调研项目。建立若干国情调研基地，加强与地方政府、学术机构和政策研究部门的长期合作，选择有代表性的地区和行业，进行长期跟踪研究。加强国情调研管理制度建设，在课题立项、经费使用、成果评估等环节严格把关，使之更加规范化和科学化。加强国情调研数据库和文献资料库建设，实现调研成果共享。通过各种有效途径，做好调研成果的报送、宣传和交流。加强对国情调研工作的组织领导，确保各项调研任务的落实。把国情调研工作和科研工作有机结合起来，使两者既各有侧重，又相互促进。

（七）加强学术阵地建设，努力创办国内外一流的学术名刊、名报、名社、名馆、名网

整合我院报刊和出版资源，积极探索和推进报刊出版体制改革。对我院出版社、报刊的现状和未来发展作详细调研，提出改革思路和方案。集中力量办好"一报（《中国社会科学院院报》）、一刊（《中国社会科学》）、两社（中国社会科学出版社、社会科学文献出版社）"。对重点报刊和出版物给予倾斜性支持。积极改进并做好信息报送工作，《要报》等各类内部刊物要进一步规范化，精简篇幅和数量，突出重点，增加渠道，提高质量，准确把握思想理论前沿问题，善于捕捉重大理论和现实问题。坚持优秀专家学者办刊办报办出版制度，不断加强编辑队伍建设，提高编辑人员综合素质。加快图书资料数字化建设步伐，制定数字图书馆建设可行性方案，争取国家立项支持。对全院图书资料工作进行调研，探索图书资料服务体系改革，建立统一的图书馆管理体制。认真做好图书资料的开发、保管、使用工作，对珍贵图书资料进行抢救，整合图书信息资料，实现资源共享。对我院考古文物及典藏珍本善本的现状进行全面调研，抓好文物展示、保管工作。院、学部、研究所等各级网站要加强信息资源的建设、集成和整合，建设规模强大、资源共享、查询便捷、全院统一的科研数据库。对我院信息网络建设现状和未来发展需求进行详细调研，建立健全既有统一指导协调又有自主创新的网络管理体系。不断推进电子院务所务建设，进一步提高办公自动化水平。

（八）加强国际学术交流平台建设，加快推进"走出去"战略的实施

完善院、学部和研究所三个层次的对外交流运作机制，扎实推进国际学术交流基地建设工程。加快实施对外学术交流优秀人才建设工程，培养一批能够在国际学术交流中直接对话、有实力争取话语权的人才，培养各外语语种人才和能够掌握多语种的人才。为我院越来越多的优秀学者登上世界最高学术交流舞台创造条件，在重要的国际学术会议、学术讲坛和学术期刊上要有我们的声音，增强我们的言论力度。举办一两项有重大国际影响和战略意义的国际论坛和学术合作项目。整章建制，加强外事纪律教育，修订、完善和细化相关规章制度，保证对外学术交流有序进行。大力推动优秀成果"走出去"，有计划地组织翻译一批传统文化典籍和现代

优秀学术研究成果，面向国外出版发行。认真落实《中国社科人文图书对外推广计划》，继续办好《中国与世界经济》《中国经济学人》《中国考古》等英文刊物，支持学部和有条件的研究所创办外文期刊。加快建设院所外文网站和著名学者外文网页。努力建设一支年龄结构合理、业务素质过硬的外事管理干部队伍，切实解决目前在年龄结构、外语水平、专业知识等方面存在的问题。

（九）加强学风建设，树立我院良好学术形象

学风建设是关系我院科研事业兴衰成败的重大问题。树立良好的学风，是确立和维护我院最高学术殿堂形象和荣誉的必然要求。全院科研人员要大力弘扬理论联系实际的马克思主义学风，坚持一切从实际出发，注重调查研究，注重了解国情，把自己的学术研究同时代的要求、丰富多彩的社会生活和人民群众的创造性实践紧密结合起来。全院科研人员要牢固树立正确的世界观、人生观和价值观，坚持为人民服务，为社会主义服务，为民族振兴和国家发展服务。坚持求真务实的治学态度，力戒浮躁，不图虚名，不断提高学术水平，努力创造学术精品。增强社会责任感，注重研究工作的社会效果。加强学术道德修养，严格遵守学术规范，坚决抵制不良学术行为，自觉维护哲学社会科学工作者的良好形象。要建立健全学风建设管理制度，形成符合我院实际的监督机制和惩防措施。制定关于处理学术不端行为的管理办法，对全院范围内的学术活动和学术行为进行规范和引导。要善于用具体的事实说话，用鲜活的材料说话，用群众的语言说话，努力培育清新活泼的文风。

（十）加强学术氛围建设，营造有利于出成果、出人才的良好环境

只有充分发扬学术民主，建设民主的学术环境，才能使各种学术活动沿着健康的轨道向前发展。面对新形势新任务提出的新要求，必须更进一步解放思想，加大贯彻执行"双百"方针的力度，尊重差异，尊重创新，尊重不同学派和观点，包容多样，让一切创造活力竞相迸发，让一切创新才华充分施展，让一切创新成果得到尊重，让一切人才充分发挥潜力和创造力。要把坚持"二为"方向和贯彻"双百"方针有机统一起来，积极倡导学术民主，充分尊重学术自由，正确处理思想理论领域的问题，注意区分学术问题和政治问题的界限，引导哲学社会科学工作者在坚持正确政治方向的前提下，进行大胆探索和创造。

（十一）加强行政后勤保障体系建设，为科研事业发展提供有效保证

要把深化行政管理和后勤服务体制改革提上日程，引导行政后勤人员解放思想，转变观念，勇于创新。研究制订后勤社会化改革方案，先行试点，取得经验，逐步推开。要组织专门班子，对需要国家支持的项目进行充分论证，争取国家的政策支持和经费支持。对可经营性资产进行清理和整合，引入竞争机制，实行统一管理，使之成为全院发展资金的重要来源。通过课题委托、合作研究、决策咨询等形式，加强与党政部门及企业之间的联系，拓展我院建设和发展的资金渠道。采取一定措施，对物质条件偏差的科研单位进行适度倾斜支持。要逐步建设一批用现代科技装备起来的人文社会科学专门实验室，积极研究和论证"经济社会发展社会科学模拟实验室""DNA实验室""语音实验室"等的建设方案，争取国家立项支持。制定基本建设总体规划，形成基本建设合理布局，提高基本建设经费使用效率。对现有房地产状况进行详细摸底调研，制定长远使用建设计划和具体实施方案，提高我院房地产使用效益。科研与学术交流大楼建设项目要继续下大力气推进，力争早日拆迁动工。研究生院新校园建设工程要在上半年动工，争取明年年底前投入使用。加强全院统一档案管理，筹建院档案馆。筹建文物博物馆。加强综合治理，解决院部机动车辆停放问题。推进办公室的文明建设，建立和谐安全的工作环境。尽最大努力逐步改善全院职工特别是中青年科研人员的住房条件。各部门要各司其职，各负其责，加强协调，密切配合，逐步形成以办公厅为枢纽的高效的行政管理运作机制。健全和完善督办、检查、反馈制度，突出抓好督办工作，抓好办文、办会、办事的制度建设，确保中央重大决策和院党组重要决定的贯彻落实。加强机关制度建设，推进行政管理的规范化、制度化、科学化，增强机关工作为科研服务、为全院职工服务的意识，使工作作风有大的转变，工作效率有大的提高。

（十二）加强党的建设，为科研事业发展提供坚强的政治保证

党的建设，其中包括领导班子建设和反腐倡廉建设，事关我院工作全局，必须高度重视并以改革创新的精神积极推进，为我院实现三个"建设成为"的目标保驾护航。我院党的建设必须紧紧围绕党和国家的中心工作，建立和完善适应哲学社会科学研究工作特点的党建制度、体制和机制。要重视和加强所级党委建设和基层党支部建设，充分发挥所级党委的作用。重视和加强领导班子建设，加强后备干部的选拔和培养，把培养选拔优秀年轻干部作为一项战略任务抓紧抓好。加大干部交流力度，真正把那些政治立场坚定、熟悉哲学社会科学工作、富有改革创新精神的优秀干部选拔到各级领导岗位上来。抓紧修订《研究所党委工作条例》和《所长工作条例》，坚持和完善党委领导下的所长负责制。切实抓好党员队伍建设，优化党员队伍结构，重视在科研人员特别是优秀中青年科研骨干中发展党员。大力加强反腐倡廉建设，建设惩治和预防腐败体系，丰富和完善纪检监察六项工作格局，使之逐步制度化。对涉及我院人员的各类案件，要积极配合有关部门查处。进一步加强政治纪律、宣传出版纪律、外事纪律、财经纪律、保密纪律教育。加强制度建设，切实推进党内监督和群众监督，加大预防违纪违法问题工作的力度。组织好反腐倡廉研究工作，为党和国家反腐倡廉建设提供智力支持。加强对统战、工会、共青团和妇女工作的领导，充分发挥工青妇组织和各民主党派联系群众的桥梁和纽带作用。

这里，我特别强调一下离退休干部工作问题。我院离退休干部人数多，且高端人才多，加上我院各方面条件的制约，做好离退休干部工作很不容易。但无论如何，一定要竭尽全力把这项工作做好，把离退休干部是否满意作为衡量工作的标准。对离退休干部要做到政治上多尊重，思想上多关心，生活上多照顾。重视并注意发挥离退休干部的作用。坚持以人为本，服务第一，加大服务力度，拓宽服务项目，提高服务水平。积极创造条件，努力改善离退休干部在各方面的待遇。建立一支热爱老同志、献身老同志工作、认真负责、周到细致的管理和服务队伍。

同志们，如何进一步办好中国社会科学院，是需要全院同志共同研究的一个大课题，共同撰写的一篇大文章，共同努力的一项大事业。有党中央对哲学社会科学事业和我院工作的高度重视，有建设中国特色社会主义伟大实践为我们提供广阔舞台，有建院以来打下的坚实基础和积累的丰富经验，有全院同志的辛勤工作和团结奋斗，我们完全有信心、有能力进一步办好中国社会科学院。

谢谢大家。

巩固学习实践科学发展观活动成果，以改革创新精神进一步办好中国社会科学院

—— 在中国社会科学院 2009 年度工作会议上的报告

（2009 年 3 月 17 日）

同志们：

我受陈奎元同志的委托，代表党组作工作报告。总结 2008 年的工作，部署 2009 年的工作。

一　2008 年工作的回顾和总结

2008 年，是我国改革发展进程中很不寻常、很不平凡的一年，也是我院奋力推进改革创新，科研等各项工作取得显著成绩的一年。

第一，学习贯彻党的十七大和十七届三中全会精神，全力落实中央精神和对我院的定位要求。

去年一年，我院工作的主线就是学习好、贯彻好、落实好十七大、十七届三中全会精神和胡锦涛同志一系列重要讲话精神。紧紧围绕主线，开展了形式多样的学习、研究和宣传活

动，举办了各种形式的报告会、研讨会、座谈会，强化了全员培训，特别是对 700 余名所局级和处室级干部进行了集中培训。全院同志对"一面旗帜、一条道路、一个理论体系"的理解愈益深刻，自觉地与党中央保持一致，坚持用发展着的马克思主义指导哲学社会科学研究，马克思主义基本理论、中国特色社会主义理论体系特别是科学发展观的学习、研究、宣传和贯彻取得实效。

在 2008 年院工作会议上，党组系统总结了建院三十年特别是十六大以来五年的办院经验，提出了当前和今后一个时期的"六大战略"：一是始终坚持马克思主义在哲学社会科学领域的指导地位，以中国特色社会主义理论体系为指导，努力把我院建设成为马克思主义的坚强阵地；二是始终坚持学科体系、学术观点、科研方法创新，加快构建哲学社会科学创新体系，努力把我院建设成为我国哲学社会科学研究的最高殿堂；三是始终坚持为发展中国特色社会主义服务，加强重大理论和现实问题研究，努力把我院建设成为党和国家重要的思想库和智囊团；四是始终坚持以科研为中心，实施科研强院战略和人才强院战略，深化管理体制机制改革创新，努力把我院建设成为具有中国特色的世界一流名院、强院；五是始终坚持开门办院和"走出去"为主的原则，积极扩大国际学术交流，努力把我院建设成为中国哲学社会科学走向世界的重要窗口；六是始终坚持为科研服务的宗旨，深化改革，加强行政后勤保障体系建设，努力把我院建设成为具有雄厚保障能力的哲学社会科学发展基地。这"六大战略"是落实中央精神和对我院"三大定位"要求的具体化。据此，党组明确提出 2008 年 12 项工作任务。发展战略和具体任务的全面推进，促进了我院"十一五"

事业发展规划的落实，推动了我院事业取得新进展。

第二，开展学习实践科学发展观活动，奋力开拓我院工作新局面。

党组高度重视、精心组织学习实践科学发展观活动，并将其作为重大政治任务和推动我院改革发展的中心工作，集中力量抓紧抓好，力求实效。组织学习培训，开展调查研究和解放思想大讨论，召开专题民主生活会，形成院所两级分析检查报告和整改落实方案。整个活动突出实践特色，把管理体制机制改革作为主要实践载体，坚持边学边改、边查边改、边整边改，着力转变不适应、不符合科学发展观要求的思想观念，着力提高围绕中心、服务大局，把党和国家关注的重大问题作为科研主攻方向的能力，着力推进有利于实施科研强院和人才强院战略、适应哲学社会科学创新体系要求的管理体制机制创新，着力解决影响和制约我院发展以及党员干部党性党风党纪和学风工作作风等方面群众反映强烈的突出问题。坚持学习实践活动与科研、改革等项工作有机结合，两手抓、两不误、两促进，基本达到了预期目标，得到中央领导同志的肯定，得到全院同志的认可，群众满意率达 98.35%。

学习实践活动有力促进了党的建设。思想政治工作、政治纪律建设得到加强；基层党支部建设、党员培训和党员发展工作取得新成绩；成功召开院直属机关第二次党代会，顺利完成机关党委和纪委换届工作；统战、工会、共青团和妇工委等党的群众工作组织的桥梁纽带作用更为突出；对离退休干部服务的质量进一步提高；党风明显改进，案情查办为我院国有资产保值增值作出贡献，廉政研究、惩治预防腐败体系建设有新进展。

第三，实施科研强院和人才强院战略，努力多出精品成果、多出拔尖人才。

一年来，坚持以科研为中心，大力实施科研强院和人才强院战略，全面推进哲学社会科学创新体系和人才队伍建设，成果显著。

新一轮重点学科建设、特殊学科建设相继启动，新兴学科、交叉学科、濒危学科得到加强；基础研究和应用研究相辅相成，并重共进；社会科学和自然科学的结合有所前进；经济社会发展综合集成实验室初步论证顺利完成；科研成果发布制度、交办委托课题管理制度、科研课题后期资助办法相继出台；青年科研启动基金、老年科研基金发挥应有作用；国情调研的课题立项、调研基地建设和组织协调工作稳步推进；学部积极组织综合性重大课题研究和学术交流，成功举办了"国学研究论坛""中国改革开放 30 年国际学术研讨会"等综合性学术交流活动；名刊名网名馆名社建设迈出新步伐，法学专业图书分馆、哲学特色书库相继挂牌；中华人民共和国国史编研、地方志工作取得了新成绩；研究生教育体系建设和博士后流动站工作有新起色。据统计，2008 年度国家社科基金重大招标项目中标课题共计 64 项。我院申报 24 项，中标 6 项，约占中标总数的 9.4%，全国排名第一。全院共立项重大课题 30 项、重点课题 98 项、后期资助项目 4 项、国情调研项目 98 项，组织落实中央有关部门以及院领导交办课题 65 项。全年共出版专著 356 部，译著 101 部，发表论文 5466 篇，研究报告 1542 份以及其他形式的大量科研成果。

科研人员积极主动承担中央及有关部门交办委托的研究任务，围绕抗击冰雪灾害、抗震救灾、举办奥运、纪念改革开放

30 周年等重大事件，开展专题调研，及时提供相关对策和理论咨询。特别是深入研究应对世界金融危机的战略对策和具体措施，向中央和有关部门提交了许多有价值、高质量的研究报告。一些专家学者参加为中央政治局集体学习讲课、参与党和国家重要文件和法律法规的起草。编发《要报》《世界社会主义研究动态》《思想理论动态简报》等各类稿件近 700 期，许多重要成果得到中央领导批示或被有关部门采纳。

调整和充实一批所局领导班子，干部队伍知识化、专业化、年轻化程度有所提高；推进"四个一批"人才建设工程，人才培养、使用、引进工作有序开展；完成院、所两级专业技术职务评审委员会换届，职称评审顺利完成；强化干部培训，加强管理人才和服务人才培养。

对外学术交流质量和水平有所提高。全年完成国际学术交流 1236 批，2545 人次，其中派出 981 批，1557 人次；来访 255 批，988 人次。举办各类国际会议 120 余个；加强与世界一流学术机构和专家学者的交流合作，一些重要国际合作研究项目顺利开展；圆满完成中央交办的重要外宾来访接待任务。

第四，深化管理体制机制改革，着力推进哲学社会科学创新体系建设。

推进管理体制机制改革，是党组加快建设哲学社会科学创新体系的一项重要工作部署，是去年我院工作的一个鲜明特色。去年 7 月 23 日至 26 日，召开改革工作座谈会，陈奎元同志发表了关于推进管理体制机制改革的重要讲话，他指出："这次会议讨论决定的思路和举措，不是寻常的工作部署，而是在我院进一步推进改革的重要决策思想、重大改革步骤，是深化改革的新开端。"与会同志畅所欲言、集思广益，统一了认识，下定决心抓改革、促创新。在广泛征求意见基础上，党组形成了管理体制机制改革方案，决定用一年半左右时间基本完成管理体制机制改革的既定任务。各单位也制定了本单位的改革方案。8月16日，又召开改革工作动员部署会议，全面布置并推动改革。成立以秘书长为组长的改革工作协调小组，协调督办改革工作的落实。各单位也都成立了由主要负责人挂帅的改革工作领导小组。协调小组坚持每周例会制度，到目前为止，共召开例会28次，议定重要改革项目和措施81项，已经落实46项，其余35项正在抓紧落实。很多同志认为，党组推动改革决心大，涉及范围广，成效有目共睹。

在科研管理体制机制改革方面。设立院长学术基金，成立重大问题综合研究中心，建立对重大理论与现实问题开展研究的组织协调机制和跨学科跨所研究平台；改进和完善课题经费管理办法，出台了我院课题研究后期资助实施办法；修订并实行院交办委托课题管理办法，加大对重大问题研究支持力度；制定特殊学科建设管理办法，支持绝学、濒危学科、交叉学科、边缘学科发展；探索自然科学与社会科学合作的有效机制；实施"学术名刊建设工程"，建立和完善学术期刊经费保障长效机制；改进国情调研工作，完善国情调研管理制度和成果评价机制。

在人事管理体制机制改革方面。完成8个单位扩大聘用制和岗位设置改革试点，制定聘用制改革与岗位设置管理工作实施方案，探索建立科学有效的激励和"退出"机制；制定我院工作人员奖励暂行办法，建立统一、规范的奖励机制；制定2009年度干部培训方案，建立统一领导、统一规划、统一培训、统一管理、统一经费渠道和分类教学、分类指导的人才培训机制。

在科研辅助管理体制机制改革方面。建立全院统一的图书资料工作管理体制，探索服务科研的"总馆—分馆—资料室"三级管理体制；建立院所两级信息网络管理体制，图书经费和网络信息经费配置向研究所倾斜的机制开始形成；外事管理制度建设有所加强，国际合作管理体制机制改革逐步展开；研究生教育体制机制改革积极运作；探索和推进报刊出版体制机制改革，完成《中国社会科学院报》改制改版工作，杂志社、出版社改革有新举措。

在行政管理体制机制改革方面。完成办公厅机构调整和职能转变；加强对党组会议、院务会议、院长办公会议决定事项办理和院领导重要指示落实情况的督办、检查和反馈，逐步建立有效的督办检查机制；增强办文办会办事能力，逐步实现办文办会办事的规范化；对全院内部规章制度进行清理，确定继续执行的规章制度332项，予以废止的167项，需修订完善的59项，着手制定的28项；逐步推进院务公开和电子院务建设；制定我院所局级领导离京出差出国审批备案管理办法，建立外出请假备案制度；加强对职能部门工作作风的督促检查，加大对领导干部和领导班子的监督力度；《要报》等信息报送机制改革已见效果；以办公厅为枢纽的日常行政管理运行机制初步形成，行政管理工作的科学化、规范化和制度化水平明显提高。

在财务基建后勤管理体制机制改革方面。建立统一协调机制，成立院重大建设工程项目协调小组和院重大项目资金筹措小组，在争取政策、资金、项目支持，解决我院重大工程和职工住房等方面，发挥了作用；建立财务结算中心，初步实现了全院财务的公开透明和资金集中管理；研究制定我院房产有偿利用管理规定，逐步实现国有资产的保值增值；解决职工住房和引进人才用房问题的长效机制初步建立；在院图书馆和法学研究所开展节能减排承包试点工作，积极探索水、电、气成本核算和节能工作体制机制改革新路子；后勤社会化改革逐步推开，初步解决了圣世餐厅长期亏损问题，探索加强成本核算、提高服务质量的新机制。

改革工作从一开始就坚持两个方面同步推进，即在进行管理体制机制创新的同时，不断推动哲学社会科学体系的创新。管理体制机制的改革，既是哲学社会科学创新体系建设的重要组成部分，同时又为加快推进哲学社会科学创新体系建设不断创造条件、提供保障。这两个方面的改革相辅相成，彼此促进，为我院发展不断提供创新活力和发展动力。在深化改革过程中，研究制定并相继出台一系列关系创新体系建设的重大举措，比如，马克思主义理论学科建设和理论研究、课题制改进完善、人才强院战略、"走出去"战略、名刊工程、重点实验室建设、古籍抢救保护等实施方案，其中有的已付诸实施并初见成效，有的正在积极创造条件推行，有力推动了创新体系建设。目前，各项改革已全面铺开，正向纵深发展。改革创新的观念日益深入人心，议改革、抓改革、促改革的局面基本形成，全院人员的积极性、主动性和创造性得到发挥，上下精神为之一振，面貌为之一新。

第五，加强学风作风建设，大力弘扬理论联系实际的学风和狠抓落实的工作作风。

学风问题事关我院发展全局。党组主要从两个方面抓学风建设：一方面，提倡深入科研一线，深入群众，深入实践，了解国情，围绕中心，服务大局，发扬理论联系实际的学风，反对脱离实际、主观主义的不良风气。增强研究人员理论联系实际的意识和问题意识，不断提高及时准确地捕捉经济社会发展中的重大问题作为主要研究课题的能力。另一方面，倡导求真务实的治学态度，提倡严谨求实的学风，加强学术道德修养，遵守学术规范，反对弄虚作假、抄袭剽窃的不良风气，抵制不良学术行为，力戒浮躁，不图虚名，增强社会责任感，注重社会效果，自觉维护良好形象。

党组把转变院领导自身和职能部门工作作风、增强服务意识、提高工作效率作为一项重要任务，始终身体力行，紧抓不放。一是开展调查研究。党组成员进行了三次系统性的调研活动。去年1—3月，调研了全部院属单位；9—10月，调研了35个研究所和所有事业单位；11月以来，带领院改革工作协调小组成员，到一些研究所和院属单位调研，采取现场办公等形式，指导解决实际困难和问题。二是强化服务意识。提倡职能部门为科研服务、为科研人员服务、为研究所服务，把服务意识和服务质量作为考核职能部门工作的重要标准。强调把工作重心放到研究所，深入基层，主动帮助研究所办实事，摒弃办事拖拉、推诿扯皮、文牍主义、形式主义等不良作风。三是加大督办落实力度。不断提高工作效率，增强执行力。

第六，解决影响我院发展和职工迫切关心的突出问题，尽力改善全院人员工作和生活条件。

一年来，党组抓住影响我院发展和全院职工迫切关心的难点问题，精心谋划，狠抓落实，重点突破。研究生院新校园于去年4月26日正式开工兴建，主体工程将于今年底竣工，明年秋季新生入住。启动"名刊建设工程"，争取到国家财政1200

万元专项经费支持学术期刊建设，办刊条件有很大改善。争取到国管局经济适用房、北京市两限房和河北省三河市燕郊低价商品房共 1630 套房源，到目前为止，已有 600 多位职工解决或改善了住房条件，多年来困扰我院的职工住房和引进人才用房问题得到缓解。针对国有资产和财务管理中出现的突出问题，建立制度，堵塞漏洞，严防国有资产和经费流失。积极推动贡院东街科研与学术交流大楼建设项目，认真筹划离退休干部活动中心建设。院办公区的环境综合治理工程基本完成，院部整体形象明显改观。争取到国家财政 4599 万元专项经费，用于图书馆地下书库改造和两座立体车库建设。我院基础设施和职工工作生活条件显见改善。

同志们，这些成绩的取得，离不开党中央的正确领导，离不开全院同志的团结合作和奋力拼搏。我代表党组和陈奎元同志，向辛勤工作在科研、管理、服务一线的科研人员和工作人员，向关心和支持我院的同志们，表示衷心感谢！

回顾一年的工作，我们深刻认识到：一是必须始终坚持正确的政治方向，坚持马克思主义在哲学社会科学研究领域的指导地位，把党和国家关注的重大理论和现实问题作为科研的主攻方向；二是必须始终坚持解放思想，转变观念，抓改革促创新，使思想和行动不断适应时代和实践发展的要求，使体制机制及各方面工作更加符合科学发展观的要求；三是必须始终坚持抓督查抓落实，重推进重实效，脚踏实地，力戒空谈，把能否出精品成果、出拔尖人才，作为判断我院改革及各项工作成效的根本标准；四是必须始终坚持服务科研，服务群众，着力解决全院人员最关心、最直接、最现实的切身利益问题。

去年工作是围绕院工作会议提出的发展战略和具体任务展

开的。从全年工作落实情况看，2008 年度院工作要点共分解出120 项任务，其中 38 项属于长期性任务，6 项根据形势的变化做了调整或并入其他任务，年度需落实的 76 项。截至去年底，已落实 50 项，占 66%；基本落实 22 项，占 29%；因为条件所限尚未落实的有 4 项，占 5%。全年任务完成较好，有些还取得了重大突破。但还存在许多问题和不足：比如，用马克思主义中国化最新成果特别是科学发展观武装头脑、指导科研仍需努力；围绕中心、服务大局的意识和能力尚需提高；精品成果比较少，高素质人才特别是拔尖人才更为缺乏；管理体制机制还不能很好地适应科研需要，因循守旧、照旧章办事的现象较为突出；"走出去"的成果和人才相对较少，在国际学术舞台上的话语权需要增强；理论与实践的结合做得不够，急功近利、浮躁虚夸等不良学风不同程度存在；工作效率和执行力仍要加强；改善全院职工的物质待遇和工作生活条件还要下更大功夫。对于这些问题，党组极其重视，将认真研究、积极解决。

二　2009 年工作的基本思路和主要任务

安排部署 2009 年工作，必须吃透中央精神，紧紧围绕党和国家工作大局，深刻认识和准确把握国际国内形势和意识形态领域的新情况，牢牢抓住科研中心工作，努力推动我院事业全面发展。

一是深刻认识和准确把握国际国内经济形势的复杂变化。当前，国际经济形势复杂多变，经济环境中不确定不稳定因素明显增多，金融危机蔓延很快，对我国经济社会发展的影响不可低估，国内面临着经济增长放缓、就业形势严峻等多方压力。今年是进入新世纪以来我国经济社会发展最为困难的一年。保持我国经济平稳较快发展是经济工作的重要任务。这就要求我们紧紧围绕中央关于经济工作的目标任务和决策部署，为迎接挑战、战胜困难、共克时艰提供理论支持和对策咨询。

二是深刻认识和准确把握意识形态领域形势的复杂变化。意识形态领域的总体态势是好的，但同时必须清醒地看到，意识形态领域渗透和反渗透的斗争十分尖锐复杂，各种敌对势力对我实施西化、分化的活动一刻也没有停止。国内外敌对势力将通过各种渠道、利用各种机会加紧进行捣乱破坏活动，其根本目的就是要搞垮中国共产党，瓦解我国社会主义制度。国内极少数人也发出一些噪音、杂音，既有否定党的领导、否定社会主义制度的言论，也有否定改革开放、否定党的理论和路线方针政策的言论。我院作为党和国家意识形态领域的重要部门，一定要把思想统一到中央关于意识形态领域的形势判断和工作部署上来，时刻保持清醒头脑，深刻认识意识形态领域斗争的尖锐性、复杂性和长期性，认真做好新形势下意识形态工作，做好知识分子工作，在巩固马克思主义在意识形态领域的指导地位方面发挥更积极、更重要的作用。三是认真贯彻落实中央关于庆祝新中国成立60周年的要求和部署。新中国成立60周年，是党和人民的重大庆典，搞好国庆活动，是党和国家政治生活中的一件大事。我院要按照中央确定的纪念活动主题和总体要求，开展爱国主义教育，通过开展课题研究、召开理论研讨会、撰写理论文章等，全面总结和大力宣传新中国成立以来特别是改革开放以来取得的巨大成就和宝贵经验。

根据新形势新要求，结合我院实际，今年我院工作的基本思路是：高举中国特色社会主义伟大旗帜，全面贯彻党的十七大和十七届三中全会精神，学习贯彻中央关于哲学社会科学和意识形态工作的一系列重要指示，以马列主义、毛泽东思想、邓小平理论和"三个代表"重要思想为指导，全面贯彻落实科学发展观，按照中央对我院"三大定位"的目标要求，解放思想，统一认识，锐意创新，大力实施科研强院战略和人才强院战略，着力提高为党和国家工作大局服务的能力，全面推进管理体制机制改革，加快构建哲学社会科学创新体系，推动我院工作开创新局面。

（一）牢牢把握正确的政治方向和学术导向，巩固马克思主义在哲学社会科学领域的指导地位

采取更加有力的措施，坚持和巩固马克思主义的指导地位，加强思想政治建设和马克思主义阵地建设。

一是坚持不懈地抓好理论武装工作。组织全院人员深入学习马克思列宁主义、毛泽东思想、邓小平理论、"三个代表"重要思想和科学发展观，用中国特色社会主义理论体系武装头脑。认真学习马克思主义基本原理，提高党员干部和科研人员运用马克思主义立场观点方法指导哲学社会科学研究实践的水平和能力。继续办好"所局级领导干部理论学习系列报告会""机关干部理论学习系列报告会""青年学习马克思主义基础知识系列讲座""离退休干部国际国内形势和哲学社会科学研究重大理论问题报告会"。加强和改进全院干部职工的理想信念教育，国情教育和形势政策教育，以爱国主义为核心的民族精神和以改革创新为核心的时代精神教育，把社会主义核心价值体系建设贯穿于思想政治建设的全过程。

二是牢固把握哲学社会科学领域的话语主导权。组织全院人员认真学习贯彻中央和胡锦涛同志关于做好意识形态工作的重要指示，深刻认识意识形态工作的极端重要性，认清意识形态领域的复杂局势和我院责任，及时掌握思想理论动向和社会舆情动态，提高做好意识形态工作的自觉性。在大是大非面前保持清醒头脑，从理论高度深入剖析各种错误思潮，从理论和实践的结合上，弄清楚什么是马克思主义，什么是非马克思主义；什么是科学社会主义，什么是民主社会主义，什么是资本主义；坚持什么、不搞什么、反对什么。确保阵地巩固、方向正确、导向明确。

三是加强马克思主义阵地建设。制定并实施加强马克思主义理论学科建设和理论研究方案，加强马克思主义理论创新体系建设和人才队伍建设。努力办好马克思主义研究院、邓小平理论和"三个代表"重要思想研究中心、世界社会主义研究中心。高质量完成中央交办的马克思主义理论研究和建设工程的各项任务，为党的理论创新服务。

四是巩固和扩大学习实践科学发展观活动成果。把科学发展观所体现的马克思主义立场观点方法贯穿到科学研究、学科建设、队伍建设、体制改革、党的建设等各方面各环节中去，认真落实党组分析检查报告和整改落实方案，完成 2009 年的五大类 49 项整改任务。各单位要把各自整改任务落到实处。院党组将在适当时机组织一次"回头看"活动，进行全面检查。

（二）全面实施科研强院战略，提升我院哲学社会科学研究总体水平

我院是学术研究单位，科研是第一位的工作。大力实施科研强院战略，是必须始终扭住不放的中心任务。坚持基础研究和应用研究并重共进的方针，在加强基础研究的前提下，不断提升应用研究的水平，同时又要通过应用研究带动基础研究，实现二者的有机结合和相互促进。

一是大力加强基础研究，保持和巩固基础学科、基础理论和基础研究优势，为建设最高学术殿堂强本固基。首先要加强马克思主义理论研究和理论创新，加强中国特色社会主义理论体系特别是科学发展观的研究；加强基础学科建设，打造一批国际知名的研究所、研究中心和研究室。落实中央领导关于加强社会学研究、筹组有关研究机构的批示精神。将城市发展与环境研究中心、国际法研究中心改建为研究所。二是围绕党和国家的中心工作，加大应用研究力度，推动应用研究向战略高度提升，提高为党和国家重大决策服务的能力和水平。组织落实一批重大理论和现实问题研究课题，深入研究中国特色社会主义经济建设、政治建设、文化建设、社会建设、生态文明建设和党的建设所面临的一系列重大问题；深入研究社会主义核心价值体系；深入研究世界经济、政治、文化等领域的深刻变化，注重研究美国金融风险引发的全球性金融危机的本质、成因及我国防范、规避、化解危机的应对措施；深入研究新中国成立 60 年来我国发展历程和发展经验，等等。三是启动新一轮重点学科建设工程，调整和优化学科总体布局。按照分类指导、分级管理、重点支持、院所共同负责的原则，启动特殊学科、新兴学科、"绝学"学科建设计划；积极推进交叉学科研究、社会科学和自然科学结合研究，推进相关课题立项；继续办好国学研究论坛，弘扬中华传统文化，等等。四是推进并改善学部工作，强化学部工作职能，充分发挥学部作用，深入广泛开展学术研究、交流与合作，扩大学部影响力。五是加强中华人民共和国国史研修和地方志办公室工作；六是加强国情调研工作，开展重大课题调研，使国情调研成果发挥更大作用。七是开展经济社会发展综合集成实验室和一些重要实验室的立项和建设工作，大力推进科研方法和手段创新。八是严格管理，充分发挥我院主管的 100 多个学会的作用。

（三）积极推进人才强院战略，培养大批哲学社会科学专业人才和管理人才

搞好科研，关键在人。科研强院战略的实施，必须有人才强院战略作保障。全面施行《人才强院战略实施方案》，加大人才培养力度。

一是优化人才队伍整体布局，实施"四个一批"人才建设工程，努力造就一批坚定的马克思主义理论家、学贯中西的思想家和学术大师；扶持一批政治坚定、与党同心同德、具有广泛影响、学术造诣高深的领军人才，特别是在新兴学科、交叉学科、濒危学科、"绝学"等方面的专门人才；培养一批出生于 20 世纪七八十年代、政治和业务素质良好、锐意进取的中青年骨干人才；选拔一批政治坚定、业务突出、熟悉意识形态工作、富有改革创新精神的优秀领导人才和管理人才。二是编制中长期人才发展规划纲要，重点引进国内外拔尖人才，特别是急需的重点学科领军人才，构建以青年学者发展资助计划为主的青年骨干人才培养体系。三是加大全员培训特别是领导干部培训力度。落实 2009 年统一培训计划，特别是办好所局主要领导干部培训班。办好党校。四是加强各级领导班子建设。调整充实一些所局领导班子。把研究所领导班子建设作为重点。健全党委集体领导工作制度和决策机制，坚持和完善党委领导下的所长负责制。修订并实施《研究所党委工作条例》和《研究所所长工作条例》。五是成立博士后管理委员会，适当扩大博士后和访问学者规模。六是加大对人才资源保障与开发的投入，包括经费保障、住房保障、收入保障、图书资料和网络信息保障等。今年将筹集 2500 万元资金，保证人才强院战略实施方案的落实。要加强对人才建设经费使用情况的监督检查，确保每一笔经费都用在刀刃上。

（四）继续落实"走出去"战略，推动优秀成果和优秀人才走向世界

制定"走出去"战略实施方案，使对外学术交流工作更好地为党和国家发展大局服务，为科研工作服务。

适度扩大对外学术交流范围和规模，加大对外学术交流投入，建立以我院为主导的对外学术交流模式。构建高层次对外学术交流平台，集中抓好具有重要影响的院级国际合作交流项目，办好高水平国际学术论坛，重点形成一两个院级拳头品牌。开展国际合作研究，开发重大合作研究项目，加强与世界著名研究机构和高等院校的合作与交流，积极参加国际和地区多边组织的学术活动，掌握合作研究的主动权，增强我院在有关国际学术组织及其决策制定中的影响力。开展国际重大事件调研项目，及时为党和国家外交决策提供智力支持。精心组织实施重要的双边交流协议和计划，积极参加政府外交议程的重要活动，高质量完成党和国家交办的外事任务，充分发挥学术外交作用。

加强对外学术交流队伍和外事管理队伍建设。培养和造就一批政治坚定、学养深厚、外事工作能力强、在国际学术界有影响的学术交流骨干。建设一支政治可靠、作风过硬、业务精通、经验丰富的外事管理干部队伍。

（五）深化管理体制机制改革，促进哲学社会科学创新体系建设

按照管理体制机制改革方案的总体部署，在总结经验、巩固成果的基础上，深化改革，确保 2009 年各项改革任务顺利完成。要进一步明确改革的方向和任务，加大重点领域和关键环节改革的攻坚力度，形成推动改革的合力，加快构建充满活力、富有效率、有利于哲学社会科学创新发展的管理体制机制。

一是推进科研管理体制机制改革，目标是逐步形成符合哲学社会科学研究规律、具有我院特色、有利于出成果特别是经得起检验的精品成果的科研管理体制机制。实施《关于课题制改革和进一步完善科研资助体系的意见》，改进完善课题管理体制，建立有利于基础研究和基础研究人才成长的机制；构建重大问题研究的协调机制，形成围绕中心、服务大局、以党和国家关注的重大问题为主攻方向的研究平台；探索社会科学和自然科学交叉学科的协作研究机制；研究科研经费分配、经费资助的科学办法，严格科研经费管理，有效解决财政拨款结余经费数额过大问题，提高科研经费使用效率；完善学部工作体制机制，支持学部开展跨学科跨研究所联合攻关，有效发挥我院整体研究优势；加大学术期刊管理体制机制改革创新力度，加强学术期刊管理；健全科研成果评审和发布制度；实施《关于改进和完善非实体研究中心管理的意见》，建立非实体研究中心管理的长效机制；建立健全国情调研管理体制机制。

二是推进人才管理体制机制改革，目标是逐步形成符合哲学社会科学人才成长规律、有利于人才成长、体现我院特色、具有竞争激励作用的人才管理体制机制。全面推开聘用制改革，落实《聘用制改革及岗位设置管理工作实施方案》，解决编制平衡和职称紧张问题，重点解决"退出"机制问题；建立统一的人才工作领导体制；加大投入，着重改善人才成长条件，营造有利于人才成长的环境，建立有利于中青年骨干人才成长的长效机制，重点解决竞争激励机制；加大干部交流力度，健全和完善干部培养、选拔、任用和考察机制，推行党委领导下的所长任期责任制，推进领导干部和管理人才培养选拔机制创新，研究建立不称职领导"退出"机制；建立统一培训、统一管理的干部培训新体制；制定符合我院特点的绩效工资分配实施办法，完善科研津贴、管理岗位津贴制度。

三是推进科研辅助体系管理体制机制改革，目标是逐步形成有利于为科研服务、为科研人员服务，有利于优秀成果和优秀人才走向世界并掌握话语权的科研辅助管理体制机制。建立向研究所倾斜的国际合作、图书、网络经费资源配置比例和支持机制，调动研究所的积极性；图书馆要建立服务科研的三级管理体制，逐步实现图书资料数字化，办好专业特色书库、专业特色图书分馆、专业特色阅览室，完善为科研服务的图书保障体制机制；网络中心要建立调动专业特色网积极性的二级网络管理体制，支持研究所专业特色网建设；建立图书资料与网络信息统一协调和使用机制；加大对包括人、书、刊、网在内的"走出去"战略的扶持力度，探索建立掌握和扩大话语权的国际学术交流合作体制，完善国际问题应急调研机制，加强外事经费和外事管理制度建设；积极推进报刊出版体制机制改革创新，探索筹建报刊出版集团，努力提高报刊出版物质量；加大研究生院改革力度，提高教学质量，适度扩大办学规模，深化后勤改革，逐步形成具有我院特色的研究生教育体制。

四是推进行政管理体制机制改革，目标是逐步形成符合我院办院规律、确保中央和党组重大决策决定贯彻落实、运转有效有活力的行政管理体制机制。完善令行禁止、上传下达、运转有效、和谐有序的全院日常工作运转体制；加大督查督办力度，建立和完善督查督办制度；提高办文、办事、办会效率，逐步实现行政管理工作的规范化、制度化、科学化；加强行政管理人员队伍建设，培养高素质行政管理人才；推进职能和机构调整后的办公厅有效运转；建立院所之间、职能部门与研究所之间的协调和沟通机制，形成统一管理合力；探索新的体制机制，加强院写作班子建设；完成全院规章制度"废、改、立"工作；继续进行《要报》等信息报送工作改革。

五是推进财务基建管理体制机制改革，目标是逐步形成透明、公正、有效、集中统一的财务管理体制和运行机制。建立和完善财务管理"一支笔"制度，实行严格监管；推进和完善结算中心工作，进一步统一三级账户，有效发挥资金调度和账户监管职能；实施《房产有偿利用管理规定》，对全院房产实行严格的成本核算管理，做到有偿利用、保值增值；在试点基础上，推开节能节电承包制改革；基本建设管理要逐步实现规范化、制度化和科学化，建立解决新进人才和引进人才住房的长效机制；加强发挥我院优势的创收机制建设。

六是推进后勤保障体制机制改革，目标是逐步形成管理科学化、服务社会化、保障现代化、具有我院特色的后勤保障体制机制。持久开展为科研一线服务的教育，树立为科研一线服务的意识，不断提高服务水平；加大后勤社会化改革力度，对亏损单位进行整改，推进印厂等服务单位改制，逐步探索社会化改革的新路子；建立健全成本核算制度，改革经营性资产管理方式，确定合理经营指标，制定奖惩办法，切实提高经济效益。

改革要向纵深发展并取得预期成效，关键在于院所两级领导班子的真抓实干，在于集中全院人员的智慧和力量，形成全院上下共同推进改革的新局面。改革工作协调小组要加强统筹和协调，充实和完善全院总体改革方案和各方面的具体改革方案，逐项推动和落实各项改革任务。各级领导干部要积极投身改革，带头推进改革，勇于承担改革重任。9 个改革工作协调小组成员单位和 4 个直属单位已经提出今年改革工作要点，各研究所也初步形成了今年改革思路，必须付诸行动，抓紧落实。今年将适时召开改革经验交流会，总结经验，推广典型。

（六）加强科研辅助和行政后勤保障体系建设，大力支持科研强院和人才强院战略的实施

继续实施学术名刊建设工程。坚持正确办刊方向，研究制定学术期刊建设整体规划，打造在国内外具有领先优势的知名学术期刊品牌，巩固我院期刊资源优势，占领学术制高点。落实《关于进一步加强"学术名刊建设"的意见》，按照普遍资助与重点扶持相结合的原则，在已投入 1200 万元专项经费的基础上，至少再增加 300 万元，加大对学术期刊、学术年鉴和《院报》的资助力度。加强对学术期刊的管理检查，把每一笔经费管到位、用到位。整合期刊资源，研究建立院期刊网。加大编辑队伍建设力度，培养适应科研发展需要、具有较高专业造诣的编辑人才和管理人才。

大力实施"一报""一刊""两社"和"要报"建设工程。将《中国社会科学院报》改版为《中国社会科学报》，办成国内外知名的哲学社会科学专业特色报纸。把《中国社会科学》杂志办成展示哲学社会科学研究最高水平成果的重要窗口。把中国社会科学出版社和社会科学文献出版社办成哲学社会科学重要出版基地，实现社会效益和经济效益的最佳结合。办好"皮书"和学术年鉴系列品牌。按照"准、新、短、快"的要求，办好《要报》等内部信息刊物，办成服务党和国家工作大局的重要载体。

整合全院图书资源，建立完善的文献信息资源保障体系，努力把我院图书馆建成哲学社会科学专业特色名馆。院图书馆作为总馆，要发挥指导协调全院图书馆业务的职能。对分馆和特色专业书库实行经费倾斜政策，办好法学图书分馆和哲学专业书库，筹建经济学分馆、民族学分馆、国际问题分馆和文学专业书库。完成国家社会科学数字图书馆建设的可行性论证。制定全院图书馆资源数字化方案，加强数字化建设。加强与网络中心合作，实现图书馆电子资源远程访问。完成"一卡通"工程，统一全院借阅制度，实现资源共享。制定并实施古籍保护方案。

以创办国内外一流的哲学社会科学专业学术名网为目标，加强信息化建设。建立全院统一的哲学社会科学海量数据库，不断提高院网站的信息质量和学术水平。信息化网络建设经费向研究所倾斜。建立中国哲学社会科学网互动平台，推动学部网站建设。支持研究所专业特色网和专业特色数据库建设。加大对二级网站特别是研究所网站和专业特色数据库支持力度，推动各研究所网站向本学科门户网站发展。支持基础较好、有条件的研究所加强专业外文网站建设。启动远程访问内网和统一身份认证试点工作。抓好研究生有偿上网试行工作。完成网络中心搬迁，高质量建好新机房。加强网络安全和网上信息安全建设，构建院网安全防御系统。

适时召开名刊名馆名网名社建设座谈会，认真总结经验，推广典型，带动全面。

加强与国家有关部门沟通，落实我院今年科学事业费预算指标，积极争取专项资金，最大限度地保障我院科研事业和基础设施建设需要。研究制定我院基本建设项目近期和长期规划，抓紧落实已确定的 2009 年 22 项基本建设和维修项目。全力推进贡院东街科研与学术交流大楼建设。完成研究生院新校园建设、西安文物标本楼翻建工程。协助完成国家方志馆建设后期装修改造，确保年内交付使用。安排好国际片文物保护性修缮。完成院图书馆地下书库改造、两个立体车库建设、大院环境第二步整治等任务。争取老干部活动中心、研究生院新校区 75 亩地基本建设项目和博士后公寓立项。调整办公科研用房，解决好办公用房特别困难的研究所和网络中心用房。解决老干部和全院职工的业余活动用房。加强安全保密工作。

尽力改善全院干部职工的工作生活条件。办好职工食堂。继续改善住房困难职工特别是青年科研人员的住房条件。积极筹措资金，推进单身职工宿舍建设。采取切实措施增加创收，改善全院人员的收入待遇。

（七）　加强党的建设，保证我院事业的繁荣发展

繁荣发展哲学社会科学事业，必须始终坚持、加强和改进党的领导；办好中国社会科学院，必须始终以改革创新精神抓好党的建设。

建立和完善适应哲学社会科学研究事业、具有我院特点的党建工作体制机制。成立党的建设工作领导小组，加强对全院党建工作的指导和协调。建立健全党建工作责任制，强化检查和考核。建立健全党内民主制度，制定并落实《党务公开办法》，健全党内情况通报、情况反映、重大决策征求意见制度，完善党组织和领导干部对党内意见的反馈机制。坚持和完善党委理论学习中心组学习制度和领导班子民主生活会制度。组织力量围绕党建工作中的一些重大问题开展调查，加强党建研究。

全面加强党的基层组织建设，重点加强研究室和职能部门处室的党支部建设，充分发挥党支部战斗堡垒作用。积极稳妥地做好发展新党员工作，注重在科研人员特别是中青年科研骨干中发展党员。部分任期届满的研究所党委按规定进行换届选举工作。加强对统战、工会、共青团和妇女工作的领导，充分发挥各民主党派和群众组织的作用。加强老干部支部建设和政治建设。

举全院之力，把离退休干部工作做得更好。千方百计改善老同志的生活和娱乐条件，千方百计解决老同志的实际困难，鼓励和支持老同志在力所能及的情况下从事科研活动，发挥余热。

反腐倡廉工作要着力加强惩治和预防腐败体系建设。按照

改革创新、惩防并举、统筹推进、重在建设的基本要求，全面落实党风廉政建设责任制。深入开展政治纪律、宣传纪律、外事纪律教育，加强国家安全形势和保密教育，不断推进反腐倡廉教育。健全重大部署落实和制度执行的监督检查机制，强化监督。重点查办严重违反政治纪律和严重损害国家安全的案件，继续查处违反财经纪律、失职渎职等案件。完善信访工作机制。深入开展廉政研究。

肩负党和人民赋予的领导和管理中国社会科学院这样一副重担，党组必须以高度的责任感和使命感，坚持不懈地抓好自身建设。牢固树立政治意识和政权意识，自觉地同党中央保持高度一致，时刻保持政治敏锐性和政治鉴别力；牢固树立大局意识，紧紧围绕党和国家发展全局，考虑和谋划我院科研和各项工作；牢固树立改革创新意识，紧跟党和国家理论创新、实践创新和制度创新步伐，坚持把改革创新精神贯穿于办院治院的各个环节；牢固树立廉洁自律意识，正确运用手中权力，坚持原则，勤政敬业，以实际行动做全院党员干部的表率；牢固树立团结协作意识，切实贯彻民主集中制原则，实现集体领导与分工负责的有机结合；牢固树立学习意识，努力做到勤于学习，善于学习，自觉学习，终身学习，不断提高工作能力和领导水平。

三　做好当前和今后一个时期
工作的几点要求

第一，不断解放思想，进一步改革创新。

面对新形势新任务，我院仍不同程度地存在着思想不够解放、观念不够更新的情况，比如，某些同志局限于传统的思维定式和旧的条条框框，局限于不适宜的体制机制和老套路，接受不了新思路、新观念、新举措，束缚着思想，禁锢着活力，致使在理论学术创新、体制机制创新、方法手段创新上眼光不够放开，步子不够大，措施不够得力，阻碍了更大发展。我院解放思想、转变观念的任务尚十分繁重，进一步改革创新还有很多事情要做。

解放思想向前进一步，我院工作就更上一层楼。解放思想，是需要不断破解的重要课题。然而，解放思想，必须坚持正确的出发点和落脚点，并不是一提解放思想，就变成漫无边际，没有统一的目标、共同的信念和共同的准则了。假如只是片面强调个人的自由发展，个人的自由研究，不能顺应党和国家大局发展的方向，游离在十几亿人共同奋斗的事业之外，科研工作就会失去方向和共同动力。解放思想，关键在于从什么样的出发点出发，落脚点落在哪里。作为党领导下的哲学社会科学研究机构，解放思想，就要从坚持四项基本原则出发，落脚在发展中国特色社会主义上；就要坚持实事求是的原则，从国情和我院实际出发，落脚在按规律办事、繁荣和发展哲学社会科学事业上。当然，解放思想，不是要否定一切，改变一切。我院多年来已被实践证明是行之有效的那些体制机制、思路做法和制度规定，要继续坚持。总而言之，哲学社会科学研究要关注党、国家和民族的前途命运，努力回答时代和实践提出的重大课题，为发展中国特色社会主义伟大事业作出应有贡献。

我院的改革已经取得了一定的成果，这在很大程度上是解放思想、勇于创新的结果。要取得更大进步，必须继续解放思想，充分发挥全体人员的创造性，敢于尝试，勇于突破，不断创新工作理念和思路，积极推动改革创新，在如何办院、办所上，在如何多出人才和成果上，要提出新思路、形成新举措、拿出好办法，才能展现新气象，开拓新局面，再上新台阶。

第二，坚持"二为"方向，落实"双百"方针，营造宽松的学术氛围。

党的"双百"方针，是促进哲学社会科学繁荣发展的既定方针。既要坚持正确的政治方向，坚持"为人民服务、为社会主义服务"，又要坚持"双百"方针，使学术观点和学派"百花齐放、百家争鸣"。

我院是党领导的学术机构，要服从党的统一领导，拥护党的政治主张，遵守党的政治纪律，但又不同于党的宣传部门和干部教育部门，是通过学术、学科、学理体现出政治方向，寓党的主张、主流意识形态和马克思主义的立场观点方法于学术研究之中。学术性、学科性、学理性的研究工作特点，决定了在坚持党的统一领导和正确方向的同时，一定要形成良好的学术环境，营造宽松的学术氛围。真理和谬误、真善美和假恶丑总是相比较而存在，相斗争而发展的。无论自然科学还是哲学社会科学，总是存在不同的判断、不同的观点，甚至不同的学派，正是在不同意见的自由讨论、碰撞、交锋中，真理才显现出力量。自然科学允许反复的试验，允许失误，允许失败，社会科学研究也要允许不同观点、不同学派的自由讨论，开展充分说理的学术批评和反批评。当然，背离和反对四项基本原则的言论观点，必须旗帜鲜明地抵制和批判。"试玉要烧三日满，辨材须待七年期"，辨别一个观点的真伪，需要时间和实践。学术上的争论，不能采取简单粗暴的处理办法，要心平气和地采用民主讨论的方法、说理的方法，才能去伪存真、去粗存精，发展正确的意见，克服错误的意见，才能统一认识，解决问题，才能使人人心情舒畅，积极性和创造性才能得到极大发挥。我们要有这样的胸襟和气度，要创造这样的环境和氛围，才有利于形成中国特色、中国风格、中国气派的哲学社会科学。

贯彻"双百"方针，就要尊重知识、尊重科学、尊重人才。尽力在思想上、政治上、事业上、生活待遇上切实关心科研人员，尽力解决他们的实际困难，免除他们的后顾之忧。要按学术规律办事，给予科研人员富有弹性的、充分的、相对灵活的时间和空间，真正做到散而不乱、活而有序。

第三，树立良好学风，加强和改进学习。

毛泽东同志把学风提到党风的高度来重视，并把它作为第一个要解决的问题来强调。时至今日，这对推动我院工作仍然具有深刻的指导意义。

就马克思主义政党来说，学风就是对待马克思主义的态度问题。究竟从实际出发，以实践的、发展的、创新的观点来对待马克思主义，还是从本本出发，以主观的、教条的、静止的、僵化的观点来对待马克思主义，是两种根本不同学风的分水岭。马克思主义的科学性、实践性和发展性，决定了马克思主义学风的关键是理论联系实际，是运用马克思主义立场、观点和方法来研究和解决问题。

就哲学社会科学研究来说，学风就是能不能以马克思主义为指导，围绕中心，服务大局，面向现实，服务实践，开展哲学社会科学研究的问题。这里的学风实质上也是理论联系实际的问题。党领导下的哲学社会科学事业是为发展中国特色社会主义服务的，无论基础研究还是应用研究，都有围绕中心、服务大局的问题，不是只有应用研究服务大局，基础研究就可以远离大局、远离现实。基础研究也要与现实相联系，有些基础研究，比如马克思主义基本理论研究，必须与现实相结合，要有现实针对性，回答现实问题；有些基础研究，虽然不直接研究现实问题，但也有一个为现实服务的问题；即使离现实较远的一些学科，也存在一个研究者热爱祖国和人民的感情问题和拥护中国特色社会主义的认识问题，有一个树立正确的人生观、世界观和研究方法论的问题。从事基础研究，如果脱离群众，脱离实际，就无法解决好立场、信念和价值观、人生观问题，无法解决好对人民、对民族、对党、对社会主义的感情问题。许多基础研究，如果不了解中国国情，就无法得出正确的结论。不能离开当今国际大局和时代特征，不能离开我国初级阶段基本国情，不能离开党和人民正在进行的创造性实践进行学术研究，否则研究就会失去方向、失去针对性，也就失去了灵魂与生命。陈奎元同志提出加强国情调研是解决学风问题的根本措施，用意也正在于此。

解决好学风问题，有必要加强和改进我们的学习。我院以研究人员为主体，广大专家学者视学问为生命，重视知识的学习和补充。党组之所以郑重强调学习，是希望同志们从自觉接受马克思主义指导，自觉服从于、服务于中国特色社会主义实践大局，从出精品成果、出拔尖人才，从出大师、出名师、出理论家、出思想家的高度来认识学习问题。毛泽东同志曾教导过我们，学习有两个方面，一是向书本学习，一是向实践学习，这两个方面的学习是必不可少的。向书本学习，离不开联系实际，如果脱离实际，就会成为死啃书本的书呆子，会犯主观主义、教条主义毛病。迷信西方教条，是现今教条主义的一个新表现。向实践学习，必须有马克思主义作指导，以广博渊深的书本知识作基础，否则就会成为没有知识积淀和理论指导的莽撞者，会迷失方向，犯经验主义错误。

正是从这个意义上讲，必须以理论和实际相结合的方针，加强和改进学习。首先是学习马克思主义理论。并不要求人人都成为马克思主义理论家，而是希望大家将马克思主义作为世界观和方法论，作为指导哲学社会科学研究实践的指南来学习，自觉地把马克思主义的立场、观点和方法运用到科学研究中，把能否运用马克思主义分析、说明和解决理论、学术和现实问题，作为衡量学习成效的一个重要标准。其次是学深学透专业知识。我院很多专家学者在专业领域有很深的造诣、很高的水准，但要达到哲学社会科学最高殿堂的要求，绝不能满足现状，自我欣赏，要有"仰之弥高，钻之弥坚"的精神，要有做出"藏之名山，传之后世"成就的追求，要有"抓住一个问题终生不放"的韧性和"搜集资料必须竭泽而渔"的气魄。对专业知识的学习应有更高的要求。再有是广泛学习各方面的知识。各门学科有其自身的研究对象、理论体系、话语体系和发展规律，但从另一方面看，许多问题的研究和认识，也有一个跨领域跨学科跨专业的综合性问题，这就要求哲学社会科学工作者必须拓宽知识视野，运用综合性思维方式、认识工具和研究方法，掌握多领域、多学科广泛知识，与社会科学各学科、与自然科学形成合力。必须打破学科界限，消除学科偏见，克服学科分化、细化带来的弊端，积极推动不同学科之间的合作与交流，努力融会中外、贯通古今、纵横学科，发挥好我院科研的整体优势。最后是向实践学习。学习实践必须吃透两头，一要吃透上面中央精神，明确什么是中心工作，什么是大局；一要吃透下面实际，准确把握世情、国情、民情，深入了解世界和中国的政治、经济、文化、社会现实，了解时代、社会和人民大众的需要。

还有一个向大师学习的问题。我院历史上大师辈出，我们要以他们为荣，以他们为榜样，首要的是学习他们的学风，学习他们学贯中西、博通古今的渊博，学习他们"板凳要坐十年冷，文章不写一句空"的严谨态度，学习他们的科学精神、人文情怀和社会责任感。

第四，研究和把握规律，按照规律办院。

解放思想必须坚持实事求是的原则，具体到我院，就要求实事求是地认识我院实际，从纷杂的现象中找出规律性的东西，认识规律、把握规律，按照规律办事。这是坚持解放思想、实事求是思想路线的必然要求，是理论联系实际学风的必然要求，是实现中央对我院定位目标的必然要求。只有掌握了规律，抓工作才有更多的预见性、主动性；只有按客观规律办事，抓科研才更有针对性。

对于我院而言，要研究和把握"三个规律"：一是科研成果生产规律和科研人才成长规律，即出精品成果，出拔尖人才，要遵循怎样的规律；二是哲学社会科学发展规律，即哲学社会科学事业是遵循怎样的规律发展的；三是改革开放三十年我院的办院规律，即办院的经验是什么，教训是什么，有什么样的规律可循。同时，要认真思考和研究如何办好我院的全局性、根本性、长远性的一系列重大问题，要考虑如何认识、把握和处理我院工作中的一些重大关系问题。譬如，基础研究和应用研究的关系，哲学社会科学创新体系和管理体制机制的关系，政治和学术的关系，加强统一领导和调动各方面积极性的关系等。当然还有更具体层次的关系问题也要研究，比如院和所的关系；院职能部门与研究所的关系；党委书记和所长的关系；等等。

认识和把握工作的基本规律和重要关系，关系到我院能否全面落实科学发展观，关系到我院改革发展大局和长远发展大计。希望全院上下都要积极探索规律，认真研究规律，不断总结，不断提炼，升华为理性认识，用以指导工作。

第五，转变工作作风，提高领导干部的执行力。

去年工作之所以取得一定成绩，既是全院同志共同努力的结果，同时也是狠抓工作作风转变的结果。能不能顺利完成今年工作会议提出的任务，关键在于工作作风实不实。一步行动比一打纲领更重要。要把改进领导干部工作作风、提高执行力，作为一项重要事情来抓。

从整体看，我院干部队伍是好的。但在少数干部，特别是在极个别领导干部身上，还存在不良的工作作风，集中表现为"软、懒、散"的毛病。所谓"软"，就是不敢对错误言行进行批评和处理，不敢大胆管理，瞻前顾后，拈轻怕重，回避矛盾，既存在己不正不敢正人的顾虑，又缺少克服困难、解决问题的勇气、决心和办法；所谓"懒"，就是缺乏责任心和敬业精神，缺乏激情和干劲，心思不放在工作上，矛盾上交给领导，责任下放给群众，既不主动考虑本单位的发展，不思进取，得过且过，又不认真落实党组决策，不推不动，甚至推而不动；所谓"散"，主要表现为对中央和党组决定漫不经心，精力不集中，情绪懈怠，松垮散漫，工作抓而不紧，纪律观念淡薄。例如，群众反映有极个别所局级领导很难看到人影。少数人的"软、懒、散"，致使极个别的领导班子缺乏战斗力，造成所在单位缺乏凝聚力，人心涣散。这些不良工作作风，虽然只存在于极少数人身上，但影响很坏，此风不改，于事业有害。

治理极个别领导干部身上"软、懒、散"的毛病，必须下大力气改进工作作风，突出一个"实"字，真抓实干。把认识统一到中央精神和要求上来，把思想统一到干事业上来，把精力集中到做实事上来，把功夫下到抓落实上来。这就要求各级干部特别是所局级领导干部：首先，坚持党委集体领导，书记管党，所长治所，局长抓局，领导班子团结一致、齐心协力，抓好管理，带好队伍，搞好工作，履行好职责。既要敢于管理，敢于和不正之风作斗争，守土有责、守土尽责，在其位则谋其政；又要善于管理，讲团结，讲纪律，讲规矩，讲程序，增强亲和力和向心力，提高执行能力。其次，深入科研一线，吃透情况，联系群众，扑下身子，切实解决事关我院科研等事业发展、事关群众切身利益的问题。要勤于政事，甘于奉献，把精力放到工作上，把心思放到事业上，增强工作的主动性和创造性。其三，增强纪律观念，加强内部团结，营造和谐环境。有不同意见，可以充分表达，有困难可以反映，但绝不允许推诿扯皮、阳奉阴违，一旦形成集体决议，就要不折不扣地贯彻落实。

同志们，今年任务十分繁重。让我们在党中央的正确领导下，全面贯彻落实党组的工作部署，认真认真再认真，扎实扎实再扎实，振奋精神，锐意进取，推动我院工作迈上新台阶，以优异成绩迎接新中国成立60周年！

谢谢大家。

深入实施科研强院、人才强院、管理强院战略,进一步开创我院改革发展新局面

—— 在中国社会科学院 2010 年度工作会议上的报告

(2010 年 3 月 23 日)

同志们:

我受陈奎元同志委托,代表党组作工作报告,请讨论。

一 团结进取,开拓创新, 2009 年取得显著成绩

2009 年,我院各项工作进步明显,取得很多实际成果,保持了健康平稳发展。

第一,深入学习贯彻党的十七大和十七届四中全会精神,牢牢把握正确的政治方向和学术导向。

党组把深入学习实践科学发展观、学习贯彻党的十七大和十七届四中全会精神作为中心工作,紧密结合落实中央关于繁荣发展哲学社会科学、加强改进意识形态工作的一系列指示精神,全面加强思想政治建设。按照中央统一部署,认真开展学

习实践科学发展观"回头看"活动，围绕党组分析检查报告和整改落实方案提出的五大类 49 项任务，全面开展整改落实工作，增强了全院党员干部特别是各级领导干部贯彻落实科学发展观的自觉性和坚定性。集中开展四中全会精神的学习、研讨和宣传，举办多种形式的培训班、报告会、专题研讨会，对800 多名党员干部进行培训。深入开展社会主义核心价值体系教育和理想信念教育，举办纪念五四运动 90 周年和庆祝新中国成立 60 周年系列活动。加强中国特色社会主义理论体系研究和宣传，"一面旗帜、一条道路、一个理论体系"更加深入人心。

面对国际金融危机冲击和意识形态领域的复杂形势，坚定不移地贯彻中央关于自觉划清"四个重要界限"的要求，提高全院人员用马克思主义指导哲学社会科学研究和抵御各种错误思潮影响的能力。组织对新自由主义、社会民主主义、历史虚无主义和"普世价值"论等错误思潮的批驳。全院同志特别是领导干部的政治敏锐性和政治鉴别力不断增强。

大力加强马克思主义阵地建设。高度重视马克思主义理论学科建设，成立马克思主义学科建设与理论研究工作领导小组，制定《加强马克思主义学科建设与理论研究实施方案（2009—2014）》和 2010 年工作计划，加强马克思主义研究院、中国特色社会主义理论体系研究中心和世界社会主义研究中心工作。

第二，深化对科研成果生产规律、人才成长规律和办院规律的认识，进一步明确我院发展战略。

组织全院紧紧围绕"发展什么样的哲学社会科学、怎样发展哲学社会科学""培养什么样的人才、怎样培养人才""建设一个什么样的社科院、怎样建设社科院"等重大问题，深入思考，积极探索，办院思路更加清晰。在 2008 年工作会议上，党组认真总结我院发展历史中积累的宝贵经验，提出六大发展目标，即始终坚持马克思主义在哲学社会科学领域的指导地位，以中国特色社会主义理论体系为指导，努力把我院建设成为马克思主义的坚强阵地；始终坚持学科体系、学术观点、科研方法创新，加快构建哲学社会科学创新体系，努力把我院建设成为我国哲学社会科学研究的最高殿堂；始终坚持为发展中国特色社会主义服务，加强重大理论和现实问题研究，努力把我院建设成为党和国家重要的思想库和智囊团；始终坚持以科研为中心，实施科研强院战略和人才强院战略，深化管理体制机制改革与创新，努力把我院建设成为具有中国特色的世界一流名院、强院；始终坚持开门办院和"走出去"为主的原则，积极扩大国际学术交流，努力把我院建设成为中国哲学社会科学走向世界的重要窗口；始终坚持为科研服务的宗旨，深化改革，加强行政后勤保障体系建设，努力把我院建设成为具有雄厚保障能力的哲学社会科学发展基地。在 2008 年 8 月的全院改革工作座谈会上，党组作出了管理体制机制改革的全面部署。在 2009 年工作会议上，陈奎元同志明确要求"抓管理强院"。党组提出，要深入认识科研成果生产规律、人才成长规律和办院规律，深入认识关乎我院发展全局的一系列重大关系。2009年 8 月，党组召开所局级主要领导干部管理强院专题研讨会，确立了"科研强院、人才强院、管理强院"三大战略，形成了科研强院为中心、人才强院为关键、管理强院为保障的"三位一体"工作格局。实践证明，按照六大发展目标，实施三大强院战略，开展管理体制机制改革，推进哲学社会科学体系创新，出成果、出人才、出效益，是一条符合中央要求、符合我院实际、符合全院同志期望的强院兴院之路。

第三，围绕中心，服务大局，以重大现实问题为科研主攻方向，有效发挥思想库智囊团作用。

围绕党和国家关注的一系列重大理论和现实问题，立项重大重点课题 41 项，落实中央领导同志、有关部门和院领导交办委托课题 80 项。围绕中国特色社会主义理论体系和发展道路、科学发展观、社会主义核心价值观以及加强意识形态工作等重大理论问题，应对国际金融危机、妥善处理民族宗教问题、维护国家意识形态安全和提高文化软实力等重大现实问题，积极开展专题研究，为党和国家决策提供了有价值的建议。经《要报》《世界社会主义研究动态》《思想理论动态简报》等渠道报送成果近 800 件。《要报》系列报送的成果，被中央及有关部门采纳 114 件，获中央领导圈批的近 50 件。《世界社会主义研究动态》报送 61 期，获中央和部委领导同志批示转载 27 期。

直接承担并出色完成了党和国家交办委托任务。一些同志参加十七届四中全会文件、政府工作报告、"十二五"规划纲要以及部分重要法律法规的起草工作；一些同志承担为中央政治局集体学习讲解、十七届四中全会精神宣讲、扩大内需资金落实情况专项检查等重要任务；积极承担马克思主义理论研究和建设工程任务。我院学者在法兰克福国际书展中国主宾国活动、《保护和促进文化表现形式多样性公约》谈判、哥本哈根世界气候大会等重要国际活动中，发挥重要作用，得到中央领导及有关部门好评。

积极开展国情调研工作。确立国情调研项目和考察活动

104 项，开展"科学发展观实践情况""意识形态和文化安全"等七个方面的重大调研工作，形成最终成果 126 种，阶段性调研报告 187 种，阶段性考察报告 141 种，编选国情调研《要报》稿件 26 篇。湖南、甘肃、江西、内蒙古、黑龙江、河南和宁波 7 个国情调研基地相继建立。

第四，努力出精品成果、出拔尖人才，哲学社会科学创新体系建设取得新进展。

协同推进基础学科与应用学科建设，学科布局更加合理，学科建设得到加强。制定并实施《重点学科建设计划》，启动新一轮重点学科建设项目，共确定 154 个重点学科。组织落实第二批特殊学科建设项目，立项资助濒危学科、新兴学科、交叉学科、绝学 12 项。"西藏历史与现状综合研究"项目、"梵文研究及人才队伍建设"项目正式启动，"西南边疆历史与现状综合研究"项目稳步推进。国家社科基金课题获批 36 项，重大招标课题获批 9 项。立项院重大课题 29 项、重点课题 93 项。后期资助、青年科研启动基金、老年科研基金发挥应有作用。学部工作稳步推进，学部委员作用更加突出。国史编年研究和地方志工作顺利进行。举办"国学研究论坛""经济学论坛""国际问题论坛"等一系列大型学术活动，扩大了我院的学术和社会影响。全年共出版专著 410 部，译著 103 部，发表论文 5089 篇，研究报告 1667 份以及其他形式的大量科研成果。《中国社会科学院文库》、系列"皮书"等重要出版成果产生较大影响。

重视人才队伍建设。调整和充实部分所局领导班子。推荐"全国杰出专业技术人才"人选、国务院政府特殊津贴人选、年度"四个一批"人选和"新世纪百千万人才工程国家级人选"33 人。支持西部地区人才培养，落实访问学者计划 15 人。干部培训迈上新台阶，组织各类培训 30 期，培训 1800 多人次。研究生教育取得新成绩。进一步完善博士后管理工作机制。顺利完成年度职称评审、研究所新一届学术委员会换届工作。

对外学术交流质量和水平有较大提高。全年出访 1064 批，1695 人次；来访 285 批，987 人次。与国外学术机构新签协议 7 个，其他合作研究项目稳步推进。举办各类国际学术会议 97 个。圆满完成巴西、美国、韩国等一批国外政要来访接待任务。

第五，强化管理，全面推进改革，管理体制机制创新达到预期目标。

大力实施管理强院战略，全面推进管理体制机制改革，是贯穿全年的一条主线。在查遗补缺、建章立制、统筹协调、部署督导等各个方面，工作力度大，进展快，效果明显。据统计，年初确定的 86 项改革任务已落实或基本落实 67 项，正在落实的 19 项，各项改革取得预期成果。

以改革课题制、完善科研资助体系为重点，大力加强基础研究和基础学科建设、基础研究人才和青年骨干人才培养。出台《基础研究学者资助计划》《青年学者资助计划》，资助基础研究学者 31 人、青年学者 32 人。改进课题经费管理办法，提高使用效益。在建设完善科研体系和机构设置方面，进展明显，正式组建城市发展与环境研究所和国际法研究所，积极推动成立社会发展研究所。推进院重大问题综合研究中心工作，完善重大问题研究的组织协调机制。建立社会科学与自然科学交叉融合机制，开展经济社会发展综合集成实验室项目论证工作，与中国气象局合作，成立"气候变化经济学模拟联合实验室"。出台《关于改进和完善非实体研究中心管理的意见》，对非实体研究中心进行规范和清理。为逐步形成激励、竞争、充满活力的科研体制机制打下基础。

以建立完善激励和"退出"机制为重点，落实《聘用制改革及岗位设置管理工作实施方案》，全面推行聘用制改革，顺利完成分级定岗及人员聘用工作。制定《人才强院战略实施方案》，投入2500万元用于人才队伍建设，各研究所也分别研究制定"人才强所"实施方案。实施《人事代理暂行办法》，规范各类人员的奖励办法。为逐步形成能上能下、能进能出、奖优汰劣的人才管理体制机制打下基础。

加强对外学术交流执行、协调、组织、决策等方面的体制建设，完善国际会议的组织和管理机制，办好国际学术论坛。投入名刊建设经费1500万元，召开报刊出版馆网建设经验交流会，明确任务，推进工作。第一份全国性的哲学社会科学专业报纸《中国社会科学报》正式创刊，办报体制机制有较大创新。出版社改企转制工作顺利进行，转制后集团化发展思路初步形成。工业经济研究所组建报刊出版集团。图书馆三级管理体制改革稳步推进，民族学分馆和文学专业书库基本建成。制定《网络信息化建设深化改革总体方案》，加强全院一二级网站及专业特色网站体系建设。为逐步形成服务科研、灵活创新的科研辅助体制机制打下基础。

以常务副院长和秘书长为中心的日常工作机制更加健全，办公厅枢纽作用得到加强。开展行政管理人员培训，提高办文、办事、办会的制度化、科学化、规范化水平。逐步完善信息报送体制机制。基本完成各项规章制度的废、改、立工作。院务公开取得新进展。完善落实安全、保密管理制度和责任制，加强网络信息安全和防火安全工作，加大矛盾纠纷、事故隐患排查化解力度，安全稳定工作机制建设取得新进展。健全新闻宣传、档案管理、计划生育、扶贫等工作制度。为逐步形成高效运转的行政管理体制机制打下基础。

成立院基建办公室，建立工作制度和运行机制，编制基本建设中长期规划。加强财务统一管理，完善财务管理制度和结算中心工作机制，对二、三级账户实行集中监管，有效发挥资金调度和账户监管职能。试行会计委派制和代理制。出台《房产有偿利用管理规定》，对 25 个院属单位有偿使用房产进行清理，收回有偿利用的科研办公用房约 2000 平方米，新增收入 383 万元，建立有偿使用房产的长效机制。推动人防工程管理机构和工作机制改革。印刷厂、会议中心、食堂体制机制改革成效明显，服务质量和经济效益有所提高。开展水、电、气、暖节能承包改革试点工作。为逐步建立保障有力、制度健全、服务到位的后勤保障体制机制打下基础。

第六，基本建设重大项目顺利推进，全院人员的工作和生活条件有较大改善。

党组着力解决影响我院发展和全院人员切身利益的突出问题，积极谋划，重点突破。研究生院新校区主体建设工程顺利推进，可望今年 5 月竣工，下半年投入使用。研究生院新校园又新征土地 75 亩。学术与科研大楼建设项目获得重要突破，征地手续基本办妥，积极筹备拆迁工作。4000 平方米在建、12000 平方米筹建的单身职工宿舍建设进展顺利。地下书库改造完工。完成网络中心机房一期建设。投入资金 5600 万元，落实维修项目 69 项。继续改善职工住房条件，在多渠道筹措房源 1650 套、解决 900 余户职工住房的基础上，建立起解决职工住房、引进人才用房的长效机制。对全院办公用房进行调整，集中财力租赁 7442 平方米办公用房，缓解部分研究所办公用房紧张状况，改善了科研、办公条件。老干部和职工活动中心建成启用。积极争取国家财政支持，加大创收力度，规范职工津补贴，全院职工包括离退休同志的收入水平普遍提高。

第七，加大督查督办力度，改进工作作风，职能部门和领导干部的执行力明显增强。

颁布实施督查工作管理办法，建立督查督办工作制度和机制，督查工作走上制度化、规范化轨道，有力推动工作落实。2009 年度院工作会议确定 7 大类、138 项工作任务，截至年底，已经落实 130 项，占总数的 95%。全年共召开党组会、院务会 21 次，院长办公会 26 次，讨论决定事项 220 项，截至年底，已办理完成和纳入经常性工作 213 项，占总任务数的 97%。

建立例会制度，推动各项工作任务的落实。每两周召开一次院长办公会议，及时研究解决全院日常工作问题。每周召开一次改革协调小组成员单位负责人例会，共召开 46 次会议。每周召开一次基建财务后勤工作例会，研究解决基本建设、图书信息、财务管理和后勤保障等工作问题。

院领导带领职能部门负责人先后 20 余次深入各单位调研，听取汇报，了解全院人员思想、工作和生活情况。召开各类现场办公会，解决改革发展中遇到的困难和问题。召开 4 次落实管理强院战略汇报会，交流落实管理强院战略、加强研究所建设的经验。召开 3 次以中青年为主体的科研人员座谈会，增进党组和科研一线人员的沟通。

第八，加强党的建设，为全院事业发展提供有力政治保障。

成立党的建设工作领导小组，加强对全院党建工作的指导和协调。召开党的工作会议和直属机关第二次党代表大会，完成直属机关党委、纪委换届工作。修订《研究所党委工作条例》和《研究所所长工作条例》，完善党委领导下的所长负责制。积极做好发展新党员工作，基层党支部建设稳步推进。大力加强学习型党组织建设，不断完善全院党员教育培训体系，党校工作取得新成绩。统战、工会、共青团、妇女工作得到加强。

制定落实《关于进一步加强领导干部和机关作风建设的若干意见》。在领导干部和机关工作人员中深入开展宗旨教育，强化责任意识，增强服务意识。倡导领导干部和职能部门深入基层，深入一线，着力解决实际问题。切实改进会风，提倡开短会，讲短话。开展创建"文明单位"和职能部门、部分直属单位"文明窗口"活动，社会学所、当代中国所等9个单位荣获中央国家机关"文明单位"称号，办公厅秘书处等5个单位荣获我院首批"文明窗口"称号。开展机关干部作风建设情况满意度测评工作。机关作风有较大改进，管理水平、办事效率、服务质量明显提高。

注重政治纪律教育，注重抓好重要政治时点的稳定工作和个别人员的转化工作，提高全院同志的政治纪律意识。把学风作为我院行风来抓，严格学术自律，完善规范学术行为制度。集中开展"看身边勤政廉政事，学身边廉洁敬业人"活动，反腐倡廉教育取得明显成效。着力推进源头预防和治理腐败工作，集中开展"小金库"治理及"厉行节约"专项活动，清理"小金库"42个，并建立防治长效机制。加强对领导干部和关键岗位的监督。严肃惩处违法违纪行为。成立"中国廉政研究中心"，成功举办第四届廉政研究论坛。参与中央纪委《关于推进惩治和预防腐败体系建设工作检查考核办法》起草及实施工作。服务党和国家反腐倡廉建设大局的能力得到提高。

党组高度重视离退休干部工作，各单位认真贯彻落实党组要求，提升工作水平，提高服务质量，开展丰富多彩的活动，为离退休干部办好事、办实事，全院老同志普遍满意。

同志们，过去一年每一项工作的落实，每一份成绩的取得，都凝聚着全院同志的智慧和汗水。借此机会，我代表党组和陈奎元同志，向全院同志致以衷心的感谢和诚挚的敬意！

在肯定成绩的同时，必须清醒地看到，我们的工作还存在许多不足和问题，比如，理论研究和学术创新水平还不能很好适应推进马克思主义中国化、时代化、大众化的需要，不能很好地适应哲学社会科学繁荣发展的需要，不能很好地适应党和国家发展大局的需要；精品成果、拔尖人才的质量、数量，在国际国内学术舞台上的作用和影响，同我院作为国家级哲学社会科学研究机构的地位还不甚相称；个别领导干部的思想还不够解放，抓改革、促管理的积极性还不够高，照旧章办事、因循守旧的现象还没有完全改变，党组的一些重要决策部署还不能及时有效地传达贯彻到基层，工作作风还有待改进，执行力还有待提高；基层工作薄弱的问题还很突出，抓基层、打基础的工作亟待加强；我院事业发展还受到许多客观因素的制约，还面临许多难题，需要千方百计创造条件加以解决。面对这些困难和压力，全院上下必须团结一致，变挑战为机遇，变压力为动力，以更加积极的姿态、更加扎实的作风，尽心竭力做好每一项工作。

二　统一思想，提高认识，明确我院
当前面临的形势和任务

认识的高度决定行动的力度。抓好 2010 年和今后一段时期的工作，必须吃透中央精神，准确把握形势，紧紧围绕党和国家中心工作，服务党和国家战略部署和工作大局，积极主动地参与党的理论创新，在全党全国人民共同奋斗的伟大事业中作出应有贡献。必须立足我院实际，探索发展规律，把思想和行动统一到实现中央"三大定位"要求和党组决策部署上来，统一到实施三大战略、强化管理、深化改革、狠抓落实上来。

第一，认清和把握党的十七届四中全会精神对我院党建工作的新要求。

加强党的建设，对我院发展具有重要意义。作为中央直接领导的国家哲学社会科学研究机构，党的建设成效如何，直接关系到我院能否更好地坚持马克思主义的指导地位，能否更好地坚持正确的政治方向和学术导向，能否推进哲学社会科学繁荣发展。我院党建工作取得了一定成绩，同时，也存在一些不适应新形势新任务新要求的问题。比如，个别党委领导班子不团结，凝聚力、执行力不强；个别党组织的领导干部不能很好地履行"党要管党、从严治党"的职责，投入精力不够；个别党员理想信念动摇，党性观念和纪律观念淡薄，对错误思想观点缺乏识别能力；个别基层党组织不能很好地贯彻落实《党章》规定的党内生活制度，党的生活不健全。加强我院党的建设，特别是党委领导班子建设和基层党组织建设，是摆在全院面前的紧迫任务。

按照四中全会要求，加强党的建设是我院今年乃至今后一个时期头等重要的政治任务。要坚持正确的政治方向，同党和国家保持一致的步调，高举中国特色社会主义伟大旗帜，坚持走中国特色社会主义道路。在这个问题上，不能有丝毫含糊，不能有任何动摇。要紧密结合我院党的工作实际，针对工作中的薄弱环节，全面加强党的建设：在加强党的思想政治建设、政治纪律建设上用力气、下功夫；按照建设马克思主义学习型政党的战略部署，加强学习型党组织建设；充分发挥党的建设工作领导小组的指导协调作用和直属机关党委的组织保证作用，形成齐心协力抓党建的工作局面；根据我院各级党组织和不同类型党员的特点，研究制定针对性强、切实可行的党建工作方案和基层党支部建设方案；紧紧抓住党委班子建设这一关键，牢牢把握党支部建设这个重点，采取有力措施加强党委领导班子和基层党支部建设。通过全面加强党的建设，使各级党组织战斗力显著增强，党员理想信念更加坚定，党员领导干部思想政治素质不断提高，党风学风院风不断改进，为做好我院工作提供坚强的政治保障。

第二，认清和把握国际国内形势对哲学社会科学事业发展的新要求。

抓好我院工作，必须对意识形态工作和哲学社会科学事业所面对的形势有清醒的认识和判断。

一是准确把握应对国际金融危机的新要求。虽然我国已经有效遏止了经济增长明显下滑态势，在全球率先实现经济形势总体回升向好。然而，金融危机的影响尚在，保持经济平稳较快增长，推动经济结构调整和经济发展方式转变，促进经济社会又好又快发展的任务仍然十分繁重。这就要求我院科研工作必须密切关注经济社会发展中的重大问题，推出高水平的研究成果，提出有价值的政策建议，为夺取应对国际金融危机冲击的全面胜利、实现全面协调可持续发展贡献智力。

二是准确把握应对意识形态领域复杂局面的新要求。在意识形态领域，渗透和反渗透的斗争依然尖锐复杂。各种敌对势力对我国实施西化、分化的活动愈演愈烈，渗透的手法和策略呈现出许多新特点新变化。国内极少数人也不时发出噪音、杂音，企图否定马克思主义的指导，否定党的领导，否定社会主义制度。影响社会和谐稳定的舆论时有出现，引导整合多种社会思潮的难度不断加大。这就要求我们必须认真落实中央关于意识形态工作的一系列精神和部署，进一步巩固马克思主义在意识形态领域和哲学社会科学研究中的指导地位。

三是准确把握掌握国际话语权的新要求。当今世界正处在大发展大变革大调整时期，国际力量对比出现新态势。我国国际地位不断提升，中国发展道路、发展经验和发展模式引起越来越多的关注，我国承载的国际期待、国际责任越发加重。同时，国际上存在着对我国不利的因素，国家安全面临严峻挑战，"中国威胁论""中国崩溃论""中国责任论"等言论不绝于耳。这就要求我们必须深刻总结我国的成就和经验，正确阐释和宣传中国发展道路和发展模式，在国际学术界争取话语权，赢得主动权。

第三，认清和把握院情和工作规律对我院工作的新要求。

认清院情、把握规律，是抓好我院工作的认识前提。准确把握院情，首先要认清我院的独特优势、有利条件。我院是党中央直接领导的国家哲学社会科学研究机构，积累了较为丰富的办院经验、较为深厚的学术积淀和较为雄厚的人才储备，形成了较为优秀的学术传统和学术品格，营造了较好的学术环境和氛围。当然，也要清醒地认识到制约我院发展的不利因素和问题。尤其值得重视的是，有些传统优势学科出现滑坡，甚至丧失领先地位；在全方位的人才竞争条件下，我院在物质、待遇方面不占优势；在经费、管理、体制机制等方面，还存在许多不尽如人意的地方。我们既要充分发挥优势，坚定信心，同时又要正视存在的问题和不足，切实增强危机意识和忧患意识，奋发努力，有更大作为。

在办院、治院的实践中，同志们对关乎我院发展全局的"三个规律"和"七对关系"的认识都有所深化。但是，规律的认识和把握，不是一朝一夕的事情，要在实践中反复探索，不断深化。希望全院同志都来关心我院发展，加强学习，认真研究，共谋发展大计，提高治院的科学化水平。要找准我院在整个哲学社会科学界学科布局中的位置，找准哲学社会科学事业的生长点，找准影响我院发展的症结所在，统一认识，团结一致，推动我院事业繁荣发展。

第四，认清和把握实施三大强院战略对领导干部的新要求。

科研、人才和管理，是我院发展战略的三个方面，相辅相成，互为依托，彼此促进，缺一不可。科研是中心工作，是我院安身立命之本，必须牢牢抓住科研这个中心。做好科研工作，关键在人，关键在人才，关键在拔尖人才，人才是我院工作的重中之重。人才的成长，科研成果的产出，全院的正常运转，都离不开管理。在当前，科研强院和人才强院战略的实施应当以管理强院战略为突破口和着力点。

全院上下对于三大强院战略达成了广泛共识。特别是对实施强院战略的必要性和紧迫性有了更为深刻的认识。但是，还有部分同志特别是一些领导干部，对于实施管理强院战略，认识和行动不到位，严重影响了管理强院战略的落实。同志们务必明白，要实现科研强院、人才强院，就需要管理。问题不在于要不要管理，而是实施什么样的管理、怎样管理。从抓管理的实际效果来看，抓和不抓大不一样，真抓实干和敷衍了事大不一样，一抓到底和浅尝辄止大不一样。陈奎元同志充分肯定管理强院工作，认为"抓得好，有力度，今年继续坚持下去"。对抓好管理强院，必须坚定信心，下定决心，坚持不松劲、不松手，一抓到底。

抓管理强院，必须加强领导干部和职能部门的作风建设和执行能力建设。"政治路线确定之后，干部就是决定性因素。"领导干部特别是所局级领导干部，是贯彻落实中央精神及党组决策部署的决定性因素。职能部门是党组的执行机构，也是某方面的责任部门，担负着贯彻党组决策部署、提供决策咨询和承上启下、分兵把守全院各项工作的重要职责。领导干部、职能部门的思想作风、工作作风和执行能力如何，直接关系到我院工作的推动和落实。领导干部和职能部门要转变作风，提高执行力，特别要增强实事求是、令行禁止、狠抓落实的作风。要增强工作的积极性、主动性，开展经常性的调查研究，广泛听取各方意见，提出具有战略性、全局性和前瞻性的可行方案，创造性地开展工作。

抓管理强院，必须深化管理体制机制改革。实行管理体制机制改革，是党组为加快建设哲学社会科学创新体系和革除妨碍出成果、出人才的体制机制弊端而作出的重要决策。按照管理体制机制改革方案的要求，目前基本完成规定的任务。这一阶段的改革遵循既定原则，达到了预期目的，在科研、人才、科研辅助、行政、基建财务和后勤保障工作的关键领域都取得了突破性进展，为构建充满活力、富有效率、有利于哲学社会科学创新发展的管理体制机制奠定了基础。但是，改革远未完成，当前和今后一个时期的努力方向，就是巩固已经取得的改革成果，继续深化管理体制机制改革。

从 2008 年下半年开始到现在已经一年半时间了，管理体制机制改革取得了实实在在、有目共睹的成绩。然而，改革的推进在各职能部门、研究所之间还不平衡；出台了一系列改革措施和规章制度，但要真正落实到各个领域、各个方面、各个具体工作环节，落实到研究所、研究室，有效运转起来，还有很长的路要走，需要做更扎实细致的工作；改革已经进入攻坚阶段，在体制机制创新、利益格局调整等方面出现了很多新情况、新问题，旧的问题解决了，还有新的问题需要解决，表层的问题解决了，还有深层次的问题需要解决，简单的问题解决了，还有复杂的问题需要解决。解决问题不能指望一蹴而就，改革也不能指望一劳永逸，管理体制机制改革是一项长期而艰巨的任务。这就要求我们不断提高驾驭复杂局面的能力和统筹协调的能力，调整和完善各项改革措施，增强改革措施之间的协调性，使之相互衔接、配套，不断把改革引向纵深。

从管理体制机制改革和哲学社会科学创新体系建设的关系来看，改革的目的，就是要推动哲学社会科学体系创新，并为其提供必要的保证。在改革过程中，必须始终用全面的、联系的、辩证的观点来看待这二者的关系，即它们是相辅相成、协调推进的。不存在离开哲学社会科学创新体系建设的孤立的管理体制机制改革。从一开始，我们就坚持管理体制机制创新和哲学社会科学体系创新同步推进。各项改革必须紧紧围绕如何适应和推动哲学社会科学创新体系建设这个总任务来展开。管理体制机制改革，既为加快推进哲学社会科学创新体系建设创造条件、提供保障，同时本身就是哲学社会科学创新体系的重要组成部分。已经出台并实施的一些重大改革举措，对学术观点创新、学科体系创新和科研方法创新，起到了积极的推动作用。事情有轻重缓急之分，工作有步骤先后之别。已经进行的改革主要集中在群众反映强烈、迫切要求解决的方面，急事先行，急事先办。正如陈奎元同志所讲的："这一步迈出去以后，站稳了，学科体系建设、研究所的建设、科研成果评价等方面的改革紧随其后，我院和各研究所几年以后将会是一个崭新的面目。"全院同志要总结经验，认真研究和解决巩固、提高、深化管理体制机制改革的问题，认真研究和解决两方面改革衔接配套的问题，认真研究和解决改革过程中出现的深层次问题。

抓管理强院，必须做好抓基层、打基础工作。根深叶茂，本固枝荣。研究室是全院乃至研究所工作的基础，党支部是全院乃至研究所党建工作的基础。今年和今后相当长一个时期，要把加强研究室和基层党支部建设，作为一项重要任务，作为管理强院的一个重要环节，抓紧抓实抓好。要切实将工作重心下沉到研究室、基层党支部，夯实我院发展的基础。

三　深化改革，狠抓落实，努力做好 2010 年工作

今年我院工作的总体要求是：高举中国特色社会主义伟大旗帜，以马列主义、毛泽东思想、邓小平理论和"三个代表"重要思想为指导，深入贯彻落实科学发展观，全面贯彻党的十

七大和十七届四中全会精神，大力实施科研强院、人才强院、管理强院战略，深化管理体制机制改革，加快推进哲学社会科学创新体系建设，努力开创工作新局面。

2010年深化改革的任务十分繁重。各职能局、相关直属单位分别制定了本年度管理体制机制改革工作要点，明确规定了责任人、责任部门和完成时间。各单位要按照党组的统一部署，按照既定的目标和任务，扎实有效地做好每一项改革工作。

（一）以落实马克思主义理论学科建设与理论研究实施方案为主要抓手，推进马克思主义坚强阵地建设

牢牢把握正确的政治方向和学术导向，最重要的措施是大力推进马克思主义坚强阵地建设。加大投入，集中精力，实施好、落实好《马克思主义理论学科建设和理论研究实施方案》及2010年具体工作计划。调整和优化马克思主义理论学科布局，加强马克思主义理论一级学科建设，健全马克思主义理论二级学科，逐步形成完整的马克思主义理论学科体系，把该学科建设成为国内一流的优势学科。努力建设一支党和人民信得过的马克思主义理论研究队伍，培养一批马克思主义理论家，一批马克思主义理论学科带头人，一批从事马克思主义理论研究和宣传的中青年骨干。努力办好马克思主义研究院、中国特色社会主义理论体系研究中心和世界社会主义研究中心。加强马克思主义理论学科研究室（编辑室）的建设，根据需要增设15个研究室（编辑室）和若干非实体研究中心，或设立一些专门研究岗位。成立27个"马克思主义经典作家专题摘编"课题组和7个基础理论专题研究课题组。组织落实一批重大选题，深入研究马克思主义基本原理和重大理论问题，深入研究马克思主义中国化最新理论成果。加强中国道路、中国模式、中国经验的重大课题研究。确立和巩固我院马克思主义理论学科建设与理论研究在国内外学术界的领先地位，充分发挥马克思主义坚强阵地的学术导向作用。

根据中央关于贯彻落实四中全会精神任务分解的部署和要求，完成好我院承担的深入实施马克思主义理论研究与建设工程课题、开展社会主义核心价值体系教育、创新人才工作体制机制、改进发展党员工作四项主要任务，推出高质量的研究成果。

加强马克思主义理论学习。组织全院人员认真研读马克思主义经典著作，重点研读刚刚出版的《马克思恩格斯文集》和《列宁专题文集》，提高用马克思主义指导科研的能力。用中国特色社会主义理论体系武装全院人员头脑，特别是要深入学习贯彻科学发展观。把理想信念教育作为学习践行社会主义核心价值体系的重中之重，教育党员树立坚定的共产主义远大理想和中国特色社会主义共同理想。

（二）以制定学科创新体系建设方案为主要抓手，实施科研强院战略

加快制定"哲学社会科学创新工程"方案，争取将该工程纳入国家创新体系和"十二五"规划。把加强学科建设作为实施科研强院战略的一项基础工程，完善学科管理制度和建设机制，不断提高学科设置科学化水平。开展全院学科建设现状调研，积极探索学科发展规律，摸清学科布局、发展水平、科研骨干等基本情况，研究制定并开始实施学科创新体系建设

方案。

坚持全面推进、重点突破、分类管理，不断调整优化学科布局。把学科建设与研究所、研究室建设紧密结合起来。支持一部分基础较好的学科率先成为国内一流学科，一部分基础较好的研究所率先成为国际知名研究所，一部分基础较好的研究室成为国内外知名的研究室。坚持基础学科和应用学科建设同步推进，不断增强我院哲学社会科学研究整体实力。继续扶持濒危学科，加强新兴学科、交叉学科建设，在课题立项、经费支持、人才引进、职称评定等方面给以适当倾斜。加强与院外合作，积极争取和有效利用社会资源，实行学科共建。对重点学科和特殊学科建设项目实施情况进行跟踪调研。推进社会科学与自然科学的交融，争取经济社会发展综合集成实验室立项，支持若干重点实验室建设。建立梵文研究中心，加强梵文研究与人才队伍建设。

设立一批重大理论和现实问题研究课题，组织系列学术研讨会，深入研究哲学社会科学和思想理论领域的热点焦点问题，深入研究关系经济社会发展全局的重大问题。如，应对国际金融危机冲击、保持经济平稳较快发展问题，加快经济结构调整和经济发展方式转变、提高自主创新能力问题，保障和改善民生、加强社会建设问题，促进边疆民族地区繁荣发展与和谐稳定问题，维护我国海疆主权和海洋权益问题，重要双边和多边关系及重大国际问题，中国发展道路、发展模式问题，维护国家意识形态安全、提升文化软实力问题，等等。及时向中央和国家有关部门报送研究成果。进一步明确重大问题综合研究中心的定位和职能，推进中心工作制度化、规范化，使之成为党组直接掌握的、有效发挥智库作用的重要平台。

高度重视研究室建设。出台并实施加强研究室建设工作规划和具体方案，明确研究室研究方向和发展目标，整合科研资源，形成科研合力，充分调动广大研究人员的积极性，把研究室建设成为学者之家、学科摇篮、学术阵地。

加强学部建设，注重发挥学部在组织跨学科研究中的作用。积极稳妥地做好学部委员增补工作。做好国情调研，确立一批国情调研重大项目、重点项目，巩固调研基地建设成果，加强国情调研制度化建设。巩固非实体研究中心整顿成果，充分发挥其在跨学科、跨部门课题研究中的积极作用；对我院主管的学会现状进行调查，制定和实施学会整顿方案，建立学会评价机制和"退出"机制。做好第七届院优秀科研成果奖评选工作，举办获奖优秀科研成果展览。加强当代中国研究所和地方志办公室工作。

（三）以进一步落实人才强院方案为主要抓手，实施人才强院战略

继续集中 2500 万元财力，全面落实人才强院战略实施方案。加强以科研队伍为重点的专业技术人员、科研辅助人员、管理人员、工勤人员四支队伍建设。制定研究室主任人才队伍建设方案，选拔政治素质和道德修养好、有较强组织才能和奉献精神的学科带头人担任研究室主任，充分发挥其在研究所建设和发展中承上启下的重要作用。把工作着力点放在中青年学术骨干的选拔和培养上，下决心培养一大批中青年学科带头人。有计划地安排他们参加挂职锻炼、国情调研、党校学习、出国进修等活动，不断提高他们的政治素质和业务能力。研究制定《人才引进和人员调进总体规划和管理办法》《引进高层

次专业人才暂行办法》和《招聘海外高层次人才计划》，建立健全访问学者制度，设立高级访问学者基金，吸引更多国内外优秀人才来我院工作。

按照德才兼备、以德为先标准，健全和完善干部选拔任用的科学机制，把政治立场坚定、熟悉哲学社会科学工作、富有改革创新精神的优秀人才选拔到各级领导岗位上来。做好所局领导班子补充调整工作。加大管理岗位人员特别是处以上干部在院所之间、所际之间的交流力度。

制定实施 2010 年干部培训方案，坚持统一领导、统一规划、统一培训、统一管理、统一经费、统一教材的原则，大力开展干部培训工作。编好统一适用教材，重点抓好研究室主任培训、党支部书记培训、青年马克思主义基本理论培训和管理干部培训，完善长效培训机制。

创新研究生院办学思路和办学模式，深化教学改革，提高教学质量，努力把研究生院办成具有我院特点、在国内外具有重要影响的哲学社会科学人才培养基地。以新校园落成启用为契机，推进后勤社会化改革。扩大硕士生招生规模，适度增加博士生招收数量，努力争取国家相关部门更多经费和政策支持，为长远发展奠定良好基础。加强博士后流动站管理，进一步整章建制，提高博士后管理水平。

研究制定《中长期人才发展规划》，提出今后十年我院人才队伍建设的战略思路、总体框架和具体措施。研究制定我院"四个一批"人才选拔标准及工作方案。筹建人才数据库。

建立和完善激励机制，实施《工作人员奖励办法》。研究制定以著名学者冠名的学术专项奖管理办法、优秀科研集体和管理集体奖励办法，形成有利于人才成长的统一激励奖励体系。进一步规范各类人员津补贴，缩小各单位之间、不同工作岗位之间的收入差距，让更多人受益。

（四）以落实深化管理体制机制改革工作要点为主要抓手，实施管理强院战略

完善课题制和科研资助体系，实现科研资源优化配置，形成竞争激励机制。巩固完善基础研究学者资助计划和青年学者资助计划，加强基础学科建设和基础研究，促进基础研究人才和青年人才成长。健全科研成果评价体制，完善科研成果评价标准。研究制定既遵循学术研究规律又适合我院特点的科研经费管理办法，提高科研经费使用效率，探索建立课题经费预算、执行的长效机制。完善重大课题立项方式和重大现实课题攻关研究机制，研究建立跨学部、跨学科、跨所重大课题立项审批机制。完善重大问题综合研究中心体制机制。探索自然科学与社会科学交叉融合发展机制，做好交叉课题的组织和研究。

在巩固聘用制改革和岗位设置管理工作成果的基础上，继续深化人事制度改革，逐步建立人员"退出"机制。研究制定所局领导干部任期制和任期目标责任制，加强对任期目标责任的管理、监督和考核。研究制定各类岗位任职条件，修订完善各类人员年度考核办法和绩效考核办法。逐步推行领导干部公开选拔、竞争上岗，形成干部能上能下机制。从今年起对处级干部实行公开选拔、竞争上岗。探索在全国范围内招聘所长等办法。建立管理岗位人员特别是处以上干部的交流机制。

推进图书馆体制机制改革，完善"总馆—分馆—所馆（资料室）"三级管理体制，制定全院图书馆管理章程，理顺总馆、分馆和所馆的关系，整合资源，优化服务。深化网络管理体制机制改革，整合全院网络信息化建设力量，加大信息资源建设力度，按照"统一网络、统一数据库、统一管理、统一经费、统一人员"的原则，完善信息网络统一管理体系，建立图书馆和网络中心工作协调机制。积极推进网络运营维护业务的社会化，形成方案，促进职能转变。完成出版社改企改制工作，积极探索集团化发展模式，推动我院学术出版产业做大做强。建立报刊出版馆网"名优"建设长效机制。

完善以常务副院长和秘书长为中心的日常工作机制，强化办公厅枢纽职能。建立健全督查督办机制，确保党组会议、院务会议、院长办公会议重大决策部署的贯彻落实。实行《要报》和信息报送工作计划管理和量化考核，按照"准、新、短、快"的要求，做好《要报》等内部刊物的信息报送工作。健全《要报》等信息报送工作与院重大问题综合研究中心的有效对接协调机制。推进信息资源综合利用，形成信息报送合力，扩大信息资料服务范围。构建高效、畅通的行政管理信息发布和反馈机制，拓宽信息发布渠道，提高信息传递效率。完善和严格执行院务公开制度。做好各项规章制度的修订、补充和完善工作。

强化财务管理，建立日常财务审计制度和院属单位资产资金日常监督制度。在部分单位启动会计委派制和会计代理制试点工作。巩固完善图书采购经费代理制，实施信息化建设经费代理制。巩固结算中心体制，充分发挥其对全院零余额账户之外资金的调控和监管职能。按照透明、公正、有效、集中的原则，做好四级账户的纳入工作，确保资金安全。研究制定加强预算执行工作的有效措施，建立健全预算执行长效机制。落实房产有偿利用管理规定，加强房产有偿利用的制度化管理。深化经营性用房管理体制机制改革，最大限度提高经济效益。加强基建工作制度建设，试行《基本建设管理程序和办法》。

深化后勤保障体制机制改革。加大后勤服务社会化改革力度。加强经营管理，提高服务水平和经济效益。研究和探索我院物业管理和公务用车改革。推进院部餐厅成本核算管理改革，提高伙食质量。

（五）以实施"走出去"战略方案为主要抓手，提高我院国际影响力

落实"走出去"战略方案。坚持"以我为主"的原则，充分发挥院、所、研究室和科研人员四个方面的积极性，将项目、会议、书刊、网络和人才作为主要抓手，通过科学规划、统筹安排、分步实施和重点突破，力争用五年到十年的时间，使主要研究所和重点学科实现"国内领先、世界知名"的战略目标。

充分发挥院、学部和研究所的科研优势，挖掘、整合和优化国际会议资源，设立"中国社会科学论坛"，与其他各类国际会议一同，形成实施"走出去"战略的学术会议平台。

坚持"以我为主""为我所用"的原则，同境外学者和学术机构开展双边和多边合作研究。通过共同研究和共同发表科研成果，增强我院学者在国际学术界的话语权，更好地向国际社会传播和阐述中国学术界关于经济社会发展及国际事务重大问题的观点和主张。

制定外文出版物发展规划，实施外文出版物资助计划，支

持外文学术期刊、外文学术论文集的编译、出版，形成实施"走出去"战略的科研成果平台。

制定并实施院英文信息网站建设方案，加快部分学科外文专业网站建设，集成全院研究信息和优秀成果，形成实施"走出去"战略的信息网络平台。

完善科研骨干、中青年学者出访、进修、培训计划，邀请有影响的海外学者来院访问，支持和推荐我院学者在国际和地区性学术组织中任职，形成实施"走出去"战略的人才交流平台。

服务国家外交工作大局，完成党和国家及有关部门交办的接待外国政要来访、参加重要国际活动等任务，在国家文化外交中发挥作用。加强与台港澳地区人文社科机构的交流合作，制定对台学术交流总体规划。

（六）以落实创建报刊出版馆网名优工程方案为主要抓手，推进报刊出版馆网建设

全面落实第一次报刊出版馆网建设经验交流会的部署，制定和实施报刊出版馆网名优创建方案。努力把报刊出版馆网建设成为党在意识形态领域的重要阵地，中国哲学社会科学的重要论坛，履行党和国家思想库和智囊团职责的重要平台，实施"走出去"战略的重要窗口，普及哲学社会科学知识的重要载体。

《中国社会科学报》要坚持正确办报方向，明确定位，办出特色，形成自己的办报风格，努力办成赢得学术界和社会认可的哲学社会科学专业报纸。开发建设"中国社会科学报刊网"，构建全国理论学术界网文发布的权威窗口，成为集学术报刊资源、电子商务于一体的重要媒体。

学术期刊要坚持正确的办刊方向和学术导向，努力提升学术水准，积极组织学术研讨，不断扩大社会影响，总体处于全国同类学术期刊领先地位，力争部分学术期刊达到国际水平。加强编辑、审读专家队伍和工作制度建设。在1500万元名刊建设经费基础上，继续投入，不断提高经费使用效益。推行学术期刊建设目标责任制，切实加强院、所两级对学术名刊建设的督办力度。

出版社要以转制改革为契机，创新出版体制机制，规划新的发展目标和发展战略，探索组建出版集团，努力做精做专、做大做强。打造一批高端学术图书和特色图书品牌，巩固和扩大在学术专业出版界的优势地位，力争把出版社办成中国出版界最具影响力的学术专业出版社。我院报刊的主管、主办单位，要关注国家关于文化体制改革的精神和政策，根据有关部门的统一部署，积极主动推进改革，提高学术水平和市场竞争力。

建设复合型文献资源保障体系，合理调整资源结构和馆藏布局，积极组建研究生院分馆、国际研究分馆以及新闻、考古、历史等专业书库，努力使图书馆成为国内外知名的哲学社会科学专业图书馆。加快数字图书馆建设步伐，完善国家社会科学数字图书馆建设项目论证，争取立项支持。开展与国家图书馆的馆际互借，加强与国外图书馆和研究机构的交流与合作，推进我国哲学社会科学文献资源走向世界。开展古籍普查和编目工作，制定古籍保护管理制度和方案。

明确办网方针，加大信息资源建设力度，努力把我院网站系统建设成为中国哲学社会科学专业名网，向中国哲学社会科学标志性网络传媒方向迈进。制定全院网络信息化建设"十二五"规划。加大对研究所信息化建设支持力度。完善全院办公自动化系统平台，建设网络视频会议系统，强化运用全院电子邮件群发系统。完成全院统一身份认证系统和远程访问内网系统技术测试并开始试运行。启动院社会调查信息和数据中心建设。推进新机房建设二期工程。

各相关单位要加强领导，深入研究，充分论证，分别制定和实施本单位的建设计划和具体方案。办公厅要加强协调和督查，积极推进报刊出版馆网工作。适时召开第二次报刊出版馆网建设经验交流会。

（七）以落实督查督办制度为主要抓手，改进领导干部工作作风，狠抓落实

加大督查督办力度，落实《督查工作管理办法》，形成逐级督促检查、自觉强化执行力的工作格局。建立督查督办工作队伍，试行督办工作目标考核。推动各单位完善办事制度，提高办事效率。加强所局级干部因公出国（境）、外出请销假制度的执行力度，及时公布落实结果，广泛接受群众监督。严肃会议纪律，严格会议制度，规范会议组织与管理。

认真落实《关于进一步加强领导干部和机关作风建设的若干意见》，开展机关作风建设评议，抓好"文明窗口"评选，积极改进机关作风。督促各级领导干部强化责任意识、大局意识、管理意识、服务意识，力戒形式主义、官僚主义、事务主义，力戒闭门造车、就事论事、草率应付、松松垮垮，切实提高工作效率和执行效率。

（八）以推进重大基建工程建设和后勤社会化改革为主要抓手，加强后勤保障体系建设

加快推动科研与学术交流大楼项目建设，力争完成拆迁和开工准备工作。加大与有关部门沟通协调力度，办理朝阳区东坝乡经济适用房建设项目征地手续，力争今年上半年完成总体规划，适时开工建设。推动研究生院新校园建设按期竣工，今年下半年投入使用，策划新校园二期建设项目。完成单身职工宿舍一期工程建设，二期工程争取上半年开工。考古所西安研究室标本楼翻建工程年内建成投入使用。完成院部车库建设、院区整治工作和各项基建维修工程。逐步实施基本建设中长期发展规划。

积极争取各类经费，加大资金特别是自有资金筹措力度，建立严格的收入上解制度。建立提高在职职工和离退休干部津补贴的长效机制。

多渠道解决全院职工住房和人才周转用房问题，建立廉租房制度，完善解决职工住房问题的长效机制。制定科研办公用房、职工住房和有偿使用房产规划，积极争取资金，寻找合适房源，加大改善科研、办公条件力度。

抓好节能工作。积极创造条件，在科研大楼及有条件的单位试行并逐步推开磁卡售电工作。适时召开全院节能工作经验交流会。

（九）以贯彻我院党建工作方案和党支部建设方案为主要抓手，全面加强党的建设

制定实施《关于进一步加强和改进我院党的建设工作的若干意见》，以党委班子和基层党支部建设为重点，全面加强和改进党的建设。

加强学习型领导班子、学习型党组织、学习型机关建设。坚持和完善党组和研究所党委中心组学习制度，发挥各级党员领导干部的学习表率作用，形成全院干部职工积极参与理论学习的浓厚氛围。继续办好"所局领导干部理论学习系列报告会""机关干部理论学习系列报告会""马克思主义基础知识系列讲座"。探索建立党员干部理论学习考核和激励制度。

认真组织实施《研究所党委工作条例》和《研究所所长工作条例》，完善研究所领导体制。重点抓好院属单位党委班子建设，充分发挥研究所党委统揽全局、协调各方的核心作用，形成推动事业发展合力，提高驾驭全局能力。完善党委领导下的所长负责制，明确党委书记和所长职责，形成既分工明确又相互支持的工作机制。建立和完善规范领导班子成员履行职责的规章制度，研究制定党委书记、所长岗位职责与任期目标考核办法。完善党委会议、所务会议、所长办公会议、所职工大会等会议制度。健全党员领导干部民主生活会制度，努力提高民主生活会质量。贯彻执行《党务公开办法》，建立重大决策充分听取党员意见机制，充分发挥党员在党内生活中的主体作用。

制定实施《关于加强和改进基层党支部建设若干问题的意见》。探索适合我院性质和特点的支部工作途径和模式，形成支部建制完整、党员管理全面覆盖的基层党组织体系。规范研究室党支部设置标准、选举程序、工作规则和责任分工，加强研究室党支部建设。推进基层党支部工作创新，创建学习型党支部。加强党支部书记培训，建设高素质的基层党组织工作队伍。积极稳妥地做好党员发展工作，注重在中青年科研骨干中发展党员。

加强党风、学风和院风建设。在党员干部和科研人员、工作人员中倡导理论联系实际的学风，倡导求真务实、艰苦奋斗的作风。贯彻落实党组关于加强学风建设的重要部署，进一步规范学术行为，引导科研人员加强学术道德自律，自觉抵制不良学风影响。

贯彻落实《中国共产党党员领导干部廉洁从政若干准则》。深化以反腐倡廉"六项工作格局"为主要内容的惩治和预防腐败体系建设。坚决维护政治纪律，深入开展反腐倡廉教育，全面实施对领导干部、关键岗位和"三重一大"（重大问题决策、重要干部任免、重要项目安排、大额资金使用）的监督，积极抓好制度建设和源头治理，保证决策和管理规范运行，保持案件查办力度，深入开展廉政研究。开展"优良学风建设行动、领导干部廉洁自律示范行动、管理决策规范行动"等预防腐败"三大行动"，推动预防工作机制制度创新和方式方法创新，促进惩治预防腐败体系与哲学社会科学科学创新体系的协同构建。

加强和改进对统战工作和群众组织的领导，做好统战、工会、青年、妇女工作。做好离退休干部工作，政治上尊重、思想上关心、精神上关怀、生活上照顾离退休干部，积极解决老同志的实际困难。加强离退休干部党支部建设和思想政治建设，探索适合离退休干部特点的活动形式。

同志们，当前和今后一个时期我院面临的形势和任务已经明确，今年改革发展的各项工作已经部署。全院同志要以大局为重，埋头苦干，扎实工作，奋力完成预定的各项任务。

谢谢大家！

加强管理、深化改革，加快推进
哲学社会科学创新体系建设

——在中国社会科学院 2011 年度工作会议上的报告
（2011 年 3 月 22 日）

同志们：

受陈奎元同志委托，我代表党组作工作报告，请讨论。

一　2010 年工作回顾

2010 年，全院各项工作都取得了新的成绩。主要体现在以下十个方面：

一是坚持正确的政治方向和学术导向，马克思主义坚强阵地建设取得新成绩。认真学习贯彻中央精神，大力加强思想政治建设，努力抓好理论武装工作。高度重视意识形态工作，教育引导全院同志自觉划清"四个重大界限"，增强政治敏锐性和政治鉴别力。加强马克思主义理论研究和学科建设，积极推进马克思主义理论创新。

二是以党和国家关注的重大问题为科研主攻方向，思想库智囊团作用得到有效发挥。深入研究中央关注的重大理论和现实问题，积极为党和国家决策建言献策。许多专家学者参与中央重要文件起草和理论宣讲工作，为中央政治局集体学习服务。做好信息报送工作，被中央领导同志批阅和有关部门采纳的比例有较大提高。

三是加快建设哲学社会科学创新体系，学术殿堂水准明显提升。加强学部建设，顺利完成第一次学部委员增选工作，有序推进荣誉学部委员增补工作。研究制定学科体系调整与建设方案，推进学科建设。召开研究室建设工作会议，推动研究所和研究室建设。加强国情调研，提高调研质量。国史编研和地方志工作取得新成绩。

四是继续落实人才强院战略实施方案，人才队伍建设得到加强。持续推进高层次人才队伍建设，研究制定"四个一批"人才实施方案。研究生培养和博士后工作得到加强。调整提拔两批所局领导干部。完善统一培训制度，强化干部培训。

五是大力实施"走出去"战略，国际学术影响力有所提高。搭建实施"走出去"战略的学术会议平台，创办"中国社会科学论坛"，积极开展学术外交、外宣活动，服务国家总体对外战略。

六是积极推进报刊出版馆网库"名优"建设，理论学术传播能力进一步增强。《中国社会科学报》越办越好。期刊学术水准普遍提高。出版一批高质量的学术著作。图书分馆和专业书库建设进展顺利。网络信息化建设稳步推进。"中国社会科学网"开通上线。调查与数据信息中心建设全面启动。

七是深化管理体制机制改革，强院兴院的创新体制机制保障得以加强。积极推进科研管理体制改革，优化科研资源配置，提高科研经费使用效率。继续推进人事管理体制机制改革，深化聘用制改革及岗位设置管理，规范收入分配。完成出版社转企改制。建立健全图书馆三级管理体制。推进图书采购经费代理制和信息化经费使用改革。完善基建工作体系。建立预算执行和收入上解长效机制。巩固和发挥结算中心作用，成立会计事务中心，实现财务集中严格管理。加强房产有偿利用规范化管理。深化后勤服务社会化改革，注重人文公司制度建设，整合经营性资产，提高效益和服务水平。

八是大力加强作风建设，行政管理的制度化、规范化、科学化水平显见进步。大力改进工作作风。完善督办机制，不断提高执行力。继续加强领导干部出国（境）和请销假管理，严格执行会议制度和职能部门指纹考勤制度。建立视频会议系统和邮件群发系统，积极实行院务公开。新闻宣传、信访维稳、安全保卫、档案保密、对外联络、计划生育、献血扶贫、科技统计等工作也都得到加强。

九是全力抓好后勤保障能力建设，办院条件有较大改善。良乡研究生院新校园一期建设工程全面竣工，研究生院顺利完成整体搬迁。贡院东街科研与学术交流大楼项目进入拆迁关键阶段。东坝职工宿舍征地项目取得重大进展。院部立体车库建成并投入试运行。院图书馆地下书库改造工程完工。一期单身职工宿舍落成。改善部分单位科研、办公条件。解决学部委员一级岗津补贴待遇。提高班车补贴。扩大离退休干部"长征"基金发放范围。初步解决职工子女上学难问题。

十是积极开展创先争优活动，党建工作再上新台阶。以党委和基层党支部建设为重点，全面加强党的建设。深化反腐倡廉建设"六项工作格局"，推动实施预防腐败"三大行动"。开展工程建设领域突出问题和"小金库"专项治理。做好老干部、统战和工青妇工作。成功举办第五届职工运动会。

同志们！一年来我院各项事业的发展及成绩的取得，是党组认真贯彻落实中央一系列重要指示和工作部署的结果，是全院干部职工团结奋进、扎实工作的结果。我代表党组，向兢兢业业奋战在各个岗位上的同志们，向关心支持全院工作的离退休老同志们，表示衷心的感谢！

在充分肯定成绩的同时，还要清醒地看到工作的差距，主要是：对全局性、战略性、前瞻性重大问题的综合研究还不够有力，服务大局的能力需进一步提高；学科布局和科研管理还不适应新要求，马克思主义理论学科、国家经济社会发展急需的重点学科、新兴学科和交叉学科还需加强；学术"走出去"尚处于初级阶段，国际话语权和学术影响力与我国国际地位还不相称；有影响力的学科带头人和领军人才、有能力的管理人才还不够多，队伍建设亟待加强；竞争激励机制还不够健全，资源配置还不尽合理，人员"退出"机制尚未建立；在改善办院条件，解决职工切身利益问题方面，还有不少实际困难需要克服，等等。

二　当前和今后一个时期的方向和任务

我院 2011 年工作的指导思想和总体要求是：高举中国特色社会主义伟大旗帜，以马列主义、毛泽东思想、邓小平理论和"三个代表"重要思想为指导，深入贯彻落实科学发展观，全面贯彻党的十七大和十七届四中、五中全会精神，紧紧围绕《国民经济和社会发展第十二个五年规划纲要》，深入实施三大强院战略，深化管理体制机制改革，启动哲学社会科学创新工程，努力构建哲学社会科学创新体系。

（一）高度重视党的意识形态工作，努力提高运用马克思主义指导科学研究的能力

当前，党的意识形态工作面临有利形势。陈奎元院长在去年北戴河会议上精辟地分析了这一局面，明确提出了关于哲学社会科学及我院工作的发展方向和重要任务。

2008 年爆发的国际金融危机导致世界局势乃至格局发生重大变动，资本主义和社会主义两种历史趋势、两大力量、两种意识形态的较量出现了新的变数，激烈社会变动给当代社会主义、马克思主义意识形态提供了新的发展时空、新的需求动力。

20 世纪八九十年代，苏东剧变，社会主义阵营解体，社会主义处于前所未有的低谷，而资本主义处于优势，反社会主义、反马克思主义、反共产党执政的思潮甚嚣尘上，新自由主义大行其道，西方国家到处推销资本主义意识形态。"三十年河东，三十年河西"，短短二三十年，中国改革开放，成功开辟了中国特色社会主义发展道路，社会主义运动呈低潮中起步之势。金融危机却使美国以及其他西方发达资本主义国家陷入困境，美国独霸势态逆转下滑，资本主义整体实力下降，出现全面衰退趋势。二三十年前是此消彼长，社会主义力量暂时下降，资本主义力量暂时上升；二三十年后的今天，又是此长彼消，社会主义力量始升，资本主义力量始降。金融危机的爆发使世界力量对比格局发生重大转折，一方面资本主义受到前所未有的打击，新自由主义破产，资本主义制度及其意识形态再次受到深度质疑；另一方面，坚持走社会主义道路的中国成功

抵御金融风险，中国道路、中国模式举世瞩目，为人类文明的进步开辟了新的发展路径。社会主义正从低谷中走出，批评资本主义、批评新自由主义的声音不绝于耳，国际力量对比继续朝着有利于世界和平发展、中国特色社会主义和平发展的方向转化，为当代社会主义、中国化的马克思主义提供了难得的发展机遇。

当然，必须清醒地看到意识形态领域对我国不利的一面，对于新形势下意识形态工作的极端重要性和极其复杂性，一定要有更深刻的认识，一刻也不能放松警惕。从国际上看，在一个相当长的历史时期内，世界仍处于社会主义与资本主义两种社会形态、两种社会制度共存和竞争的局面。金融危机发生以来局势的变化促使西方资本主义加紧运用两手策略，一方面捧杀我们，拉拢我们，在经济上利用我们；另一方面棒杀我们，在军事上包围，在政治上利用意识形态武器，加紧向我国进攻。既希望借助中国的力量尽快摆脱危机，又不乐见社会主义中国的发展、崛起和强大，加大对我国遏制牵制、西化分化的力度，企图压我接受西方价值观和制度模式。总之，西方敌对势力对我实施西化、分化的战略图谋没有改变，资强我弱的态势没有改变，一场新的全方位的综合国力竞争正在全球展开。意识形态领域社会主义与资本主义的较量不但不会停止，反而会是长期的、复杂的，有时是非常尖锐激烈的。在民族复兴和国家富强的进程中，我们不仅将面临紧迫的经济安全、军事安全、周边安全问题，也将面临严峻的政治安全、文化安全问题，说到底，面临严重的意识形态安全问题。中国特色社会主义、中国化的马克思主义面临着前所未有的挑战和严峻的局面。从国内来看，随着我国进入经济发展的加速期和社会矛盾的凸显期，人民内部矛盾愈发凸显，一定范围内的阶级斗争不时浮出水面，二者有时又会交织在一起；意识形态领域和思想理论战线呈现十分活跃和复杂的状态，社会主义、马克思主义与反社会主义、反马克思主义两种意识形态交锋胶着。用中国化的马克思主义和社会主义思想统一认识、凝聚力量的任务更加艰巨繁重。

意识形态工作是一项关乎党的执政地位巩固与否的万分重要的工作，是关乎中国特色社会主义事业兴衰成败、长治久安的头等大事。一定要牢记党中央和胡锦涛总书记关于"意识形态工作搞不好也要出大问题"的告诫，结合我院实际，高度重视并认真做好意识形态工作。

毫无疑义，哲学社会科学研究是以追求真理为宗旨、与自然科学一样严谨科学的学问。同时，就其总体而言，哲学社会科学具有鲜明的政治和意识形态属性。哲学社会科学既是社会主义文化的重要领域，又是党在意识形态领域的重要战线。我院既是国家级的学术机构，又是党的意识形态部门。即使一些学科不具有直接的意识形态属性，也仍然存在为谁服务的问题。全院人员必须自觉树立为中国特色社会主义大局服务的政治意识，具体到每一位科研人员，无论从事何种学术研究，都有一个热爱社会主义祖国、热爱人民、自觉接受党的领导的感情、立场问题。更不要说，从事哲学社会科学研究还有一个正确的世界观、方法论指南问题，有一个用马克思主义立场、观点、方法指导科学研究的问题。强调哲学社会科学具有意识形态属性，绝对不会否定或削弱其科学属性和文化、学术价值。当然，也要反对把学术问题、理论问题和不同观点的讨论无限上纲，与政治问题、意识形态问题不加区别地混淆在一起，反对"打棍子、扣帽子、抓辫子、装袋子"的阶级斗争扩大化的做法。在这方面，"文化大革命"曾有过惨痛教训，我们再也不能犯那样的错误。但是，这绝不意味着我们的哲学社会科学研究可以脱离党的政治领导和社会主义意识形态的指导。正确认识这一问题，不仅关系到哲学社会科学的性质方向和繁荣发展，也关系到我院的办院方向和繁荣发展。

从哲学社会科学的政治和意识形态属性来看，从党中央对我院"三大定位"的要求来看，加强马克思主义坚强阵地建设，是哲学社会科学繁荣发展的题中应有之义，是我们在错综复杂的形势下，保持清醒头脑，保持坚定正确的政治方向和学术导向的思想政治保证，是我院第一位的政治任务。加强马克思主义坚强阵地建设，要落实在行动上而不是口头上，最根本的是抓住两条，一是坚持"老祖宗不能丢"，组织全院人员认真学习马克思主义经典著作，掌握基本理论，加强马克思主义学习型党组织和学习型研究机构建设，提高全院人员、首先是领导干部用马克思主义指导哲学社会科学研究的能力和水平，提高政治素质、理论素养和思想道德水平，坚定理想信念，这是加强阵地建设的首要任务。二是坚持马克思主义基本原理同中国具体实际相结合，在新的时代条件下积极推动马克思主义的中国化、时代化和大众化。总之，要在大是大非面前，保持头脑清醒，政治敏锐，是非分明，立场坚定，搞清楚哪些是正确的，哪些是错误的。要有勇气、有担当，旗帜鲜明地对错误思想观点进行说理斗争。扫帚不到，灰尘不会自己跑掉。错误的东西不加以批驳，照例也不会自动消失。

（二）启动哲学社会科学创新工程，繁荣发展中国特色社会主义理论学术

世界大变革、大转折的时代舞台，社会实践突飞猛进的客观条件，历来是思想创造、理论创新、学术繁荣的机遇，哲学社会科学大繁荣、大发展的机遇，理论大家、思想大师、学术巨匠人才辈出的机遇。我国春秋战国时期，大批有作为的知识分子，面对社会急剧变革和重大现实问题，纷纷著书立说，遂成一家之言，儒、道、阴阳、法、名、墨、杂、农、兵、小说、纵横家等学派纷呈，老子、孔子、孙子、庄子、孟子、墨子、荀子、韩非子等诸子流传，百家争鸣，成为中国古代思想的源头活水，至今仍产生着深远的思想影响。近代中国同样经历了空前的社会变革与转型，众多仁人志士前仆后继，为中华民族的振兴寻找出路，中西文化交汇，思想学术繁荣，呈现出群星灿烂、百舸争流的局面，产生了以孙中山、毛泽东为代表的一大批政治家、思想家、理论家和学问家，在激烈的思想交锋中，孕育了中国化的马克思主义这一解救中国的正确理论，指导中国人民完成反帝反封建的历史任务，建立了新中国。新中国宏伟的社会主义建设，特别是改革开放三十多年中国特色社会主义的成功实践，孕育并形成了中国特色社会主义理论体系，涌现出众多人才，其中不乏一批思想家、理论家、学问家。

从世界历史来看，西欧由封建社会进入资本主义社会的变革阶段，兴起了文艺复兴和启蒙运动，人文主义复兴，理性精神高扬，大批杰出人物横空出世，在哲学、人文社会科学、科学技术、文学艺术等方面取得巨大成就，从物质生产、科学技术到政治制度、经济制度、文化思想和观念形态都发生了天翻地覆的变化，建立起发达的资本主义工业文明。随着资本主义社会化大生产的迅速发展，两极分化、阶级对立趋势严重，经济危机频发，资本主义弊病显露，工人阶级走上政治舞台，社会主义运动此起彼伏。在这样伟大的时代，产生了马克思、恩格斯这样的世纪伟人，马克思主义应运而生，实现了人类认识史上划时代的伟大变革。马克思主义及其指导的工人运动和社会主义运动，改变了世界历史进程。资本主义发展到帝国主义阶段，第一次世界大战爆发，产生了以列宁为代表的一批马克思主义理论家、工人运动活动家和工人阶级职业革命家，形成了列宁主义这一"帝国主义和无产阶级革命时代的马克思主义"，建立了世界上第一个社会主义国家。从资产阶级革命到工人运动和社会主义革命，伟大的时代变革，造就出一大批大师巨匠，锻造出一大批理论思维和学术探索的精品杰作。

　　如今我们身处这样一个伟大的时代。世界正处于前所未有的激烈的变动之中，我国正处于中国特色社会主义发展的重要战略机遇期，正处于全面建设小康社会的关键期和改革开放的攻坚期。这一切为哲学社会科学的大繁荣大发展提供了难得的机遇。第一，中国特色社会主义建设的伟大实践，为哲学社会科学界提供了大有作为的广阔舞台，为哲学社会科学研究提供了源源不断的资源、素材。火热的实践，有着大量的案例可供研究，大量的现象有待解读，大量的问题需要回答，这些都是科学研究、理论创新、学术发展的不可多得、不容错过的条件。第二，党和国家的高度重视和大力支持，为哲学社会科学的繁荣发展提供了有力保证。毛泽东同志非常重视哲学社会科学事业的发展，明确提出要设立"由马克思主义者领导的研究机构"，并提议设置了哲学社会科学的一些学科和研究所。邓小平同志明确提出了"科学当然包括社会科学"的重要论断，对哲学社会科学发展做出一系列重要指示。在他的关怀下，成立了中国社会科学院。江泽民同志亲自视察我院，强调"哲学社会科学与自然科学同等重要"，"一定要办好中国社会科学院"。党的十六大以来，中央颁布了《关于进一步繁荣发展哲学社会科学的意见》，党的十七大作出了"繁荣发展哲学社会科学，推进学科体系、学术观点、科研方法创新"的战略部署。胡锦涛同志明确提出，"要大力推进哲学社会科学理论创新体系建设"，"进一步办好中国社会科学院"。第三，"百花齐放、百家争鸣"方针的贯彻实施，为哲学社会科学界的思想创造和理论创新营造了良好环境。今天，哲学社会科学工作者可以畅所欲言，各展其长，为党和国家发展建言献策。虽然哲学社会科学工作者尚不富足，但可以衣食无忧。党和国家不断加大对哲学社会科学的投入，各方面待遇都在逐渐改善，大家可以一门心思、心无旁骛地投入研究事业中去。

面对新的形势、任务和挑战，哲学社会科学工作者理应抓住时代际遇，更加自觉地把科研工作融入发展中国特色社会主义的滚滚洪流中，融入中华民族的伟大复兴中，融入党的理论创新的伟大进程中，生产出有益于实践需求的理论学术成果，推出适应时代要求的思想理论学术大师和骨干人才，彰显哲学社会科学的实践价值和理论价值。全院同志要不辱使命，奋发向上，有所作为，有所发明，有所创新，有所前进，走出一条中国特色的理论研究和学术创新之路。

　　为了完成时代赋予我们的历史重任，我院要按照中央的要求，启动哲学社会科学创新工程，全面建设哲学社会科学创新体系。在 2008 年改革工作座谈会上，陈奎元同志指出我院的改革包括两个方面的任务：一是哲学社会科学创新体系方面的改革创新，一是管理体制机制方面的改革创新。两项改革任务，相辅相成。管理体制机制创新是手段，哲学社会科学创新体系建设是目的。陈奎元同志还指出，在具体改革进度上，要统筹规划，掌握轻重缓急，按部就班，分步实施，可以先推进管理体制机制改革。党组提出从 2008 年下半年开始，用一年半的时间，率先推进管理体制机制改革，为哲学社会科学创新体系建设提供体制机制保障，提供有利于强院兴院的管理、秩序和服务。第一步迈出去、站稳了，哲学社会科学创新体系改革再紧随其后展开。基本完成 2008 年既定的改革任务之后，在总结改革经验、查找差距的基础上，党组于 2010 年又提出，再用一年半时间，巩固已经取得的改革成果，深化管理体制机制改革，为创新体系建设做好充分准备。至今两年多来，我们紧紧围绕哲学社会科学创新体系建设这个总任务，集中精力在群众反映强烈、迫切要求解决的管理体制机制领域先行改革，出台并实施了一系列重大改革举措，取得明显成效，正在逐步形成有活力、有效率、有利于哲学社会科学创新发展的管理体制机制，为哲学社会科学创新体系建设创造了条件，奠定了基础。

　　在这里需要着重强调的是，在管理体制机制改革一开始，我们就一直坚持与哲学社会科学创新体系的改革协调推进，从来没有放弃创新体系方面的改革。到今年下半年，管理体制机制改革可以大体告一段落，现在第二方面的改革已经提上重要议事日程。今年，要巩固已有改革成果，把行之有效的改革措施固化为规章制度，转变为常规性工作和长效机制，还要继续深化管理体制机制改革，补强薄弱环节。同时要做好两个方面改革的过渡衔接工作，逐步将工作重心转移，以实施哲学社会科学创新工程为依托，加快推进哲学社会科学创新体系建设。实施哲学社会科学创新工程，就是展开第二方面改革的具体战略举措，也是我院发展的一件大事，必将从总体上提升我院的研究水平，使我院获得一次大发展。

关于哲学社会科学创新工程，已经做了大量前期准备和实际工作。李长春同志在我院《关于贯彻落实中央"5·19"会议精神实施哲学社会科学创新工程的汇报》上作了重要批示："政治局常委会讨论确定的要求和各项工作，是对社科院最重要的指导原则，要全力组织落实好。"刘云山同志批示："社科院认真贯彻落实中央政治局常委会指示精神，创新体系建设取得明显成效，为中央决策发挥了重要作用，为哲学社会科学作出突出贡献。对'十二五'期间进一步实施创新工程需要解决的实际问题，建议有关部门予以支持。"刘延东同志也作了批示。实施哲学社会科学创新工程，已正式纳入"十二五"规划纲要。为了抓好创新工程，陈奎元同志多次强调，要集中全院智慧，认真研究，多方论证，提出切实可行的方案，积极稳妥加以推进。创新工程的实施思路和今年的启动意见已发给大家，请认真讨论，提出建议。今年的主要工作是选好试点单位或项目，找准突破口，不贪多求全，量力而行，先行试点，重点突破，积极稳妥，积累经验，讲究实效，注重体制机制创新，探索新思路、新体制、新举措、新办法，保证哲学社会科学创新工程开好局、起好步。

（三）深入实施三大强院战略，全面打造党和国家的重要思想库

科研强院、人才强院、管理强院战略，是党组和陈奎元同志在认真总结办院经验，深刻认识办院规律，积极探索办院思路的基础上提出来的强院兴院的重大举措。从 2008 年 8 月至今，我院围绕三大战略的实施，突出重点，狠抓落实，大力推进管理体制机制改革，破解了许多发展难题，取得了很大的进展。实践证明，三大强院战略是繁荣发展哲学社会科学、繁荣发展中国社会科学院、多出成果、快出人才的法宝，必须长期坚持抓下去。

实施三大强院战略的目的就是保证实现中央对我院的"三大定位"要求。"三大定位"的目标要求，可以归结为一句话，就是要把我院建设成为强大的思想库。思想库即智库，20 世纪 70 年代以来，各主要国家为适应激烈的国际竞争，大力推动智库发展，使其成为影响政府决策和推动社会发展的一支不可忽视的重要力量。我院应当顺势而上，不负重托，真正建设成为党和国家的重要思想库。

办成强大的思想库，才能真正成为党和国家的智囊团。作为党和国家重要的思想库，既要出理论学术成果，出中国化马克思主义创新成果，出哲学社会科学学术创新成果；也要出应用对策成果，以党和国家关注的重大问题为研究重点，为党和国家决策提供咨询服务。加强思想库建设，必须加强马克思主义理论学科建设和理论创新研究，这是思想库建设的根本保证，没有马克思主义坚强阵地，思想库就会偏离方向，走入歧途；学术殿堂建设则是思想库建设的基础条件，没有一流的科

研人才，没有优秀的学术成果，思想库就会成为空库、死库和无用之库。我们要一手抓基础学科和基础研究建设，夯实马克思主义理论研究阵地和人文社会科学学术殿堂的基础；一手抓应用学科和应用研究建设，加强重大问题和应用对策研究。这两方面的任务相辅相成，不可偏废。

今年是实施"十二五"规划的开局之年。我们要紧紧围绕党和国家的战略部署和需要，紧紧把住中国特色社会主义发展的脉搏，紧紧抓住重大现实问题，深入研究"十二五"时期具有战略性、全局性、前瞻性的重大理论和现实问题，贯彻落实好十七届五中全会精神和"十二五"规划纲要，这是当前我院发挥思想库作用的主要任务。

加强思想库建设，必须以科研为中心。科研是我院发展的命脉，任何时候都要围绕科研来谋划、来布局、来开展工作。以科研为中心，早已达成共识，大家没有什么异议。但是如何实现以科研为中心，是需要思考和探讨的问题。对于研究人员个体来讲，以科研为中心，就要静下心来，一心扑在科研上，拿出"板凳要坐十年冷"的精神，潜心学问，努力多出精品成果。站在全院的角度，从领导的视角看问题，就要从我院的性质、定位、任务、作用等方面出发，从体制、机制、制度建设入手，从学风、作风和党的建设抓起，加强领导班子和人才队伍建设，谋划好、组织好科研工作。领导干部抓科研这项中心工作，不仅是要求领导干部个人去搞项目、做课题、参加学术会议、发表文章，当然这是完全必要的，也是应当做的，但更为重要的是要在整体科研工作上谋篇布局，在提高领导水平、加强管理上下功夫，在体制机制制度的改革创新上下功夫，在提高科研人员积极性上下功夫。如果领导干部只是把主要精力放在个人搞科研做项目，开学术会议，作学术报告上，而没有在提高整体科研水平方面开展工作，恰恰是偏离了科研工作大局，即使个人课题做得再好，也不能说真正做到以科研为中心了。以科研为中心，对于领导干部来说，最根本的是要努力营造有利于出人才、出成果的环境、条件和体制机制。这就需要狠抓管理，狠抓体制机制创新。管理不是目的，而是手段和保证，必须以管理促进科研和人才工作，把管理贯穿到全院各项工作中去。

人才是科研的关键。要继续实施人才强院方案，努力做好引进人才、留住人才、培养人才、爱护人才、使用人才的工作。一要标准严，二要眼界宽，三要目光远，四要机制活。要在人才工作中解放思想，大胆探索，完善质量效益优先的评价机制和绩效分配机制，逐步实行以岗位绩效和成果绩效为主要内容的收入分配制度，创新人才人事管理体制机制。

管理说到底是一个领导问题。"三大定位"要求能不能落到实处，关键在于领导，在于领导的责任心，在于各单位领导班子特别是主要负责人是否敢抓、敢管，善抓、善管，能否带好队伍。《论语·颜渊篇》记载，弟子子张向孔子请教如何处理政事，孔子回答："居之无倦，行之以忠。"告诉子张在自己的职位上不要有丝毫懈怠，要忠实地执行政令。对于今天的领导干部来说，仍然不失诚告意义。主要负责同志有责任心，这个单位就会有发展；主要负责同志没有责任心或责任心不强，放手不管，只管自己的事情，或者只管自己小圈子的事情，这个单位就发展不好。如果领导干部责任心强了、能力提高了，敢管、会管，带好一个所，带好一个局，带好一支队伍，工作就会上一个大台阶。领导干部一定要以高度的责任感和使命感履行好领导职责，以管理促科研、促人才工作，向管理要精品，向管理要人才，向管理要业绩，向管理要发展。

（四）夯实基础，努力推进研究室建设

研究室是我院哲学社会科学研究工作的第一线，是我院组织和实施学科建设、人才培养、学术交流、科研活动的基层单位，是我院加强党的建设的重要环节，是我院各项事业发展的基础所在。加强研究室建设，是一项抓基层、打基础的重要工作。强院兴所，必须抓好研究室建设。党组高度重视研究室建设工作。在去年工作会议上，做出加强研究室建设的战略部署。会后，在进行广泛深入调查研究的基础上，研究制定了《关于加强研究室建设的若干意见》。在去年暑期召开的所局主要领导干部专题研讨会上，就加强研究室建设问题进行了更深入的研究和讨论。去年 12 月，全院召开了加强研究室建设工作会议，出台了《关于加强研究室建设的若干意见》及四个配套办法，从机构、领导、学科、人才、党建、经费等方面部署加强研究室建设工作。明确要求各单位制定出加强研究室建设的实施方案。今年上半年，党组成员还要到各研究所调研，全面了解研究室建设的情况，大力推进研究室建设。

加强研究室建设是我院的一项长期任务。首先，要充分认识加强研究室建设的意义。我们党有一个光荣的工作传统，就是高度重视从基础工作抓起，从基层组织抓起，从人民群众抓起。在革命战争年代，我们党之所以能够取得中国革命的胜利，这与在广大农村建立巩固的根据地，抓好基层、夯实基础、依靠群众是分不开的。毛泽东同志曾总结过封建社会农民起义失败的一个致命弱点，"李自成为什么失败？很重要的一

个原因，就是没有巩固的根据地"。从中国革命胜利的经验来看，一定要做好基础和基层工作，建立巩固的革命根据地。从这个意义上来讲，抓好基础工作，抓好基层工作，抓好群众工作是党的重要战略任务，一刻不能放松。我院要发展壮大，要繁荣发展，推动科研，培养人才，就一定要从基层抓起，从基础抓起，从科研人员抓起。而这三个层面的工作又都集中在研究室这个平台上，抓好研究室，就把住了科研发展之脉，就会夯实我院的基础。对此，书记、所长及全院同志要形成共识。

第二，要全面地抓好研究室建设。一要以科研带动研究室建设。研究室是科研的最基本单位，是研究人员最基础的活动平台，研究室建设一定要从科研入手抓起。二要以学科为依托，推进研究室的学科建设。研究室或者依托一个学科，或者是若干学科交汇点，或者是新学科增长点，每个研究室都是学科建设的战斗堡垒，抓学科建设就要从研究室抓起。三要以课题为抓手，通过课题把研究室的科研人员组织起来、调动起来，尽可能地让所有科研人员都参与课题活动。四要以学术活动为载体，抓好研究室一级的学术讨论和学术研究，开展形式多样的学术活动。五要以人才建设为关键，抓好研究室的人才引进、选拔、培养和使用。六要以党支部建设为基础，配好支部书记，抓好研究室的党支部活动。

第三，领导重视，精心策划，扎实推进研究室建设。一要做出总体部署和长远规划。比如，如何贯彻落实研究室建设的若干文件；如何使用管理研究室建设经费和党支部建设经费；如何适应学科建设的需要调整巩固研究室，等等，各单位要形成可行性方案并加以落实。二要选配好研究室主任，研究室主任比较弱的、缺位的，要配好配齐。举办研究室主任培训班，提高他们的素质和水平。三要加强研究室的党支部建设，配好支部书记，用好党支部建设经费。直属机关党委负责党支部建设经费使用的检查管理。四要有领导专门负责研究室建设的经费管理，要用好这笔钱、管好这笔钱，使这笔费用发挥作用，真正用于研究室建设。科研局负责研究室建设经费使用的检查管理。五要加强领导。党委书记和所长要分工合作，配合好，一起抓好研究室建设。

（五）加强报刊出版馆网库工作，抢占理论学术制高点

报纸、期刊、出版社、图书馆、网络、数据库，是我院的重要战略资源和宝贵财富，是党的意识形态和马克思主义理论的前沿阵地，是发展和繁荣哲学社会科学的战略高地，是哲学社会科学工作者的基本工具。一定要高度重视报刊出版馆网库建设，树立阵地意识、机遇意识和责任意识，把报刊出版馆网库建设抓实、抓好，把报刊出版馆网库办活、办大、办强。

加强报刊出版馆网库建设，占领学术制高点，既是我院安身立命的根本，也是学界对我院的期望。我院的地位，使院属的报刊出版馆网库天然处在"国家队"的地位，这是先天优势。但能否名副其实，真正具有国家级的水平，则不是自封的，关键要看质量，看影响力。我院所属的报刊出版馆网库，有的已经位于学术制高点，有的还处在向学术制高点攀登的过程中，有的差距比较大，还需要付出艰辛努力。已经处在学术制高点的，要继续保持、巩固领先地位；还没有达到学术制高点的，要找出差距所在，研究采取措施，努力缩小差距，最终占领学术制高点，要有这样的雄心壮志。从一定意义上说，守成比创业难，巩固比占领难。占领是一时的，巩固发展则是长

久的。当前，在报刊出版馆网库领域，面临着剧烈的竞争，前人创下的品牌，要在我们手中发扬光大，而不能毁在我们手里。

要把创建名报、名刊、名社、名馆、名网、名库作为奋斗目标，以一报（《中国社会科学报》）、一刊（《中国社会科学》杂志等期刊群）、一社（社科出版集团）、一网（中国社会科学网）、一馆（国家级哲学社会科学图书馆）、一库（调查与数据信息中心）为重点，推进我院报刊出版馆网库整体建设，使之真正具有国家级的整体水平和影响力。

"名"，就是要有竞争力、影响力、穿透力。靠什么成为名优的品牌？主要是靠质量，以质量取胜，树立形象，扩大影响。解决质量问题的关键，是加强管理。一要管好方向。这是报刊出版馆网库建设的第一位任务，也是保证质量的第一项要求。要把政治性寓于学术性之中，把社会效益放在第一位。二要管好文章。要多刊登高质量的学术文章，突出学术性，不登有硬伤的文章，不登有政治问题的文章。三要管好队伍。要抓好作者、编辑、管理和技术这四支队伍，其中核心和关键是编辑队伍，要用党的创新理论武装编辑队伍，加强理想信念教育，使他们能够运用马克思主义立场观点方法，编辑好本学科、本专业的学术文章。要进一步研究如何改进编辑人员待遇问题，关心编辑的职称评定和发展问题，解除他们的后顾之忧，真正留住人才。四要管住钱物。总的原则，是既要搞活，又要守规矩，靠严格的制度和程序进行财务管理。各单位领导要拿出一定的时间和精力，放在报刊出版馆网库建设工作上，加强管理，靠思想，靠骨干，靠制度，靠程序，靠苦干，真正把报刊出版馆网库建设好。

（六）高度重视党建工作，努力造就优良学风和扎实作风

今年我院党建工作的重点要放在优良学风和扎实作风建设、基层党支部和党委领导班子建设两项工作上。学风、作风关系我院的形象，关系我院各项工作的顺利推进，是我院思想政治工作和基础性工作的重要内容。要大力提倡求真务实、科学严谨的学风，大力提倡联系群众、真抓实干的作风，形成凝聚人心、繁荣发展我院的强大思想道德力量。

从最根本意义上讲，学风问题就是贯彻落实实事求是思想路线的问题。实事求是具体体现在社会科学研究上，就是求真务实、科学严谨这两条原则。求真务实，就是科学研究一定要紧密联系实际，追求真理。求真，是指理论探索和创新要以真实情况为依据，从纷繁复杂的现象中找出事物的内在联系，把握事物运动的客观规律，揭示事物的深刻本质，求事实之实，求理论之真；务实，就是理论联系实际，理论学术研究要与现实相结合，为中国特色社会主义事业服务。科学严谨，就是要求我们从事科学研究，要在掌握分析大量材料的基础上得出经得起推敲、经得起考验的结论，做学问、写文章应持之有故、言之成理、不证不信，有扎实的调查研究，有缜密的推理论证，有可靠的依据，有清晰的逻辑，不抄袭剽窃，不哗众取宠，不见风使舵，不迷信教条。想党和国家之所想，想人民群众之所想，为中国特色社会主义服务，为人民群众服务，是我们发展哲学社会科学的宗旨。了解国情、熟悉国情、结合国情，了解群众、熟悉群众、结合群众，是保持优良学风的重要途径和基本训练。要抓好国情调研工作，创新国情调研管理体制机制，务求调研实效。

有什么样的学风，就会产生什么样的文风。目前，学界有种不好的倾向，好像文章写得越生涩难懂就越有水平，能看懂的人越少，自己的学问就越大；越盲目崇拜外国的东西，满篇"洋腔调""洋条条"，就越有深度，学术性就越强。这不是做学问的正确取向，也不是写文章应有的态度。科学的研究成果一要言之有物，二要让尽可能多的人看懂。"言文行远，国家赖之。"反之，"言而无文，行之不远"。只有为现实所需要、为人民所喜闻乐见的研究成果才最有生命力，才能传播深远，影响后世。我们的文章要体现朴实风格，具有中国话语特征和民族特色。

作风是与学风紧密相连的另一个问题，是学风在实际工作中的具体表现。这里强调的作风，就我院来说，主要是领导干部和职能部门的工作作风。具体要求是：

第一，要真抓实干。实干兴邦，空谈误国。要把真抓实干的精神作风贯彻到我院各项工作的各个环节，真正做到狠抓敢管、开拓创新。要建立健全工作责任制，领导干部和职能部门要真正把心思用到干事业上，把功夫下到察实情、出实招、办实事上，杜绝人浮于事、推诿扯皮、官僚主义、形式主义、事务主义等不良作风。领导干部和职能部门要经常地系统地深入基层特别是问题较多、困难较大的单位调查研究，了解真实情况，倾听群众和基层呼声，帮助解决实际困难。把提升工作质量、提高工作效率作为办文办会办事的基本要求。

第二，要树立全局意识，提高执行力。"不谋全局者，不足以谋一隅；不谋万世者，不足以谋一时。"我院各级干部和职能部门、职能处室，不能只满足于做好眼前工作和具体事务，必须对自己提出更高的要求，进一步增强全局意识和战略意识，共同做好强院兴院这篇大文章。要把本单位工作放在全院工作乃至哲学社会科学事业的大局中去考虑，去谋划。每个单位都承担着某一方面的重要职责，都是全院整体工作中的一部分，不能各自为政，各行其是。作决策、办事情要着眼于我院今后一个较长时期的发展，服从全院整体发展战略和长远规划。要逐步形成既有全院统一意志、政策、原则和部署，又赋予各研究所更大的自主权和工作空间，充分发挥各单位积极性、主动性的良好局面。要增强落实意识，提高执行力。如果每个单位、每位同志都做好了自身的工作，全院工作就会有大的提升。不能搞被动执行、虚假执行、机械执行和选择执行，而要以强烈的责任感保障执行力、提高执行力，以工作任务的完成率和落实率来检验执行力。

第三，贯彻群众路线，做好科研人员工作。领导干部、职能部门的作风问题，说到底就是密切联系群众，与群众保持血肉联系。我院知识分子多、专家学者多，在我院贯彻党的群众路线，就是大胆依靠科研人员，密切联系科研人员，做好科研人员工作，把为科研服务、为科研人员服务作为想问题办事情的出发点和落脚点。

科研人员有明显的职业特点，学养深厚，思维活跃，思想开明，是懂事理、讲道理的明白人。领导干部要学会与科研人员交朋友，多从精神上交流，多从思想上沟通，多从观点上求同。落实各项任务或推行改革措施，要摆事实、讲道理，做深入细致的工作。

科研人员作为哲学社会科学工作者，在理论引导、价值取向和社会舆情方面，具有一定的话语权和影响力。他们又具有中国知识分子"人生不满百，常怀千岁忧"，忧国忧民，关注现实，关心民众，以天下为己任的优良传统。要鼓励科研人员服务社会、服务大众、服务党和国家工作大局。引导和支持他们热爱人民，服务人民，真正了解人民群众的需求，注重人文关怀，加强学术自觉，解决好科研人员"为群众的问题和如何为群众的问题"。

要关爱科研人员，关心他们的成长，关心他们的工作和生活。努力解决科研人员关心的实际问题，尽可能地帮助解决他们的切身利益特别是合理的生活待遇问题，努力改善科研和生活条件。实践证明，只要依靠科研人员、联系科研人员、服务科研人员，想科研人员之所想，急科研人员之所急，谋科研人员之所需，就一定能够充分调动科研人员的积极性、主动性和创造性。我在这里所讲的密切联系科研人员，做好科研人员工作，不是不重视我院其他人员，而是根据我院作为科研机构的特点和要求，强调必须把科研人员放在主要依靠、服务对象的地位上。我院各级领导干部和职能部门，同样要为全体人员服务，切实做好管理人员、工勤人员和离退休人员的工作。

党的建设是我院一切工作的政治保证和组织保障，是学风、作风建设的基础。我院党的建设要抓住两头，一头抓党委班子建设，一头抓基层党组织建设。研究所党委是党的建设的重点，研究室党支部是党的建设的基础。这两头是加强我院党的建设的关键，抓好了，党委班子坚强有力，党支部坚强有力，党员队伍坚强有力，就会大大推进我院工作。

三　2011 年主要工作

各单位要按照党组统一部署，强化管理，锐意创新，圆满完成今年各项工作任务。

（一）建设马克思主义坚强阵地，大力推进马克思主义中国化、时代化、大众化

认真组织学习马克思主义经典著作、中国特色社会主义理论体系和中央重要文件文献。做好意识形态工作，不断增强全院同志的政治敏锐性和政治鉴别力，切实维护国家意识形态安全。举办所局主要负责人马克思主义经典著作和中央重要文献读书班。认真完成我院承担的中央马克思主义理论研究和建设工程各项任务，扎实落实《加强马克思主义理论学科建设和理论研究 2011 年实施方案》。深入研究中国发展道路与发展模式等重大课题，为推进马克思主义基本理论研究和马克思主义中国化、时代化、大众化作出新贡献。努力办好马克思主义研究院、中国特色社会主义理论体系研究中心、世界社会主义研究中心和相关马克思主义基本理论研究室、编辑室。加强马克思主义学术阵地建设，使我院报纸、期刊、出版社、图书馆、网络、数据库成为研究和传播马克思主义的重要平台。

（二）建设党和国家重要的思想库智囊团，更加积极主动地为中央决策服务

加强国情调研工作，提高国情调研水平。组织精干力量，深入研究李长春同志提出的中国特色社会主义民主政治建设、社会主义初级阶段基本经济制度、收入分配、住房制度等四个重大理论和现实问题。紧紧围绕实现科学发展主题和转变经济发展方式主线，深入研究经济社会发展的一系列重大问题。围绕中央高度关注的重大问题，以及思想理论和意识形态领域的热点焦点问题，及时收集、编选和报送对中央决策具有重要参考价值的准确信息。

（三）　建设哲学社会科学研究最高殿堂，大力加强学部建设、学科建设、研究室建设和基础理论建设

完成学部委员和荣誉学部委员增选工作，加大学部建设力度，调整优化学部布局，充分发挥学部的学术引领作用。落实学科调整与建设方案，大力加强具有支撑作用和重要价值的基础性学科以及国家经济社会发展急需的学科，对已不适应时代和实践发展需要的某些学科予以合并或淘汰，根据发展需要新建一些学科特别是新兴学科和交叉学科，扶持濒危学科和"绝学"，逐步形成具有我院特点、设置合理、优势突出、适应国家发展需要和具有国际竞争力的学科体系。加强"中国社会科学调查与数据信息中心"建设，推进深度信息化进程，打造"数字化社科院"，全面提高科研手段和科研方法现代化水平。全面落实《关于加强研究室建设的意见》及四个配套文件，努力打造一批国内领先、国际知名的研究室。召开研究室建设经验交流会。力争涌现出一批一流的研究室，培养出一批优秀的研究室主任，推出一批高质量的研究成果，形成加强研究室建设的好做法、好经验。围绕重大理论和现实问题及国际热点、焦点问题，举办高层次学术研讨会、报告会。围绕中国共产党成立 90 周年、辛亥革命 100 周年等重大主题，组织开展专题学术研讨活动。做好当代中国研究所和地方志办公室工作。

（四）　深入实施人才强院战略，为我院事业发展提供有力人才保证

制定并实施《中国社会科学院中长期人才发展规划纲要（2011—2020）》。启动实施"六项人才计划"：实施马克思主义理论家和骨干人才造就计划；实施学术大家推展计划；实施高端人才延揽计划；实施领军人才扶持计划；实施青年英才提升计划；实施管理人才培养计划。严格执行党政领导干部选拔任用工作条例，按照德才兼备、以德为先标准，把政治立场坚定、热爱和熟悉哲学社会科学工作、富有改革创新精神的优秀人才选拔到各级领导岗位上来。加强所局领导班子建设，建立研究所所长任期目标责任制，试行公开招聘研究所所长。加大处以上干部交流力度。加强研究室机构和岗位设置管理，做好研究室主任配备工作，强化研究室主任工作实绩综合考评。改进和加强干部教育培训工作，完善统一培训制度，重点办好研究室建设研讨班。贯彻落实《关于加强研究生院建设、提高研究生培养质量的决定》，提高研究生培养质量和水平。加强博士后流动站制度建设。制定《公开招聘人员暂行办法》《聘用制人员管理办法》。制定符合我院特点的绩效工资分配办法。研究制定以著名学者冠名的学术专项奖管理办法，形成以院优秀科研成果奖为主体、学术专项奖为补充的学术奖励体系。

（五）加强国际学术交流平台建设，深入实施"走出去"战略

支持我院专家学者深入研究重大国际问题，推出有重要学术价值的研究成果。实施国际热点焦点问题应急调研项目资助计划，及时组织研究团队和选派专家学者，进行应急调研和专题考察，提供有重要参考价值的调研报告和应对方案。实施国际合作研究资助计划，与国外学术机构和高端智库开展深度合作研究，增强国际话语权。重视外文出版物和外文学术期刊在中国学术"走出去"中的重要作用，实施外文学术出版物和外文学术期刊资助计划，支持翻译出版有关当代中国发展的优秀研究成果以及有关中华传统文化的学术精品和典籍，逐步形成精品外文学术期刊群。实施中长期研究出访项目资助计划，派出专家学者到国外重点学术机构、著名智库和国际组织进行中长期调研，努力培养一批能够在国际交流中直接对话、有实力争取话语权的国际型人才。支持我院学者在重要国际组织任职，积极参与新一轮国际经济政治规则的制定。实施海外高端学者来访项目资助计划，邀请在国际学术界享有盛誉的海外高端学者来院举办学术讲座，参加学术研讨会，参与院所重大课题研究，在我院发表文章、出版著作。精心谋划，认真筹备，以"中国社会科学论坛"为平台，举办一次具有重大影响的高水平、高层次国际学术研讨会。

（六）加强学术传播平台建设，努力占领理论学术高地

办好《中国社会科学报》，推动《中国社会科学》杂志改双月刊为月刊。抓好"名刊"工程，建设中国社会科学网，建设调查与数据信息中心，建设数据库和实验室集群，构建经济社会调查网络。注意研究和把握电子学术期刊的发展趋势，提前占领电子期刊的制高点。巩固出版社体制改革成果，推进出版集团组建工作。设立出版基金，强化管理，提高质量，加强"皮书系列"等学术出版品牌建设。制定院图书馆"十二五"发展规划，颁布实施院图书馆管理章程，组建国际研究分馆、研究生院分馆，推进图书馆资源共享。制定《名馆评估标准》，启动"名馆工程"品牌建设项目。加大图书馆馆藏结构调整力度，增加电子资源比重。调整藏书布局，完成地下书库回迁。召开报刊出版馆网库建设工作会议，总结交流经验，推进工作。

（七）深化管理体制机制改革，为我院发展提供有力制度保障

坚持普遍督促检查与重点督办相结合，建立现场督办、单位督办员制度和督办事项完成率考核指标体系。以学科形成与退出机制为重点，推动学科创新体系长效机制建设。改革重大课题立项机制，设立"特别交办重大项目"；编制年度重大课题指南，完善重大课题管理；完善重大问题综合研究中心工作机制。推进科研经费结构改革，完善科研经费预决算机制，提高科研经费的执行力和使用效益。完善基础研究学者资助制度和青年学者发展资助制度，促进形成基础研究保障机制。强化学术社团和非实体研究中心管理，建立不合格社团和非实体中心退出淘汰机制。全面推行五、六级管理岗位竞聘上岗制度及试用期制度；实行高职称低聘与低职称高聘，真正形成"退出"机制；完善质量效益优先的评价机制和绩效分配机制，推动资源向能力强、绩效好、贡献大的科研机构和个人倾斜；完善奖励制度和职能部门工作人员考勤制度。抓好研究室建设经费的监督管理，建立研究室建设经费合理使用的长效机制。完善名刊建设工程体制机制，加强名刊建设经费管理。健全国际合作经费严格预算执行机制。深化图书馆体制机制改革，完善图书馆三级保障模式。制定网络运行维护社会化改革总体方案。建立日常财务审计制度，保持结算中心工作的平稳运行，扩大会计委派和会计代理试点范围。改革房地产管理体制机制。完善图书及信息化等专项经费使用的管理制度。推进国情调研和重大课题数据信息规范化，实现数据信息的统一化和标准化。建立规范的会议运行机制，推广应用视频会议系统，提

高会议时效。充分发挥"邮件群发系统"的信息发布功能，完善重要工作信息上传下达机制，落实院务公开制度。编辑出版院重要制度汇编。完善《要报》等内部信息资料的考评机制和激励机制。建立健全院属企业管理制度，完善市场化运行机制，加强人文公司现代企业制度建设。继续深化后勤管理体制机制改革，完成物业管理社会化改革。完成财计局和后勤服务中心的内设机构和职能调整。

（八）加强后勤保障体系建设，进一步改善全院人员工作和生活条件

全力推进重大工程项目建设，完成贡院东街科研与学术交流大楼项目拆迁工作，争取早日开工建设；做好东坝职工宿舍项目征地和建设工作；推进研究生院新校园二期规划和建设工作，单身宿舍一期工程交付使用，启动二期工程建设；完成国家方志馆建设后期装修改造和西安研究室文物标本楼翻扩建工程并交付使用；落实院档案楼项目建设。继续推进国际片文物保护性修缮工作；做好考古文物储存库房项目选址及立项工作；实施院本部庭院、道路和图书馆大厅改造工程。积极争取经费，力争形成新的上解收入增长点，提高预算执行力度，最大限度地为我院科研事业发展提供资金保障。继续开展规范津补贴检查工作，规范提高退休人员津补贴。积极争取各类房源，多渠道、多方位、多层次解决职工住房和人才周转用房问题。改善单身宿舍条件，逐步形成单身公寓、廉租房、限价房、人才周转用房、经济适用房及商品房的职工用房供应体系。加强固定资产和经营性资产管理。做好节能减排工作。抓好院部车辆有序管理。建立解决我院职工子女上学问题长效

机制。

（九）加强党的思想组织建设、反腐倡廉建设和学风作风建设，为繁荣发展哲学社会科学提供有力的思想政治保证

以健全研究所党委中心组学习制度为重点，研究出台《关于进一步加强和改进研究所党委中心组学习的意见》。办好"所局主要领导干部读书班""所局领导干部理论学习报告会""机关干部理论学习报告会""马克思主义基础知识讲座"等系列报告会。贯彻落实《研究所党委工作条例》和《研究所所长工作条例》，完善党委领导下的所长负责制，健全领导班子工作制度和决策机制。加强以研究室党支部为主体的基层党组织建设。健全党建工作考核督办机制，研究制定《党委书记岗位职责目标考核办法》和《党支部工作考核办法》。完善党建工作领导体制和工作机制。适时召开基层党建工作经验交流会，表彰一批优秀党员、党支部书记和先进党支部。进一步抓好离退休干部工作及统战和工青妇工作。

以完善惩治和预防腐败体系为重点，继续深化反腐倡廉建设。坚决维护党的政治纪律，严格执行宣传出版纪律和各项规章制度。深化反腐倡廉宣传教育。推进以优良学风建设行动、领导干部廉洁自律示范行动、管理决策规范行动为主要内容的预防腐败三大行动。以党务公开、院务公开和报告个人有关事项为重点，加强对领导班子和领导干部的监督工作。全面落实党风廉政建设责任制。大力加强学风作风建设，完善机关作风建设评价机制。开展反腐倡廉理论与对策研究。

同志们！哲学社会科学应大有作为，我院必须谋求更大发展。全院同志要抓住机遇，乘势而上，上下一心，埋头苦干，以更加优异的工作成绩，迎接中国共产党成立 90 周年，为发展中国特色社会主义作出新的贡献！

　　谢谢大家。

积极推进哲学社会科学创新工程，加快建设中国特色、中国风格、中国气派的哲学社会科学

——在中国社会科学院 2012 年度工作会议上的报告
（2012 年 2 月 22 日）

同志们：

受陈奎元同志委托，我代表党组作工作报告。

一　工作总结

2011 年，我院各项工作都取得了新成绩。一是学习贯彻中央精神，重视理论学习和理论创新，马克思主义坚强阵地更加巩固。二是研究重大理论和现实问题，党和国家思想库智囊团作用得到较好发挥。三是实施科研强院战略，科研水平和成果质量不断提高。四是推进人才强院战略，队伍建设有新成效。五是落实管理强院战略，管理体制机制改革任务基本完成。六是拓展对外学术交流与合作，学术影响力和国际话语权有所增强。七是加强报刊出版馆网库"名优"创建，理论学术传播能力较大增强。八是启动创新工程试点，为建设哲学社会科学创

新体系打开局面。九是改进机关作风，办文办会办事质量与效率继续提升。十是重视行政后勤保障体系建设，科研办公生活条件明显改善。十一是抓好党的建设和反腐倡廉建设，思想政治工作和离退休干部工作迈上新台阶。

关于去年工作，我重点就基本完成管理体制机制改革任务和启动创新工程试点加以总结。

第一，基本完成管理体制机制改革任务，为实施创新工程奠定基础。

在 2008 年 7 月召开的改革工作座谈会上，党组和陈奎元同志明确指出，我院改革大体包括两方面：一是哲学社会科学体系的改革创新，一是科研、人才、科研辅助、行政后勤等管理体制机制的改革创新。两方面的改革，相辅相成。改革分两步走，率先推进管理体制机制改革，适时展开哲学社会科学体系创新。提出了改革的指导思想、总体目标、基本要求和主要任务，正式展开了管理体制机制改革。2010 年 8 月，党组召开管理强院专题会议，认为两年的改革已取得较大成效，但尚需深化，决定再用一年多时间，到 2011 年底基本完成管理体制机制改革既定任务，再展开哲学社会科学体系创新改革。经过三年多的改革创新，有活力、有效率、有利于哲学社会科学创新发展的管理体制机制正在逐步形成。党组改革之初提出"向改革要成果、向改革要人才、向改革要效益"已渐为现实，为启动创新工程，建设哲学社会科学创新体系创造了条件。

1. 推进科研管理体制机制改革，为建立符合哲学社会科学研究规律的竞争激励机制作了准备。制定并落实马克思主义理论学科建设和研究实施方案，形成促进和加强马克思主义理论学科建设和创新研究体制；形成扶持基础学科，加强重点学

科、特殊学科，挽救濒危学科，支持新兴学科，促进社会科学
与自然科学交叉融合发展的学科建设支撑体系；办好重大问题
综合研究中心，形成对党和国家关注的重大理论和现实问题攻
关研究的应急导向机制；改革完善课题制，调整课题结项时间
和经费拨款方式，严格课题经费审核和结项要求；开展重大重
点课题、国情调研项目等专项清理工作，建立课题定期完成制
度；改革科研经费资助体系，建立成果后期资助、出版资助机
制，实施"长城学者资助计划""基础研究学者资助计划"和
"青年学者资助计划"；建立研究室建设长效机制，加大经费支
持力度，形成以科研为中心、以学科为依托、以研究项目为抓
手、以学术活动为载体、以党支部建设为基础、以人才建设为
根本的研究室建设格局；推动编撰《学科年度新进展综述》和
《学科前沿研究报告》制度化；完善学部运行机制，完成首次
学部委员增选和荣誉学部委员增补，发挥学部委员在重大学术
活动和学术评价中的作用；推动国情调研管理机制改革，加强
基地建设和项目管理；强化学术社团和非实体研究中心管理，
展开清理整顿，建立淘汰机制。

2. 推进人才与人事管理体制机制改革，为形成能上能下、
能进能出、竞争择优的选人用人育人机制创造条件。建立人
才强院战略工作体制，制定并实施《人才强院战略实施方
案》，编制中长期人才发展纲要，每年投入 2500 万元用于人
才建设；推行聘用制和岗位设置改革，实行专业技术人员分
级管理，完善专业技术职务评审和晋升制度，开展副高级专
业技术职务评聘分开试点，推广五、六级管理岗位竞聘上岗
制度；修订《党委工作条例》和《所长工作条例》，完善党
委领导下的所长负责制，试行领导干部任职试用期制度；建

立统一领导、统一规划、统一培训、统一管理、统一经费和分类教学的干部和人才培训体制，强化全员培训；规范津补贴，建立津补贴检查制度，提高全院人员收入；健全人才引进机制，制定高层次专业人才引进办法和海外留学人员招聘计划，提高引进人才质量；建立统一奖励制度，制定先进个人和先进集体奖励暂行办法；改革研究生院办学体制，加强教学管理，扩大招生规模，提高培养质量；完善博士后管理制度，推行"项目博士后"。

3. 推进对外学术交流体制机制改革，为推动优秀学术成果和优秀人才走向世界搭建平台。制定"走出去"战略实施方案，建立对外学术交流的院所两级管理体制和对外学术交流长效机制；创办"中国社会科学论坛"，增强学术影响力，扩大国际话语权；资助外文学术出版物和外文学术期刊，支持优秀成果翻译出版，增强中国学术国际传播力；重视对外学术交流人才培养，选派专家学者到国外重点学术机构、著名智库和国际组织开展学术交流，支持和推荐专家学者参加国际学术组织活动，建立国际型人才培养机制；实施海外高端学者来访项目资助计划，邀请国际著名专家学者来院参加学术活动；加强对外学术交流管理，健全国际合作研究项目申报、审批、资助和管理机制；创新国际合作经费管理机制，严格预算管理。

4. 推进报刊出版馆网库管理体制机制改革，理论学术传播能力有所提高。改革办报体制，成功创办《中国社会科学报》；实施"名刊"建设工程，加强制度建设，探索"名刊"评价体系；改革信息报送体制机制，成立信息研究报送机构，办好《要报》等内部信息刊物；完成院属 5 家出版社转企改制，积极探索集团化发展思路；改革图书馆管理体制，实行"总馆—分馆—资料室"三级管理，建成法学分馆、民族学与人类学分馆、研究生院分馆和哲学专业书库、文学专业书库；实施图书采购代理制改革，实现图书采购公开化和效益最大化；制定"十二五"网络信息化建设规划，建立院所两级信息网络管理体制，形成信息化建设经费向研究所倾斜机制；建立网络中心、中国社会科学网、调查与数据信息中心"三位一体"创新体制，统一领导、统一规划、统一管理、统一经费、统一数据库的信息化运作机制正在形成；"中国社会科学网"及其英文网开通上线，学术影响力不断扩大；成立调查与数据信息中心，推进实验室和调查平台建设，制定数据标准化体系，启动"中国社科智讯"；信息化建设经费使用改革取得成效，资金使用效益明显提高。

5. 推进行政管理体制机制改革，规范有效的行政运行体系基本形成。建立并完善以常务副院长和秘书长为中心的日常工作运行机制，院长办公会议规范化、制度化；建立改革创新协调例会制度和行政后勤督办例会制度；发挥办公厅枢纽职能，建立督办、检查、反馈制度，增强执行力；建立电子文档跟踪管理系统，规范公文流转；加强统计报表编报管理；制定和完善会议制度，精简会议数量，提高会议质量；规范内部请示事项答复方式，要求职能部门及时办理；建立电子邮件群发系统，定期发布信息，推进院务公开制度化；建立网络视频会议系统，利用现代技术手段提高工作效率；严格工作纪律，建立领导干部外出请销假制度和机关指纹考勤制度，有效改进机关作风；开展规章制度"废、改、立"工作，保留规章制度332项，废除167项，修订59项，制定61项，汇编《管理工作手册》和《财务管理工作手册》；完成办公厅内设机构改革。

6. 推进基本建设管理体制机制改革，基本建设和大型维修项目统一规范的管理机制有效运转。完善基建工作体系，成立基建工作办公室，建立基建工作制度，编制基建中长期规划；建立推进重大基建项目的工作机制，贡院东街科研与学术交流大楼、东坝职工住宅项目相继获得重大进展，良乡研究生院新校园一期工程全面竣工并投入使用，单身职工公寓一期工程完工交付使用；建立修缮改造工程运转机制，完成图书馆地下书库改造和立体车库、老干部和职工活动中心、院部门球场建设，研究生院气膜体育馆落成；治理院部环境，局部整修院部大楼、改造院部道路及东西两门、装修图书馆大厅、大规模园林绿化，整顿院部交通秩序，院部形象焕然一新；建立办公用房调整机制，极大改善 20 多个所局单位科研办公条件；多方争取房源，加大规划和建设力度，逐步形成单身公寓、廉租房、限价房、人才周转用房、经济适用房及低价商品房供应体系，建立解决职工住房的长效机制，初步解决长期影响人才建设的职工住房。

7. 推进财务管理体制机制改革，集中、严格、高效、透明的经费保障体系初步建立。成立财务结算中心，实现全院财务的公开透明和资金集中管理；实行会计委派和会计代理制，加强会计核算和财务监管；制定预决算管理规定，提高预算执行率和资金使用效益，形成预决算执行管理长效机制；规范日常经费和临时性专项工作经费审核审批管理；开展"小金库"专项治理和规范津补贴检查；加强资产管理，完善固定资产动态监管平台，制定经营性资产管理办法，确保国有资产保值增值；建立房地产统一管理制度，对院属单位有偿使用房地产进行清理，建立有偿使用房地产长效机制，将公租房、单身职工宿舍纳入统一的国有资产管理；成立节能减排办公室，开展节能减排承包试点，制定节能方案，推广使用节电节能设备，建立节能工作机制；完成财计局内设机构改革；建立收入上解制度，多渠道筹集资金；建立财政经费逐年提高长效机制，形成充足有效的经费保障体系。

8. 推进后勤服务体制机制改革，为科研和全院人员服务的后勤保障水平明显增强。按照后勤社会化、管理科学化、服务优质化的原则，改革服务中心所属经营单位，将服务中心原属企业整体划转人文公司经营，实现经营、管理、服务职能分离；改革图文印刷厂、会议中心、物业中心，加强成本核算，提高服务质量和经济效益；加强经营单位管理，有效解决亏损问题；推进职工食堂管理改革，提高食堂饭菜质量；推进班车和公务车改革，按月发放交通补贴，车队实行经费总承包改革，有效降低运营成本，提高车辆使用率；对社科博源宾馆、密云绿化基地和北戴河培训中心实行整体承包经营，提高国有资产经营效益；推进人文公司经营资产整合，拓展业务范围，服务科研能力和经济效益有较大提升；建立解决职工子女上学的长效机制，为近200位职工解决子女上学问题；调整服务中心内设机构，增强对全院后勤服务的指导职能。

基本完成管理体制机制改革任务，是全院各单位和全体同志积极参与、共同努力的结果，是实施管理强院战略的结果，是党组高度重视、精心组织、周密部署、狠抓落实的结果。自2008年下半年以来，共召开每周一次的改革协调小组例会200余次，完成改革任务800余项；召开每周一次的基建后勤财务信息化例会160余次，督促落实任务400余项。

　　第二，启动创新工程试点，哲学社会科学创新体系建设迈出关键性一步。

　　在推进管理体制机制改革的同时，党组已在谋划和推动第二步的改革创新。从 2008 年起，围绕创新体系建设问题开展调研，进行酝酿和设计，积极争取中央和有关部门支持，为实施创新工程做了大量前期准备。2011 年院工作会议提出，要在巩固已有改革成果的基础上，做好两方面改革的过渡衔接工作，逐步将工作重心转移，启动创新工程。一是自觉抓住战略机遇，精心做好顶层设计。二是广泛深入动员，统一全院思想认识。三是深化体制机制改革，着力推进制度创新。四是坚持试点先行，力争重点突破。党组制订了创新工程五年计划和逐年实施意见，出台了一整套管理制度和实施办法，遴选了首批试点单位，于去年下半年陆续开始试点。推进的重点是：以马克思主义理论研究与建设工程、马克思主义哲学学科和世界社会主义中心为重点，加强马克思主义坚强阵地建设；组建信息情报研究院、财经战略研究院、亚太和全球战略研究院、社会发展战略研究院等新型科研组织，努力加强服务党和国家大局的思想库建设；以调查与数据信息中心建设为抓手，加强哲学社会科学数据库和实验室建设，打造"数字社科院"；办好以《中国社会科学报》、中国社会科学网、《中国社会科学》杂志为龙头的报刊出版网站，加强社会主义主流意识形态传播平台建设；以考古所、民文所、语言所为试点，推进具有传统优势的人文基础学科创新，加强中国哲学社会科学的学术殿堂建设；推出"学部委员推展计划""长城学者资助计划"等人才创新项目，建设中国哲学社会科学高端人才基地；举办"中国社会科学论坛"，资助外文学术期刊和外文出版物，打造"走出去"战略基地；启动学术出版资助计划，落实一批重大成果出版和翻译项目。创新工程取得初步成效。

二　工作思路

2012 年工作指导思想是：以马克思列宁主义、毛泽东思想、邓小平理论和"三个代表"重要思想为指导，全面落实科学发展观，认真贯彻中央精神，按照"三大定位"要求，坚持"三大强院战略"，实施哲学社会科学创新工程，加快建设具有中国特色、中国风格、中国气派的哲学社会科学，以优异成绩迎接党的十八大召开。

（一）加强理论武装，提高运用马克思主义指导哲学社会科学研究的能力

坚持以马克思主义为指导，是我国哲学社会科学最鲜明的特色，是我院最根本的办院方针。加强理论学习，提高运用马克思主义指导科研的能力，不是权宜之计，也不是一时之策，而是事关我院和哲学社会科学事业方向和发展的长远大计、根本大计。之所以把问题提到这样的高度，是由哲学社会科学的性质和我院的定位、任务决定的。

毛泽东同志指出，"一定的文化（当作观念形态的文化）是一定社会的政治和经济的反映，又给予伟大影响和作用于一定的政治和经济"。哲学社会科学作为文化的灵魂，是文化最概括的思想结晶，是一定社会的政治、经济最集中的理论反映，为一定社会的政治、经济服务。当代中国的哲学社会科学，首先是社会主义方向、性质的理论学术，为中国特色社会

主义的政治、经济服务。我院是党中央直接领导的国家哲学社会科学最高研究机构，是党在思想文化战线和意识形态领域的重要部门。科学研究等一切工作，必须始终坚持正确的政治方向和学术导向，始终与党中央保持一致，才能切实服务于中国特色社会主义事业。而做到这一点，必须坚持马克思主义，如果离开马克思主义，必然偏离方向，一切无从谈起。

中央赋予我院"三大定位"要求的一项任务就是努力建设马克思主义坚强阵地，这是最高的党性要求。我院担负研究、宣传、创新马克思主义的重任，如果领导干部和科研人员的马克思主义理论水平不高，又怎能完成这个光荣而艰巨的任务。一项任务是努力建设党和国家的思想库智囊团。人民关心的重大问题，就是党和国家关注的重大问题，也是应作出理论诠释、对策研究的重大问题。为解决人民疾苦、提高百姓福祉而研究，为党和国家的长治久安、为中国特色社会主义发展进步出谋划策，才不愧于思想库智囊团的地位。试问，离开了马克思主义正确指导，缺了主心骨，怎能建好言献好策出好主意，又谈何发挥参谋咨询作用。一项任务是努力建设哲学社会科学的最高殿堂。我国哲学社会科学作为精神力量，就总体属性来说，首先是党领导的、人民大众需要的、社会主义性质的观念形态的文化，从属、服务于社会主义主流意识形态，必须从总体上接受马克思主义指导。我院许多学科带有强烈的意识形态属性、政治属性和现实属性。有的学科虽然意识形态属性不强，或不具有意识形态属性，但其研究对象与内容也是某类社会历史现象，研究者本身也有一个为什么人服务的感情问题、立场问题，有一个用什么样的立场、观点、方法指导研究的问题。这就要求必须把马克思主义和科学社会主义作为核心理念和指导思想，站在党和人民的立场上，为中国特色社会主义和人民利益"鼓与呼"。

这是从哲学社会科学作为党领导的中国特色社会主义文化属性的总体意义上讲的道理，即为什么坚持马克思主义指导地位的道理。陈奎元同志在《信仰马克思主义，作坚定的马克思主义者》的重要讲话中，语重心长地全面阐述了信仰马克思主义、学习马克思主义、坚持和发展马克思主义的根本要求。具体到今天研究者个人来说，在中国特色社会主义伟大实践中，在繁荣发展哲学社会科学工作中，能否自觉接受马克思主义，运用马克思主义，更是直接关系到站在什么立场上、为什么人服务的问题，当然也关系到科研方向、成果质量和能否成为党和国家需要的人才的问题。

在我国当代学术领域，许许多多大家大师，正是坚定信仰马克思主义并将它实际地应用到研究中，找到了指导研究的科学世界观方法论钥匙，取得了辉煌的学术成就。郭沫若先生被邓小平同志称为"我国运用马克思主义研究中国历史的开拓者"。以他为代表的马克思主义史学，用唯物史观作为研究历史的武器，做出重大史学创新成果。不少历史学家不乏渊博知识和入微考辨，但总的方面不能和郭沫若先生的史学研究成就相比，究其根本，则同没有真正掌握马克思主义，缺乏唯物主义历史观眼光有关。老一代院领导胡乔木、胡绳、马洪、张友渔一贯努力学习、研究和宣传马列主义，在马克思主义理论、哲学、文学、历史、经济、法学、政治学等领域作出了杰出贡献。范文澜先生开拓了以马克思主义指导编撰中国通史的道路，侯外庐先生运用马克思主义研究中国古代思想文化遗产，夏鼐先生坚持认为考古学研究的最终目标是阐明历史发展的客观规律，吕叔湘先生总是理论联系实际、处处体现实事求是的作风，何其芳先生自觉把马克思主义应用到文学研究领域，任继愈先生以马克思主义视野研究中国哲学和世界宗教，许涤新先生从马克思主义与中国实践的结合上系统探讨了中国社会主义经济形成和发展的客观进程，孙冶方先生探索了社会主义政治经济学新体系，薛暮桥先生系统论述了中国社会主义建设必须遵循的经济规律，等等。这样的前辈不胜枚举，他们自觉运用马克思主义指导研究，从而在学术史上留下了不朽的篇章。

这些可敬前辈们所取得的辉煌成就，证明了当代中国哲学社会科学的指南，就是马克思主义。认为马克思主义已经僵化、凝滞，解释不了中国问题，不能指导学术，从而不加分析、不作选择地把西方的研究方法和学派，或者中国历史传统的研究方法和学派，原封不动地引入当代中国研究领域，崇拜洋教条、土教条，食古不化，食洋不化，这样做无法创新、繁荣、发展中国特色理论学术。

当然，讲这些不是说在今天学术研究领域，马克思主义可以代替一切，包办一切，是包打天下的灵丹妙药，而是就马克思主义世界观方法论而言，就当代中国哲学社会科学总体而言，就我院办院方向而言，就研究者个人以什么样的感情、站在什么立场上、为什么人服务、以什么为指导的根本问题而言。马克思主义世界观方法论，就是马克思主义者观察世界、分析问题、解决问题的基本立场、观点和方法。以马克思、恩格斯、列宁、毛泽东、邓小平等为代表的马克思主义者，站在人民的立场上，做出了大量科学判断和科学结论，有些结论虽然带有历史局限性，但贯穿他们著述、思想、理论始终的立场观点方法，即世界观方法论，闪耀着真理的光芒，具有正确的思想方法的巨大精神利器作用，依然指导着今天的实践。马克思主义首先强调的是基本立场问题，是不是站在人民的立场上，与人民同呼吸共命运，与人民密切联系。马克思、恩格斯之所以成为马克思主义者，首先是因为他们能够坚定地站在工人阶级和人民大众的立场上。马克思在确定博士学位论文选题时，就把自己的幸福和工人阶级、劳苦大众的命运紧紧联系在一起。基本立场对了，才能够自觉地运用马克思主义的基本观点，如唯物的观点，发展的观点，辩证的观点，对立统一的观点，历史的观点，群众的观点，阶级分析的观点，等等。运用这些观点认识观察世界就是科学的世界观，以之分析解决问题就是科学的方法论，马克思主义世界观和方法论是一致的。

可以说，凡是做出了成绩的科学家，就其主观认识来说，有的是自觉的，有的是不自觉的，做到了符合并遵循他所研究对象的客观规律。而辩证唯物主义和历史唯物主义哲学世界观方法论，恰恰最科学地揭示了事物发展的根本规律和法则，为人们认识问题、分析问题提供了最一般的思维方式和思想方法。"工欲善其事，必先利其器"，对于以科学研究为终生追求的哲学社会科学工作者来说，为何不去主动地、自觉地学习掌握马克思主义立场观点方法呢？学习马克思主义，要真学真懂真用，而不是死记硬背一些具体结论，不是照本宣科、生搬硬套一些词句来剪裁活生生的现实。马克思主义是思想武器，不是养家糊口的饭碗，不是追求名利的梯子。运用马克思主义指导研究，不是把马克思主义当作标签，当作标语口号，而是当作研究的指南，把马克思主义贯穿到学术研究、学理分析之中，以创新的学术成果体现出来。

加强马克思主义学习，是全院人员的共同任务。各级党组织要认真组织好理论学习，抓住提高理论水平这个关键。领导干部和党员要带头自觉学习马克思主义，不断提高自己的马克思主义理论素养，学会运用马克思主义指导科学研究。就担负的领导责任而言，所局领导干部尤为关键。从事马克思主义研究的，要多多益善地学，专门研究。从事其他学科研究的，可以坚持"少而精"的原则，重点掌握马克思主义精髓。既要坚定不移地坚持"二为"方向，又要坚定不移地贯彻"双百"方针。在具体学科研究方法上，可以百家争鸣，百花齐放，可以有研究者的发明独创，不能强求一致。

（二）学习好、贯彻好、落实好十七届六中全会精神，全力实施哲学社会科学创新工程

今年的中心工作就是学习领会、贯彻落实十七届六中全会精神，实施好创新工程，努力构建哲学社会科学创新体系。全院同志要统一思想，提高认识，把思想统一到中央和党组实施创新工程的决策和部署上来，把认识提高到完成创新工程任务上来。

当前，摆在全院同志面前有两大问题，应当引起高度重视。一是机遇问题。目前，我院哲学社会科学事业正面临着腾飞发展的重大机遇。党的十七大、十七届五中全会和"十二五"规划纲要，特别是六中全会提出，实施哲学社会科学创新工程，建设具有中国特色、中国风格、中国气派的哲学社会科学的战略任务。实施创新工程，是繁荣发展哲学社会科学的重大战略举措，必将使我院总体科研水平迈上更新层次、更高台阶。这一切都为我们提供了难得的机遇。机不可失，稍纵即逝，如果抓不住这次机遇，就会大大贻误我院和哲学社会科学的发展。我们这一代人责任重大，一定要树立责任意识、机遇意识。

二是差距问题。在党中央领导下，我院事业有了长足的发展。但是，应当清醒看到差距。我院为党和国家服务的自觉意识还不够，能力还不强，距离中央的要求，还差得相当远，还有很长的路要走。与国际国内同行相比，我院许多传统优势正在逐渐减失，如果不奋起直追，将会进一步减弱甚至消失殆尽。近年来，社会上各种研究院所、智库和研究团体，如同雨后春笋般涌现出来，推出一批又一批成果，构成严峻挑战。我院外临激烈的人才竞争，内则有人才青黄不接的危险。面对如此巨大的人才压力、成果压力、竞争压力和发展压力，必须充分正视差距，充满危机感，时刻树立忧患意识。

面对机遇与挑战，有两种选择。一是安于现状，按原有的老办法和老套路办院。这样做没有太大风险，但距离党和国家的要求会越来越远。二是创新改革。这样做会有风险，在推进改革创新的过程中，会产生一些新的矛盾和问题。从马克思主义认识论来看，十全十美的改革是没有的。因为人的实践有一个过程，认识也有一个过程。旧的矛盾解决了，新的矛盾又会产生，人类社会就是在不断地解决矛盾和问题中前进的。当然，实施时要反复调查研究，尽可能把事情想得周全一些，步子迈得稳妥一些。面对两种选择，权衡利弊，就要以创新的精神，选择具有创造性，最符合我院长远发展需要的改革创新之路。

党组对实施创新工程的指导思想、目标、任务、方法和步骤做了明确部署，目前各项工作正在有序推进。实施创新工程的根本目的就是构建中国特色哲学社会科学创新体系，关键是实现理论学术观点自主创新和体制机制制度创新。理论学术观点自主创新是创新工程的根本任务，也是检验创新工程成功与否的根本标准；体制机制制度创新是创新工程的重要任务，是能否构建创新体系的基本保障。两个创新相辅相成，最终实现出成果、出人才的总要求。

自然科学倡导自主创新，哲学社会科学也必须倡导自主创新，解放思想，独立自主地走中国特色的哲学社会科学创新道路。实践不断发展，思想理论随之不断创新。中国特色社会主义实践不断发展，中国特色理论学术也需要不断创新。要借鉴、吸收世界先进文明的精华，继承、发扬中华传统文化积极成果，总结、提炼当代中国的新鲜实践和经验，不断概括出理论联系实际的新概念、新范畴、新表述，创造出不拘泥于书本、不拘泥于经验、不拘泥于已有认识的思想理论学术观点，努力形成有说服力、感染力、影响力的中国学术话语体系，用以诠释现实，说明问题，指导实践。

制度创新要求认真分析和研究现行体制机制存在的弊端，有针对性地通过改革，兴利除弊，实现体制机制制度创新，最大限度地调动科研人员的积极性和创造性，解放和激活科研生产力，以全面实现学术观点与思想理论创新、学科体系与科研组织创新和科研手段与方法创新。制度创新要抓住三个关键环节，第一个环节是人事制度的转变，形成人员"公开竞聘"和"公平退出"机制，建立竞争流动的创新岗位，构建与绩效挂钩的激励机制，建立能进能出、能上能下、竞争淘汰的选人用人机制。第二个环节是分类建立科研评价体系，努力构建有利于多出经得起实践检验的精品成果的研究机制。第三个环节是科研经费配置机制的改革，构建具有激励和约束双重功能的经费分配机制，赋予研究单位对研究经费支配的主动权，调动科研人员利用经费开展研究的积极性。经费资源分配机制改革，要抓三件事，一是改革完善课题制，二是实行年度经费总额拨付制度，三是实行严格有效的经费使用管理制度。

抓好创新工程，要解决好四个方面的问题，一是统一思想，提高认识；二是解放思想，转变观念；三是着眼全局，试点先行；四是认真负责，加强领导。首先要统一思想，提高认识。一定要把抓好思想发动、骨干动员、学好文件、吃透精神和做过细的群众工作摆在重要位置。二是解放思想、转变观念。思想观念不转变，就不会有真正的思想理论观点的创新和体制机制制度的改革。不能穿新鞋走老路，按老套路、老办法办事，要大胆探索，勇于创新，用新办法、新架构、新组织、新制度来推进创新工程。三是着眼全局，试点先行。实施创新工程，没有现成的模式。创新工程方案和措施是不是符合哲学社会科学发展规律，是不是能够调动大家的积极性，存在哪些问题，还会出现哪些问题，制定哪些政策，进行哪些改革？都需要在实践中摸索。不经历一个认识、探索的过程，急躁冒进是不行的。试点先行，重点突破，逐步展开，稳步推进，是基本原则。党组充分肯定各单位和不同岗位的同志们都为创新工程贡献了力量，坚持统筹兼顾，让全院同志共享创新发展的成果。四是认真负责，加强领导。各级领导班子要真正担负起创新工程的组织管理职责，主要领导挂帅，坚持集体决策，不断研究解决推进过程中的问题。实施创新工程的同时，要注意保证全院日常工作运转，把抓好创新工程与做好科学研究、研究室建设、学科建设、人才建设、党的建设、职称评定等统一起来、结合起来。

全院同志一定要以时不我待、只争朝夕的紧迫感，以实施创新工程为契机，"为天地立心，为生民立命，为往圣继绝学，为万世开太平"，开拓进取，力争达到甚至超越前人的水平，再创我院历史上作为"人才高地、学术重镇、哲学社会科学研究国家队"的辉煌。

（三）加强社会主义核心价值体系教育，提高全院人员道德水准

加强道德建设，开展社会主义核心价值体系教育，逐步建立我院特有的道德规范和准则，造就良好的组织文化和道德风尚，树立优良的学风和工作作风，是我院重要的思想道德上的基本建设。必须把社会主义核心价值体系融入我院建设和发展的全过程，贯穿于科研、管理等各领域，体现在科研成果产出和人才培养等各方面。

进入 21 世纪，党鲜明提出实行依法治国和以德治国相结合。党的十七大和十七届六中全会把社会主义核心价值体系建设提到了治国理政的高度。治理国家，德治与法治，从来都是相辅相成、相互促进的。我国有着悠久的德法共治的传统。孔子认为："道之以政，齐之以刑，民免而无耻。道之以德。齐之以礼，有耻且格。"严刑只能使百姓因害怕而不敢做坏事，但不能使人们自觉知耻而守法；相反，以道德治理国家，以礼乐教化人民，则可使百姓自觉知耻，自我规范，自我约束。还认为："君子之德风，小人之德草，草上之风，必偃。"强调德治教化。以德治国的基础就是道德建设。重视思想道德建设，对于坚定理想信念，塑造正确的人生观、价值观、道德观，升华人生境界，提高觉悟，具有十分重要的意义。

我院同志多数受过高等教育，知识水平和思想觉悟较高，总体道德风气是好的。但不可否认，有少数人的表现与自己多年接受的教育，与自己头上的一道道"光环"并不相称，在许多事情上显得过于利己主义、自由主义。譬如，不遵守政治纪律，抄袭剽窃，侵占公共财产，损人利己，追名逐利，公共道德缺失，组织观念淡薄，等等。这些有辱斯文，丧失品格，愧对最高殿堂。

成就真正的学问，离不开崇高的价值追求，离不开高尚的道德情操。中国古代许多杰出的知识分子，既有深厚的文化造诣，又有高洁的道德操守，先天下之忧而忧，后天下之乐而乐，道德文章，堪称典范，实现了做人、做事、做学问的统一。身处最高学术殿堂，更应该高标卓识，具有高尚的道德情怀和精神追求，更应该成为中国社会的道德模范，具有最起码的社会责任，更应该懂得怎样爱祖国、爱人民、爱劳动、爱文明、爱集体、爱家庭，包容他人，与他人和谐相处。全院每一位同志，都应当思考如何做一个德才兼备、又红又专的优秀人才，如何弘扬雷锋精神，成为社会主义核心价值体系的笃行者，如何始终以国家前途和民族命运为念，把社会主义核心价值体系作为基本遵循、衡量标准，化为自己的政治立场、思想感情、治学学风和工作作风。

全院要开展社会主义核心价值体系教育，加强学风作风和道德建设，教育引导全院同志树立求真务实、科学严谨的治学精神，树立起联系群众、认真负责、努力进取的工作态度，大力弘扬雷锋精神，树立崇高的道德风尚。各级党组织和领导干部都要抓、都要管道德建设，列入重要工作日程，作为必须落实的重要任务。

（四）一以贯之抓管理，坚持以管理强院促科研强院、人才强院

实施管理强院战略，促进科研强院和人才强院，是我院行之有效的基本工作方法，也是必须坚持的重要工作原则。管理体制机制改革之所以成功，各项工作之所以取得成绩，其中一条经验就是找到了抓管理这个法宝。陈奎元同志明确提出要抓管理强院。将管理强院和科研强院、人才强院结合在一起，确立"三大战略"的强院兴院之策，这是对我院办院规律认识的新概括，是对办院经验的高度总结。以科研强院为根本，人才强院为关键，管理强院为保障，共同构成我院的强院战略。要不断提高对管理重要性的认识，持之以恒、一以贯之地把管理抓紧、抓实、抓好、抓出成效。

刘云山同志强调，"必须坚持一手抓繁荣、一手抓管理，坚持事业发展到哪里、管理就要跟进到哪里，履职尽职、敢管善管，不断提高管理科学化水平"。这对做好管理工作具有重要指导作用。虽然我院管理工作有了长足进步，但目前仍然存在大量管理方面的软肋，实现管理强院任重道远。积极稳妥推进创新工程，必须始终如一地抓好管理。如果管理不到位，科研强院和人才强院势必落空，创新工程也不可能达到预期效果。目前，一些单位管理不到位，致使创新工程推进缓慢，人为地带来许多不应发生的新矛盾和新问题，影响了创新工程成效。比如，对创新工程各项管理制度和办法，不研究，不执行，甚至擅自改变制度，不按规定办事；或者对长期积累的管理漏洞和历史包袱，不清理，不解决；等等。

顺利推进创新工程，要在管理上下更大功夫。第一，要高度重视管理。认识到管理强院同样是强院战略，管理工作同样是重要工作，管理人才同样是人才。主要领导干部，特别是书记和所长，要在其位谋其政、谋其管，把搞好本单位的管理当作自己最重要的一个职责。职能部门要围绕全院中心工作，加强管理，提前谋划，综合考虑，为全院发展服务。第二，要敢管善管。尽可能地为科研人员提供充分自由的科研时间和空间，创造自由讨论、自主创新的环境，很有必要。但不等于放任自流，不等于放弃管理。抓管理，既要严格规章制度，敢于面对问题和矛盾，强化管理，不回避，不推诿，不怕得罪人，又要讲究方式方法，营造宽松和谐的工作氛围。第三，要实现管理创新。事业在发展，形势在变化，有些情况过去没遇到，现在却出现了，有些办法过去有效，现在却不灵了，有些问题过去容易解决，现在却复杂了。包括创新工程在内的许多工作，牵涉方方面面和每一位同志，关系到全局，这就要求在管理上及时跟进、改进和创新管理，着力提高管理的科学性、系统性和有效性。

三　工作部署

今年要认真做好以下主要工作。

（一）确保正确的政治方向和学术导向

组织全院人员认真学习马克思主义基本原理、中国特色社会主义理论体系。举办所局主要领导干部、青年骨干马克思主义经典著作读书班，举办系列报告会、讲座、理论培训班，抓好面向全院青年的理论培训。颁布执行《关于进一步加强和改进研究所党委中心组学习的意见》，抓好各级中心组理论学习。组织十七届六中全会精神及十八大精神的学习贯彻和研究宣传。注重学习实效，抓好检查落实。

加强政治纪律教育，与党中央保持高度一致，牢记"守土"职责，不断增强政治敏锐性和政治鉴别力，坚决反对一切杂音、噪音，自觉抵制各种错误思潮的影响和冲击。

（二）加强马克思主义理论学科建设和理论研究

完成我院承担的马克思主义理论研究和建设工程任务。落实《加强马克思主义理论学科建设与理论研究实施方案（2009—2014）》和2012年工作计划。巩固发展马克思主义理论学科，加强二三级理论学科建设。支持开设相关学科马克思主义论坛，支持马克思主义理论类别研究室建设，组织撰写马克思主义理论学科前沿报告。完成中央交办的理论宣传文章撰写任务。出版马克思主义专题文丛和文集，出版15卷本的《马克思主义理论学科建设与理论研究系列丛书》。充分发挥报纸、期刊、出版社、图书馆、网络、数据库、论坛的马克思主义学术阵地和宣传平台作用。

开展马克思主义经典著作和基础理论研究。加强对中国特色社会主义理论体系、旗帜、发展道路、基本政治经济制度的研究和阐释；加强对当代资本主义发展趋向的跟踪研究；加强党的执政能力建设、先进性建设、纯洁性建设和反腐倡廉建设研究，推出一批高水平的研究成果。办好马克思主义研究院、中国特色社会主义理论体系研究中心和世界社会主义研究中心。

（三）展开创新工程试点工作

巩固 2011 年首批试点成果，顺利完成 2012 年第二批试点工作和下半年扩大试点工作。做好 2012 年试点单位考核工作。编制 2013 年第三批试点方案及经费预算方案，完成评审。

及时调研试点工作中出现的新情况、新问题，不断总结经验，修改完善已有制度和办法，制定新的措施和办法。如，学部支持参与创新工程实施意见，学部委员、荣誉学部委员参与创新工程管理办法，离退休人员支持和参与创新工程意见，创新工程数据库、实验室总体建设方案，数据库、实验室、大型社会调查项目审批程序和办法，数据信息后期资助标准与管理办法，创新单位首席管理审批程序和综合考核评价办法，创新单位（研究所）综合考核评价办法等。

试行创新经费年度总额拨付制度，推进创新工程研究经费总额拨付改革试点。深入调研，制定期刊编辑部和实验室创新工程实施方案。完善创新工程学术成果出版资助体系和资助办法，完成 4500 万出版资助计划。完成"长城学者"资助人选增补。完善创新岗位人均研究经费和特殊项目经费审批制度。严格学术会议、国际合作、信息化、大型社会调查及数据库建设、办公用房租用、大型设备购置等专项经费的评审和管理。健全具有激励与约束双重功能的资源配置与经费管理制度。

推进财经战略研究院、亚太与全球战略研究院、社会发展战略研究院、信息情报研究院的科研组织体制创新，努力建设成为具有专业优势的跨学科、综合性、创新型研究机构和国内一流、世界知名的高端智库。

完善科研成果评估体系与机制，研究制定创新项目、创新单位评价指标和立项评审、中期检查、结项评价管理办法，做好对申报单位的准入审核以及创新项目的立项、中期、结项考核管理。健全创新工程经费预、决算制度和经费审计制度。加强对创新工程试点单位和创新项目监督检查，建立院领导带队深入一线抽查制度。建立职能部门协调会议制度，加强宏观协调。选调精干人员，充实力量，加强创新工程综合管理办公室建设，建立工作制度，办好《创新工程简报》，加大创新工程督办力度。

（四）推出更好更多科研成果

深入研究中国特色社会主义重大理论和现实问题，我国面临的经济安全、金融安全、文化安全、意识形态安全问题，社会普遍关心的、涉及群众切身利益的热点难点问题，维护国家主权和领土完整、民族团结、国际关系等方面的重大动态和突出问题，密切关注国际金融危机、欧债危机现状及其发展趋势、国际局势的走向，跟踪反馈重大决策、政策措施的落实情况，加强研究，提出有针对性的建议。

落实中央重要决定举措分工方案规定的各项任务。完成中央交办委托的重大课题。完成中央领导交办的"高举中国特色社会主义伟大旗帜""当前中国经济体制改革面临的形势以及今后改革的目标和重点任务""中国道路""社会主义民主政治建设""社会主义初级阶段基本经济制度""收入分配问题""住房问题"等重大研究项目，取得重要研究成果。

出版一批重要的学术成果：《中国社会科学院文库》90卷，《青年学者文库》5卷，《中国社会科学院博士文库》10卷，《中国社会科学博士后文库》30卷，《著名学者文选》15卷，

《国情调研丛书》10 卷，《中国社会科学学科发展报告》16 卷，《西南边疆历史与现状综合研究项目》206 卷等。

贯彻开展"走转改"活动要求，继续做好国情调研的组织实施工作。坚持"当年立项，当年完成"原则，发挥国情调研项目更大效益。实施结项率与调研经费资助额度挂钩制度，形成良性互动机制。组织好首届国情调研优秀成果奖评奖工作。

组织开展重大学术研讨交流，管理好学术会议。加大科研成果宣传推介力度。组织好第八届院优秀科研成果奖评选活动。

（五）加强学科建设、研究室建设和学部建设

把创新工程项目研究与研究室、学科建设结合起来，摸索在创新工程建设中加强研究室和学科建设的做法和经验。检查研究室建设经费执行情况，提出研究室经费调整方案。

以研究室为依托推进学科建设。制定并实施《学科调整与建设方案》和《学科分类名录》，制定学科分类标准，合理调整学科布局，努力构建体现国际学术前沿、适合国家经济社会发展需要的哲学社会科学学科体系。组织编撰《学科年度新进展综述》和《学科前沿研究报告》。

推进学部工作的制度化、规范化，修订完善学部制度。强化学部和学部委员的学术咨询、学术指导和学术评价职能，完善创新工程评审委员会和相关制度，支持学部委员、荣誉学部委员积极参与创新工程。支持学部组织开展重大课题研究、重大国情调研活动和对外学术交流与合作。组织好学部委员参与"走转改"活动。加大学部委员和学部科研成果宣传力度，出版学部委员专题论文集，不断扩大学部的学术和社会影响。形

成学部工作局定期汇报机制，加强学部工作局自身建设。

（六）培养德才兼备、又红又专的高素质专门人才

认真落实《中长期人才发展规划纲要（2011—2020）》和《人才强院战略方案》，推进实施马克思主义理论人才造就计划、马克思主义理论后备人才培养计划、学部委员推展计划、高端人才延揽计划、领军人才扶持计划、长城学者资助计划、青年英才提升计划、管理人才培养计划和博士后培养计划。

加快推进与创新工程相配套的人事管理制度改革，推进进人用人制度创新，试行《人才引进办法》。研究制定人才引进实施方案，严格按照程序引进人才。组建引进人才专家评审库。完善研究员分级与聘用管理办法。实施文化名家工程。完善包括"长城学者"资助计划在内的基础研究、青年学者资助计划体系。做好机构编制清理工作。成立院人才研究中心，加强人才问题研究。

做好所局领导班子调整和干部选拔任用工作。落实五、六级管理岗位领导干部竞聘上岗。试行在全国范围内公开招聘研究所所长。推进局处级领导干部交流任职。制订实施干部教育培训统一计划。完成中央有关部门组织的干部调训和选学工作。

改革办学体制机制，完善教学评估体系，不断提高研究生培养质量，办好研究生院。

加强博士后工作制度建设，制定并实施博士后工作方案，设立"博士后文库"，举办全国性博士后学术论坛。

（七）拓展对外学术交流

积极参与国家重要对外交流活动，完成中央交办的重要任

务。组织好各类来访出访项目。办好"中国社会科学论坛"，打造世界知名学术论坛品牌。拓宽我院与重要国际组织、世界高端智库和国外学术机构的交流渠道，加强合作交流，稳步推进国际合作研究项目。探索与国外高水平大学合作培养研究生新模式。提高国际合作经费预算的科学性、计划性和执行力。办好在俄罗斯和乌克兰举办的中国社会科学图书展览。

（八）创建报刊出版馆网库名优品牌

办好《中国社会科学报》周三刊，试办英文版，创新管理体制机制，提高办报质量，增加发行量，扩大影响力。将"中国社会科学报在线"建设成为国内外知名的权威专业门户网站。

加强以《中国社会科学》为龙头的名刊建设工程。支持一批以书代刊的论丛。制定期刊评价标准，强化名刊建设目标责任制，加强对期刊建设的检查指导和评比工作，展开名刊建设经费检查，提高期刊管理水平。推进首批9家非时政类报刊转企改制。推进期刊数字化建设。

加大对皮书系列等品牌出版物的支持力度，打造具有我院特色的高端学术图书和特色图书品牌。继续探索出版社集团化发展思路。

落实图书馆管理章程，全面推进总馆—分馆—资料室体制。发展已建研究生院分馆、法学分馆、民族学分馆、哲学专业书库、文学专业书库，筹建国际研究分馆、经济学分馆。更新图书馆自动化管理系统。推进古籍善本整理和数字化。完善图书采购总代理制。加强院图书馆自身制度建设，提升图书馆管理水平和服务能力。

建立信息化工作协调会议机制，加强信息化统筹规划、宏观指导和跨部门协调，形成信息化建设"五统一"的体制机制。加强网络基础设施配套建设，推进网络运行维护服务社会化。探索信息化建设经费改革。完成中国社会科学网新系统平台一期工程和多媒体演播平台建设。办好英文网，适时推出社科网手机报和电子期刊，切实把社科网办成名网。

办好调查与数据信息中心，制定数据库和实验室建设总体方案，建立统一、互联、共享的数据库，建设期刊统一数据库，打造"中国社科智讯"品牌，建设数据库成果统一发布平台。启动数据标准体系建设，完善中国社会科学调查系统。搭建集信息发布、信息应用、自动化办公于一体的电子院务平台。建设一批国家重点实验室。

督促各单位落实 2012 年度报刊出版馆网库名优建设措施。召开第四次报刊出版馆网库名优建设经验交流会。

（九）深化管理体制机制改革

改革和完善课题制，适当压缩年度课题立项规模和经费资助力度，科学规划研究周期，抓好院重大课题的立项和管理，提高院重点课题经费预留比例，加大后期成果资助力度，形成院管重大课题和所管一般课题的两级课题管理模式。制定 2013 年课题指南，建立课题指南制度。修订交办课题管理办法。逐步完成创新工程年度经费拨付制度与课题制的并轨。严格经费使用检查，加大期刊、出版、学术社团、非实体研究中心管理力度，形成淘汰机制。举办期刊、出版、学术社团、非实体研究中心培训班和管理经验交流会。

深化聘用制和岗位设置管理改革，逐步建立能上能下、能进能出的岗位动态调整机制。健全考核奖励制度，建立日常考核与创新工程考核衔接机制，实行平时考核与定期考核相结合，改进考核办法，强化考核结果运用。加强津补贴综合检查，继续规范津补贴，完善激励机制和收入分配机制，探索建立不同类型单位绩效工资管理办法，研究制定符合我院特点的绩效工资分配实施细则。制定书记、所长考核标准和考核制度。建立研究室主任考核制度和任期制度。

制定国际会议相应管理办法和实施细则，建立国际合作研究项目申报、评价和审定程序，制定国际学术交流项目管理流程，完善外事经费预算动态管理体系。

完善、细化已形成的行政管理制度。强化办公厅枢纽功能，充分发挥职能部门作用。规范全院办文办会办事管理，提高文秘工作的质量和效率。充分运用计算机网络技术，实现工作信息有效传递和及时发布。严肃工作纪律，坚持和完善机关工作人员指纹考勤制度。严格门卫和院部停车秩序管理。建立图书馆展示管理制度。建立统一摄影录像编采体系。制定档案统一管理方案。

制定经营性资产管理办法，提高资产利用率。努力提高人文公司经营管理水平，逐步建立现代企业制度。健全办公用房管理制度。完善单身宿舍管理长效机制。

（十）提高财务后勤服务水平和保障能力

加强预决算管理，提高预算执行力。发挥结算中心作用，保障资金安全运行。扩大会计委派和会计代理范围，严格规范财务行为。积极扩大创收渠道，推动收入上解制度化。办好财会人员专题培训班，加强会计队伍建设，提高财会业务水平。

坚持日常财务审计制度，强化财务监督。筹措资金，保障经费供给。

加强国有资产管理，充分发挥国有资产效益。出台文物类固定资产管理办法。加强企业监管力度，确保国有资产保值增值。狠抓节能，扩大节能承包范围。规范人防工程管理和合理使用。完成集体宿舍和公有房产的清理腾退。加强国有房产出租管理。完成研究生院二期单身宿舍入住。调整办公用房，保障引进人才用房，完成经济适用房分配。完成一批院所的办公室搬迁。

落实《关于加强后勤服务工作的意见》，巩固后勤社会化改革成果，推进后勤服务规范化、标准化和制度化。推行成本核算，办好机关食堂。推进国际片办公区物业服务试点。抓好会议、交通、医疗、文印、综管、物业等各项服务。召开全院后勤服务工作会议，举办后勤干部培训班，努力提高后勤服务质量。继续做好职工子女上学工作，想方设法逐步提高全院人员待遇，关心全院人员切身利益。

（十一）完成基本建设任务

尽快完成贡院东街科研与学术交流大楼项目拆迁并适时开工。尽早完成东坝职工宿舍项目建设用地手续办理并获立项批准。推进研究生院新校园二期工程立项，良乡单身宿舍二期工程开工。启动党校工程。完成研究生院 1000 万元绿化美化任务。中心档案馆及科研附属用房改建项目开工。完成国际片办公区文物保护性修缮、国家方志馆后期装修改造和西安文物标本楼翻扩建工程。制订并落实 2012 年度院房屋修缮计划，完成跨年度结转房修项目及各项房修任务。

（十二）抓好党的建设、反腐倡廉建设、道德建设和学风作风建设

以保持党的先进性和纯洁性为重点，加强党的建设。推进党建工作科学化、规范化、制度化，颁布试行《研究所党委书记目标责任考核办法》《党支部工作考核办法》《党务公开办法》，加强党的先进性和纯洁性建设。重点抓好党委和党支部。加强党委领导班子建设，完善党委领导下的所长负责制。加强党支部建设，做好支部书记选拔和培训工作，充分发挥基层党组织在创新工程中的政治核心作用。重视离退休干部党支部建设。做好党员发展工作，注重在中青年科研骨干中发展党员。巩固和扩大创先争优活动成果。抓好"两先"评比。

深入推进反腐倡廉建设，加强反腐倡廉宣传教育，建立"预防腐败三大行动"长效机制，抓好源头治理，保证惩治和预防腐败体系建设各项任务如期完成。深化政务公开。严格执行《防治"小金库"长效机制管理办法》。加强对创新工程的监督检查。稳妥做好信访和案件查处工作。办好中国廉政研究中心。

制定并实施全院道德建设方案，以深入开展学雷锋活动为抓手，开展社会主义核心价值体系教育。开展学风作风教育。把学风建设纳入研究所建设的经常性工作，增强学术道德自律，完善学术行为规范，自觉抵制不良学风影响。严格考勤，改进机关作风和会风文风，提高工作效率。修订"文明窗口"评选办法。继续开展机关作风评议，举办机关作风建设论坛。

做好离退休干部工作，完善适合我院离退休干部特点的工

作思路和做法。动员老同志积极支持和参与创新工程。做好统战、工会、青年、妇女工作。

　　同志们，我院正处在一个新的发展起点上。全院同志要以百倍的信心，昂扬的斗志，繁荣发展我院哲学社会科学事业。

学习贯彻落实党的十八大精神，
全面推进哲学社会科学创新工程

—— 在中国社会科学院 2013 年度工作会议上的报告
（2013 年 4 月 27 日）

同志们：

现在，我代表党组做工作报告。

这次会议的主题是：高举中国特色社会主义伟大旗帜，以马克思列宁主义、毛泽东思想和中国特色社会主义理论体系为指导，深入贯彻落实党的十八大精神，深刻领会掌握十八大以来习近平同志一系列重要讲话精神，统一思想，提高认识，全面推进哲学社会科学创新工程，努力构建哲学社会科学创新体系，为繁荣发展哲学社会科学，坚持和发展中国特色社会主义作出贡献。

一　去年工作总结

2012 年，在党中央正确领导下，在党组和各级领导班子带领下，全院同志锐意进取，共同努力，各项工作都迈上了新台阶。

——学习贯彻十八大精神，对坚持和发展中国特色社会主义有了新认识。

——坚持正确政治方向和学术导向，马克思主义坚强阵地建设取得新进展。

——扩大创新工程试点，哲学社会科学创新体系建设打开新局面。

——实施科研强院战略，成果产出和学术影响获得新提升。

——实施人才强院战略，队伍建设和人事管理呈现新面貌。

——实施"走出去"战略，国际学术交流合作跨出新步伐。

——实施管理强院战略，管理体制机制改革进入新阶段。

——提升理论学术传播能力，科研方法手段创新实现新突破。

——提高后勤保障能力，办院条件得到新改善。

——转变学风、文风、作风，党建工作迈上新台阶。

在全院共同努力下，在全体离退休同志的大力支持下，离退休干部工作也取得新成绩。

在充分肯定2012年成绩的同时，还要清醒地看到，我院工作还存在一些缺点和不足：为党和国家重大决策服务方面，能力和水平还要进一步提高；与课题立项规模和经费支持力度相比，精品力作相对较少；优秀学科带头人和管理人才还不够多，队伍建设亟待加强；理论脱离实际、虚夸浮躁、急功近利等现象不同程度地存在，改进学风、文风、作风的任务还很重；管理的科学化、制度化、规范化、精细化水平有待提高，政治纪律、工作纪律需要进一步加强；在改善办院条件，关心职工切身利益方面，还有不少实际困难需要克服，等等。以上问题，要在新的一年里努力加以解决。

二　今年工作思路和要求

2013年，要以全面贯彻落实党的十八大精神为总纲，统领和推进以实施创新工程为主线的各项工作。全院上下都要认真学习领会党的十八大精神和习近平同志一系列重要讲话精神，统一思想，提高认识；继续实施三大强院战略，全面推进创新工程试点工作，努力实现中央"三大定位"要求；树立良好学风，转变工作作风，改进文风，加强思想道德建设，奋力攀登学术和道德双高峰。

（一）认真学习、深刻领会、扎实落实十八大精神

认真学习贯彻落实党的十八大精神是当前和今后一个时期全党全国的首要政治任务。我院作为党中央直接领导的思想文化和意识形态重要阵地，国家哲学社会科学研究机构，党和国家的思想库智囊团，要学习得更深入，理解得更准确，落实得更扎实。

贯彻落实党的十八大精神，既要认真学习十八大报告，还要深刻领会习近平同志的一系列重要讲话，准确把握新一届中央领导集体提出的新思想、新论断、新部署。习近平同志在十八大后的一系列重要讲话中，进一步阐发了党的十八大精神，对中国特色社会主义理论体系及其指导下的基本路线、基本纲领、基本经验、基本要求，作出了全面深刻的论述。党组对学

习贯彻十八大精神和习近平同志重要讲话精神十分重视。陈奎元同志多次主持召开党组会议，带领党组成员进行集中学习。党组要求，所局级领导干部要发挥带头作用，并组织好所在单位的学习。全院各级党组织和全体科研人员，要集中时间，原原本本地认真研读十八大报告和习近平同志讲话，把文件和讲话精神学习好、领会好，让中央精神深入人心，转化为各项工作的行动指南和内在动力，跟上党和国家前进的步伐，更好地发挥理论先行的作用。

一是做好对党的十八大精神的研究和宣传，发挥好马克思主义重要阵地作用。要在全面、系统、深入学习领会十八大精神和习近平同志重要讲话精神基础上，发挥我院优势，做好研究和宣传工作。要从理论和学术视角阐述文件和讲话精神，宣传中国特色社会主义道路、中国特色社会主义理论体系、中国特色社会主义制度，使更多党员干部群众认识到，无论世情、国情、党情发生怎样的变化，我们都必须始终坚持马克思列宁主义的指导地位，都必须坚持马克思列宁主义、毛泽东思想和中国特色社会主义理论体系一脉相承的精神实质。这是我们事业的主心骨。我院必须坚持正确的政治方向不动摇，在涉及党的基本政治路线和重大原则、重要方针政策问题上，必须立场坚定、观点鲜明、态度坚决，推出一批有价值的理论文章和研究成果，引领社会思潮，真正发挥马克思主义坚强阵地的作用。

二是围绕中心，服务大局，发挥好党和国家的思想库智囊团作用。中心和大局就是以习近平同志为总书记的党中央领导全党全国人民正在进行的中国特色社会主义建设事业。我院专家学者的大局观念和服务意识树立得越牢固，自觉性越高，我们的各项工作就与党中央的战略部署越吻合，我们的科研成果就能对促进国家经济社会发展和增进人民福祉作出更大的贡献。要围绕建设中国特色社会主义的重大理论和现实问题，围绕干部群众普遍关心的热点、难点问题，组织优势科研力量，进行深入研究和集体攻关，用高质量的研究成果，更好地为党和国家决策服务，为全面建成小康社会服务。

三是夯实基础，做好科研工作，发挥好哲学社会科学研究最高殿堂作用。以马克思主义为指导开展科学研究，是我院安身立命之本，任何时候都不能放松。科研搞得越好，就越能发挥好思想库智囊团作用。做好科研工作，就是要在理论研究、学术观点、学科体系、科研方法上不断创新。要根据国家经济社会发展和哲学社会科学发展需要，不断开辟新的研究领域，推出高质量研究成果，更好地发挥哲学社会科学认识世界、传承文明、创新理论、资政育人、服务社会的重要作用。按照巩固、调整、发展的原则，加强传统学科建设，扶持新兴学科、交叉学科，优化学科布局。运用信息技术等先进手段，改进科研方法，加强文献资料整理和研究，筑牢研究工作的基础。

（二）解放思想，振奋精神，深化改革，攻坚克难，全面推进创新工程

经过一年多创新工程试点，我院面貌发生了显著变化。科研条件改善了，学术环境优化了，体制机制转变了，管理工作加强了，科研成果增多了，院内人才留住了，院外人才想来了。全院上下思想统一，认识提高，积极性高涨，压力与动力加大，紧迫感增强，推进哲学社会科学繁荣发展和我院各项工作再上新台阶的信心更强，决心更大，干劲更足。成绩有目共睹，应当充分肯定。但是，存在的问题也不容忽视。例如，有些同志甚至有的领导同志对创新工程的内涵和实质认识尚不到位，思想发动还需深入；有的单位在科学管理方面还有欠缺，对制度、规定执行得还不认真，对推进体制机制改革有畏难情绪；制度有待继续完善，还没有形成系统规范的制度体系；精品成果还不够多，创新人才无论在质量上还是数量上都还远远不够，等等。对于这些问题，必须通过更加扎实有效的工作加以解决。

随着创新工程试点实践的推进，我们对创新工程的认识和对创新工程规律的把握都在逐步深化。当前，我院正处在发展的关键阶段，全院同志必须进一步提高对创新工程的认识，将其作为实现我院科研事业繁荣发展的必然途径和重要措施。创新工程是机遇工程。对于我院来说是一个千载难逢又会稍纵即逝的机会，一定要抓住机遇而不能丧失机遇，扭住创新工程不松手，一抓到底，抓紧抓好，抓出实效。创新工程是爬坡工程。我院正在通过创新工程努力攀登学术高峰，不进则退，不上则下，不可能一帆风顺，需要克服困难，咬定青山不放松，坚持不懈，爬山不止。创新工程是改革工程。怎样认识创新工程，怎样抓好创新工程，需要不断探索，不断实践，需要在体制机制上大胆尝试，大刀阔斧地改革。要敢于直面创新工程遇到的新情况、新问题、新矛盾。创新工程每推进一步，体制机制改革就要跟上一步，绝不能故步自封，停滞不前。创新工程是发展工程。实施创新工程是为了推动哲学社会科学大繁荣，推动我院事业大发展，一定要把发展的要求转化为推进创新工程的正确思路、得力措施和实际能力。创新工程是人才工程。创新工程成功与否，在最根本的意义上取决于人才，需要建立竞争激励机制，营造有利于一流创新型人才成长的氛围。创新工程是希望工程。开展创新工程试点时间不长，但已经初步取得了一系列政策突破和实践进展，得到了中央领导同志和国家有关部门的肯定和支持，得到了全院同志的拥护和认可。照目前这个态势发展下去，再干三五年，我院工作必将取得更大成绩。我们坚信，只要不折腾、不懈怠、不动摇、不松劲，我院的科研能力必将日益提高，影响力必将日益扩大，哲学社会科学必将迎来美好春天。

全面推进创新工程，要继续在统一思想、提高认识上下功夫。党组一直把统一思想、提高认识作为实施创新工程的重要前提，先后抓了数次思想大发动。现在，全院同志对于"为什么搞创新工程""什么是创新工程"已基本形成共识，但对于"怎样搞创新工程"还处于探索阶段，还需要统一认识，在实践中继续完善。实施哲学社会科学创新工程，是党中央作出的繁荣发展哲学社会科学的重大决策。从一定意义上讲，率先实施创新工程，也是我院主动请缨，并经中央同意的。我院作为任务主要承担单位，在政策、经费等方面得到了国家有关部门和中央财政的大力支持，科研条件大为改善，人才发展条件也有很大改善。面对中央的信任，面对决策部门的支持，面对学术界的审视，面对人民的期待和需求，是不是到了该我们拿出代表国家水准、具有世界影响、经得起实践和历史检验的优秀成果的时候了？如果不能交出满意答卷，没有真正拿得出手的创新成果，就无颜面对中央，无颜面对人民，无颜面对哲学社会科学界。这绝非危言耸听。全院同志一定要增强紧迫感、危机感和使命感，拿出不待扬鞭自奋蹄的劲头，保持蓬勃向上的朝气、昂扬进取的锐气、只争朝夕的豪气，在党和人民的事业中有更大作为，发挥更大作用。

要继续在推进体制机制创新上下功夫。体制机制创新是创新工程的重要保障。如果不对原有体制机制的弊端进行彻底改革，创新工程就无法推进。经过一年多试点，我院基本形成了五大创新制度，即报偿制度、准入制度、退出制度、配置制度、评价制度。报偿制度是创新工程的一个重要创新点，它肯定了科研人员的智力劳动付出，从制度上规定了科研经费支出相当一部分应该是科研人员智力劳动的成本支出；同时纠正了过去虚假报销的弊端，真正起到了规范和激励作用。决不能把实施创新工程错误地理解为平均地提高待遇。这样的糊涂认识，势必影响创新工程的大局和良性发展，影响来之不易的好局面。创新工程实行严格的准入制度，在院级课题、所级课题、国情调研项目和学科发展前沿报告年度综述项目结项，信息化建设项目结项，党的建设，治理"小金库"和党风廉政建设，规范津补贴，以中国特色社会主义理论体系研究中心名义在"三报一刊"发表文章，经费执行等方面规定刚性准入标准，凡是达不到准入条件的单位不能进入创新工程，已进入创新工程的单位，如果在年度考核时没有达到准入条件，来年就不能进入创新工程。创新工程是一个动态的过程，实行严格的退出制度，规定一定比例的少数人不进创新岗是退出制度的关键。所有创新岗要遵循公开公平公正透明原则，实行竞争竞聘。创新岗不是铁饭碗，今年进创新岗，明年如果完不成任务，就要退出；今年没进创新岗，明年如果符合条件，通过竞聘也可以进岗。创新工程改革了资源配置制度，实行科研经费年度总额拨付，加大了研究所对经费的支配权和自主权，有利于调动所的积极性；同时实行经费奖励制度，院里对考核评价优秀的创新单位增加其下一年度科研经费。创新工程完善了评价制度，制定了针对创新单位和创新岗位的评价考核办法，构建了以科研评价为重点的综合评价指标体系，把评价结果作为创新单位首席管理和领导班子年度考核和聘期考核的重要依据。当然，这些制度还需进一步完善、规范和定型化。

要继续在严格管理上下功夫。管理强院是我院繁荣发展的一个重要法宝，也是创新工程的重要保证。创新工程本质上是一场体制机制改革，但是好的体制机制更需要严格高效的管理来保证。如果管理不到位，即使好的体制机制也发挥不出应有的作用，改革目标也就难以实现。刘云山同志曾经指出，"必须坚持一手抓繁荣、一手抓管理，坚持事业发展到哪里、管理就要跟进到哪里，履职尽职、敢管善管，不断提高管理科学化水平"。当前，推进创新工程应当以管理为重要抓手，提高管理的系统性、整体性、协同性，重点抓落实，加强监督检查，以踏石留印、抓铁有痕的劲头抓下去，善始善终。各级领导干部要以身作则，把管理意识刻在心里，落实在行动上。管理工作要严格严格再严格，认真认真再认真，细致细致再细致，耐心耐心再耐心。

要继续在理论学术观点和人才建设创新上下功夫。实施创新工程说到底是为了多出成果、多出人才，这是衡量创新工程成败的根本标准。相比过去，现在科研成果多了，但是水平和质量还有待检验。人员引进了一些，但是否称得上人才，还要在实践中加以考察。我院必须在理论学术观点和人才建设创新上见成效，真正体现出实施创新工程与不实施创新工程不一样。为深入贯彻落实党的十八大精神，院里已经设立一批重大研究项目，探索新的科研组织方式和机制，力争推出一批立得

住、叫得响的成果，推出一批在国内外学术界有重大影响的优
秀人才。

（三）切实端正学风、改进文风、转变作风，加强全院人员思想道德建设

今年，要把加强学风、文风、作风和思想道德建设作为一
项重要工作。党组历来重视全院思想道德建设，认为攀登道德
高峰和攀登学术高峰一样，都是我院义不容辞的责任和任务。
重视思想道德建设，对于坚定理想信念，塑造正确的人生观、
价值观、道德观，升华人生境界，具有十分重要的意义。成就
真正的学问，离不开坚定的理想信念，离不开崇高的价值追
求，离不开高尚的道德情操。今年，要以深化拓展学雷锋活
动、大力弘扬雷锋精神为重点，继续办好道德论坛，把加强思
想道德建设融入我院发展的全过程，贯穿于科研、管理等各领
域，体现在科研成果产出和人才培养等各方面，形成竞相攀登
双高峰的良好局面。

要弘扬优良学风。大力弘扬理论联系实际的马克思主义学
风，具体到我院，要树立五个意识。第一，树立学习意识。习
近平同志强调，要在全党大兴学习之风，坚持学习、学习、再
学习，坚持实践、实践、再实践，依靠学习和实践走向未来。
我院专家学者都是专门从事研究工作的，天天和理论、书本打
交道。在我院强调学习，一是突出强调学习马克思主义基本理
论，学会用马克思主义世界观和方法论指导科学研究；二是突
出强调向实践学习，向人民群众学习，从而正确认识我国发展
起来后不断出现的新情况新问题，增强研究、解决重大理论和
现实问题的本领。第二，树立服务意识。哲学社会科学要为人

民服务，为中国特色社会主义服务，为实现党的路线服务。我们一定要以党和国家关注的重大问题为研究主攻方向，坚持以人民为中心的导向，努力让哲学社会科学成果满足理论和现实需要。第三，树立问题意识。哲学社会科学只有回答中国特色社会主义伟大实践中最现实的理论与实际问题，才能有所作为。我们一定要善于发现问题、提出问题、直面问题、研究问题、回答问题，从纷繁复杂的现象中找出事物的内在联系，把握事物运动的客观规律，揭示现象背后的深刻本质，探求事实和理论之真，积极推动问题的解决。第四，树立科学意识。我们一定要以科学的态度对待哲学社会科学研究工作，要秉承认真、严谨、求真的科学精神，精益求精，要拿出经得起实践和历史检验的科学结论，做学问、写文章要不唯书、不唯上、只唯实，言之成理，论之有据，扎实调研，缜密论证，符合逻辑，遵守学术规范，不哗众取宠，不迷信权威。第五，树立创新意识。繁荣发展哲学社会科学要坚持"百花齐放、百家争鸣"的方针，提倡不同观点和学派充分讨论，把创新精神贯穿科研全过程，兼收并蓄，博采众长，不断推进学科体系、学术观点、科研方法创新，推进实践基础上的理论创新，在中国特色社会主义事业中谱写新的理论学术篇章。

要树立良好的文风。哲学社会科学工作者的研究成果主要是以文章形式体现的，大家都会遇到文风问题。文风是学风的具体表现，反映的是理论水平和知识修养，体现的是工作作风和能力素质。不良文风不仅损害讲话者、为文者自身形象，而且禁锢思想，束缚思维，窒息人文精神。要抛弃假、空、旧、长的不良文风，积极提倡和树立务实求理、言之有物的良好文风，也就是作文要做到真、实、新、短。具体来说，发论文、作报告、写文章要有的放矢，言之有物，力求思想深刻，观点鲜明，重点突出，表述准确。提倡真，就是敢于追求真理，坚持真理，服从真理，敢于承认错误，随时修正错误，坚持理论观点与客观事实相符合。提倡实，主要是反对形式主义和假话、大话、空话、套话，倡导讲话、写文章要有实实在在的内容。提倡新，并不是要去刻意求新，甚至玩文字游戏，更不能背离马克思主义立场观点方法，背离党的路线方针政策去标新立异。提倡短，并不是说长文章一概不好，文章长短要视具体情况而定，宜短则短，宜长则长，要坚持形式服从内容，能用短文说清楚的就不要写长文。哲学社会科学研究确实需要抽象思维或者借助抽象的方法，但写出的文章是给人看的，应该把深奥的道理说明白，把复杂的问题说清楚。有个别人写的文章故弄玄虚、晦涩难懂，以为自己写的东西别人越是看不懂，越是证明自己有学问、有水平。殊不知，如果自己都没搞明白，无论怎么故作高深，也只能是"以其昏昏，使人昭昭"。

要转变工作作风。结合我院实际，就是要突出强调深入实践，深入群众，加强调查研究，特别要加强"接地气"，即接触最基层的实践和最一线的群众。毛泽东同志曾经说过："没有满腔的热忱，没有眼睛向下的决心，没有求知的渴望，没有放下臭架子、甘当小学生的精神，是一定不能做，也一定做不好的。"须知，在现场调研得来的数据与在电脑上查找的资料不一样，在基层与调研对象拉家常与在办公室里谈话不一样，坐在农家板凳上或蹲在田间地头思考问题与坐在开着空调的会议室里思考问题不一样，调研能够发现在书房里看不到、听不到的问题，学到在办公室里学不到的新思想、新话语，提出在会议室里想不到的新思路、新对策。深入实践、深入群众是搞好理论研究的基础工作。开展科学研究必须深入基层，接触群众，努力掌握第一手资料和数据，重视对经济社会发展中重点难点问题的调研和分析。充分发挥国情调研基地作用，鼓励开展蹲点式调研，提倡对某一问题进行系统调查和长期跟踪。防止走形式、走过场，杜绝"雨过地皮湿、走马观花、蜻蜓点水"式调研，不搞"撒胡椒面"或"组团旅游"式调研。要多与调研对象进行直接的面对面的交流，真切地了解人民群众呼声和客观真实情况，做到言之有物、言之有理、言之有情。

转变工作作风，实践群众路线，就要大胆依靠、密切联系科研人员，把为科研服务、为科研人员服务作为检验各项工作的一项重要标准。党组成员要带头转变作风，深入科研一线，了解情况，解决问题。各级领导干部和职能部门，要善于与科研人员交朋友，做好科研人员思想政治工作，切实把思想政治工作贯穿于创新工程的每个环节和全过程，把全院的思想和行动统一到党组关于创新工程的决定和部署上来。要关心科研人员，努力解决他们的实际问题，改善科研和生活条件。转变工作作风，也要为全体人员服务，切实做好管理人员、工勤人员和离退休干部工作。

三　全年工作安排

（一）深入学习贯彻落实党的十八大精神

坚持用中国特色社会主义理论体系武装全院人员的头脑，增强道路自信、理论自信、制度自信。组织全院同志认真学习贯彻党的十八大精神和习近平同志的重要讲话，深刻领会以习近平同志为总书记的党中央提出的新要求、作出的新部署，坚持正确的政治方向和学术导向。抓好党委中心组学习，办好所局领导干部学习班，搞好处级干部培训。举办理论骨干和青年学者马克思主义经典著作和党中央重要精神学习班。组织召开系列研讨会、学习报告会，撰写学习宣传文章。利用院属报纸、期刊、网站、出版社、论坛等平台，加大学习宣传力度，推动兴起学习热潮。围绕党的十八大和中央提出的重大理论和现实问题，确立一批基础研究和应用对策研究重大重点课题，组织全院力量进行跨学科集体攻关，推出一批高水平研究成果。

（二）全力加强马克思主义坚强阵地建设

完成好我院承担的马克思主义理论研究和建设工程任务。落实我院《加强马克思主义理论学科建设与理论研究实施方案（2009～2014）》和 2013 年工作计划。推动形成涵盖一、二、三级学科的马克思主义理论研究学科群。完成好以中国特色社会主义理论体系研究中心名义在重点报刊上发表理论宣传文章的任务，把任务完成情况作为相关单位能否进入创新工程的重要条件。抓好 5 个马克思主义论坛，加强院属学术期刊马克思主义研究专栏建设。完善马克思主义理论研究人才培养和成长机制，建设一支高素质马克思主义理论研究队伍。努力办好马克思主义研究院、中国特色社会主义理论体系研究中心、世界社会主义研究中心。

（三）全面推进哲学社会科学创新工程

抓好思想再动员，进一步统一各级领导班子和全院干部职工的认识和行动。完善创新试点布局，推进研究单位、学术期刊、学部委员创新试点工作，研究制定职能部门和直属单位创新工程试点方案，力争下半年启动试点。完善创新工程项目资助体系，设立一批创新工程重大科研项目。修订完善院所两级创新项目评价考核指标体系。完善创新工程学者资助体系。加强创新工程综合协调办公室建设，更好发挥管理协调职能。深化科研、人事、财务管理体制机制改革和资源配置体制机制改革，梳理整合、修订完善已出台的规章制度，强化创新工程制度体系建设。加强对创新工程试点单位的督促检查。加快创新工程综合信息平台数据库建设并投入使用。加强和改进对创新单位的年度评价工作。

（四）着力推出具有时代高度、代表国家水准的重大科研成果

整合全院乃至全国优势力量，启动一批具有全局意义的标志性研究项目，力争用 5 年至 10 年时间，推出代表时代思想高度和学术水平的科研成果。实施系列学者资助计划。积极申报社科基金重大招标项目，加强对各类项目和课题的管理。研究制定学科发展规划，统筹推进学科建设和研究室建设。改革完善国情调研和国情考察制度，提高调研和考察质量。加强学部工作，充分发挥学部作用。落实 2013 年度学术成果出版资助项目。加强重大学术活动组织和学术会议管理，打造知名学术论坛品牌。加强对我院主管学术社团和非实体研究中心管理。做好第八届院优秀科研成果奖评选工作。规范各类科研成果发布活动，确保具有良好社会影响。

（五）努力建设适应创新工程需要的高素质人才队伍

研究制定我院关于进一步加强党管人才工作的实施意见，提高党管人才工作科学化水平。贯彻落实院中长期人才发展规划纲要和人才强院战略方案，进一步完善适应创新工程需要的人才发展规划体系，推进实施系列人才计划。完善聘用制改革和人才引进政策，重点引进学术带头人和紧缺科研人才，推动全院人才资源总量稳步增长。创新人才使用、激励、评价工作机制。推广职称评聘分开试点经验，出台职称管理办法。制定绩效工资分配办法及相关细则，做好报偿标准调整工作。加强领导班子和领导干部队伍建设，优化干部队伍结构，提高领导干部素质和能力。制定局级领导班子和领导干部考核、研究室主任聘期及考核、管理岗位人员交流、外派人员管理等办法。推动管理干部交流任职。办好研究生院。做好博士后培养工作。加强各类人才培训工作。规范院属企业领导干部管理。

（六）不断提高对外学术交流质量和水平

从国家战略需求和我院科研事业发展需要出发，精心设计国际交流合作项目。执行好院级对外交流协议，实施重要出访来访项目。发起和举办一批具有国际影响的学术会议，办好中国社会科学论坛。实施与国际知名智库交流平台项目、国际合作研究项目、周边与发展中国家青年学者培训项目。实施对外学术翻译出版资助计划，加大优秀学术成果翻译出版资助力度，支持研究所出版外文学术刊物，向外推出学术精品。积极开展"学术外交""学术外宣"项目和活动。加强与台港澳地区学术交流与联系，认真落实重点交流项目。推荐专家学者参加国家派遣的团组出访交流，圆满完成党和国家安排的重要对外交流任务。

（七）进一步增强学术传播能力

提高《中国社会科学报》办报质量，进一步扩大权威性和影响力。筹备并积极试刊英文版，争取尽早正式出版发行，有效发挥对中国学术走向世界的引领和推动作用。办好《中国社会科学》，做好英文版由季刊改双月刊准备工作。推进实施学术期刊创新工程试点，对已进入创新工程试点学术期刊进行年度评价。提高刊物学术水准，保持和扩大我院学术期刊整体优势。创新期刊管理体制机制，坚持走"五统一"管理创新之路。办好院属出版社，提高经济和社会效益。推进名馆建设工程，完善"总馆—分馆—所馆（资料室）"三级管理体制。做好经济学分馆筹备组建工作，以及古籍整理和数字化工作。完善图书采购总代理制，提高文献采购质量。推进创新工程信息化项目建设，建立健全信息网络安全监管机制。以创新工程综合考评指标体系为依据，以科研评价为重点，建设院级综合管理平台系统并投入使用。办好中国社会科学网中文、英文、法文频道。办好调查与数据信息中心，建立全院统一、互联、共享的数据库。筹建具有国际水准的国家重点实验室。统筹整合全院和哲学社会科学界学术期刊数字资源，推进国家哲学社会科学学术期刊数据库建设工作。完成科研成果和国情调研成果统一入库工作。

（八）切实提高财务行政和后勤服务保障能力

落实 2013 年度科学事业费预算指标分配和使用，为创新工程和科研事业发展提供有力经费保障。深化财务管理体制机制改革，研究制定有关经费管理办法。完善研究经费年度总额拨付制度，适当提前科研经费拨付时间。抓好预决算工作，统筹规划财政资金使用，提高预算执行力。继续清理院属单位账户，发挥结算中心作用，扩大会计委派和代理制。做好相关单位绩效考评工作。开展财务内部审计，发挥财务监督作用。加强对学术期刊年度审计，建立年度审计制度。严格公费支出和专项资金管理，强化政府采购工作监督。完善科研用房、职工住房、单身公寓管理机制，做好全院办公用房调整工作。努力推进九合大厦的购置工作，进一步改善科研办公条件。积极为我院职工申请北京市政策性住房。做好创收收入的收缴和全院收入上解工作。出台院属企业管理办法，依法维护院属企业权益。加强国有资产管理和使用，充分发挥国有资产效益。做好现有房地产的清理管理工作。继续推进职工子女上学工作。做好物业、交通、会议、餐饮、医疗、文印、综管等各项服务工作。

（九）扎实推进各项基本建设项目

推进贡院东街科研与学术交流大楼建设工作，力争完成项目拆迁工作。做好东坝项目征地和建设工作，争取完成建设用地手续办理，获得项目建设立项批准。落实中心档案馆及科研附属用房翻改建工作，争取年底结构封顶。完成研究生院院党校专业楼、单身宿舍二期、第二学生食堂、综合服务用房、校园绿化等各项立项和建设任务。做好国际片办公区文物保护性修缮工作。完成院科研办公大楼、经济片办公楼加固维修改造和国家方志馆后期装修改造工作。落实 2013 年度院房屋修缮计划，完成跨年度结转房修项目及其他各项房修任务。

（十）全面加强党的建设

贯彻落实党组关于贯彻落实中央政治局八项规定的意见，着力端正学风、改进文风、转变作风。加强和改进调查研究工作。深入开展以为民务实清廉为主要内容的党的群众路线教育实践活动。开展作风建设年活动。开展道德建设主题实践活动，办好道德建设论坛。推动学雷锋活动常态化，建立学雷锋活动长效机制，增进全院同志思想共识和价值认同。坚持一头抓党委班子，一头抓基层党支部，加强各级领导班子建设。完善党务工作制度，提高党建工作科学化、规范化、制度化水平。深化惩防体系"六项格局"和预防腐败"三大行动"，严格执行党风廉政建设责任制。办好中国廉政研究中心。高度重视和切实做好老干部工作，改进离退休干部服务管理方法，落实好离退休干部政治待遇和生活待遇，提高离退休干部工作满意度。做好工青妇和统战工作。

同志们，我院正处在建设发展的黄金时期，全院同志要紧跟党和国家前进步伐，自觉站在国家经济社会发展前沿，以焕然一新的精神面貌和积极向上的工作状态，在实现中央"三大定位"要求方面取得更大的成绩，为坚持和发展中国特色社会主义作出新的贡献！

深入学习贯彻习近平总书记系列重要讲话精神，全面推进哲学社会科学创新工程

—— 中国社会科学院 2014 年度工作会议上的报告

（2014 年 1 月 15 日）

同志们：

现在，我代表党组做工作报告。

2014 年工作的指导思想是：高举中国特色社会主义伟大旗帜，以马克思列宁主义、毛泽东思想和中国特色社会主义理论体系为指导，贯彻落实党的十八大和十八届二中、三中全会精神与习近平总书记系列重要讲话精神，以及全国宣传思想工作会议精神，巩固扩大党的群众路线教育实践活动成果，深入实施科研强院、人才强院、管理强院战略，全面推进哲学社会科学创新工程，努力打造一支政治方向和学术导向正确、高素质的哲学社会科学工作者队伍，着力推出更多有影响的科研创新成果，在实现中央"三大定位"要求方面迈出更加坚实步伐，为进一步繁荣发展哲学社会科学，坚持和发展中国特色社会主义作出新的贡献。

一　2013 年工作回顾

过去一年，在党组领导下，全院同志共同努力，圆满完成了 2013 年度工作会议提出的各项任务。党组重点抓了以下三件大事：

——认真学习、贯彻落实党的十八大、十八届二中三中全会和习近平总书记系列重要讲话精神。

——深入开展党的群众路线教育实践活动。

——全面推进哲学社会科学创新工程试点工作。

同时，党组还着力抓了以下九个方面的工作：

一是加强马克思主义阵地建设，牢牢掌握意识形态工作领导权、管理权、话语权。

二是实施科研强院战略，推出一批有影响的科研创新成果。

三是实施人才强院战略，人才队伍建设呈现新面貌。

四是实施管理强院战略，科研保障能力得到新提升。

五是实施"走出去"战略，国际知名度和学术影响力日益扩大。

六是推进报刊出版馆网库名优工程建设，抢占哲学社会科学学术传播制高点。

七是解决干部职工最关心最直接最现实的利益问题，改善办院条件有了突破性进展。

八是重视做好离退休干部工作，离退休干部满意度不断提高。

九是加强党委领导班子、基层党组织和党风廉政建设，党风及学风、作风、文风明显好转。

在充分肯定 2013 年成绩的同时，必须清醒地看到，我院工作与中央要求相比还有较大距离，与新形势新任务的要求相比还存在许多不适应。主要是：为党中央国务院科学决策服务的能力还有待进一步提高；对我国思想理论领域和经济社会发展过程中出现的一些新情况新问题，把握不够准确、反映不够及时；创新工程体制机制有待完善，重大创新成果不够突出，拔尖人才培养效果不太明显，创新型人才还比较缺乏；领导联系群众长效机制尚待健全，落实中央"八项规定"勤俭办一切事业还需更加坚决、更加自觉；在学科建设、课题研究、国情调研和科研手段现代化等方面还存在重复投入和效益不高的问题；改善办院条件、解决职工切身利益还有不少实际困难需要克服，等等。对于存在的不足和问题，我们将以改革的精神和创新的思路加以解决。

二　当前的首要任务和亟待解决的关键问题

当前和今后一个时期，全院要继续认真学习、贯彻落实党的十八大和十八届二中、三中全会精神，深刻领会和全面贯彻习近平总书记系列重要讲话精神，巩固扩大党的群众路线教育实践活动成果，从根本上解决好哲学社会科学为什么人的问题，解决好学风作风文风问题，解决好实现中央"三大定位"要求问题。

在新的起点上办好中国社会科学院，关键在队伍，关键在人才。要打造一支始终坚持以马克思主义为指导、整体素质高、人才结构合理的哲学社会科学工作者队伍。全院各级党组织要把培养人才、吸引人才作为一项战略任务，注重人才队伍的政治建设、思想建设和组织建设。老一代专家学者要切实发挥好传帮带作用，把培养合格的、高素质的中青年学者作为自己的神圣职责。要积极创造条件，在政治上引导，在学术上严格要求，在生活待遇上关心，帮助中青年学者尽快成长。

（一）充分认识学习贯彻落实党的十八大和十八届二中三中全会与习近平总书记系列重要讲话精神的重大意义，深刻把握精神实质、基本内涵和主要观点

要学习好、宣传好、贯彻好、落实好党的十八大和十八届二中、三中全会精神，切实把思想和行动统一到中央精神上来。

党的十八大以来，习近平总书记发表了一系列重要讲话，提出了许多富有创建的新思想、新观点、新论断、新要求、新举措，为我们在新的历史起点上实现新的奋斗目标提供了基本遵循。这一系列重要讲话是对党的十八大精神的深化和拓展，是对中国特色社会主义理论体系的丰富和发展，是在我国经济社会发展的决定性阶段坚持和发展中国特色社会主义的政治纲领，是全面阐述事关中国特色社会主义前途命运重大原则问题的马克思主义文献，是指导我们推进中国特色社会主义伟大实践、实现"两个一百年"奋斗目标和中华民族伟大复兴中国梦的行动指南，当然也是进一步繁荣发展哲学社会科学的重要指导方针。

习近平总书记的系列重要讲话包含着十分丰富的内容，全院同志要注重把握其精神实质、基本内涵和主要观点。结合我院实际，要在以下几个方面下大的功夫。

　　第一，深刻把握系列重要讲话贯穿的马克思主义立场观点方法，学会用科学的世界观方法论观察问题、分析问题、研究问题、解决问题。学习贯彻好讲话精神，要深刻把握讲话贯穿的坚定信仰追求，着力解决好世界观、人生观、价值观这个"总开关"问题，坚定"主心骨"、筑牢"压舱石"，增强政治定力，自觉做共产主义远大理想和中国特色社会主义共同理想的坚定信仰者、忠实践行者；要深刻把握讲话贯穿的历史担当精神，增强忧患意识、使命意识、进取意识，努力创造出经得起实践、人民和历史检验的代表国家水准的创新性研究成果；要深刻把握讲话贯穿的坚定的人民立场和真挚的为民情怀，牢固树立人民是真正英雄的历史观、以人为本人民至上的价值观，切实解决好"为了谁、依靠谁、我是谁"的问题，始终站在人民的立场上，为人民做学问，为最广大人民的利益鼓与呼；要深刻把握讲话贯穿的求真务实和创新实干的思想作风，以党和国家关注的重大问题为科研主攻方向，努力发挥好我院作为党中央国务院重要思想库和智囊团作用；要深刻把握讲话贯穿的马克思主义哲学世界观方法论，增强战略思维、辩证思维、系统思维、创新思维能力，提高运用马克思主义指导科研的能力，不断增强服务党和政府决策的科学性、前瞻性和主动性。

　　第二，深入学习领会系列重要讲话关于坚持和发展中国特色社会主义的重要论述，进一步坚定道路自信、理论自信、制度自信。学习贯彻好讲话精神，要明确中国特色社会主义是科学社会主义理论逻辑和中国社会发展历史逻辑的辩证统一，是社会主义而不是其他什么主义，科学社会主义的基本原则不能丢，丢了就不是社会主义；要明确改革开放前后两个历史时期既相互联系又有重大区别，本质上都是党领导人民进行社会主义建设的实践探索；要明确必须以发展的观点对待马克思主义、社会主义，不断有所发现、有所创造、有所前进，不断丰富中国特色社会主义的实践特色、理论特色、民族特色、时代特色；要明确中国特色社会主义的真谛要义，排除和纠正各种错误思想认识，毫不动摇地坚持、与时俱进地发展中国特色社会主义。

第三，深入学习领会系列重要讲话关于实现中华民族伟大复兴中国梦的重要论述，为国家富强、民族振兴、人民幸福而不懈奋斗。关于中国梦的重要论述升华了我们党的执政理念，是中华民族实现民族独立、民族自强的伟大觉醒，是中国特色社会主义的重大思想理论成果。学习贯彻好讲话精神，要深刻理解、深入阐释中国梦的重大意义、基本内涵、精神实质、实现路径和实践要求，为深化中国梦的宣传教育、实现中国梦的伟大实践提供有力的智力支撑。

第四，深入学习领会系列重要讲话关于全面深化改革开放的重要论述，为社会主义市场经济体制改革和各领域的改革建言献策。学习贯彻好讲话精神，要深刻理解全面深化改革开放的重大意义、正确方向、总体目标和重要任务，发挥我院综合研究实力强的优势，围绕全面深化改革面临的重大理论和现实问题，开展前瞻性、全局性、战略性研究，努力推出创新性理论成果，及时提供有价值的决策建议。

第五，深入学习领会系列重要讲话关于宣传思想和意识形态工作的重要论述，牢牢掌握意识形态工作的领导权管理权话语权。学习贯彻好讲话精神，要充分认识到我院作为党的意识形态重镇和马克思主义坚强阵地，必须积极应对当前意识形态领域所面临的挑战，始终不渝地坚持和巩固马克思主义在意识形态领域的指导地位，坚持正确的政治方向和学术导向，做到守土有责、守土负责、守土尽责，把思想统一到中央对意识形态工作的形势判断和工作措施上来，把意识形态工作的领导权管理权话语权牢牢掌握在手中。不能片面地理解"不争论"，不能当"好好先生"、当"太平绅士"。要组织力量批判新自由主义、民主社会主义、历史虚无主义、普世价值观，资产阶级民主、自由、人权、平等观，以及质疑改革开放等错误思潮，开展积极的舆论斗争。

习近平总书记在许多重要讲话中，对加强党的建设、推动科学发展、社会主义民主政治和依法治国、国际关系和我国外交战略、"一国两制"、国防和军队建设等都进行了深刻论述，提出了一系列新思想、新论断，都需要我们认真学习、深入领会。

党的十八大以来，党组对学习习近平总书记系列重要讲话始终高度重视，将其作为全院一项重要政治任务，与学习贯彻党的十八大和十八届二中、三中全会精神一同部署、一同推进，取得了明显成效。一定要把学习贯彻落实习近平总书记系列重要讲话与学习贯彻落实党的十八大和十八届二中、三中全会精神结合起来，同学习中国特色社会主义理论体系结合起来，同学习马克思主义哲学和马克思主义基本原理结合起来，进一步提高全院同志运用马克思主义指导科研等各项工作的水平和能力。

全院同志必须充分认识到，学习贯彻好习近平总书记系列重要讲话是一个逐步深化的过程，是一项长期的政治任务。我院各级领导干部要以高度的思想自觉，把学习贯彻讲话精神作为政治责任、政治要求，坚持带头学、作表率，做到真学、真懂、真信、真用。要组织好党组中心组、院属单位党委中心组和各级党组织的学习，抓好所局级、处级干部和全院同志的培训学习。要做好讲话精神的宣传阐释工作，充分运用中央主流媒体及我院报纸、期刊、网络、出版社等，多渠道、多层次宣传讲话精神。

　　要组织优势科研力量，加强对十八大和十八届二中、三中全会提出的重大理论和现实问题的研究，加强对习近平总书记系列重要讲话重大观点、重要论断的研究，推出一批有分量的研究成果，为全面深化改革、全面建成小康社会提供有力的智力支持。

（二）从根本上解决好哲学社会科学为什么人的问题

　　首先，要办好中国社会科学院，首要而关键的问题是切实解决好哲学社会科学为什么人的问题，即全院人员为什么人从事哲学社会科学研究的问题。

　　为什么人的问题，是马克思主义唯物史观的核心问题。习近平总书记在全国宣传思想工作会议上强调指出，要树立以人民为中心的工作导向，为我们解决哲学社会科学研究为什么人的问题指明了方向。哲学社会科学工作者站在什么人的立场上、采取什么样的态度、扮演什么样的角色，一句话，是站在人民一边，还是站在个人一边，甚至站在与人民对立的一边，是关乎哲学社会科学发展方向、前途命运的一个带根本性的首要问题，这也就是刘云山同志反复强调要解决好的"为了谁，依靠谁，我是谁"的问题。

　　哲学社会科学的绝大多数学科是有政治性和意识形态属性

的。即使一些学科没有鲜明的政治性和意识形态属性，也有一个为什么人的问题。要解决为什么人的问题，就有一个坚持以什么样的世界观、价值观和方法论为指导的问题。如果坚持以错误的世界观、价值观和方法论为指导，那么搞科研就只是为了个人，只是为了评职称，为了多拿钱，为了光宗耀祖，为了出名得利。极而言之，甚至站在与人民相对立、与党相对立、与社会主义相对立的立场上，持与马克思主义和社会主义、与党和人民的要求相左的观点言论。如果坚持以马克思主义的世界观、价值观、方法论为指导，那么搞科研就是为了人民利益，为了党的事业，为了中国特色社会主义，为了中华民族伟大复兴，为了发展社会主义文化事业，这样就会把党和国家关注的重大理论和现实问题作为科研的主攻方向，把拿出让党和人民放心的科研成果放在第一位，就会从事为人民、为党、为社会主义服务的研究，就会旗帜鲜明地对错误思潮展开斗争。

在这方面，我院尚存在必须全力加以解决的问题：一是在极少数科研人员中间还存在政治方向和学术导向不明确、不正确、不坚定的问题。例如，有极个别人，不是站在人民的、社会主义的、党的立场上，不为党说话，不为普通工人农民说话，对反党、反社会主义言论不敢反对，甚至发出附和、呼应的杂音。二是运用马克思主义指导科研的素质和能力距离中央要求存在一定差距。例如，有极个别人在科研指导思想上马克思主义立场不坚定，对错误思潮辨别不明；有极个别人主张学术研究要"非意识形态化""非政治化"，主张学术与政治不沾边，避开政治。三是对基本理论、基本问题的宏观性、全面性、战略性、前沿性、前瞻性研究重视不够，过多集中在细节、局部、技术、微观、操作层面上，存在碎片化现象。四是把党和国家关注的重大理论和现实问题作为研究主项，当好党中央、国务院的思想库和智囊团方面还存在相当距离。例如，有极个别人以为可以完全脱离现实需要，抱着洋人、古人搞纯学术研究，认为只有洋人和古人才有学问，言必称西，言必称古，食洋不化，食古不化，崇拜洋教条、土教条，甚至连名词用语都照抄照搬外国的、古人的，只做洋人书本的传话筒、古人经典的应声虫，自拉自唱，自娱自乐，自我欣赏。五是有个别人对火热的现实生活，对国内外大势有什么变化，党和人民想什么、做什么不去关心，存在理论脱离实际、脱离群众，做文章"假、大、空"，文字太晦涩，让人看不懂，甚至出现学术不端现象等学风、作风、文风问题。六是有个别人以老同学、老部下、老战友和学生画线搞学术小圈子，以至于形成左右一个单位的不利格局，影响团结和"双百"方针的落实，等等。

这些问题的总根子是尚未解决好"为什么人"的问题，尚未解决好对人民负责和对党负责相一致、坚持党性和坚持人民性相一致的问题。

总体来说，世界上没有任何哲学社会科学研究与政治、意识形态可以完全不沾边，可以完全相脱离。我们不否认也不反对个人研究兴趣、爱好和追求，但作为党领导的国家哲学社会科学研究机构的学者，个人的兴趣要服务于人民、党和国家的需要。我们也不反对研究古人、研究洋人，借鉴古学问、借鉴洋学问是需要的，但要为现实服务、为人民服务。对外国和中国古代传统的学术，必须一分为二，去粗取精，去伪存真。必须处理好学术与政治和意识形态的关系，既要看到它们之间的区别，又要看到它们之间的必然联系，既坚持正确的政治方向和学术导向，又坚持贯彻落实党的"双百方针"，调动研究人员的积极性、主动性和创造性。

毛泽东同志曾经借用"皮之不存，毛将焉附"，论述知识分子与人民大众的关系。通俗地讲，我院的科研人员就是附着在中国人民群众身上的"毛"，如果不为人民群众服务，不依靠人民群众，不做群众的学生，还要我们干什么？为什么人的问题，就是马克思主义立场问题。坚持马克思主义立场，就要站在人民的立场上，就要对人民怀有深厚感情，就要一切从人民的利益出发，为人民服务。全院同志必须明确，我们是为了人民而做学问，依靠人民做学问，做学问是服务于人民群众的。这就决定了做学问要密切联系群众，深入群众实践，从群众实践中汲取养分。一切真知灼见皆来自群众、来自实践，哲学社会科学工作者学问再高，也是为人民服务的，也是人民的学生，必须站在人民的立场上，与人民结合在一起，为人民鼓与呼，为人民的利益发声。

为人民搞科研，有一个对人民负责和对党负责、坚持党性和坚持人民性相一致的问题。党是代表人民根本利益的，对人民负责就必须对党负责。这就决定了从事科研工作，必须紧密地团结在以习近平同志为总书记的党中央周围，坚持正确的政治方向和学术导向，抓好党的意识形态工作，严格遵守政治纪律，不能跟中央唱反调，跟人民唱反调，不能发出杂音、噪音。坚持了这个政治底线，就是坚持党性原则，就是坚持人民性原则。

从我院来看，解决为什么人的问题，就必须解决：一是哲学社会科学研究要不要确保、怎样确保正确的政治方向和学术导向；二是要不要以马克思主义立场观点方法作指南，怎样提高用马克思主义指导科研的能力问题；三是要不要做到、怎样做到以党、国家和人民关注的重大理论和现实问题为主攻方向；四是要不要站在、怎样才能站在人民的立场上，对人民充满感情，为党的事业、为人民的事业服务，为人民发声，为人民研究，把为人民服务与忠于党的事业一致起来；五是要不要培养、怎样培养又红又专的科研人才，把人才培养作为重大发展战略抓好落实；六是要不要坚持、怎样坚持基础研究和应用研究并举、基础研究成果和应用研究成果双丰收，解决好质量第一的问题，推出高质量的经得起实践和时间检验的科研成果；七是要不要树立、怎样树立正确的学风、作风和文风，做到深入实践，深入一线，深入现实，理论联系实际，密切联系群众，科学严谨的问题；八是要不要推进、怎样推进"三大强院战略"，推进创新工程，构建哲学社会科学创新体系，实现中央对我院"三大定位"要求。

　　不管有没有鲜明的政治性和意识形态属性，所有从事哲学社会科学研究的同志，都要解决好为什么人的问题。党、国家和人民拿出这么多钱供养我们，我们当然要为人民搞科研，为人民服务，为党和政府的决策服务。在今天，就是为中国特色社会主义服务，为实现中国梦的总目标服务。同志们都要认真思考这些问题，统一思想，提高认识，下决心加以深度解决。

　　其次，解决了为什么人的问题，必须要解决好"三风"问题。

　　第一是学风问题。要解决好为什么人的问题，必须坚持理论联系实际，密切联系群众，不能脱离实际，脱离群众，这就是马克思主义学风。就哲学社会科学而言，学风主要包括两个方面的内容，一是联系实际和群众，一是科学严谨。这两个方面的问题，是我们要下决心解决并要反复解决的问题。当前我院科研存在重所谓"纯学术"轻现实问题研究，重数量轻质量，重形式轻内容，重碎片化、操作性、技术性研究轻重大基本理论和基础现实问题研究，重长篇大论轻短小精悍的倾向，这是不良学风的突出表现。当然，有内容的"长篇大论"也是必要的。

第二是作风问题。全院各级领导干部，院属所有职能部门和直属单位，一切管理人员和后勤人员，都是为科研、科研人员服务的。解决了这个问题，科研单位的文件就不会被压，科研单位提出的问题就会得到迅速答复和解决。目前，在部分职能部门和直属单位中，作风上还存在不少必须切实解决好的问题，如解决推诿扯皮、拖拉不办，门难进、脸难看、事难办的问题；办事不认真，不负责任，得过且过，糊弄了事的问题；既要重视定制度，更要重视执行力的问题；减少文山会海，简化考核评价，反对人浮于事，减少层次和繁琐哲学的问题。反对办事中的人情世故，简政放权，解决好群众切身利益，实现管理服务科学化的问题等。在创新工程和学科建设、科研管理、人才引进、期刊建设、国际交流、信息化建设、图书馆工作等方面存在的问题，也必须实打实地解决好。

第三是文风问题。所谓文风，就是我们写的文章，对实际工作有没有作用、有没有价值，能不能说明问题，即内容实不实、能不能让人看懂，文字精练不精练、能不能让人有时间看和看得下去等问题。现在有些文章写得连作者自己都看不懂了。有些杂志刊登的文章充斥着公式、模型。我们不反对把公式、模型引入哲学，引入经济学和其他学科，引入人文社会科学研究，但一定要适当。

最后，解决为什么人的问题，解决"三风"问题，最终是为了解决好实现中央对我院"三大定位"要求的问题。

解决好哲学社会科学为什么人的问题，对中国社会科学院来说，目的是要实现中央"三大定位"要求，即真正把我院建设成为马克思主义的坚强阵地、党中央国务院重要的思想库和智囊团、中国哲学社会科学研究的最高殿堂，使我院各项工作真正迈上一个新的台阶。这是一个总目标，是全院同志必须为之奋斗的总任务。

中国社会科学院就好比是一艘航船，党组就是引导这艘航船前进的舵手，起着把关定向的关键作用。党组要把握好方向，带领全院同志共同奋斗，齐心协力一起划好这艘大船，就要把为什么人的问题作为一个根本性、方向性、关键性的重大问题加以解决。如果舵把不好，也就是为什么人的问题解决不好，社科院这艘航船就会偏离党和国家指引的正确方向。党组决心依靠全院同志，特别是院属单位主要负责同志，集中精力解决好"为什么人"的问题，解决好"三风"和落实"三大定位"要求的问题。这是全院必须长期坚持不懈地抓紧、抓深、抓透、抓实的三个重要问题。

三　2014 年工作部署

2014 年，要着力完成好以下几个方面的工作：

（一）加强党组自身建设，打造让党和人民放心、让全院同志满意的过硬的领导班子

加强党组班子思想政治建设，抓好党组中心组学习，带头

认真学习马克思列宁主义、毛泽东思想和中国特色社会主义理论体系，提高运用马克思主义立场观点方法指导工作的能力和水平。认真学习贯彻党的理论路线方针政策，始终坚持正确的政治方向和学术导向。加强民主集中制建设，落实院领导班子议事规则，完善党组会议、院务会议、院长办公会议制度，提高决策的科学化水平。开好党组民主生活会，用好批评和自我批评的武器，自觉提高党性修养。加强作风建设，模范遵守中央"八项规定"及我院实施意见。建立联系群众的机制，深入实际、深入群众开展调查研究，广泛听取意见，及时改进工作。带头写短文、讲短话、开短会，简化院领导活动新闻报道。厉行节约，勤俭办一切事业，严格控制"三公"经费支出，严格执行出访规定。

（二）加强党的意识形态工作，建设马克思主义坚强阵地

加强党的意识形态工作，落实意识形态工作"一把手"责任制。把意识形态工作列入党委重要议事日程，定期研究意识形态工作并向党组提交报告。完成我院承担的马克思主义理论研究和建设工程任务，实施好我院马克思主义理论学科建设与理论研究方案 2014 年度工作计划。实施马克思主义文学理论研究和文学批评工程。加强马克思主义研究学部、马克思主义研究院、中国特色社会主义理论体系研究中心、世界社会主义研究中心和研究生院马克思主义理论骨干培养基地建设。加强马克思主义理论类别学科和研究室建设，启动编写相应的基本原理和基础理论研究著作。积极撰写研究、阐释中国特色社会主义理论体系、道路、制度与习近平总书记系列重要讲话精神的著作、论文和大众化读本，着力推进马克思主义中国化、时代化、大众化。站在人民群众的立场上，回答和解决与人民群众根本利益密切相关的重大理论和现实问题。坚持党管媒体原则，加强院属媒体建设和管理，使之成为弘扬主旋律、凝聚正能量的重要宣传载体。加强出版物审读制度建设，提高审读质量。强化媒体从业人员马克思主义新闻观教育。建设又红又专的理论工作和党的意识形态工作队伍。实施好马克思主义理论骨干人才培养计划，培养马克思主义理论研究的高层次人才。组织研究、宣传中国特色社会主义理论体系写作组，完成在中央重要媒体发表理论宣传文章任务。开展积极舆论斗争，组织好对错误思潮的有力的批判。建立马克思主义网络评论队伍，积极参与引导网络舆论。

（三）加强党和国家重要思想库建设，提高我院战略决策影响力

　　落实习近平总书记关于加强我国智库建设的重要指示精神，进一步明确我院思想库建设的目标定位，夯实思想库建设基础。引导科研人员开展服务党和国家决策的学术研究和政策研究。加强思想库型人才队伍建设，建立面向国内国际各研究领域的优秀专家人才数据库。建立常态化访问学者制度，吸引院内外、国内外优秀学者从事短期学术研究。加强战略研究院建设，探索建立符合思想库发展规律的科研体制机制和科研组织形式。打破研究所和学科界限，建立能够直接承载思想库职能的研究组织，鼓励研究所成立跨专业的综合研究室。坚持开门办院、开门办所，充分发挥各类学术社团和非实体研究中心作用，加强协调，整合资源，调动社会科学界力量，服务于我院思想库建设。办好信息与情报研究院，加强和改进信息报送工作，提高信息类成果的评价权重，调动科研人员从事对策研究的积极性。

（四）改革创新科研管理及激励机制，开展对重大理论和现实问题的研究

紧密围绕服务党和国家工作大局，推进科研管理体制改革，建立健全并严格执行以重大理论和现实问题为科研主攻方向的激励机制。围绕党的十八大、十八届三中全会和习近平总书记系列重要讲话提出的重大问题，设立若干重点研究方向，确立一批重大研究项目，组织优势科研力量，进行跨学科集体攻关，推出一批系统性、有影响力的研究成果。完成党组交办、党组成员负责协调的 5 个创新工程重大研究问题，院直接组织的 11 项重大招标项目；各个研究单位根据研究领域指南通知和补充通知精神，编制、实施并完成 2014 年创新工程研究项目。完成中央及党组、有关部委交办委托课题，积极组织申报国家社科基金课题，管理好已立项的社科基金项目。加强学部建设，组织好学部委员增选工作，发挥学部作用，探索学部办公室工作机制。构建科研单位集体研究、全院跨学科跨单位综合研究、与院外合作研究相结合的科研组织格局。充分发挥院重大问题综合研究中心作用，强化其组织协调功能。加强和改进国情调研工作，认真实施《关于加强和改进国情调研工作的若干意见》。完善重大科研成果发表机制，定期发布我院重大科研成果，提高我院学术和社会影响力。加强科研局自身建设，使科研局真正发挥党组指导科研工作的参谋助手作用。规范和深化院地、院企、院校合作。加强国史研究，做好地方志工作，发挥好史志资政育人作用。开好第五次全国地方志工

作会议。

（五）大力推动哲学社会科学话语体系建设，牢牢掌握国际话语权

抓好话语体系建设工作，构建坚持以马克思主义为指导，让本国人民和世界人民听得懂、能信服，富有亲和力、吸引力、感召力，中国特色、中国风格、中国气派的哲学社会科学话语体系。定期召开研讨会，办好《哲学社会科学话语体系建设研究动态》，积极发挥我院作为建设哲学社会科学话语体系协调会议召集单位的作用。以中国特色学术语言妥善回应世界关切，增进国际社会对我国基本国情、根本制度、价值观念、发展道路、内外政策的了解和认识，展现我国文明、民主、开放、进步的形象，增强国际话语权。要抓住坚持和发展中国特色社会主义、实现中国梦的重大问题，创新学术话语体系，打造融通中外的新概念新范畴新表述。着眼现实需要，梳理、萃取传统文化的精华，赋予其与时代发展相适应、与主流价值相一致的科学内涵和表达形式，使之在新的时代条件下发扬光大。正确对待西方话语体系，结合我国国情，以开放包容、兼收并蓄的态度，对西方学术的基本概念、范畴，赋予更加科学的含义和解释，借鉴其有益成分，去粗存精、去伪存真，经过科学的扬弃后，使之具有中国特色，为我所用。

（六）全面展开哲学社会科学创新工程，推出一批优秀成果和优秀人才

深入总结创新工程试点三年来的基本经验，坚持标准，注重规范，完善制度，严格管理，全面实施创新工程。完善准入和退出制度，严格准入和退出条件。完善经费配置制度，实行年度经费总额拨付制度，完成经费管理并轨，提高经费使用效率。严格财经纪律，加强创新工程经费使用和支出管理，加大"三项经费"审计检查力度。完善报偿制度，先行试点，把报偿发放与科研成果质量、工作绩效挂起钩来，拉开目标报偿档次，防止新的"平均主义大锅饭"。完善评价制度，构建哲学社会科学学术评价体系和评价标准，建立统一的科研成果评价平台，引入独立第三方参与科研成果评价，提高评价的科学性、客观性和公正性。完善学者资助体系，建立成果出版后期资助制度，改革科研资源配置方式，鼓励学者潜心钻研，推出高质量成果。办好中国社会科学评价中心，占领学术评价和学术标准制高点。加强学科建设和研究室建设。坚持基础研究和对策研究并重并举原则，尊重哲学社会科学科研规律和人才成长规律，鼓励学术争鸣和学术创新，营造有利于出成果、出人才的科研环境。实施"走出去"战略，积极参与学术外宣、学术外交，推动更多优秀成果和优秀人才走向世界。坚持以我为主、对我有利、为我所用原则，多形式、多渠道、全方位拓展和深化对外交流合作，提升中国哲学社会科学的国际影响力。实施对外学术翻译出版资助计划，加强优秀研究成果的对外推介工作。加强与国际知名智库的交流和联系。开展国外应急调研项目。多渠道派遣我院科研人员长期出访研修。办好中国社会科学论坛。

（七）全面推进报刊出版馆网库名优工程建设，占领哲学社会科学学术传播制高点

建设好一馆、一网、一库、一室、一平台，实现报刊出版馆网库的数字化，建设数字社科院。继续办好《中国社会科学报》，积极创办英文版，加强海外记者站建设。落实期刊建设"五统一"要求，打造以《中国社会科学》为龙头的精品学术期刊群。办好院属出版社，提高学术出版能力，提升皮书学术质量，加强对"中国社会科学年鉴"和学术集刊的开发与管理。办好以"中国社会科学网"为龙头的学术网络集群，打造世界知名的哲学社会科学门户网站。推动科研手段的信息化，建立国内最大、世界一流的哲学社会科学海量专业数据库，加速推进《国家哲学社会科学学术期刊数据库》《科研成果库》等子库建设。完善"总馆—分馆—所馆（资料室）"三级管理体制，建成经济分馆和历史专业书库。加强数字资源建设，实行纸质图书藏书零增长，优化馆藏布局。完成古籍整理保护，编纂馆藏古籍总目录，启动善本古籍数字化工作。按照"八统一"要求，推进信息化管理体制机制改革，理顺关系，细化职能，加强制度建设、项目管理和经费管理。

（八）加强院属单位领导班子建设，建设一支高素质的干部人才队伍

加强所局领导班子思想政治建设，完善党委中心组学习的督促检查机制。举办所局级和处级领导干部学习贯彻习近平总书记系列重要讲话精神培训班、所局主要领导干部马克思主义经典著作读书班。组织学习贯彻党的十八届三中全会精神宣讲团深入院属各单位宣讲。举办青年学习马克思主义经典著作读书班、科研骨干马克思主义理论培训班，继续办好所局领导干部学习报告会、机关干部学习报告会。严把领导干部选拔任用政治关，把政治表现、意识形态工作等情况，作为考察领导干

部的重要内容。加强对院属单位领导班子贯彻执行民主集中制情况的分析和考核。坚持严格党内生活，坚持"三会一课"等组织生活制度。开好年度院属单位领导班子民主生活会，开展严肃认真的批评和自我批评。认真贯彻落实中央新修订的《党政领导干部选拔任用工作条例》，加强干部经常性考察，实现平时考核、年度考核和换届考察、任职考察有机结合。规范干部职务任期管理，开展所长、研究室主任、编辑部主任任期制试点。规范研究室主任培养使用。完善领导干部选任机制，扩大所长遴选范围，试行研究所所长全国公开招聘。扩大研究单位和职能部门、直属单位之间干部交流范围，切实推进院属单位管理岗位特别是关键岗位干部的交流。加强所局后备干部队伍建设，探索建立干部信息台账，重点掌握一批能担当重任的中青年干部。定期对干部队伍状况进行调查摸底，建立所局后备干部人才储备库，对后备干部队伍实施动态管理。改进干部挂职工作，选派更多干部学者到各级党政部门、企事业单位、城乡基层挂职。严格执行所局领导干部离京请销假制度和因公出国管理制度。严格领导干部用车、办公用房、出差食宿管理。做好第四批全国干部学习培训教材编写工作。制定年度培训计划，加强培训，抓好调训，做好统一培训工作。抓好留学人员管理服务。落实中长期人才发展规划纲要，制定人才强院实施方案近期工作计划，推进实施马克思主义理论人才造就工程、学术名家推介工程、领军人才引进工程、青年英才培养工程、支撑与管理人才保障工程，鼓励哲学社会科学创新人才大量成长。落实国家重大人才工程，做好"千人计划""万人计划"以及百千万人才工程国家级人选等的人选申报、评审推荐，引进遴选更多高层次人才。面向全国乃至全球加大高端人才引进力度，引进一定数量的拔尖人才。办好研究生院，整合优质资源，提高学生培养质量。继续加强博士后培养工作，巩固我院在国家哲学社会科学博士后领域的领军地位。

（九）实施管理强院战略，提高服务科研能力和保障水平

抓好行政管理，实现行政管理规范化、制度化和科学化。推进院综合管理平台系统建设，加强整体规划设计，逐步完成资源整合和信息共享。加强党组写作班子建设，提高文稿写作水平。办好"三会"和院重要会议，改进会风，完善视频会议组织方式，提高会议质量和效率。提高文秘工作信息化管理水平。改进新闻宣传报道管理，健全科研成果发布机制。创新全院档案管理。加强信访和维稳工作。抓好安全保卫，提高保密管理水平。做好财务保障和管理。落实年度经费，加强预算、决算管理，加强预算执行力管理。巩固财务管理体制机制改革成果。发挥结算中心的作用，推进会计委派和代理工作。完善图书经费总代理制，推进信息化经费使用改革，加强信息化工程服务外包。扎实推进科研与学术交流大楼、东坝职工住宅、中心档案馆及科研附属用房翻改建、科研办公大楼和经济片办公楼改造等项目，加快研究生院二期工程和绿化建设。完成北戴河培训中心、密云绿化基地翻改建。积极推进燕郊中国学者之家建设。启动史学片翻改建项目、中国考古基地和海南考古基地建设。抓好全院办公用房调整，改善科研和办公条件。推进职工住房、单身宿舍管理的规范化。加强国有资产管理，确保国有资产保值增值，办好人文公司、中经出版传媒集团等国有企业，提高经济效益和创收能力。抓好后勤服务工作，推进后勤社会化改革，做好物业、交通、会议、餐饮、医疗、文印、停车、综管等各项后勤服务工作。关心职工生活，想方设法解决职工收入、住房、子女入学等切身利益问题。

（十）以改革创新精神加强党的建设和反腐倡廉工作，全面提高党建科学化水平

巩固和扩大党的群众路线教育实践活动成果，继续改进学风文风工作作风。围绕反对"四风"，以落实中央"八项规定"为突破口，落实党组七个制度性整改文件，深入开展专项整治行动，狠抓专项整改落实。加强学风建设，倡导理论联系实际优良学风，开展"书记所长抓学风"专项行动。发挥院学术道德委员会作用，加大对学术不端行为的处罚力度。加强文风建设，反对假、空、旧、长的不良文风，提倡和树立务实求理、言之有物的"短、精、新"文风，写短文，讲短话。加强机关作风建设，落实"马上就办、努力办好"要求，严格责任制，搞好院直机关单位"文明窗口"评比活动。严格考勤纪律，强化工作任务考核。加强党的建设，落实基层党委、纪委换届和增补委员的选举工作。建立完善党委委员联系党支部制度。加强基层党支部建设，开展以党性教育为主要内容的主题党日活动，健全发展党员管理工作协调机制，加强党支部书记培训。加强中经出版传媒集团党的建设，建立中经出版传媒集团机关党委。加强思想道德建设，大力培育和模范践行社会主义核心价值观，广泛开展学雷锋志愿服务活动，建立志愿者协会，举办道德论坛，深入持久地开展勇攀学术道德双高峰的活动。发挥各级党组织在思想政治工作方面的优势，做好科研人员工作，统一思想，凝聚人心，化解矛盾，为创新工程提供思想政治保障。切实加强反腐倡廉建设，打造风清气正科研环境。严肃政治纪律，执行组织纪律，严格财经纪律，加大创新经费检查力度，提高创新工程综合监督实效。加大信访举报核查力度。办好中国廉政研究中心。加强纪检监察自身建设。高度重视和切实做好离退休干部工作，为老同志创造更好的科研和生活条件。加强统战工作，改进工会工作，切实做好青年和妇女工作。

全院同志要自觉把哲学社会科学研究事业与党和人民的事业紧密联系在一起，把哲学社会科学工作者个人的前途命运与党和国家的前途命运紧密联系在一起，始终站在党和人民的立场上，为国家长治久安和我们党长期执政而出谋划策，为解决人民疾苦和提高群众福祉而集思广益，与时代共奋进、与国家共荣辱、与人民共呼吸，努力成为忠诚服务于党和人民事业、值得党和人民信赖的学问家，团结一致，艰苦奋斗，努力开创我院建设和发展新局面，为实现中华民族伟大复兴的中国梦，创造新的辉煌，谱写壮美华章！

谢谢大家。

深入学习贯彻习近平总书记系列重要讲话精神,努力把我院建设成具有国际影响力的世界知名智库

—— 在中国社会科学院 2015 年度工作会议上的报告

（2015 年 1 月 28 日）

同志们：

现在，我代表党组做工作报告。

一　工作回顾

2014 年，在党中央正确领导下，在党组带领下，全院同志共同努力，全面推进哲学社会科学创新工程，各项工作开创了新局面，取得了新成绩。党组着力抓了以下十个方面的工作：

第一，深入学习贯彻落实党的十八大和十八届三中、四中全会精神和习近平总书记系列重要讲话精神，坚持正确的政治方向和学术导向。

第二，加强马克思主义坚强阵地建设，牢牢掌握意识形态工作的领导权和主动权。

第三，进一步推进哲学社会科学创新工程，绘就新的发展蓝图。

第四，大力实施科研强院战略，取得优异的科研创新成果。

第五，努力实施人才强院战略，不断加大人才队伍建设力度。

第六，全力实施管理强院战略，制度化、规范化、科学化建设迈上新台阶。

第七，深入实施"走出去"战略，国际合作交流和学术外交愈益扩大。

第八，积极推进报刊出版馆网库和评价中心名优工程建设，抢占哲学社会科学学术传播制高点。

第九，不断提升行政财务基建后勤保障能力，办院条件有了突破性改善。

第十，全面加强党的建设和巩固群众路线教育实践活动成果，党风及学风、文风、作风明显好转。

2014 年各项工作成绩的取得，是全院上下同心同德、不懈奋斗的结果。在此，我代表党组，向广大科研人员、科辅人员、领导干部、行政管理人员、后勤服务人员和离退休老同志，向一年来在各个岗位上辛勤工作的全院同志表示衷心的感谢！

同时，还要清醒地认识到，我院工作与中央要求相比还有较大距离，与新形势新任务的要求相比还存在许多不适应。主要是：树立良好学风、文风和作风，为人民做学问的意识，还需进一步筑牢；为党中央国务院科学民主依法决策服务，建设中国特色新型智库措施还不够有力，针对性、有效性还需进一步增强；为落实中央"四个全面"重大战略部署，适应经济发展新常态、把握社会发展新趋势、回应人民群众新要求还不够及时；全面实施创新工程的观念及体制机制障碍还未完全破除，重大创新成果、创新型人才较为缺乏的问题还未从根本上得到解决；群众路线教育实践活动成果尚待巩固，领导联系群众的机制还需健全和完善；贯彻全面深化改革、全面推进依法依规治院、全面从严治党还需更加坚决、更加自觉；改善办院条件、解决职工切身利益方面还有较大提升空间，等等。对于存在的不足和问题，将以改革的精神和创新的思路努力加以解决。

二　面临的任务和亟待解决的问题

我院工作总的指导思想是：高举中国特色社会主义伟大旗帜，以马克思列宁主义、毛泽东思想和中国特色社会主义理论体系为指导，深入贯彻落实党的十八大和十八届三中、四中全会精神和习近平总书记系列重要讲话精神，贯彻落实中央《关于加强中国特色新型智库建设的意见》精神，贯彻落实全国宣传部长会议精神，紧紧围绕中央"四个全面"战略部署，紧紧围绕"三大定位"目标要求，坚持我院建设基本经验和工作总体思路，从根本上解决好政治方向和学术导向坚定正确的问题，解决好哲学社会科学研究为什么人的问题，大力实施哲学社会科学创新工程，加强制度化科学化规范化建设，努力发挥我院阵地、智库、殿堂功能。

（一）深入学习习近平总书记系列重要讲话精神，指导哲学社会科学繁荣发展

习近平总书记系列重要讲话，是新的历史条件下党治国理

政的行动纲领，是马克思主义中国化的最新成果，是运用马克思主义立场观点方法解决当代中国问题的光辉典范，是夺取中国特色社会主义新胜利、实现中华民族伟大复兴中国梦的强大思想武器。学习好贯彻好习近平总书记系列重要讲话精神，是全党的一项重大政治任务，也是我院落实"三大定位"要求、推动各项工作健康发展的思想保证。在我院，无论是做科研工作还是做管理工作和其他工作，都要把学习贯彻习近平总书记系列重要讲话精神放在极其重要的位置，作为每一位同志的必修课，切实抓紧抓好。党组、院属单位党委要健全学习制度，创新学习方法，在真学、真懂、真用上下功夫，充分发挥示范带动作用，推动对习近平总书记系列重要讲话精神的学习向广度深度发展。学习习近平总书记系列重要讲话精神，要把讲话精神作为科学体系，原原本本地学，融会贯通地学，注重把握讲话的内在联系，全面领会讲话的科学内涵和精神实质。最重要的是学习讲话中贯穿的科学的世界观和方法论，学会运用马克思主义立场观点方法观察、分析、认识、解决问题，提高全院人员首先是领导干部的政治素质和理论修养。

（二）切实加强意识形态工作，建设马克思主义坚强阵地

习近平总书记就加强党的宣传思想文化工作、加强党的意识形态工作发表了一系列重要讲话，作出了一系列重要指示，为做好新形势下的宣传思想工作和意识形态工作指明了方向。党领导的哲学社会科学工作者，必须学习贯彻落实习近平总书记关于意识形态工作的重要讲话和批示精神，努力成为党的意识形态战线的无畏战士。总体来说，我院在党的意识形态工作方面是符合中央要求的。但是，也不能说没有问题，而且还会

面对不少新情况。全院同志特别是各级领导班子要高度重视，切实加强意识形态工作。要增强政治意识、大局意识、责任意识和忧患意识，进一步增强做好意识形态工作的责任感和紧迫感，始终同以习近平同志为总书记的党中央保持高度一致，坚决贯彻中央的决策部署。要树立做好意识形态工作是全院责任的意识，切实做到守土有责、守土负责、守土尽责。加强党的意识形态工作，要经常讲、反复讲、持续讲；院领导要讲，各级领导干部要讲，知名学者要讲，普通学者也要讲；研究单位要讲，职能部门也要讲。要让正面的声音越来越洪亮，让正确的观点和主张深入人心。

要积极应对当前意识形态领域所面临的挑战，把思想统一到中央对意识形态工作的形势判断和工作措施上来。严格执行我院关于加强党的意识形态工作的制度规定，管好自己的人，看好自己的门，守住自己的阵地。绝不允许与中央唱反调，绝不允许出现噪音杂音。要弘扬主旋律，加强正面引导，用中国特色社会主义理论成果引导舆论，用社会主义核心价值观凝聚人心。对于错误思潮、错误言论和奇谈怪论，要旗帜鲜明地反驳，敢亮剑、敢碰硬，把好关、掌好度，主动发声，及时发声。要深入把握网络生态和运行规律，准确判断、科学分析网上舆论动态。要大力加强相关网站和栏目建设，加强对我院传播阵地的管理，加强对各类学术团体、研究中心、讲座论坛、报告会、研讨会等的管理，绝不给错误思想和言论提供传播空间和渠道。在创新工程考核评价体系中，要政治导向明确，加大对意识形态工作相关指标考核的分量。

加强马克思主义坚强阵地建设，是加强意识形态建设的基础工作。全院同志必须更加深刻地认识到，在"三大定位"要求中，马克思主义坚强阵地建设是党中央对我院第一位的要求，是加强学术殿堂建设和高端智库建设的根本前提。也就是说，它是起关键作用和灵魂作用的，是决定学术殿堂建设和高端智库建设方向的。作为国家级最高哲学社会科学研究机构，我院学者在自己的专业领域里都有相当的学术造诣，有相当的社会影响。但是，如果指导思想出了问题，政治方向不对头，学术方向错了，就会使学术研究误入歧途，就会给党和国家帮倒忙、拉倒车，那就更谈不上为中国特色社会主义事业发挥正能量了。所以党组始终强调，要真正成为党中央国务院重要的思想库和智囊团，成为我国哲学社会科学研究的最高殿堂，首先要采取有力措施，努力把我院建成为马克思主义的坚强阵地。

（三）坚持我院建设基本经验和工作总体思路，进一步提升创新工程质量和水平

办好社科院，既有一个根本方向问题，在方向确定后，还有一个坚持什么样的科学思路和正确举措的问题。在去年暑期专题会议上，我曾经专门讲过近年来我院积累的三条基本经验和"五个三、一个一"，简称"五三一"的工作思路。三条基本经验，一是坚持正确的政治方向和学术导向，解决好哲学社会科学研究为什么人这个根本问题；二是坚持科学的工作思路和举措，紧紧抓牢创新工程这一实践载体；三是坚持把科研人员和全院群众的工作和生活需要放在重要位置，办实事，办好事，办让大家满意的事。"五个三"，一是认真实现"三大定位"的目标要求；二是全力发挥"三大功能"，即阵地、智库、殿堂功能；三是积极实施"三大战略"，即科研强院、人才强院、管理强院战略；四是努力形成"三大风气"，即良好的学风、文风、作风；五是严格执行"三大纪律"，即政治纪律、组织纪律、财经纪律；"一个一"，是始终抓好哲学社会科学创新工程。实践证明，这三条基本经验和"五三一"的工作总体思路，符合哲学社会科学发展规律，符合我院办院规律，符合哲学社会科学人才成长规律，是管用可行的，是全院宝贵的精神财富。在当前和今后一个时期，我们仍然要坚持这些基本经验和这个总体思路，继续深入探索和准确把握"三个规律"，把科学研究等各项工作做得更好。这里，我再强调两点：

第一，坚持正确的政治方向和学术导向，解决好哲学社会科学研究为什么人这个根本问题。方向问题是一个具有根本性的大问题。方向决定思路，思路决定事业。从事一项事业，坚持什么样的方向，决定着一项工作的政策取向，决定着一项事业的最终成败。对于我院来说，坚持正确的政治方向和学术导向是办院的根本原则，是办院的生命线和政治保证。全院上下在这个根本原则问题上，认识必须高度一致，决不能有丝毫的含糊。要在涉及党的基本理论、基本纲领、基本路线和重大原则、重要方针政策问题上，立场坚定、观点鲜明、态度坚决。

始终坚持坚定正确的政治方向和学术导向，是由我院的性质、地位、任务、作用所决定的。我院是党中央直接领导的国家哲学社会科学研究机构，更是党的重要理论阵地和意识形态重镇，必须始终坚持党的领导，坚持党性原则，以党的旗帜为旗帜，以党的意志为意志。真正做到高举中国特色社会主义伟大旗帜，坚持中国特色社会主义道路、理论体系和制度，坚定地、不折不扣地、创造性地把党的理论和路线方针政策贯彻到我院工作的各个方面、各个环节。要把我院哲学社会科学研究事业作为整个党和人民事业的重要组成部分，把我院工作放到全党全国工作的大局中去认识、去把握、去部署，紧紧围绕党和国家的中心任务，紧紧联系改革开放和现代化建设的新形势新任务新要求，充分发挥我院作用。

坚持正确的政治方向和正确的学术导向密不可分，相辅相成。在我院，学术研究是中心工作，坚持正确的政治方向要通过学术活动体现出来，坚持马克思主义的指导地位要通过学理研究体现出来。要把坚定正确的政治方向寓于学术研究之中，形成正确的学术导向。要把正确的政治方向和学术导向统一起来，寓马克思主义于学理之中，将把住政治方向贯穿于一切科研活动的学术导向之中。

马克思曾经说过："理论只要说服人，就能掌握群众；而理论只要彻底，就能说服人。"在当代中国，如何以理论的彻底来坚定正确的政治方向和学术导向，最根本的办法就是加强理论武装，提高全院人员的理论素质，提高用马克思主义指导科研的能力。要做到这一点，就要联系党和国家面临的新形势新任务新问题的实际，紧紧围绕中国特色社会主义理论体系，紧紧围绕习近平总书记系列重要讲话精神，结合马克思主义经典著作，结合中央重要文献，结合党史、国史、中国近代史，认真学习马克思主义。党组要一如既往地办好主要领导干部马克思主义读书班，抓好处室以上干部马克思主义千人大培训，抓好全院的马克思主义教育工作。

要坚持正确的政治方向和学术导向，用马克思主义指导科研，就必须解决好哲学社会科学研究为什么人这个根本问题，即为什么人做学问的问题。是站在人民一边，还是站在与人民对立的一边，是关系哲学社会科学发展方向、前途命运的带根本性的首要问题，这实际上就是"为了谁、依靠谁、我是谁"的问题。习近平总书记指出，党性和人民性从来都是一致的、统一的，要树立以人民为中心的工作导向。这为解决哲学社会科学研究为什么人的问题指明了方向。如果不依靠人民群众，不为人民群众服务，不为人民群众鼓与呼，不为人民群众谋福祉，还要我们干什么？所有从事哲学社会科学研究的同志，都要首先解决好为什么人的问题。在今天，就是为中国特色社会主义服务，为实现中国梦的总目标服务。哲学社会科学工作者都要认真思考这个问题，下决心解决好这个问题。

第二，紧紧抓牢哲学社会科学创新工程这一实践载体。实施创新工程，是中国社会科学院发展史上具有里程碑意义的一件大事。它极大地激发了我院科研人员和工作人员的积极性、主动性和创造性，使我院面貌焕然一新，在学科建设、队伍建设、成果产出以及科研组织形式创新和管理体制改革等方面都取得了新的成绩。我们一定要紧紧抓住创新工程不放松，长久地抓下去，抓出制度机制来，抓出作风来，抓出人才来，抓出成果来。这是我院的希望之所在，未来之所在，发展前景之所在。

今年是实施创新工程的第5个年头，是检验创新工程实际效果的一年，也是总结提高创新工程的一年。全院同志特别是院属单位领导班子一定要更加深刻地认识到，中央批准我院率先实施创新工程，既是对我院的充分信任，同时也对我院寄予厚望。我院在科学研究等各个方面对全国哲学社会科学界起着引领作用，在实施创新工程方面更要创造和积累成功经验，真正起到标杆和示范作用。这是我们应当承担的责任，也是我们应当肩负的使命。创新工程搞得怎样，不仅关系到我院事业未来的建设和发展，而且关系到我院在全国哲学社会科学界的形象和给中央留下的印象。必须在总结经验的基础上，加倍努力地工作，把创新工程做成一个合格工程、优质工程、精品工程、廉洁工程，而不是平均主义工程、半拉子工程和豆腐渣工程。

科研是我院的中心工作，是我院的"主业"。衡量我院实施创新工程的效果，检验我院各项工作的成效，就是要看科研工作是否抓上去了，最终要看是否生产出了经得起实践和历史检验的科研成果，要看是否生产出了传世之作、精品之作，是否提出了对党和政府决策具有重要参考价值的对策建议，也就是说，要看我们的成果是否具有学术影响力、政策影响力、社会影响力。在科研成果问题上，既要讲数量，更要讲质量。数量是为质量服务的。对我们这样一个有着几千人队伍的国家级研究机构来说，如果没有足够数量的科研成果，那无论如何是立不住的，对谁都无法交代。但是，如果科研成果只有数量而没有质量，也就反映不出我院作为哲学社会科学研究"国家队"的水平。全院上下一定要树立成果意识、精品意识，把科研这个"主业"做好、做大、做强，努力推出更多具有时代高度、代表国家水准的创新性科研成果，不辜负党中央的信任和全国哲学社会科学界的期望。

（四）进一步加强制度化、规范化建设，为我院工作提供有力制度保障

邓小平同志曾经指出，"制度问题带有根本性、全局性、稳定性和长期性"。"制度好可以使坏人无法任意横行，制度不好可以使好人无法充分做好事，甚至会走向反面。"制度建设是全院的一项基础性工作，要坚持不懈地抓下去，抓常、抓细、抓实，建立能够促进科研生产力解放和发展的制度体系。

第一，加强党委集体领导下的所长负责制制度建设。加强党对哲学社会科学和意识形态工作的领导，加强党的建设，是我院最重要的讲政治。党委集体领导下的所长负责制，是我院一项根本性的领导体制，是加强党的领导、加强党的建设的制度保障。它把党对哲学社会科学的领导和发挥专家治所的作用有机结合起来，能够保证院属研究单位始终坚持正确的政治方向和学术导向，能够体现我院作为党领导的国家级学术机构和党的意识形态部门的政治属性，同时又能够充分体现我院的学术特性，必须始终坚持这一制度，坚决执行这一制度，不断完善这一制度。

从总体上讲，院属研究单位执行党委集体领导下的所长负责制的情况是好的或比较好的，但在执行过程中还存在着一些比较突出的问题。一是个别单位没有完全处理好党委集体领导与所长负责之间的关系。个别单位党委会、所务会、所务扩大会、所长办公会等议事制度不健全、不规范，规则不明确，参会人员范围不明确，议事范围不确定，没有会议记录和会议纪要；党委会与所务会职能混淆，甚至以所务会代替党委会，造成管理上的混乱，党委没有完全负起党的领导职责，所长也没有完全履行好所长的责任，等等。二是个别单位没有完全处理好民主与集中的关系。搞"一言堂"，搞团团伙伙的有之；不严格按制度和程序办事，搞暗箱操作的有之；重大决策缺乏沟通协商的有之；所务公开制度不完善，公开程序不规范，公开内容不明确，公开时间不及时，群众应有的知情权、参与权和监督权得不到落实的有之，等等。三是个别单位没有完全处理好党委书记和所长的关系。极个别的党委书记和所长不团结，甚至影响全所团结；极个别的党委书记或所长不清楚自己的工作职责，越权越职，越俎代庖；极个别的党委书记或所长心思不在研究所的事业上，不集中精力管所治所。

贯彻落实好党委集体领导下的所长负责制，一要准确把握这项制度的本质。实行党委集体领导下的所长负责制，既不是书记个人说了算，也不是所长个人说了算，而是集中大多数群众正确意见的决定说了算，党委集体领导说了算。班子成员都是平等的，书记和所长都只有一票。党委书记是班长，通过党委会充分发扬民主，在民主的基础上集中集体智慧，统一思想，形成集体意志。党委书记是研究所党的工作的主要负责人，要抓党的建设，抓思想政治工作，抓意识形态工作，要管党、管干部、管思想。所长是研究所科研和所务工作的主要负责人，要专心治所，抓好科研，抓好管理，与党委书记团结一致、同心同德，共同把研究所管理好、治理好、建设好。二要规范研究所会议制度。要把党委管什么事、所务会和所长办公会管什么事规划好、分清楚。要有会议制度、会议议题、会议记录、会议纪要，有讨论，有落实。不能以所务会、所长办公会代替党委会，反之亦然。三要贯彻落实好民主集中制。在所里担任领导职务的同志，不要辜负了党组和干部群众的信任。要科学决策、民主决策、依法依规决策，相互提醒、相互监督、相互帮助，推动研究所的科学发展。四是要严格遵照制度和程序管所治所。遵守制度程序是所务公开、所务透明的保障，是群众履行知情权、参与权和监督权的重要保证。只有严格执行制度程序，才能让已有的各项制度真正起到作用。当然，也要做好思想政治工作和群众工作。

第二，加强"三项纪律"制度建设。习近平总书记指出，"风清则气正，气正则心齐，心齐则事成"。严格遵守"三项纪律"是做好我院各项工作的基本前提，是我院事业健康发展的重要保证。抓"三项纪律"，重在制度建设。

一要严明政治纪律，抓好政治纪律制度建设。政治纪律是全党在政治方向、政治立场、政治言论、政治行动方面必须遵守的刚性约束。遵守政治纪律和政治规矩，必须维护党中央的权威，在任何时候任何情况下都必须在思想上政治上行动上同党中央保持高度一致；必须维护党的团结，坚持五湖四海；必须遵循组织程序，重大问题该请示的请示，该汇报的汇报，不允许超越权限办事；必须服从组织决定，决不允许搞非组织活动，不得违背组织决定；必须保持头脑清醒和理论自觉。领导干部要带头守纪律、讲规矩，发挥表率作用。要落实好我院关于加强政治纪律建设的相关制度文件，为全院干部学者提供行为准则，让政治纪律在全院干部职工的思想上打下深刻烙印。各级党委要加强监督检查，对不守纪律的行为要严肃处理。

二要严明组织纪律，抓好组织纪律制度建设。强化党的意识和身份归属，是我院发挥作用、履行职能的基本要求。严明组织纪律，必须严格执行党员个人服从党的组织，少数服从多数，下级组织服从上级组织，全党各个组织和全体党员服从党的全国代表大会和中央委员会的基本要求。严明组织纪律，必须在遵守组织制度上下功夫，严格执行民主集中制和"三会一课"制度，使组织生活长效化、制度化、规范化。必须在加强组织管理上下功夫，防止个人凌驾于组织之上。必须在执行组织纪律上下功夫，敢抓敢管，加强对组织纪律执行情况的监督检查，有纪必执、有违必查。杜绝不愿提醒、不敢批评、做老好人、怕得罪人等情况，使纪律真正成为带电的高压线。

三要严明财经纪律，抓好财经纪律制度建设。经过几年的严格检查和严格要求，我院经费管理总体是好的。但在去年的科研经费特别是横向课题经费检查中发现，一些单位在党组三令五申之后依然存在违纪违规的问题。这是一种危险的倾向，发展下去肯定要出大问题。全院同志特别是所局领导干部一定要严格执行财经纪律。要加强财经纪律制度建设，做好财经纪律的宣传工作，使我院干部学者既知其然又知其所以然。职能部门要经常监督检查，院属各单位要主动自查自纠，发现问题要立行改正。同志们一定要明白，党组一再强调要严格遵守财经纪律，是对同志们最大的负责和保护。现在，国家法律在财经方面有严格而明晰的规定，有个别违反财经纪律的行为已经超出了纪律范畴。希望同志们务必保持清醒头脑，避免造成无可挽回的遗憾。当然，也要积极向国家有关部门申明情况，尽可能地处理好科研经费报销等问题，方便科研人员，为科研人员服好务。

抓好"三项纪律"，加强制度建设，是一项长期而艰巨的任务。它既是一项政治工程，又是一项法治工程，没有休止符，永远在路上；只有起点，永远没有终点；只有"进行时"，永远没有"完成时"。我们必须时刻警惕，持之以恒地抓下去，决不动摇，决不打折扣。

第三，加强创新工程制度建设。自启动实施创新工程以来，党组抓住制度建设和创新这个根本，制定和实施了报偿、准入、退出、配置、评价和资助等六个系列的管理制度，经过实践检验和不断完善，已经相对成熟，为全面推进创新工程提供了有力的制度保障。这六个系列的制度，是党组和院属单位在创新工程实践中不懈探索的结果，是我院实施创新工程 4 年来成功经验的积累，是全院同志集体智慧的结晶，必须长期坚持下去并不断充实和完善。今年要重点推进后期资助目标报偿制度，希望同志们认真地把这项制度落实下来。

制度建设的成绩有目共睹，但是存在的问题也不能回避。实施创新工程的初衷之一，就是要解决"大锅饭"问题，也就是干与不干一个样、干多干少一个样、干好干坏一个样的问题，真正形成有利于我院各项事业繁荣发展、有利于出精品成果和拔尖人才的竞争激励机制。从实施创新工程一开始，就实行严格的退出制度，规定进入创新工程人员不超过 80%。实践证明，这样一个制度规定对于解决原来存在的"大锅饭"问题发挥了积极作用。但是，在进入创新工程的人员中又出现了新的"大锅饭"现象，如创新岗位层级相同，创新报偿和智力报偿一样，但付出的劳动和产出的成果不一样的问题，甚至下一个层级的创新岗位付出的劳动和产出的成果比上一个层级的创新岗位多，但得到的创新报偿和智力报偿却比上一个层级创新岗位少的问题；有的单位将创新报偿当成劳务费按人均发放，有的单位按个人职务高低配置创新岗位，体现不出差异，体现不出竞争，从效果上看，创新工程的"鲶鱼效应"还不明显，没有充分发挥出激励作用；特别是有的单位让极个别根本不干事，或起消极作用的人进入创新工程，产生了一定的负面效应，挫伤了积极干事同志的积极性，等等。出现问题的一个重要原因，从认识上讲，是有人依然没能真正领会创新工程的实质，认为创新工程就是提高待遇，搞平均主义。在实际运作上，有的执行制度不严，执行纪律不严，不愿得罪人，对存在的问题视而不见、听而不闻，或者在执行制度上搞例外、搞特殊化。

加强创新工程制度建设，关键要做好四点：一是在实践中健全完善已有制度，将制度固定化、配套化，最大限度地解放和发展科研生产力；二是要兼顾新旧制度的差异性，给出适当的空间和调整余地，但是决不能回到旧制度和老套路上去；三是要随着创新工程的深入，持续推进制度创新；四是让全院领导干部、科研人员、工作人员认真学习制度、真正熟悉制度、严格执行制度、自觉维护制度，使制度面前人人平等、制度面前没有特权、制度约束没有例外的观念深入人心，化为自觉行动，不折不扣地按制度办事。

靠制度管人，靠制度管事，靠制度办院，是管理强院战略的重要内容和必然要求。近年来，党组下大气力狠抓制度建设，使守纪律、讲规矩、重制度的意识内化于心、外化于行，较好地解决了"庸、懒、散、软"的问题，推进了我院工作作风的转变，为我院事业发展起到了重要的保障作用。党组在加强管理方面采取的一系列举措，赢得了全院绝大多数同志的积极拥护和大力支持。大家都能感觉到管理强院带来的积极变化和显著成效。

全面从严治党，必须全面加强党的建设。从管理上来看，必须从严要求，从严管理。"世间事，做于细，成于严。"要在"从严"二字上铆足劲，认真落实从严治院的领导职责，切实加强管理工作，坚决维护制度的严肃性和权威性，坚决纠正有令不行、有禁不止的行为。从严治党，从严管理，必须持之以恒、常抓不懈、久久为功，避免一阵风，时时放在心上、牢牢扛在肩上、紧紧抓在手上，努力在我院形成持续风清气正的良好的工作秩序。当然，我们也要努力营造全面贯彻"双百"方针的宽松学术氛围，形成"文武之道，一张一弛"的认真严肃、生动活泼的良好局面。

（五）着力加强智库建设，把我院打造成具有国际影响力的世界知名智库

党的十八大以来，习近平总书记就加强中国特色新型智库建设多次作出重要论述。最近，中央又颁布了《关于加强中国特色新型智库建设的意见》，明确了中国特色新型智库建设的重大意义、指导思想、基本原则、总体目标和基本任务。《意见》明确提出，要"发挥中国社会科学院作为国家级综合性高端智库的优势，使其成为具有国际影响力的世界知名智库"，为我院加强中国特色新型智库建设指明了目标方向，提供了基本遵循。一定要按照中央要求，努力建设成为最具国际影响力的世界知名智库，这是我院当前及今后相当长一个时期的重要任务。我院中国特色新型智库建设，要坚持党的领导，把握正确导向；坚持围绕大局，服务中心工作；坚持科学精神，鼓励大胆探索；坚持改革创新，规范有序发展。充分体现中国特色、中国风格、中国气派，充分体现中国社会科学院特点。

我院中国特色新型智库建设的基本思路，是要以重大理论问题、战略问题、现实问题和对策问题研究为主要任务，以服务党和政府科学民主依法决策为宗旨，调整优化学科布局，加强资源统筹整合，重点围绕提高国家治理能力和经济社会发展中的重大现实问题开展国情调研和决策咨询研究，充分发挥我院资政建言、理论创新、舆论引导、社会服务、公共外交五个重要功能。不仅要为党和政府决策出主意、出好主意、出管用

的主意，提供具有重要参考价值的对策建议，而且还要站在时代之巅，立足中国，放眼世界，出原创性、创新性的思想、理论、观点，不断丰富发展马克思主义和中国特色社会主义理论体系，不断丰富发展中国特色社会主义学术文化，以深厚扎实的基础研究、理论功底和学术涵养支撑经得起实践检验的理论性创新成果和战略性对策建议。要造就一支坚持正确政治方向、德才兼备、富于创新精神的战略问题研究和对策研究咨询队伍，重视学者型人才向智库型人才的转化。深化科研体制改革，以建设马克思主义坚强阵地为前提，坚持殿堂功能和智库功能并重并举，基础理论研究和应用对策研究并重并举，建立一套治理完善、充满活力、监管有力的智库管理体制和运行机制。

要把实施创新工程与推进中国特色新型智库有机结合起来，以实施创新工程为载体，以强化智库功能为方向，以改革现行体制机制为抓手，以推进研究方法、政策分析工具和技术手段创新为重点，构筑"院—所—专业"三级智库结构，建立具有中国特色和中国社会科学院特点的新型智库体系。第一个层次是全院层次。整个中国社会科学院是党中央国务院的综合性智库，既要产生基于全院的智库成果，更要把我院建成各类专业智库的"综合集成平台"，切实发挥"五大功能"。第二个层次是各研究所（院）。各研究所（院）统筹安排，根据本所（院）学科优势、研究专长、队伍构成及成果转化渠道的状况，加大研究所（院）级智库建设力度，形成具有各自特点的、发挥各自特长的所（院）级学科特色智库。第三个层次是在全面加强第一、第二层次智库建设的基础上，先行重点建设 10—20个具有代表性的专业智库。

根据我院中国特色新型智库建设的总体思路，党组已出台《中国社会科学院关于加强中国特色新型智库建设的若干意见》《中国社会科学院中国特色新型智库建设 2015 年先行试点方案》及《关于认真学习和贯彻落实〈关于加强中国特色新型智库建设的意见〉的通知》。院属各单位要根据上述三个文件的要求，形成各自的智库建设方案，加大全院中国特色新型智库建设的整体推进力度，争取在不长的时间内取得较大成效。

三　工作部署

2015 年，要着力完成以下几个方面的工作：

（一）加强党组自身建设，打造让党和人民放心、让全院同志满意的过硬的领导班子

坚持党组中心组学习制度，认真学习辩证唯物主义和历史唯物主义原理，不断接受马克思主义哲学智慧的滋养，更加自觉地坚持和运用马克思主义世界观和方法论，提高指导工作的能力和水平。深入学习贯彻习近平总书记系列重要讲话精神，学习贯彻党的理论路线方针政策。带头宣讲中央精神，带头撰写理论宣传文章。加强民主集中制建设，落实院领导班子议事规则和会议制度，提高决策的科学化水平。遵守党的纪律，从严治院，从严管理。模范遵守中央"八项规定"和反对"四风"要求，进一步转变学风文风工作作风。坚持密切联系群众，虚心听取群众意见，及时改进工作。发扬艰苦奋斗精神，勤俭办一切事业。

（二）抓好党的意识形态工作，加强马克思主义坚强阵地建设

开展全院马克思主义教育活动，提高全院人员运用马克思主义指导科研、意识形态工作和开展舆论斗争的能力。落实意识形态工作"一把手"责任制。扎实推进马克思主义理论研究和建设工程，实施马克思主义理论学科建设与理论研究工作2015 年度方案。加强对马克思主义基本原理、马克思主义经典作家论著、中国特色社会主义理论体系、社会主义核心价值观的深入研究宣传，加强中央精神和习近平总书记系列重要讲话精神的研究宣传。建设好马克思主义研究学部、马克思主义研究院、当代中国研究所、中国特色社会主义理论体系研究中心、马克思主义学院和世界社会主义研究中心六大马克思主义研究平台，建设好马克思主义理论类别研究室、研究中心、论坛和期刊。实施好"马克思主义理论骨干人才计划"。开展积极的舆论斗争，批驳各种错误思潮和观点。建设一支理论功底扎实、是非观念分明、善于斗争的马克思主义写作人才队伍。做好以中国特色社会主义理论体系研究中心名义发表理论文章的工作。加强院属媒体建设和管理，使之成为弘扬主旋律、凝聚正能量的重要宣传载体。举办所局主要领导干部马克思主义读书班、处室领导干部培训班和专题报告会。

（三）突出综合性、专业化，扎实推进新型智库建设

遵循中央关于中国特色新型智库建设的总体要求，体现中国特色，突出我院特点，分层次、有针对性地建设具有综合性和专业特色的新型智库。院抓好院级综合性智库建设。研究所

（院）提出本单位的智库建设方案，抓好所级学科特色智库建设。在充分发挥我院国家级综合性高端智库和各研究所（院）所级学科特色智库优势的基础上，按照 2015 年先行试点方案要求，围绕马克思主义理论创新问题、党的意识形态问题、经济运行重大战略问题、重大金融问题、低碳排放和生态文明问题、重大社会政法问题、新疆问题、当代中国文化、文学理论和文学批评问题、国际战略和"一带一路"建设问题、党风廉政建设问题，重点打造 11 个专业智库组织。

加强信息报送平台、社会科学评价平台和院地合作智库建设。发挥学部作用。加大马克思主义理论学科和理论研究工程、马克思主义文学理论和文学批评工程、报刊出版馆网库和评价中心名优工程的建设力度。

强化智库建设责任制。党组对智库建设负总责，党组成员分工负责，各研究单位具体落实，职能部门和直属单位全力以赴支持智库建设。建立由院领导直接负责的督办协调会议制度，研究部署布置任务，督促检查落实进度，党组定期听取工作汇报，指导智库建设。

（四）坚持基础研究和对策研究并重并举，突出重大理论和现实问题研究

以马克思主义为指导，努力构建具有中国特色、中国风格、中国气派的哲学社会科学创新体系。始终坚持以重大理论和现实问题为科研主攻方向，紧紧围绕中央重大决策部署特别是习近平总书记系列重要讲话精神，加强对"四个全面"重大战略部署的研究，开展国家经济社会发展中的全局性、前瞻性、战略性、综合性问题的长期跟踪研究，扩展对国内外普遍

关注的热点焦点难点问题的定向研究，推出一批系统性、有影响力的研究成果，提高综合研判和战略谋划能力，增强为党和政府决策服务的能力。抓好 2015 年度科研指南的落实。做好 2016 年科研指南编制工作。撰写《学科年度新进展综述》《学科前沿研究报告》，开展学科发展专项评估工作，强化学科建设。加强基础研究，抓好以《中华思想通史》为龙头的重大基础研究项目和一系列重点研究项目。认真实施学者资助计划，建立检查机制。推进期刊编审制度建设。建立和完善非实体研究中心评价与管理机制，召开非实体研究中心工作交流会议。完善社团资助方式，组织社团参加社会组织等级评估，探索社团管理新机制。加强院际科研合作管理。组织"纪念抗日战争胜利 70 周年"等系列重要学术活动。编制发布《中国社会科学院"十三五"发展规划纲要》。加强学部建设，完成学部换届工作，发挥学部作用。完善国情调研工作体系，探索国情调研新的组织方式，在国际学科片启动重大现实问题国情调研。提高科研质量，做好科研成果发布工作。做好国史研究和地方志工作。

（五）深入实施哲学社会科学创新工程，推出一批优秀成果和优秀人才

科研局（创新办）要认真履行创新工程综合协调职能。全面总结我院创新工程实践经验，开展创新工程阶段性评估，制定创新工程 2015—2020 年规划。巩固完善创新工程制度体系。开展专项检查，规范创新项目立项、结项、审核流程，确保创新项目结项质量，抓好创新方案和创新项目目标任务的落实。加强创新单位和创新岗位考核，严格准入和退出标准，建立能

进能出、能上能下、竞争淘汰的创新机制。优化创新工程综合管理平台，完善绩效评价指标体系，全面考核科研成果学术影响力、政策影响力和社会影响力。做好绩效考核与报偿发放衔接工作，拉开目标报偿档次，防止新"平均主义"和"大锅饭"的产生。完善报偿和资助制度，调整智力报偿结构，加大后期资助目标报偿力度。完成传统科研经费和创新工程科研经费的并轨，完善经费配置制度，提高经费使用效率。启动创新工程管理岗位绩效考核试点工作，完善管理岗位工作绩效考核制度。通过创新工程，深化研究生教育培养体制改革，提高研究生培养质量，把研究生院办成哲学社会科学高端后备人才培养基地。

（六）积极推进哲学社会科学话语体系建设，加大"走出去"战略实施力度

积极发挥话语体系建设协调机制召集单位作用，完善全国哲学社会科学话语体系建设协调会议工作机制，办好《哲学社会科学话语体系研究动态》。开展哲学社会科学话语体系建设研究，推进话语体系创新。进一步完善中国社会科学评价体系，创办《中国社会科学评价》，抢占中国哲学社会科学评价研究制高点，完成全球核心智库评价项目，掌握哲学社会科学学术评价话语权，引领中国哲学社会科学的发展方向。进一步实施"走出去"战略，积极推进国际交流合作，认真组织实施各类涉外项目，实施对外学术翻译出版资助计划。发挥我院独特优势，积极开展"学术外交""学术外宣"项目和活动，为我院成果和人才"走出去"提供平台、拓展渠道，大力推进国家学术外宣基地建设。继续办好中国社会科学论坛，积极搭建中国学研究国际学术交流平台。围绕中国特色社会主义道路、理论体系、制度、中国经验和中国梦等重大议题，讲好"中国故事"，提高在国际话语体系中的中国学术影响力。扩大与港澳台的学术交流。加强国际合作制度建设，提高对外学术交流水平。

（七）全面推进报刊出版馆网库和评价中心名优工程建设，占领哲学社会科学学术传播制高点

坚持党管媒体原则，坚持政治家和学问家携手办报、办刊、办出版社、办馆网库和开展学术评价。院属单位实行领导责任制，加强报刊出版馆网库和评价中心名优建设。着力办好以《中国社会科学》杂志、《中国社会科学报》、中国社会科学网为龙头的专业报纸、学术期刊和门户网站集群，增强中国学术的国际传播力。加快学术期刊数字化和刊网融合发展，推进期刊"五统一"改革，打造精品学术期刊群。加强信息化与数字出版工作，推进数字化转型和智慧型出版社建设。办好中国社会科学出版社、社会科学文献出版社，打造中国学术专业出版旗舰，带动当代中国出版社、方志出版社和经济管理出版社。推动图书馆的转型发展，完善全院图书馆的总馆—分馆—所馆（资料室）体制，完成经济学分馆建设，提高为科研服务、为读者服务水平。全面启动古籍保护开发工作，加快古籍善本数字化工作。制定网络信息安全管理制度，加强对信息化重大项目建设全过程的监管，加强信息管理制度建设。加快数字化建设进程，打造数字化社科院。按照"社科云"构架，建立全院统一的、海量的哲学社会科学大型信息数据库，建立全院统一的综合集成实验室平台。建设好国家哲学社会科学学术期刊数据库，形成中国规模最大、富有专业特色的哲学社会科学信息数据中心。办好中国社会科学评价中心。

（八）加强院属单位领导班子建设，建设一支德才兼备的干部人才队伍

加强所局领导班子调整补充和干部配备，加强院属单位领导班子建设。深化干部选拔任用制度改革。探索建立研究所所长任期制度和任期目标责任考核制度。扩大研究所所长遴选范围，试行在全国公开招聘研究所所长。继续做好五六级管理岗位人员公开竞聘选拔和干部岗位交流工作。加大青年干部培养力度，建立健全后备干部培养锻炼、适时使用、定期调整、有退有进工作机制。深化研究室主任聘期制改革，强化研究室主任目标管理，做好新任研究室主任培训工作。完善从严管理干部制度，加强干部选拔任用工作的经常性监督，严格执行干部选拔任用审批备案制度。统筹干部教育培训，办好干部教育培训班。召开人才工作会议。扩大选人用人视野，加强学术领军人才引进力度。适当提高优秀博士的引进比例。做好研究生教育和博士后培养工作。推进院属事业单位分类工作。积极稳妥推进专业技术职务评聘制度改革，建立符合我院特点的新型评聘机制。推进绩效工资改革。

（九）实施管理强院战略，提高服务科研能力和保障水平

大力实施管理强院战略，提高综合协调管理能力，提高行政、后勤、财务、基建管理科学化、规范化、制度化水平。努力增强大局意识、服务意识和责任意识，以推动工作落实为重点，强化办公厅枢纽职能，履行沟通协调、审核把关、督促落

实、运转保障职能，做好党组的参谋和助手，保障全院日常工作运转流畅。完善财务管理体制机制，提高预算执行力，做好全院经费保障工作。切实发挥结算中心作用，合理制订收入上解计划。加强会计事务中心和深化会计委派、会计代理制改革。严格执行经费管理各项规定，实行经费支出审核审批"一支笔"制度。大力推进重大基本建设项目和维修改造项目。进一步清理整顿职工单身宿舍，加强职工单身宿舍管理。加强房地产和国有资产管理，确保国有资产保值增值，提高院属企业经济效益。办好职工食堂，做好后勤服务工作。完成公车制度改革相关工作。开辟各种渠道，逐步解决我院职工特别是青年科研人员住房困难问题。进一步完善子女入学长效机制，落实我院与东城区共建北京五中教育集团合作方案。

（十）全面从严治党和加强党风廉政建设，提高党建科学化水平

深入贯彻落实十八届四中全会和中纪委五次全会精神。加强党的建设，坚持严格党内生活，坚持"三会一课"等组织生活制度。开好年度院属单位领导班子民主生活会，开展严肃认真的批评和自我批评。完善制度保障，落实各项整改措施，巩固扩大党的群众路线教育实践活动成果。继续开展机关作风评议，做好2014年度"文明窗口"评选工作，推动形成作风建设新常态。加强党建工作制度建设，完善党建工作考核机制，加强对党委书记的考核。办好院党校，加强马克思主义干部教育。加强和改进党委集体领导下的所长负责制，完善党委议事制度和规则。举办党委集体领导下的所长负责制制度建设经验交流会。着力强化基层党支部建设，特别是研究单位的基层党

支部建设。加强党建理论研究，探索我院党建工作规律，推进党建工作科学化制度化规范化。做好院属单位党委和纪委换届选举工作。加强对科研骨干的理想信念和党性教育，做好在科研人员中发展党员工作。加强思想道德建设，树立社会主义核心价值观，弘扬优良学风文风作风，坚持理论联系实际、密切联系群众，努力攀登学术道德双高峰。深入开展宣传教育活动，定期召开全院培育和践行社会主义核心价值观经验交流会，继续办好道德论坛和巡回演讲活动。深入开展中央国家机关"全国精神文明单位""首都文明单位"创建活动。落实《中共中国社会科学院党组关于落实党风廉政建设主体责任的实施意见》，建立和完善党风廉政建设责任制执行情况专题报告制度，持续推进"三项纪律"建设，切实抓出实效。高度重视和切实做好离退休干部工作。加强和改进统一战线工作以及工会、青年和妇女工作。

同志们，让我们紧密团结在以习近平同志为总书记的党中央周围，高举中国特色社会主义伟大旗帜，积极投身中国特色新型智库建设伟大实践，开拓进取，扎实工作，为把我院建设成为具有国际影响力的世界知名智库而奋斗！

谢谢大家。

以习近平总书记系列重要讲话精神为统领，推动创新工程和智库建设迈上新台阶

——在中国社会科学院 2016 年度工作会议上的报告

（2016 年 1 月 25 日）

同志们：

现在，我代表党组做工作报告。

一　工作回顾

首先，我简略地总结创新工程五年和去年一年的主要工作成绩。

过去五年（2011—2015）是我院建设和发展史上不平凡的五年。在以习近平同志为总书记的党中央坚强领导下，在党组的带领下，全院上下齐心协力、同心同德，开拓创新、勇攀高峰，大力实施哲学社会科学创新工程，努力实现中央"三大定位"要求，推出新成果，培养新人才，各方面工作取得了新成绩。

——深入学习马克思主义基本理论和习近平总书记系列重

要讲话精神，坚决把握正确的政治方向和学术导向。

——牢牢掌握意识形态工作的领导权、管理权和话语权，努力把我院建设成为党的意识形态重镇。

——坚持推进办院"三条基本经验"和"五个三、一个一"工作总思路，全面发挥坚强阵地、高端智库、最高殿堂三大功能。

——积极实施哲学社会科学创新工程，奋力谱写我院哲学社会科学事业新篇章。

——高度重视人才工作，全力建设政治过硬、业务精湛、党和人民放心的科研和管理骨干队伍。

——积极推进报刊出版馆网库志和学术评价名优工程建设，进一步巩固理论学术传播阵地。

——着力从严治党治院和加强制度建设，党风及学风、文风、工作作风明显好转。

——加大行政管理和后勤保障力度，全院人员的科研、办公、生活条件极大改善。

2015 年，是我院创新工程第一个五年规划的收官之年，是我院改革发展的关键之年，也是推进创新工程新的五年计划、努力实现中央"三大定位"要求承上启下的一年。经过全院共同努力，各项工作都取得新进展。学习贯彻党的十八大、十八届历次全会精神和习近平总书记系列重要讲话精神，办院方向进一步坚定；开展"三严三实"专题教育，积极配合顺利完成审计和巡视工作，全面从严从实治党治院、党风廉政建设取得新成效；抓好党的意识形态工作，马克思主义坚强阵地进一步巩固；实施创新工程，哲学社会科学创新体系建设再上新台阶；落实科研强院战略，最高殿堂的学术地位和社会影响力显著提升；突出重大理论和现实问题研究，中国特色新型智库建设有力推进；实施人才强院战略，全院领导班子和人才队伍建设展现新貌；推进报刊出版馆网库志和学术评价名优工程建设，理论学术传播能力得到增强；推进管理强院战略，服务科研能力和保障水平明显提高。

在充分肯定成绩的同时，必须清醒地看到，我院工作与中央要求相比，与新形势新任务的要求相比，还存在许多不足和问题。主要是：为党中央国务院科学决策服务的能力还有待进一步提高；对我国思想理论领域和经济社会发展中出现的一些新情况新问题，把握不够准确、反映不够及时、应对还不够有力；制约创新工程实施的观念和体制机制障碍尚未完全破除，具有时代高度、代表国家水准的重大创新成果和创新型高端人才较为缺乏的问题还未从根本上得到解决；进一步推进学科创新、理论学术观点创新、科研方法手段创新的任务仍然繁重；"三严三实"专题教育、两轮审计和一轮巡视的成果有待巩固，加强作风建设和纪律建设、解决不严不实问题的长效机制还需完善；从严治党治院的标准还不够严、不够高；在改善办院条件、解决职工切身利益方面还有大量工作要做，等等。对于存在的不足和问题，要以改革的精神和创新的思路认真加以解决。

二　总体思路

2016 年及今后一个时期我院工作指导思想是：高举中国特色社会主义伟大旗帜，以马克思列宁主义、毛泽东思想和中国特色社会主义理论体系为指导，以习近平总书记系列重要讲话精神为统领，深入贯彻落实党的十八大、十八届历次全会精神，贯彻落实全国宣传部长会议、中央经济工作会议精神，紧紧围绕中央"四个全面"战略布局和全面建成小康社会决策部署，坚持办院的三条基本经验和"五个三、一个一"工作总思路，继续实施哲学社会科学创新工程，着力加强中国特色新型智库建设，在实现中央"三大定位"要求方面迈出新步伐，取得新成绩。

（一）把理论武装、理论指导和理论创新放在首位

哲学社会科学是以追求真理为宗旨、与自然科学一样严谨科学的学问。就其总体而言，哲学社会科学具有鲜明的政治和意识形态属性。因此，由哲学社会科学的属性、功能所决定，特别是由中国特色社会主义条件下的中国哲学社会科学的具体属性、功能所决定，必须坚持以马克思主义立场观点方法作指导，坚持党的领导，以为人民做学问为宗旨，这也是我国哲学社会科学最鲜明的特色。

哲学社会科学要更好地发挥认识世界、传承文明、创新理论、资政育人、服务社会的重要作用，就要坚持正确的政治方向和学术导向。坚持坚定正确的政治方向，用马克思主义指导科研，必须加强理论武装。加强理论武装，要学习马克思主义基本原理，最重要的是学习马克思主义哲学。习近平总书记指出，学哲学、用哲学，是我们党的一个好传统，要努力把马克思主义哲学作为看家本领。从一定意义上说，掌握马克思主义哲学世界观方法论的深度，决定着政治敏感的程度、思维视野的广度、思想境界的高度。马克思主义哲学，即辩证唯物主义和历史唯物主义，即马克思主义世界观方法论，即马克思主义

立场、观点、方法，是我们认识世界、改造世界的政治上的望远镜和显微镜，只有认真学习、熟练把握、善于运用，我们才会有"不畏浮云遮望眼，要看水底万丈深"的气魄和"见微以知萌、见端以知末"的眼光。

党的十八大以来，中央政治局高度重视学习和掌握马克思主义，已经安排学习了历史唯物主义、辩证唯物主义、马克思主义政治经济学等方面的内容，为全党同志树立了榜样。全院同志特别是各级领导干部要保持浓厚的理论兴趣，自觉加强马克思主义哲学、马克思主义政治经济学和马克思主义基本理论的学习，认真学习马克思、恩格斯、列宁、毛泽东的原著，不断有所收获、有所提高。

加强理论武装，要学习当代中国的马克思主义，即中国特色社会主义理论体系，特别是习近平总书记系列重要讲话精神。党的十八大以来，习近平总书记的一系列重要讲话使我们心中筑牢了"主心骨"，手里握有"定海神针"，是新起点新阶段马克思主义中国化的最新理论成果，是党在新起点新阶段团结全党、统一行动，开展伟大斗争，继而赢得伟大胜利的思想武器。习近平总书记系列重要讲话通篇贯穿了一条红线，这就是马克思列宁主义、毛泽东思想和中国特色社会主义理论体系所贯穿的基本立场、观点和方法，是活生生的马克思主义哲学教材，为我们树立了灵活运用马克思主义哲学的光辉典范。

中国社科院不仅要学习马克思主义，更要研究、宣传、传播马克思主义，当前一个重要主题就是研究宣传习近平总书记治国理政的新理念新思想新战略。习近平总书记的治国理政思想是中国特色社会主义理论体系的最新成果，是指导进行具有许多新的历史特点的伟大斗争的鲜活的马克思主义，开创了马克思主义中国化的新境界，是中国特色社会主义理论体系的最新发展。当前，我院要把学习宣传报道习近平总书记治国理政新理念新思想新战略作为一项重要的政治任务，精心设计，科学规划，抓紧抓实抓好。

　　马克思主义理论之所以具有强大生命力，就是因为它是与时俱进不断创新的理论。譬如，马克思主义政治经济学是马克思主义的重要组成部分，是坚持和发展马克思主义的必修课，是指导我国经济发展实践的理论指南。我们要始终坚持马克思主义政治经济学的重大原则，同时又要加强对马克思主义政治经济学的创新研究。习近平总书记指出："学习马克思主义政治经济学，是为了更好指导我国经济发展实践，既要坚持其基本原理和方法论，更要同我国经济发展实际相结合，不断形成新的理论成果。"党的十八大以来，习近平总书记把马克思主义政治经济学的基本原理同中国特色社会主义的实践相结合，进一步发展了马克思主义政治经济学，提出一系列新思想新论断，创新并丰富了中国特色社会主义政治经济学理论，是我院必须学习、研究、宣传、发展当代中国马克思主义的重要内容。

　　毛泽东同志指出，对于马克思主义理论要能够精通它、应用它，精通的目的全在于应用。如果"无的放矢"，仅仅把马克思主义之箭拿在手里搓来搓去，连声说"好箭！好箭！"却老是不愿意放出去，这样的人就是古董鉴赏家。他还指出："没有科学的态度，即没有马克思列宁主义的理论和实践统一的态度，就叫做没有党性，或叫做党性不完全。"理论武装的目的，在于运用理论指导实践，具体到我院，就是指导哲学社会科学研究，指导我院全面建设。要在理论指导实践的过程中实现不间断的理论创新。用马克思主义指导科研就要实现理论创新。加强理论武装、理论指导、理论创新是我院作为马克思主义和意识形态坚强阵地的"三位一体"的战略任务。

加强理论武装、理论指导、理论创新，坚持正确的政治方向和学术导向，从组织上来说，必须坚持和加强党的领导，坚持党领导哲学社会科学，领导社科院，这是一条根本的政治原则和政治纪律。坚持和发展马克思主义，坚持和加强党的领导，对于哲学社会科学工作者来说，必须解决好为人民做学问这一根本宗旨。坚持理论武装，坚持党的领导，坚持为人民做学问的宗旨，这是中国社科院建院、兴院、强院的三大法宝，同志们务必牢记，一定要把三大法宝实际运用到我院各项工作中去。

（二）实施哲学社会科学创新工程是重大战略任务

创新是一切科学活动的生命，是哲学社会科学繁荣发展的动力源泉。经中央批准，我院自 2011 年下半年起，在全国哲学社会科学界率先实施哲学社会科学创新工程。这是党中央在新的历史条件下推动哲学社会科学繁荣发展的战略举措，是我国哲学社会科学发展史上具有里程碑意义的一件大事，也是我院"一号工程"和具有战略性、全面性、基础性的重大实践。

过去五年的实践充分证明，实施创新工程极大地激发了我院科研人员和工作人员投身哲学社会科学事业的积极性、主动性和创造性，极大地解放和发展了科研生产力，使我院在学科建设、队伍建设、成果产出以及科研组织形式创新和管理体制改革等方面都取得了新的成绩，面貌焕然一新。我院科研条件大为改善，学术环境不断优化，体制机制根本转变，管理工作逐步加强，科研成果极大增多，优秀人才愈加聚集，阵地、智库、殿堂功能作用日益彰显，学术影响力和社会影响力不断提升，一批学科、实验室跻身全国乃至世界一流的行列。通过实施创新工程，我院初步探索出了一条建设中国特色哲学社会科学创新体系的新路，在全国哲学社会科学界发挥了重要的示范和引领作用。应当说，我们基本达到了《中国社会科学院哲学社会科学创新工程实施意见（2011~2015）》中提出的各项目标，在建设马克思主义坚强阵地、党和国家重要的思想库智囊团、中国哲学社会科学研究的最高殿堂、中国特色社会主义理论学术传播平台、"走出去"战略的学术窗口、哲学社会科学研究人才高地等方面迈出了坚实的步伐。我们在实施创新工程方面取得的成绩，特别是在创新工程制度建设和创新方面的不懈探索，多次得到中央领导同志以及中央宣传部、国家发改委、财政部、审计署等党和国家有关部门的充分肯定。

今年，是我国"十三五"规划的开局之年，是全面建成小康社会决胜阶段的开局之年，也是我院实施下一个创新工程五年规划的开局之年。如何在总结好过去五年创新工程基本经验和成功做法的基础上，为下一个创新工程五年规划开好局、布好阵，打好第一仗，是摆在全院同志特别是院属单位领导班子面前的一个重大课题。

党组曾多次要求大家好好思考一下，如何总结过去五年创新工程的成功经验和有益做法，认为这是搞好下一个阶段创新工程的前提和基础。回顾过去五年创新工程的实践，可以概括出这样几条基本经验：一是必须坚持正确的政治方向和学术导向，自觉以马克思主义立场观点方法指导哲学社会科学研究；二是必须以党和国家关注的重大理论和现实问题为主攻方向和核心关切，统筹谋划和全面推动科研事业发展；三是必须以提升科研生产力为目标和抓手，扎实推进哲学社会科学管理体制机制制度改革创新；四是必须高度重视和大力加强人才队伍建设，为哲学社会科学事业提供坚实的人才保障；五是必须坚持规范化管理，严格按制度办事，确保改革事业可持续发展。其中最重要、最根本的一条，就是在坚持正确的政治方向的前提下，实现体制、机制、制度的改革创新。

启动创新工程伊始，党组就强调创新工程是一场革命，当然是一场不流血的革命，但却是一场破除不适合科研生产力发展的体制机制弊端的革命，一场破除一切不适宜的观念和做法的革命，一场破除一切不合理利益诉求的革命。坚持把制度建设放在首位，强调制度创新是创新工程最根本的保证，是创新工程的生命线。经过几年的实践探索，我们已经形成了包括报偿、准入、退出、配置、评价、资助等六个系列制度的比较完整的制度体系，筑起了创新工程的制度大堤，初步解决了干与不干一个样、干多干少一个样、干好干坏一个样的"大锅饭"问题。全院同志特别是各级领导干部，不能患"制度淡忘症"和"制度褪减病"，不能总想着在制度上松松绑、开开口、打打擦边球。世间万般事，不以规矩，不能成方圆。人不以规矩则废，党不以规矩则散，国不以规矩则乱。对创新工程来说，制度就是规矩，就是铁律。一项制度制定出来、实际执行起来并发挥作用不容易。有些同志总想在制度上开口子，今天开个口子，明天开个口子，在这里松一下，在那里放一马，时间一长，制度也就废掉了。这就好比在新衣服上打补丁，今天打一块，明天打一块，久而久之，新衣服就变成旧衣服了。制度废掉了，创新工程也就垮台了，社科院的希望之火也就熄灭了。

总之，一句话，决不能退回到原来的老路上去。

在总结好创新工程五年经验的基础上，一定要做好下一个五年创新工程的谋篇布局工作。创新工程的成绩有目共睹，积累的经验弥足珍贵，但是对于存在的问题也不能回避。虽然已经过去了五年时间，现在仍然有少数同志甚至个别领导干部对创新工程的内涵和实质认识还不够到位，思想观念的转变还不够深刻，惰性和惯性还比较大，走"回头路"的拉劲不小。有的单位在创新工程管理上还存在松、宽、软的问题，对制度、规定执行得还不认真、不严格，对深化体制机制制度改革有畏难情绪，总想回到过去"吃大锅饭"和"你有我有大家都有"的平均主义平台上去。倒退是没有出路的，只能是死路一条！经过五年努力，通过制定和实施六个系列的管理制度，我院初步解决了原有的"大锅饭"问题，但在进入创新岗位人员和未进入创新岗位的人员中，仍然存在吃"大锅饭"的问题；科研成果的数量大幅增加，但是能够代表国家水准、具有世界影响、经得起实践和历史检验的重大创新成果还不够突出，深度参与党和国家重大决策的智库成果还不够多；重大科研成果产出机制有待进一步探索，以成果为核心的量化考核指标有待进一步完善，以真正实现从抓成果数量向抓成果质量的转变；涌现出了一大批学科带头人和中青年骨干人才，但与党中央赋予我们的职责和定位相比，与我们完成重大创新任务的需要相比，学术大家和高端创新型人才还不够多；一些单位和个人产生一定程度上的"创新疲劳"，创新工程的激励机制出现了边际效用递减的状况，等等。总之，创新工程的体制机制制度还有逐步完善提升的空间，成果产出机制和绩效考核指标仍有改进的余地。

　　实施哲学社会科学创新工程再次写入《中共中央关于制定国民经济和社会发展第十三个五年规划的建议》，充分表明党中央对创新工程的高度重视。国际国内形势的深刻变化，党和国家面临的艰巨工作任务，对哲学社会科学创新工程提出了新的更高的要求。一系列新的重大问题迫切需要哲学社会科学作出进一步研究和回答，一系列新的实践经验迫切需要哲学社会科学进行新的提炼和概括。我们一直说创新工程是机遇工程、爬坡工程、改革工程、发展工程、人才工程、希望工程，这已经成为全院同志的共识。虽然创新工程是新生事物，没有任何现成的经验可以借鉴，虽然迈出的每一步都很艰难，都付出了巨大的心血，但还是走出了一条成功之路，走出了一条振兴之路。回顾过去五年走过的历程，我们深切地认识到，如果没有创新工程，社科院就很可能会停滞不前、散沙一团，就很可能会自行边缘化，失去在党和国家心目中和哲学社会科学界应有的地位。今天，我们仍然要强调，创新工程是希望工程、生命工程、复兴工程，我院的希望在这里，前景在这里，未来在这里；全院同志要像爱护自己的生命一样爱护创新工程，像保护自己的生命一样保护创新工程。

　　顾名思义，创新工程的关键在"创新"二字。衡量创新工程成功与否、成效如何，主要就是看是否拿出和拿出了多少创新性科研成果特别是原创性科研成果，是否培养和培养了多少创新型人才特别是高端创新型人才。在新的五年里，我们决不能停留在原来的水平上，而是要把门槛提得更高一些，把标准定得更严一些，使之真正符合我院作为哲学社会科学研究"国家队"的身份，真正符合具有国际影响力的世界知名智库的定位，在出成果、出人才方面上一个大的台阶，实现质的跨越。

全院同志特别是院属单位主要领导干部都要好好地想一想，下一个五年我们的创新工程应该做什么、怎么做，应该向何处发展、发挥什么样的作用；如何真正把我院哲学社会科学研究事业的基点真正放在创新上，全面提升创新能力，推出更多站在时代高度、代表国家水准、经得起实践和历史检验的重大创新成果，更多政治素质过硬、学术造诣高深、在国内外学术界具有重要影响的创新型人才，使我院始终走在中国哲学社会科学的最前列，成为构建中国特色、中国风格、中国气派的哲学社会科学创新体系的中坚力量；如何让制度完善起来、配套起来、固定起来、严格起来、坚持下去，让制度成为硬性规定、刚性约束，从严从实按制度办事，让制度真正发挥作用，并进而建立起更为完备、更为系统、更为科学、更为规范的创新工程制度体系。

（三）建设中国特色新型智库最重要的是出高端成果和高端人才

党组高度重视智库建设，认真贯彻落实习近平总书记关于智库建设的重要批示和中央《关于加强中国特色新型智库建设的意见》，按照中央"发挥我院作为国家级综合性高端智库的优势，使其成为具有国际影响力的世界知名智库"要求，始终把发挥好智库功能作为一项重大而紧迫的任务抓紧抓好，已经构筑起"院—所—专业"三级智库格局。今年要集中精力建设马克思主义理论创新智库、意识形态研究智库、财经战略研究院、国家金融与发展实验室、生态文明研究智库、国家治理研究智库、新疆智库、中国文化研究中心、国家全球战略智库、世界经济与政治研究所、中国廉政研究中心、"中国—中东欧

16＋1"智库等专业化智库。办好上海研究院等合作智库。筹建好西藏智库、京津冀协同发展智库、马克思主义政治经济学创新智库等。

在 2015 年 12 月召开的国家高端智库建设试点工作启动会上，我院有 3 家智库入选首批国家高端智库建设试点单位，这充分体现了党中央的信任和关怀，也标志着我院智库建设进入新阶段。我院将以国家高端智库建设试点为契机，深入贯彻中央决策部署，精心组织试点工作，注重从整体上充分发挥作为党中央国务院综合性高端智库的功能和作用，切实把我院打造成国家亟须、特色鲜明、制度创新、引领发展的高端智库，打造成国家级新型智库研究综合集成中心，马克思主义理论创新中心，党和国家重大决策咨询服务中心，哲学社会科学学术观点创新中心，高素质智库人才孵化中心，智库信息采集、储存、处理和发布的海量数据库运行中心，国际知名智库交流合作中心，推动我院智库建设实现新的发展。

建设高端智库的关键在于建立健全有利于智库研究和发展的体制机制。要创新智库内部治理，完善制度设计，激发智库活力，加快形成灵活高效的管理运行机制。

加强高端智库建设，必须坚持成果导向，要把推出高质量的智库成果和高水平的智库人才作为出发点和落脚点。智库建设的成效，最终要落脚到产出一批中央决策需要的、具有战略和全局意义、现实针对性强、得到党和人民的认可的高质量成果上来；落脚到培养出一批政治方向学术导向正确，又红又专、德才兼备、有广泛影响力的高水平人才上来。要坚持高端定位、凝练主攻方向、突出专业特色、注重成果质量，增强理论创新和政策创新能力，努力推出原创性研究成果。

　　落实智库工作责任制，是推进高端智库建设的重要保障。为了抓好智库建设，我院强调党对智库建设的领导，建立并落实了智库工作责任制。院党组承担智库建设工作的主体责任，明确了责任分工，党组主要负责人是智库建设工作第一责任人，主管副院长是智库建设工作的直接责任人，分管院领导是所分管智库的具体责任人。院属单位党委领导班子承担本单位、本部门、本智库的主体责任，主要负责人为第一责任人，主管领导为直接责任人，分管领导为具体责任人。党组要求智库工作要一级抓一级，一级压一级，层层传导压力。要建立健全智库建设综合协调、督办督查机构及相应制度，定期检查、定期汇报。智库建设搞不好，不出成果，要追究责任。

（四）落实党组（党委）工作责任制是全面从严从实治党管院的关键

　　坚持全面从严从实治党管院，就要严格贯彻落实中央关于全面从严治党责任制的要求，落实《关于全面从严治党主体责任问责办法（暂行）》《中国社会科学院关于加强政治纪律建设的意见》，真正把全面从严治党主体责任落实好。党组履行全院全面从严治党主体责任，党组书记是全院全面从严治党第一责任人。院属单位党委履行所在单位全面从严治党主体责任，党委书记是所在单位全面从严治党第一责任人。纪委或纪检组织作为党内监督的专门机关，对全面从严治党责无旁贷，必须履行好监督责任，纪委书记必须履行好第一监督责任人的职责。抓全面从严治党，必须从各级党组织，特别是领导干部"关键少数"抓起。正人正己，己不正，焉能正人？不能用"马列主义手电筒"只照别人，不照自己。要求别人做到的自己首先做到，要求别人不做的自己绝对不做。现在，个别单位个别主要负责同志对主体责任认识不清、落实不力，没有把全面从严治党当作分内之事，每年开个会、讲个话，或签个责任书就认为万事大吉了；对错误思想和作风放弃批评和斗争，搞无原则的一团和气，疏于教育，疏于管理和监督；或者只表态、不行动，说一套、做一套，甚至违规违纪，带坏了队伍，带坏了风气……各级党委特别是主要负责同志必须树立不抓全面从严治党就是严重失职的意识，常研究、常部署，抓领导、领导抓，抓具体、具体抓，种好自己的责任田。无论是党委还是纪委或相关职能部门，都要对承担的全面从严治党责任进行签字背书，做到守土有责。决不允许出现底下问题成串、为官麻木不仁的现象！不能事不关己、高高挂起，更不能明哲保身。不能当"好人"，把党和人民事业放到一旁。如果一个单位或部门出现严重问题，有关责任人装糊涂、当好人，那就不是党和人民需要的好人！你在消极腐败、违规违纪现象面前当好人，在党和人民面前就当不成好人，甚至可能成为坏人和罪人。作为领导干部，应该能够豁得出去，党和人民需要我们献身时，我们都要毫不犹豫挺身而出，把个人利益置之度外。

院属单位的领导干部要站在讲政治的高度，增强看齐意识，主动、坚定地向党中央看齐，向习近平总书记看齐，向党的理论和路线方针政策看齐，认真履行责任，把思想和行动统一到中央的新要求上来，牢固树立"不抓全面从严治党就是失职、抓不好全面从严治党就是渎职"的意识，解决好不想抓、不会抓、不敢抓的问题，切实担负起全面从严治党的主体责任。要把党风廉政建设和反腐败工作纳入党委总体工作，"既要挂帅更要出征"，把责任放在心上、抓在手上、扛在肩上、落实在行动上，真正把主体责任担起来，当好党风廉政建设的"明白人""责任人"和"带头人"。不要错误地认为我院作为科研单位，是"清水衙门"，既不管钱，也不管物，更不管人，没什么权，党风廉政建设不是主要工作。任何人任何部门都没有资格在党风廉政建设和反腐败斗争问题上置身事外。如果不时刻绷紧廉洁这根弦，警钟长鸣，加强监管，稍有疏忽就会出问题。谁出问题谁就要承担责任。如果出了违反国家法律的大问题，恐怕就不是党内和院内能够解决的了。同志们一定要重视起来、紧张起来、严肃起来，千万麻痹不得！

坚持全面从严从实治党管院，要切实巩固"三严三实"专项教育成果，巩固审计、巡视成果。对于审计和巡视中查找出的问题、提出的整改意见，要高度重视，诚恳接受批评和建议，及时、认真、全面整改落实，能够立即整改到位的绝不拖延，不能立即整改到位的，要明确整改责任人和时间表，限时完成整改。党组根据党组成员工作分工，对审计巡视交办任务提出分工负责安排。办公厅要按照职责分工抓好党组决定事项的督办落实，对于尚在落实的任务，由负责单位提出完成整改时间，每周向办公厅提交进展情况，办公厅汇总整理后报院党组审阅；对于已落实的任务，责任单位按统一体例要求起草整改情况报告，报分管院领导审阅后，由办公厅统一汇总整理，以党组名义及时上报国家审计署和中央巡视组。

坚持全面从严从实治党管院，要落实意识形态工作责任制。加强党的意识形态工作，对于我院具有特殊重要性，必须以对党和人民高度负责的态度重视和抓好意识形态工作。党组在2013年已提出和建立的党委意识形态工作责任制的基础上，制定了《关于贯彻执行〈党委（党组）意识形态工作责任制实施办法〉的意见》和《中国社会科学院〈党委（党组）意识形态工作责任制实施办法〉实施细则》，进一步明确了院党组、院属单位党委和基层党组织承担的意识形态工作主体责任，进一步把党委（党组）意识形态工作责任制完善化、制度化、具体化；意识形态工作责任制实现了全覆盖，做到不留死角、没有空白。党组对我院意识形态工作负总责，党组每年向中央和中央宣传部汇报我院意识形态工作情况；每年至少召开两次专题会议，深入分析意识形态领域形势，系统研究我院意识形态工作；每年至少召开一次意识形态工作经验交流会；思想理论写作组每季度召开一次会议，确立选题，组织专家学者撰写系列理论宣传文章；设立党组意识形态工作办公室，由马克思主义研究院承担相关日常工作职责。

院属各单位各部门党委书记为本单位本部门意识形态工作第一责任人，研究所所长为科研领域意识形态工作直接责任人；基层党组织书记为第一责任人，院属单位处室主要负责人为直接责任人。院党组还明确了各级纪委的意识形态工作监督责任，纪委书记为本单位本部门意识形态工作监督第一责任人，负责监督检查本单位本部门意识形态工作。要建立意识形态工作检查、督办、查办制度，院纪检监察机关负责对政治纪律、重大意识形态违规行为的定期巡回检查，发现问题，严肃查处、追究责任。办公厅负责全院意识形态相关工作任务的日常督办。

院属单位党委特别是主要负责同志要进一步增强做好意识形态工作的政治责任感和历史使命感，牢牢掌握意识形态工作的领导权、管理权和话语权，自觉维护国家意识形态安全，做意识形态领域的坚强战士，勇敢地把投枪和匕首刺向敌人的心脏，切实把意识形态责任制落到实处。各研究所（院）党委每年要向党组至少提交一次意识形态工作报告，每年至少要召开两次会议研究意识形态工作。要把中央和党组关于意识形态工作的决策部署贯穿到我院各个领域和各项工作中去，将意识形态工作情况作为干部考核评价奖惩的重要指标和创新工程准入的重要条件，凡是政治方向不正确、不敢与错误思潮作斗争的人员不得重用，对于意识形态工作出现问题的单位和个人，在创新工程准入考核时实行一票否决。

（五）加强党委集体领导下的所长负责制建设是决定性举措

在中国社会科学院，坚持党的领导，一个非常重要的制度设计，就是要坚定不移地落实党委集体领导下的所长负责制。换句话说，党委集体领导下的所长负责制是加强党对哲学社会科学领导的基本实现形式。近年来，党组狠抓党委集体领导下的所长负责制制度建设，推动院属各单位认真贯彻落实《研究所党委工作条例》和《研究所所长工作条例》，以完善党委会、所务会、所长办公会等制度为重点，进一步明确研究所党委和所长的职责权限，加强党政沟通协调，建立健全党委统一领导、党政分工合作、协调运行的工作机制，确保我院以科研为中心的各项工作有效运转。实践证明，抓好这项制度建设，一个研究单位就无往而不胜；忽视和放松这项制度建设，一个研究单位就要出问题，就要走下坡路，甚至给本单位的事业造成严重的危害和损失。

从总体上看，我院落实党委集体领导下的所长负责制的情况是好的和比较好的。但是，个别单位仍然不同程度地存在这样那样的问题，必须坚决加以纠正。一是党的观念淡薄。认为我院是一个科研单位，学术高于一切，可以不要党的领导，党委只是配角，书记只是摆设，甚至个别人还认为从当书记到当所长是提拔重用。二是集体领导观念淡薄。认为科学研究是主业，应当所长说了算，而不是党的集体领导说了算。三是团结观念淡薄。所长和书记互相不尊重，互相争"老大"，所长不尊重书记，书记不尊重所长，各搞自己的小圈子。四是制度观念淡薄。不按程序办事，不按制度办事，不按规矩办事。有的单位研究决定重要事项，该上会的不上会，或者以打电话、发邮件的形式代替会议决策；有的单位长期不开党委会，就是开了党委会也没有纪要、没有记录。五是民主观念淡薄。民主集中制贯彻落实不力，有的领导干部不能正确看待自己的能力和作用，摆不正自己的位置，喜欢大事小事自己说了算，导致出现"一言堂"现象，集体领导形同虚设。六是纪律观念淡薄。不知道个人服从组织，少数服从多数，下级服从上级，全党服从中央的道理；对于党委集体作出的决定，有的班子成员坚持"己见"、拒不执行，擅自发表与集体决定相悖的言论，甚至在群众中散布班子集体讨论时的不同意见；有的领导干部缺乏担当精神，不敢坚持原则，乐于当老好人，碰到问题怕得罪人，遇到矛盾往后缩，等等。

实行党委集体领导下的所长负责制，不是权宜之计，更不是可有可无，而是我院一项具有根本性的制度安排，是一项行之有效的领导体制和管理制度，是我院工作的政治保证、组织保证、制度保证。这个根本制度是动摇不得的，只能加强不能削弱。院属研究单位主要负责同志都要在执行党委集体领导下的所长负责制方面做表率、当模范。一是要重视党委集体领导下的所长负责制。从加强党对哲学社会科学的领导、确保我院始终坚持正确政治方向和学术导向、真正实现中央"三大定位"要求的高度，深刻认识加强党委集体领导下所长负责制制度建设的重要性，切实增强党的观念、集体领导观念、制度观念、纪律观念、民主观念和团结观念。二是要做坚持和践行党委集体领导下的所长负责制的模范。党委书记和所长都要认真地、模范地执行这一制度，谁也不能违背和破坏这一制度。三是要搞好党政一把手的团结。像爱护眼睛一样维护党政一把手的团结，维护整个班子的团结，多配合、多协商、多谅解，但是不能搞无原则的交易。四是要按照程序、规矩、制度办事。习近平总书记一再强调政治纪律、政治规矩。坚持党的集体领导，就是政治纪律和政治规矩，大家必须坚决遵照执行。五是要切实负起领导责任。敢于担当，忠诚履责、尽心尽责、勇于担责。书记要负书记的责任，所长要负所长的责任，书记要支持所长，所长要支持书记，要敢管、善管，把主要精力放在治所上，而不是放在其他事上，齐心协力把研究所治理好、管理好；既要能够"妙手著文章"，更要能够"铁肩担道义"。六是要始终坚持正确的政治方向和学术导向。把握好政治立场的坚定性和科学探索的创新性的有机统一，不能把探索性的学术问题等同于严肃的政治问题，也不能把严肃的政治问题等同于探索性的学术问题。当然，党组还要在进一步加强党委集体领导下的所长负责制制度建设上下更大的功夫，按照政治标准选好书记、选好所长，加强书记、所长的培训力度。从抓思想、抓制度、抓纪律、抓团结、抓管理入手，把党委集体领导下的所长负责制制度落实好。此外，院属其他单位也有一个加强领导班子建设的问题，也要像重视党委集体领导下的所长负责制制度建设那样，按照党组要求，重视和加强本单位的领导班子建设，发挥好各方面工作的战斗堡垒作用。

三　工作部署

2016 年，要着力完成以下几个方面的工作：

（一）学习贯彻习近平总书记系列重要讲话精神

今年要把学习贯彻习近平总书记系列重要讲话精神放在全院工作的首位，把学习宣传、研究阐释习近平总书记治国理政的新理念新思想新战略作为重要政治任务，切实抓紧、抓实、抓好。

加强宣传报道，发挥全院报纸、期刊、出版、网站、信息报送等平台优势，建设全方位、多角度、立体化宣传结构，进一步拓展宣传新空间。重点围绕坚持和发展中国特色社会主义、实现中华民族伟大复兴的中国梦，围绕"四个全面"战略布局和"五大"发展理念，围绕推进经济建设、政治建设、文化建设、社会建设、生态文明建设，围绕党的建设和反腐倡廉建设，围绕国家治理体系和治理能力现代化，围绕推进国防和军队建设、祖国统一、外交工作等重要内容的理论思想内涵，积极整合配置学术资源，立足学科专业领域，发挥理论专长和专业优势，从不同学科方向和理论视角，切实加强习近平总书记系列重要讲话精神研究和宣传工作。

（二）发挥马克思主义坚强阵地作用

加强理论武装工作，提高自觉运用马克思主义立场观点方法指导科研工作的能力和水平，不断推进马克思主义中国化、时代化、大众化。坚持学习和研读马克思主义经典著作，不断接受马克思主义哲学、政治经济学、科学社会主义智慧的滋养，学习中国特色社会主义理论体系。办好所局主要领导干部读书班、处室领导干部培训班、新提拔干部任职前学习班，加强对科研骨干、青年人员和全院工作人员进行马克思主义理论培训。

大力实施中央马克思主义理论研究和理论建设工程、院马克思主义理论学科建设和理论研究工程、马克思主义文艺理论和文艺批评工程。加强各学科领域马克思主义基本理论研究和学科建设，构建我院马克思主义研究机构立体格局和理论学科群，建设以马克思主义为灵魂的中国特色的哲学社会科学创新体系和话语体系。建设好马克思主义研究学部、马克思主义研究院、当代中国研究所、信息情报研究院、中国特色社会主义理论体系研究中心、马克思主义学院和世界社会主义研究中心七大马克思主义研究平台，建设好马克思主义理论创新智库和意识形态研究智库，筹办马克思主义政治经济学创新研究智库，建设好马克思主义理论类别研究室、研究中心、论坛和期刊。

加强马克思主义人才队伍建设，培养一批马克思主义理论研究的高层次人才，实施好"马克思主义理论骨干人才计划"。真正把我院建成学习、宣传、研究、发展马克思主义的坚强阵地、战略高地和人才孵化基地。

（三）加强党的意识形态工作

坚持党管意识形态工作，切实掌握意识形态工作的领导权和主导权，充分发挥我院意识形态重镇作用。实施意识形态工作责任制，落实和强化各级领导干部意识形态工作的主体责任和监督责任。在意识形态斗争中勇于发声、敢于亮剑，维护国家意识形态安全。开展积极的舆情分析和舆论斗争，加强对思想领域大是大非问题和政治原则问题的正面引导，组织好对"宪政民主""普世价值""公民社会""新闻自由"以及历史虚无主义、新自由主义、民主社会主义等错误观点和思潮的研究和批驳，增强用马克思主义引领多样化社会思潮的能力。

加强对院属媒体管理，充分发挥报刊出版馆网库志和学术评价在宣传党的意识形态方面的重要作用。选优配强各级领导班子，强化监督检查和执纪问责，真正把意识形态责任制融入科研工作、行政管理工作全过程。加强意识形态工作专家队伍、马克思主义网军队伍、思想理论写作组建设；加强和推动以中国特色社会主义理论体系研究中心名义发表理论文章的工作。加强对全院人员的意识形态、思想政治的教育培训，提高政治敏锐性和政治鉴别力。

（四）深入推进哲学社会科学创新工程

在认真总结创新工程过去五年经验基础上，制定"十三五"发展规划，创新科研成果产出、评价、资助、发布和转化机制，着力推出一批优秀成果和优秀人才，不断推进创新工程迈向新的高峰。加强创新工程制度建设，建立完备、系统、科学、规范的科研管理制度体系。重点改进和完善创新工程绩效考核和后期资助目标报偿制度，拉开合理绩效报偿差距，真正形成奖勤罚懒、奖优罚劣的分配机制，打破新的"大锅饭"。强化准入、退出制度执行力度，严格审核把关。加大对基础研究学者和青年学者的扶持力度。

完善科研管理体制机制和科研组织形式，优化创新工程综合管理平台。规范创新项目立项、结项、审核流程，加强与创新单位和创新岗位考核衔接。加强科研经费、资源配置的监督管理，完善横向课题管理办法，确保我院各类经费依法合规高效使用。加强重大科研成果和学术信息发表发布及宣传转化机制建设，增强学术成果的决策服务力和社会影响力。规范学术社团和非实体研究中心管理和评价制度。创新学术人才培养体制机制，加强哲学社会科学人才发展统筹规划和分类指导。

（五）建设哲学社会科学研究最高殿堂

坚持基础研究和应用研究并重并举，坚持立足中国实际、引领学术前沿，推动基础学科和应用学科共同发展，抢占哲学社会科学话语体系制高点。实施"中国社会科学院创新工程学科建设登峰战略"，探索建设适应时代、布局合理、重点突出、保障有效的学科发展新体系；重点培育有潜力的应用学科，将应用转化纳入我院中国特色新型智库建设；巩固传统优势学科领先地位，引导基础学科在加强自身学术积累的同时关注党和国家经济社会发展重大问题；鼓励开展跨学科交叉研究，形成新的特殊学科增长点。建立完善学科建设考评、激励、人才培养和配置制度，加强学术成果转向对策信息能力建设。

推动中国特色哲学社会科学话语体系建设工作，认真辨析西方话语体系，破除西方话语体系束缚，凝练升华中华优秀传统文化精髓，突出中国文化特色和时代特征，建立有中国特色、代表中国声音、体现中国道路的话语范式，实现中华文化的创新发展。继续加强学部建设，做好国情调研工作，打造中国社会科学院学术会议品牌。全面推进国史研究工作。贯彻落实《全国地方志事业发展规划纲要（2015～2020）》，推进地方志事业繁荣发展。

大力开展学术外交、学术外宣活动，进一步加大"走出去"战略实施力度。充分发挥我院特点优势，认真组织实施各类高水准的学术交流活动和涉外项目，深化对外学术交流，增强中国学术在国际上的影响力。加强中国学研究国际学术交流，促进海外中国学研究学科发展；大力推进国家学术外宣基地建设，开展"中国梦"外宣工作。进一步拓展院级协议交流网络，建设我院与国外开展学术交流的畅通渠道和高层平台。加强我院与国外高端科研机构、重要国际组织和国际知名智库的交流与合作，合作举办各类论坛会议，支持双向任职锻炼、联合项目研究、长期出访调研。加强制度建设，完善国际交流合作项目的管理办法。加大对优秀学术成果翻译出版、外文学术刊物的资助力度，完善相关审读工作，扩大中国学术的国际影响力和话语权。

（六）发挥国家级综合性高端智库优势

遵循中央关于中国特色新型智库建设的总体要求，突出中国特色和我院特点，坚持高端定位、树立问题意识、突出专业特色、凝练主攻方向、注重内涵发展，以入选首批国家高端智库建设试点单位的中国社会科学院以及院属国家金融与发展实验室、国家全球战略智库为重点，深化"院—所—专业"三级智库格局建设，集中打造或筹建 15 家专业化新型智库，加强合作智库建设，坚持高起点推进、高质量研究、高水平建设，着力打造在国内外有广泛影响力的国家级高端智库群。加强智库与决策部门的沟通联系，建设常态化互动平台，强化供需有效对接、工作一体联动机制。强化问题导向、应用导向，推出更多原创性、前瞻性、战略性研究成果和政策储备。

落实智库工作责任制。促进创新工程与新型智库建设相结合，建立灵活高效的智库运行体制机制和有利于出成果出人才的激励制度。创新组织形式和管理方式，建立有效的智库内部治理机制、优胜劣汰的竞争机制、互联互通的信息共享机制、持续稳定的经费投放机制、广泛的国际合作与交流机制；完善智库成果激励机制，建立智库考核评价制度；加强智库人才选用、交流、培养制度建设，形成开放、竞争、流动的人才机制；建立健全智库建设综合协调、督办督查机构及相应制度。

（七）建设报刊出版馆网库志和社会科学评价名优工程

坚持党管媒体原则，牢固树立阵地意识，牢牢把握报刊出版馆网库志和社会科学评价的领导权管理权话语权。建设名优工程，努力打造党的思想理论重要阵地和传播平台。健全完善名优建设工程、信息化建设、数字资源采购的程序、规则、管理和制度体系，提高建设质量、增强使用效率。建立任务到岗、责任到人、奖惩到位制度体系，加强多方审核、全程监督、终生追责制度建设。

加强和改进报纸、期刊、图书、网站、地方志审读工作，实行交叉审稿、双向匿名审稿和回避制度，提高编校质量。加强理论学术传播信息化建设，切实维护网络安全。坚持名优工程建设"九统一"原则，即统一领导、统一管理、统一经费、统一网站、统一机房、统一数据库、统一数字化图书馆、统一综合集成实验室平台、统一综合管理平台，推进学术期刊"五统一"改革，完善图书馆"总馆—分馆—资料室"三级管理体制，按照"互联网＋""社科云"架构，推进全院"一网一库两平台"建设。实现全国地方志系统的信息资源共建共用和数字化转型。进一步完善中国人文社会科学评价体系，抢占中国哲学社会科学评价研究制高点。

（八）打造政治可靠、业务精湛、党和人民放心的干部人才队伍

加强党组自身建设。坚持党组中心组学习制度，增强战略思维、辩证思维、法治思维、历史思维、底线思维，提高驾驭全局、综合决策、统筹推进能力。积极探索强化党内监督的有效途径，加强民主集中制建设，坚持集体领导与个人分工相结合，坚持和完善党组会议、院务会议、院长办公会议、改革协调会议、督办会议和民主生活会制度，完善监督制度和集体议事程序，提高决策的科学化、民主化水平。模范遵守中央"八项规定"和反对"四风"要求。厉行勤俭节约，进一步转变学风文风工作作风。建立密切联系群众长效机制，虚心听取群众意见。党组成员带头宣讲中央精神，带头撰写系列理论宣传文章。

加强和改进党委集体领导下的所长负责制，完善党委议事制度和规则。强化领导干部党的观念、集体领导观念、团结观念、制度观念、民主观念、纪律观念，坚持"三重一大"事项集体讨论、集体决策；坚持严格党内民主生活，坚持"三会一

课"等组织生活制度，积极开展批评与自我批评。

加强干部队伍建设，增强政治意识、大局意识、纪律意识、责任意识、规矩意识。加强院属单位领导班子建设，做好所局领导班子调整补充和干部配备工作。健全完善从严从实管理干部制度，完善干部学者实践锻炼制度。加大中青年干部学者和新入院人员到基层或院职能部门实践锻炼力度。进一步落实人才强院战略，完善以引进成熟型人才为首选、适当引进应届毕业生的人才引进机制，加大领军人才引进力度。

加强领导干部培训工作，以 2016 年为加强党校工作年，强化党的理论教育、党性教育、党章党规党纪教育，提高干部教育培训质量。加强研究生教育，把研究生院办成哲学社会科学高端后备人才培养基地；加大博士后培养交流力度。推进事业单位分类改革，加快薪酬与社会保障管理制度建设。做好职称评审和岗位分级工作，推动评聘工作制度化、常态化。

（九）提高服务科研能力和保障水平

实施管理强院战略，改进完善遵循管理规律、符合我院实际的工作流程和规范，提高行政、财务、后勤、基建管理的制度化、规范化、科学化水平。做好沟通协调、审核把关、督促落实、运转保障工作，保障全院日常工作运转流畅。按照务实、从简、节约原则，推进完善会议组织机制，提升写作班子的写作能力和水平，推进督查督办工作体制机制规范化建设，完善档案统一管理工作机制，做好值班检查和安全防范工作，加强保密宣传教育和培训，做好联络宣传和信访受理工作。

健全完善财务管理体制机制，加大预决算管理和会计核算力度，强化预算执行力，加强会计委派制、代理制和结算中心制度建设，严格执行经费支出审核审批"一支笔"制度，完善财务检查监督、重大项目论证招标制度，严格按照规定使用创新工程经费，确保我院各项事业顺利发展。大力推进重大基本建设项目和维修改造项目，加强院办公用房的调整工作，加强房地产和国有资产管理。提高物业、交通、餐饮、会议、医疗、文印等各项服务工作水平。采取有效措施，开辟各种渠道，逐步解决职工特别是青年科研人员住房困难问题。进一步完善职工子女入学长效机制，拓宽与地方共建学校渠道。

（十）落实全面从严治党主体责任和监督责任

坚决落实全面从严治党主体责任和监督责任，认真贯彻执行廉洁自律准则和党纪处分条例，加强院属单位党委和纪委履行全面从严治党主体责任和监督责任能力建设。巩固扩大"三严三实"专题教育和审计巡视成果，细化完善规章制度，加强监督管理。严格落实中央巡视组和国家审计署审计组要求，明确整改意见，公布整改情况，督促整改落实。加强"三项纪律"建设和"四项经费"检查。针对办公用房超标、公款旅游、横向课题经费管理、违规兼职取酬等问题，开展专项治理。加强对重点领域的监管，建立健全"四种形态"落实机制，提升纪律审查工作质量。加强对全院干部职工的监督和教育，加强重大项目、大额资金使用的监管，充实壮大特约监督员队伍。继续开展普法教育。规范全院人员网上行为。

加强基层党支部建设，加强各级党组织学习制度建设，开展内容丰富、形式多样的学习活动。在全体党员中开展"学系列讲话、学党章党规、做合格党员"教育活动。加强党建理论研究，探索我院党建工作规律，推进党建工作规范化制度化科学化。做好党委和纪委换届选举工作，配齐班子成员，特别是纪委干部。加强思想政治工作和思想道德建设，继续办好道德建设论坛，加强多媒体应用，提高哲学社会科学工作者的思想境界和道德修养。高度重视和切实做好离退休人员工作，充分发挥老干部作用。加强和改进统一战线工作以及工会、青年和妇女工作。

同志们，让我们紧密团结在以习近平同志为总书记的党中央周围，高举中国特色社会主义伟大旗帜，积极投身我院坚强阵地、高端智库、最高殿堂建设的伟大实践，开拓进取，扎实工作，为实现中华民族伟大复兴中国梦的宏伟目标而不懈奋斗！

谢谢大家！

加快构建中国特色哲学社会科学，以优异成绩迎接党的十九大召开

——在中国社会科学院 2017 年度工作会议上的报告

（2017 年 1 月 19 日）

同志们：

现在，我代表党组作工作报告。

一　2016 年工作回顾

2016 年，是深入学习贯彻落实习近平总书记系列重要讲话精神和治国理政新理念新思想新战略、全面推进创新工程"十三五"规划的开局之年，是圆满完成巡视审计整改任务、从严从细从实治党管院的落实之年。在党中央国务院正确领导下，党组带领全院同志，凝心聚力，创新实干，着力加强马克思主义和党的意识形态坚强阵地建设，全力打造国家高端智库，加快构建中国特色哲学社会科学，各方面工作取得显著成绩，实现了我院"十三五"良好开局。

2016 年所做的工作及成效主要体现在以下九个方面：

——深入学习习近平总书记系列重要讲话精神和治国理政新理念新思想新战略，坚持不懈地强化理论武装，全院人员马克思主义理论水准普遍提升。

——落实意识形态工作责任制，牢牢掌握意识形态工作领导权管理权和话语权，马克思主义和党的意识形态坚强阵地不断巩固。

——严肃党内政治生活和落实党内监督责任，全力抓好巡视审计整改，全面从严治党扎实推进。

——奋力推进创新工程制度建设，科研工作取得丰硕成果，加快构建中国特色哲学社会科学迈出坚实步伐。

——以我国发展和我们党执政面临的重大理论和实践问题为主攻方向，着力提高服务决策水平和扩大社会影响力，国家高端智库建设成绩显著。

——高度重视人才建设，全力打造政治过硬、业务精湛、党和人民放心的科研和管理骨干队伍，选人进人育人用人体系不断完善。

——大力推进报刊出版馆网库志和学术评价名优工程建设，加快构建中国特色哲学社会科学高端传播和评价平台，理论学术影响力持续增强。

——积极实施"中国学术走出去"战略，不断提升我院在国际上的影响力和话语权，对外学术合作交流亮点纷呈。

——牢固树立为科研服务的意识，不断推进管理科学化、规范化、制度化，行政管理水平和服务保障能力显著提高。

在充分肯定成绩的同时，必须清醒地看到，我院工作与中央要求相比，与贯彻落实习近平总书记系列重要讲话精神和治国理政新理念新思想新战略，加快构建中国特色哲学社会科学的崇高使命相比，还存在许多不足和问题。主要是：思想教育和理论武装尚需加强，全院人员马克思主义理论水平有待进一步提升；智库研究的综合优势尚未得到充分发挥，为党中央国务院科学决策服务的能力有待进一步增强；科研成果重数量轻质量的状况尚未从根本上改观，推进学科体系、学术体系、话语体系创新步伐有待进一步加快；创新工程制度建设尚需配套完善，哲学社会科学评价体系和标准有待进一步优化；推进人才建设，领军型、创新型高端人才的培养和引进力度有待进一步加大；落实党的建设主体责任，全面从严治党、巩固巡视审计整改成果有待进一步深入；改善办院条件、解决职工切身利益方面还有大量工作要做，服务能力和保障水平有待进一步提高；等等。对于存在的不足和问题，我们将以改革精神、创新思路、扎实举措认真加以解决。

二 2017 年工作总体要求和基本思路

2017 年我院工作的总体要求是：高举中国特色社会主义伟大旗帜，全面贯彻党的十八大和十八届三中、四中、五中、六中全会精神，坚持以马克思列宁主义、毛泽东思想、邓小平理论、"三个代表"重要思想、科学发展观为指导，深入贯彻习近平总书记系列重要讲话特别是"5·17"重要讲话精神和治国理政新理念新思想新战略，增强政治意识、大局意识、核心意识、看齐意识，紧紧围绕统筹推进"五位一体"总体布局和协调推进"四个全面"战略布局，以迎接、宣传、贯彻党的十九大为主线，坚持稳中求进工作总基调，坚持办院的三条基本经验、"五个三一个一"工作总思路和"八条坚定不移"重要遵循，着力深化思想教育和理论武装工作，着力全面从严从细从实治党管院，着力加强马克思主义和党的意识形态坚强阵地建设，着力实施哲学社会科学创新工程，着力推进国家高端智库建设，加快构建中国特色哲学社会科学，以优异成绩向党的十九大献礼。

这里，我重点讲四个问题：一、深入学习贯彻习近平总书记系列重要讲话精神和治国理政新理念新思想新战略；二、迎接、宣传、贯彻党的十九大；三、加快构建中国特色哲学社会科学；四、进一步办好中国社会科学院。

（一）深入学习贯彻习近平总书记系列重要讲话精神和治国理政新理念新思想新战略

党组认为，用马克思主义武装全院人员特别是领导干部，是保证我院实现中央"三大定位"要求的根本性战略举措。学习马克思主义，当前就要集中精力学好马克思主义中国化最新成果——习近平总书记系列重要讲话精神和治国理政新理念、新思想、新战略。

党的十八大以来，以习近平同志为核心的党中央，坚持和发展马克思主义，坚持和发展中国特色社会主义，提出了一系列治国理政新理念新思想新战略，开辟了马克思主义发展的新境界。习近平总书记系列重要讲话和治国理政新理念新思想新战略，是马克思主义中国化的最新成果，是中国特色社会主义理论体系的最新发展，是 21 世纪马克思主义、当代中国马克思主义最现实的体现，是指引我们党进行具有许多新的历史特点伟大斗争、夺取新的伟大胜利的强大思想武器和行动指南。

学习习近平总书记系列重要讲话精神和治国理政新理念、新思想、新战略，要紧密联系全党工作大局和我院实际，以问题为导向，与学习马克思主义经典著作结合起来，与学习党史、国史、党章结合起来，与学习党的文献结合起来，与研究解决当代中国重大理论和实践问题结合起来。

作为党中央直接领导的国家哲学社会科学研究机构，学习好、理解好、把握好、落实好习近平总书记系列重要讲话精神和治国理政新理念新思想新战略，是我院坚持正确的政治方向和学术导向，实现中央对我院"三大定位"要求的思想保证。要坚持思想引领、理论先行，不断增强对党的创新理论的政治认同、理论认同、思想认同、情感认同，把学习贯彻活动引向深入，真正落实到思想政治水平的提高上，落实到优良作风的铸就上，落实到研究能力的增强上。

学习宣传研究习近平总书记系列重要讲话精神和治国理政新理念新思想新战略，推进党的理论创新，为发展 21 世纪马克思主义、当代中国马克思主义作出应有贡献，是我院科研的重中之重。

要注重在准、新、实上下功夫，"准"就是要领会丰富内涵、领悟精神实质，做到知其然更知其所以然；"新"就是要聚焦理论上的创新创造，把新的重大思想理论观点宣传好、阐释好；"实"就是要联系实际、注重实效，把贯彻落实的实践成果提炼好、展示好。

要加强马克思主义理论研究和理论创新工作，强化对事关我们党和国家发展全局的重大问题、战略课题的研究。习近平总书记在党的十八届六中全会上提出的"八个如何"，在全国党校工作会议上提出的"十三个如何"、在哲学社会科学工作座谈会上提出的"五个如何"，这二十六个问题，既是向全党提出的重大课题，更是向党的思想理论战线提出的重大课题，一定意义上也是向我院提出的重大课题，是向我们交办的任务。要组织专家学者进行集中研究、合力攻关，努力作出科学深入的回答，着力推出一批代表国家水准的重大研究成果，为党中央决策提供参考，向党的十九大胜利召开献礼。

学习贯彻落实习近平总书记系列重要讲话精神和治国理政新理念新思想新战略，要牢固树立"四个意识"特别是核心意识和看齐意识，坚决维护以习近平同志为核心的党中央权威，这是第一位的政治纪律。

确立坚强的核心领袖并维护党的领袖的权威，始终是马克思主义政党建设的一条基本原则，是马克思主义政党思想上政治上成熟的重要标志。确立习近平总书记的核心地位，是众望所归、当之无愧、名副其实，是全党的选择、人民的选择、历史的选择。全院同志要更加紧密地团结在以习近平同志为核心的党中央周围，更加坚定地维护以习近平同志为核心的党中央的权威和集中统一领导，更加自觉地在思想上政治上行动上同以习近平同志为核心的党中央保持高度一致，更加扎实地把党中央的各项决策部署落到实处。全院同志都要牢记：维护以习近平同志为核心的党中央权威和党的集中统一领导，就是最大的政治。

（二）迎接、宣传、贯彻党的十九大

党组认为，召开党的十九大，是全党全国人民政治生活中的一件大事，也是今年最具标志性、全局性的一件大事。每次党的代表大会召开前，我们党都要站在历史和现实的高度，从理论和实践结合上进行思想理论准备，进而对党和人民事业发展作出战略谋划。这是全党的大事，也是我院的首要政治任务。

牢牢把握迎接、宣传、贯彻党的十九大这条主线。迎接、宣传、贯彻党的十九大，是贯穿今年的工作主线。我院各项工作一定要紧紧围绕这条主线来谋划、来部署，要按照这条主线来统筹全年工作，环环相扣、层层递进，大力营造团结奋进的浓厚氛围，引导全院同志以良好的精神状态迎接党的十九大，以高度的政治自觉学习贯彻党的十九大。

要用党的创新理论成果凝心聚魂。加强理论学习，提高全院人员特别是领导干部马克思主义思想觉悟和理论水平。持续深入开展共产主义远大理想和中国特色社会主义共同理想的理念信念教育，社会主义核心价值观教育和中国梦宣传教育，引导干部群众坚定理想信念，增强"四个自信"，为实现"两个一百年"奋斗目标和中华民族伟大复兴中国梦而奋斗。

要加强马克思主义坚强阵地建设，牢牢掌握意识形态工作主导权。每逢党的全国代表大会召开，往往是意识形态领域问题多发易发的时期。要及时掌握意识形态领域的动态动向，加强分析研判，积极妥善应对。要组织全院科研人员，对西方宪政民主、"普世价值"、新自由主义、历史虚无主义、质疑改革开放等错误思潮，深入辨析批驳，及时发声亮剑，为十九大召开营造良好的思想舆论氛围。

牢牢把握全面从严治党这个根本保证。十八届六中全会围绕全面从严治党作出战略部署。我院各级党组织要认真学习领会、深入贯彻落实习近平总书记在全会上的重要讲话，学习贯彻全会通过的《关于新形势下党内政治生活的若干准则》《中国共产党党内监督条例》，扎实推进党的建设，把严细实的要求贯彻到管党治党全过程，落实到党的建设各方面。要认真落实全面从严治党责任制，切实担负起全面从严治党主体责任，包括党内监督的主体责任。从院的层面讲，党组负主体责任，我是第一责任人；驻院纪检组负监督责任，张英伟同志是第一责任人；分管院领导负责所分管单位的责任。从院属单位层面讲，党委（党组）负主体责任，纪委负专责监督责任，党委（党组）书记、纪委书记分别为主体和监督责任的第一责任人。

　　落实六中全会精神，推进全面从严治党，要从制度落实抓起，进一步巩固巡视审计整改成果。2017年是制度落实年。要以贯彻落实党组《关于落实全面从严治党切实加强党的建设的意见》《关于加强党的意识形态工作建设马克思主义坚强阵地的意见》《关于改进和完善选人用人制度加强领导班子和人才队伍建设的意见》等"三项制度"为抓手，全面推进从严从细从实治党、从严从细从实管院。去年9月初，我分别在院职能部门直属单位和研究单位主要负责人会议上，就贯彻落实"三项制度"作了专门部署和强调。从贯彻落实情况看，取得了显著进展，但也存在两个突出问题：一是不够重视；二是不够平衡。

　　所谓"不够重视"，就是对抓制度落实的重要性认识上还不够到位。马克思讲过："一个行动胜过一打纲领。"邓小平同志在改革开放之初曾告诫全党："世界上的事情都是干出来的，不干，半点马克思主义都没有。"习近平总书记强调：工作是"一分部署，九分落实"。还强调，落实就是要落小落细落具体。古人说："为者常成，行者常至。"不落实，再好的蓝图也是"水中望月"；不落实，再好的制度也是"空中楼阁"。如果我们制定了制度不去落实，从严治党、从严管院的要求就会落空。各级领导干部要从贯彻落实六中全会精神的高度，从推进全面从严治党、从严管院的高度，从实现我院长远发展的高度，总之，要从政治和战略的高度，充分认识落实"三项制度"的重要性、紧迫性，全力抓好落实，打通制度落实的"最后一公里"。

所谓"不够平衡"，就是存在剃头挑子一头热的现象。党组热、牵头部门热，但有的单位不是很热。院里每两周召开一次"三项制度"贯彻落实情况督办例会，党组每季度都听取汇报，雷打不动。但有的单位抓得还不紧，工作不到位。党组要求，所有部门所有单位都要热起来，全院同志特别是各级领导干部，要坚决克服"制度淡忘症"和"制度褪减病"，严防破窗效应，把"三项制度"落实到位。

全面从严治党，加强党的建设，要抓住"两头"：一头是党委，一头是党支部。要抓好"两个环节"：一个环节是抓党委班子和基层党支部建设的好典型，发挥示范带动作用；一个环节是抓党委班子和基层党支部建设薄弱环节，从解决问题做起，提升我院党的建设整体水平，推动党的建设从"宽松软"走向"严紧硬"。

（三）加快构建中国特色哲学社会科学

党组认为，习近平总书记去年 5 月 17 日在哲学社会科学工作座谈会上的重要讲话，深刻回答了事关我国哲学社会科学长远发展的一系列根本性问题，提出了加快构建中国特色哲学社会科学的战略任务，是指导我国哲学社会科学创新发展的纲领性文献。讲话通篇充满思想的力量、信仰的力量和逻辑的力量，在我国哲学社会科学发展史上具有重要的里程碑意义。

我院作为党中央直接领导的、哲学社会科学研究的国家队，决不辜负习近平总书记和党中央的重托，要把学习贯彻"5·17"重要讲话精神，作为一项重大思想理论任务，坚决贯彻好。

"5·17"重要讲话发表以来，党组经过深入调研、反复谋划，在广泛征求意见的基础上，制定了《贯彻落实习近平总书记在哲学社会科学工作座谈会上的重要讲话精神总体方案》。总体方案明确了我院加快构建中国特色哲学社会科学的指导思想、发展目标、总体思路、基本原则和主攻方向，提出了加快构建中国特色哲学社会科学的一系列重要举措。要按照总体方案每项措施的时间表、路线图、责任状，督促检查，狠抓落实。总的来看，我院总体方案贯彻落实取得重要进展和明显成效。但也存在一些问题，主要是对贯彻落实"5·17"重要讲话精神的极端重要性认识不到位，对当前整个哲学社会科学界面临的形势分析研判不够，缺乏紧迫感、危机感和使命感。

习近平总书记"5·17"重要讲话，对我国哲学社会科学、对我国哲学社会科学界、对中国社会科学院已经并将持续产生重大而深远的影响。我院既面临难得的发展机遇，也存在挑战，机遇远远大于挑战。

从发展的机遇看，党中央高度重视哲学社会科学，高度重视和关心中国社会科学院的发展，这是我院实现更大发展的根本保证。习近平总书记"5·17"重要讲话，开启了加快构建中国特色哲学社会科学的新征途，赋予哲学社会科学发挥作用的最大空间，赋予哲学社会科学工作者最有作为的舞台，赋予我院最难得的发展机遇。从全院的优势看，加快构建中国特色哲学社会科学，我院拥有无可比拟的有利条件和基础。我院学科门类齐全、科研实力雄厚、科研成果丰硕，这是几代社科人接续奋斗积累的传家宝，是我院安身立命的根本。特别是我院拥有一支数千人的高水平的专家学者队伍，这是最为宝贵的财富。人家与我们合作，高看我院一眼，看重的就是中国社会科学院这块金字招牌，看重的就是我院的学科优势和人才优势，这是我院的底气所在。还有，我院实施创新工程，经过六年的发展，走在了全国前列，为各项事业可持续发展打下了深厚的制度基础。以上这些，既是加快构建中国特色哲学社会科学的有利条件，也是我院大发展的难得机遇。"来而不可失者，时也。蹈而不可失者，机也。"一些领导干部贯彻落实"5·17"重要讲话精神自觉性不强，缺乏抓机遇的主动性和自觉性。这是非常不应该的，是对事业极端不负责的表现。机不可失，时不再来。如果我们抓不住这个机遇，就会大大贻误我院的发展，失去的不仅是我院已有的地位和优势，而且是我院的未来。

从面临的挑战看，当前，哲学社会科学领域正处于大发展大变革的时期，如果跟不上形势的发展，不能很好应对，就很可能被甩在后面，这绝不是危言耸听。应该承认，我院无论是阵地、重镇、殿堂还是智库功能发挥，无论是学科还是成果，无论是人才结构还是代际传承，无论是科研环境还是经费保障，都面临着新的挑战。与国内同行相比，我院的部分传统优势正在逐渐丧失，有的已不再领先或发展乏力，有的学科或成果在全国已找不到位置，沦为二流、三流水平，与国家院的地位极不相称，如果不奋起直追，就会进一步减弱甚至消失殆尽。应该看到，高校、党校、地方社科院、部队、政府部门等系统，都在围绕加快构建中国特色哲学社会科学，抓紧研讨、战略谋划，招兵买马、蓄势待发，力求弯道超越。还应该注意到，一个时期以来，河北、江苏、山东、安徽、湖南、贵州、甘肃、青海、内蒙古等省、自治区的党委书记，经常出席本地的哲学社会科学会议，围绕加快构建中国特色哲学社会科学，亲自作部署、提要求，这是十分罕见的。有的不惜重金，广招人才；有的提出了雄心勃勃的社科战略、社科工程，如安徽提出组建社科皖军、湖南提出组建社科湘军、甘肃提出组建社科陇军，等等。总之，信号非常明确，各地都要在哲学社会科学领域争得一席之地。来自这方面的挑战不可小觑，决不能掉以轻心。如果我们心不在焉、松松垮垮、不求进取，或夜郎自大，没有恐慌感，那么，大好机遇，可能就真的付诸东流了。假如真有那么一天，我院不再是哲学社会科学舞台上的主角，沦为配角或跑龙套的，我们怎么对得起党中央，怎么能对得起中国社会科学院这块牌子，怎么向历史、向人民、向我院的老前辈们交代！要真是那样，我们就是社科院的罪人，就是历史的罪人！我们决不能让这种情况发生！六年前，在创新工程动员会上，我说过，要有"舍得一身剐，敢把皇帝拉下马"的勇气，要有毛泽东同志说的"五不怕"精神，破除一切思想阻力、利益羁绊和制度藩篱，以前所未有的勇气、毅力和决心，全力以赴实施创新工程。当前，落实习近平总书记"5·17"重要讲话精神，加快构建中国特色哲学社会科学，更加需要这种勇气和精神。必须抓住机遇，乘势而上，积极谋划，认真应对，一心一意谋发展，聚精会神抓落实。领导干部要主动扛起抓落实的责任，推动加快构建中国特色哲学社会科学各项任务落地见效。

全面贯彻落实"5·17"重要讲话精神，加快构建中国特色哲学社会科学，既需要全方位鼓劲，也需要重点发力。我主要强调以下四点：

第一，毫不动摇地坚持马克思主义在我国哲学社会科学领域的指导地位。坚持以马克思主义为指导，是当代中国哲学社会科学区别于其他哲学社会科学的根本标志，是构建中国特色哲学社会科学必须解决好的首要问题。中国特色哲学社会科学，特就特在理论指南和主义旗帜上，特就特在坚持以马克思主义为指导上。坚持马克思主义的指导地位，是我院加快构建中国特色哲学社会科学始终如一、一以贯之的根本要求。马克思主义尽管诞生在一个半多世纪之前，但历史和现实都证明它是科学的理论，今天依然具有强大生命力。马克思主义的科学性和真理性，已经并将继续为中国革命、建设和改革的实践所证明。马克思主义以其无与伦比的真理力量，使一些西方思想家也为之折服。法国存在主义哲学家萨特说：马克思主义"仍然是我们时代的哲学：它是不可超越的"。法国后现代主义哲学家德里达在《马克思的幽灵》一书中写道："不能没有马克思，没有马克思，没有对马克思的记忆，没有马克思的遗产，也就没有将来。"我国哲学社会科学坚持以马克思主义为指导，是近代以来我国发展历程赋予的规定性和必然性，是近代以来我国哲学社会科学历史发展的必然。从哲学社会科学的意识形态属性来看，坚持以马克思主义为指导，是哲学社会科学的本质要求，是我们在错综复杂的形势下，保持清醒头脑，坚定正确的政治方向和学术导向的根本前提。坚持以马克思主义为指导，首先要解决真学真懂真信真用的问题，核心要解决好为什么人的问题，最终要落到怎么用上来。我们搞科研，绝不能把追逐个人名利放在第一位，而要把拿出让党和人民满意的科研成果放在第一位，树立为人民拿笔杆子，为人民做学问的理念。坚持以马克思主义为指导，要自觉把正确的政治方向和学术导向统一起来，寓政治于学术之中，寓马克思主义道理于学理之中。

第二，大力实施"学科建设登峰战略"和哲学社会科学人才体系建设工程。加快构建中国特色哲学社会科学，基础是学科，关键在人才。学科和人才积累既是我院的特色，又是我院的优势。实施"学科建设登峰战略"和哲学社会科学人才体系建设工程，是党组贯彻落实"5·17"重要讲话精神的战略举措，一定意义上可以说关系到我院的生死存亡。对于加快构建中国特色哲学社会科学，厚植哲学社会科学研究的殿堂根基，充分发挥我院在全国哲学社会科学界的示范和引领作用，具有重要意义。

加快构建中国特色哲学社会科学，大力推进学科体系建设，就要落实好习近平总书记"5·17"重要讲话中提出的明确要求，坚持基础学科与应用学科并举并重的原则，突出优势、拓展领域、补齐短板、完善体系。一是要加强马克思主义学科建设。二是要加快完善对哲学社会科学具有支撑作用的学科。三是要注重发展优势重点学科。四是要加快发展具有重要现实意义的新兴学科和交叉学科。五是要重视发展具有重要文化价值和传承意义的"绝学"、冷门学科。通过持续不断的努力，打造一批国内一流、国际知名的学科集群，努力构建以马克思主义为指导、适应国家经济社会发展需要、符合学术发展规律和趋势的学科创新体系。

加快构建中国特色哲学社会科学，就要实施好哲学社会科学人才体系建设工程。要认真贯彻党的知识分子政策，尊重劳动、尊重知识、尊重人才、尊重创造，对他们做到政治上充分信任、思想上主动引导、工作上创造条件、生活上关心照顾。要着力发现、培养、集聚一批有深厚马克思主义理论素养、学贯中西的思想家和理论家；一批理论功底扎实、勇于开拓创新的学科带头人；一批年富力强、锐意进取的中青年学术骨干；努力建设种类齐全、梯队衔接的哲学社会科学人才队伍。

实施"学科建设登峰战略"和哲学社会科学人才体系建设工程，一要坚持以马克思主义为指导，坚持正确的政治方向和学术导向。二要坚持党委领导下的所长负责制，坚决落实领导责任制。在党委统一领导下，由所长负责组织实施落实，所长是第一责任人。三要抓住不放，常抓不懈，强化管理，严格按规章和制度办事。各研究单位的书记和所长要把好管理关、制度关，把"学科建设登峰战略"和哲学社会科学人才体系建设工程办成廉洁工程，取得实实在在的成效。

第三，不断推进创新工程制度化配套化固定化，奋力打造创新工程"升级版"。创新工程实施6年来，取得了很大成绩。我院创新工程在全国一直处于领跑位置，多次得到中央肯定。中央在加快构建中国特色哲学社会科学的顶层设计中，实施创新工程是重点推出的举措。习近平总书记在"5·17"重要讲话中、刘云山同志在宣传文化系统专题会议讲话中、中央即将印发的关于加快构建中国特色哲学社会科学的意见中，以及全国宣传部长会议文件中都强调创新工程，这是对我院创新工程的充分肯定。全国省一级的社科院几乎都来过我院学习借鉴创新工程。实践深刻证明，创新工程是我院的生命线，是科研工作的动力源，是人才成长的孵化器，是我院发展的基础和前提，是我院发展的希望和未来，是关乎我院长远发展大计的头等战略举措。我们有一千个理由把创新工程搞好，没有一个理由把创新工程搞砸，必须乘势而上，不忘初心，继续前进，打造创新工程的"升级版"。

创新工程就是一场革命，是一场思想观念的革命，是一场体制机制制度的革命，彻底改变了我院的面貌和命运。通过6年来的实践，我们对未来的前途和发展充满了信心，下定了决心，增添了巨大的力量。

在我院加快构建中国特色哲学社会科学的"四梁八柱"中，创新工程发挥着顶梁柱的作用。新的一年，我们要在总结经验的基础上，奋力打造创新工程的升级版。首先，要在完善制度机制上狠下功夫。创新工程最大的收获是创造了崭新的制度、崭新的体制、崭新的机制，充分调动起全院人员的积极性。要进一步完善创新工程"报偿、准入、退出、评价、配置、资助"六大制度体系，加大制度建设力度，特别是后期资助目标报偿的评价和制度建设力度，使创新工程制度化、配套化、固定化，让创新工程制度发挥更大功效。其次，要在推进理论创新、学术创新、研究方法和手段创新上狠下功夫。要提出有主体性、原创性的理论观点，提出具有中国特质的新命题、新范畴。更好地激发全院同志主动性创造性，最大限度解放科研生产力，更好地发挥我院在全国哲学社会科学界的引领和带动作用。再次，要在多出重大创新成果上狠下功夫。推出一定数量的高质量的科研成果，是硬指标、硬标准。要下大力气不断推出能够代表国家研究水准的标志性创新成果。最后，要在严格管理上狠下功夫。创新工程的一系列制度，是实践经验的总结，刚性很强，底线是不能突破的。有了制度，就要从严从细从实加强管理，不能"打折"，不能"放水"，不能搞变通，否则，就失去了搞创新工程的意义，国家也不会答应。一定要"严"字当头、严字领先、严字把关，在"严"字上下足功夫、做足文章。这一点，请同志们务必清醒地认识到位，落实到位。谁在制度管理上"放水"，在严格标准上"打折"，谁就是犯罪，就是毁掉创新工程。

第四，聚焦党和国家关注的重大问题，加快国家高端智库建设。和创新工程一样，国家高端智库建设也是加快构建中国特色哲学社会科学的标志性举措。我院基础学科雄厚，应用学科较齐全，这是我院智库发展的有利条件和独特优势。但我院智库建设也存在突出的问题，一是服务决策水平和社会影响力，同中央要求有较大差距，和我院地位也不相称；二是整合资源力度不够，一些智库研究力量过于分散，合力攻关不够，未能形成拳头产品，组合拳较少。按照中央要求，我院要聚焦国家高端智库建设，坚持"稳定规模、突出重点、提高质量，着力提升服务决策水平和社会影响力"的方针。要找准定位，更好地为党中央和国务院科学决策服务，为党和国家事业发展服务，努力将我院打造成为在国内外有广泛影响力、世界知名的国家级综合性新型高端智库。要坚持以党和国家关注的重大理论和实践问题为研究重点，着力构建"院—所—专业"三级合理的智库结构，努力打造国家亟须、特色鲜明、制度创新、引领发展的高端智库，开展全局性、战略性、前瞻性、针对性、储备性对策研究。经过几年努力，力争将我院建设成为"七大中心"：国家级新型智库研究综合集成中心、马克思主义理论创新中心、党和国家重大决策咨询服务中心、哲学社会科学学科学术观点创新中心、高素质智库人才孵化中心、国家哲学社会科学文献中心和国际知名智库交流合作中心。

（四）进一步办好中国社会科学院

党组认为，今年，对我们党和国家、对我院，都是重要的一年。在迎接党的十九大胜利召开之际，我们要纪念习近平总书记"5·17"重要讲话发表一周年，我院还要纪念建院40周年。在这样重要的历史背景下，总结建院40年来特别是党的十八大以来我院建设和发展的历史经验，意义重大，影响深远。

这些年来，党组在办院实践过程中，按照中央关于办好中国社会科学院的一贯要求，认真学习贯彻中央精神，特别是习近平总书记重要讲话精神，紧紧围绕"发展什么样的哲学社会科学、怎样发展哲学社会科学"，"建设一个什么样的中国社会科学院、怎样建设中国社会科学院"这个基本问题，经过理论和实践的双重探索，形成了三条基本经验和"五个三一个一"工作总思路，概括了"八条坚定不移"的基本体会。这是我院建院40年来积累的宝贵精神财富和办院基本经验，值得继承、遵循和发扬。

一是坚定不移地抓好马克思主义理论武装和理论指导，大力加强马克思主义和党的意识形态坚强阵地建设。

二是坚定不移地抓好学风建设，始终坚持为人民做学问的宗旨。

三是坚定不移地抓好创新工程，加快构建中国特色哲学社会科学。

四是坚定不移地抓好科研这一中心任务，多出经得起实践和历史检验的优秀成果。

五是坚定不移地以党和国家关注的重大理论和实践问题为主攻方向，扎实推进国家高端智库建设。

六是坚定不移地抓好人才强院，选好人才、育好人才、用好人才。

七是坚定不移地抓好全面从严治党和领导干部这个"关键少数"，不断加强党委、党的基层组织、党员队伍和党风廉政建设。

八是坚定不移地抓好行政后勤保障体系建设，不断提高服务科研水平和保障能力。

以上"八条坚定不移"是办院实践的总结和概括，是对"三条基本经验""五三一"工作总思路和总要求的丰富和发展，体现了办院规律，是做好全院工作的重要遵循。

三　2017 年主要工作

2017 年，要着力完成以下八个方面的工作：

（一）加强思想教育和理论武装，在建设马克思主义和党的意识形态坚强阵地方面取得新进展

坚持正确的政治方向和学术导向。精心组织全院人员特别是领导干部学习马克思列宁主义、毛泽东思想和中国特色社会主义理论体系，特别是学习好、理解好、掌握好习近平总书记系列重要讲话精神和治国理政新理念新思想新战略，

真正做到真学真懂真信真用，切实提高全院人员特别是领导干部的马克思主义理论水平。坚持读原著、学原文、悟原理，坚持系统学、深入学、结合实际学，坚持学而信、学而思、学而行。办好所局级领导干部读书班、处室干部千人培训班，开展多种形式的科研骨干、青年人员和全院人员的理论培训。以纪念习近平总书记"5·17"重要讲话发表一周年为契机，精心谋划和组织院庆40周年各项工作，传承精神，凝聚力量，再创新的辉煌。对科研人员开展为人民做学问、对工作人员开展为科研服务的宗旨教育活动，加强学风、文风、工作作风建设，弘扬社会主义核心价值观。继续办好道德建设论坛。

以贯彻落实党组《关于加强党的意识形态工作建设马克思主义坚强阵地的意见》为抓手，扎扎实实地加强马克思主义和党的意识形态坚强阵地建设。组织专家学者深入研究阐释习近平总书记系列重要讲话和治国理政新理念新思想新战略，及时推出有分量有深度的研究成果；大力开展马克思主义和中国化的马克思主义理论研究，共产主义和社会主义运动研究，当代社会主义和当代资本主义研究，推出创新成果；实施"马克思主义＋学科"计划，加强各学科马克思主义基础理论研究和马克思主义相关学科建设，建设好马克思主义类别研究室、研究中心、论坛、期刊和其他期刊的马克思主义专题、专栏；推进马克思主义理论创新智库、马克思主义政治经济学创新智库建设；完成中央马克思主义理论研究和建设工程、我院马克思主义理论学科建设与理论研究工程、马克思主义文学理论和文艺批评工程年度任务；加强马克思主义研究学部、马克思主义研究院、当代中国研究所、信息情报研究院、中国特色社会主义理论体系研究中心、马克思主义学院和世界社会主义研究中心七大平台建设；加强马克思主义理论人才队伍建设，充分发挥院理论写作组和马克思主义网军队伍作用；高质量地完成以中国特色社会主义理论体系研究中心名义在"三报一刊"发表理论文章任务；切实加强马克思主义理论研究和主流意识形态阵地集群建设。把马克思主义融入学科建设、人才建设、学术研究、理论创新和阵地建设等各个方面。

充分发挥我院党的意识形态重镇功能。强化意识形态工作责任制，建立健全意识形态工作督办、巡查、考核、奖惩制度；定期召开意识形态工作协调会；督促各职能局和各党委定期召开意识形态工作情况分析会，并向党组提交专题报告；实行意识形态工作"一票否决制"；加强意识形态智库和党的意识形态工作队伍建设；抓好舆情分析和监控，组织全院宣传网络传播媒体，在意识形态斗争中勇于发声、敢于亮剑，积极开展舆论斗争；加强对全院人员党的意识形态教育，提高政治敏感性和理论鉴别力。

（二）推进科研强院和创新工程制度建设，为加快构建中国特色哲学社会科学作出新贡献

实施科研强院战略，加强创新工程制度建设，从严从细从实抓好制度管理，强化制度执行力。编撰《创新工程制度汇编》《创新工程文集》。改进完善创新工程"报偿、准入、退出、评价、配置、资助"六大制度体系，特别是加大完善后期资助目标报偿的评价和制度建设力度。加强创新工程管理平台建设。严格规范创新项目立项结项、审检流程，开展创新工程科研项目和经费检查，解决科研项目和经费使用的薄弱环节。

严格创新单位和创新岗位准入退出制度管理。

加强顶层设计，坚持基础学科与应用学科并重、基础研究与应用研究并举，瞄准学术发展前沿、打造理论学术名牌，构建有中国特色、中国风格、中国气派的哲学社会科学学科创新体系、学术创新体系、话语创新体系，加快构建中国特色哲学社会科学创新体系。实施"学科建设登峰战略"。启动"优势学科增强计划""重点学科扶持计划""特殊学科建设计划"。建立完善学科建设考评、激励、人才培养和配置制度。

树立科研质量至上意识，坚持质量为本、政治优先。构建严格的科研成果质量标准和评价体系，强化科研成果质量评价和检查。推动理论和学术创新，努力提出经得起实践和历史检验的原创性思想理论和学术观点，推出体现时代思想高度、代表国家学术水准的精品成果，增强决策服务力和社会影响力。推进科研管理体制改革，严格科研项目和课题管理，加强国家社科基金、自然基金年度项目管理工作。完善横向课题管理制度，管好横向课题。规范学术团体和非实体研究中心管理。改进学术评奖、出版资助等办法，开展科研绩效考核与监督，逐步完善多出成果、多出精品的激励机制。完善重大科研成果和学术信息转化机制，定期举办重大成果发布会。抓好哲学社会科学话语体系建设协调会工作。

制定重大国情调研领域指南，实施国情调研特大项目"精准扶贫精准脱贫百村调研"。加强学部建设，进一步落实学部委员退出机制，积极筹备学部委员增选工作，做好学部领导机构改选准备。打造中国社会科学院学术论坛品牌。推进《中华人民共和国史稿》编撰。做好《中华思想通史》编撰等创新工程重点科研课题工作。编撰《中国南海志》，推进地方志事业繁荣发展。

（三）聚焦党和国家重大战略，在建设国家高端智库方面谱写新篇章

以我国发展和我们党执政面临的重大理论和实践问题为主攻方向，围绕国家重大战略开展前瞻性、针对性、储备性政策研究。构建以院综合性智库为统领，所（院）级智库为主体，专业化智库为样板的院、所、专业化智库"三位一体"的智库建设格局。

建立并落实智库工作责任制。继续抓好首批入选国家高端智库试点工作。集中打造院 18 家专业型智库，加强智库办公室的协调督办功能，办好上海研究院、青岛研究院等合作型智库，着力建设在国内外有广泛影响力的国家级高端智库群。发挥智库办公室职能，完善综合性高端智库建设机制，加强对全院智库的指导，建立智库建设季度汇报督办制度。重点建设信息汇总与报送平台。开展智库调研评估，探索智库建设规律。建立智库优秀研究成果转化机制。办好《要报》等系列内参。

（四）实施哲学社会科学人才体系建设工程，在人才强院方面迈上新台阶

以贯彻落实《关于改进和完善选人用人制度加强领导班子和人才队伍建设的意见》为抓手，深入实施人才强院战略。实施中长期人才发展规划纲要，实施哲学社会科学人才体系建设工程，建设种类齐全、梯队衔接的哲学社会科学人才队伍。运用"四个一批"人才工程等平台，加大留住人才、引进人才、

培养人才的力度，推进马克思主义理论人才造就工程、领军人才引进工程、青年英才培养工程、支撑与管理人才保障工程等系列人才计划；实施资深学科带头人资助计划，启动高端人才延揽计划，进一步落实国家"千人计划"。严格执行人才引进各项规章制度，严把进人质量关。依托研究生院创办中国社会科学院大学。结合我院实际，稳步推进所属事业单位分类改革。

（五）深入实施报刊出版馆网库志和学术评价名优工程，在提高理论学术传播力和社会影响力方面实现新突破

坚持党管媒体原则，坚持政治家办报办刊办馆办网办库办志办出版社和办评价中心。以信息化建设督办协调会议为抓手，贯彻落实2016年"八名会议"和期刊工作会议精神，加大督办落实力度。落实名优工程主体责任制，把"八名工程"作为"领导班子工程"和"一把手工程"，推动我院"八名工程"迈上新台阶。坚持"八名工程""九统一"原则，即统一领导、统一管理、统一经费、统一网站、统一机房、统一数据库、统一数字化图书馆、统一综合集成实验室平台、统一综合管理平台；巩固期刊"五统一"改革成果；完善图书馆"总馆—分馆—资料室"三级管理体制。打造以中国社会科学报、中国社会科学杂志、中国社会科学网，中国社会科学出版社、社科文献出版社为主打品牌，在国内外学术界享有知名度和公认度的报刊网和出版社集群。抓好选题策划和热点报道，推进报刊网融合发展，加强报刊网论坛联动，适时举办全院期刊刊网融合发展工作交流会。以"一库"（哲学社会科学海量数据库）、"一网"（互联网）、"一平台"（综合集成实验室平台）

为依托，加快推进国家哲学社会科学文献中心建设，大力推进我院文献数据信息化和数字化进程，建设数字化社科院。执行严格、公开的编审流程，实行交叉审稿、双向匿名审稿和回避制度，建立全院学术期刊相对统一的编校体制。组建中国社会科学评价研究院，完善哲学社会科学各学科学术评价标准和评价体系，抢占学术评价制高点。严格学术评审和立项审批，建立学术成果综合测评和责任追究制度。

（六）大力实施"中国学术走出去"战略，在对外交流合作方面开创新局面

实施"中国学术走出去"战略，积极开展学术外交和学术外宣活动。配合国家对外工作大局需要，在华组织举办和派出我院代表团出席高端双边、多边论坛研讨活动；安排我院专家学者出访参与有关文化多样性、社会治理、国际经贸、气候变化、法治人权、民族宗教等各领域的国际对话；支持学者参加国际学术会议、发表学术文章，深入传播体现中国立场、中国理论、中国道路、中国智慧、中国价值的理念、方案、主张，传播"中国声音"，抢占国际学术话语权。积极搭建国际学术交流平台，打造高端国际论坛，打造我院具有世界性影响的对外学术宣传平台。增强议题设置能力，打造易于为国际社会所理解和接受的新概念、新范畴、新表述，引导国际学术界展开研究和讨论，增强我国哲学社会科学的国际影响力。继续办好"中俄（东欧）国家发展战略论坛""中国道路欧洲论坛""社会主义国际论坛""世界社会主义论坛"等重要国际论坛。积极在海外境外筹建中国—中东欧研究院、香港中国学术研究院、中国研究中心。加强与国际

知名智库的合作交流。加大对优秀学术成果翻译出版、外文学术期刊资助力度。

（七）落实全面从严治党要求，在加强党的建设方面实现新作为

以贯彻落实《关于落实全面从严治党切实加强党的建设的意见》为抓手，全面从严治党，加强党的建设和党风廉政建设。认真做好我院出席党的十九大代表推选工作，落实迎接、宣传、贯彻党的十九大各项政治任务。认真学习贯彻《关于新形势下党内政治生活的若干准则》和《中国共产党党内监督条例》。牢固树立"四个意识"，坚定"四个自信"。坚持思想建党和制度建党相结合，坚决贯彻执行中央决策部署。加强全面从严治党责任制及监督检查问责机制建设，真正把制度落实到人、到事、到底，把执行制度情况作为考核评价领导班子和领导干部的重要内容。严格对领导干部的管理。建立严格的领导干部请销假制度。坚持党委集体领导下的所长负责制，贯彻执行新修订的《研究所党委工作条例》《研究所所长工作条例》。加强对党委书记和党支部书记的培训，办好党委书记研讨班、党支部书记培训班，开好加强党的建设经验交流会。开展党支部书记述职试点工作。成立后勤联合党委。加强党委领导班子建设。加强对领导干部的管理，提高领导干部治所管所的能力和水平。做好所局领导干部的选拔任用、领导班子调整补充和干部配备工作。继续做好干部学者实践锻炼工作。加强院纪律建设督办领导小组的日常督办检查。强化纪律建设和监督执纪问责，认真落实党风廉政建设责任制。强化政治纪律、组织纪律、廉洁纪律、群众纪律、工作纪律、生活纪律建设"六大纪律"建设，完善专项巡查机制。严格落实中央"八项规定"，反对"四风"，建立密切联系群众的长效机制。继续加强"四项经费"和津补贴、"两个报偿"检查。巩固扩大巡视整改成果，建设风清气正的科研环境。充分发挥离退休老干部作用，高度重视和切实做好离退休人员工作。落实全国党校工作会议和党的群团工作会议精神，坚持党校姓党原则，加强和改进党校工作，做好统战和工青妇工作。

（八）提高服务科研能力和保障水平，在管理强院方面取得新成效

实施管理强院战略，严格管院治院，增强行政后勤为科研服务、为研究所服务、为科研人员服务的意识，提高服务水平。坚持督办例会和改革创新协调例会制度。加强办公厅和党组写作班子建设。认真履行沟通协调、审核把关、督促落实、运转保障职责，保障全院日常工作运转流畅，强化综合服务和行政管理。狠抓督查督办，保证院重大决策部署和各项工作任务落地见效。积极争取财政资金，完善财务管理体制机制。强化经费管理和预算执行力，做好全院经费保障工作。修订收入上解办法，建立收入上解的规范化机制。调整修改创新工程经费管理办法，保障科研事业发展。抓好固定资产管理。由财计局牵头，开展文物大普查。由图书馆牵头，开展典藏古籍大普查。做好燕郊"学者之家"项目的推动工作。确保东坝职工宿舍尽早开工。做好研究生宿舍扩建、学术大会堂建设准备，搞好学术报告厅改造、王府井办公区扩建、月坛小区办公楼加固改造等相关工作。完成全院房地产特别是办公用房、出租房屋、单身宿舍、职工宿舍的清理工作，设立详尽管理台账，建

立严格的办公用房、单身宿舍、职工宿舍、出租房屋的管理制度。协调北京市政府做好科研与学术交流大楼项目置换和善后工作。稳妥推进我院所属单位公务用车改革。按照公平公正原则，做好我院职工住宅分配工作。对全院老旧小区宿舍、人才房、周转房等保障性用房进行修缮。进一步完善职工子女入学长效机制。积极为职工办好事、解难事。

同志们！新的伟大征程呼唤新的更大作为，做好新一年的工作意义重大、使命光荣。让我们更加紧密地团结在以习近平同志为核心的党中央周围，开拓进取，勇于创新，奋发有为，扎实工作，加快构建中国特色哲学社会科学，以优异成绩迎接党的十九大胜利召开！

谢谢大家！

院反腐倡廉建设
工作会议报告

全面贯彻党的十七大精神，
努力开创反腐倡廉建设的新局面

——在中国社会科学院 2008 年度反腐
倡廉建设工作会议上的报告
（2008 年 3 月 27 日）

同志们：

今天，党组召开 2008 年反腐倡廉建设工作会议。受奎元同志委托，我代表党组报告工作。这次会议的主要任务是：认真学习贯彻党的十七大和中央纪委十七届二次全会精神，就反腐倡廉建设总结 2007 年工作，部署 2008 年任务，为哲学社会科学创新体系建设提供更加有力的保证。

一 全面贯彻党的十七大精神，
深入开展反腐倡廉建设

当前和今后一个时期，我院深入开展反腐倡廉建设，最重要的是全面落实党的十七大精神，扎实贯彻中央纪委十七届二次全会精神。要着力把握好以下重大问题：

（一）坚持正确的政治方向，解决好举什么旗、走什么路、以什么样的理论体系为指导的问题

高举中国特色社会主义旗帜，是党的十七大的灵魂和主线。坚持正确的政治方向，解决好举什么旗帜、走什么道路、以什么样的理论体系为指导的问题，说到底就是坚持中国特色社会主义旗帜。中国特色社会主义旗帜，在实践上体现为中国特色社会主义道路，在理论上体现为中国特色社会主义理论体系。坚持正确的政治方向，高举中国特色社会主义旗帜，就是坚持中国特色社会主义道路，坚持和发展中国特色社会主义的理论体系。

我院反腐倡廉建设，首要任务是坚持中国特色社会主义旗帜，掌握好这个最根本的政治方向。坚持中国特色社会主义旗帜，就可以坚定全院对中国特色社会主义的信心，解决好理想信念问题；坚持中国特色社会主义旗帜，就可以积极宣传和践行马克思主义，用中国特色社会主义理论体系统领多元化的社会思潮，自觉抵制和批判各种错误言论；坚持中国特色社会主义旗帜，就可以提高全院同志思想上的自觉性和行动上的坚定性，把维护政治纪律的工作做到实处；坚持中国特色社会主义旗帜，就可以在新的历史起点上把中国特色社会主义事业包括哲学社会科学事业不断推向前进。

（二）全面学习贯彻科学发展观，确保党的方针政策在我院的贯彻落实

科学发展观是指导我国发展的重大战略思想，是马克思列宁主义、毛泽东思想、邓小平理论和"三个代表"重要思想既一脉相承又与时俱进的科学理论体系，对经济建设、政治建设、文化建设、社会建设和党的建设具有十分重要的指导意义。一定要从政治和战略的高度认识科学发展观的深远历史意义和重大现实意义，自觉地把它贯彻落实到哲学社会科学事业和我院工作的各个方面，贯穿到反腐倡廉建设的全过程。

学习好、理解好、贯彻好科学发展观，用以指导我院反腐倡廉建设，要切实开展好落实科学发展观学习教育活动，提高贯彻落实科学发展观的自觉性和主动性。要加强对中央决定和院党组部署落实情况的监督检查，强化执行意识和执行效果，保证政令畅通，为落实科学发展观创造有利条件，营造良好氛围。要全面落实中央政治局常委会"5·19"会议精神，积极探索管理规律，不断堵塞漏洞，促进服务意识、管理理念和科研体制机制的创新，为推进哲学社会科学创新体系建设扫清路障。

（三）努力构建惩治预防腐败体系，为哲学社会科学创新体系保驾护航

坚决惩治和有效预防腐败，是党必须抓好的重大政治任务。党的十七大明确提出了反腐倡廉建设的重要概念，并要求以建立惩治预防腐败体系为重点加强反腐倡廉建设。

在我院的各项工作中，哲学社会科学创新体系与惩治预防腐败体系相互联系，相互促进，缺一不可，要做到"两手抓，两手都要硬"。哲学社会科学创新体系建设，要求惩治预防腐败体系建设提供政治和纪律保障；而惩治预防腐败体系建设，必须贯穿和体现在哲学社会科学创新体系的建设中，为哲学社会科学创新体系建设提供有力保障。全院党组织、纪检组织和科研人员、工作人员，要充分认识惩治预防腐败体系与哲学社会科学创新体系的辩证关系，将"创新体系"与"惩防体系"协同构建，努力增强哲学社会科学创新体系活力，扎实推进惩治预防腐败体系建设，形成促改革、谋发展、守纪律、重规范的整体合力，以更加坚定的信心、更加积极的态度、更加有力的措施，推动反腐倡廉建设的深入发展，为哲学社会科学创新体系建设保驾护航。

二　2007 年党风廉政建设工作的回顾

一年来，全院认真贯彻党的十七大精神和中央、中央纪委关于党风廉政建设的部署，扎实推进惩治预防腐败体系建设，形成了维护政治纪律、廉洁自律教育、反腐倡廉制度建设、综合监督、办案惩处、廉政研究等六项工作格局，党风廉政建设取得明显成效。

（一）坚持正确的政治方向，着力推进了政治纪律建设

在院庆三十周年之际，李长春同志代表党中央向中国社科院提出了"努力建设成为马克思主义的坚强阵地，努力建设成为哲学社会科学研究的最高殿堂，努力建设成为中央国务院的思想库智囊团"的要求。落实中央的要求，我院坚持以马克思主义为指导，在落实"十一五"规划、重大课题立项评审、学术研讨会、评选第六届优秀科研成果奖、开展国情调研等活动中，把维护政治纪律贯穿在各个环节。针对思想理论界出现的错误思潮，举办了评析座谈会，澄清了理论是非。党组通过举办"当前的涉华舆论环境与对外宣传纪律""关于台海形势的

现状与未来"等学习报告会，使干部学者进一步增强了政治意识、责任意识和大局意识。

院属各单位认真落实党组《关于加强政治纪律建设的决定》（简称《决定》）。据对院属 42 个研究所、出版社和直属单位党风廉政建设情况的检查，3627 名在职人员中，有 3551人学习并了解了党组的《决定》精神，占总人数的98%。在课题立项结项、成果评奖、期刊出版中，上述单位都进行了政治把关。全院对外学术交流项目按照外事审批权限，严格执行了报批程序。近代史所坚持组织青年马克思主义理论学习报告会。工经所制定了"维护政治纪律遵纪守法公约"。世历所、民文所、欧洲所和网络中心实行了出访"行前教育"。数技经所与科研人员签订了信息数据保密协议。社科出版社、社科杂志社建立完善了编审制度，坚决撤掉或停发了有政治问题的选题、图书和稿件。

院职能部门在维护政治纪律中发挥了重要作用。办公厅严格执行信息发布审核制度，确保信息报送、新闻宣传、报刊出版的政治质量；科研局在课题立项结项、成果评奖、期刊和图书审读出版、学术社团管理中，坚持把握政治标准和理论方向；人事教育局把维护政治纪律贯穿于干部培养、选拔、管理和使用的全过程；国际合作局对院级和赴台学术团组、重要学术项目个人出访进行行前教育和追踪管理，对苗头性问题主动提醒并帮助采取补救措施；直属机关党委把维护政治纪律教育作为党的建设的重要内容，并注重加强对各单位维护政治纪律工作的指导；网络中心把维护政治纪律责任和技能管理结合起来，适时更新了技术管理手段，努力维护网络安全和信息安全。针对个别研究人员在境内外公开发表违反四项基本原则观点的行为，院所两级党组织、纪检监察组织及时开展批评教育，作了坚决而审慎的处理。

（二）注重针对性，遵纪守法教育收到实效

我院突出重点、抓住契机，从正反两个方面深入推进了反腐倡廉遵纪守法教育。针对社会学所陆建华犯间谍罪和为境外非法提供国家秘密、情报罪的典型案例，举办了国家安全形势报告会和"增强信息安全保密意识，加强网络安全保密管理"专题报告会，党组再次部署了维护国家安全警示教育，同时进行了查制度漏洞、查制度不落实和"如何正确使用资料和信息"的"双查一讨论"活动。干部学者普遍反映，这样的教育印象深刻、震动大、效果好。社会学所、世经政所、俄欧亚所、宗教所、研究生院等 24 个单位针对查找出的问题和隐患，整章建制，堵塞漏洞，制定了密级课题档案管理、内部刊物订阅责任管理、因私护照和境外资助课题管理、网络管理等措施。

以贯彻中央纪委《关于严格禁止利用职务上的便利谋取不正当利益的若干规定》为契机，我院开展了积极的预防权钱交易教育。全院 2897 名在职和离退休党员对照 8 项禁止性规定逐条进行了自查。纪检监察机关利用各种机会讲解禁止权钱交易规定的内涵和政策界限，进一步明确了科研单位干部学者均属国家工作人员，利用学术资源谋取不正当利益也属于禁止行为。我院举办了"预防职务犯罪，促进廉政建设"专题报告会，组织 600 多名党员干部参观了"惩治与预防职务犯罪展览"。院党校坚持把反腐倡廉教育列为每期培训班的必修课，直属机关党委、人事教育局、院图书馆、马研院、外文所等部

门和单位举办反腐倡廉形势报告会，进行维护国家安全警示教育知识问答等，院职能部门利用《院报》《社科党建》、网站、电子大屏幕发表廉政专论，通报廉政信息，传播廉政文化，全院反腐倡廉宣传教育格局初步形成。

（三）着眼于预防，反腐倡廉制度建设得到加强

在两年多深入调研基础上，科研局、财计局和监察局起草了《中国社会科学院课题经费管理办法》，对加强课题经费管理提出了重要改革意见；科研局、办公厅和监察局研究起草了《中国社会科学院涉密课题管理办法》。为规范院所管理，办公厅、直属机关党委、直属机关纪委联合发出了《关于会议纪律制度专项检查的通报》，财计局下发了《关于执行差旅费、会议费管理规定的补充说明》，国际合作局根据新的情况补充制定了《关于在华举办国际学术会议的规定》等相关制度。西亚非所、当代中国所、考古所、哲学所、法学所、历史所等30多个单位出台了《科研人员岗位职责及工作量考核管理暂行办法》《期刊编辑人员奖励暂行办法》《返所日考勤和出差报告管理办法》等加强学风和作风建设的制度。院属各单位全部执行了会议、公务接待和差旅费管理规定。国际合作局坚持年度外事申报制度，重要出访项目全部经过预报和审批。人事教育局坚持干部选拔任用民主推荐考察及公示制度，实行了职称评审同行专家推荐制、答辩制、异议申诉制。科研局坚持执行期刊图书审读制度，实施了课题结项公示制度。39个有期刊和图书出版物的单位100%执行了审读制度。各相关单位对外学术交流、接受媒体采访及涉外调查全部执行了报批程序。院纪检监察机关坚持任前廉政谈话制度，与18名新任局级干部进行了

廉政谈话。

院所两级党风廉政建设责任制不断完善。院党组年初率先分解任务，年底 8 位院领导分别对 13 个单位落实责任制情况进行了抽查。党组办公会听取了院职能部门落实分解任务的情况汇报。院属 42 个研究所、出版社和直属单位按照 9 方面内容逐项报告了落实 2007 年党风廉政建设工作进度情况，显示出我院党风廉政建设责任制正向纵深发展。

（四）突出重点，对关键部位的监督力度明显加大

全院干部群众积极参与民主决策、民主管理和民主监督，促进了科研和管理工作的开展。科研、干部、财务管理三个联席会议制度和科研观察员制度继续发挥作用，形成了对科研及人、财、物等关键岗位的监督合力。科研局凡举办院重大科研活动如课题立项、成果评奖、期刊审读等，均主动邀请纪检监察机关作为"观察员"参与监督。人事教育局提前向纪检监察机关和直属机关党委征求对拟提拔局级干部的意见。财计局在全院范围内组织开展了国有资产清查，建立了固定资产动态监管系统。监察局注重履行监督职责，完成了部分二级预算单位财务收支常规审计、工会经费收支审计和离任局级领导干部的经济责任审计。研究所纪委在纠正不良学风、职称评定、经费使用、政府采购等工作中，积极发挥了监督作用。我院邀请民主党派和无党派人士参加党风廉政建设工作会议，召开座谈会，听取了他们对反腐倡廉工作的建议。农发所、经济所、文学所及时纠正了 3 起抄袭剽窃和 5 起借发放住房补贴违规获利的不端行为。

院务公开工作扎实推进。党组召开了"院务公开工作会

议"，在总结三年来院务公开工作的基础上，深化了院务公开工作的内容、形式和程序。述职述纪工作稳步进行。全院局处级干部在年终述职的同时，就遵守政治纪律、廉洁自律、作风建设和落实责任制等内容进行了述纪。人事教育局与监察局一起细化了党员领导干部个人有关事项和收入情况报告内容，全院209名局以上在职干部全部具体报告了个人有关情况。院所两级建立领导干部廉政档案的工作逐步落实。各单位普遍召开了两次党员领导干部民主生活会，党组成员、直属机关党委、院纪检监察机关、人事教育局分别参加。

院党组大力支持驻院纪检组履行监督职责，与驻院纪检组共同制定了《党组成员通报个人廉洁自律情况的办法》，经中央纪委同意已开始实施。9位党组成员向驻院纪检组报告了个人在用车、住房、出国（境）、兼职、休假、参加高消费娱乐、配偶和子女从业留学、秘书使用、收受礼品等十项情况。驻院纪检组与党组成员进行了沟通谈话，对3名局级领导干部进行了信访函询。有效的监督措施，强化了领导干部的廉洁自律意识。

（五）重视治本，信访和办案工作发挥了积极作用

院纪检监察机关继续保持信访核查和查办案件工作的力度，对1起受贿大要案依纪依法进行了处理，原服务局局长张林书被开除党籍和公职，判处有期徒刑13年6个月。重点核查了1起国有资产流失案件，做出了收回我院对国有资产管理权和对公司控股权的决定。查处了中国城市经济学会违反对台工作纪律问题，监察局会同国际合作局、科研局下发了通报，要求对所属研究中心和学会加强管理。院纪检监察机关坚持案件

和信访分析例会制度，受理信访举报 18 件，办结 10 件，转办 8 件，查办案件和问题 11 件。实行受理信访举报和办案分级负责制，研究所纪委积极发挥作用，共受理信访举报 22 件，初核 17 件，向举报人反馈结果 10 件。

院有关职能部门开展了评比达标表彰和楼堂馆所建设项目专项清理活动，撤销评比达标表彰项目 5 个。开展了治理商业贿赂纠正不正当交易行为的自查自纠和"回头看"检查评估工作，促使 10 个单位将 2003 年以来收取的 51.7 万元药品回扣和图书返还款全部入账，并进一步明确了我院治理商业贿赂纠正不正当交易行为的工作要求和政策界限，源头治理违纪违规行为取得积极成效。

（六）紧扣决策需求，廉政研究取得重要进展

党组高度重视廉政研究，专家学者积极参与廉政研究。紧扣党的十七大反腐倡廉重大决策需求，我院认真完成了中央纪委交办的调研任务，组织了惩治预防腐败体系重大国情调研，持续进行了惩治预防腐败体系测评指标体系研究，其成果再次成功运用于测评试点实践。向中央报送的《今后五年党风廉政建设的主要任务及举措》《应正确分析现阶段反腐败斗争形势》《以治理商业贿赂为切入点，遏制房价过度上涨》《部分国家的反腐败举措》等 30 余份报告，受到中央纪委多位领导同志的批示肯定。我院连续两年获得了中央纪委颁发的"调研工作突出成绩奖"和"优秀调研单位奖"，多位纪检干部和专家学者的廉政研究论文入选中央纪委研讨会。监察部所属的方正出版社连续三年出版了我院廉政研究报告集，扩大了廉政研究成果对社会的影响力。2007 年我院新立项廉政研究课题 9 项、子课

题 29 个。年底，召开了廉政研究成果交流会，中央纪委领导同志与会充分肯定了我院廉政研究取得的成绩并提出指导意见。

党的十六大以来，在党组的坚强领导下，在中央纪委驻院纪检组的积极组织协调下，各部门各单位认真担负党风廉政建设责任，用力落实中央反腐倡廉工作部署；广大干部学者积极参与民主管理，发挥民主监督作用；各级纪检监察组织忠于职守，为推动我院党风廉政建设付出了心血和汗水。我们高兴地看到，广大干部学者维护政治纪律的意识不断增强，科研、政务、人事、外事、财务、网络、后勤等管理稳步推进，党风、学风和工作作风建设得到重视和加强，全院党风廉政建设一步一个脚印，一年一个台阶，在务实中推进，在创新中发展，为构建哲学社会科学创新体系营造了良好的环境。在这里，我代表院党组和奎元同志，向为党风廉政建设付出了艰苦努力的党务纪检干部、科研管理干部和广大学者表示衷心的感谢！

在肯定成绩的同时，须清醒地认识到，我院反腐倡廉形势还不容乐观，个别干部学者违反政治纪律的行为时有发生，维护政治纪律的任务依然艰巨；权钱交易现象有所冒头，发生了较为严重的违纪违法案件；"散"和"粗"的问题尚未根治，工作作风有待继续改进；发生在少数学者身上的粗疏浮躁等不良学风亟待解决；各单位各部门还需从实际出发，在党风廉政建设上拓展思路和丰富方法。各级党员领导干部，要以更加坚决的态度，采取更加有力的措施，依靠群众的支持和参与，把我院反腐倡廉建设提高到新水平。

三　2008 年反腐倡廉建设的主要任务

　　2008 年，是全面贯彻党的十七大精神的第一年，认真落实好中央关于反腐倡廉建设的部署意义重大。全院上下要加大工作力度，狠抓落实。

（一）进一步强化以坚定中国特色社会主义信念为主要内容的政治纪律建设

　　维护政治纪律，始终是我院党风廉政建设的重中之重。要深入贯彻院党组《关于加强政治纪律建设的决定》。首先要把政治纪律的教育做实做细，全体干部学者特别是领导干部和有影响的专家，要自觉遵守和维护政治纪律，坚定中国特色社会主义的理想信念，保持正确的政治方向、政治立场和政治观点，在高举中国特色社会主义旗帜、与党中央保持一致、严守政治纪律的问题上毫不动摇。

　　为从源头上预防违反政治纪律事件的发生，要以期刊、报纸、图书出版物、网站、学术交流会为重点环节和部位，有针对性地制定岗位职责，认真审查把关，及时发现问题，有效进行整改。政治纪律与国家利益息息相关。在对外学术交流活动中，必须严格遵守《中国社会科学院对外学术交流规定》，在境外出版书籍和在境外媒体发表言论，参加境外学术活动，邀请境外人士来访，须按规定程序审批。规范对学术社团的管理，主要领导干部应负责把好学术社团的政治和经济法纪关，学术社团法人须由我院在职人员担任，全院所有学术社团都要负责管理好活动、公章和财务等具体事务。各单位要加强网络特别是内网的使用监管，未经许可不允许外来人员进入内网浏览和下载资料。

要加强对政治纪律执行情况的监督检查。要冷静观察和清醒分析各种社会思潮，不断提高政治敏锐性和政治鉴别力，旗帜鲜明地抵制各种否定党的领导、社会主义制度和改革开放的言论，坚决维护党的集中统一和党中央的权威，牢牢把握意识形态领域的话语主导权。对于公开发表同中央决定相违背的言论，编造、传播政治谣言及丑化党和国家形象的言论，泄露党和国家秘密，参与各种非法组织和非法活动等违反政治纪律的行为，要坚决予以查处。

（二）继续保持以标本兼治为方略的查办案件工作力度

重点查办违反政治纪律的案件，查办领导干部滥用职权、贪污贿赂、腐化堕落、失职渎职的案件，查办权钱交易、权色交易和严重侵害群众利益的案件。继续查办涉及腐败学风的案件。注意查办科研人员与公务员和商务人员串通勾结谋取不正当利益的案件。探索案件发现机制，坚持有案必查，违纪必究。

在进行党纪政纪处理的同时，积极探索组织处理的有效办法。适当采用不称职、缓聘、低聘、解聘、限期调离、免职、辞退等办法进行惩戒，增强综合运用纪律处分和组织处理惩处违纪行为的效果。坚持"一案双查双报告"制度，对典型案例进行剖析，及时堵塞漏洞，做到查处一起案件、教育一批干部、完善一套制度，发挥查办案件的治本功能。

进一步做好信访举报工作，对实名举报实行反馈，健全举报人和证人保护制度。对属实的依纪依规处理，对不属实的澄清是非，保护干事业的好干部。

（三）大力开展以树立优良学风和工作作风为着力点的反腐倡廉教育

教育是反腐倡廉的基础性工作。要以树立优良学风和工作作风为重点，善于运用正反两方面典型，增强教育的说服力和感染力，提高教育的针对性和实效性。

把反腐倡廉列为党委理论学习中心组和干部学者学习教育的重要内容。党员领导干部要率先学好《党章》和廉洁从政党纪法规，牢固树立马克思主义世界观、人生观、价值观。结合我院实际，对各单位科研、人事、后勤、财务等职能部门干部有计划地进行党纪法规教育培训。

着力加强学术道德和学术规范教育。加强科研人员在职称评定、成果评奖中的道德自律，摒弃浮躁虚夸，倡导严谨务实、虚怀若谷、淡泊名利、勤奋奉献的科学精神。建立学术不端行为记录制度，有效纠正学术失信失德行为。

继续"治散、治粗"，转变工作作风。规范会议、出勤、出境管理，克服管理松弛、办事拖沓、粗疏应付现象，强化责任意识和服务意识，提高办事效率和质量。

坚持廉政建设与勤政建设并举。领导干部要增强机遇意识、大局意识和发展创新意识，多干打基础、利长远的事，经常深入干部学者中调查研究，听取意见和建议，努力解决群众的实际困难和问题。鼓励锐意创新，探索局以上领导干部绩效考评和问责办法，促进廉洁高效。

着力开展遵纪守法教育。结合我院发生的张林书受贿案件，在干部学者中进行"科研工作者如何抵制腐败侵蚀，在

'清水衙门'里提高免疫力"的大讨论，广泛开展遵纪守法教育，充分认识权钱交易新的特点和新的表现形式，明确可以作为的行为底线，注重道德诚信和法纪诚信，坚决抵制"请托"风，避免利用招生权、刊发出版权、话语权等谋取不正当利益。

坚决反对铺张浪费。科研课题、国情调研等考察项目，务必保证质量，防止以会议、学习、调研名义的公款旅游。严格执行公务用车、住房、工资、津贴补贴规定，规范领导干部的职务消费行为。

结合年终考核述职对管理干部的作风和科研人员的学风进行民主评议，及时发现和宣传优秀干部学者的先进事迹，以优秀典型的行为示范引领学风和作风，同时通过民主评议找出不足和差距，提出改进办法，达到自我教育目的。

（四）切实加强以科研管理制度改革创新为重点的反腐倡廉制度建设

深入推进科研管理制度的改革创新。着力规范科研业务经费的管理，使科研业务经费的使用切实体现科研人员的智力成本投入，努力达到激励多出精品、快出人才的效果，有效克服课题经费使用中存在的不实报销现象。建立涉密课题管理办法，重点规范课题定密、资料收集、网络传递、成果使用等环节，以加强研究过程动态管理，防止或减少失泄密案件的发生。加强管理，完善学位授予、职称评定、成果出版和评奖、课题立项的评审办法，维护学术民主、公平和公正。重视学部建设，充分发挥学部在维护政治纪律、培育优良学风和廉洁科研氛围等方面的积极作用。

严格执行外事管理制度和措施。在扩大开放、搞活国际交流的同时，进一步加强对来访和出访的管理，完善国际会议立项程序，细化项目的管理要求。规范国际合作课题和个人接受境外基金会资助课题或项目管理，坚持出访行前教育制度，执行外事保密工作纪律，严格接受境外记者采访的协调程序，完善对个人护照的管理。

坚决执行财政管理制度。认真按照部门预算、"收支两条线"、国库集中支付等财政管理制度办事，建立规范和安全使用财政资金的长效管理机制，健全对重大资金使用、国有资产管理、重大工程招投标的检查机制。认真清理我院经营性资产，严格实行收支两条线管理，加大对账外资金的检查力度，将所有非财政资金纳入预算管理。纠正图书和医药采购、经费支出中的违规现象。

以初始提名和客观考察为重点完善干部人事制度。健全干部选拔任用和管理监督机制，完善领导班子和领导干部综合考核评价制度。加大院所管理干部交流力度，对长期在科研、人事、外事、财务、基建、后勤等关键岗位工作的人员，根据本人情况和工作需要，进行必要的交流。按照国家法律规定，各单位聘用临时务工人员要签订劳动合同并缴纳社会保险金，适时开展执法检查，切实维护好群众利益。

（五）积极推进以院务公开和党务公开为突破口的权力监督工作

深入推进院务公开。要编制《院务公开目录和指南》，规范公开内容和流程，做到凡应公开的项目全部公开，切实扩大院所决策管理的透明度和干部职工的参与度，为科研强院、人才强院战略的实施提供保障。在深入推进院务公开基础上，对领导干部廉洁自律情况，各类制度执行情况，重大决策、重要干部任免、重大项目安排和大额度资金使用情况进行监督检查。完善财务管理监督联席会议制度，加强对非财政性资金的监管，规范二级账户，清理三级账户，将所有账户纳入审计范围。进行局级领导干部任期经济责任审计，推行审计结果公开，开展审计整改情况检查。加强对院科研学术交流大楼和研究生院新校址建设项目的全过程监督，依法按程序办事，确保工程廉洁和优质。

积极推进党务公开。按照党章的要求充分尊重党员的民主权利，更好地发挥党员的监督作用。丰富党内民主的实现方式，进一步扩大基层党支部、普通党员在科研和行政管理方面的知情权、参与权、表达权和监督权。加强对民主生活会的指导和监督，坚持党内生活的原则性，开展积极的批评和自我批评，提高民主生活会质量。严格执行述职述纪、廉政谈话、诚勉谈话、沟通谈话、函询制度。完善党员领导干部报告个人有关事项和收入等制度。对领导干部的兼职情况进行调研和监督，从实际出发规范领导干部的兼职行为。深入抓好党风廉政建设责任制的落实，完善责任考核办法，对失职渎职者进行责任追究。对党内监督条例和党员权利保障条例的实施情况进行专项检查。

（六）深入进行以应用对策研究为突出特色的廉政研究

通过廉政研究服务于全国反腐倡廉建设大局，是中央和中央纪委对中国社科院的特殊要求和对社会科学工作者的高度信任。有组织地开展廉政研究，开辟了我院科研工作和党风廉政建设的新领域。贯彻党的十七大精神，应充分发挥学科和人才优势，注重理论联系实际，围绕反腐倡廉建设的重大部署开展研究。要根据中央纪委提出的重大课题，如党员领导干部廉洁从政行为，干部人事、财政金融制度的深度改革，国有企业领导人的薪酬管理，期权腐败、斡旋腐败等新型腐败的治理，廉政状况的指标体系和预警机制，跨国追逃涉案人员和赃款等，深入开展基础理论研究和应用对策研究，为全党全国反腐倡廉建设的大局主动建言献策。专业知识功底深厚的领导干部、专家学者特别是学术带头人，应更加积极地参与廉政研究，贴近反腐倡廉的实践需求和决策需求，多提管用之策。同时，以廉政研究的丰硕成果促进我院党风廉政建设。

反腐倡廉建设，是建设和发展中国社科院必须抓好、任何时候都不可稍有放松的重大政治任务。任何一个单位和部门的领导干部，如不重视反腐倡廉工作，就不是一个称职的领导干部。全院党员干部特别是担负党务科研主要责任的领导干部，务必把这项工作摆到更加重要的位置上来，发挥好反腐倡廉建设保驾护航的作用。同时，党员领导干部要严格遵守廉洁自律的各项规定，自觉接受纪检机关和党员、群众的监督。在此，我本人、也代表全体党组成员向大家郑重承诺，一定严格要求自己，带头接受监督，努力成为廉洁自律、作风优良、奉公守法的模范，请全院学者和干部给予监督。

同志们，在推进中国特色社会主义伟大事业的进程中，反腐倡廉任务光荣而艰巨。让我们更加紧密地团结在以胡锦涛同志为总书记的党中央周围，高举中国特色社会主义的伟大旗帜，努力开创我院党风廉政建设和反腐败斗争的新局面！

深入贯彻落实科学发展观,扎实推进惩治和预防腐败体系建设

——在中国社会科学院 2009 年度反腐倡廉建设工作会议上的报告

(2009 年 3 月 19 日)

同志们:

今天,党组召开 2009 年反腐倡廉建设工作会议。受陈奎元同志委托,我代表党组报告工作。这次会议的主要任务是:总结 2008 年反腐倡廉建设工作,研究部署 2009 年任务,积极推进哲学社会科学创新体系与惩治预防腐败体系协同构建。

一 2008 年党风廉政建设和反腐败工作的回顾

2008 年是我院全面贯彻落实党的十七大精神的第一年。全院紧紧围绕党和国家改革发展大局,以改革创新精神扎实推进反腐倡廉建设,为深化我院管理体制机制改革,促进哲学社会科学事业繁荣发展提供了有力的政治保证。

（一）坚持正确政治方向，政治纪律建设进一步加强

我院深入学习贯彻党的十七大精神，进行了以坚定中国特色社会主义理想信念为主要内容的政治纪律教育，先后举办了七期586名处（室）领导干部参加的学习十七大精神培训班，组织了"奥运安全问题""国际国内形势""纪念改革开放三十周年"等专题报告会、研讨会，引导党员干部坚定不移地走中国特色社会主义道路。各单位以专题培训、理论研讨、宣讲辅导等多种形式组织干部学者围绕"一面旗帜、一条道路、一个理论体系"展开学习，增强了干部学者以中国特色社会主义理论体系武装头脑和指导科研的意识和水平。

贯彻《中国社会科学院关于加强政治纪律建设的决定》的力度进一步加大。院职能部门把维护政治纪律有机融入以服务科研为中心的各项管理工作中。科研局严格学术会议审批制度，保证了重大学术活动的政治方向；直属机关党委进一步完善了干部政治理论教育工作格局；人事教育局对新入院人员进行了马克思主义基本理论培训；国际合作局对涉及敏感问题的出访和交流项目严格审核把关；网络中心强化对上网信息安全的审核和监控。办公厅会同网络中心对全院52个单位计算机及移动存储介质处理涉密文件进行了统一清理检查和排查。院保密委员会、监察局、网络中心、国际合作局等研究起草了《涉密课题管理规定》《涉密计算机及涉密移动存储介质管理规定》《涉外交流活动保密工作管理规定》等一系列制度规定。

各研究所通过各种形式在干部学者中进行政治纪律教育，对课题立项、成果评奖、期刊出版、网站信息发布、对外学术交流等关键环节进行政治把关。俄欧亚所、历史所、近代史

所、社科出版社、社科文献出版社等实行了稿件刊发政治问题"一票否决"、境外发表文章审阅管理、学术会议会前审稿、图书选题论证备案等制度。世经政所、社会学所、欧洲所、农发所、城市中心、世历所、亚太所、西亚非所等执行了出访人员行前教育、回国报告和涉密管理等制度。哲学所、法学所、当代所等制止和纠正了几起违反政治纪律的行为，对9人进行了批评教育，对1人给予相应处理。

（二）教育注重实效，遵纪守法意识得到增强

根据党组部署，全院以张林书受贿案为反面典型，实施了"社科工作者如何抵制腐败侵蚀"的遵纪守法教育，3755名干部职工观看了院纪检监察机关拍摄的《"清水衙门"里敲响的警钟》警示教育片，参加了"科研工作者如何抵制腐败侵蚀，在'清水衙门'里提高免疫力"大讨论，占在职人员总数的94%。大家普遍反映，这样的教育触及灵魂，印象深刻，发人深省。院纪检监察机关面向全院推行了"法律纪律应知应记"教育，增强了科研工作者作为国家工作人员的遵纪守法意识，有3709名干部学者参加学习，占在职人员总数的93%。财贸所、考古所、外文所、人文公司等还组织了法律法规专题学习。人事教育局、直属机关党委把反腐倡廉教育纳入《关于加强干部培训工作的实施意见》。院党校把邀请纪检监察机关领导为学员作反腐倡廉报告作为必修课。新闻所、语言所等28个党委理论学习中心组安排了反腐倡廉专题学习。廉政文化建设逐步推进，通过向局级干部赠送廉政周历，利用《院报》《社科党建》以及网站等发表廉政专论，通报廉政信息，倡导优良学风，进一步营造了重学识、讲人品、扬正气、崇廉洁的

氛围。

（三）推进改革创新，治本抓源头工作持续深入

科研局实施了《中国社科院课题后期资助实施办法》和《中国社科院学术会议管理办法》；为规范课题经费管理，在三年调研的基础上，科研局、财计局、监察局共同起草了《中国社科院课题经费管理办法》；人事教育局推进8个单位实施了聘任制改革和岗位设置试点工作；办公厅实行了局级现职领导干部离京、出国（境）审批备案管理；国际合作局、监察局、人事教育局实施了党员干部因私出国（境）证件管理和局级干部因公出国（境）管理；财计局初步完成了二级财务"结算中心制"改革，在职能部门率先推行了公务卡制度；网络中心出台了《关于加强和健全我院各研究所网络信息化管理体制机制的意见》，并制定了《研究所信息化工作经费管理暂行办法》。法学所、国际法研究中心、工经所、金融所、宗教所、图书馆、方志办等制定了科研经费管理、财务收支审批审核等制度。完成重大课题的30个研究所，全部实行了结项课题成果同行专家匿名评审制度。42个预算单位将实有资金账户纳入了结算中心集中管理。

（四）监督务实有效，执行力明显提高

监督院重大决策贯彻落实，对"科研与学术交流大楼""研究生院新校址"等"三项工程"实施了监督和跟踪审计，加强了对结算中心建立和运行情况的监督检查，对院属43个二级核算单位专项资金管理使用情况进行了集中检查，完成了对6个二级预算单位的财务收支常规审计，查出违规资金2700

余万元，对个别研究所存放账外资金问题进行通报批评并限期整改。院务公开深入推进，办公厅开始组织编制《院务公开目录和指南》，及时发布院务信息。各职能部门清理规章制度558项。

认真实行"三谈两述"和个人有关事项报告制度，重点加强了对领导班子和领导干部的监督。党组成员自觉接受监督，报告了个人在用车、住房、出国（境）、兼职、休假、参加消费娱乐、配偶子女就业（留学）、收受礼品等廉洁自律方面的具体情况。党组成员及直属机关党委、直属机关纪委、人事教育局干部分别参加了各所局领导班子学习实践科学发展观专题民主生活会。院纪检监察机关与29名新任局级干部进行了廉政谈话，与8名局级领导干部进行了沟通谈话。全院局处级干部连续五年结合年度考核述职进行述纪并接受群众评议，178名局级领导干部报告了个人有关事项和收入情况。对拟提拔的局级干部，人事教育局落实了提前征求直属机关党委、纪检监察机关意见和任前公示制度，并请纪检监察机关参加干部考察，加强了对局级干部选拔任用过程的监督。全院选拔任用处级干部100%执行了民主推荐、任前公示和事前听取纪检监察组织意见等制度。

（五）加大惩处力度，查办案件的治本功能得到彰显

院纪检监察机关以长期遗留难案、挽回国有资产损失为重点，加大了查办案件力度：纠正了1起错误变更国有股权问题，一次性挽回国有资产损失300多万元，使院里每年增收200多万元；推动1起涉嫌经济犯罪案件的调查工作取得重大突破；督促司法机关加大了对胜诉判决案件的执行力度。监察

局会同科研局对 1 起违规举办评比活动问题进行了通报批评。经济所、财贸所、数技经所、边疆中心等单位纪委处理了 4 起违纪问题。院纪检监察机关对因受贿罪被依法判处有期徒刑的服务中心原主任张林书给予开除党籍、开除公职处分。经缜密咨询论证，依纪依法对 2 人给予留党察看和行政撤职处分，对 2 人给予行政记过处分。院纪检监察机关受理信访举报 43 件，办结 38 件；各所局纪检监察组织受理 66 件，办结 13 件。院所两级纪检监察组织向实名举报人反馈共 9 件，为 13 名干部澄清了是非。

（六）紧扣决策和实践需求，廉政研究服务于反腐倡廉建设大局的作用进一步体现

紧扣中央反腐倡廉建设的重大部署扎实开展廉政研究。组织惩防体系重大国情调研，向中央和中央纪委报送了 5 篇《要报》，贺国强同志批示："要学习借鉴社科院的做法并认真吸纳这批成果。"我院与四地纪委合作开展 4 年多的惩防体系成效测评指标研究，成为制定《中央纪委推进惩治和预防腐败体系建设检查办法》的重要参考。根据反腐倡廉建设重大决策需求，我院组织开展了"建筑工程招投标""国企领导人薪酬管理""金融监管与反腐败""社会中介腐败问题及其治理""机关事业单位分配制度改革"等专题研究，及时提供了对策建议。去年，"苏东剧变中的腐败因素研究"课题获全国党建研究会调研优秀成果一等奖；按照中央纪委交办任务要求完成的《关于加强廉政文化建设的建议》，得到中央纪委多位领导的重要批示，并获中央纪委优秀调研报告奖；我院第三次被中央纪委评选为调研工作先进单位。年底，举办了第三届廉政研究论

坛，中央纪委、监察部领导同志与会并对我院廉政研究给反腐倡廉决策提供的智力支持予以充分肯定。

（七）制定贯彻中央《工作规划》实施办法，惩防体系建设取得新进展

中央颁布《建立健全惩治和预防腐败体系 2008—2012 年工作规划》后，党组及时制定了贯彻落实《建立健全惩治和预防腐败体系 2008—2012 年工作规划》的《实施办法》并进行任务分解，把在实践中形成的维护政治纪律、廉洁自律教育、反腐倡廉制度建设、综合监督、办案惩处、廉政研究等"六项工作格局"作为我院惩防体系建设内容，并融入科研和管理工作中，与哲学社会科学创新体系协同构建。

在党中央、国务院颁布实施《关于实行党风廉政建设责任制的规定》10 周年之际，党组总结了落实党风廉政建设责任制的基本情况和经验，提出了进一步强化完善的措施。年底，党组办公会听取了职能部门落实分解任务的情况汇报，8 位党组成员检查了 11 个单位责任制落实情况。我院首次实施了"反腐倡廉建设绩效考核评价"工作，在民族所、马研院等 8 个单位的 549 名干部学者中进行了问卷调查，院属 52 个部门和单位对照党组提出的任务自查并报告了落实情况。调查和报告结果显示，对院惩防体系年度分解任务落实率为 89%，政治纪律教育参与率为 92%，反腐倡廉教育效果认可率为 80%，领导干部廉洁自律满意率为 58%，领导干部和职能部门工作作风改进率为 68%，学风状况好转率为 65%，财务制度执行规范率为 61%，反腐倡廉监督有效率为 60%。绝大部分干部学者认为，我院反腐倡廉建设扎实推进，成效明显。

（八）认真开展学习实践科学发展观活动，促进了党风学风作风建设

在开展深入学习实践科学发展观活动中，通过查找党性党风党纪方面存在的突出问题，边整边改，有力促进了党风、学风和作风建设。院领导在对 39 个单位调研的基础上，多次带领职能部门负责同志进行专题调研和现场办公。院纪检监察机关召集 43 个单位纪检监察干部进行调研座谈，查找出全院党性党风党纪和学风工作作风方面存在的突出问题。科研局与监察局就纠正学术不端行为进行了调研，并着手起草有关办法。各学部在课题立项、成果期刊评奖等工作中发挥积极作用，维护了学术民主、公平和公正。社科杂志社发起了《关于坚决抵制学术不端行为的联合声明》。马研院、文学所、民文所、研究生院等 23 个单位制定实施了科研成果量化考核等 60 余项加强学风建设的制度措施。经济所、哲学所纠正了 2 起学术不端行为。

全院治"散"治"粗"初见成效，职能部门为科研一线和全院职工服务的意识进一步增强。办公厅督办制度初步形成。直属机关党委设立了监督机关作风建设热线电话和电子信箱，研究起草了《关于加强机关作风建设的意见》。国际合作局重视加强对干部作风和能力素质的培训。财计局、服务中心推进行政后勤管理工作规范化、制度化，提高了办事效率。老干部局努力为离退休老同志解决实际困难。局级干部年度离京、出国（境）725 人次按要求进行了审批登记备案。美国所、日本所、拉美所、人口所、政治学所等 34 个单位制定实施了会议考勤、出差报告等百余项措施。

多年来，中央纪委驻院纪检组认真履行职责，协助党组大力组织协调全院党风廉政建设，主动探索新形势下有效防治腐败的思路和对策，为构建具有我院特色的惩治和预防腐败体系，开创我院反腐倡廉建设工作新局面作出了突出贡献。全院各级纪检监察组织在维护政治纪律、反腐倡廉教育、廉政制度建设、受理信访举报等方面的作用日益明显。纪检监察干部所表现出的对党忠诚、求真务实、秉公执纪、严谨细致、爱岗敬业的优良传统和作风，赢得全院上下一致好评。在此，我谨代表党组和奎元同志，向为我院党风廉政建设和反腐败工作作出重要贡献的纪检监察组织和广大纪检监察干部表示衷心的感谢！

二　准确认识和深刻分析反腐倡廉形势

科学分析和准确判断反腐倡廉形势，是确定思路、明确任务、指导工作的基础，也是凝聚意志、坚定信心、形成合力的前提。胡锦涛同志在第十七届中央纪委三次全会上指出，我国反腐倡廉形势依然严峻，任务依然繁重。对此我们需要始终保持清醒的政治头脑，始终保持党风廉政建设和反腐败斗争的高压态势，牢牢掌握工作主动权。

（一）充分认识意识形态领域斗争的长期性、尖锐性和复杂性，把维护政治纪律和国家安全放在更加突出的位置

目前，世界范围内围绕发展模式和价值观的竞争凸显，各种思想文化交流、交融、交锋日益频繁，意识形态领域渗透与反渗透的斗争尖锐复杂。2009 年，敏感期比较集中。境内外敌

对势力图谋借机进行新一轮颠覆破坏活动，加紧对我国实施西化、分化战略，一些西方国家打着自由、民主、人权等旗号对我攻击的调门升高。"藏独""东突""民运""法轮功"等与国际上的反华势力呼应和勾结，加紧捣乱破坏活动。当前，敌对势力的渗透破坏组织越来越周密，方式越来越多样。

一个时期以来，随着社会思潮多元、多样、多变趋势的更加明显，否定社会主义制度、否定改革开放、否定党的领导和党的理论路线方针政策的噪音和杂音时有出现；网络作为各种社会思潮、各种利益诉求的集散地，也成为意识形态较量的重要战场。目前，巩固理论阵地、引导社会舆论的难度在增加。

社科院作为意识形态领域的重要单位，在复杂多变的背景下，维护政治纪律对于更好地发挥马克思主义坚强阵地作用至关重要。近年来，我院维护政治纪律的工作力度不断加大，取得了比较明显的成效，但也面临着一些不能忽视的问题：一是有些干部学者坚守马克思主义阵地的意识和能力还不强；二是极少数研究人员违反政治纪律的行为时有发生。因此，必须高度重视政治纪律建设，强化研究人员和管理干部的政治意识和法制观念。

（二）充分认识学风作风建设的现实紧迫性，大力弘扬优良学风和作风

胡锦涛同志在第十七届中央纪委三次全会上深刻阐述了新时期加强领导干部党性修养和作风建设的重要性、紧迫性和基本要求。通过认真开展学习实践科学发展观活动，广大党员领导干部的作风发生了积极变化，但在个别领导干部身上也不同程度存在一些值得注意的问题：宗旨意识、为群众服务、为科

研服务意识需进一步加强；存在个人决定重大事项现象；责任心和事业心不强；工作方法简单，不善于听取不同意见；领导班子成员之间不团结，凝聚力不强。改进领导干部作风，必须加强党性党风党纪教育。领导干部必须注重自身党性修养，时刻以"君子检身，常若有过"和"见贤思齐，见不贤则自省"的态度，让思想境界不断升华，管理水平不断提高。

学风建设关系到中央对我院"三大定位"要求的落实，是构建哲学社会科学创新体系的重要保证，也是党风廉政建设的重要组成部分。我院必须把学风建设作为一项长期任务。要提倡科学严谨的治学态度，踏实、诚实、求实的学者品格，进一步提高对科研诚信建设、防止学术不端行为重要性的认识。要通过健全诚信机制、监督机制，形成良好的科研环境。

改进工作作风是我院加强作风建设的重要内容。"散"和"粗"的问题经过治理有了一定改进，但管理松弛、办事拖沓、粗疏应付现象依然时有表现。要不断强化责任意识、大局意识和服务意识，推进管理工作规范化、制度化、科学化，维护中国社科院的良好形象。

（三）充分认识惩防体系建设的重要性，更加重视发挥反腐倡廉建设的保驾护航作用

院内外过去常说，社科院是个"清水衙门"，没有机会腐败。近年来，我院共查处经济类案件和问题约80件，有7人被司法机关查处，11人受到党纪政纪处分。这些人的问题主要出在：一是贪污挪用；二是公款私存，私设"小金库"和违规账号；三是以权谋私，收取回扣；四是收钱受贿。事实证明，我院并不是世外桃源，难免受到社会上腐败现象和不正之风的影响，切不可以为在社科院抓反腐倡廉建设是多余的。

也要看到，尽管这几年我院反腐倡廉建设取得了明显成效，但发展不够平衡，一些单位的工作存在薄弱环节。极少数党员干部认识不端正，认为社科院一没权、二没钱，没有必要在反腐倡廉建设方面投入太多精力；有些领导干部抓反腐倡廉建设的自觉性不高，从实际出发创造性开展工作的意识不强，履行党风廉政建设责任的能力偏低；一些单位科研管理工作与反腐倡廉建设不同程度地存在"两张皮"现象，反腐倡廉建设与科研、人事、财务、外事、网络、图书、期刊、出版、社团、后勤等管理工作结合、配套不够紧密；一些单位纪检监察组织实施监督的主动性不足，对领导干部和权力的监督措施不到位。

贯彻中央关于繁荣发展哲学社会科学的精神，实现我院科研强院、人才强院和管理强院战略，迫切要求将惩治和预防腐败体系与哲学社会科学创新体系协同构建。各单位负责同志要进一步提高抓反腐倡廉建设的积极性、主动性和创造性，深化具有我院特色的惩防体系"六项工作格局"。各级纪检监察组织要加大监督检查力度，确保党组确定的改革发展目标和重大部署得到贯彻落实，充分发挥反腐倡廉建设的"保驾护航"作用。

三　2009 年反腐倡廉建设的主要任务

2009 年是新中国成立 60 周年，是积极应对国际国内重大挑战、进一步发展我院哲学社会科学事业和深化管理体制机制改革的关键一年。反腐倡廉建设要围绕中央对我院"三大定位"的要求，着力推进以"六项工作格局"为主要内容的惩治预防腐败体系建设，着力解决党员干部在党性党风党纪和学风作风方面存在的突出问题，为促进我院哲学社会科学创新体系建设提供更加有力的政治保证。

（一）持续加强教育和管理，增强维护政治纪律的自觉性

要增强理想信念教育和社会主义核心价值观教育的有效性，在全院扎实开展"忠诚于党、忠诚于人民、忠诚于祖国"的教育活动，举办局级领导干部、机关干部、专家学者系列学习报告会，使干部学者确立社会主义核心价值观念，自觉践行社会主义道德。要坚持不懈地深化国家安全法规和保密纪律教育，并与政治纪律、宣传纪律、外事纪律教育紧密结合起来，不断强化政治意识和责任意识。

要严格执行《中国社会科学院关于加强政治纪律建设的决定》，规范涉密课题管理，执行涉密计算机和移动存储介质等保密规定。各单位主要负责同志要教育提醒研究人员和管理干部严格遵守保密规定，谨慎与境外机构和人员交往，正确使用研究资料数据，稳妥接受媒体采访和使用博客网评，在学术研讨、讲课和公开发表研究成果时，行为要严谨，说话要慎重，切实维护好国家安全和我院声誉。

要加强课题立项、书刊出版、人员聘用、网络通信、职称评聘、成果评奖、学术讲坛、课堂教学等关键部位和环节的管理，不给错误思想观点提供传播渠道。对国外访问学者和租用我院场所的外来人员，在使用我院内网、复印机、传真等设备时，须采取有效管理措施。要进行网络管理和技术更新，防范信息情报网上被盗。严格接受境外记者采访的协调程序，完善国际会议立项程序，细化项目管理，规范国际合作课题和个人接受境外资助课题或项目的管理。进一步加强对来访和出访的管理，坚持出访行前教育制度，执行外事保密工作纪律，坚持实行局级领导干部因私出国（境）审批备案和证件管理。加强对外事经费使用的管理和监督。

（二）　着力加强学风和作风建设，把反腐倡廉教育引向深入

要认真学习胡锦涛总书记在第十七届中央纪委三次全会上关于加强领导干部党性修养、弘扬优良作风的重要讲话精神，树立正确的政绩观、利益观，强化宗旨意识、责任意识、实践能力和纪律观念。开展"看身边勤政廉政事、学身边廉洁敬业人"示范教育活动，宣传一批在科研和管理岗位上敬业勤政、廉洁自律、作风优良的优秀典型。要搞好岗位廉政教育，把反腐倡廉纳入我院干部经常性培训和党校教学内容，在领导干部任职培训或在职培训中开设廉政教育课程。以科学民主决策、维护国家安全和保密纪律、财经纪律为重点，在干部学者中分类开展"法规纪律应知应记"教育，组织领导干部和关键岗位人员参观预防职务犯罪展览。院领导和各所局主要负责人带头讲廉政党课，班子主要负责同志与班子成员、班子成员之间以及分管领导与下级班子成员全年至少谈心 1 次。推进多种形式的廉政文化建设，努力营造风清气正的科研氛围。

起草弘扬优良学风，纠正学术不端行为的办法。建立并发挥院所两级学术道德委员会、职称评审委员会、图书期刊审读制度等对学风建设的监督作用。结合年度考核，建立完善领导干部和职能部门作风评议制度，把评议结果作为年终考核、职称评定、干部任用和奖惩的重要依据。健全院领导和职能部门经常调研听取群众意见的机制。对局级领导干部兼职情况进行

调研，结合实际制定领导干部兼职办法。出台《关于加强机关作风建设的意见》，进一步做好监督机关作风热线电话和电子邮件受理工作。执行中央有关厉行节约、反对铺张浪费的规定，严禁用公款大吃大喝、出国（境）旅游和进行高消费娱乐活动。大力倡导开短会、说短话、发短文，提高办文、办会、办事的效率和质量。

（三）继续加强体制机制改革，抓好源头预防腐败工作

今年，加强制度建设和管理体制机制改革的着力点是：颁布实施《中国社科院经费审核审批管理规定》，严格按照资金预算的项目、金额、范围和程序，加强资金管理特别是专项资金管理，不得擅自改变资金的性质和用途，严防挤占、截留和挪用专项资金，接受群众和纪检监察组织的监督，确保资金管理使用决策科学民主，审核规范合法，结果公开透明。深入推进"结算中心制"改革，把三级账户全部纳入结算中心管理。加强房产管理，实施《中国社科院房产有偿利用管理规定》，防止国有资产流失，保证房产安全和保值增值。加强各单位财务收支审计，以名刊建设工程、重点学科建设项目、信息化建设项目、外事、基建、维修工程以及药品设备图书购置等重大项目、重大工程、重大课题为专项审计的重点，坚持领导干部经济责任审计，推行任中审计，使审计监督经常化。建立承诺登记和责任追究制度，下决心解决私设账户、搞"账外账"和"小金库"问题。凡违反财经纪律造成严重后果的，一经发现，追究法人代表（所长）、党风廉政建设第一责任人（党委书记）、主管财务领导和相关当事人的责任，违纪情节严重的，给予党纪政纪处分，构成犯罪的，移送司法机关追究刑事责

任。严格执行党风廉政建设责任制，细化岗位职责和工作任务，完善责任考核办法，建立健全监督检查和奖惩机制。执行科研业务经费管理规定，规范课题经费管理，加强学术期刊管理，普遍推行匿名审稿、"三审三校"、来稿登记及反馈等制度。加强对协会、学会、非实体中心人员、经费和活动管理情况的监督检查，协会、学会及中心负责人、秘书长必须由我院在职人员担任，财务、印章使用管理要符合法律法规规定，违反规定的，限期整改，长期不开展活动或不具备条件的，予以注销。

（四）坚持加强监督检查，促进党组重大决策部署的有效落实

深入推进院务公开和党务公开，完善院务公开制度，出台《院务公开目录和指南》，规范公开内容和流程，加快电子院务建设，做到凡应公开的项目全部公开，切实扩大决策管理的透明度，扩大群众对科研和行政管理的知情权、参与权、表达权和监督权。制定《党务公开办法》，完善党员向上级党组织反映情况、表达意愿、参与决策的有效途径，切实保障党员权利。健全重要事项征求意见、重要会议特邀代表参加等制度，发挥民主党派、无党派人士和人民团体的监督作用。

加强对民主生活会质量的检查，坚持执行述职述纪、廉政谈话、诫勉谈话、沟通谈话、函询等制度。严格执行党员领导干部报告个人有关事项和收入申报的规定。对纳入名刊建设工程的编辑部及编辑人员进行民主评议，不定期向读者、投稿人等进行调查，坚决反对刊发"人情稿"、收取版面费等行为。进一步加大管理干部交流力度，对长期在科研、人事、

外事、财务、基建、后勤等关键岗位工作的人员进行必要交流。

全院各项重大改革会议和活动应主动邀请纪检监察组织参与，探索纪检监察组织在参与项目审批、工程建设、政府采购、干部选拔任用、职称评聘等方面实施监督的有效途径和工作机制。

（五）注意加强组织协调，保持查办案件的工作力度

结合我院特点，重点查处违反政治纪律以及严重危害国家安全的案件，继续查处违反财经纪律案件，查处失职渎职案件。提高案件核查水平，加大协调力度，加强与司法机关的协作，进一步实现对遗留案件和难案的突破。

坚持"一案双查双报告"制度，发挥查办案件的治本功能。深入研究违纪违法案件的特点和规律，及时提出建议，通过查处案件，教育干部，完善制度。梳理我院十年来发生的违纪违法案件，进一步探索对违纪违法行为进行组织处理和纪律处分的措施。拓宽举报渠道，开通举报电话和网络举报信箱，完善案件和问题发现机制，鼓励和提倡提供具体线索的署实名举报。举报电话是85195123，举报信箱是skqzlx@cass.org.cn。要维护信访举报人的合法权益。对于实名举报，受理单位要负责任地向举报人反馈意见。对内容属实的，依纪依规认真处理。对不属实的要澄清是非，对诬告的要批评和处理，坚决保护干事业的好干部。各级领导班子和领导干部要以坦荡的胸襟、平和的心态，正确对待群众信访举报。反对打击报复行为。反对没有事实根据的猜忌、泄私愤和人身攻击。

（六）重视加强机制建设，紧扣党和国家反腐倡廉建设重大部署深入开展廉政研究

开展廉政研究，是我院为全国反腐倡廉建设大局服务的重要体现。应充分发挥学科和人才优势，注重理论联系实际，围绕党和国家反腐倡廉决策需求开展基础研究和应用研究。今年要着力研究的问题是：金融危机条件下的金融监管，中央扩内需、促增长政策落实的同步监督，反腐败与社会公众心理，行政权力有效监管，家庭财产申报制度的推行，职务消费制度改革，招投标领域反腐败对策，党风廉政教育有效途径，领导干部选拔任用公信力，惩治和预防腐败体系测评等。在已有研究组织方式基础上，今年建立院廉政建设研究中心，进一步整合廉政研究骨干力量，积极与地方纪委合作，建立廉政研究基地，加强横向交流和联合研究。院所重点课题、国情调研、国情考察以及其他科研课题，要增加反腐倡廉建设的选题，支持学者进行深入研究。各单位要结合学科建设有意识地培养廉政研究专门人才，不断壮大廉政研究队伍，为党和国家提供数量更多、质量更高的廉政研究成果。

同志们，在推进中国特色社会主义伟大事业的进程中，反腐倡廉任务光荣而艰巨。让我们更加紧密地团结在以胡锦涛同志为总书记的党中央周围，高举中国特色社会主义的伟大旗帜，努力开创我院党风廉政建设和反腐败斗争的新局面，以优异成绩庆祝中华人民共和国成立 60 周年！

深入开展反腐倡廉建设，
为实施强院战略提供有力保障

——在中国社科院 2010 年度反腐倡廉
建设工作会议上的报告
（2010 年 3 月 25 日）

今天，党组召开 2010 年反腐倡廉建设工作会议。受陈奎元同志委托，我代表党组作工作报告。这次会议的主要任务是：回顾总结 2009 年反腐倡廉建设工作，研究部署 2010 年任务。

一　2009 年党风廉政建设和反腐败工作的回顾

2009 年，是全党深入学习贯彻十七大和十七届四中全会精神，稳步落实《建立健全惩治和预防腐败体系 2008—2012 年工作规划》，扎实推进惩治预防腐败体系建设的重要一年。一年来，我院坚决贯彻中央、中央纪委的决策部署，全面加强反腐倡廉建设，维护政治纪律和反腐倡廉教育、制度、监督、惩处、廉政研究工作有序推进，惩治预防腐败体系与哲学社会科学创新体系协同构建取得显著成绩。

（一）坚持正确的政治方向，政治纪律建设成效明显

认真学习、深刻领会党的十七大以来中央关于反腐倡廉建设的一系列重大决策部署。党组理论学习中心组先后两次学习加强和改进党的建设的重要论述，举办了全院所局主要领导干部学习贯彻党的十七届四中全会精神培训班和专题辅导报告会，多位党组成员就学习贯彻四中全会精神作辅导报告，全院800多名处室以上干部和党支部书记参加了学习培训。院属各单位党委也召开各种形式的学习研讨会，不断增强深化党风廉政建设和反腐败斗争的自觉性、坚定性。

坚持正确政治方向，维护政治纪律，是我院党风廉政建设的首要任务。在纪念五四运动90周年、西藏民主改革50周年和新中国成立60周年之际，我院先后举办系列"所局级领导干部学习报告会""机关干部学习报告会"，举办"国家安全形势报告会""维护政治纪律信息通气会"和"重大群体性事件内部通气会"，把时事政治教育、理想信念教育和政治纪律教育有机结合。财贸所、数技经所等单位邀请院内外领导和专家作维护政治纪律的报告，民族所、世经政所、欧洲所、老干部局等单位定期开展政治纪律教育，世历所、社会学所结合近年来本单位发生的研究人员为境外非法提供国家秘密的典型案例进行警示教育，做到警钟长鸣。

全院各单位把维护政治纪律工作贯穿到课题立项、成果验收、信息发布、期刊出版、成果评奖等环节，有效落实学术会议、活动备案制和对外学术交流项目报批制。院保密委员会、办公厅、监察局、科研局研究制定了《涉密课题管理办法》《贯彻〈社会科学研究工作中国家机密及其他密级具体范围规

定〉的实施办法》，印发了《保密技术防范常识》，对全院涉密载体进行了集中清理销毁和登记备案，与重要涉密部门和关键岗位干部学者签订了保密承诺书。

过去的一年，国内大事多、政治敏感时点多，政治维稳任务重。我院充分发挥学术资源优势，及时组织专家学者围绕新疆和西藏反分裂促稳定、重大群体性事件的预防处置、应对错误思潮等问题开展调研，共报送内部报告 30 余篇，为党和国家提供了决策参考。同时，密切关注违反政治纪律的苗头性和倾向性问题，重点做好有关人员及重点部位的工作。哲学所、法学所、马研院、美国所、经济所、近代史所等单位与院有关部门积极配合，工作扎实，为维护我院政治稳定发挥了积极作用。

（二）着力加强学风和工作作风建设，反腐倡廉教育引导作用突出

党组高度重视学风建设工作。陈奎元同志明确指示，要把建设优良学风作为促进人才成长的重要条件。在深入调研的基础上，院党组召开全院学风建设工作会议，从抓好学术自律教育、搭建学风建设交流平台、完善规范学术行为制度、强化对学风的监督检查、惩处和纠正不良学风等方面作出部署。人事教育局、直属机关党委、直属机关纪委、马研院联合举办 3 期青年马克思主义基本理论培训班，对 330 余名青年进行了马克思主义优良学风教育。院科研管理部门和纪检监察机关着力开展职业道德教育和学术规范引导，发挥学术委员会、职称评审委员会和期刊图书审读专家组在学风建设中的监督作用，对抄袭剽窃、粗制滥造、不实署名、收费评奖等进行了重点治理。当代所、经济所、数技经所、文学所、哲学所、西亚非所处理

了 8 起学术不端行为。法学所等 24 个单位制定了加强学风建设的有效措施。社科杂志社向全院期刊发出《关于加强学术期刊编辑人员行为自律的倡议》，倡导规范编辑流程、提高办刊质量。语言所通过开展纪念老一辈学术大家活动，进行正面引导，帮助青年学者端正学风。

以治"懒"、治"散"、治"粗"、治"浮"为重点，促进领导干部和机关转变作风。建立健全了对中央重大决策和院党组重大部署执行情况的督查督办机制。颁布实施了《关于进一步加强领导干部和机关作风建设的若干意见》。严格执行干部离京、出国（境）请销假制度，督促所局领导干部聚精会神治所抓管理。整顿会风、抓会议纪律，到会率和会议效果明显提高。开展院职能部门和直属单位"文明窗口"评选活动，办公厅秘书处等 4 个处室及院部餐厅受到表彰。

进行以"科学民主决策""保密纪律""财经纪律"为主题的"法规纪律应知应记"系列教育，有 3548 名干部学者参加学习，占在职人员总数的 90.1%。开展"看身边勤政廉政事、学身边廉洁敬业人"示范教育活动，重点选树了蔡美彪、刘克平、孙叔林等 40 位在科研和管理岗位上敬业勤政、廉洁自律、作风优良的先进典型，在《中国社会科学报》、院网站开辟专栏宣传他们的事迹，收到良好反响。历史所、金融所、图书馆等单位开展了岗位廉政教育。

（三）努力推进源头治理，制度保障作用不断增强

2009 年，我院在大力推进"管理强院"战略中，充分发挥反腐倡廉制度的规范和保障作用，促进了管理体制机制改革。一是用力推行"小金库"专项治理。通过自查自纠、"回头看"

和重点检查，院属54个单位中有25个单位主动报告并纠正了存在的"小金库"问题，共清理"小金库"42个，涉及资金980.37万元。中央检查组对社科院进行重点检查时，没有出现被动查处单位。二是严格规范各类人员津补贴。针对院内各单位不同程度存在的津补贴资金来源渠道杂乱、标准不规范、院内人员收入分配差距大等问题，制定《关于做好清理规范津贴补贴工作的意见》，实行了规范资金来源、与职级相匹配、所内同职同酬、单位之间缩小差距的分配机制。同时，颁布了《关于规范津贴补贴工作的若干规定》，及时跟进了监督检查。三是扩大院结算中心管理范围。推进银行账户监管的全覆盖，共有3个一级账户、45个二级账户、125个三级及以下账户纳入院结算中心，占全部账户的93%，增强了资金管理的透明度，提高了资金的使用效益。四是认真开展"厉行节约"专项活动。通过对公务接待、会议支出、出国出差、公务用车、降低能耗、集中采购的集中治理，各单位行政办公经费支出总额比2008年有较大幅度降低。五是制定并实施《房产有偿利用管理规定》《房产有偿利用缴费办法》。对25个院属单位的出租房产进行了清理，收回房产有偿使用费1350余万元，实现了国有资产的保值增值。

院职能部门起草出台了一系列加强课题经费管理、非实体中心管理、信息化项目管理的制度办法。院属各单位也把制度建设作为"管理强所、管理强室"的重要内容，进一步建章立制，做到有规可依。

（四）突出监督重点，规范约束机制得到加强

过去一年，各级纪检监察组织把领导干部廉洁自律、重大

事项决策、财务收支、基建工程等作为监督重点，丰富监督内容，创新监督方式，提高了监督工作成效。

坚持开展领导干部廉洁自律情况监督检查。严格执行"三谈两述一报告"规定，党组成员连续三年主动报告个人在用车、住房、出国（境）、兼职、休假、配偶子女就业（留学）、收受礼品等方面廉洁自律的情况，195 名局级领导干部报告了个人有关事项和收入情况。党组成员与直属机关党委、直属机关纪委、人事教育局干部分别参加了 46 个所局领导班子民主生活会。纪检监察机关与新任的 1 名部级干部和 13 名局级干部进行了廉政谈话；与所局党政负责同志沟通谈话 52 人次；根据信访举报，对 5 名领导干部进行了函询。各单位党政主要负责人与班子成员谈心 302 人次。人事教育局对一些长期在关键岗位工作的管理干部进行了轮岗交流。

重视发挥审计工作的监督保障作用。审计部门先后完成党组交办和有关管理部门委托的 10 项任务，审计资金总额 8.79亿元；对 5 个单位离任领导干部进行了经济责任审计，涉及资产总额 1.62 亿元；对研究生院新校址建设工程实施了跟踪审计、对院图书馆地下车库改造等 11 项工程公开招投标及评审实施了过程监督。

加强对工程建设等重点领域的监督。制定并出台了《基建工程监督管理实施办法》，实行了对基建工程招投标、施工、监理、造价、结算等环节的全程监督，有关经验得到中央纪委的肯定。编制了《院务公开目录暨指南》，在院网开设"院务公开"专栏，扩大了院所决策管理的透明度。

加强对院属各单位党风廉政建设责任制的监督检查。按照《2009 年反腐倡廉建设工作职责及主要任务分解》，院党风廉政建设领导小组和党建工作领导小组专门听取了 8 个职能部门落实分解任务的情况汇报，8 位党组成员专项检查了 15 个单位责任制落实情况。院属各单位主要领导干部认真履行职责，把党风廉政建设融入以科研为中心的各项工作中。直属机关纪委和部分研究所纪委完成换届调整，全院纪检监察干部连续三年接受业务轮训，在惩防体系"六项格局"中的作用日益明显。

2009 年底对干部学者进行的"中国社科院反腐倡廉建设成效评价"问卷调查显示，全院惩防体系年度分解任务落实率为 88.3%，政治纪律教育参与率为 93.7%，学风状况好转率为 67.8%，领导干部和职能部门工作作风改进率为 71%，领导干部廉洁自律满意率为 73.3%，反腐倡廉综合监督有效率为 63.1%。

（五）加大信访和案件核查力度，惩治功能持续发挥

纪检监察机关加大信访工作力度，开通了网络举报信箱，共接到来信来访 68 件，转办 20 件，办结 35 件。各单位纪检监察组织共受理信访 58 件，核实 45 件，向举报人反馈 19 件。一些事关学术不端、违反政治或财经纪律的问题得到查处，一些反映领导干部作风的问题得到纠正，一些干部受到错告的问题得到澄清。全年共查办违纪案件和问题 5 件，开除党籍和公职 1 人，给予行政记大过处分 2 人。其中查办 1 起经济违纪案件，追回全部涉案资金；两起国有资产流失案件的查办工作取得重要进展，已收回国有资产数百万元。纪检监察机关在认真总结十年来信访案件工作的特点和规律的基础上，不断细化工作，健全组织协调机制，信访及查办案件工作取得了良好政治和社会效果。

（六）积极开展廉政研究，思想库智囊团作用更加显著

2009 年以来，我院廉政研究工作继续坚持以对策研究为主、团队研究为主、内部报送成果为主的方针，拓展研究领域，先后组织干部学者就维护政治纪律、边疆文化安全、国家吏治改革、落实扩大内需政策源头治理、财产申报、职务消费改革、行政问责等专题，赴甘肃、西藏、湖南、云南等地开展了调查研究。与甘肃省纪委合作，启动了"预防腐败创新工程"研究项目。我院牵头的"一院四地"课题组联合开展四年研究和两年试点，为中央纪委推进惩治和预防腐败体系建设检查考核提供了可操作性的技术工具，并首次运用于检查实践。2009 年，院级立项廉政研究课题 23 项，18 个研究所 100 余名专家学者参与，产出了一批高质量的研究成果。其中，吏治改革系列研究报告、中介组织腐败问题研究报告等得到中央领导同志的重要批示，《国家吏治改革若干重大问题研究》获中央纪委优秀调研报告奖。我院第四次被中央纪委评选为调研工作先进单位。

为适应党和国家反腐倡廉建设决策和实践的需要，更加务实地推动廉政研究工作，12 月 8 日，我院成立中国廉政研究中心并举办第四届廉政研究论坛。中央书记处书记、中央纪委副书记何勇同志出席会议并发表重要讲话，充分肯定了我院廉政研究工作，并勉励广大专家学者坚持以中国特色社会主义理论体系为指导，继续为全党全国反腐倡廉建设献计献策。

一年来，中央纪委驻院纪检组认真履行职责，坚持标本兼治、综合治理、惩防并举、注重预防的方针，坚持从实际出发，不断探索新形势下科研单位惩治预防腐败体系建设的特点

和规律，注重政治方向，注重源头预防，注重发挥保障功能，思路清晰，措施到位，成效显著，为服务党和国家反腐倡廉建设大局、为我院的改革发展大局作出了重要贡献。在此，我谨代表院党组和陈奎元同志，向驻院纪检组、向全院各级纪检监察组织和广大纪检监察干部表示敬意和衷心感谢！

在充分肯定成绩的同时，我们也要清醒地看到，极个别人违反政治纪律、危害国家安全的行为尚有发生；有的领导干部作风不够民主，存在个人决定重大事项的现象；有的领导干部从实际出发落实反腐倡廉建设任务的意识不强，落实院重大改革部署的执行力不强；个别科研人员还存在抄袭剽窃、虚报或重复使用成果的行为；有的单位仍存在违纪违规隐患和制度漏洞；有的纪检监察组织实施监督的办法不多、作用发挥不明显。这些问题需要高度重视，采取有力措施加以解决。

二　2010年要全面深化反腐倡廉建设工作

2010年，我们要以改革创新的精神，深化以反腐倡廉"六项格局"为主要内容的惩治和预防腐败体系建设，为构建哲学社会科学创新体系提供更加有力的保证。

（一）严明和维护党的政治纪律，坚持正确的政治方向

认真贯彻党的十七届四中全会精神和中央纪委五次全会精神，是当前和今后一个时期重要政治任务。要组织党员干部深入学习全会关于加快推进惩防体系建设的重要论述，明确任务要求。认真执行《关于进一步加强和改进我院党的建设工作的若干意见》，开展执行情况的监督检查，促进各项任务的落实。

要以领导干部和科研人员为重点，持续开展中国特色社会主义理论体系和社会主义核心价值体系的学习教育，开展"忠诚于党、忠诚于人民、忠诚于祖国"主题教育活动，继续办好所局领导干部、机关干部、专家学者、离退休干部理论学习系列报告会，引导广大干部学者特别是青年学者坚定理想信念，树立党的事业、人民利益、国家利益至高无上的政治意识，维护改革开放和社会稳定的大局。有针对性地组织对意识形态领域错误思潮的评析，增强干部学者包括离退休人员的政治敏锐性和政治鉴别力，在复杂多变的形势下始终保持正确的政治方向、理论方向和科研方向。

深入贯彻院《关于加强政治纪律建设的决定》。开展对《决定》贯彻执行情况的专项检查。举办加强政治纪律建设工作交流研讨会，总结推广维护政治纪律的有效经验。密切关注并及时掌握敏感动态，耐心做好个别人员的教育转化工作。依纪依法严肃处理严重违反政治纪律的行为。

加强保密纪律、外事纪律的教育和管理。继续运用近年来我院发生的危害国家安全的典型案件，在全院干部学者中进行"强化保密意识，维护国家安全"的长效教育。落实院《2010 年保密工作要点》，抓好信息系统和信息设备使用保密工作。认真执行《涉密课题管理规定》，预防失密泄密事件发生。实施《涉密计算机和涉密移动存储介质管理规定》，加强对外网、内网、办公网和保密网的监管。出台《涉外交流活动保密工作管理规定》，严把境外资助项目、国际会议交流论文的政治关。完善涉外学术活动管理办法，规范对科研人员境外发表研究成果的管理。加大对院所两级保密工作的监督检查力度。

（二）深化反腐倡廉宣传教育，弘扬清风正气

加强对领导干部廉洁从业教育，以制度明确廉洁教育的目标和责任。加强对廉洁敬业先进典型的宣传，继续开展"看身边勤政廉政事、学身边廉洁敬业人"示范教育活动。有针对性地持续开展"法规纪律应知应记"教育。院领导和各所局主要负责人要带头讲廉政党课。院党校及各类干部培训要将反腐倡廉教育作为必修课。加强对科研、人事、财务、后勤等管理干部的岗位廉洁教育，进一步完善我院工作人员廉洁从业规范。举办防治"小金库""以案讲规"培训，编制印发工作手册。加强反腐倡廉制度的宣传教育，使广大党员干部熟知制度内容，增强制度意识，养成按制度办事的行为习惯。建立廉政法规知识库和网络测试平台，对全院处室以上干部进行学习情况年度检查，公示学习结果。认真落实中央纪委等六部委《关于加强廉政文化建设的意见》，营造风清气正的良好氛围。

加强领导干部和机关作风建设，大兴密切联系群众、求真务实、艰苦奋斗、批评和自我批评之风。院领导和职能部门定期深入实际调查研究，每位院领导每年联系并走访2—3个研究室（编辑部），开通院长电子信箱，不断拓展联系群众的渠道和方式。进一步改进文风会风，提高办文质量，增强会议效果。坚持勤俭节约，反对铺张浪费，按照中央厉行节约有关规定，加强科研课题、国情调研、出国考察等成果的质量管理，防止以会议、学习、调研名义公款旅游和大吃大喝。完善民主生活会制度，认真征求群众意见，开展批评与自我批评。健全领导干部和机关作风评议制度，做好监督作风建设热线电话和电子邮件受理工作。

（三）　加强反腐倡廉制度建设，抓好源头治理

胡锦涛同志在中央纪委五次全会上的重要讲话中强调，要以加快推进惩治和预防腐败体系建设为载体，以健全权力运行制约和监督机制为重点，以落实党风廉政建设责任制为抓手，不断提高制度的执行力，保证反腐倡廉各项制度落到实处。加强制度执行情况的监督检查，教育引导领导干部树立法律面前人人平等、制度面前没有特权、制度约束没有例外的意识，做执行制度的表率。

进一步加强科研和科辅管理制度建设。完善科研资源配置办法，提高科研经费使用效益。探索建立科研人员绩效考核及奖惩机制。加强对国际学术合作交流和合作项目的管理。认真执行《学术名刊建设管理办法》，完善期刊评优机制。完成出版社转制工作，推动现代企业制度建设，健全国有资本经营内控、企业经营业绩考核、管理者薪酬和重大决策失误追究等制度。推进图书购置、信息化建设代理制改革，实现政府采购公开化。严格执行院、所两级信息化项目管理办法，实行项目招投标和专家评审等制度。

推进聘用制改革，完善干部人事制度。研究制定所局领导干部任期制、任期目标责任制考核办法。建立完善与聘用制相衔接的干部选拔任用机制和干部考核机制，进一步提高选人用人的公信度。继续推进局处级干部轮岗交流。

规范资金预算执行和财务管理制度。严格按照我院《关于规范津贴补贴工作的若干规定》，做好规范津贴补贴工作，对违规违纪发放津贴补贴的行为实行责任追究。完善结算中心制，对全院资金实施动态监控全覆盖。在独立核算单位和国有

独资企业试行财务代理制和会计委派制，规范财务收支预算管理，强化监管职能。研究制定经营性国有资产管理办法，防止国有资产流失。

按照中央有关精神修订院《党风廉政建设责任制实施办法》，完善责任内容、激励和责任追究机制，将责任制检查考评结果作为评优晋升的依据，对责任制考评优秀单位和个人给予精神与物质奖励，对履行责任制不力、出现严重问题的领导班子和领导干部实行责任追究。

（四）开展综合监督，促进权力规范运行

认真执行党员领导干部廉洁自律规定。继续落实"三谈两述一报告"制度，增强述职述纪报告的全面性和规范性，做好民主评议工作，促进领导干部自觉接受监督。落实修订后的《关于党员领导干部报告个人有关事项的规定》，把住房、投资、配偶子女从业等情况列入报告内容。加强监督检查，对隐瞒不报、弄虚作假的严肃处理。加强对配偶子女均已移居国（境）外的人员管理。

完善监督机制，发挥党代表、人大代表和政协委员在院重大事项决策、重大问题调研、民主评议等工作中的监督作用。坚持院直属机关党委常委会向全委会定期报告工作并接受监督制度。支持研究所纪委对领导干部开展有效监督。坚持干部选拔任用监督机制。完善谈心谈话制度，班子主要负责同志与班子成员、班子成员之间以及分管领导与下级班子成员全年至少谈心 1 次。

认真执行院《基建工程监督管理实施办法》，加大对基建和维修工程招标投标、物资采购、资金使用、合同执行、工程

质量等环节的监管。落实中央《关于组织开展工程建设领域突出问题排查工作的意见》，对我院 2008 年以来立项、在建和竣工的若干建设项目进行重点排查。巩固"小金库"专项治理成果，构建防治"小金库"长效机制，从源头上防止公款私存、账外设账、多头开户等问题。执行国务院四部委关于《设立"小金库"和使用"小金库"款项违法违纪行为政纪处分暂行规定》。开展社团（学会、研究会）专项清理整顿，加强对人员、社团经费及业务活动的规范管理。

发挥审计在监督权力和规范管理中的重要作用。坚持常规审计、专项审计、领导干部任中和离任经济责任审计。依托院网开发审计部门与财计局结算中心联网审计系统，强化对账户资金支付使用情况的实时监督。以审促廉，重视审计结果的运用。

（五）加强信访和案件核查工作，保持惩处违纪力度

建立健全违纪违法行为发现、预警和风险防控机制。拓宽信访举报渠道，发挥网络举报作用。健全职责明确、归口管理、分级承办的信访处理机制，规范信访受理、承办、核查和反馈程序。对内容属实的依纪依规认真处理，对不属实的要澄清是非，对诬告的要批评和处理。加强对信访举报核查的督办工作，积极运用函询等方式办理信访。健全信访联席会议制度，对违纪违法行为易发岗位和环节进行风险分析。实行案件线索集中管理，规范案件线索受理、初核、立案等程序。

严肃查处违反政治纪律、贪污受贿、挪用公款、侵占国有资产等案件。重点查办领导干部及关键岗位人员的违纪违法案件和问题。加强与司法、审计等部门的协调合作，努力解决难案和遗留案件，继续收回流失的国有资产。加强案件审理，提

高查办案件质量。坚持"一案双查双报告"制度，发挥查办案件的惩戒和治本功能。加强对院属单位纪检监察组织查办案件的协调和指导，形成工作合力。

（六）深入开展廉政研究，为反腐倡廉决策和实践服务

按照何勇同志在社科院中国廉政研究中心成立会议上的要求，着力加强反腐败经验研究、形势研究、历史研究、基础理论研究、现实问题及对策研究、中外反腐败比较借鉴研究，在新的起点上服务反腐倡廉建设大局。配合中央纪委对全国惩防体系建设的检查工作，组织专家组提供技术支持。实施好与甘肃省纪委合作的"预防腐败创新工程"。认真开展"中外预防和打击腐败措施比较""干部队伍状况与党的执政安全""预防腐败理论"等交办课题研究，继续产出高质量的研究成果。服务于实施"三大强院战略"，就维护政治纪律、干部廉洁自律、学风作风建设、管理强院等问题开展对策研究，为进一步规范管理、加强监督提供智力支持。

要为廉政研究工作提供切实支持。建立健全课题立项、经费支持、成果出版保障机制。在成果评奖、职称评聘、国际交流等方面，积极创造有利于廉政研究人才成长的条件，在依靠骨干专家的同时，重视培养中青年专家。研究生院要落实反腐倡廉研究成果进课堂。

三　着力实施预防腐败"三大行动"，
开创预防腐败工作新局面

按照党的十七大"更加注重预防"和十七届四中全会"更

有效地预防腐败"的要求，贴近院情，在坚持治患于已然的同时，更加注重防患于未然，把预防腐败"三大行动"作为深化反腐倡廉建设"六项工作格局"的着力点，集中力量、凝神聚气，推动预防工作的思想观念创新、体制机制创新和方式方法创新，巩固"两个体系"协同构建的良好局面，为贯彻中央"三大定位"要求营造风清气正的发展环境。

作为实施预防腐败"三大行动"的开局之年，2010 年工作重点是：

（一）实施优良学风建设行动

学风建设是构建惩治预防腐败体系和哲学社会科学创新体系的重要组成部分。要把学风作为社科院的行风来建设。学风优良，才能保证党风正、院风清。加强学风建设，要坚持纠建并举、重在建设的原则。

制定《科研人员学术道德自律准则》和《期刊图书编辑人员行为自律规范》。大力弘扬理论联系实际、献身科学事业、严谨求实、开拓创新、科学规范、团结协作的治学精神，反对脱离实际、沽名钓誉、粗疏浮躁、跟风炒作、抄袭剽窃、文人相轻等不良风气，形成以优良学术品行为荣、以不良学术品行为耻的行为导向。在青年科研人员中举行"科研道德宣誓"。科研人员、编辑人员、研究生院教师要将学术道德规范内化为行为准则。

加强学风制度建设。严格实施"社会科学成果评估指标体系"，建立评审专家数据库，实行结项课题成果同行专家匿名评审制度。积极推进科研成果的后期资助。严格执行职称评审同行专家推荐制、代表作制、答辩制，不以科研成果"量"作为职称评定的主要依据。把坚持优良学风作为优秀成果、优秀期刊和优秀科研工作者评选的重要标准，大力表彰优秀学者及其成果。进一步完善国情调研管理机制，有效发挥国情调研对学风建设的促进作用。

开展学风民主评议。进一步完善学风评议制度，营造健康的学术批评和反批评氛围。科研人员、编辑人员、研究生院教师年度考核时，要报告遵守学术行为规范情况；室主任和有科研任务的领导干部述职述纪时，要报告个人学风情况，并接受民主评议，评议结果在一定范围内公开。

选树优良学风典型。学习宣传学术界公认、品学俱佳的学术大师和老专家学者的优秀事迹。选树一批严谨治学、成果突出的中青年典型。通过组织恳谈会、出版文集、实行科研助手制等，形成老中青学者优良学风"传帮带"机制。坚持办好《中国社会科学报》学部委员"谈治学"专栏。

惩处学术不端行为。组建院、所学术道德委员会。运用包括科技手段检测在内的多种办法发现学术不端行为。严肃处理学术不端行为，建立不良学风记录。凡存在学术不端行为的，在职称评定、考核评优、提拔任用中实行"一票否决"。

（二）实施领导干部廉洁自律示范行动

榜样的力量是无穷的。群众看干部不仅看干部怎么讲，更看干部怎么做。廉洁自律能力，是领导干部治院治所能力的重要内容。

贯彻执行《党员领导干部廉洁从政若干准则》。领导干部要认真学习《廉政准则》，熟知准则内容，明确规范要求。要在科研管理、资源配置、干部选任、制度执行等方面带头规范行为，在社会交往、休闲娱乐、生活作风等方面发挥廉洁示范作用。院属企业单位领导人员要认真执行《国有企业领导人员廉洁从业若干规定》，不得利用经营管理权牟取私利及损害企业利益。

查找岗位不廉洁风险点。通过岗位自查和组织检查等方式，查找领导岗位的不廉洁风险点。探索建立岗位廉政风险预警机制，预防不廉洁行为的发生。

进行廉洁自律情况民主评议。党风廉政建设责任制检查和述职述纪时，要检查和报告领导干部廉洁自律情况，并组织干部群众民主评议，评议结果作为领导干部评优晋升的重要依据。

推荐宣传勤廉先进人物。在全院处室以上干部中推荐勤廉先进人物。通过制作专题片、撰写事迹材料等多种形式，宣传一批勤廉兼优典型，引导党员干部见贤思齐。

惩戒不廉洁行为。将领导干部廉洁自律情况作为干部考核的重要内容，纳入领导干部廉洁情况信息库。对违反领导干部廉洁自律规定的，依纪依规处理。

（三）实施管理决策规范行动

规范决策和管理行为，关键在于制度的严密性与执行力。要把制度执行力摆在突出位置，确保权力运行透明、有序、合规、高效，为实施"管理强院"战略夯实基础。

完善并公开岗位管理制度。要针对全院干部职工反映强烈的突出问题和管理工作的薄弱点，进一步完善并公开行政、科研、人事、外事、财务、后勤、党务等岗位管理制度。对重要领域和关键环节制度的执行进行责任分解，明确执行时限和目标要求。现有制度过时的及时废止，有明显缺陷的适时修订完善，需细化的尽快制定实施细则，需配套的抓紧制定，努力形成一整套用制度管权、按制度办事、靠制度管人的有效机制。

实行"三重一大"集体科学决策。完善院所决策程序和议事规则，凡属重大决策、重要干部任免、重大项目安排和大额度资金使用等问题，必须由集体讨论决定。建立健全重大决策事项征求群众意见制度，扩大议事民主化范围。

推行院务公开和党务公开。认真执行《院务公开办法》和《党务公开办法》，大力推进电子院务建设，健全党内情况通报制度，公开决策和管理信息。拓宽民主监督和群众参与渠道，保证决策过程公平、公正、公开。

开展执行力效能监察。全院要形成决定了的事就要办、要办就要出实效的风气。认真执行院《督查工作管理办法》，对党组的决策部署实行分工明确、分级负责的目标责任制，提高能动性和执行力。加强督查督办和效能监察，推动工作任务逐项落实。建立执行力调查和反馈机制，对执行不力的部门和人员发出限时办结通知书。

完善管理岗位绩效考核和奖励机制。探索管理岗位和干部绩效量化考核办法，将考核结果作为评选"文明窗口"和"管理岗位先进工作者"的依据。大力宣传"文明窗口"和"管理岗位先进工作者"。

实行管理失职失误问责。严格执行《关于实行党政领导干部问责的暂行规定》。健全对不作为、懒作为和乱作为者的问责程序。把制度执行情况纳入党风廉政建设责任制检查考核和领导干部述职述纪内容，对执行制度不力的追究责任。对随意变通、恶意规避等破坏制度的行为，发现一起，查处一起。

要通过扎实的工作，把预防腐败"三大行动"有机融入科研和管理工作的各个方面，使廉洁自律的行为内化为干部学者的道德追求和基本价值观，推动全院党员领导干部和机关作风明显改善，优良院风学风得到传承弘扬，重点岗位和关键环节的不廉洁风险得到有效防控，最大限度降低违纪违法行为的发生率。充分发挥国家哲学社会科学研究机构抵制歪风邪气、弘扬清风正气的示范引领作用，自觉走在全国预防腐败工作的前列。

同志们，做好党风廉政建设和反腐败工作，使命光荣，责任重大。让我们更加紧密地团结在以胡锦涛同志为总书记的党中央周围，恪尽职守，勤奋工作，求真务实，开拓创新，在已取得成绩的基础上，深入推进惩治预防腐败体系与哲学社会科学创新体系的协同构建，为落实中央对我院"三大定位"要求、开创哲学社会科学事业新局面作出新的更大贡献！

深入推进反腐倡廉建设，
为建设哲学社会科学创新工程
提供有力保障

——在中国社会科学院 2011 年度反腐
倡廉建设工作会议上的报告
（2011 年 3 月 24 日）

同志们：

今天，党组召开 2011 年反腐倡廉建设工作会议。会议的主要任务是：回顾总结 2010 年反腐倡廉建设工作，研究部署 2011 年任务。受陈奎元同志委托，我代表院党组作工作报告。

一　2010 年党风廉政建设和反腐败工作的回顾

2010 年，根据中央和中央纪委的决策部署，我院不断深化惩防体系建设"六项工作格局"，务实推进"优良学风建设行动""领导干部廉洁自律示范行动"和"管理决策规范行动""三大预防行动"，开创了预防腐败工作的新局面，为落实中央"三大定位"要求、实施"三大强院战略"提供了有力保障。

（一）坚持正确的办院方向，政治纪律建设成效突出

一年来，我院马克思主义阵地建设得到进一步加强。全院深入学习贯彻党的十七届四中、五中全会精神，认真领会中央《关于当前意识形态领域情况和做好下一步工作的意见》，组织开展了以增强党的意识、宗旨意识、执政意识、大局意识、责任意识为主题的政治纪律教育，举办了所局主要领导干部专题辅导报告会，引导广大党员干部坚定政治立场，增强政治敏锐性和政治鉴别力，巩固马克思主义在意识形态领域的指导地位。人事教育局、直属机关党委、监察局持续举办了马克思主义基本理论培训班和青年学者学习马克思主义基础知识系列讲座。马研院、网络中心等单位开辟了"马克思主义中国化"网络传播阵地。《中国社会科学报》《中国社会科学》等31份学术报刊设立了马克思主义研究专版专栏。宗教所、新闻所、边疆中心、当代中国所、社科出版社、文献出版社等13个单位组建了15个马克思主义理论研究室和编辑部，文学所、外文所、欧洲所等新成立了5个非实体马克思主义理论研究中心。

全院把维护政治纪律贯穿于科研、管理及各项工作中，加强对各类学术平台的规范管理和纪律考核，严把科研项目、学术会议、国情调研的政治标准，逐步实现了制度系统化、教育岗位化和检查经常化。我院实施了《关于进一步加强报刊采编工作政治纪律的规定》《涉外交流活动保密工作管理规定》和《涉密计算机及涉密移动介质保密管理规定》，对院属35个单位的计算机进行了涉密载体清理情况检查和网络安全检查，报刊采编、涉外交流、网络信息等管理工作得到有效加强，共消除政治纪律隐患问题5起。院内管理的报刊、出版、馆网、课

堂、社团以及学术会议等各类学术平台，连续五年保持了政治违纪案件"零发生"。

针对意识形态领域的各种复杂情况和思想文化工作中的各种困难挑战，院有关部门密切关注并及时应对境内外重大敏感政治事件，重点做好有关人员的教育劝阻工作，对个别政治违纪人员及时作出稳妥处理，维护了全院积极稳定的政治局面。

（二）实施优良学风建设行动，学术环境不断优化

优良学风是落实好中央对我院"三大定位"要求的重要保证。在实施预防腐败"三大行动"中，党组把"优良学风建设行动"置于首位，召开了全院学风建设工作会议，交流了经验，提出了完善优良学风建设机制制度十个方面的要求。党组成员在开展工作调研中，听取了 34 个研究所学风建设情况的汇报，推动学风建设取得实效。

为引导科研工作者把学术道德内化为行为准则，我院首次举行了学术道德宣誓大会，新入院的 520 多名青年人员参加，增强了维护最高学术殿堂荣誉的责任感。举办"所长谈治学""名家谈治学"活动，强化了优良学风的"传帮带"，在科研人员中积极倡导了淡泊名利、廉洁严谨的学术操守和学术品格。院属各单位开展形式多样的学风建设行动，大力弘扬理论联系实际的马克思主义优良学风，扎实开展国情调研活动，了解研究改革开放和社会主义现代化建设中面临的热点和难点问题，提出了许多对策建议。语言所、历史所、社会学所、考古所开展了吕叔湘、杨向奎、费孝通、夏鼐等学术大家纪念活动，传扬老一辈求真务实、严谨治学的优良传统。农发所、人口所、拉美所、西亚非所等许多单位举办了学术讲座、学术沙龙、名

家论坛、读书心得交流会，介绍评析学科前沿问题，开展学术争鸣讨论，营造了健康活跃的学术氛围。

我院出台了《关于处理学术不端行为的实施办法》，研究起草了《科研人员学术道德自律准则》和《期刊图书编辑人员行为自律规范》，督促科研和编辑人员自觉遵守学术规范。在学部委员增选、职称评聘、课题评审和成果评奖过程中，明确对学术不端行为"一票否决"，对反映学风问题的9件信访举报进行了核实处理。哲学所、民族所、工经所、数技经所、法学所、国际法所、日本所、美国所、世经政所、经济所、近代史所、社科杂志社、研究生院等34个单位制定了加强学风建设的务实措施，有些单位引进了软件系统，专门对刊发稿件和毕业论文进行重复率检测；有些单位为减少"拼盘"和"碎片化"研究，专门针对研究人员制定了个人学术发展规划；院内多数学术刊物实行了同行匿名审稿制度，建立了作者信誉档案；有些研究所制定了专门约束评委行为的规定；有些单位在课题立项结项中实行"严进严出"，建立了国情考察全所大会报告制度。

一年来，"优良学风建设行动"取得了积极成效。去年年底我院抽样调查结果显示，学风状况整体好评率为63.5%，80%以上的专家学者认为，我院防范抄袭剽窃、不遵守学术规范的治理成效最为明显。

（三）开展领导干部廉洁自律示范行动，教育成效明显

院党组带头贯彻中央颁布的廉政法规，集中学习了《中国共产党党员领导干部廉洁从政若干准则》（以下简称《廉政准则》）、《关于领导干部报告个人有关事项的规定》和《关于对

配偶子女均已移居国（境）外的国家工作人员加强管理的暂行规定》等文件，自觉遵守廉洁自律规定，主动接受组织监督，如实报告了在用车、住房、出国（境）、兼职、休假、配偶子女就业（留学）、收受礼品等方面的情况，并督促各级领导干部规范从政行为，发挥廉洁示范作用。各单位召开领导干部专题民主生活会，对照《廉政准则》要求，在科研管理、资源配置、干部选任、财务管理等方面进行自我检查，对社会交往、休闲娱乐、生活作风等进行自我审视。在去年研究员分级、课题经费分配、优秀学术成果评奖、出国（境）进修交流中，一些领导干部主动把荣誉和利益让给他人，受到干部群众的好评。

继续开展"看身边勤政廉政事、学身边廉洁敬业人"示范教育活动，院报院网等媒体广泛宣传了科研、管理、服务岗位近 40 位同志的先进事迹，深化了岗位廉洁教育。通过电子信息屏幕、廉政短信平台，持续开展了廉政宣传。全院 3240 名干部学者学习了《法规纪律应知应记》。举办"以案讲规讲纪"专题培训，130 余名财务、基建岗位的管理人员规范办事意识得到提高。院党校将反腐倡廉理论政策纳入教学必修内容。各单位党委理论学习中心组开展反腐倡廉专题学习 125 人次。政治学所、世历所领导班子成员带头讲廉政党课，城环所、民文所、地方志开展了"学习先进、抵制腐败"的教育活动，图书馆组织干部职工参观了反腐倡廉法制教育展览。

（四）推进管理决策规范行动，制度建设得到加强

推进"管理决策规范行动"，强化制度的执行和落实，为"管理强院"战略提供了重要保障。以提高管理干部办文办会

办事的"三办能力"为重点，全院规范了重要会议报批、内部请示事项答复、公文格式、文件收发和工作督办程序。严格实行管理部门电子考勤，所局级现职领导干部离京、出国（境）事项的审批备案和请销假制度，初步形成了按制度办事、用制度管人的工作机制。问卷调查显示，80%以上的干部职工对院机关改进会议文件过多、公文办理缺乏应有程序、工作漂浮形式主义的成效表示满意。

积极推进院务公开和党务公开，信息通报和信息公开机制日趋完善。通过院报、院网、宣传栏、电子信息屏、电子邮件群发系统、网络视频会议系统、工作日报、院内通报等多种载体，公开"三重一大"事项及各类重要信息，提高了干部学者对重大事务的知情度、参与度和监督积极性。

全院把促进制度落实作为"管理决策规范行动"的主要抓手。一是党组成员带头承担党风廉政建设分解任务，分别带队重点检查了9个单位责任制落实情况，对30个单位责任制检查和领导班子民主生活会上反映出的问题，及时给予指导和作出批示。二是对干部选拔任用工作"四项监督制度"落实情况进行监督检查，开展了干部选拔任用行贿受贿行为的专项整治，对新提拔任职的141名处室级干部进行了测评，反馈或澄清了拟提任干部的有关问题。三是集中开展了"学术名刊建设"、重大科研项目和院属单位信息化项目经费使用情况的专项检查，对学术社团进行了分类清理整顿。四是开展了规范津补贴"六条禁令"落实情况的监督检查，对37个单位的津补贴收入来源、项目、标准进行了规范。五是重点开展了103个学术社团和18个企业"小金库"专项治理自查和重点检查，共清理"小金库"54个，纠正违规资金1141万元。对学者和干部的问卷调查结果显示，全院公款私存、发票不合规等问题的改进率为95％，财务管理规范化水平明显提高。

（五）发挥监督惩治功能，廉政风险得到有效防控

我院反腐倡廉监督机制日趋完善，惩治功能继续强化，廉政风险得到有效防范。学者干部普遍认为，我院纪检监察组织监督、审计监督、对"三重一大"专项监督成效明显、作用突出。

院纪检监察机关坚持执行"三谈两述"制度，与39名新任局级领导干部进行了廉政谈话，并首次进行了"廉洁从政法律法规知识测试"，81.9％的谈话对象认为廉政谈话入脑入心、作用很大。完善领导干部述职述纪和民主评议制度，全院1239名处以上干部和研究室（编辑部）主任公开述纪并接受了民主评议，91.8％的学者干部认为监督效果明显。科研、财务、人事管理监督联席会议更加有效，"两代表"（党代表、人大代表）、"两委员"（政协委员、学部委员）积极参与监督评议，在课题立结项、成果评奖、职称评定、期刊评审、干部任用、学部委员增选中发挥了监督作用。

坚持深化审计监督和专项监督，对人文公司、研究生院、服务中心、中国城市发展研究会等9个单位开展了专项审计，对4名局级领导干部进行了经济责任审计，审计资产总额4.52亿元，发现违规资金2449.95万元。按照中央有关部门部署，对庆典、研讨会、论坛活动进行了全面摸底，对我院2008年以来政府投资立项、在建、竣工的7个工程项目进行了重点排查，对19个基建工程修缮项目招投标实施全程监督，及时制止了1起规避公开招投标的问题。全院工程建设管理缺乏制

度、工程监理不力问题得到明显改进。

信访监督和案件查处的治本功能继续增强。截至 2010 年底，共受理群众信访 80 件，已调查了结 78 件。其中实名举报 37 件，涉及违反政治纪律、组织人事纪律、经济工作纪律、违反社会主义道德等内容。对于领导干部选拔任用、研究员分级、年终考核等问题的举报，院所两级纪检监察机关进行了核实。院纪检监察机关与 40 余名领导干部进行了信访谈话，对 6 名领导干部进行了信访函询，对 2 起国有资产流失的案件加大协调力度，推动案件执行取得重要进展，对 1 起涉及公共资金非法转移事件进行积极处置，保证了资金安全。2010 年，全院因妨害社会管理秩序开除党籍 1 人，因挪用公款给予行政记过处分 1 人，因计算机泄密责任给予行政警告处分 1 人，因严重违反工作纪律辞退 1 人，审理办结恢复党员权利 1 人，维护了纪律的严肃性。

（六）廉政研究成果质量提高，服务大局能力持续增强

我院承担着为党和国家提供决策咨询和智力支持的重要职责。去年全院共立项廉政研究课题 39 项，社会学所、政治学所、法学所、财贸所、金融所、俄欧亚所、亚太所、马研院等 21 个单位 100 余名专家学者参与了国情调研和专题研究。认真完成中央纪委等交办的重大课题研究任务，向中央及有关部门报送了《全国惩防体系建设检查问卷分析》《中外预防和打击腐败措施比较研究》《干部队伍状况与党的执政安全研究》《当前我国反腐败形势分析》《科技反腐的战略价值》等一批高质量的研究报告，部分成果得到中央领导同志批示，或被中央纪委内部期刊登载。

一年来，中央纪委驻院纪检组、院纪检监察组织和广大专兼职纪检监察干部勤奋工作，开拓创新，不断推进具有我院特色的惩治和预防腐败体系建设，注重政治方向，注重源头预防，注重发挥保障功能，谋划科学，执行有力，为服务党和国家反腐倡廉建设大局、为建设我院哲学社会科学创新体系作出了重要贡献。在此，我谨代表院党组和奎元同志，向纪检监察组织和专兼职纪检干部，尤其向中央纪委驻院纪检组的同志们表示敬意和感谢！

在充分肯定成绩的同时，我们也必须清醒地看到，一些干部学者政治观念淡薄，维护国家安全和利益的意识不强；一些单位主要领导干部缺乏责任意识，全年没有承担任何一项反腐倡廉任务；对于我院目前需要治理的不良学风，80%的学者干部认为主要是学术成果重数量轻质量、科研低水平重复和治学浮躁急功近利等问题；超过2/3的学者干部认为，一些领导干部兼职过多，不能集中精力治所；超过半数的学者干部认为，所在单位仍存在购买药品折扣款不入账、期刊发行收入不纳入预算管理问题；少数单位工程建设和维修项目仍存在制度漏洞，违纪违规隐患没有完全消除；超过六成的学者干部主张，重点加强对干部人事权、职称评定权和经费使用权的监督。对于这些问题，必须引起高度重视，切实加以解决。

二　2011年反腐倡廉建设的主要任务

2011年我院反腐倡廉建设的总体要求是：切实贯彻党的十七届五中全会和中央纪委六次全会精神，落实国家"十二五"规划纲要，把以人为本、执政为民的理念落实到党风廉政建设中，继续完善惩防体系"六项工作格局"，深入推进预防腐败"三大行动"，以反腐倡廉建设的实际成效，为实施"哲学社会科学创新工程"提供有力保障。

（一）严明政治纪律，建设马克思主义坚强阵地

落实中央"三大定位"要求，推进"哲学社会科学创新工程"建设，必须坚持正确的政治方向。应当看到，随着我国经济社会快速发展，特别是社会结构深刻变动，利益格局深刻调整，社会热点问题叠加，人们的思想意识、价值取向、道德观念多元多样多变，西方针对我国的思想渗透、西化分化的攻势有增无减，意识形态领域斗争十分严峻，各种政治力量都试图发出声音，加上互联网手机等广泛便捷的传播，凝聚思想力量的任务极其繁重而艰巨。

要增强坚守马克思主义阵地的意识和能力。各单位要组织党员干部和研究人员认真学习中央宣传部《关于当前意识形态领域情况和做好下一步工作的意见》，准确把握反腐倡廉建设的新任务和新要求，切实把思想统一到中央精神上来。要举办好所局主要领导干部读书班、青年马克思主义理论培训班、马克思主义基本理论讲座，认真研读马克思主义经典著作，用马克思主义指导科研和管理工作。结合纪念建党 90 周年、辛亥革命 100 周年，开展中共党史和形势政策教育，引导干部学者充分认识坚持中国共产党的领导、坚持走中国特色社会主义道路的历史必然性。积极应对境内外敌对势力对我政治制度、民主、自由、人权等问题的炒作攻击，以科学理论掌握舆论的主导权。深入开展政治纪律教育，引导学者干部增强政治意识、大局意识和责任意识，严禁违反党的理论和路线方针政策、泄

露党和国家秘密、参与非法组织和非法活动的行为。

要对科研活动进行有效的政治管理。针对容易出问题的环节严把政治纪律关，切实管好报纸、期刊、出版物、网络、论坛、课堂、研讨会、报告会等阵地，不给错误思想提供传播渠道和空间。在课题立项、成果评奖、职称评定、人才遴选时，坚持政治标准与学术标准的统一。要分析政治违纪行为的新特点和新规律，创造维护政治纪律的新经验。密切关注并及时掌握重要时期个别人出现的政治违纪苗头，及时做好教育转化和引导工作。

要运用我院近年来发生的危害国家安全的典型案件继续开展警示教育。以"我院在维护国家安全和利益中的责任"为主题开展集中讨论，并加大制度检查和完善力度，促进干部学者严守外事和保密纪律。建立健全网络信息安全系统分级保护、安全测评、风险评估、应急处置和监管机制，预防失密泄密事故的发生。

（二）推进制度创新与规范，保障创新工程顺利启动

今年启动创新工程，将着力创新体制机制，完善管理制度。要把维护政治纪律、学风作风建设、干部廉洁自律等要求融入创新工程体制机制创新及其管理办法之中，加强对试点单位和项目的监督检查。

要制定创新工程《科研项目设计标准与成果评价办法》，创新立项评审、阶段检查和结项鉴定等管理工作，对科研项目的质量进行全程科学评价。对《"学术名刊建设"经费使用管理办法》执行情况进行监督管理。完善出版集团企业法人治理机制，健全干部任命、业绩考核、薪酬奖惩配套制度。建立信

息化项目成果质量评价体系和图书馆名馆评估标准。

要制定创新工程《岗位管理与考核办法》。将岗位聘任制与项目合同制相结合，实行科研人员竞争性进入和不适应退出制度，对未签订长期聘用合同人员和新入院人员实行人事代理。制定以成果质量为核心的团队和个人绩效综合考核办法，完善创新岗位和成果绩效分配机制。出台《所长任期目标责任制》和《研究所党委书记岗位职责目标考核办法》。

要制定创新工程《资源配置与经费管理使用办法》，形成科学有效、使用合规的经费管理制度。落实《关于规范津贴补贴工作的若干规定》，将谋求合理利益与规范监管统一起来。在二级预算单位推行公务卡结算制度，规范公务消费行为。改革固定资产管理机制，建立固定资产动态监管平台。

完善领导班子议事规则和决策程序。逐步推行重大决策、重要人事任免、重大项目安排和大额度资金运作等事项票决制。实行重大决策报告制、公示制、质询制和决策后评价制度，健全决策失误纠错机制和责任追究制度。

（三）深化优良学风建设行动，加大组织管理力度

要完善学风建设的教育、监督和惩戒机制。院报、院网、《社科党建》和有关学术期刊要继续办好学风建设专栏，报道学风建设动态，宣传优良学风典型。继续组织新入院人员举行学术道德宣誓。实施《科研人员学术道德自律准则》和《编辑人员职业行为规范》，把学风情况作为重大研究项目、重点学科、重要传播平台的考核内容。加强对学风的民主评议，重视其结果的运用。执行《学术不端行为处理办法》，建立不良学风记录。组建院所学术道德委员会，受理不良学风举报投诉。

充分发挥院所两级学术委员会、职称评审委员会的监督作用。

实施"书记所长抓学风"专项管理，把优良学风建设与科研管理一道作为研究所建设的主要任务，坚持纠建并举的原则，采取务实举措，着力解决重数量轻质量、急功近利等学风浮躁问题。建立优良学风"传帮带"机制，对新入所人员进行所规、所史教育。安排科研人员参与社会实践和国情调研，弘扬理论联系实际的优良学风。利用学术沙龙、讲座、论坛、读书班等平台，经常开展学术交流，倡导积极健康的学术批评。对书记所长抓学风专项管理进行检查考核。

（四）推进领导干部廉洁自律示范行动，强化实际效果

领导干部要认真学习贯彻胡锦涛同志在中央纪委六次全会上的讲话精神，坚定理想信念，加强党性修养，遵守党规党纪。要牢固树立以人为本、执政为民的观点，带着感情倾听并解决广大学者干部工作、学习和生活中的困难，努力维护好群众利益。

要深入学习践行《廉政准则》，在课题立项、成果评奖、职称评定、干部选任、评先选优等方面带头规范用权行为，在公车使用、公务接待、公款出国、利益荣誉、社会交往、生活作风等方面发挥廉洁示范作用，主动接受群众监督。

全院要继续开展法规纪律"应知应记"教育，深入开展"看身边勤政廉政事、学身边廉洁敬业人"示范教育活动。组织干部学者参观反腐倡廉教育基地和展览。扩大局级干部廉政考试范围，并向处级干部延伸。举办院纪检监察干部培训班。充分运用信息化手段开展廉政教育，充实"中国社会科学网"廉政建设内容。在研究生院思想政治课程中设置廉洁教育内

容，推进廉洁教育进课堂。

（五）全面实行院务公开和党务公开，强化监督工作

全面推进院务公开，依托院网"院务公开专栏"、电子邮件群发系统加强电子院务建设，凡事关全局和涉及群众切身利益的事项都要公开，为干部群众参与民主监督创造条件。出台《党务公开办法》，使党员更好地了解和参与党内事务，把中央《关于党的基层组织实行党务公开的意见》的要求落到实处。

认真执行新修订的《关于领导干部报告个人有关事项的规定》，加强对配偶子女均已移居国（境）外干部的管理。务实开展领导干部述职述纪和民主评议。贯彻落实《党政领导干部选拔任用工作责任追究办法（试行）》，对职称评审和选拔任用干部进行全程监督。

严格执行《基建工程监督管理实施办法》，实行基建和修缮工程年度报备制度，加强对工程招投标、物资采购、资金使用、合同执行的监管。实施《院修缮项目管理办法》，落实立项审批、预算调整、验收审计等规定。各单位实施基建和维修工程，须全程请纪检监察组织参与监督。完善院基建工程施工企业及监理单位廉政准入制度，对存在不良行为记录的一律取消资格。加强对拆迁工程项目资金的管理和监督，确保工程建设有序进行。

做好对院改革发展重大项目专项资金的审计，坚持领导干部任中和离任经济责任审计。发挥院结算中心对各级账户的实时监控功能，扩大会计委派制和会计代理制试点，保证资金使用安全。

（六）保持信访和案件核查力度，发挥惩治的治本功能

拓宽信访渠道，及时发现违纪违法线索。健全职责明确、归口管理、协调合作、分级承办的信访处理机制。加强对信访举报的梳理分析，总结原因和规律，积极化解信访反映出的矛盾和问题。加强培训，提高所局纪检监察组织核处信访的能力。提倡实名举报，严肃查处打击报复举报人的行为，同时对错告的问题予以澄清，对诬告的进行批评处理。

重点查办违反政治纪律、财经纪律和基建维修工程中发生的违纪违法案件，重点查办领导干部、掌握关键资源人员以及我院主管的社团发生的违纪违法案件。对有案不查、瞒案不报、阻挠办案的严肃处理。通过查办案件查找管理漏洞，对疏于管理导致发生严重违纪违法问题的，实行责任追究。

健全纪检监察组织核查信访和案件的协调机制，提高兼职纪检监察干部处理信访和查办案件的能力。与司法和执法机关加强协调沟通，防止国有资产流失。提高案件审理工作水平，严格依纪依法办案。

（七）深化廉政研究，为反腐倡廉决策与实践服务

在中央纪委六次全会上，胡锦涛总书记用"三个并存"高度概括了当前党风廉政建设和反腐败斗争的总体态势，即"成效明显与问题突出并存、防治力度加大和腐败现象易发多发并存、群众对反腐败期望值不断上升和腐败现象短期内难以根治并存"，对于深化反腐倡廉研究，具有重要的指导意义。要认真梳理马克思主义经典作家关于反腐倡廉的系统论述，总结我党成立 90 年来维护人民群众利益的历史经验，开展惩治和预

防腐败体系建设成效测评、干部队伍状况与执政安全研究、我国履行《联合国反腐败公约》成效研究、全球化背景下国际反腐败分析，认真开展公职人员利益冲突、工程建设领域腐败问题治理对策研究，加强对"创新工程"合规性保障问题的研究。

各单位要高度重视廉政研究工作，在课题立项、成果评奖、职称评聘、国际交流等方面创造有利条件，鼓励更多学者结合各自优势参与廉政研究。创新廉政研究组织方式和研究方法，完善廉政研究激励机制，把优秀决策信息作为学者职称评聘的重要依据。逐步推进廉政研究学科化，用力培养廉政研究专门人才，壮大骨干队伍。扩大廉政研究成果的应用平台，提高中国廉政研究中心的学术影响力。与地方纪委建立常态合作机制，加强与国外反腐败机构的学术交流。

三　切实抓好反腐倡廉各项任务的落实

2010 年 11 月，党中央、国务院印发了新修订的《关于实行党风廉政建设责任制的规定》，这是完善反腐倡廉领导体制机制的重大举措。院党组高度重视党风廉政建设，陈奎元同志郑重承诺作为党组书记担负第一责任人的职责，其他党组成员负责分管单位的党风廉政建设工作。全院要以贯彻落实《规定》为契机，进一步形成反腐倡廉建设的整体合力。

要落实各级领导干部党风廉政建设的主体责任。主要领导干部要将党风廉政建设纳入总体安排，与科研和管理工作一起部署，一起落实，一起检查；班子成员要对分管范围内的党风廉政建设担负落实责任。研究室和编辑部主任要突出抓好政治纪律和学风建设。院职能部门要把反腐倡廉任务与管理职责有机结合起来抓落实。纪检监察机构要积极组织协调，抓好责任分解、责任考核和责任追究。

各级领导干部要创造性地落实反腐倡廉建设任务。院属各单位党风廉政建设既有共性也有个性。领导干部要找准中央和院党组反腐倡廉部署与本单位实际的结合点，拿出针对性、操作性强，切实管用的具体举措，把中央和党组的部署创造性地落实到科研和管理工作中，在"六项工作格局"中，突出维护政治纪律、学风建设、廉政研究等特色工作，整体推进教育、制度、监督、惩处工作取得更加明显的成效。

院属各单位要在查找风险点上下功夫。要重点排查关键岗位和关键环节"三重一大"决策风险，排查课题立项、成果评奖、职称评审运行风险，排查个人不廉洁风险，排查人财物和基建工程管理风险，健全防控机制，把在实践中形成的好做法及时上升为可操作性的机制和制度。

全院要健全责任考核和责任奖惩机制。要制定考核检查办法，把维护政治纪律、学风建设、决策管理、干部廉洁自律等作为责任制考核的重点内容，加大责任激励和责任追究力度。责任制检查与领导干部年度考核相结合，与人员奖惩晋升和绩效收入挂钩。单位评先评优及个人晋升和荣誉，凡出现政治违纪、学术不端、违反廉洁自律规定的，实行"一票否决"。因未履行党风廉政建设管理责任而导致出现严重问题的，追究主要领导、分管领导和直接责任人的责任，视情节轻重进行沟通谈话、诫勉谈话、通报批评、免职降职、党政纪处分，并实行必要的经济处罚。

同志们，深入开展反腐倡廉建设，任务艰巨，责任重大。

让我们更加紧密地团结在以胡锦涛同志为总书记的党中央周围，振奋精神，狠抓落实，务求实效，以反腐倡廉建设的新成效凝聚人心，为确保创新工程开好局、起好步，为繁荣发展哲学社会科学作出新贡献！

坚持不懈加强反腐倡廉建设，
为哲学社会科学创新工程
提供有力保障

——在中国社会科学院 2012 年度反腐
倡廉建设工作会议上的报告
（2012 年 2 月 24 日）

今天，党组召开 2012 年反腐倡廉建设工作会议。会议的主要任务是：回顾总结 2011 年反腐倡廉建设工作，研究部署 2012 年任务。受陈奎元同志委托，我代表院党组作工作报告。

一　2011 年反腐倡廉建设主要工作回顾

2011 年是中国共产党成立 90 周年，也是"十二五"开局之年。一年来，我院坚决贯彻中央、中央纪委反腐倡廉建设的决策部署，牢牢把握工作重点，采取有效措施，把具有中国社科院特色的反腐倡廉建设"六项工作格局"和预防腐败"三大行动"贯穿到全院科研和管理工作中，为落实中央"三大定位"要求，实施哲学社会科学创新工程发挥了重要保障作用。

（一）进行源头治理，保障创新工程的合规廉洁

2011 年，全院启动并实施了哲学社会科学创新工程，这是落实党和国家"十二五"规划纲要的重要举措，是发展哲学社会科学的重大改革，关乎全院长远发展，具有很强的政策性，统筹协调的难度很大。第一年试点，我院着力推进体制机制制度创新，党组及参与这项工作的同志们花费了大量心血，反复研究，群策群力，相继出台了三十多项制度及实施细则。在制度设计和实施中，以竞争择优、责任激励、科学评价、严格管理、公平公正为原则，注重制度的衔接、合规和廉洁，把维护政治纪律、学风作风建设、干部廉洁自律等要求融入创新工程各项管理办法中，优化人、财、物资源配置，做到符合国家法律法规或具有政策法规依据，符合哲学社会科学发展规律。

创新单位和创新岗位有严格的准入条件，凡进入创新单位，不能存在违反政治纪律、不良学风及"小金库"等问题；凡进入创新岗位，必须政治合格、学风作风端正、课题按时结项。申报创新试点单位有严格的评审程序，有合格的设计方案，经过资格预审、公开评审、综合会审和公开听证。重视人事制度的改革创新，设置低职高聘和高职低聘的创新岗位，实行与绩效支出直接挂钩的项目评价和岗位考核，强化激励与淘汰机制，考核评价不合格的创新单位和创新岗位，核减当年研究经费，连续两年考核不合格，退出创新单位和创新岗位。改革经费资源配置，根据创新任务需要和创新岗位人数，按照年人均定额实行研究经费总额拨付，加大人才资助和成果后期资助力度。严格规范科研经费使用，加强预算管理，明确经费支出范围和支出细目，将市内交通费、餐饮费、办公用品费和劳

务费支出都限定在较低比例，防治虚假报销课题费、虚列会议费套取资金等违规问题，确保创新工程经费使用合规高效。

实践表明，我院积极探索的新体制、新机制、新办法，符合改革创新精神，符合中央反腐倡廉建设部署。我院在制度创新中建立的激励机制，有效调动了全院专家学者和干部职工的积极性，得到了拥护和支持。自创新工程启动并实施以来，在全院同志的共同努力下，各项工作稳步推进，为进一步办好中国社科院迈出了坚实的步伐。目前，李长春、刘云山、刘延东等中央领导同志对我院创新工程进展情况作出重要批示，给予充分肯定，提出殷切希望。

（二）维护政治纪律，加强马克思主义阵地建设

院党组高度重视马克思主义理论学习，举办了所局主要领导干部学习马克思主义经典著作读书班。党组成员亲自开列阅读书目和学习专题，为读书班作报告并驻班学习研讨。全院各单位组织党员干部认真学习中央纪委六次、七次全会精神，胡锦涛同志重要讲话，中宣部《关于当前意识形态领域情况和做好下一步工作的意见》，教育引导广大党员政治上保持清醒头脑。结合纪念建党90周年，各单位组织了一系列理论研讨会、专题报告会，增强党员的宗旨意识和责任意识。加大对马克思主义理论学科建设和研究工程的支持力度，建立了一批马克思主义理论二级学科，研究编撰多种理论丛书、文库、论文和影视政论片，在思想舆论界产生积极影响。

院职能部门和各单位认真维护政治纪律。利用日本所原副所长金熙德犯间谍罪的反面案例，全院开展了"社科工作者在维护国家安全和利益中的责任与作用"主题警示教育。科研局

严格把握院重大重点课题和国情调研项目的政治标准，注意审核审读期刊图书出版物的政治倾向。办公厅执行成果发布、信息报送、新闻宣传、报刊出版审核制度。全院近 90 种期刊、3 份报纸、5 家出版社没有发现政治违纪问题。国际合作局完善对外学术交流项目审批制度，重点加强对境外基金会资助及合作交流项目的监管。院保密委针对院内发生的多台计算机遭到境外情报机构网络攻击的问题，进行保密教育培训，检查涉密计算机、涉密文件和网络服务器信息安全。亚太与全球战略研究院、美国所、日本所、世历所、数技经所等单位进一步严格了政治、外事与保密纪律。针对近年来违反政治纪律的新情况，院领导组织纪检监察机关与有关职能部门及单位召开联席会议，提醒和引导有关人员发表言论注意舆论导向，注重社会政治效果。哲学所、近代史所、农发所、工经所、外文所、欧洲所等 17 个单位的领导干部发现并化解了 22 件违反政治纪律、外事和保密纪律的隐患或苗头性问题。

（三）加强教育管理，领导干部廉洁自律示范行动深入推进

认真贯彻中央《关于加强领导干部反腐倡廉教育的意见》。持续开展理想信念和党性党风党纪教育，学习践行《廉政准则》，通过举办形势报告会、研讨会、培训班，引导党员干部树立正确的权力观、政绩观和利益观。24 名新任局级领导干部接受了中央纪委驻院纪检组的廉政谈话教育和廉政测试，并向组织作出守身持正的廉政承诺。问卷调查结果显示，在我院多种教育形式中，与新任领导干部进行廉政谈话的有效性被列为第一位。"法规纪律应知应记"系列教育活动已进行 4 年，

2011 年全院 2000 多名干部职工又学习了以维护政治纪律、领导干部廉洁自律、党风廉政建设责任制为主要内容的折页材料。春节前夕，全院 200 多名所局级领导干部收到纪检监察机关发送的廉洁主题拜年短信。院职能部门和直属单位 360 余名党员干部参加了中央纪委举办的"纪念建党 90 周年反腐倡廉知识竞赛"。经济所、语言所、新闻所、宗教所、考古所、拉美所、西亚非所、当代所、边疆中心、文献中心、研究生院、方志办等 38 个单位开展了学习党史、坚定理想信念主题教育，组织参观反腐倡廉教育展览。中国社会科学网还开辟了"反腐倡廉"专栏，扩大了教育效果。

全院广大党员领导干部自觉遵守廉洁自律各项规定，院党组成员、局处级干部按要求报告个人有关事项，在课题立项、成果评奖、职称评定、干部选任中规范用权行为，在资源配置、公务用车、薪酬待遇等方面严于律己。一些单位的领导干部拒绝请托，抵制人情稿。开通"反腐倡廉信息管理系统"，全院 226 名局级干部试行述职述纪在线填报和电子归档。凭借持续有效的廉洁教育和管理监督，依靠领导干部付诸实践的廉洁自律行为，使全院勤廉优秀干部不断涌现。在"看身边勤政廉政事、学身边廉洁敬业人"示范教育中，院报、院网以获得院"两优一先"和优秀青年称号的先进典型为重点，宣传了一批勤廉典型的先进事迹。全院因违反廉洁自律规定受到纪律处分的处室以上在职领导干部，已从 2002 年至 2007 年的 8 人减为 2008 年至 2011 年的 0 人。

（四）加大学风建设力度，营造风清气正的科研环境

在实施预防腐败"三大行动"中，置于首位的深化优良学

风建设行动，对理论联系实际、传承老一辈学者严谨治学的好学风起到积极促进作用。

进一步完善学风建设的教育、监督机制和对不良学风的惩戒办法。举办了 2011 年新入院人员学术道德宣誓活动，院报、院网开辟了优良学风建设专栏。学部、学术委员会、职称评审委员会和期刊图书专家审读制度发挥了学风建设监督作用。评定职称、增选学部委员，既重视学术水平，更重视学术道德。启动实施创新工程，凡存在学术不端行为的不准进入创新工程，学风优良成为创新单位和创新岗位的重要评价导向。

"书记所长抓学风"专项管理与"走基层、转作风、改文风"活动相结合。许多研究所提倡用"脚底板"做学问，坚持"板凳要坐十年冷，文章不写一句空"。干部学者深入基层接触群众，开展国情考察调研，研究经济社会重大理论和实践问题，产出了一批有质量的成果。各单位普遍举办名师讲座或纪念活动，以学术大家严谨治学的精神引导青年学者崇尚优良学风；举办各种沙龙论坛、研讨交流，为活跃学术氛围、开展学术争鸣提供了有益平台。课题立项、职称评定、成果评奖、报刊审稿等管理制度日益健全，学风建设正走上常态化、规范化轨道。去年底，院党组成员听取了人口所、法学所、政治学所、世经政所、民文所 5 个单位书记所长抓学风专题汇报。

（五）加强监督检查，增强了重大决策部署的执行力

同步跟进对创新工程实施情况的监督检查。院纪检监察机关根据《哲学社会科学创新工程监督检查工作的意见》，对试点单位和试点项目执行力进行监督检查，确保试点工作规范运行，有序推进。办公厅、监察局共同组成创新工程综合管理办

公室，通过情况报告、文件报备、执行督办、合规审查、随机抽查、信息公开等办法开展了日常督查。根据创新工程进展情况，科研局、人事局、财计局、监察局协同开展了创新工程试点单位和试点项目启动、预算资金使用、绩效考核评估等三项集中检查。有关单位针对检查中发现的问题及时整改，确保创新制度执行有力。

加强对科研、人事、财务、基建、信息化建设的监督检查。坚持期刊图书审读会和科研观察员制度，同步监督学部委员和荣誉学部委员增选工作，对存在学风作风问题的实行"一票否决"。对拟选拔任用的局级干部及"评优评先"候选人提出廉政意见。对3名局级领导干部进行了经济责任审计，对院属3家国有企业进行了专项审计，发现并纠正违规资金699.50万元。对院内9个重点工程修缮项目招投标实施全程监督，实行施工企业及监理单位廉洁准入制度，阻止有不廉行为记录的企业中标我院工程。对院学术交流大楼项目拆迁评估报告、拆迁合同、拆迁补偿费的合规性进行了审核监督。对院信息化项目立项评审实施了监督。

党务公开和院务公开制度日趋完善。出台了《中国社会科学院党务公开办法》，细化了思想、组织、作风、党风廉政建设等5类21个公开事项，规范了党组织主动公开和党员申请公开程序，明确了公开形式和时限。深化院务公开，通过电子屏幕、宣传橱窗、电子邮件群发系统及日报、要报、简报，将干部群众关心的重大决策、课题立结项、成果评奖、职称评定、干部任用、经费管理等重要信息予以公示，扩大了干部学者的知情权、参与权和监督权。

认真落实党风廉政建设责任制，形成反腐倡廉建设整体合力。修订《中国社会科学院党风廉政建设责任制实施办法》，进一步落实领导责任，完善考核和责任追究机制。院党组对2011年反腐倡廉建设职责及任务进行分解，明确了每位院领导职责和牵头协办部门的任务。年底，院党风廉政建设领导小组听取了职能部门牵头任务落实情况汇报。8位党组成员带队检查了14个单位落实责任制、实施创新工程、"走转改"及"马工程"推进情况。院属54个单位就2011年反腐倡廉建设任务落实情况进行了自查，提交了报告。院纪检监察机关加强跟踪检查，通过年度综合检查、自查和问卷调查，总结经验，发现问题，督促整改。

（六）持续开展专项治理，发挥信访和办案的治本功能

抓好专项治理，注重长效机制建设。全院54个二级预算单位、103个学术社团和20个国有及国有控股企业共清理"小金库"71个，纠正违规资金1386万元。因设立和使用"小金库"受到通报批评、经济处罚的单位有4个，罚款7.8万元。制定《关于建设防治"小金库"长效机制管理办法》，就加强收入管理、规范支出行为、健全内控制度、严肃违纪追究做出严格规定。开展机关公务用车问题专项治理，自查上缴超编车辆5部。开展庆典研讨会论坛过多过滥问题专项治理，将清理与规范相结合，制止和取消一些非学术性的庆典论坛。

信访监督和案件查处发挥出良好效力。截至2011年底，全院共受理群众信访74件，主要反映违反政治纪律、违反社会主义道德、违反廉洁自律规定及不良学风作风问题。其中实名举报25件，占全年信访总数的33%，是五年来实名举报较多的一年，体现出群众监督的积极性和对组织的信任。现已调

查办结 64 件，正在调查处理 10 件。职能部门加强协调合作，健全了归口管理、分级承办的信访处理机制。各单位纪检监察组织积极履行职责，通过学习培训，提高了核查信访和案件的能力，并及时化解了一些矛盾问题。

认真查处领导干部、关键岗位和学术社团的违纪违法问题。加强与司法机关协调配合，坚持不懈解决疑难案件和遗留案件，继续收回流失的国有资产，追缴 3 笔流失的国有资金，一起长达十多年的案件的流失款得到部分挽回。中咨公司股权问题得到妥善解决，防止了国有资产的流失。问卷调查结果显示，干部学者认为去年我院惩处力度很大或较大的，同比上升 30.4%，是近四年来认可度最高的年份。

（七）务实开展廉政研究，积极服务于党和国家反腐倡廉建设大局

2011 年，我院廉政研究成果显著，为反腐倡廉决策与实践服务的能力进一步提高，领域不断扩大。中国廉政研究中心组织撰写了首部反腐倡廉蓝皮书，举办了皮书发布会暨第五届廉政研究论坛，集中展示了当前我国反腐倡廉建设进程及成效，收到良好的社会反响。财贸所、金融所、社会学所、政治学所、法学所、国际法所、历史所、马研院、俄欧亚所等 20 多个单位 80 余名专家学者参与了国情调研和专题研究，其中中青年学者占 73%。完成中央纪委、国家预防腐败局交办的"国外预防和打击腐败有效做法""事业单位防治腐败""社会组织防治腐败"等研究任务，协助国家预防腐败局开展"应对《联合国反腐败公约》履约审议机制研究"，对我国反腐败法律制度进行检审。我院报送的廉政研究成果多篇得到中央纪委领导

同志批示，为中央研究制定"惩防体系 2013—2017 年工作规划"、社会领域防治腐败指导意见等提供了有益参考。我院主持的《我国事业单位腐败特点与防治对策》调研报告荣获国家预防腐败局征文一等奖。

同志们，党的十七大以来，中央纪委驻院纪检组以高度的认真负责精神和对全院干部学者的爱护之情，积极主动协助党组协调全院党风廉政建设，探索形成了构建"两个体系"、完善"六项格局"、实施"三大预防行动"的工作布局，每年提出新思路、新举措，求真务实推动执行，使全院预防工作取得了明显成效。据问卷调查结果显示，干部学者认为去年全院不良学风问题改进率为 85.5%；领导干部廉洁自律状况满意率为 80.7%；干部和机关作风好转率为 80.5%；财务管理问题改进率达到 95%。在创新工程的前期论证和制度执行中，驻院纪检组认真进行法纪和政策检审，开展沟通协调，使我院先行先试、除弊兴利的新制度与国家法律法规政策相衔接，与惩治和预防腐败体系建设相结合，保证了创新工程的规范廉洁运行，以预防腐败的实际成效为促进科研事业的发展作出了重要贡献。在此，我谨代表院党组和陈奎元同志，向恪尽职守、勤奋敬业的驻院纪检组的同志们表示敬意，向不断进取、认真负责的全院各级纪检监察组织和广大专兼职纪检监察干部表示感谢！

在充分肯定成绩的同时，也须清醒地认识到，我院维护政治纪律的任务依然艰巨；科研急功近利、粗疏浮躁现象仍然突出；管理不规范、虚列支出套取财政经费等违规行为仍旧存在；少数领导班子在治所和团结方面尚存不足；创新工程管理制度的执行力仍需加强。全院要高度重视，切实加以解决。

二　2012 年反腐倡廉建设的主要任务

今年年初在中央纪委七次全会上，胡锦涛总书记强调，要不断增强党的意识、政治意识、危机意识和责任意识，坚持党要管党、从严治党，不断提高自我净化、自我完善、自我革新、自我提高能力，保持党员干部思想纯洁、队伍纯洁、作风纯洁和清正廉洁。胡锦涛总书记的重要讲话，是对马克思主义党建理论的创新和发展，为深入推进我院反腐倡廉建设指明了方向。同时，中央纪委部署了全年反腐倡廉建设的各项工作，给我院分解了具体任务。全院同志要认真学习，抓好贯彻落实。

2012 年我院反腐倡廉建设的总体要求是：深入贯彻党的十七届六中全会和中央纪委七次全会精神，坚持标本兼治、综合治理、惩防并举、注重预防的方针，坚持惩防体系"六项工作格局"，深化预防腐败"三大行动"，保持党的先进性和纯洁性，为全面推进哲学社会科学创新工程提供有力保障。

（一）严明政治纪律，提高坚守马克思主义阵地的能力

党的十七届六中全会关于坚持文化强国战略，繁荣发展哲学社会科学，实施哲学社会科学创新工程的重大决定，为中国社科院提供了难得的发展机遇。同时，国内外各种思想文化交流交融交锋更加频繁，价值观念更加多样多元多变，意识形态领域的斗争更加尖锐复杂。我院要坚持正确的政治方向，主动担当坚持和发展马克思主义、推进理论创新的历史责任。

各级党委和纪检监察组织要始终维护好政治纪律，提高坚守马克思主义阵地的能力。继续举办所局级主要领导干部读书班、青年马克思主义理论培训班、马克思主义基本理论讲座，开展形势政策教育，积极发挥报刊、出版、网站、论坛、课堂、报告会的导向作用，引导干部学者坚定政治立场，明确政治方向。

要有针对性地做好预防政治违纪行为的工作。密切关注思想理论动态，及时掌握敏感时期苗头性问题，靠前做好教育提醒工作。严禁散布违背党的理论和路线方针政策的意见，严禁公开发表同中央精神相违背的言论，严禁编造传播政治谣言，严禁泄露党和国家秘密以及参与各种非法组织和非法活动，为党的十八大顺利召开营造良好的政治环境。

要加强对创新工程试点单位政治纪律的监督。在创新项目申请、首席研究员聘用、创新项目评价、创新单位和创新岗位考核中，强化政治标准审查，加强对新聘用人员政治纪律和保密纪律的教育管理，预防违规违纪问题的发生。

（二）规范与执行制度，保障创新工程改革举措的有效落实

2012 年，在拓展创新工程试点范围基础上，着力推进以科研管理、人事管理和经费资源管理为重点的制度规范与执行。对已经出台的制度作必要的补充完善。建立符合哲学社会科学特点与规律的科研评价体系，提高各类项目评价的科学性；深化人事制度改革，建立人员能进能出、职务能上能下、待遇能高能低、奖惩严明的用人机制；优化资源配置，严格预算管理，管好用好科研经费，建立与绩效挂钩的考核

系统。

要做好创新工程管理办法的宣传解释工作，举办创新工程管理办法及实施细则培训班，帮助非创新单位提前做好制度配套和对接工作。纪检监察机关要持续对创新制度进行法纪政策合规性检审，对执行制度进行廉洁性评估，及时发现漏洞，防止利益冲突。要对创新工程试点单位、试点项目执行科研、人事、经费管理制度情况进行效能监察，对违反规定的行为进行责任追究。

严格执行党风廉政建设责任制，把学风建设、廉政建设融入创新工程考核评价指标，对创新岗位、创新项目进行学风评议和廉洁考核，凡反腐倡廉制度健全有效、执行力强、保持"零违规"的，给予精神和物质激励；凡制度不完善或执行力不强，出现一般违规问题的及时整改，出现严重问题的，在责令整改的同时予以处罚；对各单位和各部门主要领导干部特别是首席管理，实行预防违法违纪违规目标管理，并及时兑现奖惩，把注重预防的要求贯穿到实施创新工程的各方面和全过程。

（三）深化优良学风建设行动，营造诚信清廉的院风

健全"优良学风建设行动"长效机制。把学风建设作为研究所的经常性工作，深入推进"书记所长抓学风"专项管理，探索加强学风建设的教育、监督和制度措施；继续在社科报、院网站、《社科党建》开设专栏，交流优良学风建设的好经验、好做法；选树严谨治学做出突出成果的优秀典型，引领学术风范；组织新入院人员学术道德宣誓与所规、所史教育相结合，奠定青年科研人员学术道德基础。认真执行《科研人员学术道

德自律准则》和《编辑人员职业行为规范》，与科研人员、编辑、教师签订学术道德承诺书。纪检监察组织和科研管理部门要建立不良学风记录，惩处学术不端行为。

弘扬"科学、严谨、创新、务实"的院风，强化科研诚信。有效调动干部学者参与廉洁文化建设的积极性，使廉洁观念入脑入心。各单位要扎实开展"看身边勤政廉政事，学身边廉洁敬业人"示范教育活动，发现、推荐和宣传先进典型，发挥榜样的示范作用。

（四）加强作风建设，深化领导干部廉洁自律示范行动

在党员干部中开展党的群众观和优良作风教育，密切联系群众，关心群众疾苦，提高自我净化能力。加强党性修养与锻炼，纠正少数党员干部责任心不强、作风漂浮、庸懒散软、自我膨胀、无视群众利益等问题。完善考勤制度，强化工作纪律，坚持实施机关作风满意度测评，深化争创"文明窗口"活动。

在党员干部中开展遵守《廉政准则》教育。各单位大额经费支出必须集体决策。扩大公务卡结算范围，切实减少公务支出现金使用。治理领导干部违反规定收受礼金、有价证券、支付凭证、商业预付卡问题。完善领导干部"勤廉双述"及民主评议制度，实行所局级主要领导干部向院党风廉政建设领导小组公开述职述纪述责。适时抽审所局级领导干部《述职述纪报告》，动态掌握"廉情"信息，及时整改存在问题。执行领导干部报告个人有关事项和对配偶子女均已移居国（境）外工作人员加强管理等制度。

加强对民主集中制执行情况的监督检查。执行院务公开

和党务公开规定，利用内刊、内网、宣传栏、电子信息屏、电子邮件群发系统，发布我院重大改革举措，公开课题立项、岗位竞聘、成果评审、考核奖惩、经费使用、设备图书采购等信息，公开党务事项，接受群众监督。各级纪检监察组织要有效监督干部选用、大宗物品采购，全程监督重大建设工程和修缮工程。发挥审计监督作用，做好专项审计与经济责任审计。

（五）　做好信访核查工作，提高查办案件水平

各级纪检监察组织要认真组织对信访举报问题的核查，规范信访举报处置程序。要及时分析信访举报中反映出的党员领导干部思想、工作、生活作风、廉洁自律方面的重要信息，关注倾向性及苗头性问题，坚持信访函询和信访谈话制度，做好警示预防工作。院职能部门要协助纪检监察机关甄别信访举报的问题。领导干部要以健康平和的心态接受群众监督，正确对待核查工作，发挥信访核查教育干部和保护干部的双重功能。要依法保障群众举报权利，保持举报渠道畅通，提倡实名举报，对群众反映的问题做到件件有着落、事事有结果。要通过实践培训提高兼职纪检监察干部核查信访和查办案件的能力。

做好案件查办和专项治理工作。重点查办违反政治纪律、财经纪律和干部选拔、职称评审中的违纪行为。加强与司法和执法机关的协作，继续收回历史上流失的国有资产。严格执行《关于建设防治"小金库"长效机制管理办法》，对资产处置、出租出借收入、课题经费支出等加强检查。规范公务用车管理，推进公务用车制度改革，实现总量减少、费用下降和管理规范的目标。加强对专项治理工作的监督检查，及时纠正出现的问题。

（六）深入开展廉政研究，为全党反腐倡廉建设提供深度服务

发挥全院廉政研究的组织优势和学科优势，围绕中央和中央纪委反腐倡廉建设的重要部署和现实需求，确定研究的主攻方向。加强对反腐倡廉建设形势的分析预测，把握新形势下腐败现象发生的特点与规律，关注人民群众反映强烈的突出问题，针对重点领域和关键环节的腐败问题，进一步增强廉政研究的系统性，更好地发挥党和国家反腐倡廉建设的智库作用，为筹备党的十八大提供决策服务。

认真落实中央和中央纪委交办的研究任务，完成全面推进新形势下党的建设问题研究和《联合国反腐败公约》履约审议机制研究，对我国反腐倡廉建设进行综合研究，提出对策建议。开展全国惩治和预防腐败体系建设绩效测评、干部队伍状况与执政安全研究，持续研究国（境）外惩治和预防腐败有效做法与举措，开展地方惩防体系建设实践经验国情调研，与有关部委合作进行专项治理研究。编撰并发布反腐倡廉建设 2012 年度蓝皮书。

充分发挥院中国廉政研究中心的作用。加强与地方纪委、地方社科院及廉政研究学术机构的合作，积极开展与国外反腐败机构的学术交流，扩大中国廉政研究中心的学术影响力。研究所要提高廉政研究的组织水平，形成常态化研究机制，在课题立项和成果评奖上给予支持，鼓励更多的学者参与廉政研究。

同志们，深入推进惩治预防腐败体系和哲学社会科学创新体系建设，任务艰巨，责任重大。让我们以奋发有为的精神和求真务实的作风，进一步提高反腐倡廉建设科学化水平，为全面实施创新工程、迎接党的十八大胜利召开作出更大贡献！

以创新为驱动力，
建设廉洁中国社科院

—— 在中国社会科学院 2013 年度反腐
倡廉建设工作会议上的报告

（2013 年 4 月 27 日）

同志们：

按照会议安排，我代表党组作 2013 年反腐倡廉建设工作
报告，贯彻中央和中央纪委对反腐倡廉建设的新精神，总结
2012 年反腐倡廉工作，部署 2013 年任务。

一　2012 年主要工作回顾

（一）始终坚持了正确的政治方向

全院坚持正确的政治方向，维护政治纪律的自觉性进一步
提高。设计科研项目评价指标时，把政治方向、阵地导向放在
首位；引进人才、评聘职称、选拔干部、考核评价时，把政治
标准贯穿其中；选派学者参加涉外、涉藏、涉疆、人权等国内
外学术活动，要求坚持正确的政治立场；采取有效措施，防止
境外敌对势力通过互联网窃取涉密资料；与各单位签订网络信

息安全责任书，完成十八大期间网络安全检查保障任务；建立教育提醒机制，引导我院学者提高政治意识和大局意识，注意个人言行和社会影响，防止误导公众情绪。调查结果显示，90%以上的干部职工对所在单位党委加强维护政治纪律工作力度给予肯定。

（二）　不断深化优良学风建设行动

持续三年的优良学风建设行动，对遏制学术不端行为、弘扬优良学风起到了促进作用。问卷调查结果显示，83.6%的干部职工对所在单位的学风状况给予较好评价，低水平重复、急功近利、追求数量等不良学风有所改进。研究所所长、书记自觉承担抓学风的管理责任，完善了教育考核激励机制。"走转改"及国情调研考察作为理论联系实际的有效途径，促使干部学者"带着问题走基层，带着热情做调研，带着责任写报告"。建立青年导师制、学术述职制，召开圆桌会议，为青年学者提供了锻炼成长的平台。举办"学术道德宣誓"、学术大家纪念活动，抓实了对新入院人员的教育培训。院报、院网设立专栏推介了15个研究所所长、书记在本单位抓学风建设的好做法。我院举办首期道德建设论坛；联合有关单位在全国开展了科学道德和学风建设宣讲教育活动；联合全国65家期刊共同倡导学术期刊自律；鼓励科研人员特别是青年学者攀登学术和道德两个高峰，传播了"正能量"。

（三）　教育实践提升了对干部廉洁自律满意度

党组贯彻中央"八项规定"，出台了加强调查研究、弘扬优良学风文风、切实改进会风、简化新闻报道、精简文件简报、合理安排出访、厉行勤俭节约等举措，要求党组成员和领导干部从自身做起，接受群众监督。以财经纪律、保密纪律、党风廉政建设责任制为主题持续开展了"法规纪律应知应记"系列教育活动。19 名新任局级领导干部接受了驻院纪检组的廉政谈话教育。春节前夕，院纪检监察机关向党组成员及全院局级领导干部发送了廉洁主题拜年短信。院党组成员持续向驻院纪检组报告了个人年度用车、住房、出国（境）、兼职、休假、配偶子女就业（留学）、处置礼品等廉洁自律情况。209 名局级领导干部就维护政治纪律、学风作风、遵守廉政准则、规范决策管理、落实责任制情况述职述纪，并接受了民主测评。调查结果显示，80.4% 的干部职工对所在单位领导干部廉洁自律状况表示满意，比 2011 年提高了 7.4%。

（四）创新工程制度得到进一步完善和有效落实

完善创新工程制度体系，将建设马克思主义阵地、坚持正确政治方向、学风作风建设、排除政治违纪隐患、完成反腐倡廉建设任务等列为创新单位年度综合评价指标。研究所申报创新单位须接受履行党风廉政建设责任、落实惩治预防腐败体系任务、维护政治纪律、学风建设等综合考评。创新岗位的准入条件和评价标准承续勤廉标准，要求必须政治合格、没有学术不端行为、课题按时结项。各单位在年度项目预算执行、控制"小三票"和"劳务费"支出比例、实行公务卡支付结算等方面能够遵守相关规定。2012 年底，8 位党组成员分别带队对 29 个创新单位试点任务的执行及效能进行了综合检查，院党风廉政建设领导小组检查考核了院属 12 个职能部门和牵头单位落实反腐倡廉任务为创新工程提供保障的绩效。

坚持科研、人事、财务管理监督联席会议制度，解决有关学风、干部任用、经费使用、基建工程中发现的问题。做好推选党的十八大代表、全国人大代表、全国政协委员、享受政府特贴人员和新闻出版领军人才及拟提拔局级干部的廉政考察工作。实施对院内外十多项重点基建和修缮工程项目招投标的监督，对院级信息化项目立项评审等进行了现场监督。对 3 名局级领导干部进行了经济责任审计，对郭沫若纪念馆 2 万多件文物藏品进行了清点核对，保障馆藏物品规范管理。对 43 个单位开展了规范津补贴专项检查。

（五）核查信访案件，追回了流失的国有资产

2012 年，全院共受理群众来信来访 70 件，其中实名举报 21 件，主要反映违反组织人事纪律、违反廉洁自律规定、违反财经纪律及不良学风作风等问题。对于查证属实或基本属实的信访问题，通过通报批评、告诫谈话、帮助教育、提出建议等发挥了监督作用。向局级领导干部发出函询通知书 5 件。一些研究所纪委妥善处理了信访反映的问题。

重点查办国有资产流失案件。院纪检监察机关执着不懈，经过 5 年的艰难追讨，将 5700 万元流失的国有资产全部追回到院，受到中央纪委的肯定。

（六）廉政研究服务大局取得新成果

2012 年，院中国廉政研究中心先后组织 16 个单位 40 余名专家学者赴 11 个省（区、市）调研，撰写了调研报告 30 余篇，举办了第二部反腐倡廉建设蓝皮书发布会暨第六届廉政研究论坛，中央电视台等 20 家主流媒体予以报道，社会反响良

好。完成了中央纪委、国家预防腐败局交办的"全面推进新形势下党的建设问题研究""《联合国反腐败公约》履约审议机制研究"任务。开展"十八大党风廉政建设对策与借鉴研究"，向中央报送了系列要报，其中《应采取措施让个人有关事项报告制度更加管用》《关于治理公款吃喝之风的建议》等 7 篇得到中央纪委、国务院多位领导同志的批示。持续开展惩治和预防腐败体系建设绩效测评，组织"中国经济社会状况与廉政建设"入户调查，发放并回收问卷 2000 多份。去年以来，在山西、四川社科院和湖南永州建立"廉政研究调研基地"，与香港、澳门等地反腐败机构开展学术交流，廉政研究中心的学术影响力日益扩大。

在肯定成绩的同时，也须清醒看到，我院反腐倡廉建设也面临不少新课题。问卷调查显示，全院维护政治纪律的自觉性和主动性不断提高，但新形势下加强政治纪律建设的任务更加繁重；改进学风已见成效，但学术浮夸、浪费、趋利倾向仍较突出；院职能局和研究所管理部门服务意识增强，但少数干部思想、工作作风不够扎实严谨；经费管理创新制度激发出了科研活力，但预算执行不规范、经费管理松懈的情况在一定范围内存在；创新工程综合评价体系产生了激励和压力作用，但退出机制落实还不到位，效能建设力度在一些单位和领域尚需加大，等等。对于上述问题，全院要高度重视，切实加以解决。

同志们，党的十七大以来，全院不断探索具有中国社科院特色的反腐倡廉建设之路，完善惩防体系"六项格局"，持续开展预防腐败"三大行动"，以优良学风营造廉洁院风，以干部廉洁自律促进廉政建设，以规范管理保证制度执行，以考核评价推动党风廉政建设责任制落实，使惩防体系与创新体系良性互动、协调并进，取得了科学发展、创新发展、廉洁发展的新成效，为哲学社会科学创新工程提供了强有力的保障。我院反腐倡廉建设的成功经验，对今后发展中国社科院事业具有重要意义，我们要倍加珍惜并在新的实践中继续丰富、完善和发展，不断提升反腐倡廉建设的科学化水平。

多年来，中央纪委驻院纪检组以自觉的担当、前瞻的视野、改革的精神，推进了反腐倡廉建设理念思路、体制机制、工作内容、方式方法的创新，始终做到围绕中心不偏离、服务大局不动摇、促进发展不懈怠，为我院反腐倡廉建设作出了突出贡献。在此，我谨代表党组和广大干部学者，向勇担使命、恪尽职守、锐意进取的李秋芳同志及其领导的驻院纪检组表示敬意！向勤奋工作的全院各级纪检监察组织和广大专兼职纪检监察干部表示感谢！希望你们再接再厉，继续为中国社科院事业发展"保好驾，护好航"。

二　2013 年反腐倡廉建设的主要任务

2013 年我院反腐倡廉建设的总体要求是：深入贯彻党的十八大和中央纪委二次全会、国务院第一次廉政工作会议精神，围绕党的先进性和纯洁性建设，全面加强党的纪律建设和作风建设，为实施哲学社会科学创新工程提供有力保障。

（一）强化政治纪律建设

党的十八大对加强党的建设提出新的要求，全院干部学者要增强政治意识、责任意识、忧患意识、风险意识，与党中央保持高度一致。每位党员干部要认真学习党章、严格遵守党章，对照党章规定的党员八项义务，认真查找和纠正党性党风党纪方面存在的问题，不断加强党性修养和党性锻炼。办好所局领导干部马克思主义著作读书班和系列报告会，院报、院网、社科党建杂志要加大对十八大精神的宣传力度，引导全院干部学者坚定中国特色社会主义道路自信、理论自信和制度自信。学术研究、理论宣传、政策咨询、编辑出版和对外交流，要始终坚持以马克思主义基本理论和中国特色社会主义理论体系为指导。在党的基本路线、重要方针政策上，在重大理论思潮、重大现实问题、重大社会事件中，全院干部学者要保持头脑清醒，坚持正确的立场、鲜明的观点、坚定的态度，不能似是而非、模棱两可，不能沉默不语、随波逐流。

选题立项、成果评奖、职称评定、干部选任、岗位竞聘、评先选优、学术会议、报刊图书出版，都要坚持正确的政治方向和学术导向。创新项目申请、创新岗位聘用、创新项目评价、创新单位和创新岗位考核，要坚持政治纪律标准。与境外机构及学者开展合作研究、举办学术会议、交换学术资料和接受境外资助，须严格执行申报审批程序，遵守对外交流管理制度。要加强对新聘用人员政治纪律和保密纪律的教育管理，预防违规违纪问题的发生。建立全院公文保密网络系统，防止失密泄密问题的发生。

加强对政治纪律、外事纪律、保密纪律执行情况的监督检查，排查违纪风险，及时掌握敏感时期和敏感事件的违纪苗头，靠前教育和预防提醒，消除政治违纪隐患。对违反党的理论路线方针政策，公开发表同中央决定相违背的言论，编造、传播政治谣言及丑化党和国家形象的言论，泄漏党和国家秘密，参与各种非法组织和非法活动等违反政治纪律的行为，坚决予以查处。

（二）进一步端正学风转变作风

抓好中央"八项规定"的贯彻落实，认真执行党组贯彻落实"八项规定"的意见，治理学风、文风、会风及领导干部工作作风和生活作风等方面存在的突出问题。要弘扬理论联系实际的马克思主义学风，提倡追求真理、严谨求实的治学态度，开展积极健康的学术批评和学术争鸣，反对各种学术不端行为。要切实正文风、改会风、转作风：发文件、作报告、写文章要"有的放矢"、言之有物，深入浅出，言简意赅；严格控制会议规格和规模，提升学术会议质量，精简各类工作会议，提倡开小会、开短会、开能够解决问题的专题会，真正提高会议实效；完善议事规则和决策程序，坚持"三重一大"集体决策，严格执行经费支出、财务报销、公车使用、廉洁自律等各项制度。要保持良好的生活作风，正确选择个人爱好，检点个人生活行为，净化生活圈和社交圈，培养高尚的精神追求，遵守社会公德、职业道德和家庭美德。要把监督学风和作风改进情况作为经常性工作来抓，并纳入党风廉政建设责任制检查和干部考核，每年年底通报执行情况，考核结果作为干部任免和奖惩的重要依据。每年对各单位会议活动经费使用情况进行审查。对违反相关规定的，及时予以纠正。

在全院干部学者中深入开展群众路线教育实践活动，以"为人民工作、为人民治学"为主题，提高社科工作者服务人民、服务社会的能力。深化"法规纪律应知应记""看身边勤政廉政事、学身边廉洁敬业人"系列教育，结合院内典型案件开展警示教育，增强干部学者洁身自好、廉洁自律的意识。坚持开展"书记所长抓学风专项管理""新入院人员学术道德宣誓"，继续办好"道德建设论坛"，健全学术道德评价体系，完善期刊评价办法。共青团组织和研究生院要把廉洁教育作为青年德育的重点，让廉洁精神和优良学风传承不息。

（三）抓好制度的完善与执行

完善创新单位和项目绩效考评指标体系和办法。在创新工程管理中，增强执行科研、人事、经费、科辅等改革制度的实效，完善创新单位、创新成果、学科建设、学术期刊、出版资助、非实体研究中心等评价考核指标，规范评审机制和结果运用。完善创新人才引进、评价考核、交流任职、激励和退出等机制，激发创新激情和人员活力。完善科研经费总额拨付、创新工程报偿制度，强化预算管理与执行，启用项目预算编制审核系统，进一步规范会计委派和会计代理、公务卡结算制度。出台期刊"五统一"管理办法，落实期刊经费管理和发行收入返还使用管理办法。继续推进信息化经费使用办法改革。

制定我院落实惩治和预防腐败体系《2013～2017年工作规划》的实施办法。严格执行党风廉政建设责任制，完善反腐败领导体制和工作机制，各级领导干部要落实"一岗双责"，职能部门要把反腐倡廉任务与管理职责有机结合起来抓落实。细化党风廉政建设考评，完善奖惩机制。对落实责任制不力、出现政治违纪和不良学风等问题的，在创新单位准入、岗位竞聘、考核评优中实行"一票否决"。各级党组织和纪检监察组织要落实好信访工作职责，把矛盾化解于萌芽，把问题解决在基层。探索学部党风廉政建设联席会议制度，形成分片联动效应。保持查办违纪违法案件的工作力度，严厉查处经济违纪违法问题，落实"一案双查双报告"制度。

（四）提高综合监督实效

加强对创新工程实施情况的监督检查，健全督办工作长效机制，确保创新任务保质完成。加强对创新工程制度执行情况的监督检查，建立健全问责机制，提高制度执行力。开展对创新工程试点单位、试点项目的跟踪检查和效能监察，提升科研组织创新绩效、职能机关管理绩效、科辅部门保障绩效。开展创新单位经费使用情况的监督检查。

所局主要领导干部向院党风廉政建设领导小组述职述纪述责述廉。实行上级纪检监察组织负责人与下级领导班子成员经常性谈话，对干部勤廉信息实行动态更新、常态监督，在干部提任、职称评定中切实审查把关。

强化对工程建设、设备图书采购等关键环节的监督。重点开展对大型基建工程、数字信息工程等重大项目建设和院属企业经营的监督，严格程序管理，保证国有资产安全。严格执行工程建设资格准入、招标投标、过程监理、资金使用、变更报批、结算审计等制度，确保工程建设好、干部不能倒。200万元以上的工程，必须在国家规定平台上公开招投标。完善小修、抢修工程管理，对小修、抢修工程项目和政府采购工作进行跟踪监督。建立特邀监督员制度，聘请院内外专业人士参与工程建设、信息化建设等监督工作。以课题立项、岗位竞聘、成果评审、考核奖惩为重点，深化党务院务公开。科学分解和配置权力，细化工作流程，防治招生、刊文、就业、采购等工作中的利益冲突。制定《领导干部经济责任审计暂行规定》，加大离任和任中经济责任审计力度。对重点专项资金和重大项目进行跟踪审计。继续开展津补贴监督检查工作。

推进院综合管理平台建设，完善反腐倡廉管理信息系统，研发创新项目、基建工程等电子监察平台，实现权力运行实时受控、全程留痕。运用现代信息技术手段，整合纪检监察、组织人事、信访、审计等监督资源，建立规范用权和廉洁自律的电子档案库及网络平台，提高监督的科技含量。建立院文物、图书资料、档案管理系统，防止资产流失。建立预警机制，密切监测、及时应对涉及本院人员的负面新闻和舆情动态。

（五）充分发挥反腐倡廉智库功能

服务党中央、中央纪委的决策需求，深入开展反腐倡廉理论与对策研究，重点研究廉洁政治目标与实现路径、转变作风长效机制、治理公款送礼、个人有关事项报告审核机制、收入分配制度与治理腐败、反对特权思想与特权现象、《联合国反腐败公约》履约审议机制等重大问题，为反腐倡廉建设重大决策部署、重要法规制度和关键措施提供参考。要跟进创新工程的深入推进，开展科研经费管理制度、期刊"五统一"管理制度、优良学风建设长效机制等研究。对廉政研究课题立项、结项和过程实施精细化管理，做好成果管理和报送工作。组织开展反腐倡廉建设国情调研活动，形成系列研究报告。扩大优秀成果产出渠道，从建设角度积极引导社会舆论。

进一步发挥院中国廉政研究中心的作用，拓宽合作交流渠道，提升学术影响力。编撰并发布反腐倡廉建设 2013 年度蓝皮书，召开第七届廉政研究论坛，向社会传播最新廉政研究成果。

同志们，反腐倡廉建设使命光荣，责任重大。我们要勇于进取，扎实工作，不断把党风廉政建设和反腐败斗争引向深入，为全面实施创新工程、推动哲学社会科学繁荣发展作出更大贡献！

王伟光 著

中国社会科学院办院规律研究

下

中国社会科学出版社

目　录

上　册

院工作会议报告

院反腐倡廉建设工作会议报告

下　册

院专题会议讲话

院名优建设会议讲话

院专题会议讲话

全面推进管理体制机制改革

——在 2008 年所局级主要领导干部深化管理
体制机制改革专题研讨会上的讲话
（2008 年 8 月 19 日）

为进一步贯彻落实 2008 年度院工作会议和改革工作座谈
会的精神，根据院党组决定，今天专门召开部署深化我院管理
体制机制改革的工作会议。7 月 23 日至 26 日在密云召开的院
改革工作座谈会，是一次统一思想、反思不足、鼓足干劲、达
成共识的会议，是推进我院改革工作的一次动员会议。会议的
成功召开，进一步增强了全院同志的忧患意识、改革意识和奋
发图强的意识，使全院同志树立起了改革的信心，下定了改革
的决心。根据党组和奎元同志的意见，就深化我院管理体制机
制改革，我提出以下几点意见。

一 认真领会 2008 年度院工作会议、改革工作座谈会
和《中国社会科学院关于深化管理体制机制改革的
方案》精神，进一步提高改革的自觉性

今年年初召开的院工作会议，已经作出了推进我院改革的

决定，并且形成了改革的初步设想。院改革工作座谈会形成的改革设想和这次党组讨论通过的改革方案，是对院工作会议推进改革决定的进一步具体化。

在院改革工作座谈会上，奎元同志就我院改革问题作了重要讲话，我代表院党组作了主题发言，慎明同志就贯彻落实改革工作提出了具体要求。九个职能部门和四个直属单位分别谈了管理体制机制改革的思路，与会同志对我院改革的目标、步骤、措施和面临的问题进行了充分讨论。会上各职能部门推出的改革思路，都不是本部门内部的改革，而是带有全局意义的各项管理体制机制的改革意见。座谈会结束后，院领导和有关职能部门按照奎元同志讲话精神和会议期间与会同志提出的意见和建议，对各项改革思路进行了修改和充实，最终形成了全院管理体制机制改革的方案。昨天，奎元同志主持院党组会议，详细讨论和审议了院改革方案。刚才，浩涛同志全文宣读了院改革方案。

现在可以说，推进全院管理体制机制改革的条件已经大体成熟。下一步的关键是抓好改革方案的贯彻，积极推进各项改革任务和措施的落实。抓落实，首要的是抓思想落实。思想通了，自觉性有了，改革工作才能落实。这就要求我院各级领导干部特别是各单位领导班子，要提高改革自觉性，对改革的必要性和紧迫性要有充分深刻的认识，要从思想上解决好为什么改革、改革什么和怎样改革的问题。树立了改革的自觉性，才能有行动的坚定性。

经党组会议审议的我院管理体制机制改革的方案，再作进一步修改完善后，将以党组名义下发各单位贯彻执行，同时还要一并印发各项管理体制机制改革的实施方案、2008年下半年改革工作重点。院改革方案对改革的必要性、紧迫性和重要性，改革的总体目标、基本原则、主要任务、基本要求、具体步骤等，都作了详细部署。我院管理体制机制能不能改好，能不能改到位，关键在于各级领导干部能不能吃透文件精神，特别是要深刻领会好奎元同志在院改革工作座谈会上重要讲话精神。比如，奎元同志在强调这次改革的意义时说，这次"不是寻常的工作部署，而是在我院进一步推进改革的重要决策思想、重大改革步骤，是深化改革的新开端"。他在强调改革的必要性和迫切性时指出："我院现在机构庞大、机制守旧，整体创新能力不强的状况与国家变革的步调有差距，与自身的使命不协调、不适应的弊端日益明显。环顾左右，我们改革的力度不够，照旧章办事的状况比较明显，妨碍人才成长和科研成就的弊端大家均有所见，需要有针对性地进行改革。""我们不能关门当皇帝，要有紧迫感和危机感，要有忧患意识、改革意识和奋发图强的意识。"他还说，我院管理体制机制改革，"并不是独创的、率先的举动。像我院这样几乎原封不动维持过去选人、用人、留人办法的单位，已经为数不多。不进行适当的改革，奖勤戒懒、优胜劣汰做不到，各得其所也做不到"。他在讲到建立和实行"退出"机制时说："这步棋非走不可，别无选择。"总之，奎元同志的重要讲话高屋建瓴，思想深刻，内容丰富，我上面只是列举几处。希望各单位领导同志会后一定要反复学习奎元同志的重要讲话，吃透精神，坚决贯彻，组织好本单位的贯彻落实工作。为学习好、领会好文件精神，办公厅将下发一个有关参阅文件的通知。

我认为，学好文件，吃透精神，就是为了提高全院同志改革的自觉性，特别是各级领导干部的自觉性，这是推进我院改革工作的重要条件。提高改革自觉性，最重要的是各级领导干部要树立三种意识：一是忧患意识。既要看到我院所取得的成绩，也要看到，我院工作与中央的要求相比，与党和国家各项事业的发展需要相比，还有很大差距，我们不能"抱残守缺"，要在改革中实现大的发展。二是改革意识。改革是我院事业发展的唯一选择，要向改革要人才，向改革要成果，向改革要出路。不改革，我们院就没有前途。三是奋发图强的意识。要以不断开拓进取、奋发向上的精神状态和工作态度，努力推进我院改革。只有拿出"拼命三郎"的精神干事业，才能真正把各项改革措施落到实处。只有切实树立上述三种意识，我院各级领导干部实现从"要我改"到"我要改"的转变，才能真正使改革变成自觉的、主动的、有创造性的实际行动。

二 关键是要抓好各项改革措施的落实，务必迈好改革的第一步

奎元同志在院改革工作座谈会上的重要讲话中，特别强调要抓落实。马克思曾经说过，"一步实际行动比一打纲领更重要"。如果抓不好落实，即使讲话再多，思路再好，方案再多，也会落空，关键是抓落实。

院改革方案指出，我院的总体改革实际上包含两方面：一是哲学社会科学体系的改革创新，即学科体系、学术观点和科研方法的改革创新；二是管理体制机制的改革创新。这两个方面的改革创新是密不可分的，一个是目标，一个是手段，两者相辅相成。目前，我院在努力推进哲学社会科学体系改革创新的同时，集中力量抓好管理体制机制的改革和创新，目的就在

于为构建哲学社会科学创新体系提供一个很好的制度环境和机制保障。这次改革的主要任务是进一步集中解决好管理体制机制问题，为哲学社会科学体系的改革创新打下良好基础，提供成功的保障。

虽然各项管理体制机制改革是由相关职能部门分别提出来的，但这不等于说改革只是各职能部门的事，因为各项改革都是关系全院大局的重要任务。比如说，科研局提出科研管理体制机制改革，不能说这只是科研局的事，实际上是全院的事，是科研局受党组委托具体起草的全院的科研管理体制机制改革方案。因此说，这次改革是全院的改革，是全院各研究单位、各职能部门和直属单位都包括在内的全面的、统一的改革。各单位都是改革的实施者、落实者和推动者，在改革中，不能只当裁判员、评判员，不当运动员。为了抓好落实，前一阶段我与相关院领导和职能部门的领导到法学所调研，就研究所一级如何改革进行研究，达成一致意见。院改革工作座谈会后，许多单位行动得很早，精神传达得很快，甚至有些单位已经开始研究落实了。

在深化我院管理体制机制改革过程中，院职能部门担负具体实施各项改革任务的重要责任。各职能单位领导班子要带头，组织处级干部和全体人员努力吃透文件精神，在深入调查研究和广泛征求意见的基础上，根据院改革方案，提出既有科学性又具可操作性的改革具体步骤措施。各职能单位领导班子特别是主要领导要善于谋划改革，精心组织改革，切实抓好改革。

这次改革，研究所的任务很重。一是要继续推进哲学社会科学体系的改革和创新，即学科体系、学术观点、科研方法的创新改革要继续推进，不能停步；二是要全力以赴，根据改革方案抓好部署和落实。研究所要有改革的紧迫感，要根据文件要求，结合本单位实际，提出本单位的落实措施。同时，各研究所主要领导也要考虑本所内部管理体制机制如何改的问题。比如，所长和党委书记之间在工作上如何既有明确分工又要密切配合？一些研究所如果还有"小而全"的后勤服务体系，就要适时提出如何实现后勤服务的社会化改革，等等。

其他各直属单位，如研究生院、报社、杂志社、出版社、老干部局等，都要考虑如何适应我院事业发展的需要进行改革，都要根据院改革方案要求，制定本单位改革落实措施。研究生院在推进后勤服务社会化体制机制改革方面已经做了一些工作，还要根据改革需要进一步深化，继续推进研究生院体制机制方面的改革创新。杂志社、出版社、报社也提出了很好很全面的改革方案。总之，各单位都要按院改革方案，结合自身实际，形成自己的具体改革措施。

国有资产的经营性单位和服务单位也要迅速行动起来，在吸收借鉴其他单位成功经验的基础上，努力探索，走出一条适应社会主义市场经济发展和我院哲学社会科学研究事业需要的改革新路子。

推进我院管理体制机制改革，最重要的就是抓好落实。8月，各单位要学习文件，统一思想，形成落实方案。当然，各职能部门可以先行推进已谋划好的改革举措。9月，全院各单位都要开始抓改革的实施，落实改革措施。随后，我将和其他一些院党组成员和职能部门的负责同志到院属各单位，特别是研究所，分片听取改革工作汇报，调查改革措施的落实情况，帮助解决改革中的困难和问题，及时提供必要的指导和支持。从今年下半年到年底或明年年初，基本完成今年下半年的改革重点工作。明年，全力推进完成全年改革。

三　加大对研究所的服务、倾斜、支持力度，是管理体制机制改革的着力点

奎元同志讲，"我院科研工作的主体在研究所。研究所是科研组织、实施、评价、发布的主要承担者，研究所水平的高低是中国社会科学院科研水平高低的标志"。社科院的基础在研究所，主体在研究所，工作重点在研究所，发展在研究所，希望也在研究所。要加大对研究所的投入和支持力度，调动研究所的积极性和创造性，举全院之力办好研究所。在经费和资源支持上，对研究所只做加法，不做减法。在制定我院改革方案的过程中，我们要求院职能部门对所掌握的资源，特别是经费资源要改革配置，要向研究所倾斜，向研究所投入，大力扶持研究所。比如，图书馆、网络中心和国际合作局都同意对现有经费进行重新配置，倾斜支持研究所，支持各所分馆、所级特色资料室、专业特色网建设，支持所级对外学术交流。院里还将把争取到的办刊经费投入到研究所主办的各类期刊上。当然，各研究所要注意用好办刊经费，努力提高刊物质量。今后，凡是院里增加的财力，都尽可能向研究所倾斜。院里还要继续考虑如何优先解决科研人员的住房问题。总之，要牢固树立为科研服务、为研究所服务、为科研人员服务的意识，要把改革的着力点摆放在研究所的发展上。

四　领导干部要树立大局意识和全局 观念,既要把本单位的工作搞好, 也要考虑全院的总体发展

有一种说法,院管院事,所管所事。从职能分工上讲,有一定道理。但需要补充几句话,使其更全面。院所有职能上的分工,但二者又密不可分。所事离不开院事,院事也离不开所事。所办不好,院也办不好;院办好了,所也能办好。一方面,院所要有明确的职能分工;另一方面,院里要努力为所服务。所是基础,是主体,是重点。同时,所也要考虑全院的大局,服从全院的大局,二者要一致起来,形成合力。院所要统一,共同把我院的事情办好。

在落实改革方案的过程中,各职能部门要将更多经费向各研究所倾斜。但是,各研究所特别是研究所的领导班子,也要树立全局观念,考虑全院整体发展。邓小平同志曾经讲过:我从来都是从大局上来看问题。一个合格的领导干部,首先应该有全局观念、大局观念,既要为本单位着想,也要为大局全局着想,必要时甚至能够做到牺牲小局和局部利益,服从大局和全局利益。领导干部要懂得小道理服从大道理,小局服从全局,小利益服从大利益的道理。领导干部还要有严格的组织观念和纪律观念,坚持个人服从组织,下级服从上级,全党服从中央。深化我院管理体制机制改革,是党组作出的重大决定,全院领导干部必须坚决贯彻执行,按照院党组的要求真正把各项改革方案落到实处。当然,抓好改革方案的落实,也要联系

本单位实际。在制定改革方案时，院里充分吸收了大家的意见，也认真考虑了各单位的实际情况。在推进改革的过程中，如果某个方案有什么不合适的地方，大家还可以提出意见和建议，进一步修改和完善。我们社科院一定要形成有令则行、有禁则止、狠抓落实、加强督办的良好工作风气。

五　要切实加强对改革工作的领导

这次改革，是在党组统一领导下进行的。主管院领导具体负责分管领域的改革事务。为加强协调督办，成立了由秘书长为组长的改革工作协调小组。协调小组将在每周五上午召开工作例会，汇报改革情况，布置下一步改革，及时研究解决改革中的困难和问题。各单位的"一把手"要亲自抓改革，特别要加强党组织对改革工作的领导，重视发挥党员特别是领导干部在改革中的先锋模范作用。院改革协调小组和相关职能部门要加强对全院各单位改革工作的督办，将改革的进展情况和改革过程中出现的困难和问题，及时向院党组汇报。

关于管理强院

——在 2009 年所局级主要领导干部管理
强院专题研讨会上的讲话
（2009 年 8 月 4 日）

这次主要领导干部管理强院专题研讨会重点解决管理强院问题。落实管理强院，要解决两个问题：一是为什么实施管理强院；二是怎样实施管理强院。第一个问题是解决对管理强院的认识问题。全院上下，特别是领导干部，要统一思想，真正认识到对于我院的发展来说，管理强院至关重要。第二个问题就是解决如何加强管理问题。

关于会议的开法，我提倡务虚与务实相结合。务虚就是统一认识。一要解决思想问题。通过学习研讨提高对管理强院必要性的认识，形成全院上下认真抓管理的局面。二要解决思路问题。思路决定出路，思路不对，没有出路。管理工作怎么做，要形成正确的思路。务实就是提出措施办法，解决落实问题。要把统一认识与提出措施相结合。认识统一了，解决了要到河对岸的目的问题，但怎样过河，是走桥还是渡船，是解决达到目的的措施办法，桥和船不解决，目的就会落空。同志们要在统一认识的基础上，提出适合我院、适合本单位的管理办法和措施，形成怎么抓、怎样落实的可操作方案和步骤，这就是务实。

一　一定要高度重视管理强院的极端重要性

奎元同志在院 2009 年度工作会议上的讲话中明确提出要"抓管理强院，进一步建章立制，查补疏漏，纠正散乱无序的状况，提供尽可能有利于强院的秩序和服务"。奎元同志明确提出管理强院问题，对管理强院的目的和要求也做了深刻的阐述，这是对我院办院经验的总结，也是对我院去年开始的加强管理，全面展开管理体制机制改革，推进哲学社会科学创新体系建设所取得成绩的肯定，对我院大力实施科研强院和人才强院战略、繁荣发展哲学社会科学事业具有重要指导意义。

为什么要抓管理强院？应当说，这是推进科研强院和人才强院战略实施的重要保证和必然要求。管理出人才，管理出成果，管理出成效。大到一个国家，小到一个单位，都有一个如何管理的问题。同样的起点、同样的条件，管还是不管，管得怎么样，大不一样；管理理念、管理方式、管理水平不同，往往会产生截然不同的成效。我院是哲学社会科学研究机构，不同于企业、不同于行政部门，甚至在许多方面不同于学校，但同样存在着管理的问题。科研是我院第一位的工作，一定要以科研为中心，科研的关键是要出好的成果，而出人才是出成果的基础，没有人才，哪来成果，怎么能实现科研强院，人才强院是科研强院的保障。成果从哪来，人才怎么产生，答案是出成果、出人才离不开管理。科研强院和人才强院战略的实施离不开管理，全院的正常运转也离不开管理。没有管理，科研强院和人才强院的战略目标就会落空，我院工作就可能陷入无序状态。管理强院是科研强院和人才强院战略实施的必要保证，是推进我院事业发展的战略任务。全院同志一定要从战略的高度来认识实施管理强院的必要性、重要性和紧迫性，提高实施管理强院的自觉性和责任感，像重视科研和人才那样重视管理，像抓科研强院和人才强院那样抓管理强院。

什么是管理强院？简而言之，管理强院就是更新管理理念，创新管理模式，建立管理制度，提高管理水平，实施科学的、严格的管理，以实现我院科研和人才资源的科学配置，进一步解放和发展科研生产力，达到多出成果特别是精品成果、多出人才特别是拔尖人才的目的。

抓管理强院，对当前抓好我院工作，具有很强的现实性和针对性。去年以来，我院工作之所以取得较大进展，同全院加强管理、严格督办、狠抓落实，积极推进管理体制机制改革是分不开的。从去年下半年开始到今年上半年，经过一年的管理体制机制改革，各方面工作有很大改观，管理水平有较大提高，管理体制机制有所创新，有力地促进了我院哲学社会科学事业的繁荣发展。但是与中央对我院"三大定位"的要求相比，与我院广大干部职工的实际期望相比，轻视管理、执行力不强、工作不落实、松垮散漫、照旧章办事、体制机制守旧、制度不健全、管理水平不高、整体创新能力不强的现象依然存在，妨碍人才成长和科研成就的管理体制机制弊端还较为明显，管理体制机制还有很大的改进空间，目前管理上的问题如不解决，将严重制约我院发展。

领导必须重视管理。领导就是管理，当领导，必须抓管理，不重视管理，不是合格的领导，不抓管理，放任自流，不是负责任的领导。有一个问题，需要同志们统一认识，需要有明确的回答："身为学者的书记、所长，首要的工作职责是自己做学问搞科研，还是抓管理当领导？"各级领导干部特别是所局级领导干部，要明确自己作为领导干部的管理责任，学者型的领导干部既要当好学问家，当好学术带头人、组织者，更要当好管理者、当好领导。这里所讲的管理首先是科研管理和学术研究的组织协调，当然也包括全面管理工作。作为学者来讲，第一位的工作责任是什么？无疑是研究。但作为学者型领导干部，第一位的工作责任是什么？就是管理。学者型的领导干部可以对照检查一下"有多少时间和精力放在管理上了"。不抓管理不是合格的领导，特别是书记、所长，要做合格的书记、所长就要用心抓所务、用心抓管理，不能心不在所务上。不要看不起管理，以为管理是小事，不屑一顾，是具体办事人员的事，自己当甩手掌柜、点头领导，仅把写论文、搞研究、出国考察、参加学术讨论会当作工作职责而疏于管理职责，这是失职。我在调研中听到一些科研人员说，"很难看到所长和书记，不知道他们忙什么"。当然这话不一定准确，但至少反映了一些问题。一般来讲，在教学科研机构，有人看不上管理、不会管理，认为说说写写是"大事"，而不屑于顾及管理"小事"。也有些学者出身的领导干部学问不错，但不会管理，这些情况在我院也或多或少地存在。各级领导干部特别是所局级领导干部，要明确自己作为领导干部的管理责任，把更多精力放在抓管理上，从"要我管"转变为"我要管"。不能等上级要求了、矛盾出现了、群众有意见了，才不得不重视管理，这是消极被动的"要我管"。"我要管"则是把抓管理作为职责分内之事，使之成为自觉的行动，主动思考问题，研究管理，全程跟进，深入一线，找准本单位本部门中问题所在，拿出办法，管出实效。

抓好管理，是对我院所局级领导干部责任意识的考验和领导水平的挑战。今年，我院要全面推进科研强院、人才强院和管理强院三大战略。管理强院是解决当前我院现存突出问题的战略措施，不是权宜之计，全院各级领导干部必须高度重视管理，大力实施管理强院，全面深化管理体制机制改革。

二 正确认识和处理事关我院发展的 带有规律性的重大问题

从认识论的意义上来说，抓好一件事，首先是认清这件事的规律与特点，按照该事物的固有规律与特点办事。抓好管理，必须研究规律、认识规律、把握规律，按规律办事，这就必须探索和认识我院固有规律，这里暂且归结为科研成果生产和科研人才成长规律、哲学社会科学发展规律、中国社会科学院办院规律。

辩证法告诉我们，规律又表现为事物之间的本质关系或相互联系，探索我院规律，还须认识把握我院工作中的一些重大关系。譬如，基础研究和应用研究的关系，哲学社会科学创新体系和管理体制机制的关系，政治和学术的关系，加强统一领导和调动各方面积极性的关系等。当然还有更具体的一个层次的关系问题也要研究，比如院和所的关系；院职能部门与研究所的关系；党委书记和所长的关系等，这些是具体操作层面的关系。到底有哪些重大规律和关系问题需要认识把握，同志们还可以讨论，我只是提出问题，抛砖引玉。

首先，谈谈影响我院发展的客观规律问题

第一，科研成果生产和人才成长规律。

马克思讲，人类社会发展要从事四种生产，物质生产、人口生产、精神生产和社会关系生产。从普遍意义上来讲，社科院也是从事生产的，当然是精神生产，体现为科研成果的生产。我院是生产精神产品的，即科研成果，其功能、性质和任务决定了科研工作是全院的中心工作，其他各项工作要服从、服务于科研工作，必须全力以赴地抓好科研，这就迫切需要坚定不移地实施科研强院战略。

科研生产的目的是要出好成果、多出成果，即是说又好又多地生产经得起实践检验的科研成果。对于党领导的社科院来讲，科研生产的目的就是要生产符合党的政治要求的，符合马克思主义的，符合社会主义核心价值观的，符合中华文化优良传统的，具有中国特色、中国气派、中国风格的哲学社会科学创新成果。这就产生了如何激励出精品成果，多出成果的问题，如何判断成果的价值，是好是坏，精品还是次品？如何构建科学合理的成果评价体系？怎样合理配置科研资源，特别是经费资源？实施怎样的办法，如何建立合理的激励和竞争体制机制，才能调动科研人员积极性等问题，这都需要深入研究科研成果生产的周期、特点、要求等规律性东西，研究不同于物质生产的精神生产，不同于自然科学的社会科学的特殊成果生产规律。只有把科研成果的生产规律吃透了，才能建立健全符合哲学社会科学科研成果生产规律的评价体系和激励体制机制，抓好科研管理。

无论是科研成果的生产，还是全院事业的繁荣发展，都离不开人，离不开人才。在科研成果生产过程中，也生产了科研人才。办好我院，抓好科研，关键在人，关键在人才，关键在拔尖人才，所以人才工作最重要，要把人才工作当作根本大计来抓。在人才生产上，如何实施人才强院战略，逐步形成科学合理的人才结构，形成符合党和国家要求的人才成长的体制机制，激励拔尖人才尽快成长起来，这就需要认真探索和把握我院人才结构特点和人才成长规律。

就我院人才构成来说，需要三类人才：一是专业人才。包括两部分，一部分是直接从事科研的科研人才，他们是科研生产的核心生产力，其中最重要的是能够坚持运用马克思主义立场、观点、方法回答重大现实和理论问题的马克思主义理论家，具有很高学术造诣和研究水平的各学科的领军人才和学术大家；一部分是科研辅助人才，热心为科研服务、业务熟练的科研辅助人才，比如研究生教育、图书资料、报刊出版、信息网络等科研辅助人才。二是管理人才。就是愿意献身哲学社会科学事业，了解哲学社会科学规律，政治坚定，懂科研会管理的领导干部、党务干部和其他管理干部。三是工勤人才。能够热心为科研人员和工作人员服务的、为科研工作服务和全院工作服务的行政后勤等方面的服务人员、工勤人员。这三类人才，最重要的是专业人才。必须把重点放在科研人才培养上，加强以科研专业人才为重点的三支队伍建设。科研专业人才虽然是重点，但管理人才、工勤人才也必不可少，要给予同样重视。人才结构，包括人才类别结构、学科结构、知识结构、年龄结构以及基础研究和应用研究人员比例、老中青年龄比例、高中低职称比例等结构，怎样配置才合理，需要认真研究，摸清规律，掌握需求和特点，一步一步调整，逐步形成合理、科学，具有我院特色，有利于我院发展的人才结构体系。

要特别注意青年人才，主要是青年科研人才、青年干部和管理人才的培养。现在我院青年比例已经不小了，在许多研究所已经占了多数，大部分研究所都已经占了 1/3 以上了，如何培养优秀青年人才，是一个迫切的战略性问题。各级领导班子一定要把以青年工作、青年科研人才为主的青年人才培养工作提到重要议事日程上来抓好。对于青年人才，要在政治上充分信任他们，在业务上精心培养他们，在思想上认真教育他们，在生活上无微不至地关心他们，要大胆、时不我待地培养他们、使用他们、关心他们、提拔他们。马研院在青年科研人员中组织开展马克思主义经典著作读书活动有成效。哲学所创立青年购房贷款基金，想方设法为青年人排忧解难，得到青年人的拥护。当然还有许多单位在青年人才培养方面也做得很好，可以交流借鉴。

从人才成长的规律看，思想家和理论家，领军人才和学术带头人的成长是有周期的，是有条件的，要研究他们的成长需要哪些条件，如何创造条件促进人才成长、如何培养人才。要按照哲学社会科学人才成长规律来培养人、使用人、选拔人。既不能忽视人才培养，也不能做违背规律、揠苗助长的蠢事。孟子曰："故天将降大任于斯人也，必先苦其心志，劳其筋骨，饿其体肤，空乏其身，行拂乱其所为，所以动心忍性，曾益其所不能。"大历史学家司马迁在《报任安书》中论述过："盖文王拘而演《周易》；仲尼厄而作《春秋》；屈原放逐，乃赋《离骚》；左丘失明，厥有《国语》；孙子膑脚，《兵法》修列；不韦迁蜀，世传《吕览》；韩非囚秦，《说难》、《孤愤》；《诗》三百篇，大抵贤圣发愤之所为作也。"他们讲的是人才成长有一个历经磨难，但通过个人奋发努力，终成大事的过程。历经磨难，而又坚韧不拔，才能千锤百炼出人才，这恐怕也是人才成长的规律。人才当然需要培养，但就古今中外人才成长的规律和案例来看，人才成长离不开实践锻炼，离不开磨炼，离不开个人努力，很多人才都是在困难条件下，甚至是在逆境中成长起来的。像鲁迅、郭沫若等大文豪，一开始都是学医的，鲁迅曾在海军学校就读，还学过几年采矿，时势造英雄，苦难的旧中国使得他们拿起笔杆子，以唤醒旧中国大众麻木的精神为己任，转向文学创作，在斗争中成为大文学家。马克思主义哲学告诉我们，外因是变化的条件，内因是变化的根据，关键是要调动人才成长的内因，使人才个人真正奋发努力。所以，抓好人才工作，除了创造必要条件环境、体制机制以外，还要把握人才成长的特殊规律，激发、发掘人才成长的内在潜力。因此，党组在努力创造人才成长条件环境的同时，还要大力加强对人才的思想政治、道德品质、为人和学风教育工作，充分引导他们，鼓励他们，调动他们的积极性和创造性。有一句俗语说得好："师傅领进门，修行在个人。"再好的条件环境和体制机制，个人不进取、不努力，人才还是成长不起来。要向科研人员和工作人员讲明这个道理，让他们真正认识到位，真正奋发起来，这也是领导的职责。当然，时过境迁，和老一辈相比，人才成长的时代、条件不同了，既不能反对为人才成长提供良好的条件，又不能刻意搞些困难出来，非要强调在逆境中成才。但是一定要在努力创造人才成长条件的同时，强调人才成长内因的重要性，强调人才成长的主观能动性，鼓励他们刻苦奋斗，要加强这方面的教育。

从目前我院人才现状来看，主流是好的，可以大体满足科研和工作需要，但从实现中央"三大定位"的高标准要求来看，人才方面存在许多急需解决的问题。比如，就人才的数量来说，不算少，但忠诚并熟悉马克思主义的思想家和理论家、学术领军人才和拔尖人才、有后劲的年轻学术人才、国际性的学术人才、党委书记和所长人才、独当一面的职能部门和院属单位领导人才和管理人才、年轻的骨干管理人才略嫌不足；就人才的素质来说，学历很高，但政治素质和马克思主义理论素质还需提高，理想信念、职业道德方面还有欠缺，政治性、思想性、政治纪律观念也需强化，素质能力亟待提高；就人才成长的待遇、环境和条件来说，还需解决好他们在住房、收入、各项福利待遇、科研条件、工作环境等方面的问题；就人才队伍学术风气来说，围绕中心、服务大局，理论联系实际和严谨诚实的学风尚需树立……这些都需要努力解决。

党组和奎元同志高度重视人才工作，下决心大力实施人才强院战略。集中一定的经费投入，推出了《人才强院战略实施方案》。能不能达到方案预期效果，关键是抓好落实。要把钱花在刀刃上，气力用在人才成长上，功夫下在落实上，全院上下必须集中力量一项一项地把方案中的任务真正落实。今年是我院人才强院方案实施的第一年，各所都制定了本所的人才强所方案，各职能局也加强了人才培养工作。但是有的所制定的方案很具体，具有可操作性，有个别所却大而化之，实际操作意义不大，需要进一步使方案更具可操作性。

第二，哲学社会科学发展规律。

还要进一步研究哲学社会科学发展规律。自然科学是对自然发展规律的认识，人文社会科学是对人类社会发展规律的认识，哲学是对自然规律和社会规律认识的总概括。哲学社会科学作为自然、社会规律的概括，作为人类知识的认识成果，作为认识工具，有其自身发展的规律，这是哲学社会科学的一般规律。认识哲学社会科学发展规律，就要研究哲学社会科学学科体系、学术观点、科研方法等诸方面创新发展的规律性的东西。哲学社会科学在其发展过程中分门别类地形成了不同学科，各个学科在学科体系、学术观点、科研方法等方面也有其形成、创新、发展的具体规律。哲学、政治学、经济学、法学、社会学、历史学、新闻学、考古学、人类学、民族学、宗教学、语言学、文学等都有其各自特点和发展规律。不仅要研究哲学社会科学的一般规律，还要研究中国特色的哲学社会科学的特殊规律，还要研究各个学科的特殊规律，还要研究各个学科的具体专业的特殊规律，还要研究各个学科和整个哲学社会科学在学科体系、学术观点、科研方法等诸方面的具体规律。中国特色、中国风格、中国气派、中国话语的中国哲学社会科学创新体系发展规律，是我们所要研究回答的主题。根据哲学社会科学发展规律，加强学科建设，建设哲学社会科学创新体系，这是我院的重要任务。

第三，中国社会科学院的办院规律。

我院作为党和国家的哲学社会科学最高研究机构，自改革开放之初成立，至今已有三十年的历史了。如果加上它的前身——中国科学院哲学社会科学部，就有五十四年的历史了。在党中央和国务院的亲切关怀扶持下，在历届院党组和院领导以及全院上下的共同努力下，取得长足发展。三十年或五十四年的经验是什么，教训是什么，成功的做法是什么，还有哪些问题，要很好地回顾、分析、研究、总结，要摸索出一些规律性的东西来，提炼出一些可资借鉴的经验来，要研究它的领导体制、运行机制、管理体制机制、学科分类、研究所的设置以及机构问题、编制问题、人事问题、经费问题等。既要研究它的三十年、五十四年历史，又要研究它的现状，还要研究它的前身——中国科学院哲学社会科学部的经验等。总之，要系统地、科学地总结中国社会科学院的办院经验、教训，积极推进我院事业发展。

其次，谈谈正确处理关乎我院长远发展的重大关系

第一，基础研究和应用研究的关系。

这是一对事关我院学科发展和学术走向的重大关系，认识清、处理好这对关系对于我院发展影响重大且深远。努力加强基础研究，积极推进应用研究，坚持基础研究和应用研究并重共举。在加强基础研究的基础上提升应用研究的水平，又要通过应用研究来促进基础研究，实现二者的有机结合和相互促进。基础研究搞不好，应用研究就缺少分量，搞好基础研究，出成果、出人才就有雄厚的基础和源泉。同时，应用研究又带动、促进基础研究，不可厚此薄彼，不可偏废，不可将两者割裂开来、对立起来。

1. 首先要搞清楚什么是基础研究，什么是应用研究。在哲学社会科学研究领域，按照研究范围、研究内容来划分，可以大致分为基础研究和应用研究两大类别，譬如，对矛盾问题的理论研究属于基础研究，而对当前群体性事件及其化解对策的研究又属于应用研究。按照学科分类来划分，又可以分为基础研究学科和应用研究学科两大学科类别，譬如，政治经济学属于基础研究学科，财政学、金融学等属于应用研究学科。当然，二者又不是完全分割的，相互也有交叉，不能完全分得那么清楚，比如应用理论研究，相对应用对策研究，它就是基础研究。而基础研究也不能完全没有应用色彩，比如对社会主义核心价值观的研究，既有基础理论研究成分，又有应用对策研究的成分。在基础研究和基础研究学科中也有应用研究和应用学科，譬如，哲学研究是基础研究，哲学学科是基础研究学科，但在哲学研究中也有应用研究。在应用研究和应用研究学科内也有基础研究。同样，应用研究也不是不研究理论，应用研究可分为应用理论研究和应用对策研究。

2. 对基础研究要全面认识，不能把基础研究内涵和范围理解太窄。马克思主义基本理论、中国特色社会主义理论体系，是更为重要的基础研究。哲学社会科学各学科，包括现实性很强的学科，都有一个基础研究问题，仅仅把基础研究限制在很小的范围，是不全面的。

3. 基础研究不等于不研究现实问题，基础研究和应用研究都有一个面向现实、为现实服务的问题。哲学社会科学研究是为发展中国特色社会主义总目标服务的，无论基础研究还是应用研究，都有围绕中心、服务大局的问题，并不是只有应用研究服务大局，基础研究就可以远离大局、远离现实。分别来看，对策研究必须研究现实问题，这是毫无疑义的。但基础研究也要与现实相联系，这个认识要解决。有些基础研究，必须与现实相结合，要回答现实问题。比如马克思主义基本理论研究，马克思主义中国化的研究，既是重要的基础研究，也是重大的现实研究。如果不结合现实，就不可能有马克思主义中国化的理论创新。马克思主义基本理论研究是为了解决现实问题，不研究重大现实问题，马克思主义基本理论研究就失去了目标，失去了方向，失去了生命。要加强马克思主义基本理论研究的现实针对性，不断针对新的实际，研究和发展马克思主义。研究《资本论》，要运用马克思主义观点来认识当前资本主义金融危机的实质。中国特色社会主义理论体系更是如此。有些基础研究，虽然不直接研究现实问题，但也有一个为现实服务的问题。比如，历史学，虽然研究的是过去时，但有以史为鉴的问题。即使与现实远离的一些学科，比如考古学，也存在一个研究者拥护中国特色社会主义的现实认识问题，有一个树立正确的人生观、世界观和研究方法的问题。从事基础研究的人员绝不能脱离现实。奎元同志提倡的国情调研，既是应用研究需要的，也是基础研究需要的。开展国情调研，当然要写调查报告，而更重要的在于让研究人员深入实际，联系群众，接触实践，了解国情。

4. 应用研究不等于不要基础研究，应用研究必须以深厚的基础研究为基础，为依据，为指导。任何应用研究都离不开基础研究，就拿应用性很强的学科来说，也有一个基本理论支撑问题。譬如，研究环境保护政策，离不开环境学基本理论的研究。任何应用研究，都有一个受正确的思维方式和研究方法论指导的问题，离不开正确哲学思维的指南。把应用研究和基础研究完全分开，是不可能的。比如，国际问题研究属于应用研究，但国际问题研究不等于没有基础研究，对各国的经济、政治、文化、历史、地理等的研究就属于基础研究，而该基础研究是支持应用研究的。我院组织撰写的《列国志》作为基础研究成果，极大地支持了现实国际问题的研究。

5. 正确认识基础研究和应用研究的辩证关系，推进现行科研激励体制机制改革创新。正确认识和处理基础研究和应用研究的关系，存在一个如何认识现行的科研管理激励体制机制，不断推进其改革创新的问题。我院现行的科研管理激励体制是以课题制为主。总的来看，课题制无论对基础研究，还是对对策研究，都起到了很好的激励作用。但从效果上看，好像课题制对对策研究好处更大一些，对有些基础研究好处少一些，这就产生了课题制有利有弊的问题，当然是利大于弊。利在于对于调动科研人员的积极性、创造性，有很大的激励作用；弊在于对于长线的、基础的成果生产和人才成长，对于青年人才成长，又存在明显不足，因为课题制有时间要求和选题要求的局限性，也容易产生某些短期行为。这就提出了如何完善课题制，采取创新办法弥补其不足的问题。要认真研究总结课题制的优与弊，既要发挥课题制的优势，又要避免其短处，探索促进基础研究和应用研究共同发展的体制、机制、途径和办法。今年刚刚出台的《基础研究学者资助计划》和《青年学者资助计划》就是改革完善课题制的重大措施。

第二，哲学社会科学创新体系与管理体制机制改革的关系。

二者关系的实质是目的和手段的关系问题，这是影响我院科学发展和长远发展的一对基本关系。建设哲学社会科学创新体系是目的，改革管理体制机制是手段。我们的目的是按照中央的要求建设哲学社会科学创新体系，实现学术观点创新、学科体系创新、科研方法创新，实现哲学社会科学的繁荣发展。而要实现这个目标，就要有符合其发展规律，适应其需要，并不断创新发展的管理体制机制保障。我院的总体改革实际上包含两个方面：一是哲学社会科学体系的改革创新，即学科体系、学术观点和科研方法的创新；二是管理体制机制的改革创新。这两个方面的改革创新是密不可分的，一个是目标，一个是手段，两者相辅相成。奎元同志在密云改革工作座谈会上讲到，我院目前体制基本守旧，现在的管理体制机制还不适应我院哲学社会科学创新体系发展的需要；可以先进行管理体制机制改革，以此进一步促进哲学社会科学体系创新。管理体制机制要适应哲学社会科学创新发展的需要，要为哲学社会科学创新服务。一适应，二服务。首先是适应，管理体制机制要符合哲学社会科学发展规律，适应它的需要，否则就会成为其发展的障碍。适应了，才能更好地服务。我院现行的管理体制机制存在一定弊端，在许多环节、许多方面存在不符合、不适应的问题，需要改革。目前，我院在努力推进哲学社会科学体系改革创新的同时，集中力量抓好管理体制机制的改革和创新，目的就在于为构建哲学社会科学创新体系提供一个很好的制度环境和机制保障，打下良好基础。当然，在实际工作中，两个方面都要抓，特别是要把科研工作，把哲学社会科学创新体系建设作为第一院务，抓住不放，抓出成效。

第三，政治和学术的关系。

处理好政治与学术的关系，既要坚持坚定正确的政治方向，又要尊重知识、尊重科学、尊重学问、尊重人才，按学术规律办事，是关系我院正确方向和繁荣发展的又一对重要关系。胡锦涛同志高度重视意识形态工作，他指出，经济工作搞不好要出大问题，意识形态工作搞不好也要出大问题，要在集中精力进行现代化建设的同时，一刻也不能放松意识形态工作。一定要增强政治意识、政权意识、责任意识，增强政治敏感性和政治鉴别力，把意识形态工作摆上重要议事日程。要守好自己的阵地，管好自己的队伍……重视选拔培养意识形态领域领导干部，确保领导权牢牢掌握在忠诚于党和人民的人手里。这次安排传达中宣部关于当前思想意识形态舆情工作情况的文件，同志们可以深刻领会加强意识形态工作的重要性。奎元同志反复强调坚持政治导向，包括选人、用人，都必须坚持政治标准第一，这是非常重要的。院党组就要在政治原则问题上把关定向。我院作为党中央、国务院领导的国家哲学社会科学研究机构，作为党领导的重要的意识形态阵地，要体现党的主张和意志，要讲政治，必须服从党的领导，把握正确方向，坚持马克思主义的指导地位，使党的主流意识形态得到充分体现。

哲学社会科学是学问，是学术，是学科，但同时与政治、意识形态密切相关，这是哲学社会科学的一个重要特点。有些学科，本身就具有极强的意识形态性，比如哲学、政治学、经济学、新闻学等。有些学科虽然不具有意识形态性，但从事学问的人有受什么样立场、观点、方法支配的问题，有为谁服务的问题，有持什么样政治倾向的问题。从这个意义上讲，学术问题和政治问题是不可分的。当然，学术问题和政治问题也是有区别的，完全等同起来，就会走到另一个极端。我院是学术机构，不是政府部门，与党的宣传部门、干部教育学校的定位不同，职能不同，是通过学术、学科、学理体现出政治方向，体现出党的意志。既然是学术研究，就不能是宣传式的、政治口号式的，否则就发挥不了学术的作用，也不利于学术发展。要寓党的主张、党的意识形态、马克思主义的立场观点方法于学术研究之中，要通过学术创新和学科创新，通过学理研究来解决话语权问题，解决意识形态主导问题，解决政治方向问题。党组和奎元同志对如何办好《中国社会科学报》非常重视，办好这份报既要有坚定正确的政治方向，又要充分体现理论学术特色，如果把这份报办成离开党的领导、离开正确方向肯定是失败的，同样，办成与党报完全雷同也是不成功的。

在我院，坚持正确的政治方向，最重要的就是坚持马克思主义在意识形态领域内的指导地位，坚持党的领导，坚持正确的政治方向和学术导向。其中一个重要方面就是把我院建成马克思主义坚强阵地，这是中央对我院的第一位要求，是政治要求。全院领导干部一定要树立阵地意识。这次提交大家讨论的《马克思主义理论研究与学科建设实施方案》是院党组加强马克思主义坚强阵地建设的具体措施。坚持正确方向，建设马克思主义坚强阵地，首先，应该加强我院的思想政治建设和政治纪律建设，让研究人员树立正确的政治方向和学术导向，有良好的学风和学术道德，要育好人。奎元同志要求，对新入院人员进行马克思主义基本理论教育，也正是这样的用意。今年举办的三期青年学者马克思主义理论学习班效果不错。其次，要引导研究人员学会用马克思主义的立场、观点、方法来指导科学研究和学科建设。最后，加强马克思主义研究队伍建设，加强马克思主义基本理论研究，加强马克思主义中国化创新理论的研究，加强马克思主义学科建设，把马克思主义研究院、中国特色社会主义理论体系研究中心、世界社会主义研究中心建设好。加强哲学、政治经济学、政治学、新闻学、历史学、社会学、法学、民族学、宗教学、文学等学科的马克思主义基本原理建设。

处理好政治与学术的关系，既要坚持马克思主义在意识形态领域的指导地位，又要在坚持正确方向前提下鼓励学术自由，坚持"双百"方针，使各种观点和学派"百花齐放、百家争鸣"。要把握好二者的"度"，处理好坚持马克思主义指导和允许不同学术观点争鸣的关系。我院学术性、学科性、学理性的研究工作特点，决定在坚持坚定正确的政治方向的同时，必须坚定不移地贯彻"双百"方针，形成宽松的、允许自由讨论的学术交流、学术批评。自然科学允许反复的试验，允许错误，允许失败，社会科学也要允许不同的观点，允许错误的见解提出讨论，当然，反对"四项基本原则"的言论，必须坚决反对。没有"双百"方针，也就没有学术的繁荣。要做到"两个"坚定不移：坚定不移地坚持正确的政治方向；坚定不移地坚持"双百"方针。

第四，加强统一领导和调动研究单位与研究人员积极性的关系。

如何做到既要有统一领导，又要给予研究单位和研究人员以充分发挥他们的主动性和创造性的时间和空间，这也是一对必须处理好的重要关系。坚持正确的政治方向和学术导向，坚持马克思主义在意识形态领域的指导地位，必须有集中统一的坚强的党的领导，如何在学术单位加强和改进党的统一领导是一个重要课题。奎元同志指出："进行科学研究，一定要有大局意识。""要始终把我院研究工作纳入大局"，"假如只是片面强调个人的自由发展、个人的自由研究、个人自由思考的权利，不能顺应党和国家大局发展的方向，游离在十几亿人共同奋斗的事业之外，我们的科研就会失去方向和动力，就没有生命力"。加强党对学术的统一领导，就要把科研活动统一到党和国家的工作大局，统一到党和国家的政治方向上，这是加强党的统一领导的基点，这是做好一切研究工作的根基和方向。

但是，我院又是一个学术单位，必须充分地尊重研究人员的主动性、积极性和创造性，对研究人员的管理，不能像对机关人员那样管理，不能要求他们像机关人员那样坐班，对待学术单位的管理，不能像对待机关管理那样，否则就违背了规律。既要有集中统一，又要有充分的主体发挥，要从体制机制上解决好这个问题。既有统一领导、科学管理，又要充分尊重研究人员的积极性和创造性，给予他们富有弹性的、充分的、相对灵活的空间和时间，真正做到散而不乱，活而有序，统而不死，形散而心不散。

既要加强统一领导，又要调动研究单位和研究人员的积极性，有一个认识和处理好院和所的关系问题。这里首先要解决好对研究所定位的认识。奎元同志讲，"我院科研工作的主体在研究所。研究所是科研组织、实施、评价、发布的主要承担者，研究水平的高低是中国社会科学院科研水平高低的标志"。社科院的基础在研究所，主体在研究所，工作重点在研究所，发展在研究所，希望也在研究所。全院要把工作重心放在研究所上，要调动所的积极性，一是加重所级的职责和任务；二是在事权的划分上，增加所的一些事权，比如适当的人权、财权；三是加大对所的投入和支持力度。在经费和资源配置上，对所只做加法，不做减法，要向所倾斜，向所投入，大力扶持研究所。比如，在科研经费、图书资料经费、网络建设经费、国际合作经费配置上要有重点地逐步向所倾斜，支持研究所建设专业特色书库、专业特色分馆、专业特色资料室、专业特色网，支持所级对外学术交流，加大办刊经费投入，努力办好学术刊物。

有一种说法，院管院事，所管所事。从职能分工上讲，有一定道理。但应该说得更全面。院所有职能上的分工，但二者又密不可分。所事离不开院事，院事也离不开所事。所办不好，院也办不好；院办好了，所也能办好。一方面，院所要有明确的职能分工；另一方面，院里要努力为所服务。所是基础，是主体，是重点。同时，所也要考虑全院的大局，服从全院的大局，二者要一致起来，形成合力。院所要统一，同时要注意发挥两个积极性，共同把我院的事情办好。当然，在院所具体事权划分上，还可以作具体研究，逐步摸索出一些成熟的规矩来。

院所关系又涉及院职能部门与研究所的关系问题，需要统一思想。毛泽东早在革命时期形容知识分子和工农大众关系时有句话，叫"皮之不存，毛将焉附"，形象比喻知识分子是毛，工农大众是皮，强调知识分子要与工农相结合，为工农服务。把这句话具体用到职能部门与所的关系上，职能部门是靠研究所存在的，职能部门离不开研究所；同时，职能部门反过来又会保障、服务、支持研究所的发展，研究所的发展也离不开职能部门，研究所和职能部门就是这样一种相互依存、服务与被服务的关系。职能部门一定要树立为科研服务、为科研人员服务、为研究所服务的意识，要把着眼点放在研究所的发展上，要把工作重心放在研究所上。要转变作风，深入基层，主动帮助研究所办实事，改掉衙门作风。我和党组其他成员同职能部门领导一起多次到所里面对面地解决问题、调查研究，作风有所改善，但还不够，还要继续深入。机关党委为了转变作风，采取了开短会、讲短话、评文明服务窗口等措施，有了好的气象。当然，管理也是服务，加强统一管理与搞好服务不矛盾，加强监督检查、严格督办与搞好服务也不矛盾。

党委书记和所长之间如何既有明确分工又有密切配合，有一个书记和所长关系问题需要研究探索。有个别党委书记和所长两人闹意见，互相争执谁是"一把手"，谁是"一支笔"，谁说了算，这种不团结严重影响科研人员的积极性，影响研究所的发展。这既有一个思想政治水平问题，也有一个制度管理问题。从思想政治水平上看，如果双方思想政治觉悟高，都从大局出发，从工作出发，就不会去争谁是老大、谁说了算、谁是谁的人。当然还有一个制度管理、规范管理问题。这次提交同志们讨论的《中国共产党中国社会科学院研究所委员会工作条例》和《中国社会科学院研究所所长工作条例》，目的在于加强研究所领导体制的规范化、制度化、科学化建设，从制度规范上解决好书记与所长的关系问题。

研究所的领导体制是党委领导下的所长负责制，党的领导是第一位的，集体领导是基本原则，要坚持党委领导下的所长负责制。党委一班人是平等的，书记是班长，主持党委会，集体领导，实行民主集中制，书记也只有一票。重大问题要党委会集体讨论，哪些重大问题需要上党委会讨论，《条例》有明确规定。党委决定了的事，分头负责去办。按照书记与所长的分工来讲，书记要抓党的建设，抓思想政治工作，要管党、管干部，所长是行政领导，要治所、抓科研，党政共同努力，加强研究所的全面建设。实行党委领导下的所长负责制，也不是所长说了算，还有职工大会、所务会议、所长办公会，要集思广益，发挥集体智慧和力量。我院绝大多数书记、所长都是努力工作的，群众比较满意，但也有群众有意见说"所领导不治所"。所级领导很忙，"双肩挑"干部工作压力很大，但必须有足够精力和时间管所治所，要努力提高自身的管党本领和治所能力，把科研队伍和管理队伍带好，把研究所建好，这是所级领导义不容辞的责任。

研究所工作要以研究室建设和管理为突破口，这是管理强所的基础工作。研究室既是研究所发展的关键所在，也是全院工作的基础所在。所要把工作重点放在研究室，培养道德品质过硬、专业素质过硬、管理水平过硬的研究室主任队伍。财贸所和工经所研究室主任值班制度值得借鉴。要把研究室的党建工作和管理工作结合起来抓。毛泽东曾经说过"支部建在连上"，要把党建工作延伸到研究室，研究室要建立党支部、党小组，使研究所拥有更强的战斗力。

三 强化管理，大力推进管理 体制机制改革

怎样实施管理强院？

第一，必须学会管理，善于管理。

我院的领导干部会写、会说，有知识、有学问、有专业、懂学术、能研究。但从总体来看，管理却是短项，有的不重视管理，也有相当一部分不会管理，对如何管理一个所、一个局，不知从何处下手，从哪儿抓起。要提倡领导干部学习管理，学会管理，认真学习现代管理知识，精心钻研管理业务，破解管理难题，提高管理水平。要像研究科研问题一样研究管理问题，要像抓好科研工作一样抓好管理工作，要像建设科研人才队伍一样建设管理人才队伍。要积极探索研究我院工作中具有全局性、根本性、长远性的重大规律和关系，不断总结和提炼，上升为理性认识，提高管理工作的科学化水平。当然，学会管理，更重要的是在实践中学，在干中学，通过抓管理来学习管理，学会管理。

管理也是科学，也是学问，要研究管理，要会管理，巧管理，善于管理。会管和不会管大不一样。管了，但管理方法、管理方式、管理方向不对头，也可能会适得其反。严格管理，科学管理，这是两句管理真经。善于管理，一定要做到严格、科学。

要"严"字当头。管理不严等于不管，没有严格，就没有管理。当然，严要宽严有度。成都武侯祠有一副清人赵藩撰写的楹联，"能攻心则反侧自消，从古知兵非好战；不审势即宽严皆误，后来治蜀要深思"，对诸葛亮一生施政功业进行了高度概括和科学总结，受到毛泽东、邓小平、江泽民等领导人的高度赞赏，对把握管理的宽严度具有启迪意义。诸葛亮之前的刘焉和刘璋父子，或施政以宽，或施政以严，却均失误，"宽严皆误"。而诸葛亮则审时度势，对蜀中形势有着准确判断，制定与之相适应的政策，当宽则宽，当严则严，使得"邦域之内，咸畏而爱之，刑政虽峻而无怨者"。做管理工作，也同样要分析形势、吃透情况、把握规律，才能宽严合度，相得益彰。

要"科"字当头。要在实践中探索出一套适合社科院的管理模式来。科学管理，要实施分类管理，没有分别对待，就没有科学管理，管理哲学社会科学单位同管理行政机关、管理一支研究人员队伍和管理一支军队是不同的，有不同的管理规律，要针对不同情况，分别管理。即使是我院的管理，也要分门别类，有科研管理、人才管理、行政管理、后勤管理、图书管理、网络管理、财务管理、基建管理……每门都有特殊规律，领导干部要成为各门管理的行家里手。

第二，转变工作作风，讲究工作艺术，提高执行力。

管理效果如何，作为领导干部，首先要树立良好的工作作风。

一要治"软"，敢于大胆管理。有个别干部问题看得很清楚，工作能力也有，也会管理，就是不敢管，怕事、怕得罪人，遇到问题躲着走，遇到矛盾绕着走，遇到棘手的事就缩回来。一定要敢字当头，以负责任的态度抓管理。毛泽东曾要求要像王熙凤管理大观园那样，"舍得一身剐，敢把皇帝拉下马"，只有敢字当头，大胆管理，才能抓好管理。

二要治"懒"，勤于管理。有个别干部是"自家油瓶子倒了也不管"的懒人，没有别的大毛病，就是不愿干事。要不怕吃苦，舍得出力，肯卖力气干活，干起事来要有"拼命三郎"的精神。

三要治"浮"，深入基层群众。有的干部工作漂浮，脱离基层，脱离群众，像油花似的浮在水面上。以为干事就是画圈、发文、开会、念稿子，以为画了圈、发了文、开了会、讲了话就等于管理了、等于干事了。须知画圈了、发文了、讲话了、开会了不等于管理了，也不等于落实了。领导干部要动脑筋，亲自到一线抓落实，管理才能到位。

四要治"散"，狠抓落实。有个别干部工作散漫，精力不集中，群众不知道他在忙什么。不要以为上级决定可执行，也可不执行，可听也可不听，你讲你的，我想我的，你说你的，我干我的，令不行禁不止。当然，有不同意见，可以按组织程序提出来。

强化管理，必须彻底转变领导作风，要下决心治理个别领导干部身上表现出来的"软、懒、浮、散"。古人有言："天下事，以难而废者十之一，以惰而废者十之九。"领导干部必须

"敢、勤、深、实"四字当头，彻底告别"软、懒、浮、散"陋习，勤于学习，敢于管理，尽职尽责。

管理效果如何，作为领导干部，要有很强的执行力。执行力怎么样，是衡量领导干部管理水平高低的重要标准。上级精神能否得到贯彻落实，关键在于领导干部的执行力。领导干部要增强执行意识，能否执行落实上级决定，是考察干部能力和素质的重要体现。在实施管理过程中，领导干部的执行力首先体现在坚持以身示范上。《论语·颜渊》中说："政者，正也。子帅以正，孰敢不正？"要求管理者在"正人"之前首先要"正己"。只有"正己"才能"正人"。管理者要想管好队伍必须以身作则。示范的力量是惊人的，要事事为先、严于律己，做到"己所不欲，勿施于人"。一旦通过表率树立起威望，将会上下同心，大大提高整体执行力。

管理效果如何，作为领导干部，还要讲究工作方法和工作艺术。不要以为管理就是"关卡压"，就是关起门来训人，要学会做群众工作，学会做思想工作，学会综合协调。抓管理还要会管理，要懂得抓主要矛盾，不要眉毛胡子一把抓。毛泽东军事艺术有个重要思想，就是"伤其十指不如断其一指"。一个阶段突出解决一两个突出问题。譬如，群众对我院后勤服务意见比较多，这说明后勤服务有许多问题要解决，有许多改革要推进，但必须集中优势兵力打歼灭战，一个问题一个问题地解决。后勤改革要一件一件做，做一件要成功一件。后勤改革先解决了圣世餐厅亏损问题，又解决了印刷厂亏损问题，现在正着手解决会议中心服务问题，这样看起来慢，但大半年时间解决了三个问题，如果每年成功地解决几个难题，累积起来，用两三年时间，后勤服务就可以改到位了。

第三，必须深化管理体制机制改革。

管理强院，一定要不折不扣地贯彻执行党组提出的全面推进管理体制机制改革任务，加大重点领域和关键环节改革的攻坚力度。

一是科研管理体制机制改革，目标是逐步形成符合科研成果生产规律、具有我院特色、有利于出成果、有利于出经得起检验的精品成果的科研管理体制机制。科研管理体制改革的关键是要形成竞争激励机制，重点解决好课题制改革完善问题。同时还要努力建立有利于学科建设、有利于名刊、名网、名报、名社建设的体制机制，抓好学科建设，办好"一报一刊一社"，占领学术制高点；要把党和国家关注的重大理论和现实问题作为主攻方向，集体攻关，形成机制，集中研究一些重大现实理论问题，向党中央和国务院提供有价值的对策和建议。

二是人才管理体制机制改革，目标是逐步形成符合哲学社会科学人才成长规律、有利于人才成长、具有我院特色、具有竞争激励机制的人才管理体制。人事体制改革的关键是形成优胜劣汰、能上能下、能进能退的"退出"机制，重点是在全院完成聘用制改革。

三是科研辅助管理体制机制改革，目标是逐步形成有利于为科研服务、为科研人员服务，有利于优秀成果和人才走向世界并掌握话语权的科研辅助管理体制机制。积极推进网络信息、图书资料、国际合作、报刊出版、研究生教育等管理体制机制创新，通过合理调整经费资源配置，向研究所倾斜，调动研究所的积极性，发挥他们的主动性；图书馆要重点建立服务科研的三级管理体制，逐步加强图书资料的数字化，办好专业特色书库、专业特色图书分馆、专业特色阅览室，完善为科研服务的图书保障体系；网络中心要建立调动专业特色网积极性的二级网络管理体制，逐步实行管理、维护、运营职能分离，重点抓好新机房建设，在集中建好院统一数据库的同时，加强研究所专业特色网的建设；要建立图书资料与网络信息统一协调和使用机制；加大对包括人、书、刊、网在内的"走出去"战略的扶持力度，探索建立掌握和扩大话语权的国际学术交流合作体制，抓大放小，集中抓好院级重点合作交流项目，努力发挥学部和研究所的对外交流积极性；报刊出版单位要积极推进体制机制改革创新，今年要完成出版体制改革，工经所报业出版集团改革要闯出新路；研究生院要加大改革力度，提高教学质量，适度逐步扩大办学规模，加大新校园建设力度，适时召开研究生教育工作会议，逐步形成我院特色的研究生教育体制。

四是行政管理体制机制改革，目标是逐步形成符合我院办院规律、确保中央和院党组重大决策决定贯彻落实、运转有效有活力的行政管理体制。奎元同志要求，要建立在院党组领导下、以常务副院长和秘书长为中心的日常行政管理运转体制，这个体制要增强为科研服务的活力和效率。加大督查督办力度，建立督办制度，实行办文、办事、办会的高效率，推进行政管理工作制度化、规范化和科学化。

五是基建财务管理体制机制改革，目标是逐步形成透明、公正、有效、集中统一的基建财务管理体制和运行机制。堵塞漏洞，制度防范，建立财务管理"一支笔"制度，实行严格监管；进一步推进、完善结算中心，逐步统一三级账号，做到运转正常、有效监管、热情服务、提高效益；要加强资金的有效使用，采取措施，严格控制资金结余，形成预决算良性循环；

用两年时间完成图书购买代理制改革；对全院的房地产和经营性资产实行严格成本核算管理，做到保值增值；在试点基础上，推开节能节电承包制改革；组建基建办公室，基本建设管理要逐步实现规范化、制度化和科学化。

六是后勤保障管理体制机制改革，目标是逐步形成管理科学化、服务社会化、保障现代化、具有我院特色的后勤保障体制机制。服务局要持久开展为科研一线服务的教育，树立为科研一线服务的意识；加大后勤社会化改革力度，逐步探索社会化改革新路子；建立成本核算制度，经营单位要讲成本，亏损的要限期扭亏为盈，无法扭亏的要坚决关停并转；服务也要讲成本，讲质量，降低服务成本，提高服务水平，特别要办好职工食堂。

我前几天阅读《周易》，看到提倡改革的议论："天地革而四时成，汤武革命，顺乎天而应乎人。革之时大矣哉。"赞扬并提倡汤武变革，认为适合时宜的改革具有重大意义。要求有作为的人要"大人虎变"，像虎一样勇猛地推进改革。当然既要提倡大胆改革，也要积极稳妥地推进。

第四，加强督办落实，狠抓制度建设，确保政令畅通。

"令则行、禁则止"，这是军队取胜的关键。具体到管理而言，"令则行、禁则止"是保证管理的最基本原则。政令不通，令不行，禁不止，说了不算，下文件没用，指挥不灵，任何工作都不可能做好。强化管理首先要确保政令畅通，做到政令畅通，一靠制度制约，二靠日常督办。奎元同志提出管理强院时要求"进一步建章立制"，就是对加强制度建设的具体指示。没有规矩、没有制度，就没有管理，为了达到"查补疏漏，纠正散乱无序的状况"的目标，在推进管理强院时必须首先加强制度建设，确保政令畅通。再有就是抓好日常督办。全院上下要形成决定了的事就要办，要办就要落实，要一件一件地抓落实的风气。为了加强督办，院领导每周有两次督办例会，每周一例会督办基本建设、后勤服务、财务管理等落实工作；每周五召开院改革工作协调小组会议，加强改革工作督办落实，一项一项改革措施地抓落实。党组高度重视督办落实工作，建立督办制度，狠抓督办检查，这是一年来我院工作取得进展的重要经验。在这方面，办公厅做得不错，成立了督办处，建立了定期督办制度。

同志们，下半年全院总体工作思路以贯彻落实将在9月召开的十七届四中全会精神为中心，全面加强党的思想建设、组织建设、制度建设、反腐倡廉建设，着重加强研究所党委和研究室支部建设，实施科研强院、人才强院和管理强院三大战略，抓好基建和后勤保障工程。基本建设和后勤保障重点是抓好以建立职工住房长效机制、研究生院新校园、学术和科研大楼三大工程为主的基本建设；调整办公用房，建设老干部和职工活动中心，进一步解决部分科研单位办公用房困难状况；争取国家财政支持，加大创收力度，千方百计逐步改善全院人员待遇，特别是科研人员和老同志待遇。

党组希望全院领导干部要进一步树立管理观念和改革意识，加强管理，深化改革，向管理要效益，向管理要人才，向管理要成果；向改革要效益，向改革要人才，向改革要成果。

实施三大强院战略，
全面加强党的建设

——在 2010 年所局级主要领导干部推进"三大强院战略"，全面加强党的建设专题研讨会上的讲话
（2010 年 8 月 4 日）

　　去年暑期专题会议集中研究了管理强院问题，今年院工作会议又提出"实施三大强院战略，促进哲学社会科学创新体系建设"的工作思路。一年来，全院加大实施管理强院战略的力度，推进管理体制机制改革，促进科研强院、人才强院，取得了不小的进展。这次研讨会要进一步总结经验，查找差距，同时明确推进三大强院战略落实、抓好党的建设的思路、措施和办法。

　　今天，主要讲两个问题：一是怎样结合我院科研实际，加强和改进党的建设；二是怎样通过实施管理强院，推进科研强院和人才强院。

一　贯彻四中全会精神，狠抓党的建设

　　四中全会做出加强和改进新形势下党的建设的决定，提出了"党要管党，从严治党"的要求，这就从加强和改进党的建

设的高度，对党组提出的三大战略的实施提出了新的更高要求。对于我院来说，抓党的建设就要坚持思想建设领先的原则，按照党组关于加强党的建设的两个文件精神，结合科研工作和人才建设实际来进行，抓住两头，一头抓党委班子，一头抓基层党支部。研究所党委是党的建设的重点，研究室党支部是党的建设的基础。这两头是加强党的建设的关键，抓好了，党委班子坚强有力，党支部坚强有力，党员队伍坚强有力，就会大大推进我院工作。

结合我院实际，怎么抓好党的建设呢？

第一，提高对党建工作重要性的认识。

加强党的建设，是实现中央对我院"三大定位"要求的政治保证，是实施三大战略的政治保证，是坚持正确的政治方向和学术导向，真正达到出精品成果、出拔尖人才的政治保证。就我院当前工作实际来说，实施三大战略，根本目的就是强院兴院，而抓党的建设是强院兴院的重要措施。实施三大战略，首先要保证我院正确的政治方向和学术方向，没有坚强的党的领导，没有坚强的党员队伍，怎么行？实施三大战略，要从严治院，要实行科学的科研管理、人才管理、行政管理、后勤管理……没有得力的党员干部身体力行，也不行。实施三大战略，要形成良好的学风、党风、院风和工作作风，风清气正，没有坚强的各级党组织和党员队伍，更不行。总而言之一句话，我院党建工作抓好了，三大战略就有了支柱，有了可靠的保证，三大战略也就可以逐步落在实处。

加强党的建设，从管理强院的角度来说，就要把管理强院理念贯穿到"管党、治党"中去，实施从严管党、从严治党。今年5月到7月，党组召开了15次座谈会，听取了50多个单位的工作汇报，党委书记、所长、支部书记、研究室主任、院属各单位的主要负责同志和党的负责同志参加会议，集中讨论的一个问题是怎样加强党的建设。总体来看，我院党建工作有所改进、有所加强，但距离中央要求还有一定差距，甚至有极个别单位长期以来党建工作极其薄弱。如我在调研中听到，有个别研究所个别党支部一年交一次党费，十年没有发展党员，基本没有组织活动；党建工作没有形成制度化、经常化，想起来抓一把，忙起来放一边，既无计划又无目标，上级领导来检查，临时抱佛脚；党的工作脱离科研工作，不深入、不落实，浮在开会、讲话、念文件等表面形式上，落实不到基层，落实不到制度上，落实不到思想政治工作上……这些问题，集中到一点上，就是党建工作还没有完全做到位。

目前我院党建工作存在的问题，主要原因是有的党的领导干部，特别是有的党的书记对党建工作重要性认识还不够足，抓党建的自觉性还不够高。甚至个别同志认为，我院是学术单位，不是实际工作部门，党建工作的任务不那么迫切；还有的同志认为，靠党建解决不了学术问题，党建是软指标，出成果、出人才才是硬指标；党建工作说起来重要，抓起来不那么重要……在实际做法上，有些同志往往忙乎别的工作而忽视党建工作，甚至有个别人把党建工作当作负担，应付了之……总之，此类忽视党建的倾向，严重影响我院党的建设。

一定要充分认识加强我院党的建设的极端重要性，以高度的责任感、使命感、紧迫感重视党的建设，脚踏实地、聚精会神地谋划党的建设，抓好党的建设。党委书记是研究所党的建设的第一责任人，抓好研究所党的建设，最要紧的是党委书记要重视，要亲自挂帅，要真抓。党委书记的一个重要任务就是抓好党的自身建设。兼任行政副所长的党委书记，首先是书记，其次才是行政副所长，不能只管行政不管党务。如果只当行政副所长，不管党务，不是称职的党委书记。党委会要定期研究党的建设，解决党的工作中的问题。必须切实改变在极少数单位存在的书记不抓党，党委不议党、不管党的状况。

第二，重视党的思想政治建设。

思想建设是党的根本建设。我院作为从事哲学社会科学研究的机构，更要强调思想政治建设。坚持正确的政治方向和学术导向，坚持为党和国家工作大局服务，为中国特色社会主义服务，靠广大科研人员坚持马克思主义的立场、观点、方法，靠良好的学风。坚持马克思主义立场、观点、方法，要落实到学科建设和科研工作上，贯穿到学术研究始终，应当在学术研究中体现出马克思主义的立场、观点、方法，体现出正确的方向、导向，这就必须狠抓党的思想政治建设。

大家都知道，1927 年 9 月 29 日至 10 月 3 日，毛泽东同志在江西省永新县三湾村领导了"三湾改编"，创造性地提出"党指挥枪""支部建在连上"等一整套崭新的治军方略。1929年 12 月 28 日至 29 日，红四军第九次党的代表大会在福建省上杭县古田村召开，即著名的古田会议。该会议主要解决了两个重大原则问题：一是从思想上建党，二是从政治上建军。会议将"支部建在连上"纳入会议通过的决议案并形成定制，成为建党、建军的基本原则和制度延续至今。古田会议对于加强党的建设和军队建设，起到了重要作用，开辟了党和军队建设的新局面，开创了中国革命的新局面，是我党、我军历史上一次非常重要的会议，具有里程碑意义。我院要完成中央"三大定位"要求，不抓党的建设，不抓思想政治建设，就很难做到。

思想政治建设的切入点就是建设学习型党组织，重点是加强党委领导班子和领导干部的理论学习。要学会用马克思主义的立场、观点和方法指导科研。我院是学术科研单位，是动脑子、生产思想成果的地方，最重要的是管好脑瓜、管好思想，这就要加强理论学习，让党员、干部、科研人员学会用马克思主义立场、观点、方法指导科学研究，如果这个问题解决了，头脑总开关解决了，其他问题就迎刃而解了。要学习好、贯彻好中央精神。对于中央的重要精神，陈奎元同志都要组织党组成员学习领会，并就如何加强学习，如何结合实际贯彻落实，做出重要指示。党组根据中央精神制定的文件、决定、部署，也要认真领会贯彻。有不同意见，可以提出来，但是党组一致通过的决定、做出的部署，就要贯彻落实。中央的精神要靠党组来贯彻，不清楚党组决定，不把党组精神领会好，想当然地做事，怎么能领导好一个单位？

第三，坚持与科研工作和人才建设相结合。

我院作为科研单位，加强党的建设，最终还要落实到科研上，落实到人才的培养上。党的建设要与科研工作、人才工作相结合，为出成果、出人才提供政治保障，这是一项基本要求。党的建设要研究我院实际，按照科研规律来抓党的建设。党的建设与科研工作、人才工作不能"两张皮"，要创新党建工作思路，提出党建工作新举措、新方法，不能图形式，走过场，要真正发挥作用。

第四，加强党委领导班子建设，完善党委领导下的所长负责制。

"火车跑得快，全靠车头带。"研究所建设得如何，关键在党委领导班子，核心在党委书记和所长，在两人的团结协作。

加强党委一班人的建设，完善党委领导下的所长负责制，这是管理强院的关节点，也是科研强院和人才强院的关节点，又是党的建设的关节点。贯彻落实"两个条例"，加强研究所党委班子的建设，完善党委领导下的所长负责制，是推进党的建设、研究所建设，推进强院兴院的"牛鼻子"。

　　加强研究所党委班子建设，要在提高领导班子成员的领导素质和能力上着力。党委班子建设要抓学习、抓协调，抓好党政主要负责人的团结、配合，更要着眼于提高领导班子和领导干部领导哲学社会科学的素质和能力。领导研究所、领导科研工作，要求党委班子成员必须有相应的素质和能力，研究所才有凝聚力、向心力、战斗力。加强党委班子建设，最重要的是加强领导成员的思想道德建设、理论水准建设和领导能力建设。领导干部有没有责任心和事业心，关系到一个研究所能否实现三大战略、推进科研发展。作为书记和所长，最重要的是要有使命感，有完成党交付任务的责任心，有把研究所和党员队伍带好的负责态度。缺少责任心，当"甩手掌柜"，一切都无从谈起。既然党组让大家当书记、所长，交付了领导一个研究所的重任，就是对大家的信任，大家就应该认认真真把研究所搞好，真正尽到领导干部的责任，这就是大家的政治责任。如果研究所在大家手里越搞越好，就说明工作做好了；如果研究所在大家的治理下走下坡路，那就不行。这就是衡量大家干得好不好的标准，即业绩标准。思想道德建设应体现在领导成员特别是党政主要负责同志，有没有责任心，能不能起模范带头作用上。如果党委书记和所长都能认真负责，起到先锋作用，那么党委班子就能带好，研究所队伍也能带好。其次，要提高领导班子成员的理论素养。只有责任心和好的愿望，未必能把工作做好，特别是作为哲学社会科学研究单位的领导干部，还必须有很高的理论素养。这种理论素养就是要求领导干部能够运用马克思主义立场、观点、方法来把握科研方向和学术方向，在重大理论问题和学术问题上有正确的判断力，能够推动科研工作、人才工作和学科建设发展。最后，加强领导能力建设。领导干部要有高超的领导艺术，有思路、有办法，能团结人，善于调动科研人员和工作人员的积极性。党委领导班子成员要善于做群众工作，密切联系群众。领导干部和群众不能"鸡犬之声相闻，老死不相往来"，和群众没有来往交流。党委书记更要善于和科研人员交朋友，要善于做科研人员的思想工作，关心科研人员，平等对话，解决大家的实际困难，解除大家的思想顾虑。只要尽心尽力了，有些一时办不到的事情，群众也会谅解。

加强党委领导班子建设，要在完善党委集体领导下的所长负责制上着力。党委集体领导下的所长负责制包括三方面内容：首先，要坚持党的领导，特别是党的思想政治领导，发挥研究所党委的核心领导作用。其次，要坚持民主集中制。凡是研究所的重大问题，都要在党委会议上公开讨论，集体决策，切忌个人说了算。书记和所长既要明确分工，又要密切合作，分工不分家。最后是要发挥好所长的作用，调动好一班人的积极性。加强党委领导班子建设，要处理好党委与行政的关系，调动所长的积极性。重大问题要经党委集体讨论决定，但党委不能包办一切。党委集体领导下的所长负责制，要求所长对一个所负责，副所长要对自己分管的工作负责。书记要善于当好班长，善于调动一班人的积极性。书记是研究所党的工作的主要负责人，所长是研究所科研和行政工作的主要负责人。书记和所长分别是党、政主要负责人。在党委集体领导下，书记要支持所长工作，充分发挥所长在科研工作和行政工作中的作用。所长也要支持书记的工作，坚持并服从党委集体领导。所长要把副所长的积极性调动起来，把研究室主任的积极性调动起来，把每一个科研人员和工作人员的积极性调动起来。

第五，抓好研究室的党支部建设。

四中全会所分析的党的建设存在的六个方面的问题，在我院都有不同程度的表现。现在看来，就我院的情况来说，相对于党委班子建设，党支部建设较为薄弱。研究室党支部是我院党的建设的基础。党支部建设要紧密结合科研工作和业务工作来进行，要保证几个落实：其一，领导落实。党委要重视并抓好党支部建设，定期听取党支部工作情况，抓好党员队伍建设。党委书记要和党支部建立直接的联系，定期找支部书记谈话，了解情况，帮助解决党支部建设中的问题与困难。党委成员要参加支部生活，要深入到支部去，要分工联系一两个支部。其二，组织落实。机关党委今年要集中力量抓好党的组织建设，特别是基层党组织建设，研究所党委也要按要求抓好党的基层组织建设。在调研中发现，有些研究所党支部不健全，支部书记没有选配好。各研究所要把党支部健全起来。一定要把党支部建在研究室上。支部建在研究室上，不是说每个研究室，不论有无条件，都要成立一个支部，而是要求党支部建设一定要紧密结合研究室的建设。有条件的可以一个研究室成立一个支部，条件不具备的可以搞联合支部，但党员人数不宜过多，有3个党员以上的研究室至少要考虑设党小组。要充分发挥党支部在研究室建设和科研工作中的政治保证作用和思想导向作用。支部书记要选好，支委要选好，选好一个人，就会带动一片。一定要配齐、配强党支部书记。条件具备的，可以由研究室主任或副主任兼任党支部书记，让支部工作和研究室工作结合在一起。当然，条件不成熟的，可以由研究室主任以外的党员担任。要加强对支部书记的培训，提高支部书记的素质。还要注意发展党员，特别是在青年科研人员中发展党员，不能长期不发展党员。其三，思想落实。党支部要自主地开展活动，要使活动制度化、规范化、常态化、长效化，不能一年到头不活动，要有制度、有规范。支部活动要突出思想性、政治性、先进性，不能搞成游山玩水。思想落实最重要的就是要建立学习型党支部，支部书记要带头加强学习，有针对性地做好思想政治工作，开展积极的思想交流，加强党员党性教育。其四，制度落实。党支部的组织生活要长效化、正常化、制度化。各研究所党委要检查一下，党费是怎么收缴的，支部活动是怎么开展的，一定要形成制度。其五，抓学风和作风建设落实。研究室的党支部要管学风和作风问题。

第六，加强反腐倡廉建设。

要全面贯彻中央关于以建立健全惩治和预防腐败体系为重点的反腐倡廉建设工作部署，坚持和发展具有我院特色的维护政治纪律、反腐倡廉教育、制度规范、综合监督、办案惩处、廉政研究的"六项工作格局"。处室级以上干部要自觉遵守今年新修订的《中国共产党党员领导干部廉洁从政若干准则》关于"52个不准"的禁止性要求，严格自律，遵纪守法，并开好贯彻《廉政准则》的专题民主生活会。在年度考核时，切实执行中办、国办颁布的《关于领导干部报告个人有关事项的规定》，认真开展述职述纪和民主评议工作，主动接受各方面监督，把党组部署的优良学风建设行动、领导干部廉洁自律示范行动、决策和管理规范行动落到实处。

今年 7 月，党组又分别召开了四次院职能部门、直属单位、代管单位和报刊出版单位党建座谈会，专门研究这些单位的党建工作。前面关于研究所党建工作的意见，原则上也适用于院属各单位。

二 继续抓好管理强院战略的落实

加强管理，深化改革，我们已经尝到了甜头，积累了经验，提高了管理能力和水平。去年 11、12 月，连续召开了四次书记、所长座谈会，还召开了三次研究室主任、编辑部主任和青年科研人员座谈会。大家谈了许多很好的体会和做法，对如何当好书记、所长进行了有益的探索。围绕管理强院，集中回答了"建设一个什么样的研究所，怎样建设研究所""当一个什么样的所长、书记，怎样当好所长、书记"的问题，交流加强管理的经验，而这正是我院发展的问题所在。现在已经开始出现了一个所长治所抓科研，书记管党抓干部，所长书记共同努力抓好研究所全面建设的新气象。

关于管理强院，同志们首先认识到，科研为中心、人才为关键、管理为保障，这是我院三大战略的关系，也是我院工作的三大着力点和努力方向。科研是中心工作，什么时候都必须紧紧抓住这个中心工作不放，而人才则是关键环节，没有人才，科研就无从谈起，而抓科研、抓人才，就必须狠抓管理，如科研管理、人才管理、行政后勤管理……在一定条件下，管理如何，决定出人才与出成果。不论是人才强院，还是科研强院，如果没有管理强院作保障，就有可能落空。

　　其次，同志们认识到，管理，要从大的方面来理解，不能狭窄地理解为管人。对于我院来说，管理就是服务、协调、统筹。如果理解窄了，管理就没有出路。我院是科研单位，管理并不能像军队一样，让士兵齐步走，一个步调，这不符合科研工作规律。我院需要的管理，一定要起到组织、协调、服务科研的作用，让科研人员和工作人员充分发挥积极性、主动性、创造性。

　　还有，同志们认识到，管理不是目的，而是手段和保证，管理强院的最终目的是多出精品成果、多出拔尖人才。管理强院，不是就管理抓管理，而是通过抓管理促进科研和人才成长。搞清楚了抓管理的目的，就知道抓管理的落脚点在哪里。强化管理要紧紧围绕科研和人才工作来抓，管理工作要落在提高科研和人才质量上。科研强院和人才强院是要质量而不仅仅是要数量，一定要杜绝滥竽充数，要解决科研成果和人才培养的质量问题。各方面的管理人员要树立为科研服务、为科研人员服务的意识，不要搞成自我服务的体系，管理人员都要有甘当科研人员配角的精神。有个别单位只顾自己小单位，有个别领导只想本单位的利益，这是不对的。一切为了科研，一切为了人才，要鼓励这样的精神和具有这样奉献精神的人。全院各职能部门和直属单位务必从全院大局出发，想科研人员之所想，为科研人员之所为。不能事事处处从本单位的部门利益出发想问题、做事情。

　　再有，同志们认识到，管理强院是我院工作的一个重要抓手，把管理做得更深、更细，关键在领导干部的责任心和求真务实的作风。加强管理，最重要的就是敢于负责任。领导干部一定要以高度的责任感和使命感来抓管理。研究所党委书记、所长要把功夫下在管理上，向管理要精品，向管理要人才，向管理要业绩，向管理要发展。

现在全院普遍认识到了管理强院的重要性，明白管理不仅是行政后勤管理，而且要贯穿到科研管理、人才管理等整个管理中去。不抓管理，我院工作就拎不起来，一盘散沙。大家对管理强院达成了共识，强化管理，推进改革，已然成为全院上下的共同行动。但是，对于管理强院，在认识和行动上，还有较大差距。对于抓管理，领导干部大体上分三类，一类是认识到位，行动自觉，主动积极地采取措施加以推进；第二类是大体跟上党组的部署，按照党组步骤努力去做；第三类是认识尚不到位，行动迟缓，没有切实行动起来，这是少数。他们认为，我院作为科研机构，中心工作是抓科研、抓人才、抓科研体系创新建设，没有必要过于强调管理。甚至认为，抓管理占用了"双肩挑"干部的时间和精力，影响个人出科研成果。也有一些同志认为，抓管理主要是机关和其他单位的事，与研究所、研究室关系不大。据反映，在有些单位，三大战略的意义、目标、措施并没有传达到基层，许多同志不知道党组重大举措的具体内容，有的领导干部外出活动太多，用在抓所、治所上的时间、精力太少……这些情况反映了某些领导干部的认识水平和管理责任都还不到位，也恰恰说明了继续抓管理强院的必要性。

奎元同志在今年1月7日关于落实管理强院战略情况座谈会纪要上批示："抓管理强院工作，抓得好，有力度，今年继续坚持下去。"怎样落实奎元同志批示精神，进一步抓好管理强院呢？

第一，进一步解放思想，转变观念。

观念不转变，思想不解放，许多事情就办不成，也办不好。在管理上，没有固定的模式，也没有亘古不变的规矩，更没有一成不变的体制机制。思想观念不转变，行动就可能落伍。在一定条件下，正确的思想决定正确的行动。改革、管理和发展要靠思想观念的转变来带动。过去做得好的，现在不一定做得好；过去行之有效的，现在不一定也行之有效；过去不能做的，现在也不一定不能做、不一定做不了。一切都要以是不是有利于出成果、出人才，促进学术繁荣发展作为根本标准。只要有利于实现中央对我院"三大定位"要求的，都要大胆地改。一年来管理强院所取得的成效证明了解放思想的重要性。

影响解放思想、转变观念的因素很多，但必须破除某些领导干部表现出来的私心杂念这个拦路虎。"无欲则刚"，"心底无私天地宽"，私心杂念一去掉，解放思想、强化管理的一大障碍就破除了。《论语》里有一段文字，记载了孔子批评季文子私虑过多的行事风格。原文是："季文子三思而后行。子闻之，曰：'再，斯可矣。'"这段话的意思是：季文子要考虑三次以后，才去做某一件事。孔子听到这事，说："考虑两次，就可以了。"季文子是春秋时期鲁国大夫。《左传》记载，季文子为人，于祸福利害，计较过细。孔子有针对性地批评季文子的做法，认为考虑两次就可以做了。宋代学者程颐就此解释说："三则私意起而反惑矣，故夫子讥之。"现代学者钱穆在《论语新解》一书中注解此句时指出："事有贵于刚决，多思转多私，无足称。"这些注释都赞同孔子批评季文子的观点，对季文子的行事原则也提出了批评，认为考虑过多就会生出私心杂念来，办事瞻前顾后，优柔寡断，不值得称道。在现实生活中，孔子对季文子的批评对各级领导干部很有借鉴意义。我们在实际工作中会遇到很多需要创新体制机制才能取得突破的问题。在这些问题面前，领导干部往往会出现三种情况。第一种是善于研究和发现事物的内在规律，敢于突破陈规陋习，勇于用改革的办法破解难题。第二种是循规蹈矩，就事论事，头痛医头，脚痛医脚，虽然工作尚属勤奋，但缺乏辩证思维能力、开拓创新意识，习惯于围绕传统体制做文章。第三种是看到体制机制弊端，看到问题本质，但害怕费力不讨好，害怕得罪人，害怕上级考核时有人说"坏话"，因此不愿触及矛盾，满足于做表面文章。我们反对后两种行事风格，而赞成第一种行事原则，解放思想，更新观念，树立信心，付诸行动。一要考虑问题症结何在，应不应该从体制机制上进行改革创新；二要考虑怎么能改革好，如何统一思想、明确思路、制定方案、出台政策，努力实现预期目标。而不要多考虑推动这项改革会不会对我个人有什么影响，会不会得罪人、丢选票，甚至给人身安全带来风险，等等。一句话，就是滋生私心杂念，"多思转多私"。因此，要下决心把个人东西抛在脑后，破除阻碍前进的旧思想、旧体制、旧做法，毫不犹豫地去做。

第二，妥善处理工学矛盾，当负责任的领导。

学者型的所局级领导干部抓管理，自然而然会遇到一对矛盾，即工学矛盾。这里所说的工学矛盾不是指一般意义上的工作与学习的矛盾，而是指从事领导、管理工作同从事个人学术研究的矛盾。

这里讲的管理绝不是单一的行政后勤管理，而是全面的管理，囊括科研管理、人事管理、报刊管理、出版管理、馆网管理、离退休人员管理……就研究所来说，第一位的管理是科研管理和组织。科研管理要求书记、所长解决好如何调动科研人员的积极性，如何组织科学研究、学术活动，如何出科研成果，如何识人、选人、用人、育人，如何办好报刊出版馆网、办出理论学术特色来。

这里所讲的学术研究工作，不是指全所、全院的学术研究工作，而是指个人的学术研究，如个人写书，个人写论文，个人做课题，个人出席学术会议，个人学术性出国访问等，是实现个人学术价值的活动，而不是实现全所乃至全院的学术价值的活动。当然，个人学术研究也是全所乃至全院学术研究的一部分，有的个人学术研究活动直接就是全所、全院学术活动的一部分。有人说个人学术研究与所、院的学术研究这二者是不好清清楚楚分开的，我认为大体还是可以区别开来的。比如，完全是个人性质的学术活动，与院、所及领导交办的学术研究还是可以大体分开的。对于学者型的书记、所长们来说，个人的学术活动应当是第二位的，应当服从全所乃至全院的科研工作，服从领导、管理工作。作为学者，第一位的是学术研究，而作为领导，包括学者型的领导，首要的应该是从事领导、管理。当然，反过来说，也不能放弃个人在学术上的追求钻研，精益求精，也很重要。在我院发展历史上，也有不担任具体管理任务的所长，比如一些大师级的所长，考虑到他们的学术地位和学术价值，不希望他们把精力花费在繁杂的管理工作上。

对立统一规律是根本规律。学者型的书记、所长们所面对的工学矛盾也逃脱不了对立统一规律的制约。对于学者型的领导来说，领导、管理工作和个人学术工作这二者既对立又统一。对立的一面是，任何一个人的时间和精力都是有限的，用于此就不可用于彼，在领导、管理工作上多付出时间和精力，在学术研究上就要少付出一些精力和时间，领导、管理工作与学术工作就构成了相互影响、相互制约、相互对立的一对矛盾。统一的一面是，无论是领导、管理工作，还是个人学术工作，都是统一、服务于院的总体工作、哲学社会科学创新体系建设的总体目标，二者是一致的，要妥善处理好二者关系，使二者相互补偿、相得益彰。

在处理这对矛盾时，要注意：

一是做出必要牺牲，服从并服务于全局要求。

全面促进哲学社会科学的创新发展，全面促进我院事业发展，学者型的书记、所长一定要服从并服务于全院工作全局。树立了这个大局观念，就知道哪些该做，哪些不该做，应当怎样做了。自觉地服从并服务于全局，从共产党员的高标准来说，有一个牺牲精神问题。周总理生前很推崇"春蚕到死丝方尽，蜡炬成灰泪始干"，对于领导干部而言，就要提倡这样一种牺牲精神。历史唯物主义是承认个人合理的物质利益的，共产党人也有合理的个人利益，不是不食人间烟火的神仙。当个人与集体、小局与大局发生矛盾时，共产党人要能舍弃小我为大我，舍弃小局为大局。我们提倡的是先公后私、公而忘私，当然最高境界是大公无私。我们尊重个人的学术活动、个人的学术造诣，主张给予有成就的学者一定的名与利。具体到我院，学者型的领导干部应该有必要的个人学术活动，而且要精益求精，否则很难实施领导，也难以服众，但要服从于院、所的学术活动，服从于行使领导和管理职责。

要割舍一些个人学术活动，集中精力抓好管理、当好领导。一些科研人员讲，"我们的书记、所长们乐于外出讲学、出国、参加各种活动，甚至有的领导班子倾巢出动，连留守的都没有"。2008 年，个别单位的群众反映，有的领导干部全年外出时间超过 1/3，甚至接近一半。当年第四季度，院里建立了所局级领导干部外出请销假备案制度。2009 年，根据备案登记统计，全年最多的外出 90 多天。可以算一算，一年 365 天，除去节假日，也就 260 天，还不算在京参加活动时间，有超过 1/3 的时间在京外，一个人没有三头六臂，也不是运筹帷幄之中而决胜千里之外的张良，外出多了，用在治所的时间和精力就必然受影响。当然，有正常的、必要的外出活动，但恐怕不是全都有必要，可以区分一下、选择一下，有多少是个人性质的，有多少是所、院性质的，有多少是必去的，有多少是可去的，有多少是可去可不去的，需不需要舍弃一些，用更多的时间去从事管理工作。这里也有一个妥善安排时间，善于学习、善于钻研，做到"两不误"的问题。都请同志们认真考虑。

二是抓住主要矛盾，行使好领导和管理职责。

毛泽东在《矛盾论》中强调要抓主要矛盾，抓矛盾的主要方面。在领导、管理工作和个人学术活动这对矛盾中，领导、管理工作是主要矛盾或矛盾的主要方面，对于学者型的领导来说，应当有侧重点。

学者型的书记、所长处理好工学矛盾，一是一个时期抓住一项主要工作加以突破。一个所虽然不能说大，但也不算小，书记、所长虽然不能说日理万机，但每天的工作也很多，既有党务、所务要处理，还要应对上面的会议和任务，同时自己还有个人学术计划。如何处理呢？一个时期总要有一个时期的主要矛盾，主要矛盾即是主要工作，要抓住主要工作不放手。二是从事学术活动要讲究质量，而不是单纯要数量。比如，写论文，一年抓几篇质量高的就可以了，不要搞那么多。出国可去可不去的，就不去，学术会议可参加可不参加的，就不一定都去参加，选择重要的、非去不可的去，想方设法从不必要的外出活动中解脱出来，把更多的精力和时间放在管理上。

管理问题说到底是一个领导问题。管理松散存在两个问题：一是领导敢不敢管；二是领导会不会管，其本身就是领导责任心和能力问题。如果领导干部责任心强了、能力提高了，敢管会管，管理就会上一个大台阶。

当然，还要研究一些具体措施，帮助一些学者型的领导解决好工学矛盾问题，如采取休学术假、领导干部定期交流等措施，给予学者型领导干部相对集中的时间抓好个人的科研工作。

第三，转变工作作风，在执行力上下功夫，做深入细致的管理。

抓好管理，必须要有好的工作作风。去年北戴河会议提出：强化管理，必须彻底转变领导作风，要下决心治理个别领导干部身上表现出来的"软、懒、浮、散"不良作风，提倡"敢、勤、深、实"四字当头。一年过去了，通过治"软"、治"懒"、治"浮"、治"散"，各级领导干部工作作风有一定好转。现在要在"实"字上再做文章、下大功夫，领导干部要担责任、讲真话、干实事、抓落实。要知道"银样镴枪头，中看不中用"，讲空话、放空炮于事业不仅无益反而有害。要树立"实打实"的工作作风，不能玩虚的，不能搞花架子，弄形式主义那一套。

一要有责任心、事业心，不要怕得罪人。

毛泽东同志说："世界上怕就怕认真二字，我们共产党人最讲认真。""世上无难事，只要肯登攀。"只有认真，敢于正视矛盾，知难而上，许多难题都可以解决。认真来自何处？来自责任心，来自对党、对人民、对事业负责的责任心，如果没有责任心，一切无从谈起。有的干部，不缺思路，不缺能力，不缺才干，就是缺少责任心，群众戏称"溜肩膀"干部，挑不起担子。加强管理，最重要的就是敢抓、敢管。

二要讲真话，不讲假话。

我们都听过《狼来了》的故事，故事很简单，但道理很深刻：说假话骗人，骗得了一，骗得了二，但骗不了三，一而再、再而三地讲假话，到讲真话时人家就不信了，结果不是骗了别人而是害了自己。我院干部总体是好的，是真实的。但也有极个别干部不讲真话、不报实情。分析原因有三：一是的确不了解情况；二是故意隐瞒，另有隐情；三是上面压出来的。讲假话害人害己更害事业。讲假话是作风问题，说到底，是品质问题。毛泽东同志有句话说，讲假话是上面压出来的，上有所好，下必甚之。有人喜好听讲假话，其下属就会投其所好。领导要带头反对讲假话，也不能把讲假话的责任一概推到上级。讲假话，有干部本人的原因。解决讲假话的问题，要从领导干部的作风抓起，从世界观抓起。

三要真抓实干。

邓小平讲，"不干，半点马克思主义都没有"。反对讲假话，反对讲大话、套话、官话、空话、废话，就要提倡真抓实干的作风。真抓，就是真抓工作、真抓管理、真抓落实；实干，就是干实事、干事实、实干事。我院是一个学术单位，写文章、做学术演讲，是我院的长处，但抓管理、抓落实，则是我院的短处。有人说我院是"多写字的，少办事的"。这话有褒有贬，我院既要多写字的，也要有能办事的。必须坚决纠正：（1）以空对空。"文上来、文上去，会上来、会上去，讲话来、讲话去"，以为发文了、开会了、讲话了、画圈了就算是领导了，就算是落实了。同志们，如果领导、管理工作只停留在开会、讲话、发文、画圈上，不做调查，不抓督办，以为这就是领导、这就是管理、这就是落实，就大错特错了。下面对付官僚主义的有效办法是，你讲你的，我应我的，回去拉倒，反正你也不管落实不落实。（2）少谋寡断。遇事没有主意，缺乏决策，提不出思路，拿不出办法，或迟迟做不出决断，优柔寡断，误事误人。少谋寡断，原因有二：一是心中无数，不了解情况；二是眼界短视，不学习，看不透问题，抓不住要领，"胸无点墨"，"以其昏昏，使人昭昭"。（3）心胸狭窄。容不得人、容不下事。（4）私心作怪。有一些人是看得清楚、认得明白、说得也好，就是不敢做，究其根子是怕字当头、私字当道。《论语》中有一段话："子张问政，子曰：'居之无倦，行之以忠。'"孔子认为，处理政事要在自己职位上不能有懈怠之心，忠实地执行政令。希望书记、所长要做到"居之无倦，行之以忠"。

四要认真传达贯彻上级精神。

在研究室主任、青年科研人员座谈会上有人反映，上级精神传达不下来，许多情况他们不知道。原因有三：一是反映问题的本人没有参加传达会，或参会时心不在焉，没听进去；二是领导没有认真传达，或三言两语只讲了一个大概，文件精神没说清传透；三是根本就没有传达，领导当了上级精神"贪污犯"。上级精神传达不下去，形成了"中梗阻"，就无法动员群众，无法取得群众认可、支持，无法贯彻落实。一定要及时、全面、准确地传达好上级精神，让科研人员和工作人员知晓。

五要注意细节，向深入发展，抓好落实。

抓管理最重要的就是强化执行力。去年，狠抓督办落实，提高执行力，取得了很好的成效。

奎元同志强调，抓管理强院，要进一步建章立制，查补疏漏，纠正散乱无序的状况，提供尽可能有利于强院的秩序和服务。管理要管具体，管到人，管到细节，管到薄弱环节，才能逐步堵住各种漏洞。要建立健全适合我院的管理体制、机制和各项规章制度，才能防患于未然。"千里之堤，溃于蝼蚁之穴。"细节影响全局，在一定条件下，细节决定全局。打仗有战略问题和战术问题，战略问题是管长远和全局的，战术问题是管具体和局部的。战略问题是要不要过河的问题，战术问题是解决怎样过河的问题。管理，就要在把握好战略方向的同时，解决好战术问题、具体问题、细节问题。只当战略家，不当战术家，是搞不好管理的。

书记、所长不要做大而化之的领导者，在把握方向等大问题的前提下，做关注细节、关注各个环节的管理者。领导而不管理，等于放弃领导，管理而不注意细节，必然存有漏洞。管理，既要注意到每个人，也要注意到每件事、每个环节，特别是关键环节。两年来，院里抓管理强院既注意把握大局，又注意细节。每周有两次例会，一次是基建、财务、后勤工作例会，一次是改革协调例会，都是一件事、一件事地抠细节。有的改革方案反复讨论、征求意见，并在实施过程中一个环节、一个环节地抓落实。我院是一个大基层，必须采取实打实的管理方式。同志们千万不要做"甩手掌柜"，既要当好掌柜大人，还要当好账房先生，又要当好使唤丫头。当然，这是就领导干部要抓实抓细而言的，不是就岗位职责配干部来说的。我院的管理还要向纵深发展，哪里是薄弱环节，哪里有问题，就深入到哪里、抓到哪里。加强管理，从根本上来说，要从制度建设入手，用制度管人、管事，先定制度后办事。

加强管理，要高度重视管理人才队伍建设，不断提高领导干部和工作人员的管理能力，充分调动管理人员的积极性和创造性。领导干部要成为科研管理、人才管理、行政管理、后勤管理、党务管理的行家里手。

实施管理强院，领导干部和职能部门的作风很重要，作风好，管理就能抓好。领导干部和职能部门的作风问题，是个工作态度问题，最根本的是要解决为人民服务的宗旨问题。具体到我院，就是为科研服务、为科研人员服务的问题，当然，也包括为老干部和全院工作人员服务，这是判定领导干部和职能部门作风好不好的标准。为科研人员和科研工作服务是领导干部和职能部门的宗旨。党组在过去两年半的时间里，集中力量解决制约我院发展的一些实际问题，就是基于为科研服务、为科研人员服务的宗旨。

第四，要在深化管理体制机制改革上下功夫。

从2008年密云会议开始，经过去年北戴河会议，我们进行了两年的管理体制机制改革。两年来，党组领导下的改革协调小组开了95次协调会，议定了123个议题，推行了128项改革，废除了167项制度，改进了59项制度，新建立并实施了50项制度。一开始提出的向改革要成果、向改革要人才、向改革要效益的口号正在逐步变成现实。

在2008年密云会议上，奎元同志指出我院的改革有两个方面的任务：一是哲学社会科学创新体系方面的改革创新，二是管理体制机制方面的改革创新。两项改革，相辅相成。第一步要集中力量推进管理体制机制方面的改革，同时促进哲学社会科学创新体系方面的改革。党组考虑用一年半的时间进行管理体制机制的改革，现在看一年半的时间还是不够的。虽然规定的任务已经完成，但是随着改革的深入，一些新的问题、新的矛盾又形成了，一些新的任务又提出来了，同时巩固和深化原有改革成果的任务也很重。改革是一件长期工作，必须常抓不懈。

当时党组提出进行六个方面的管理体制机制改革的目标与任务：科研管理体制机制改革，关键是要形成竞争激励机制；人才管理体制机制改革，关键是形成优胜劣汰的，能上能下、能进能退的"退出"机制；科研辅助管理体制机制改革，关键是形成有利于为科研、为科研人员服务，有利于优秀成果和人才走向世界并掌握话语权的机制；行政管理体制机制改革，关键是形成运转有效、充满活力的运行机制；基建财务管理体制机制改革，关键是形成透明、公正、有效、集中统一的机制；后勤保障管理体制机制改革，关键是形成有效保障机制。现在看，新的体制机制正在逐步形成，进一步巩固、完善、创新管理体制机制的任务十分繁重，改革尚未完成，同志们仍需努力。比如，科研管理体制机制改革，当前要集中力量解决两个问题：第一个问题是课题制的改革完善和支持基础学科、基础人才成长的机制问题。当前我院科研管理体制以课题制为主，但课题制有利有弊，要进一步重点推进课题制改革，扬其长，避其短，推进基础学科、基础人才成长机制创新。第二个问题是科研经费的科学配置问题。科研经费配置存在矛盾，一方面科研经费不足，另一方面又大量积压。去年抓了一下，还没有抓到位，有些经费还是积压下来，今年财政部减少了 1200 多万元科研经费。如何实现经费的有效配置十分重要。在经费配置上要调动两个积极性，调动所、室两级积极性。我院的科研经费很大一部分分到课题上，但是，如何调动所、室的主动性，要研究。武寅同志提出适当调整科研经费配置结构，从中提出一部分，以每个科研人员为标准，作为研究室建设经费，用于研究室科研活动和人才建设，可以一试。除了这两个问题以外，还有建立科研经费预算执行长效机制问题、学会和非实体研究中心管理问题等，都要加大改革力度。

再如，在人才管理体制机制方面，如何巩固聘用制改革的成果、真正形成"退出"机制。还要加大领导干部选拔、培养机制改革，加大干部交流力度。继续完善津补贴制度。此外，在图书、网络、国际合作、报刊出版、研究生教育、行政后勤、基础建设、财务等管理体制机制方面还要继续深化改革，努力完成院工作会议提出的改革任务。

第五，抓好学科建设、研究室建设和人才建设，做好抓基层打基础工作。

管理强院，要在抓基层、打基础上下功夫。我院科研的基层、基础，一是学科，学科是学术的基础，是哲学社会科学创新体系的基础；二是研究室，研究室是科研的基层单位；三是人才，人才建设是最重要的基本建设。要紧紧抓住学科建设、研究室建设、人才建设这"三位一体"的基础工作，夯实打牢。

学科建设是学术发展的基础工程，是一项长期的战略任务。加强学科建设，不断推进学科发展和创新，要注意两个方面：一是要加强马克思主义立场、观点、方法的指导，这是学科建设的根本，关系到政治方向和学术导向，关系到人才队伍导向。二是要大力推进学科创新和发展。老学科要有新发展，新兴学科要尽快成长起来。要大力鼓励学科体系创新、学术观点创新和科研方法创新。科研局经过深入调研，提出加强学科建设的思路，由武寅同志讲，提交会议讨论，以便形成加强学科建设的实施方案。

抓好学科建设，要按照繁荣和发展哲学社会科学的总体要求，按照哲学社会科学的内在发展规律和特点，制定新一轮学科建设"十二五"发展规划，巩固传统学科，抢救"绝学"学科、濒危学科，支持重点学科，发展新兴学科、交叉学科、边缘学科；要大力扶持基础学科和基础研究，大力支持应用学科和应用研究，巩固一批优势学科，调整一些重复的或不必要的学科，新建一批需要发展的学科，特别是跨学科、跨领域的学科，如自然科学与社会科学相结合的学科；实施"走出去"战略，推进中国哲学社会科学走向世界；要加强马克思主义理论一级学科建设，慎明和武寅同志已主持制定了 2010 年实施计划，要抓紧落实。

要把管理强院从院里延伸到所里，从所里延伸到研究室，加强研究室建设。我院的科研基础在研究所，研究所的科研基础在研究室。细胞是生命体最基本的单位，研究室就是科研的细胞。强院兴院，关键在研究所；强所兴所，依托在研究室，基础在研究室，关键在研究室。今年院工作会议提出，把全院的工作重心下沉到研究室，把研究室建设成为学者之家、学科摇篮、学术阵地。传统意义上，哲学社会科学研究具有个体劳动的特点，一个人可以写稿子，也可以成名成家。但时代发展到今天，哲学社会科学发展到今天，各个学科之间相互交叉、相互融合的趋势越来越明显，只专注于自己的专业领域，关起门来单打独斗，恐怕不一定能发挥出优势。提倡学术团队意识，开展集体合作研究，在今天显得尤为重要。这就需要充分发挥研究室对科研和学术活动的组织作用，形成团队优势。院里工作重心放到研究室上，不等于院里一抓到底，直接抓到研究室，而是通过研究所去抓，通过书记、所长去抓。院抓所，所抓研究室。

书记、所长要重视研究室建设，要定期研究研究室建设问题，经常找研究室主任了解情况，听取汇报，商量工作，帮助解决问题。不能把研究室变成"传达室"，不能把研究室主任变成"传话筒"。书记、所长要熟悉本所研究室主任和研究室的状况。

研究室建设与学科建设密不可分。学科建设要考虑研究室建设，必须以研究室建设为依托，没有研究室，就落空了。研究室建设要以学科建设为重要内容，与学科建设相适应、相一致，当然不一定完全相对应，可以有交叉，但一定要相协调。

调动好研究室一级的积极性，结合学科建设，抓好研究室建设。研究室建设有三个着力点：一是学科建设，二是人才建设，三是党的基层组织建设。研究室建设总的提法是：坚持正确的政治方向和学术导向，以科研为中心，以学科为基础，以人才为关键，以党的基层组织为保障，以学科建设带动研究室建设，以研究室建设促进学科建设，把研究室工作和学科建设、党的建设、人才建设结合在一起，推进研究室建设。

如何抓研究室建设，研究所要大胆探索，创造经验。由人事部门牵头，在深入调研的基础上，对研究室的职能、定位，研究室主任的职责，研究室工作的内容，研究室经费的使用等，提出了一揽子解决方案，由高全立同志说明，提交这次会议讨论。

要按照哲学社会科学学科创新体系建设的要求抓好研究室的科学布局，形成"十二五"研究室发展建设总体规划。按照"巩固、充实、调整、提高"的方针，巩固一些研究室，调整一些研究室，合并一些研究室，充实一些研究室，新设一些研究室。研究室建设，关键是选好研究室主任，要严格按照政治合格、专业水准较高、有责任心、管理能力强的原则来选好研究室主任。研究室主任一定要负责任，抓科研组织，抓管理。要调动研究室主任的积极性，赋予研究室主任一定的经费支配权、用人权、科研调动权。研究室主任有了责任，有了权力，才能把研究室建设搞好。举办研究室主任培训班，抓好培训，从研究室主任中选拔领导干部和学术骨干。在资源配置上，要向研究室倾斜，给予研究室一定的财力和物力支持。研究室建设的重点，要放在提高研究室的科研活力和学术创造力上。研究室要注重青年人才的培养。现在许多研究室的主体是青年科研人员，要把青年科研人员的培养作为一项重要的战略任务来抓。

贯彻落实中央人才工作会议精神，加大人才建设力度。学科的名气是和人才的名气分不开的。如果这个学者是有名的，和该学者相连的学科也就有名了，这个学者所在的研究所、研究室也就有名了。学科建设，最根本的是要有拔尖的学术名人。有了梅兰芳，才有梅派，才有梅派子弟，才盖梅兰芳大剧院。所以，人才是我院能否兴旺发达的关键。一定要继续实施人才强院方案，制定人才发展规划，做好引进人才、留住人才、培养人才、使用人才各项工作，为人才发展创造条件。

　　要在创造留住人才、吸引人才、促进人才成长的优势上下功夫。要为人才提供尽可能好的硬环境；同时，要为人才创造宽松的、与人才发展和哲学社会科学发展相适应的软环境。硬环境主要是指办院条件，包括硬件设置和物质待遇。党组正在采取措施，努力改善办院条件，不断提高物质待遇，解决住房问题、收入问题、办公条件问题，还有子女入学问题、就餐问题、业余活动问题、交通补贴问题等。除了改善硬条件，还要创造良好的软条件，让科研人员愿意留在这里做学问。要重视、尊重科研人员，给予他们充分的时间来搞研究。要创造宽松的氛围，做到"百家争鸣、百花齐放"，"不打棍子、不抓辫子、不扣帽子、不装袋子"。人文环境好，大家就愿意在这里工作。良好的软环境、软条件要靠研究所党委带领全所加强管理来创造，靠党组带领全院加强管理来创造。如果我院的软件条件、个人思想工作都做好了，也可以弥补硬件和待遇方面的不足。

　　加强人才建设，既要看到我院劣势，还要看到我院优势，要增强信心。我院有很多做学问的有利条件：一是具有搞研究的得天独厚的科研环境，院里给科研人员以较充分、自由的时间和空间。我院这方面的优势较明显，环境宽松。拿青年学者资助计划来说，不要求有科研成果，也能获得院里资助。这样做，就是为了鼓励青年学子下功夫读书，研究问题，增加积累，鼓励基础研究、基础研究人才发展。这是学术氛围、科研氛围上的优势。二是有很深厚的学术积累，特别是一些学科已经有了几代学者的学术积累。三是刊物优势，我院有八十多份国家核心期刊，占领国内的许多学术制高点。四是学术团体优势，这也是其他科研单位和高校无法比拟的。以上这些优势，应该充分利用起来，以吸引人才、造就人才。

第六，努力办好报刊出版馆网，加强学术阵地建设。

报纸、刊物、出版社、网络和图书馆是重要的学术论坛，是党的意识形态重要阵地，是重要舆论工具。要建立有利于名刊名报名社名网名馆建设的体制机制，加大名刊名报名社名网名馆建设力度，建设调查与信息数据库，占领学术制高点。重点加强"一报一刊一网一馆两社"，即《中国社会科学报》《中国社会科学》杂志、中国社会科学院图书馆、中国社会科学网、中国社会科学出版社、社会科学文献出版社的建设。10月还要召开这方面的会议，继续加强建设工作。最近，陈奎元同志提出"要办中国社会科学网"的意见，提出更高更新的要求。武寅同志要作"'十二五'信息化建设规划"和中国社会科学网建设方案的说明，供会议讨论。

第七，加强教育，抓好学风建设。

学风建设是我院党风、行风和院风的集中而具体的体现，是一项十分重要的基础建设。学风问题从根本上说是对待学术的态度问题，说到底，是道德问题、思想问题，不能剽窃跟不能偷东西是同一个道理。《周易》说，"君子以振民育德"，意思是说要加强德治，培养民众的道德意识。历史上关于如何治国曾经有过人治、法治、德治的争论。改革开放过程中，我们批评过人治，提出法治，又提出德治，法治与德治应该结合在一起。要重视德治，这是人治和法治所代替不了的。学风建设的根本问题是德育问题，是思想道德教育问题。解决学风问题，要靠制度和规范的约束，但根本是教育，制度不是万能的。要教育青年科研人员发扬老一辈学者的风范，甘于清贫，甘于寂寞，献身哲学社会科学研究事业。没有这种精神境界，急功近利，是不可能成为哲学社会科学研究的杰出人才的。要重视学风建设，不能认为学风建设是软的、空的、虚的，可抓可不抓，要把教育科研人员树立良好的学风作为大事来抓。我院的学风建设，应当走在全国哲学社会科学界的前列。

目前我院的学风问题，我认为，有抄袭、剽窃问题，但不是主要问题，我院学风建设主要面临两个问题要认真解决：一是求真务实的问题。求真就是追求真理，务实就是联系实际、解决实际问题。归根结底，求真务实是个理论联系实际的问题。求真务实与马克思主义的基本立场观点方法是一致的。学术研究首先要紧密联系中国现实问题。在务实的基础上才能求真，我院的学者不是"复印机"，要在现实中大量收集材料，并去伪存真、去粗取精，求得真理，找到规律性的东西。学术研究不能脱离实际，不能脱离今天火热的现实。基础学科也要解决联系现实的问题、解决对国家和人民有无感情的问题、解决为中国特色社会主义建设服务的问题。二是严谨治学的问题。我院的学者必须要有严谨的治学态度，对一个问题要长期跟踪研究，有下苦功夫、用"笨"办法、坐"冷板凳"的精神。所引用的文献数据，既要确保真实性，又要注明来源。要弘扬严谨治学的优良学风，提倡老老实实做人、扎扎实实做学问，努力做到做人做事做学问相统一，才能攀登社会科学高峰。

继续实施三大强院战略，
全力启动哲学社会科学创新工程

——在 2011 年所局级主要领导干部哲学社会
科学创新工程专题研讨会上的讲话
（2011 年 7 月 25 日）

受奎元同志委托，我代表党组就实施"创新工程"讲若干意见。

一　必须全力实施创新工程

在今年 3 月召开的院工作会议上，我代表党组在《加强管理、深化改革，加快推进哲学社会科学创新体系建设》的工作报告中分析了哲学社会科学和我院发展所面临的形势、机遇和任务，做出了这样一个判断："如今我们身处这样一个伟大的时代。世界正处于前所未有的激烈的变动之中，我国正处于中国特色社会主义发展的重要战略机遇期，正处于全面建设小康社会的关键期和改革开放的攻坚期。这一切为哲学社会科学的大繁荣大发展提供了难得的机遇。"接着又分析了哲学社会科学和我院发展所面对的三大有利条件：一是中国特色社会主义建设的伟大实践，为哲学社会科学界提供了大有作为的广阔舞台，为哲学社会科学研究提供了源源不断的资源、素材。二是党和国家的高度重视和大力支持，为哲学社会科学的繁荣发展提供了有力保证。三是"百花齐放、百家争鸣"方针的贯彻实施，为哲学社会科学界的思想创造和理论创新营造了良好环境。再加上第四个条件，即经过全院几代社科人的艰苦奋斗，为哲学社会科学的创新发展奠定了坚实基础，做了充分准备。在分析形势的基础上，党组向全院人员号召："哲学社会科学工作者理应抓住时代机遇，更加自觉地把科研工作融入到发展中国特色社会主义的滚滚洪流中，融入到中华民族的伟大复兴中，融入到党的理论创新的伟大进程中，生产出有益于实践需求的理论学术成果，推出适应时代要求的思想理论学术大师和骨干人才，彰显哲学社会科学的实践价值和理论价值。全院同志要不辱使命，奋发向上，有所作为，有所发明，有所创新，有所前进，走出一条中国特色的理论研究和学术创新之路。"为了完成时代、祖国、党和人民赋予我们的历史任务，为把我院建设成为马克思主义坚强阵地、中国哲学社会科学最高殿堂、党和国家的思想库和智囊团，实施哲学社会科学创新工程，全面建设哲学社会科学创新体系，繁荣发展社会主义先进文化，必要且重要。

2005 年 5 月 19 日，胡锦涛同志主持召开中央政治局常委会议，专题听取我院工作汇报，审议批准了我院关于建设哲学社会科学创新体系的报告，就办好社科院、繁荣发展哲学社会科学作出重要指示。2007 年 5 月 22 日，李长春同志在致我院建院 30 周年的贺信中，代表党中央向我院提出了"三大定位"的要求。2011 年 2 月 1 日，李长春同志在院党组《关于贯彻落实中央"5·19"会议精神实施哲学社会科学创新工程的汇报》上批示："政治局常委会讨论确定的要求和各项工作，是对社科院最重要的指导原则，要全力组织落实好。"中央"5·19"会议精神和"三大定位"要求对我院发展具有长远的指导意义，是我院实施创新工程的指导原则。

中央对五年来我院落实中央精神和要求，推进哲学社会科学研究和我院建设所取得的成绩给予充分肯定。李长春同志在今年年初考察我院工作时指出："中国社会科学院认真贯彻中央决策部署，坚持正确办院方针，积极履行中央赋予的三项主要职能，在党的创新理论研究阐释、哲学社会科学研究以及发挥党中央、国务院思想库和智囊团作用等方面，取得了显著成绩。"刘云山同志批示："社科院认真贯彻中央政治局常委会指示精神，创新体系建设取得明显成效，为中央决策发挥了重要作用，为繁荣哲学社会科学做出突出贡献。"刘延东同志也批示："社科院党组坚持马克思主义理论研究，把握正确的政治方向；聚焦国家战略需求，服务经济社会发展；围绕建设哲学社会科学创新体系，做了大量卓有成效的工作，充分发挥了思想库和智囊团的作用。"

然而，我院目前的状况，与中央要求相比还有很大差距，与新形势新任务的要求相比还很不适应，尚需做出巨大努力。主要差距表现为：推进马克思主义理论学科建设和理论创新还需加大力度，马克思主义坚强阵地建设还要加强；服务中央决策的研究针对性不够强，对全局性、战略性、前瞻性重大问题的综合研究还不够有力；国家经济社会发展急需的新兴学科和交叉学科较为薄弱，学科布局和科研组织尚不适应新发展的要求；学术"走出去"还处于初级阶段，国际话语权和学术影响力与我国国际地位不够相称；科研组织和管理方式滞后于现代科学事业要求，评价激励机制不够健全，资源配置不尽合理；有影响力的理论大家和优秀领军人才不足，队伍建设亟待加强；尚需进一步改善科研条件和加大投入，科研人员和管理人员的生活待遇有待提高，等等。对于这些问题，必须以改革的精神和创新的思路加以研究解决。

在2008年8月召开的改革工作座谈会上，奎元同志指出我院的改革包括两个方面的任务：一是哲学社会科学创新体系方面的改革创新，二是管理体制机制方面的改革创新。两项改革任务，相辅相成。管理体制机制创新是手段，哲学社会科学创新体系建设是目的。陈奎元同志还指出，在具体改革进度上，要统筹规划，掌握轻重缓急，按部就班，分步实施，可以先推进管理体制机制改革。近三年来，我院紧紧围绕哲学社会科学创新体系建设这个总任务，集中精力在群众反映强烈、迫切要求解决的管理体制机制领域先行改革，出台并实施了一系列重大改革举措，初步解决了科研人员和工作人员的科研、工作和生活的许多老大难问题，各项工作取得明显成效，正在逐步形成有活力、有效率、有利于哲学社会科学创新发展的管理体制机制，为构建哲学社会科学创新体系创造了条件。到今年年底，管理体制机制改革可以大体告一段落，进一步深化和完善将是长期的工作，这就把哲学社会科学创新体系全面建设工作提上重要议事日程。要逐步实现工作重心转移，加快推进哲学社会科学创新体系建设。当然，管理体制机制改革一开启，我们就始终坚持与哲学社会科学创新体系的改革协调进行，只不过是侧重不同。

当前，中国特色社会主义事业正处于新的发展阶段。党中央高度重视哲学社会科学的发展，提出了新的任务和要求。党的十七大和十七届五中全会提出："推进学科体系、学术观点、科研方法创新，繁荣发展哲学社会科学。"国家"十二五"发展规划纲要和文化发展改革纲要明确提出："大力推进哲学社会科学创新体系建设，实施哲学社会科学创新工程，繁荣发展哲学社会科学。"实施创新工程，是贯彻中央"5·19"会议精神和"三大定位"要求，落实党的十七大及十七届五中全会、国家"十二五"规划纲要关于建设哲学社会科学创新体系战略任务的综合性实践载体和可操作性具体依托，是使哲学社会科学迈上一个更新层次、更高台阶的重大战略举措，必将实现我院体制机制制度的整体转轨与创新，以适应时代和实践发展的需要，从总体上提升我院的研究水平和理论学术影响力，使我院获得一次新的大发展。党组前几天召开了四次书记、所长座谈会及40位院属单位纪委书记座谈会，统一认识，集思广益。大家一致认为，对于实施创新工程感到非常振奋，非常激动，深受鼓舞，同时也深感到前所未有的压力和动力。一定要抓住这次发展的大好机遇，否则机会就会稍纵即逝。"雄关漫道真如铁，而今迈步从头越。"面对新形势、新任务和新要求，我们一定要按照中央精神和要求，凝聚力量，下定决心，砥砺图强，奋发有为，启动实施哲学社会科学创新工程，努力走出一条繁荣发展哲学社会科学的新路来，开创哲学社会科学繁荣发展新局面。

二　目的是构建哲学社会科学创新体系

实施创新工程的目的，就是构建哲学社会科学创新体系，多出经得起实践检验的精品成果，多出政治方向正确、学术导向明确、科研成果突出的高层次人才，为人民服务，为繁荣发展社会主义先进文化服务，为中国特色社会主义服务。

实施创新工程的指导思想是，高举中国特色社会主义伟大旗帜，以马克思列宁主义、毛泽东思想、邓小平理论、"三个代表"重要思想为指导，全面贯彻落实科学发展观，按照中央精神和要求，大力实施科研强院、人才强院、管理强院"三大战略"，着力改革体制机制制度，努力实现以马克思主义为指导，以学术观点与理论创新、学科体系创新、科研组织与管理创新、科研方法与手段创新、用人制度创新为主要内容的哲学社会科学体系创新。

实施创新工程的总体目标是，努力把我院建设成为哲学社会科学领域的"国家强院"和居于高端水平的"世界名院"：马克思主义中国化、时代化、大众化取得重大进展；党中央国务院重要的思想库和智囊团作用得到充分发挥；体现哲学社会科学最高学术机构的功能和世界哲学社会科学发展前沿、适应国家发展战略需要的学科体系和研究格局基本形成；在国际国内哲学社会科学领域的话语权和影响力明显增强。

创新工程"十二五"期间应实现的具体目标是，基本形成以马克思主义为指导的哲学社会科学创新体系：基础研究、基础学科和对策研究、应用学科有明显加强，在重大思想理论、学术观点和现实问题研究方面完成一批高质量精品成果，理论学术话语权和影响力显著增强；有利于优秀成果产出的科研组织管理体制机制进一步优化；充满活力，富有效率，有利于优秀人才脱颖而出的用人制度得到确立；以学部委员等高端人才为龙头，以学术领军人才为重点，以青年英才为骨干的优秀人才队伍更加壮大；保障持续创新能力的科研支撑系统更加完善，科研手段现代化和信息化水平明显提升。

按照总体目标和具体目标要求，实施创新工程要完成六项主要任务：

第一，建设马克思主义坚强阵地。

把推进马克思主义中国化、时代化和大众化作为根本任务。认真学习马克思主义和中国特色社会主义理论体系，不断提高全院同志运用马克思主义立场、观点、方法指导哲学社会科学研究和各项工作的能力。增强全院人员的政治敏锐性和政治鉴别力，切实维护国家意识形态安全。认真完成马克思主义理论研究和建设工程任务，大力加强马克思主义理论学科和研究工程建设，推出高水平理论研究成果，总体提升马克思主义理论研究水准。加强报纸、期刊、出版社、图书馆、网络、数据库等马克思主义学术传播阵地建设。

第二，建设党和国家重要的思想库智囊团。

把建设党中央国务院重要的思想库和智囊团作为基本任务。以党和国家关注的重大现实和理论问题为主攻方向，紧紧围绕实现科学发展主题和转变经济发展方式主线，推出高质量研究成果，提出切实有效的对策建议。加强信息报送工作，整合全院信息资源，围绕党和国家中心工作，及时收集、编选和报送对中央决策具有重要参考价值的重要信息。大力加强国情调研工作，选取对党和国家决策有重大意义的问题，进行深入扎实的调查研究，向中央提供有重要价值的调研成果，使国情调研成为发挥思想库和智囊团作用的重要渠道。

第三，建设中国哲学社会科学研究的最高殿堂。

把建设中国哲学社会科学最高学术研究机构作为长期任

务。着力推进学科体系创新，形成具有支撑作用的基础学科、人文学科，具有较强优势的重点学科，具有重要现实意义的新兴学科和交叉学科，具有重要文化价值的"绝学"和濒危学科，努力构建体现国际学术前沿、适合中国特色社会主义发展需要的学科体系。着力推进理论思想、学术观点创新，提出有客观依据、经得起实践和历史检验的原创性理论学术观点。着力推进科研方法和科研手段创新，推进社会科学与自然科学融合发展，全面提高科研方法和科研手段的现代化水平。继承、发扬和提升先进的学术思想、优良的道德文化和价值观念，深入研究社会主义先进文化、中华传统文化和世界文明。加强学部建设，充分发挥学部的学术引领和科研协调作用。推进科研组织与管理创新，建设一批国内领先、国际知名的研究（院）所、研究（实验）室、研究中心。加强科研人才队伍建设，产生更多学术大家，推出更多精品力作。

第四，建设中国特色社会主义理论学术传播平台。

把加强中国特色社会主义学术理论平台名优建设作为重要任务。强化管理，提高质量，扩大传播交流最新学术成果的规模。加大中国社会科学网建设力度，开设内容丰富、独具特色的栏目，推进外文频道建设，建设在国内外具有影响力和美誉度的大型社会科学门户网站。大力提高《中国社会科学报》的学术影响力，建设全国哲学社会科学优秀成果的高端发布平台、中国学术走向世界的重要桥梁和世界哲学社会科学资讯的权威集散地。建设中国社会科学调查与数据信息中心及其大型数据库，建立一系列重点实验室，积极打造"数字化中国社会科学院"。加大对优秀期刊和优秀学术成果出版的资助力度，推进名刊工程建设。筹组社科出版集团。做强国家级哲学社会科学专业图书馆和数字图书馆，构筑完整的国家哲学社会科学专业图书馆体系。分类支持具有重要导向力的学术社团和非实体研究中心。

第五，建设"走出去"战略的学术窗口。

把实施哲学社会科学优秀人才和精品成果"走出去"战略作为政治任务。紧密跟踪世界经济与政治形势，着力研究国际战略走向、世界经济政治结构和全球治理格局调整新动向，为维护国家经济、政治、文化、军事、生态、资源等安全提供前瞻性建议。开展国际热点焦点问题应急调研，及时向国家提供高水平的分析报告和对策建议。支持优秀专家走进海外高端智库，赴海外重要学术机构和国际组织开展高层交流，合作进行有关经济社会发展及国际问题研究，在我驻外使馆派驻专家开展深度调研，积极发挥学术外交主渠道作用。加强国际学术交流平台建设，将"中国社会科学论坛"打造成国内外知名的品牌论坛。培养一批能够在国际交流中直接对话、有实力争取话语权的中青年学术英才。推出一批优秀外文学术期刊和外文精品图书。坚持"请进来"与"走出去"相结合，邀请国外著名学者在我院媒体上发表文章，在院属出版社出版著作，增强国际话语权和影响力。积极开展周边和发展中国家青年学者培训项目，与国外知名大学和学术机构合作培养博士生。

第六，建设中国哲学社会科学研究人才高地。

把全力打造政治上信得过、学风过硬、理论学术精湛的哲学社会科学人才队伍作为主要任务。要全面落实中长期人才发展规划纲要和人才强院战略实施方案。努力造就一批马克思主义基本理论功底扎实、熟悉中国国情、具有理论创新能力的马克思主义理论家和中青年骨干人才；推出一批学术造诣高深、在哲学社会科学研究领域取得卓越成绩、在国内外学术界具有重要影响的学术大家；引进一批具有较强创新能力、在相关领域作出突出贡献的高端人才；扶持一批学术功底扎实、勇于开拓进取的学科领军人才和基础研究人才；提升一批专业知识丰富、具有较大发展潜力的青年科研人才；培育一批德才兼备、热爱哲学社会科学事业、具有较强组织协调能力的管理人才。加强管理，提高教学质量，努力把研究生院建成国内一流的哲学社会科学后备人才培养基地。

三　关键是大力推进制度创新

在今年的院工作会议上，奎元同志着重强调我院要改革创新，他指出，"我院的体制、机构设置、人才使用和培育的方式、研究成果的评价和奖励办法需要继续创新"。"实施创新工程主要目的就是要建立有利于社科研究的组织方式、激励机制和良好风气。"全院同志要高度重视并认真贯彻陈奎元同志的指示精神。实施创新工程，就是要在用人制度创新、科研组织方式创新、机构设置创新、科研资源配置方式创新上做好文章，真正解放和激活科研生产力，调动科研人员积极性和创造性，释放出更大的科研创造力，以保障和全面实现科研手段与方法创新、学术观点与思想理论创新、学科体系创新。创新工程成功与否的标准在于是否有利于调动科研人员、工作人员的积极性、创造性，有利于学科建设，有利于研究所和研究室建设，有利于出经得起实践检验的精品，有利于出大家和拔尖人才，有利于繁荣和发展哲学社会科学。

司马迁在《史记·赵世家》中说："随时制法，因事制礼。

法度制令各顺其宜。"强调应该与时偕行，随着时间、条件、地点的变化，根据具体情况的变化制定新的法度礼制。推进创新工程，就要根据我院实际情况，开拓进取，大胆创新，建立新的制度办法，以适应新形势下哲学社会科学繁荣发展的需要。

实施创新工程的关键是制度创新。办法是通过改革，除弊兴利。要认真分析和研究我院现行用人制度、科研体制机制、组织方式、资源配置方式、管理方法和机构设置存在的弊端，有针对性地通过改革创新，构建创新型的用人制度、科研体制机制、组织管理方式、资源配置方式、科研手段和方法、机构设置，以最大限度地解放和发展科研生产力，激励多出人才、多出成果。制度不创新，新瓶装旧酒，穿新鞋走老路，只是换一个要钱、花钱的形式，结果无非是多要来一些钱，多花了一些钱，不会有实质性的突进。

一方面，在现有体制机制制度条件下，我院哲学社会科学发展已经取得一定成绩，这个前提是首先要肯定的；但另一方面，随着形势、任务的变化，现行体制机制制度越发显示出不适应的某些弊端。要搞清楚这些弊端到底是什么，在哪里。有一个现象大家可以研究，在历史上，为什么出了一大批闻名于世的哲学家、经济学家、史学家、文学家等杰出的学问家、思想家呢？现在，条件好了，投入大了，而又出来了多少呢？当然，也不能简单地与过去类比，现在的标准更高了，人才竞争更激烈。有人认为问题出在经费投入不够，确有经费投入的问题，但根本问题不是出在经费投入上。我院现在一方面缺经费，另一方面经费又大量积压；一方面缺人才，另一方面又有大量人才的潜能没有发挥出来。原因是多方面的，综合性的，但其中一个原因是出在具体科研体制机制制度上，这就是按照现行的体制机制制度、组织管理方式方法搞哲学社会科学研究，在许多方面不适合社会科学研究自身规律、特点和要求，一定程度上不利于最大限度地调动科研人员的创造性。在历届党委、党组领导下，特别是在奎元同志主持的党组领导下，我院已经不间断地进行了多方面的改革创新，取得了一定的成效，积累了一定的经验，但还需要深入并加大力度。

所谓不太适应，并不是说不能出人才、出成果，而是尚不能最大限度地激励出大家、出精品。有利必有弊，有弊必有利，现行体制机制制度、资源配置、组织管理方式和机构设置也有其有利的一面。比如，现在实行的党委集体领导下的所长负责制，对于坚持党对哲学社会科学的领导，加强党的建设，保证正确的政治方向和学术导向，是有利的，这一条就必须坚持，而不是改掉。党组提出的加强研究所、研究室建设，加强研究所党委建设、研究室党支部建设的制度和举措，也必须坚持并进一步抓好。当然，还要在实施过程中创造出更有效的具体体制机制和管理制度来。也还有其他一些有利的方面，我不一一列举了。在改革过程中，要兴利除弊，不能泼洗澡水把孩子也泼出去了，就是说要保持适应的，改掉不适应的。不适应主要表现在两个问题上，一是在用人制度上，如何最大限度地调动人的积极性；二是在经费资源的分配方式上，即科研体制机制制度、科研组织管理方式、机构设置上，如何最大限度地合理配置，发挥最大的激励作用。

第一个问题，在用人制度上。目前，我院在进人用人、编制、组织机构、职称评定、工资待遇问题上走到了死胡同。一旦进入了社科院，就坐上了"铁交椅"，干不好，也退不出去了；一旦评上了职称，出不出成果，成不成人才，就有了"铁职称"；一旦被提拔当了领导干部，干好干坏，就有了"铁职级"；一旦固定了工资待遇，干多干少，就有了"铁收入"……当然，也不是特别"铁"，比如触犯了党纪国法，就有可能被开除，或降职降级受处分。不突破编制、职称、职务、级别、工资、待遇这些"铁定的"束缚，是很难形成激励淘汰机制的。在一些研究人员那里，是忙的忙死，闲的闲死。据有的所长告诉我，进了研究所什么也不干、闲了一辈子的大有人在。先是结婚生孩子，再把孩子养大，养大了再送孩子上大学或出国留学，孩子结婚以后再帮着孩子带孩子，有的人一辈子就是这样走过来的。

　　进一个人，就要解决编制、工资待遇，解决户口，还要分房子，还有爱人的户口和工作问题，孩子的上学问题，生老病死问题。如果是人才，这些都是应当的；如果什么才都不是，就占了一个"坑"，"坑"都占满了，还怎么发展？干的干，闲的闲，想干就干，不想干就不干，就会打击人才，鼓励懒人，同时使得领导不能集中精力抓科研，每天疲于奔命，要解决房子、孩子、票子问题，以及各种各样的人事纠纷、历史纠结，等等。我们每年新进一百多人，多数为哲学社会科学发展作出了贡献，但也有人进来以后发现不行，但又没有办法退出去。用人制度上没有正常的"竞争""退出"机制，怎么能有活力呢？再不能按原有制度和办法进人养人了。按原有制度和办法进一个人，要给房子、给职称，要保一辈子，但又很难确定这个人将来究竟会不会成为合格的研究人才，更不要说杰出人才了，如果是"废品"，又很难送出去，最后就成了包袱。有的同志甚至极而言之，近些年进来的应届毕业生有的质量不高，甚至少数是以照顾性质进来的，不一定是按需要、按条件引进的。当然，不干的人是个别的，大多数人还是勤奋工作的。还有一些人是想研究什么就研究什么，不想研究什么就不研究，不能更好地为党和国家大局服务，不能更好地为哲学社会科学的繁荣发展服务。我们要允许学术自由发展，但更要鼓励哲学社会科学为党和国家大局服务，为人民服务。

新的用人制度改革集中体现在两个文件上，一是《创新工程人事管理办法》，二是《创新工程薪酬管理办法》，还有一系列配套的细则。核心是解决两个问题：一是竞聘上岗，二是退出机制。为此，我们还设计了一套与完成创新任务紧密挂钩的薪酬激励机制，鼓励科研人员的创新研究。创新工程的核心环节是用人制度改革，在用人体制机制制度创新上下功夫，真正建立起能上能下、能进能出，考核严格、奖惩严明，高效灵活、充满活力的用人制度。除政策性安置人员和引进人才外，院属各单位一律实行新的用人制度和岗位聘用制。不分编制内和编制外人员的差别，不分已有的职称、职务、级别的差别，不分固定化的工资收入待遇的差别，实行真正公正、公开、透明、竞争、淘汰的机制，这就是用人制度创新的基本原则。创新单位要通过竞争进入创新工程，创新岗位也要实行竞聘上岗制度，按照所承担的创新任务定岗、定收入，可以高职低聘，也可以低职高聘。对创新单位和创新岗位人员实行年度考核和聘期考核制度，考核结果与资源配置和绩效收入（智力补偿）直接挂钩。公开招聘高层次人才和其他有关人才和科研辅助人员，实行协议工资制和合同工资制。建立严格的创新单位、创新人员退出机制，年度考核不合格的创新组织要撤掉，人员要退出，不能像过去那样机构只能建不能撤，人员只能进不能出。不能像笨婆娘和面蒸点心那样，面多了加水，水多了加面，最后蒸出硕大的废物点心一个，没有多大用处，反而成为大包袱。我院现在维持一个庞大的科研机构和组织体系，光是各种名目的中心、学会加起来就好几百，尾大不掉，真正良性运行、发挥作用的能有多少呢。总之，要以用人制度改革为关键环节，进行体制机制、组织管理、机构设置的大胆改革，改造、创建新型的创新研究组织。

建立竞争和退出机制，一个基础工作就是创新科研评价机制。这次制定并实施了《创新工程项目评价管理办法》，对进入创新工程的研究类项目、学科类项目、传播类项目和工程技术类项目等进行科学评价与跟踪管理，实行立项评价、中期评价、结项评价，创新工程项目评价结果作为人员使用及经费配置的依据。年度评价实行项目成果评估结果末位警告和淘汰制度。年度考核不合格的科研组织要撤掉、人员要退出。这样形成良性循环就好办了。每年发布《创新工程项目评价报告》，接受社会评价与监督。

第二个问题，在科研经费资源的配置上。现行体制机制制度、管理方式的弊端还体现在具体的科研管理方式办法上，集中体现在科研经费的配置上。创新工程的另一个重大环节，就是对科研资源分配方式即科研管理方式大胆改进，消除弊端，实现科研资源配置方式、科研组织管理方式、科研体制机制的合理化。在现有科研资源配置方式的框架内，我院实行的主要是课题制，其有利的方面是可以调动科研人员的积极性，有利于对策研究，有利于通过课题形式重新组合资源和人力……更多的好处，我就不再重复了。但也有不利的方面，一是不利于基础研究、基础理论、基础学科的发展，不利于基础研究人才的成长，不利于青年人才的培养。二是在一定程度上对学科建设和研究室建设有冲击。三是造成寻找各种票据报销的不合规现象，诱发不正之风。四是致使一些科研单位少数领导和科研人员把主要精力放在"编故事"要课题经费上，有课题才有经费，导致科研工作和人才培养短期化，存在"唯课题论英雄"的单打一做法。五是科研资源分配权力过分集中在院里，研究单位缺少资源分配自主权，主动性、积极性没有完全调动起来。六是存在科研经费往往集中并沉淀在少数人手里的现象，存在科研经费分配不公的现象，一定程度上造成科研经费长期积压的浪费问题……这些都在很大程度上诱使一些科研单位领导和研究人员想方设法编课题、弄经费，容易走到功利化的道上去，造成科研资源配置不合理，重数量轻质量，以数量充质量，重立项轻结项，疲于奔命，生产科研成果"萝卜快了不洗泥"的现象产生。据科研局统计，我院课题和课题经费大量积压，仅从 2000 年至今，未能按期结项的课题达到 60% 以上，按期结项的只是少数，而且 80% 以上都被评为优秀。有的人都不在了，课题还没有结项；有的个别人手里攒了不少课题，还在那里争课题，某种程度上忽视基础研究、长期研究、创新研究、战略研究，忽视精雕细刻，忽视质量，忽视人才培养。当然，课题结不了项，也要作具体分析，不能一概而论，必须清理大量积压的课题，但对特殊情况可以特殊处理。

课题制实际上是科研资源的配置问题，配置合理，就可以调动积极性；配置不合理，限制积极性，甚至导致向相反的方向发展。课题制有利有弊，如何发展有利方面，革除弊病，如何在实行课题制的同时，创造出更有利的资源配置办法，要认真思考和深入研究，对课题制加以补救完善改进，进一步改革创新科研资源配置方式。这几年我院已经做了大量工作，如制定基础研究资助计划、青年学者资助计划、课题后期资助计划，加大后期资助、成果资助和基础学科、基础研究和人才资助，加大研究室建设经费投入，等等。这次出台了《创新工程研究经费管理办法》，改革现有科研经费配置方式，优化资源配置，严格预算管理，明确经费支出范围、支出细目和支出比例，保证基本支出真实，对参与创新工程人员的劳务支出实行有效控制，激发科研创造力。一是根据创新任务确定研究经费。将研究经费整体配置给创新单位，创新单位可以根据创新任务自主考虑研究经费的具体使用。这样做，研究所所长、研究室主任自主权更多了，但责任也就更大了，压力更重了。全院要逐步扩大按创新任务拨付研究经费的力度，逐步缩小课题经费的额度，采取发布课题指南的办法，加强对院重大课题的管理力度。二是加大对基础学科、人文学科、基础研究、基础理论和基础研究人才的支持力度，建立和完善基础研究资助、人才资助和后期成果资助机制。基础研究、基础理论和基础学科是我院发展的根脉，在创新工程总体战略中，要从制度上、政策上、投入上加大扶持力度。例如，推进研究所、研究室整体制度创新，创建新型科研组织；出台"长城学者资助计划"，向基础研究人才倾斜；出台"出版资助办法"，采取后期资助成果的方式，向基础研究成果倾斜；选择一些人文基础学科相关的研究所和研究室先行试点等。随着创新工程的深入，这方面的力度会越来越大。三是对科研经费的报销规定要加以改革，防止诱发不正之风。国家治理"小金库"检查组和审计署对我院科研经费审计，都把课题费包括横向课题费的支付中大量存在的"套取""虚列"等定性为"小金库"，要严格处罚。

四是从研究经费中提出一定比例作为绩效收入（智力补偿），建立创新工程绩效收入（智力补偿）机制，激励科研人员合法合理的多劳多得，消灭虚假报账套取经费作为个人收入的做法。五是加大考核评价力度。考核分为"优秀""合格""不合格"三等，考核不合格的实行经费免拨、创新组织撤销、人员退出机制。六是创新薪酬管理办法。这次创新工程薪酬管理办法的原则是，参与创新工程的人员多劳多得，不参与或部分参与创新工程的也要普遍受惠，二者有一定差别，但差别不会太大，待全院分期分批全部进入创新工程后，再总体提升全体人员薪酬待遇。全院人员的薪酬待遇总体上由三部分构成：基本工资、津补贴和绩效收入（智力补偿）。基本工资、津补贴按国家标准和院办法执行，全院无论是创新岗位人员，或不是创新岗位人员，其标准都对应相同。所不同的是绩效收入（智力补偿）部分，根据在创新工程中的贡献大小来解决，与创新任务完成情况直接挂钩，多干多得，少干少得，不干不得。七是继续完善已出台的各项办法，在课题管理制度上力求有进一步的完善和创新。

科研资源配置方式的创新，同时要求对科研组织、管理方式方法和科研机构设置进行改革。大家要认识到实施创新工程不是"编故事"要钱，更不能把根本目的放在分钱或提高待遇和收入上。当然，创新工程搞好了，大家的待遇收入自然会得到提高，但根本目的不是这个。要把"创新工程"需要完成的创新任务同制度创新结合起来，实现科研经费和各种资源的优化配置，把资源配置在想干事、能干事、干成事的人身上，用在想干事、能干事、干成事的团队上。

四　最重要的是认真落实

这次会议就是为了进一步统一思想，提高认识，明确实施创新工程的目的、步骤和方法，以便顺利启动创新工程。毛泽东同志说："世界上怕就怕'认真'二字，我们共产党人最讲认真。"推进创新工程，其成败如何，最重要的是取决于领导干部是否具有认真负责的态度。老子讲："图难于易，为大于细。天下难事，必作于易；天下大事，必作于细。"意思是说，解决困难，要从容易处入手；处理大事，要从细微处做起。在老子看来，解决难事、大事，要认认真真选好突破口，认认真真从细处着手，切实抓好落实。抓好创新工程，就要大力提倡认真、认真、再认真，仔细、仔细、再仔细，落实、落实、再落实的精神，全力以赴抓好落实。

第一，解放思想，转变观念。

实施创新工程，加大制度创新力度，最根本的就是要解放思想、转变观念。思想不解放，观念不转变，改革无法进行，创新无法展开，工程无法完成。全院要展开一场解放思想、转变观念、改革创新的思想动员。发动大家思想解放、思路转变。否则，只是换了一个说法而已，还是老框框、老套路、老办法，又回到"编故事，要课题，筹经费""找发票，报小票，提高收入"的老路上去了。

启动创新工程第一件事就是抓好思想发动工作，作好深入细致的思想动员工作，统一全院人员思想，提高全院人员认识。会议结束后，请同志们原原本本传达会议文件，组织领导班子、骨干和科研人员、工作人员吃透文件，领会精神。为什么要搞创新工程、什么是创新工程、怎样搞创新工程？让领导层、骨干层以及广大科研人员、工作人员搞明白不实施创新工程，我院就不会有突破性的发展，不推进制度创新，创新工程就实施不好。要在为什么、是什么、怎样搞创新工程上取得共识。让全体人员都有实施创新工程的紧迫性，高度重视，真正使参与创新工程成为领导干部、成为全体科研人员和工作人员的自觉行动，实心实意地支持、参与、推进创新工程。

改革创新，既不能照抄照搬外国的，也不能照抄照搬中国科学院和其他研究机构或高校的。他们成功的地方，值得我们借鉴。创新工程要增加人才、增加投入，但不是简单地加减，不是简单地加人、加钱、加机构、加编制。有一种不符合实际的理念，领导一交代任务，就要课题费，要编制，要人，要职级。搞创新工程，这种理念是要不得的。当然，创新工程要加大投入，但不能仅仅是投入，必须有思路创新、制度创新，否则投来投去，又投到老套路上去了。

解放思想、开拓创新，要深入调研，多听科研人员和工作人员的意见，认识院情，从中国社会科学院的实际出发。要研究人才成长和科研成果生产规律、哲学社会科学发展规律、我院办院规律，使改革创新符合规律，符合科研人员和工作人员的基本愿望和需求。

第二，整体思考，顶层设计。

搞建筑，规划设计先行；实施创新工程，也要整体思考、方案先行。启动创新工程，一个重要环节是从整体的、长远的、战略的高度出发，缜密考虑，把能想到的问题尽可能想好，确定制度，制定措施，搞好顶层设计。党组用了近一年时间，广泛调研，征求意见，认真思考，精心准备，提出整体构想、总体目标和阶段性任务，以及明确的原则、政策、步骤、办法。心里有了数，才能干得好。创新工程顶层设计的总体思路体现在党组决定的一个实施意见、六个管理办法和一个通知上。在广泛征求意见时，同志们一致认为，总的实施意见及配套文件已经很成熟了，符合中央精神和我院实际。文件内容和表述很到位，上上下下考虑很周全，操作性很强，应尽快付诸实施，再拖延实施的话，就可能变得被动。全套文件都发给大家了，请仔细研读文件，吃透精神，以便动员群众、组织群众，贯彻落实。

办事之前要先定规矩，立下规矩，才好办事。深化改革，推进创新工程，要有配套制度。党组在文件中制定了一整套创新制度办法，围绕总的文件和制度要求，还要陆续出台一系列配套的实施细则，请大家研究。当然同志们也认为，一些细节问题、操作问题不可能滴水不漏，在实施过程中还会出现新的问题，可在实践中检验和解决，一些制度和办法也可以试行一段时间再做调整。

创新工程需要有创新的制度，但在研究、制定创新制度时，必须注意与中央和国家现行制度相一致、相接轨，与我院过去行之有效的制度相连贯、相衔接，而不能相抵触。要注重改革的连续性，不能像狗熊到玉米地里掰棒子，掰一个扔一个，忙乎到头，只掰到一个棒子。譬如，在加强研究室建设工作上，如何把研究室建设与创新制度建设结合起来，如何使研究室主任在创新工程中更好地发挥作用，如何把创新研究经费与研究室建设经费和原来课题经费实行资源优势互补等问题，都要探索和实践。中央和国家现行制度中未作规定或实施创新工程确实需要突破的事项，可作为制度创新的内容，经报相关部门认可后试行。

创新工程试点启动后，下半年各研究所都有机会申报创新单位，根据院里提出的条件、标准和原则，公平竞争进入。如何申报创新单位，在《关于创新单位及创新项目申报要求的通知》中规定得很清楚。一个所或一个单位进入创新工程，或者创立一个新的创新组织，也要制定出切实可行的实施方案。首先必须明确要达到什么样的目标，一年干什么，两年干什么，三年干什么，五年干什么。比如历史学科的研究所，能不能经过五年建设和发展之后，成为国内外知名的历史学科研究机构，凡是研究重要国别史、重要断代史、专门史和世界通史的研究机构，要拥有影响力大的专家学者。三年达到什么水平，五年达到什么水平，这些都要研究好、谋划好。其次，要根据目标，把任务具体化。目标有了，要确定好任务，成果绩效是什么，干什么事，人才怎么培养。再有，需要多少创新岗位，每个岗位分几个等次和层级（比如首席专家、执行研究员、研究助理），待遇怎样，要考虑周密。还有，经费预算，算一算需要多少经费。在所需经费方面，要分出人头费多少，科研费多少，分在各个项目上的是多少，这些都要精确计算。最后，要设计出评估和考核的标准和办法，如何评估和考核，经过评估考核没完成任务怎么办，要有竞争、退出、奖惩机制。每个创新单位应按照《通知》要求提出精心设计的可行性方案，然后才可以启动。成熟一个通过一个，逐步推开。伤其十指，不如断其一指。重要的是启动起来，干起来，干成几件事，下一步就好办了，就有信心了，具体举措也就更成熟了。

第三，分步实施，试点先行。

创新工程拟定的是一个五年规划，总的要求是整体规划，分步实施，试点先行，稳步推进。分步实施的目的，是要确保初战必胜，每战必胜，积五年之胜为全胜。

1. 2011 年上半年，制定创新工程实施方案和创新制度，选好第一批试点单位和创新项目，编制第一批创新试点方案。

2. 2011 年下半年至 2012 年，全院动员，启动创新工程，逐步推进创新工程的试点工作，同时选择第二批进入创新工程的试点单位，编制第二批创新单位方案，启动第二批创新项目，逐步实行创新体制、机制和制度。

3. 2013 年，选择第三批进入创新工程的试点单位，编制第三批创新单位方案，启动第三批创新项目，进一步完善创新体制、机制和制度。

4. 2014 年至 2015 年，全院按创新制度运转，院属单位基本进入创新工程。总结经验，为深化创新工程做好准备。

在实施创新工程的同时，要注意保持现行体制机制制度的正常运转，维护全院整体稳定和正常工作秩序。实施创新工程开始，要走一段双轨制的道路。一方面，要先进行体制、机制和制度的创新试点，稳步推进。在创新工程启动初始，选择一些单位进入创新工程或部分进入创新工程，还可以创建一些全新的创新单位，先行试点，按照新制度运转。另一方面，要坚定不移地按党组部署，按今年院工作会议要求，保证正常工作秩序和工作进度，完成好已经确定下来的各项工作任务。也就是说，原有的体制、机制和制度还要照常运行，该评职称还要评职称，该加强研究室和研究所建设、党的建设，还要加强。要按照党组已经确定的工作部署，该怎么抓就怎么抓，原来怎么抓现在还怎么抓。不能以为要进行改革创新了，各项正常工作都放下，等创新工程轮到本单位再干。不进入创新工程的单位按原来的办法运行，当然也可以渗透进一些新的制度。新人新办法，老人老办法，取得经验，逐步过渡，逐年逐步扩大创新单位数量和覆盖范围，逐年逐步用创新制度影响、吸引、改进、完善原有体制、机制和制度，最终实现并轨，实现全院共进创新工程。

院属研究单位和其他单位分批进入创新单位，人员分批进入创新岗位，这样做可以保证我院的正常工作秩序。如果新的还没有建立起来，老的已打破了，好多事情还没想好，没把握，原有的就不干了，就会让大家无所适从，对我院事业发展反而不利。一方面要支持在创新岗位上干实事、有实绩的人，保证其应得的收入及利益。另一方面，要注重挖掘各类岗位工作人员的潜能，让更多的人投身到创新工程中来，受惠于创新工程的实施。在一定程度上，创新工程一启动，可以说全院人员人人参与，普遍受惠。譬如，对网、报、刊、库、坛等社会科学传播手段的创新，就会带动所有的研究所和院属单位；长城学者资助计划、出版资助计划、课题制的改革创新，会涉及所有研究人员；党组还考虑在创新工程启动后，给全院包括科研人员和工作人员普遍增加一部分创新补贴等。总之，对院属单位已有的人员、经费投入等不做减法，只做适当增量处理。保证大家都有事干，保证大家的待遇都不降低，在这个前提下激励能干的，改革陈规陋习，通过重大研究项目、学科建设项目、科研支撑项目、人才培养项目等的实施，带动全院创新，完成整体改革创新任务。

新的制度建立过程中，要有一个"摸着石头过河"的过程。因为创新工程怎么改，没有什么现成的模式可以借鉴。看准一步走一步，在试点过程中积累经验，逐步实现原有体制、机制、制度向新的体制机制制度的转轨。创新工程不搞"大跃进"，不搞"齐步走"，不搞"一刀切"。选准试点单位、试点项目和突破口，由点到面，点面结合，注重探索，积累经验，稳步推进。院属各单位要从自身实际出发，科学分析进入创新工程的有利条件和不利因素，条件成熟就进入或部分进入创新工程，条件不成熟可暂缓进入，并积极创造条件尽早进入。

第四，突出重点，有所突破。

今明两年是创新工程的重要起步之年，一定要稳扎稳打，突出重点，有所突破，这样再推进才能积累成功经验，才有信心和成功的把握。

1. 创新科研组织方式

根据创新制度，加强创新型科研组织建设，有三个主要着力点：一是在马克思主义理论创新研究方面；二是在党和国家急需的现实对策研究方面；三是在哲学社会科学基础学科和基础研究方面。

研究所是我院科研组织的主体，研究室是我院科研组织的基础。要按照创新的要求，逐步把研究所、研究室建设成创新型的科研组织，成熟一个创建一个，今年要选择两三个所、研究室先行试点，取得经验。要把研究所、研究室建设成立足学科发展前沿、符合学科体系创新要求、有利于队伍建设和人才培养的创新型科研组织。同时，党组考虑，按照党和国家大局需要，还要逐步组建若干创新型的研究院，如国家经济战略研究院，着力研究国家改革和发展的宏观性、战略性、全局性、综合性、长期性、制度性的重大问题，为国家发展和政策制定提供战略咨询和对策建议，努力建成国内领先、世界知名的经济理论和经济政策智库；科学发展研究院，着力研究人与自然、经济与社会协调发展、社会管理与社会建设以及民生等重大社会问题，推出具有全局性、综合性、战略性的研究成果，为全面贯彻落实科学发展观这一党的根本决策提供智力支持；国际战略研究院，着力研究世界经济发展、全球治理机制及我国国际战略中的全局性、综合性、趋势性和长期性问题，特别是美国的全球战略和对华战略问题，为党和国家决策及时提出具有科学性、前瞻性、针对性的意见和建议；信息情报研究院，整合《要报》等现有信息报送资源，依托各学部和研究单位的研究力量，组建一个实体性信息情报研究和报送机构，汇集、研究、分析、编辑、报送国际国内重要思想理论动态，重要战略资讯及重大动向，重要事件、重大活动及热点、焦点问题信息，提出对策建议，更好发挥我院思想库和智囊团作用，主要通过原创性研究成果为党中央国务院的重大决策服务。这四院如何与相应研究所对接、如何组建，要反复比较研究，原则是成熟一个建设一个。同志们也提出还要组建人文基础学科的研究院，以及其他综合性的科研创新组织，可以讨论研究。

根据创新工程的目标和任务，加强一批跨学科、跨研究所、跨院、跨地区的研究中心建设，如中国特色社会主义研究中心、世界社会主义研究中心等，有效集聚和利用所内外、院内外乃至国内外优秀人才和学术资源，形成在学术研究方面的协作联动机制，增强在基础研究和应用对策研究方面的整体影响力。

2. 创新科研手段和科研方法

按照国家"十二五"规划纲要的部署，大力推进深度信息化进程，积极打造"数字化中国社会科学院"，全面提高科研手段和科研方法现代化水平。加强"中国社会科学调查与数据信息中心"建设，以"全院一库""统一、互联"为原则，以覆盖全院的实验室（数据库）和服务于全院的调查平台为基本架构，在全院范围内：规范数据标准；梳理信息、数值、文献、音视频等数据资源；整合科研成果数据资源；整合全院乃至全国哲学社会科学期刊数字资源；搭建哲学社会科学调查平台；构建哲学社会科学诸学科发展综述数据库；构建哲学社会科学学科主题词库；促进全国哲学社会科学界的数据资源共享；建立覆盖全院主要研究所的实验室（数据库）；整合全院国情调研数据资源；逐步积累一定数量的学术音视频资源。争取在5年内，将"中心"建设成为我院创新科研手段和科研方法的重要抓手，成为中国一流、世界知名的综合性数据调查、汇集、分析和信息发布中心，成为支持全面性、综合性、前瞻性、战略性研究的数据信息创新基地，成为国内领先、国际知名、具有权威性的资信评估机构。

3. 创新传播方式

加强哲学社会科学专业性特色的名报、名刊、名网、名社、名馆、名库、名坛建设。首先集中力量对网、报、刊、库、坛，即中国社会科学网、《中国社会科学报》、中国哲学社会科学期刊群、中国哲学社会科学数据库、中国社会科学论坛，实行改革创新，真正让它们发展起来，增强中国哲学社会科学的传播力、影响力和穿透力。努力把"中国社会科学网"建成高水平理论宣传平台、权威性科研学术平台和综合性中国社会科学门户网站；积极创造条件，尽早开办"中国社会科学网"外文版。改革完善《中国社会科学报》办报工作机制，进一步提高学术影响力和社会影响力。建设"走出去"战略科研成果传播平台，实施外文学术出版物和外文学术期刊资助计划，集中反映我院和我国哲学社会科学研究优秀成果，不断扩大中国学术的国际影响力。加强管理，提高质量，办好中国社会科学院学术期刊群，打造国际知名、国内一流的学术期刊。加强已完成改制的出版社、报社建设，建设理论学术特色的哲学社会科学专业出版社，适时组建出版集团，建设国家级的哲学社会科学专业图书馆和数字图书馆。以打造我国综合性人文社会科学论坛和国际知名的品牌学术论坛为目标，举办"中国社会科学论坛"，围绕我国经济社会发展中的重大理论和现实问题及国际热点焦点问题，组织国内外学界、政界、商界以及其他界别的专家进行深度交流和对话；每一年或两年举办一次有重大影响力的国际性学术论坛，提升"中国社会科学论坛"的层次和影响力。

4. 创新人才培养使用方式

落实我院《中长期人才发展规划纲要（2011—2020）》和《人才强院战略方案》，实施马克思主义理论人才造就计划、学部委员推展计划、高端人才延揽计划、领军人才扶持计划、长城学者资助计划、青年英才提升计划、博士后培养计划和管理人才培养计划。下大力气培养造就一批具有理论创新能力的马克思主义理论家和骨干人才；大力推介我院作出突出贡献的学部委员；公开招聘引进一批在相关领域取得业绩、能够为国家战略需求出计献策的专家学者；重点支持理论功底扎实、能够敏锐把握学科发展方向的学术领军人才；稳定支持有学术造诣、自主开展创新研究取得高水平科研成果的基础研究人才；大力培育40岁以下、有较大科研发展后劲的青年科研人员；下力气培育德才兼备、具有先进管理理念和较强组织协调能力的党务行政和政策研究管理人才。加强所局级领导班子建设，加大干部交流力度。改进和加强全院干部教育培训工作。加强管理，提高教学质量，办好研究生院，不断提高研究生培养质量和水平。充分发挥博士后流动站聚集人才、培养人才、使用人才和选拔人才的功能。

5. 创新思想理论学术观点

实施创新工程，归根到底是要出成果，出精品成果。我院的成果，主要体现于思想理论和学术观点，体现于通过创新思想理论学术观点，为党服务，为国家服务，为人民服务。思想理论学术观点创新既是社会发展的强大动力，又是社会进步的重要标志。任何一种新事业的推进，都离不开一定的理论创新为其呐喊、导航、支撑，这是社会文明进步的一条重要规律。实施创新工程，就是要通过创新科研组织方式、学科体系、科研方法、传播方式和人才培养使用方式，不断推出不拘泥于书本、不拘泥于经验、不拘泥于已有认识的创新思想理论学术观点，为回答重大的理论和现实问题，为解决深层次的矛盾，为推进马克思主义中国化的理论创新，为实现中华民族的伟大复兴，贡献力量。

6. 创新学科体系

制定并实施我院《学科调整与建设方案》，遵循哲学社会科学学科发展规律，完善学科建设机制，优化学科结构，形成具有我院特点、结构合理、优势突出、适应国家需要的学科布局。着力促进哲学社会科学与自然科学的相互渗透，促进哲学社会科学不同学科之间的相互渗透，重点建设一批能够增强原创能力、推动理论发展的基础学科，一批有较强对策研究能力、对经济社会发展有重大影响的应用学科，一批立足学术前沿、注重前瞻研究的新兴学科和交叉学科。全院各研究所 300

余个学科要在深入调查研究基础上，撰写完成本学科国际国内前沿发展报告。

第五，精心领导，强化管理。

今年是实施创新工程的开局之年。能不能抓好创新工程，关键在领导，成功在管理。一定要加强领导，强化管理，全力以赴，开好局，起好步。要加强研究所党委领导，充分发挥研究所所长、研究室主任的科研创新组织管理作用。三大强院战略是我院建设历程中总结出来的强院兴院三大法宝，也是我院多年积累下来的成功的基本工作经验，在强院兴院建设中发挥了极大的作用。抓好创新工程，就要始终坚持实施三大强院战略，以管理强院带动科研强院和人才强院，用三大强院战略的具体举措推进创新工程。党的建设和优良学风、作风建设是我院繁荣发展的政治保证，是抓好哲学社会科学创新研究的生命线，在创新工程实施过程中一定要牢牢地抓住、抓好《研究所党委工作条例》和《研究所所长工作条例》深入贯彻落实，以党的建设和学风、作风建设促进创新工程。

同志们：

实施创新工程，需要凝聚全院同志的智慧和力量，依靠全院上下的共同努力。现在摆在我院面前有两种选择，一种选择是按原有的套路继续走下去，会出一些成果、出一些人才，这样做，出不了大问题，大家比较轻松，但很难达到中央"三大定位"要求，很难实现哲学社会科学的大繁荣、大发展。再一种选择就是改革创新，全面实现创新工程，推进哲学社会科学大发展、大繁荣，多出精品，多出人才，努力达到中央"三大定位"要求，但这样做，大家要多出力，也有一定风险。党组认为，应当选择改革创新之路，以争取有更大的发展，作出更大的贡献。

统一思想、鼓足干劲，
全面推进创新工程

——在 2012 年所局级主要领导干部创新工程
工作交流会开幕式上的讲话
（2012 年 7 月 25 日）

同志们：

根据大会安排，我代表党组讲几点意见。

一　会议的指导思想和开法

这次创新工程工作交流会是在党的十八大召开前夕，我院
创新工程初战告捷，开局良好，取得了阶段性成果的形势下召
开的。这次会议，是一次肯定成绩，总结经验，交流做法，提
高认识，鼓舞士气，以利再战，全面推进创新工程的会议。

这次会议的指导思想是：以党的十七大和十七届六中全会
精神为指导，认真贯彻中央精神，坚决落实党组决策，全面总
结，深入交流，推广好经验、好做法、好举措，研究解决发展
中的问题，统一思想，鼓足干劲，把创新工程推向一个新的
阶段。

本次会议的开会方式与往年有所不同。会议将改变那种"部署—讨论—总结"的开会方式为"动员—交流—部署"的开会方式，重在总结经验，充分交流，目的是深度发动，达成高度共识，全面推进。会议动员后，安排两次大会交流，请18家创新试点单位介绍试点经验和成功做法；请一些单位在小组会上分别介绍情况；安排两次分组讨论，结合试点单位的做法，交流推进创新工程的思路、举措和经验。本次会议改变通常以学科片划分讨论小组的形式，每个小组安排1个新组建的研究院、2个首批试点单位，4—5个2012年进入试点的单位和3—4个拟于2013年进入试点的单位。这样分组，是为了实现不同类别单位之间的互补，使大家能够面对面交流，在院领导与所领导之间，研究所代表与职能部门、直属单位代表之间，先后进入创新试点单位的代表之间形成真正的互动，以求交流经验，相互启发。这次会议一定要进行深入、充分的研究讨论，其目的在于吃透中央和党组关于创新工程战略部署的精神，总结好、推广好成功的经验和做法，进一步发现问题，提出问题，解决问题。在充分总结经验的基础上，解决顶层设计的根本认识问题，解决实际操作过程中的具体认识问题。

参会的同志是研究单位、职能部门、直属单位等各方面的负责同志，多数人处在科研工作一线，更加了解实际情况。大家站在各种不同的岗位，可以从不同角度看问题、想问题，提出新的思路和举措。要最大限度地发挥和集中各方的聪明才智，在集中正确意见的基础上，进一步统一认识，统一政策，统一谋划，统一指挥，统一行动。同志们既要看到实施创新工程的光明前景，充满必胜的信心，也要把困难和问题想得全面一点，通过充分研讨，达到提高认识、统一思想、全面推进的目的。

这次会议安排以总结交流和研究讨论为主，要求大家发言紧扣创新工程主题，不求面面俱到，但要突出特色和重点。小组讨论时，要求大家踊跃发言，各抒己见，但不要泛泛而谈，发言要围绕主题，要有针对性。毛泽东同志诗曰："牢骚太盛防肠断，风物长宜放眼量。"大家要以全局的眼光，宽广的胸怀，看主流，看大局，看方向；多讲正面的话和光明的话，多讲建设性意见、积极性建议，不发牢骚，不说怪话，不讲泄气话；要讲实话，不要讲虚话，要正视问题，不要回避问题，要多出好主意，不要云山雾罩、离题万里。要围绕科研管理、人事管理、经费资源管理的体制机制创新，交流推进创新工程的思路和措施，探讨推动发展的有效方法，为更好地完成创新任务，推进我院工作再上新台阶贡献智慧。

二　开好会议着重注意的几个环节

第一，充分肯定主流，肯定成绩。

一年多来，在中央的指导和有关部门的支持下，在党组的正确领导下，我院按照党的十七届六中全会关于实施哲学社会科学创新工程、繁荣发展哲学社会科学的战略部署，精心设计，深度发动，积极开展试点工作，大力推进体制机制制度创新，推出了一批阶段性创新成果，创新工程取得了比较明显的成效。可以说，创新工程从起步阶段就走上了科学化、制度化、有序化的轨道。试点工作得到了中央领导同志的充分肯定。李长春同志和刘云山、刘延东同志分别对我院创新工程工作作出重要批示，肯定了我院实施创新工程的思路和已经取得的成果，对我院下一步工作的方向、目标和重点作出明确指示，向我院提出了新的任务和更高的要求。

总结一年来的试点工作，首先要分清主流和支流。认识事物要看主流，这是马克思主义辩证观察问题的一个基本原则。凡事都分主流与支流、积极与消极、成绩与缺点、光明与困难两个方面。马克思主义辩证法是两点论，同时又是重点论。以马克思主义辩证方法看事物，要看到两个方面，但两个方面中，必有主要的、重点的方面，不是等量齐观的，要看到主要的方面。对待有着光明前途的新生事物，必须首先要看到其主流的、积极的一面。毛泽东同志在战争年代曾讲过，要分清是非，首先要分清延安和西安，延安是主流的。只有坚持马克思主义观察问题分析问题的基本点和出发点，才能有正确的态度、正确的思路和措施。解决问题的正确方法，来源于观察问题的正确态度。

我们正在实施的创新工程是件大好事，是大有前途的新生事物。肯定主流，就是要充分肯定创新工程已经取得的成绩，对于我们所做的工作，应该一是一，二是二，丁是丁，卯是卯，所取得的成功进展要肯定，要摆上桌面，没必要羞羞答答。当然，摆成绩也不能评价过头，要实事求是。肯定成绩就是肯定我们自己，肯定成绩就是总结经验，肯定成绩就是统一思想，提高认识，肯定成绩就是总结出好经验、好做法、好思路。把成绩摆出来，把经验总结好，就能够增强信心，鼓舞斗志，激励全院在新的起点上向更高目标迈进。

第二，认真总结好经验、好做法。

1965 年 7 月 26 日，毛泽东同志与程思远先生谈话时说过："我是靠总结经验吃饭的。以前我们人民解放军打仗，在每个战役后，总来一次总结，吸取过去正反两方面的经验。发扬优点，克服缺点，然后轻装上阵，继续前进，从一个胜利走向另一个胜利，终于建立了中华人民共和国。"善于总结经验，是我们党的优良传统，是党和国家事业发展的一大法宝。召开这次会议，就是要回顾一年来的试点工作，总结交流经验，将创新工程推向一个新阶段。我们深知，创新工程是全新的事物，没有什么现成的经验可以遵循，没有什么现成的模式可以照搬。在党和国家正积极推进理论创新、制度创新、科技创新等各方面创新的形势下，作为中国哲学社会科学的"国家队"和"排头兵"，我院必须在实践中探索出一条哲学社会科学的创新之路，必须在积极稳妥地开展创新工程试点的基础上不断总结经验，必须在统一思想的基础上谋求更多共识。在艰辛探索过程中，党组带领全院，紧紧抓住制度创新这个关键环节，在创新工程试点过程中，重点推进科研管理、人事管理和经费资源管理等体制机制制度改革，把创新融入我院建设和发展的全过程，贯穿于科研、管理等各领域，体现在科研成果产出和人才培养等各方面。特别是积极探索了建立绩效激励、竞争退出体制机制，提出了经费使用要"开前门堵后门"，形成了发放智力报偿和严格报销制度相结合的经费管理新路子，成立了四家战略研究院，建立了社科报、社科网、实验室、数据库这些新的阵地平台等。事实证明，实施创新工程以来，我们在科研管理、人事管理、经费资源管理等方面所推出的一系列制度和措施是可行的，得到全院同志的拥护和支持。从院到所的各个层面，各家试点单位，都摸索出了一些好的做法，积累了一些好的经验。这就要求我们用创新的精神，不断在实践中摸索前进，在前进中总结经验，把成熟的、管用的经验总结提炼出来，用以指导新的实践。

第三，科学探索解决问题的思路。

取得的成绩和摸索出的经验、做法是主要的，但也存在一些发展中的问题和尚待推进的方面。对于试点过程中遇到的困难和问题，要认真分析原因，找出解决的办法。从原因上分析，一方面实施创新工程是一个不断实践、认识、再实践、再认识的过程，是不断地解决矛盾和问题，又产生新的矛盾和问题，再解决再推进的过程，走一步，发展一步，再走一步，又会发现新问题解决新问题，从而不断向前推进；另一方面由于开展创新工程是全新的探索，出台的制度办法难免有不周全、不缜密的地方，尚需继续调整、补充、完善；再一方面则是在具体操作中，有些同志还没有准确把握中央关于实施哲学社会科学创新工程战略部署的精神，没有深刻领会党组关于实施创新工程重大决策的意图，没有认真研读吃透创新工程一系列文件的精神；还有一方面，有些同志还存在态度不认真，工作不负责，措施不合规，执行不得力，管理不细致，落实不到位的情况。从性质上看，有的问题属于个性问题，具有特殊性，这就需要试点单位开动脑筋，把创新工程的相关精神和政策与本单位实际相结合，因地制宜地解决具体问题。有的问题属于共性问题，具有普遍性，这就需要从全局的角度，从顶层设计上寻求解决之策。解决问题的关节点，一是认真负责，二是开拓创新。既要在顶层设计、整体战略谋划层面创新，也要在具体的执行操作层面创新。推进创新工程，要积极，也要稳妥。从积极的意义上说，在法律和制度允许的范围内，认准了的事情就要大胆地试，大胆地闯，这是创新的要义。从稳妥的意义上说，要对探索过程中不合适的地方，逐步地、不间断地加以纠正改进，以促进创新工程的可持续发展。

三　几点要求

为了开好这次会议，我代表党组提出四点要求。

第一，集中精力，认真开会。

党组安排同志们集中几天的时间到北戴河，专题研究创新工程工作，这是很不容易的。希望大家安下心来，心无旁骛、专心致志地总结经验，交流做法，分析问题，千万不要错过这次互相交流、共同推进的机会。同志们要联系当前创新工程实际，抓住关系创新工程的重点、难点问题和干部群众普遍关心的问题，积极研讨，通过学习经验研讨问题，进一步提高抓好创新工程的理论自信和行动自觉。会议期间，党组成员将分别参加各小组的讨论，认真听取大家的意见和建议。

第二，研读文件，吃透精神。

这次交流会要求大家自带院里已经下发的一些文件，包括中央领导同志在我院关于创新工程进展情况的报告上的批示，陈奎元同志和党组关于创新工程的指示精神，2011 年哲学社会科学创新工程专题工作会议和 2012 年度工作会议上的主题报告，以及我院创新工程文件汇编（一）、（二），还有这次会议上下发的创新工程科研管理、人事管理和经费管理方面近期出台的有关办法等。提出这个要求，是让同志们再次认认真真学习创新工程文件，确确实实吃透文件精神，深深刻刻领会和把握中央和党组关于实施创新工程战略部署的意图，从而提高认识，增强自觉性。

第三，认真学习好经验、好做法。

"他山之石，可以攻玉。"在创新工程试点中，我们取得了一些成功经验和行之有效的做法，这是值得全院分享的宝贵财富，要坚持下去并发扬光大。这些经验和做法对于所有单位，特别是对于未进入创新工程或正在申报进入创新工程的单位，更具借鉴意义。每个单位都要不断吸收其他单位的好经验、好做法，丰富自己，使创新工程越办越好，越办越符合繁荣发展哲学社会科学的需要，符合实现中央对我院"三大定位"要求的需要。

第四，开动脑筋，开好处方。

马克思在《关于费尔巴哈的提纲》中指出："哲学家们只是用不同的方式解释世界，而问题在于改变世界。"创新工程正式启动实施之前，为统一在座各位同志和全院干部群众的思想认识，在去年的院工作会议和暑期专题工作会议以及其他多次会议上，党组就创新工程的重要性、必要性和紧迫性反复作了阐述。到今天为止，我院开展创新工程试点工作已经一年多，从总体上讲，全院上下对于实施创新工程的重要性、紧迫性和必要性已有比较充分的认识。当然，还需要进一步加强认识。目前，当务之急和重中之重是把创新工程的各项任务分解细化，落到实处。如果说在过去的一年中我们初步解决了"为什么搞创新工程"和"什么是创新工程"的问题，那么，本次会议和会议结束后要重点解决"怎样实施创新工程"和"推出什么样的创新工程成果"的问题。播种和培育是必经阶段，但关键还要看我们能够有什么样的收获。搞试验田是必要的，但关键在于更大面积的推广。希望大家既要立足本单位实际，依据政策处理问题，又要学会换位思考，站在创新工程全局和全院工作大局思考问题，提出好建议。党组希望通过这次会议，总结交流一年来创新工程试点的经验和做法，分析试点过程中存在的问题，探索继续推进的思路，从而把思想统一到中央关于创新工程的一系列指示精神上来，把认识提高到党组关于创新工程的一系列决策部署上来，在坚持既有目标的前提下，进一步明确新思路、开辟新路径、拿出新举措，扎实推进创新工程的实施，向党和国家交出一份满意的答卷，以优异成绩迎接党的十八大胜利召开。

同志们：

指导思想有了，目标有了，思路、方案和办法有了，决心有了，试点经验也有了，现在应该是大家放手大干实干的时候了，也就是说，要充分发挥全院同志的积极性、主动性和创造性，推出更多创新成果，真正实现创新工程的目标。希望大家通过深入的学习讨论，认真的切磋争鸣，把这次会议开成一次统一思想、提高认识的大会，开成一次认真总结经验，深入交流研讨的大会，以取得更广泛的共识，大幅度地提高推进创新工程的自觉性和积极性，大幅度提高全院各级领导干部组织领导创新工程的能力和水平。

要在思想发动、
改革创新上下功夫

——在 2012 年所局级主要领导干部创新工程
工作交流会闭幕式上的讲话
（2012 年 7 月 27 日，根据录音整理）

同志们：

我代表党组作会议总结和工作部署，讲五个问题。

一　会议的成效

为期 3 天的创新工程工作交流会即将结束。3 天来，大家分别听取了李扬、李秋芳同志就有关问题所做的报告，18 个试点单位关于创新工程的经验介绍，科研局、人事局、财计局、社会科学文献出版社的负责同志分别就创新工程中的科研、人事、财务、期刊统一印制发行等方面的制度改革所作的说明。围绕创新工程的成绩、经验和做法，科研、人事、财务、期刊等方面的改革创新，以及创新工程下一步的任务和重点，大家进行了两次分组交流讨论。分组交流讨论主要有两部分内容，一是相关单位的代表对本单位创新工程的进展情况作了介绍；

二是对创新工程实施一年来所取得的成绩作了全面估价，对存在的问题和需要改进的地方作了认真细致的分析，提出了许多很好的意见和建议。刚才，4个小组的代表分别汇报了本小组讨论的情况。从党组成员参加分组讨论的感受、大会小组交流发言以及会议简报反映的情况来看，这次工作交流会开得圆满成功，达到了会议的预期目的。会议主要取得了四个方面的收获。

第一，进一步提高了对创新工程重要性、必要性、紧迫性的认识。

这次会议主要是在肯定成绩的基础上，总结交流经验。实际上，这次会议也是一次动员会，一次鼓劲会，一次再统一思想、再提高认识的会。通过这次会议，特别是听了18个试点单位的经验介绍和小组会广泛的经验交流，大家深切地感受到，现在对创新工程的认识越发深刻了，创新工程的绩效越发明显，气氛越发浓厚，面貌焕然一新。

第二，进一步增强了搞好创新工程的决心和信心。

今年会议和去年会议相比，同志们对实施创新工程的信心增强了，决心加大了，士气更加鼓起来了。在开幕式动员讲话中，我引用了毛泽东同志的诗句"牢骚太盛防肠断，风物长宜放眼量"。发点小牢骚难以避免，但不能"太盛"，最要紧的是应当做到"风物长宜放眼量"，就是要有博大的胸怀、宽阔的视野、全局的思维、战略的眼光和实干的精神。毛泽东同志是善于以战略眼光、全局胸怀观察和处理问题的光辉典范。他在和尼克松进行历史性会晤时，挥洒自如地驾驭着整个会谈。毛泽东讲宏观，讲《离骚》，讲小球推动大球。在尼克松谈到许多具体的国际问题时，毛泽东同志说："这些问题不是在我这里谈的问题。这些问题应该同周总理去谈。我谈哲学问题。"毛泽东同志指导中国革命战争,不计较一城一池得失,摆脱一切坛坛罐罐的束缚,始终围绕重大战略目标运筹帷幄。毛泽东同志指导刘邓大军千里挺进大别山,向敌人的心脏地区插进一刀,是具有重大战略意义的一步高棋。邓小平同志说:"我们好似一根扁担,挑着陕北和山东两个战场。我们要责无旁贷地打出去,把陕北和山东的敌人拖出来。我们打出去挑的担子愈重,对全局愈有利。"根据毛泽东同志的战略部署,刘邓大军为了实现主要战略目的,扔掉许多重型武器装备,轻装前进,经过 20 多天的艰苦跋涉和激烈战斗,不与小股敌人纠缠,不争一时一事的小胜,以锐不可当之势,战胜数十万敌人的围追堵截,胜利到达大别山区。尔后,与陈(毅)粟(裕)兵团,陈(赓)谢(富治)兵团,构成品字形格局,协同作战,共同创建新的中原解放区,实现了毛泽东同志的战略意图。

作为老一辈无产阶级革命家、中国改革开放的总设计师,邓小平同志始终具有强烈的大局意识、全局观念,他从来都是从大局着眼看问题,大局意识、全局观念贯穿于他的全部思想以至于工作部署之中,想问题,办事情,无不以大局为重,以全局为先,真可谓高瞻远瞩,运筹帷幄,给我们以强烈的感染。比如,解决香港问题,他提出"一国两制""港人治港""高度自治""马照跑,舞照跳,股照炒""50 年不变"。他说:"你光讲长期香港人还是不放心,什么叫长期,一年也是长期,两年也是长期,五年也是长期,20 年也是长期,我们干脆定它半个世纪、50 年吧,这样香港人就放心。"他讲党的基本路线 100 年不能变。在 20 世纪 80年代提出中国现代化建设分"三步走"战略,第三步是 21 世纪中叶即 2050 年,人均国民生产总值达到中等发达国家水平,人民生活比较富裕，基本实现现代化。实践证明，"三步走"战略正按照邓小平同志的全局设想逐步得到实现。

之所以讲这些，就是希望同志们能从大局、从全局、从战略上、从根本的方向上看问题，看创新工程，少在细节上纠缠。细节问题、不如意的地方肯定存在，但这些都是创新工程发展过程中的"坛坛罐罐"。如果大家的兴趣和注意力都放在这里，就会忽略根本性、战略性的问题。同志们提出的细节问题、具体要求，能解决的尽快解决，一时不能解决的要放在宏观推进过程中来解决，等创新工程的大局问题解决了，有些问题自然会迎刃而解。当然，我们工作也要做细，不能粗。

第三，进一步明确了创新工程的总体思路和原则要求。

十七大和十七届六中全会决定、"十二五"发展规划、中央领导重要批示，都明确了创新工程的指导思想和基本原则。创新工程的总体思路，体现在党组关于创新工程的实施意见和工作报告中。通过这次会议，大家对创新工程的指导思想、总体思路和原则要求有了更深刻、更明确的认识。通过经验交流，大家可以看出，不少研究所的创新工程搞得有声有色。但是在开始阶段，有的试点单位的书记、所长希望全所人员都进创新工程，认为一部分进创新岗位、一部分不进不好办，会闹矛盾。通过试点，大家的认识转变了。认为规定退出机制的额度比例，对于推进创新工程建立竞争和退出机制是完全必要的。只要院属单位坚决执行党组的决定，公开竞聘，严格条件，创新工程不会造成不平衡，不会带来不可解决的矛盾，反而会加大动力，有助于竞争，有助于调动积极性。

第四，进一步确立了创新工程的努力方向和奋斗目标。

党组制定的《中国社会科学院哲学社会科学创新工程实施

意见》，对创新工程的指导思想、基本目标、主要任务、重点
举措、制度改革、原则要求、实施步骤等作了明确规定。说到
底，创新工程的目的，就是要实现科研、人事、资源配置等方
面管理体制机制的创新，多出精品成果，多出拔尖人才，以构
建哲学社会科学创新体系，更好地实现中央"三大定位"要
求。通过这次会议，同志们更加明确了党组的决策精神，方向
更明确了，目标更清晰了，干劲更足了。

二　创新工程的进展

2011 年以来，我院按照"先行试点、突出重点，点面结
合、稳妥推进"的原则，有计划、有步骤地实施创新工程。截
至目前，我院已有 29 家创新工程试点单位，其中，2011 年首
批进入 12 家（首批试点单位语言与言语重点实验室和马克思
主义哲学学科方案已分别并入 2012 年语言所和哲学所 2 家创新
工程扩大试点方案），2012 年第一批进入 10 家，第二批进入 7
家（含文学所扩大试点 1 家）。另外，已收到 42 家单位的 2013
年创新工程申报方案。2012 年，全院共设置 1046 个创新岗位，
2013 年拟设置 1944 个创新岗位。正在实施的创新项目共计 220
项（不含专项申报），2013 年拟申报项目为 447 项（不含专项
申报）。估计到 2014 年，绝大多数单位都能进入创新工程。整
体而言，我院创新工程稳步推进、运转顺利，总体感觉比较理
想。一年来，党组主要抓了 8 件事。

第一，狠抓了思想发动工作。

思想对头，思路才能对头；思路对头，方案才能对头；方
案对头，措施才能对头；措施对头，行动才能对头；行动对

头，才会有成效。进行思想发动，是创新工程的必须要做、反复要做的第一位的工作。我们党有一个光荣传统，就是每次重大行动前都要进行思想发动。7月23—24日举行的省部级主要领导干部专题研讨班，实质上就是为召开党的十八大对主要领导干部做的一次思想动员。我院要切实贯彻落实胡锦涛总书记在这次专题研讨班开班式的重要讲话，院属单位主要领导干部要带头学习、带头发表理论文章，发出我院的声音，组织好学习宣传工作，迎接党的十八大召开。在革命战争年代，人民解放军每次战役前，从上级指挥机关，到军、师、团、营、连，直到班，都要进行战前动员。我院创新工程一共进行了三次比较大的思想发动工作。第一次是2011年3月的院工作会议，围绕创新工程实施思路和启动意见展开，主要明确了实施创新工程的重要性、必要性和紧迫性，创新工程的指导思想、目标原则、主要任务、保障制度、实施步骤和组织领导。第二次是去年暑期专题会议，党组部署全面启动创新工程，全院各单位认真组织学习创新工程实施意见、管理办法和实施细则，在"为什么搞创新工程""什么是创新工程""怎样搞创新工程"三个基本问题上提高了认识，统一了思想。第三次是今年五六月举办的所局级干部读书班，在学习理论的基础上，主要就创新工程实施以来产生的各种问题进行广泛讨论，听取各创新试点单位对改进创新工程各种配套制度措施的意见，鼓励大家用哲学思维积极思考和探索更好更快地推进创新工程的方式方法问题，全院上下取得了进一步的共识。我们一定要充分估计到创新工程的艰巨性、复杂性，始终把动员群众、发动群众、调动群众积极性，放在重要位置，作为关键环节。

　　第二，完成了实施方案的顶层设计。

　　根据中央精神，党组从整体、长远和战略高度出发，缜密考虑，确定制度，制定措施，搞好顶层设计，制定了创新工程实施意见，提出整体构想、总体目标和阶段性任务，以及具体的目标、原则、政策、步骤、办法。去年年底，李长春、刘云山、刘延东同志分别对我院创新工程试点工作给予充分肯定，做出批示，认为方案设计科学、合理、周密，制度考虑细致、科学，推进稳妥、积极、有成效。

　　第三，出台了整体配套的制度办法。

　　党组直接领导创新工程工作，研究决定创新工程的重大事项和重大问题。在深入调研基础上，用半年多的时间，密集出台了一系列管理制度、办法及实施细则，并根据实际推进情况，不断修订和完善制度规则。目前，已经出台47项制度，两次汇编成册，印发给了大家。即将印发的还有10项，正在调研当中的有10项。为了制定这些规章制度，有时候，每周要开三次院长办公会，讨论修改文件，有些文件反复修改过十多次。事实证明，有了这套制度和办法，才有今天创新工程的稳步推进。当然，这些制度和办法有的还要根据情况加以修改完善。

　　第四，推进了三批试点工作。

　　去年暑期专题会议后，院里决定先让《中国社会科学报》、中国社会科学网、调查与数据信息中心进行创新试点，再加上一批研究所，共有12家单位进入创新工程试点。去年年底，第二批单位进入创新工程试点。目前，已有29家试点单位实施创新项目。各创新试点单位根据签约时确定的任务，按照创新工程实施意见和管理办法要求，结合实际，建立了一套完整的管理流程，制定了相应的监督办法，积极推进创新项目的实施，保证了试点工作有序扎实地进行。

第五，产出了一批科研成果。

一是在发挥马克思主义阵地功能方面。世界社会主义中心组织的重大题材系列政论片《居安思危》在思想舆论界产生积极影响。2011 年，中心编发的内刊《世界社会主义研究动态》出刊 88 期，被中央领导和部委领导批复率和转载率超过 40%。截至 6 月底，2012 年《动态》已出刊 65 期，目前的批复率和转载率超过 20%。作为哲学所马克思主义哲学中国化、时代化和大众化试点任务，《新大众哲学》编写工作已完成一大半，同时出版著作 2 部，发表论文、译文、报告、综述合计二十多篇。

二是在建设中国哲学社会科学学术殿堂、积极推进具有传统优势的人文基础学科创新方面。考古所重点安排了新疆田野考古，在博尔塔拉蒙古自治州温泉县阿敦乔鲁遗址的考古发掘取得重大突破，首次确认距今 3000 年前的新疆青铜器时代早期居址和墓地。在西藏发现了古象雄国都城遗址。民文所参加少数民族口头传承音影图文档案库试点项目的人员，带着保护可能失传的少数民族民间文化的危机感，一批人走进少数民族乡村，买个睡袋，住进老乡柴房，挨着蚊子叮咬，帮着老乡做饭，调动民间艺人的情绪，录制他们的说唱。在 2011 年度，民文所对内蒙古、新疆、西藏、云南等地进行田野调查，共计形成录音 160 多个小时，录像资料近 120 个小时，图片资料800 余幅，文档资料 100 余万字。在 2012 年，进一步加强了对藏族、蒙古族、维吾尔族、哈萨克族、柯尔克孜族、苗族、壮族、彝族、傣族、黎族、瑶族等少数民族的音影图文资料的采集与整理工作，积极进行资料著录标准的研发和电子管理平台的搭建。

三是在建设创新型科研组织、努力向具有可持续创新能力，国内一流、国际知名的研究所转变方面。金融所确定了所内各项资源向科研工作、人才培养和做好金融领域的"思想库智囊团"角色等方面集中的配置原则，尤其以加快青年科研骨干培养为资源配置的基本方向，科研资源和财务资源重点向他们倾斜，已经涌现了在国内具有较高知名度、能够熟练运用外语进行学术交流的青年科研领军人物10人左右。欧洲所在创新工程项目设计过程中，积极推广国外高校、科研机构和国际组织中广泛使用的"头脑风暴法""德尔菲法"等先进方法，提出了整体规划、模块运行的创新工程项目方案，对本所的研究成果进行了有效的整合，形成了《简报》—《参考》—《欧洲研究》由内而外、由点到面、从对策建议到理论前沿，全方位、多层次的传播链。社会学所通过创新工程进一步提高大型学术调查的执行和管理能力。国外著名的学术调查机构如美国芝加哥大学的NORC（全美民意调查中心）和密歇根大学的SRC（调查研究中心）都对此给予积极评价，认为社会学所制作的问卷设计更贴近中国现实，调查管控细致而严格。2012年，法学所中国国家法治指数研究项目组已有5篇研究报告得到国务院主要领导和国务院有关部委领导的批示，对国家政策的制定和完善产生了直接和重要的影响。美国所充分调动中青年研究人员的积极性，半年内各项目组共报送信息专报等要报稿件20多篇，完成论文17篇，专著3部，编写《战略研究简报》2期，完成研究报告15篇。这其中，由45岁以下的科研人员完成的要报类稿件在18篇以上，论文12篇以上，研究报告11篇以上，均占各类成果的绝大多数。其他研究所也按照各自创新工程方案设计，稳步实施创新工程项目，取得了初步成果。

第六，加强了研究传播平台建设。

在创新工程实施进程中，《中国社会科学报》在短短三年内办成具有相当影响的理论学术大报，办出了特色，办出了风格，创造了学术报刊史上的"社科速度"和"社科奇迹"。《中国社会科学报》已经成为许多学者、读者所欢迎的良师益友。其中所付出的努力和心血可想而知。中国社会科学网迅速发展起来，而且还将有更大发展。按照"统一规划、统一标准、统一管理、统一平台"的思路，正在建设全院统一的海量数据库。院加大投入，建设了科技考古、语音实验等一批实验室。少数民族文学信息数据库建设也取得了显著成绩，等等。这些都是新的科研手段、科研方法的重要创新，也是理论学术传播平台的重要建设。

第七，组建了新型的科研机构。

根据奎元同志亲自提议，党组作出决定，组建了财经战略研究院、亚太与全球战略研究院、社会发展战略研究院、信息情报研究院四个新型研究院，凸显我院作为党和国家智库的功能，为在加强重大理论与现实问题战略研究、前瞻研究、建设学术型智库提供了体制和组织保证。

第八，提高了管理水平。

管理强院，是我院兴院强院的一大法宝。抓创新工程，不抓管理不行。在抓创新工程管理的工作中，书记、所长、局长、主任们的管理水平都有很大提高，都在想管理的事情，琢磨管理的环节，落实管理的要求。这充分说明科研强院、人才强院、管理强院三大强院战略日益深入人心。

总的来说，我院创新工程带来了八个方面的积极变化。

一是压力与动力加大了。创新工程最重要的是为全院科研工作和各项工作注入了可持续的内在推动力。动力在一定意义上就是压力。书记和所长感到压力大了，科研人员、工作人员也都深感压力大了、动力足了。

二是认识提高了。会议期间，无论是分组讨论会上，还是会下休息时间，不少同志谈到自己有这样一种切身感受：在院党组正式部署创新工程试点之前，对如何在哲学社会科学领域实施创新工程没有多少思考，即便是有点认识，也只能算作一知半解。在开始试点之后，虽然历经院里多次的思想动员和统一认识，文件也学习了不少，但还不能说掌握了创新工程的精髓。一些试点单位在论证和编制自己的方案时，有"临时抱佛脚"和"赶鸭子上架"的感觉。有人甚至认为，实施创新工程就是搭个架子、找个由头，多争取一些钱，多提高一些待遇。可等到真的进了试点的圈子才发现，创新工程原来不是自己想的那样，目标大而不当不行，任务不具体不行，措施不得力不行，经费使用不合规不行，成果不过关不行，管理不严不行，而且还要全程接受许多制度性规定的约束和相关部门的审核监督。一些单位在编制方案时，尽可能地把申请支持的经费数额往高了抬，可经过有关部门的审核，不实的部分被砍了下去，一些经费还被分类归口管理，到不了自己的手上，拨到自己手上的钱，又不能随意乱花。因此，一些同志难免感到纠结。经过一年多的"磨合""磨炼"，大家深深地体会到，进入创新工程不易，搞好创新工程更难：创新目标要合乎实际，而且要有阶段性；创新任务要具体，要实实在在，能够按时完成；保障措施要有力，要切实可行；经费使用要合理合规，经得起相关部门的检查和审计；成果要称得上精品力作，能够经得起实践和历史的检验。创新工程成功不成功，关键是看我们是不是推出了比过去更多的精品成果，是不是推出了比过去更多的拔尖人才，是不是在发挥思想库和智囊团作用方面有比过去更大的作为。总而言之，大家对创新工程的认识更深刻了，思想更统一了。

三是紧迫感增强了。大家深刻认识到，创新工程不抓，科研工作就不能大发展，社科院就要落后。全院上下必须不断加倍努力，抓住机遇，不能松劲。大家都感到，推进创新工程以来，我院工作节奏明显加快，工作效率明显提高，科研工作明显推进。

四是积极性增加了。创新工程的根本目的是解放和发展科研生产力。解放和发展科研生产力，最重要的是调动科研人员和管理人员的主动性、积极性。大家普遍感到，科研人员和工作人员的积极性上来了。

五是条件改善了。通过创新工程，科研人员和工作人员的基本生活条件和办公条件有大幅度改善，科研设备设施也有大幅度改善。在创新工程资金支持下，言语与语音重点实验室、科技考古实验室、文物保护实验室的设备水平与技术实力得到大幅度提升，总体达到与国际比肩、在国内领先的水平。对《中国社会科学报》、调查与数据信息中心、中国社科网不断加大投入。档案大楼明年年底可望竣工。东坝拆迁工作即将结束。贡院东街项目已经进入艰苦卓绝的"最后一战"。我院在研究生院投入1000万元进行校园绿化，研究生院二期工程党校、职工宿舍、学生二食堂等基建项目，建设资金都已落实，正在努力推进。

六是体制机制转变了。我院现有的变化都与体制机制转变创新有关系。体制机制虽然看不见摸不着，但对科研的推动作用很大，大家一致认为，创新工程实现了体制机制的新转换。

七是管理工作加强了。在实施创新工程的过程中，各试点单位认真贯彻落实党组制定的一系列创新管理制度，继续深入推进科研、人事、财务等领域管理体制机制改革，狠抓各项改革举措落实，全院的管理水平有了显著提高，保障了创新工程的稳步运行和顺利推进。

八是科研成果增多了。这部分内容，我在前面已经谈到了。

成绩是主要的，但还存在一些不如意的地方。办公厅将对本次会议提出的问题进行梳理汇总，由职能部门给予解答，能解决的一并解决，不能解决的将意见反馈给相关单位，在今后工作中相应解决。问题与意见可以分为几类，第一类属于发展中的问题，要在发展和改革中来解决。第二类是马上可以解决的问题，应立即着手解决。第三类属于还不具备解决条件的问题，应积极创造条件逐步解决。当然，大家的意见和建议，由于所处环境、看问题的角度等不同，也不都是一致的，也有不合理的，也可能现在是合理的将来是不合理的，也有从本单位看是合理的但从全局看是不合理的。对这些不合理的意见，要靠逐步提高认识、统一思想来解决。

三　对创新工程的新认识

经过一年多的实践，创新工程不断发展，人们对创新工程的认识也在不断提高。我本人对创新工程的认识，也力求随着创新工程的进展而不断深化。我谈几点看法，请同志们考虑。

第一，创新工程是一次稍纵即逝、非常难得的发展机遇。

近十年来，我院有两次发展机遇。第一次机遇是 2004 年，中央发布《关于繁荣发展哲学社会科学的意见》，2005 年中央政治局常委会听取中国社科院汇报。这次机遇，对我院工作是一次推动。第二次机遇就是这次。中央作出繁荣发展哲学社会科学的重大战略部署，写进"十二五"发展规划，作出重要决定，即六中全会决定，中央领导同志对我院关于创新工程进展情况的报告作出批示，国家发改委、财政部、国家审计署、国家税务总局、中纪委、监察部等部委都对我院给予支持。这次机遇稍纵即逝，机不再来，时不我待。对于个人来讲，这是出成果、出成绩的最好机会；对于全院、各所、各个学部来说，是千金难买的发展机遇。推进创新工程，要树立机遇意识。

第二，创新工程是一场攀登理论学术高峰的艰难爬坡。

马克思说过，在科学上没有平坦的大道，只有不畏劳苦沿着陡峭山路攀登的人，才有希望达到光辉的顶点。这句话，对于我们每一位哲学社会科学工作者来说，是格言，是警句。对我们中国社科院来说，是鞭策，亦是指南。中国社科院要攀登的高峰，是中央"三大定位"的高峰，是马克思主义坚强阵地、哲学社会科学研究的最高殿堂、党和国家重要的思想库和智囊团。我们要为实现中央对我院"三大定位"要求而努力，必须勇攀创新工程的高峰。然而，在攀峰过程中，没有捷径可走，不进则退、不上则下，困难、问题、矛盾会很多，要逐一加以克服，要提倡一种百折不挠的爬坡精神。推进创新工程，要树立爬坡意识。

　　第三，创新工程是一项逐渐完善的新生事物。

　　任何新生事物都有一个发展的过程，任何新生事物一开始都不是完善的，还存在着很多毛病。但任何新生事物都代表正确的发展方向，有着美好的发展前途。对待新生事物，不论存在什么样的问题，首先要肯定主流、肯定方向。毛泽东同志强调两点论，强调重点论。两点就是多方面看问题，然而两点并不是平铺直叙的，而是有主次之分。看创新工程，一定要看主流、主方向，看准了，就要大胆地向前闯。有些不能马上解决的枝节问题，就暂时放下，在推进过程中逐步解决。幻想一夜之间解决新工程的所有问题，是办不到的，也是不可能的。既然是新生事物，就要允许试、允许改、允许逐步完善。推进创新工程，要树立辩证意识。

　　第四，创新工程是一轮解放思想的改革创新。

　　创新工程是理论学术观点的创新，是科研组织、科研手段的创新，是学术人才的创新，是体制机制的创新，而要创新，就要大力解放思想。要有新的想法、新的思路、新的办法、新的措施，才能解决今天新的问题。不能照老套套、老框子办事，不能穿新鞋走老路。当然，对于过去好的做法要继承，不合适的办法要改。不创新，不改革，就不是创新工程。推进创新工程，要树立创新意识。

　　第五，创新工程是一个哲学社会科学的美好春天。

　　经过春天的辛勤耕耘播种，到秋天一定能结下丰硕的果实。经过艰苦的努力，一年一前进，三年一小步，五年一大步，十年一跃进，我坚信经过十年坚持不懈的努力，我院的高素质人才、高质量成果会大大产出，我院的影响力、话语权会大大提高，哲学社会科学的繁荣发展会有大跃进。全院上下都要树立信心，下定决心，鼓足干劲，齐心协力，往前推进。要心往一处想，劲往一处使，群策群力，不出岔子，不闹别扭，不折腾，不懈怠，不动摇，坚定不移地干上十年，创新工程一定会创造哲学社会科学的美好明天。推进创新工程，要树立信心意识。

四　推进创新工程的工作着力点

大家要认真研究创新工程，要采取推进的有力措施。主要在五个方面的工作上下功夫。

第一，在统一思想、提高认识上下功夫。

不断推进创新工程，就存在不断统一思想、不断提高认识的需求。这次会议结束后，各单位要进行一次统一思想、提高认识的再动员。要召集骨干，召开一次轻松活泼而又严肃认真的思想动员会，总结经验，交流做法，在肯定成绩的基础上传达好会议精神。要不厌其烦地、有针对性地做好统一思想工作，把思想统一到中央关于实施哲学社会科学创新工程的决定和指示上来，把认识提高到党组关于实施哲学社会科学创新工程的一系列部署和决定上来。所长特别是党委书记要针对创新工程中出现的思想情况，善于做好思想工作。同志们开传达会、动员会，不能"大姑娘上轿现扎耳朵眼儿"，一定要提前把准备工作做好。书记讲什么，所长讲什么，研究什么问题，解决什么问题，都要提前想清楚，做好准备。要做过细的思想工作。什么叫过细，就是要做到如果某个人还有不明白的地方、还有什么问题要解决，要耐心细致地做思想工作。有个研究院曾经发生过一起干部和科研人员之间的摩擦，党委书记和院长做了大量耐心细致的思想工作，处理得比较妥当，化解了可能引起更大纠纷的矛盾。希望所有的书记和所长都要学会做思想工作，把思想发动工作放在重要位置，不要只见文稿，不见人；只见开会讲话，不见面对面的谈心解惑。

第二，要在体制机制改革上下功夫。

体制机制改革创新是创新工程成功的基本保障。我们的创新主要点，一是体制机制层面创新，二是理论学术观点和人才层面的创新，这两者是相辅相成的。干和不干一个样，干多干少一个样，干好干坏一个样，干的不如看的，看的不如捣乱的，在大锅饭的体制下，一个研究所如果有捣乱的人，这个所就不得安宁。如果不从体制机制上进行彻底改变和转变，创新工程是无法顺利推开的。

我院体制机制创新有三个亮点。第一个亮点是报偿制度，这是创新工程的一个重要的体制机制创新点。科研活动本身是一种劳动付出，是智力劳动的付出，科研经费支出就应该有相当一部分是科研人员智力劳动的成本支出，我们设计成智力报偿、创新报偿。过去是靠报小票等方法来解决这个问题，这就造成虚假报销，"逼良为娼"，有失科研人员尊严，说到底是不尊重、不承认科研人员的智力劳动。当然，另一方面，在传统的科研经费管理体制中还存在平均主义大锅饭的现实。新的报偿制度充分肯定了科研人员的智力劳动，强调了激励多干的、干好的，体现了以人为本的科学发展观的核心内涵。承认智力报偿成本支出，同时又严格了报销制度，开前门堵后门，对反腐倡廉、加强道德建设、严格经费管理也是有意义的。报偿制度的探索得到了中央和有关部门的肯定。报偿制度最重要的是和工作绩效相联系，起到激励作用，激发干劲，这种激发干劲作用又和公开竞聘、严格退出制度很好地结合在一起，是一种制度创新。

　　第二个亮点是退出制度，这是创新工程又一个重要的体制机制创新点。没有退出制度，报偿制度仍然是平均主义大锅饭，报偿制度起不到激励作用。党组下决心，在实施过程中，大部分人进入创新岗，少部分人不进创新岗，即使进入创新岗也是采取三分之一、三分之一循序渐进的办法，先少数人进入创新岗，目的是摸索经验，稳定队伍。为什么要少数人先进创新岗位？好处一是多数没进，整体人员心态好平衡；二是可以从容地制定配套制度和办法，万一失败了，还可以纠正。这就是逐步推进试点。少数人不进创新岗是退出制度的关键。少数人不进创新岗，就要有一个比例的杠杆，也是个标准。当然，在今后的实践中，不进岗的比例杠杆也不是死的，也还可以根据情况调整。但不论怎样调整，必须有退出机制。严格竞聘上岗，严格退出。今年进创新岗，明年如果完不成任务，就要退出；今年没有进创新岗，如果符合条件，通过竞聘，明年也可以进。这就把死水变成活水。这项改革必须注意保持两个稳定，即未进岗人（包括现在全院尚未进岗人员和将来少数不进岗人员）的稳定和离退休老同志的稳定，要保持"两个稳定"。目前，从院领导到所有院职能部门都没进创新工程，研究所也有很多没有进的。进创新岗、调整智力报偿，是采取"添灯油"的办法来解决的。什么是"添灯油"办法呢？就是一步一步地加大进岗人数，一步一步地调整智力报偿。为什么要这么逐步地进行呢？因为制度有个逐步完善配套的过程，党组和各级领导干部也有一个对创新工程的认识过程，以及管理水平不断提高的过程，没进创新岗人员还有一个心态逐步平衡的过程。通过逐步调整智力报偿，没有进岗的人们心态也会慢慢平衡了。为了保持未进岗人的稳定，院里做了大量工作，一是加大出版资助、研究成果后期资助的力度，调动非创新岗位在编人员科研工作的积极性，以激励多出高水平的研究成果，包括专著、学术论文、理论文章、研究报告等；二是吸纳他们参加创新项目，支付一定的劳务费；三是可以用横向课题来调动他们的积极性；四是未进岗不是永久的，有进有退，永远是流动的，对未进岗的人也保持一种吸引、激励的态势。再就要稳定离退休人员队伍。老同志是我院的宝贵财富，他们对社科院、对哲学社会科学事业是有深厚感情的，相信老同志们是支持、拥护和赞同创新工程的。我们要在政策允许范围内，尽最大努力给老同志提供一些方便的条件和照顾。已经采取的措施有：增加离退休人员科研基金，吸收一些老同志参加创新工程，增加班车补贴，加大"长征基金"资助力度，允许创新岗位聘任离退休人员。但创新工程不是解决全员待遇问题，尤其不可能动用工程经费给全院老同志发放补贴。同志们回去后一定要做深入细致的思想工作，保持稳定，不能影响创新工程的大局。党委书记是第一责任人，所长要积极配合，把思想工作做好。

第三个亮点是进人制度，这也是创新工程一个重要的体制机制创新点。进人制度的创新关键点是以引进成熟人才为主，适当引进应届毕业生。什么叫成熟人才？就是已经成长起来的，有一定知名度的，要大胆引进这样的人才，教授、副教授、博士后、国外著名大学博士、访问学者，凡成熟的、可用的人才都可以直接引进。中国社会科学院人才济济，相当一部分是引进人才的结果，在我院发展史上，有两次大规模引进人才，一次是中国科学院哲学社会科学部成立时，把全国许多最有名的哲学社会科学学者调进来，文史哲学科调入人才最多，郭沫若先生亲任历史所所长，范文澜任近代史所所长。哲学所更是群英荟萃，很多都是调进来的。胡乔木组建中国社会科学院时，第二次大量调入人才。大量引进成熟人才，这是成功的经验。当然，当时也引进一批助手和应届毕业生，因为有大家传帮带，助手和毕业生进来后成长也很快，这些人现在都是我院的骨干人才。一定要树立信心，加大引进力度，出台各种措施，把各领域的顶尖人才引进到社科院来。怎样引进创新人才，创新工程采取的第一办法就是提高引进人才的门槛。当然，为了形成队伍建设的梯队，对年轻人也要适当引进，充实新鲜血液。现在我院科研一线上的领军人物很多都是自己培养的"黄埔一期"毕业生，说明引进毕业生也是需要的。当然，直接引进应届毕业生、引进其他人员，由于把关不严，也带来一些问题，我院确实积累了一部分不干事的人。据有的所长告诉我，进了研究所什么也不干、闲了一辈子的大有人在。所以，引进应届毕业生要采取适当慎重的办法，具体措施是，严格进人条件和审批程序。这也是进人创新的一个办法。如果没什么审批程序，一个人说了算、搞"一言堂"，进人就会有大的漏洞。其实，严格程序、规则，对领导干部是一种保护。然而，严格进人制度，门槛再高，制度再严，总会进来少数不合适的，但问题也不大。严格条件和程序，总体上不会沉积那么多不干事的人。已经沉积下来的，通过创新工程来逐步消化解决。希望书记、所长在报偿制度、退出制度、进人制度实施上跟党组一条心，大胆改革，真正实现体制机制的创新。

　　体制机制创新，最重要的是调动人的积极性。我院调动积极性最关键的是调动两个积极性，一是书记、所长的积极性；二是科研人员的积极性。研究所是科研组织的主体，书记、所长的积极性可以归结为解决好所级自主权问题，这一点院创新工程还要加大力度。当然，创新工程也采取了许多积极措施，扩大研究所的自主权、主动权。如，建立党委集体领导下的所长负责制；建立年度经费总额拨付制度，扩大所长经费支配权限；院只管少量院课题，大部分课题由所来管……总之，院里给出条件、规定、办法，具体决策、举措由所里根据各所具体情况来办。"文武之道，一张一弛。"院对所，一方面严格管理、严格规定，制定统一的管理制度、程序、办法，要求所不能破规矩，按制度办；另一方面，又充分放手，让所里自主地、主动地决定事、去干事。总之，我们的目的是最大限度地调动所的积极性，调动科研人员的积极性。

第三，在理论学术观点和人才建设创新上下功夫。

现在科研成果多了，但是水平和质量还有待检验。人进了一些，但是否是人才，还需要在实践中加以检验。必须在理论学术观点和人才建设创新上见成效。

第四，在管理强院上下功夫。

科研强院、人才强院、管理强院是我院兴院强院的三大战略，管理强院是科研强院和人才强院的保证。人才的成长，科研成果的产出，全院的正常运转，都离不开管理。当前，科研强院和人才强院战略的实施应当以管理强院战略为突破口和着力点。与五年前相比，书记、所长对管理强院的认识和体会有很大提高。要把管理强院印在心里，落实在行动上。

五　需要注意的几个问题

为了健康、顺利地推进创新工程，我再强调几个问题，请同志们关注。

第一，一定要注意把握准入条件，严格进入和退出。

我院对单位和个人进创新工程，分别做了严格的规定，提出了严格的准入条件。创新单位的准入条件，一是院重大重点科研课题单项结项率当年内没有达到 90% 的，研究所课题结项率没有达到 90% 的，研究室课题结项率没有达到 90% 的，不能进创新工程，已经进入创新工程的，如果上述结项率没有达到要求，也要退出创新工程；二是要完成学科当年新进展综述及需要本年度完成的三年一次的学科前沿研究报告；三是未出现单位负领导责任的政治违纪及其他违纪问题；四是未被国家审计署认定为存在单位负有责任且被处理的"小金库"问题；五是未发生造成不良社会影响的严重学术不端问题；六是完成以中国特色社会主义理论体系研究中心名义在中央报刊发表理论文章任务等。同时，还规定了个人进入创新岗位的准入条件，一共是六个条件，不符合条件的个人不能进创新岗，待相关条件成熟后再申请进入。明年有很多单位申报进入创新工程，回去后要好好对照检查一下，看看还存在哪些问题，哪些任务还没有完成，哪些条件不具备，抓紧解决，创造条件。要向科研人员、工作人员讲明条件，把准入条件交给群众，坚持标准进入。否则，到明年无法进入创新工程。院里不会放宽条件、网开一面的。什么时候达到条件了，什么时候进创新工程，严格按条件和规定执行，严格管理。要教育申报进创新岗位的人员，要严格按照文件规定来要求自己。

第二，一定要吃透文件精神，坚决按制度办事。

毛泽东同志说，政策和策略是党的生命。我们出台的一系列制度和办法是党组的决定，是集体讨论的结果，是党组经过全面考虑、统筹兼顾才出台的。就拿这次《关于 2012 年创新报偿的调整方案》来说，为出台这个方案，开了三次院长办公会议，还开了若干次讨论会。其他各项制度，也是深度调研、反复推敲制定的。比如，出台创新工程期刊管理办法，是因为期刊编辑人员要进入创新工程，要加大期刊资助力度，要把期刊建设成为名刊。就单拿加大对期刊的经费支持力度来说，必须把期刊的经费使用情况搞清楚，否则资助多少钱合适呢？胸中无数，决心大、力度大，不见得起正效应。这次初步审计了 10 家期刊，发现大有文章。待审计完所有期刊，然后进行综合评估，提出期刊经费管理办法，再推进期刊进创新工程的工作。期刊要按照"统一管理、统一经费、统一印制、统一发行、统一入库"来管理。在经费管理上，要实行严格的预决算制度、收支两条线制度、收益递解返还制度、统一支出标准制度、经费年度审计制度。在期刊管理中，各种费用支出五花八门，不同编辑部差距很大。期刊如何管理，这是创新工程管理的空白点。连期刊经费情况都搞不清楚，怎么搞期刊创新工程，加大多少投入为好？否则，容易出现像笨婆娘和面蒸点心那样，面多了加水，水多了加面，最后蒸出硕大的废物点心一个，没有多大用处。所以，在情况没有摸清前，国家社科基金资助的 40 万元到账后，原来院里资助的 15 万元、20 万元暂时停止拨付。否则，可能会越搞越乱。要利用进入创新工程这个机会，把期刊管理规范起来。期刊要上档次，首先要把人财物问题搞清楚，在此基础上建立科学的管理激励制度。对期刊要分类对待，分别政策管理。管理很好的期刊，院里会加大支持力度。

第三，一定要克服畏难、埋怨情绪，坚定地按党组要求办事。怕困难、怕矛盾、怕得罪人、有畏难情绪，是无所作为的。还有的同志怨天尤人，牢骚太盛，也不利于工作。要采取积极态度努力把工作往前推进。有些意见，院里、职能部门不是一下子就能满足要求的；有些意见即便是合理的，也要有一个统筹兼顾、反复斟酌、多方协调的过程。即使是院里和职能部门的问题，解决起来也要给院里、职能部门一些时间。要从大局、从全局、从长远着眼，坚决按照党组精神积极向前推进。

第四，一定要构建科学的科研评价体系，精心搞好年度考核。

这是今年下半年的重要任务。科研局要尽快拿出综合性的科研评价体系，人事局要拿出年度岗位考核办法。尽快建立对创新单位、创新个人的科学综合评价体系。年底前，必须精心组织好创新工程的年度考评。

第五，一定要保持和谐稳定的改革创新环境，耐心细致地做好多方面工作。

当前，压倒一切的工作是开好党的十八大。为了开好十八大，我院与党中央一定要保持高度一致，全院一定要保持高度稳定和谐。推进创新工程，要注意方方面面的思想动态，调整好各方关系，不要摁下葫芦浮起瓢，拆了东墙补西墙。这次创新报偿调整工作，一定要做好方方面面工作。要做思想工作，要统筹兼顾，把各方面的稳定工作和思想工作做好。

第六，一定要以极其认真负责的态度，精心抓好当前各项工作。

毛泽东同志说过："世界上怕就怕'认真'二字，共产党人就最讲认真。"推进创新工程，领导是关键，责任最重要。这两点加在一起决定了主要领导的责任心是第一位的。有没有责任心，是检验一个领导干部合格与否的重要标志。希望书记、所长、局长、主任们认真负起责任来，认认真真传达会议精神，认认真真阅读文件，认认真真做思想工作，认认真真推进创新工程。回去后，一是要组织传达好会议精神，首先传达到骨干，然后传达到干部群众。一定把会议精神传达好、贯彻好、落实好。二是科研局、人事局提交会议讨论的文件，要根据会议意见修改后，尽快印发各单位。三是领导干部要带头研读文件，不能以其昏昏使人昭昭。要逐字逐句看文件，有疑问和不明白的地方，可以咨询有关部门。四是按照本单位情况，根据院里指示精神，对创新工程工作加以研究，提出举措，努力推进。五是把期刊创新提上议事日程，尽快调研和考虑期刊进创新工程事宜，待期刊经费使用审计完成后，院再进一步出台相关细则，加以推进。六是办公厅尽快把意见建议梳理出来，提交有关部门研究解决。

要把稳舵、开足马力、勇往直前

——在 2013 年所局级主要领导干部党的群众路线
教育实践活动专题研讨会上的总结讲话
（2013 年 8 月 13 日，根据录音整理）

同志们：

经过全体与会同志和相关部门的共同努力，我院党的群众路线教育实践活动专题会议就要圆满结束了。这次会议，是教育实践活动第一阶段的总结会，是教育实践活动下一阶段工作的动员部署会，是实施哲学社会科学创新工程的经验交流会，是践行党的群众路线、改进党组和机关职能部门工作作风的征求意见会，也是谋划我院未来建设和发展的开拓创新会。这次会议，对于我院贯彻落实中央重要文件和习近平总书记一系列重要讲话精神，明确教育实践活动的工作重点、基本要求、方式方法和努力方向，推进教育实践活动深入开展并取得实实在在的成效，对于进一步推进实施哲学社会科学创新工程，对于加强我院党的意识形态阵地建设，具有重要意义。

今天，我们中国社会科学院就像航行在中国特色社会主义事业大海中的一艘航船，航向已定，路径已定，关键在干。能否干好，关键在我院领导干部，取决于我院领导干部有没有信心，有没有决心，有没有干劲。中国社会科学院这艘航船要把稳舵，鼓足帆，加足油，开足马力，乘风破浪，勇往直前，取得更大的成绩，创造新的进展。

我讲四点意见。

一　关于这次会议的评价

这次会议开的简朴而有内容，取得实在的成效。

第一，这是一次主题鲜明、内容丰富的会议。

这次会议的主题是深入学习贯彻习近平总书记一系列重要讲话精神，落实中央关于教育实践活动有关精神，切实搞好教育实践活动。同时，总结交流我院创新工程试点做法和经验，研究经过修订的创新工程规章制度，积极推进创新工程。

在这次会议上，大家结合我院和所在单位工作实际，对习近平总书记一系列重要讲话、中央关于教育实践活动有关文件等学习材料，进行了认真学习。分组召开了征求对院党组意见和建议座谈会，为院党组召开教育实践活动民主生活会做了前期准备。分组召开了征求对院职能部门工作和对研究所工作意见和建议座谈会。

会上，胜轩同志代表党组回顾总结了我院教育实践活动第一阶段的工作，深刻分析了群众提出的党组和所局级主要领导干部存在的问题，对深入推进下一阶段教育实践活动提出明确要求。李扬同志就贯彻落实"进一步规范外事管理工作全国电视电话会议"精神和在教育实践活动中把加强外事管理作为重要整改内容等作了说明。

会议期间，办公厅、法学研究所/国际法研究所、政治学研究所、新闻与传播研究所、欧洲研究所、西亚非洲研究所、亚太与全球战略研究院、当代中国研究所等单位介绍了开展创新工程的做法和经验，在各小组讨论中引起很大共鸣。文学研究所、工业经济研究所、拉丁美洲研究所、社会科学文献出版社、哲学研究所、近代史研究所、中国边疆史地研究中心、民族学与人类学研究所等单位就如何落实会议精神、搞好教育实践活动和进一步实施创新工程等问题作了交流发言。

大家反映，这次会议虽然时间比较短，但是节奏紧凑，内容丰富，研讨深入。同志们认真思考了很多问题，感到很振奋、很充实，更加明确了今后的努力方向。

第二，这是一次统一思想、凝聚共识的会议。

与会同志一致认为，习近平总书记一系列重要讲话思想深邃、论述深刻、语重心长，具有很强的现实性、针对性，是我院深入开展党的群众路线教育实践活动的重要指南。这次在全党深入开展教育实践活动，是中央继续深入推进党要管党、从严治党的重大举措，是推进中国特色社会主义伟大事业的重大部署，充分体现了新一届中央领导集体正视和解决党自身存在问题的政治勇气，充分体现了我们党加强作风建设、密切联系群众的坚定决心。大家认为，中央政治局率先开展教育实践活动，以身作则、率先垂范、直面问题，深入开展批评与自我批评，为全党和各级领导干部树立了榜样，也坚定了我院深入推进教育实践活动的信心和决心。大家表示，一定要结合我院实际，以这次教育实践活动为契机，坚持正确的办院方向，做好各项工作，推动哲学社会科学事业的繁荣发展。

第三，这是一次实事求是、群策群力的会议。

会上，大家对党组给予了很高的评价。党组感谢大家的肯定，深知自己的工作与大家的评价还有很大差距，党组将努力把工作做得更好。会议期间，党组发动与会同志给党组提出了许多好的意见和建议。党组郑重向与会同志，并通过与会同志向全院转达，一定高度重视教育实践活动，做到认真贯彻中央决策部署，带头学习，带头调研，带头听取意见，带头整改落实。希望全院同志帮助党组改进作风，加强思想建设，监督党组抓好教育实践活动，抓好全院工作。

会议期间，党组也专门听取了全院对于职能部门工作的意见和建议：例如，职能部门遇事应多和研究所沟通和协调，积极帮助研究所解决问题，而不是仅仅完成上级交办的任务；职能部门要加大对院党组决策的执行力度，深入实际，推动各项决策的落实；职能部门不要过于文牍化、程序化，要提高效率，注重效果；职能部门要切实减少会议；我院的科研管理，应当有更全面的考虑，贴近研究所的实际；进一步加强对国际合作交流的规划和管理，优化资源配置，加强经费管理，有所为，有所不为；要根据变化的形势，对相关规章制度进行调整，以更好地适应当前我院科研工作；等等。大家提出的意见和建议非常中肯、实事求是，很有针对性。

对于研究所的工作，同志们指出，一些人思想懒惰，研究中怕吃苦，不深入调研，投机取巧，拈轻怕重，板凳怕坐十年冷，本身就是享乐主义的一种表现；要从提高科研管理水平出发，紧紧围绕党和国家工作大局，着重解决学术研究为了谁的问题，不断拿出党、国家和人民需要的高质量的研究成果等。

这些意见和建议虽然是对职能部门和研究所提出来的，但根子还在党组，党组有责任解决好这些问题。

第四，这是一次交流经验、开拓进取的会议。

　　会议期间，大家交流了开展创新工程的经验和做法，这些经验和做法，是一种积极尝试，也是一种实践创新，亮点很多，很有启发，值得借鉴和推广。有的试点单位在做好管理人员进创新岗位的组织工作中，深入动员，统一认识，奠定了坚实的思想基础；周密安排，抓好细节，积极稳妥地推进组织实施；明确目标，注重实效，确保党组中心工作的落实。有的试点单位以科研业绩指标体系为核心，在创新工程机制下不断改进考核制度。有的试点单位高度重视思想工作，加强针对性，找准着力点，增强思想工作的问题意识，围绕创新工程和科研工作这个中心，把稳定队伍，理顺情绪，调动积极性作为工作目标，把思想政治工作融入创新工程之中。有的试点单位把创新工程作为凝聚人心的工程，践行党的群众路线的实践工程，创新办所理念，营造风清气正的科研氛围。有的试点单位统一管理，严格预算审查，保证创新工程经费合规使用。有的试点单位积极探索创新工程人员退出机制，配套完善人员退出后的增补机制、人员退出后的管理机制、人才的引进机制，开辟了一条人员能上能下、能进能出的新路子。有的试点单位以学术、决策、社会、国际四个方面的影响力作为创新岗位考核评价的基本导向，结合本学科的特征制定符合实际的量化指标考核体系，以科研管理平台建设推动创新工程管理规范化。有的试点单位形成了狠抓思想准备、狠抓行动准备、狠抓公开竞聘、狠抓进度推进、狠抓制度建设、狠抓长远建设六个"狠抓"的工作思路，建立毫不放松思想政治建设、毫不放松机关作风建设的两个"毫不放松"的工作标准。

　　第五，这是一次厉行节约、勤俭精简的会议。

　　这次会议坚决贯彻落实中央政治局关于改进工作作风、密切联系群众的"八项规定"精神，认真执行院党组落实"八项规定"的意见，切实改进了会风，精简了会议文件和简报，压缩了会议时间，严格落实了各项节约措施，坚决杜绝浪费现象，节俭办会，会场和房间不放水果和鲜花，会议安排自助餐，不安排聚餐，不上酒水和高档饮料，不发礼品，不发洗漱用品、拖鞋等。对此，大家都很赞成，今后的会议都应照此举办。

二　关于开展党的群众路线教育实践活动

如何抓好教育实践活动，我提几点要求。

第一，认真学习中央关于开展党的群众路线教育实践活动有关文件和习近平同志系列重要讲话精神，提高对开展教育实践活动重要性的认识，提高贯彻党的群众路线的思想自觉和行动自觉。

党组认为，一定要按照中央要求，把学习特别是党委中心组的学习放在首位。要通过学习提高认识，解决好思想自觉和行动自觉问题。搞好我院教育实践活动，关键在主要负责同志的思想自觉和行动自觉。思想自觉和行动自觉首先来自理论认识，思想自觉在前，行动自觉在后，有了思想自觉，才能行动自觉。思想自觉来自对贯彻党的群众路线重大意义的深刻认识。因此，必须首先从理论高度认识开展教育实践活动、贯彻落实党的群众路线的极端重要性。

从理论上看，我们必须吃透、把握五个基本观点。

第一个观点：人民群众创造历史是马克思主义唯物史观的根本观点。

群众路线教育实践活动完全符合马克思主义群众观。马克思主义唯物史观最重要的是三大观点，即生产的观点、阶级的观点和群众的观点。从群众中来、到群众中去，一切依靠群众、一切为了群众，是马克思主义的基本原理。人民群众创造历史是马克思主义唯物史观的根本观点。从理论上看，群众路线问题是马克思主义唯物史观的根本问题。按照马克思主义的说法，唯物史观与唯心史观的根本区别主要有两点：一是推动历史发展的最终原因到底是物质的还是精神的。在中外思想史上，不少人认为历史发展的动力是思想、天命、神，比如黑格尔认为是"理性"，是"理性的狡计"推动了历史发展；费尔巴哈认为是"爱"，是抽象的普遍的"爱"推动了历史的发展。也就是说，他们不是把历史的发展归结于物质和经济的原因，而是归结于观念和思想的原因。二是历史是人民创造的还是少数英雄人物创造的，即是坚持人民史观还是英雄史观。如果认为历史发展的最终原因是物质的、经济的，是由生产力决定的，那么就必然得出人民群众是物质财富和精神财富的真正创造者的结论。如果认为决定历史发展的根本原因是思想和观念，是少数英雄人物的个人品质、个人意志所决定的，那就必然得出少数英雄人物创造历史的结论。唯物史观关于这两个问题回答的基本观点，集中为一点，就是人民是历史的真正创造者。

20 世纪 80 年代，在历史研究领域曾发生了一场很大的争论。有人认为，"人民群众是历史的创造者"或"人民群众是历史的主人"这个命题是不对的，说它不符合马克思主义，并非马克思主义基本原理。马克思、恩格斯说的是"人们自己制造他们的历史"，这里的"人们"泛指所有的人，既包括人民群众，也包括少数英雄人物。因此，"历史是人人的历史，所有人都参与了历史的创造"，不能说只有人民才是创造世界历史的动力，最后的结果是导致二元历史观，也就是说，既是人民创造历史，也是少数英雄人物创造历史。我主持编写的《新大众哲学》对这种错误观点专门进行了分析。马克思主义唯物史观的根本观点就是人民群众创造历史，这是毫无疑义的。

第二个观点：一切从人民的利益出发是共产党人的根本宗旨。

由人民群众是历史的创造者这一唯物史观的根本观点出发，可以得出一个结论，即共产党的根本宗旨是一切从人民的利益出发。共产党人没有本党的利益，没有一党的私利。在抗日战争、解放战争时期，共产党批评国民党是有私利的，共产党是没有本党私利的，共产党追求的只有一个利益，那就是人民群众的根本利益。一切从人民的利益出发，一切为了人民，这是共产党人奉行的根本宗旨。

第三个观点：群众路线是我们党的根本政治路线。

人民群众是历史的创造者的历史观和共产党人的根本宗旨信念，决定了一切依靠人民、一切为了人民的群众路线是我们党的根本政治路线。我们党全部活动是为了人民群众。无论是战争年代还是和平时期，我们党的一切行动必须依靠群众，我们党的一切成就来自群众。如果不依靠人民群众，我们党就不可能生存和发展，就不会有今天。

第四个观点：从群众中来，到群众中去，是我们党的根本认识路线。

由人民群众是历史的真正创造者的历史观，必然得出一切从人民利益出发是我们党的根本宗旨，一切为了人民、一切依靠人民是我们党的根本政治路线的结论，也就决定了正确的认识只能是从群众中来、到群众中去。马克思主义认识论告诉我们，一切认识都是从实践中来的，实践是人们认识的源泉、动力和检验的最终标准。实践的观点是马克思主义认识论的根本观点。人的正确思想是从哪里来的？不是从天上掉下来的，也不是头脑里固有的，而是从实践中来的。实践不是空的，只能是人民群众的实践，所以必须从群众中来，到群众中去。党的群众路线决定了党的认识路线。毛泽东同志曾经说，我们共产党人要先当群众的学生，再当群众的先生。一切真正的智慧来自群众，"群众是真正的英雄，而我们自己则往往是幼稚可笑的，不了解这一点，就不能得到起码的知识"。深入群众，调查研究，一切真知来自实践，来自群众。

第五个观点：密切联系群众，一刻也不能脱离群众，是我们党的根本作风。

党的群众观点和群众路线决定了我们党的根本作风就是密切联系群众。离开这一条，就不是共产党，就不是共产党的学风、作风和文风。古今中外的历史也完全证明了这一点。中国古代有"水能载舟，亦能覆舟"等诸多提醒统治者重视人民群众力量的说法。但是，这些话是站在君为本的立场上和维护封建统治的立场上说的。我们党的根本作风是一刻也不能脱离群众、与群众水乳交融。

从唯物史观的根本观点到党的根本宗旨，从党的根本政治路线到党的根本认识路线，再到党的根本作风，构成中国共产党人完整的马克思主义的群众观。这就是这次党的群众路线教育实践活动的理论根据。如果从理论上把这个问题搞清楚、搞彻底，同志们就一定会提高思想自觉和行动自觉。希望大家多学习马克思主义关于群众观的经典著作。

对这次教育实践活动，把认识提到怎样一个高度都不算高。我们党从战争年代到社会主义建设时期，再到改革开放新时期，始终面临着巨大风险和挑战。不依靠群众，不密切联系群众，我们党就不能成功地抗拒风险，迎接挑战。习近平同志担任党的总书记以来，抓的一件大事，就是这次教育实践活动。这件事抓到根本上了，抓住了党的建设的根本问题。教育实践活动搞得好不好，能不能取得成效，关系到我们党执政基础和执政地位的巩固，也关系到我们国家的社会主义政权会不会改变颜色。如果我们党不解决群众路线问题，不解决密切联系群众的问题，不解决一切为了群众、一切依靠群众问题，不解决从群众中来、到群众中去的问题，不解决向群众学习、甘当群众的学生这些基本问题，我们就会丢掉政权，丧失执政地位。如果教育实践活动真正取得实实在在的效果，将大大推进党的建设，也会使我们党在群众中的威信有极大的改善。就我院的实际来说，这次教育实践活动第一位的任务，就是提高党组成员和所局主要负责同志两个主要层次的领导干部对贯彻落实群众路线、开展群众路线教育实践活动重要性和紧迫性的认识，进一步增强思想自觉和行动自觉。

现在看来，在我院领导干部特别是所局级领导干部中，相当一部分人的头脑中还存在一些误区，影响到对教育实践活动的认识。有的同志认为，中国社科院是一个科研单位、学术单位，不存在严重的形式主义、官僚主义、享乐主义和奢靡之风等问题，或者有也不严重。有的同志说，我当的这个所长本来也算不上什么官，哪来什么官僚主义？我作为单位和部门的领导，本身也没管多少钱，就是贪污也贪不到哪里去，不会有太大问题。因此，对教育实践活动抱着无所谓、不重视的态度。从一定意义上说，这是比较具有普遍性的认识误区。有的同志认为，搞教育实践活动，开会多了，学习多了，影响科研工作，影响写文章，影响外出，影响出国。在全院教育实践活动动员大会后对党组班子进行评议时，有人建议在教育实践活动期间，尽可能减少学习安排，这可能是认为学习影响科研了，影响出国了。有的同志认为，教育实践活动和以往开展过的其他活动一样，只是走过场、走形式，解决不了什么实际问题，对付过去就算了，等等。这些错误认识导致对群众路线教育实践活动持有一种不负责任的态度。总之，如果思想上不重视，行动上不自觉，这次教育实践活动就很难取得实效。

　　这次全院所局主要领导干部群众路线教育专题会议，要首先解决提高认识的问题，即解决思想自觉和行动自觉的问题。对这次群众路线教育实践活动，不仅要从中国社科院的工作全局来认识，更重要的是要从全党工作大局的高度，从巩固党的执政地位的高度，从中国特色社会主义事业发展的高度来认识。因此，要安排一定时间，组织大家原原本本地学习中央文件和习近平总书记系列重要讲话。习近平总书记的重要讲话，看跟不看不一样，学跟不学不一样。只要是认真学习了，就能够知道中央和习近平总书记在想什么，赞成什么反对什么，什么是对的什么是错的。否则，就会稀里糊涂地犯错误。院党组已经安排了两次集中学习和讨论。

　　各单位要把党的群众路线教育实践活动组织好，首先要把领导班子的学习组织好。胜轩同志已经代表党组作了我院群众路线教育实践活动的第一场专题报告。党组要求院属各单位也要举办类似的专题报告会，由各单位"一把手"主讲，这是这次教育实践活动的规定动作，必须认真完成。必须提高认识，防止教育实践活动走过场，不能用会议落实会议，用文件落实文件，不能用官僚主义反对官僚主义，用形式主义反对形式主义。总之，不能用官僚主义、形式主义搞教育实践活动。

第二，找准痛点，查明病因，开对处方，对症下药，根治顽症，治病救人。

开展教育实践活动关键在改，要实实在在地解决在贯彻群众路线方面存在的主要问题。这次教育实践活动，要在深入学习的基础上，找准问题，查明病因，开对处方，对症下药，根治顽症，治病救人，按照中央要求，"照镜子、正衣冠、洗洗澡、治治病"。教育实践活动抓得好不好，最终要看是不是真正治了"病"，要看全院各级领导干部身上的"污泥"洗干净了没有，身上的"病"治好了没有。比如，在教育实践活动之前，你患了"病毒性感冒"，活动结束的时候，不仅感冒没治好，反而转成了"肺炎"，这就麻烦了！这说明教育实践活动没搞好。所以，要找到病根，知道自己哪儿疼，因为什么原因疼，根据病因开出好方子，下好药。即便是顽症，也要想办法治好。能不能把教育实践活动搞好，取决于我们是不是按照中央精神，找准存在的问题，找准"病根""病因"。问题找准了，才能开好"药"，"药"开对了，才可以治好病。

人事教育局和机关党委已经就我院所局级领导班子民主评议情况向党组作了专题汇报。虽然说民主评议中的分数不是绝对的，但是也反映了一些情况。好评率在75％以下的有5家单位，差评率高于10％的有3家单位，好评率在75％以下的有22个人，好评率低于60％的有两个人。党组准备找好评率在75％以下的同志谈话，将群众反映的意见转达给本人，希望加以注意。当然，这些同志也不要有思想负担，自己存在什么问题就改正什么问题。

当然，群众对所局级领导干部还提出了一些尖锐的批评。比如，有的单位公车配司机占用大量办公经费，公车私用，建议领导改一改；建议领导班子决策要公正、民主、透明，在人员使用、资源配置、职称评审、科研经费、外事经费、创新工程等方面要公开、公平、公正，不能任人唯亲；有的领导同志花钱的事从来没有上过会；有的领导同志把研究所作为自家的后花园，只为自己圈内人谋利益；建议领导同志多与群众打交道，了解群众心声，要塌下心来，和科研人员交朋友，不要光想着自己的事，要想着所里的事。在教育实践活动之初，有的群众提出的一条意见对我震动很大，就是有的领导干部热衷于参加各种庆典、论坛、会议，跑来跑去拿出场费。还有，就是有的同志以为自己快退休了，船到码头车到站，何必再费那个劲！

要找准问题，第一个环节就是发动群众，让群众分析一下我院到底存在什么问题，党组的工作存在什么问题，所局领导班子存在什么问题。第二个环节是对提出的问题进行梳理分析，找准"穴位"，找准问题产生的原因。只知道房子漏水，不知道哪儿漏，也不知道为什么漏，你补哪啊？所以，一定要找到漏水的地方，找出漏水的原因。党组怎么找存在的问题？一是发动所局级干部提意见；二是发动广大群众提意见。所局级干部给党组提的意见已经梳理完毕，党组准备在民主生活会上一条一条地对照改正。

这次教育实践活动"治病"的重点有三个，第一个重点是院党组，第二个重点是所局级领导班子特别是主要负责同志，第三个重点是职能部门和直属单位。"治病"的重中之重是党组。党组要带头解决问题，从责任角度看，凡是全院的问题，都是党组的问题，党组的问题，就是党组主要负责同志的问题，至少是负有领导责任的，要带头整改。所局级领导干部也要在自己职责范围内做出这样的承诺。所里存在的问题，就是所领导班子的问题，所领导班子的问题就是主要负责同志的问题。要敢于做这样的担当。

　　就我院来讲，这次教育实践活动要解决的问题是什么呢？一定要明确我院到底解决什么问题，大家要把思想统一起来。自开展教育实践活动以来，大家在学习中找出了不少问题。综合大家的意见，我认为，中央所说的形式主义、官僚主义、享乐主义和奢靡之风，我院都不同程度地存在，只不过表现方式不一样。比如官僚主义、形式主义，在我院主要表现为不深入群众、不深入科研一线、不能很好地为科研服务；调查研究不够、群众不同意见听得少；不把党和国家关注的重大问题作为科研的主攻方向，而是自拉自唱、自娱自乐、自我欣赏；在文风上，脱离实际，下笔千言，离题万里。比如享乐主义和奢靡之风，在我院主要不是表现在高档消费上，不是表现在去高档会所、接受高档消费卡上，而是表现在做学问、做工作时舍不得下苦功夫，拿不出头悬梁锥刺股的刻苦精神去做文章、做工作，不深入实践、深入群众、吃透情况、接触地气，思想懒惰、贪图享乐、贪图舒服、贪图一鸣惊人、追逐个人名利上。

　　形式主义在我们院恐怕是比较大的问题，在科研工作方面，主要表现在学风上，表现为不重视理论联系实际，不把党、国家和人民关注的重大问题作为主攻方向，表现为研究工作不够深入、不够科学严谨，表现为只看重数量而对质量不够重视。科研质量包括两方面含义，一方面是指科研选题是不是党、国家和人民关注的重大问题，是不是哲学社会科学领域的重大问题；一方面是指科研成果的质量如何，论文水平如何。数量和质量的关系，其实就是形式和内容的关系。数量多了，没有内容，质量不够，就是形式主义。以包子为例，包子皮是形式，包子馅是内容。如果过于注重形式，忽视内容，包子皮太厚，没什么馅，咬半天吃不着肉，那就不叫包子，只能叫馒头。当然，只注意内容，不要形式，也不行，就会导致只有馅，没有皮，这样即使馅再多再好，那也不叫包子，而是肉丸子。对于我院而言，在学风、文风、作风上，形式主义的主要表现是不能为党和政府决策服务，为人民的利益服务，为人民鼓与呼，真正拿出经得起实践检验、党和人民满意的高质量高水平成果。

结合我院实际，我们要着重解决三个问题，即"为什么人"的问题，转变作风、学风、文风"三风"的问题，如何实现中央"三大定位"要求的问题。

首先，必须解决好为什么人的问题。为什么人的问题，是马克思主义群众观的根本问题。中国社科院的工作千头万绪，党组和研究所党委首先要抓的就是为什么人的问题，也就是说，要解决中国社科院为什么存在，为什么人做科研工作，为什么人做哲学社会科学工作的问题。这就是刘云山同志所讲的"我是谁、为了谁"的问题？要明确你是中国社科院的科研人员，你是研究所的主要领导干部；要明确你是为了人民而做学问。我曾经讲过，哲学社会科学的绝大多数学科是有政治性和意识形态属性的。即使一些学科没有鲜明的政治性和意识形态属性，也有一个为什么人的问题。要解决为什么人的问题，就有一个坚持以什么样的世界观、价值观和方法论为指导的问题。如果坚持以资产阶级的世界观、价值观和方法论为指导，那么搞科研就是为了个人，就是为了评职称，为了多拿钱，为了光宗耀祖，为了出名得利。如果以马克思主义的世界观、价值观为指导，那么搞科研就是为了中国特色社会主义，为了中华民族伟大复兴，为了发展社会主义文化事业，这样就不会把追逐个人名利放在第一位，而是把拿出让党和人民放心的科研成果放在第一位。所以，不管有没有政治性和意识形态属性，所有从事哲学社会科学研究的同志，都有一个为什么人的问题，为什么人做学问、为什么人服务的问题。党、国家和人民拿出这么多钱养活我们，我们当然要为人民搞科研，为人民服务，为党和政府的决策服务。在今天，就是为中国特色社会主义服务，为实现中国梦的总方针服务。

毛泽东同志曾经借用"皮之不存，毛将焉附"这句古语论述知识分子与人民大众的关系。通俗地讲，毛长在皮上，皮都没有了，毛往哪里依附呢？中国社科院的科研人员就是附着在中国人民大众身上的"毛"，如果我们不为人民群众服务，还要我们干什么？所以，为什么人的问题，就是马克思主义立场问题。坚持马克思主义立场，就会对人民产生深厚感情，对党产生深厚感情，就会知道什么样的政治方向和学术导向是正确的。因此，中国社会科学院的研究工作必须站在人民的立场上，为人民鼓与呼，为人民的利益发声，为党的事业发声。必须坚持正确的政治方向和学术导向，必须严格遵守政治纪律，不能跟中央唱反调，跟人民唱反调。比如，有的学者只为少数富人说话，不为普通工人农民说话，这就有方向问题了。有的学者言必称西，言必称洋，崇拜洋教条，甚至名词用语都照抄照搬外国的，这也是没有解决好为什么人的问题的表现。当然，崇拜土教条也是不对的。

为人民搞科研，有一个对人民负责和对党负责的一致性问题。对人民负责和对党负责是一致的，这就决定了我们要紧密地团结在以习近平同志为总书记的党中央周围，这与为人民谋利益是一致的。做学问不能只是从个人爱好和兴趣出发，而要从党和国家的需要出发，以实际工作中亟待回答和解决的重大理论和现实问题，以经济社会发展中的全局性、前瞻性、战略性问题，以干部群众普遍关注的热点、焦点、难点问题为科研工作的主攻方向。我们不反对和否认个人研究兴趣、爱好和追求，但是，科学研究必须首先解决好为什么人的问题。

党的群众路线说到底就是为什么人、依靠什么人的问题。在为什么人的问题上，我们要展开广泛的查摆，首先党组要解决把全院科研工作带到一个什么方向的问题。中国社会科学院是一艘大船，党组就是掌握这艘航船的舵手，所局级领导干部要和党组成员一起划船，如果方向出问题，党组负责。每个研究所就是一艘小船，也有舵手把握方向的问题，党委书记和所长要带领全所同志奋力把好方向、划好船。

解决为什么人的问题，就必须解决：一是哲学社会科学研究要不要坚持、为什么坚持正确的政治方向和学术导向。二是哲学社会科学研究要不要坚持、为什么坚持以党、国家和人民关注的重大理论和现实问题为主攻方向。三是哲学社会科学研究要不要站在人民的立场上，对人民充满感情，为党的事业、为人民的事业服务。四是哲学社会科学研究要不要深入实践，深入一线，深入现实。五是哲学社会科学研究怎样解决质量第一的问题，如何推出高质量的经得起时间和实践检验的科研成果，等等。同志们都要认真思考这些问题。

解决了为什么人的问题，第二个就是"三风"问题。解决"三风"问题，首先是学风问题。要解决好为什么人的问题，必须联系实际，联系群众，不能脱离实际，脱离群众，这就是马克思主义学风。就哲学社会科学而言，学风主要包括两个方面的内容，一是联系实际和群众，二是科学严谨地做学问。其次是作风问题。对党组来说，就是能不能时时刻刻想着科研一线，能不能带领职能部门和直属单位牢固树立为科研一线服务的意识。一切职能部门和直属单位，一切管理人员和后勤人员都是为科研、科研人员服务的。解决了这个问题，科研单位的文件就不会被压，科研单位提出的问题就会得到迅速答复。其次，我们准备实打实地解决党组和机关作风问题。最后是文风问题。所谓文风，就是我们写的文章、提交的报告，对实际工作有没有作用、有没有价值，党和政府的决策部门能不能看得懂，人民群众能不能看得懂。现在有些文章写得连作者自己都看不懂了。有些杂志刊登的文章充斥着公式、模型。我不反对把数学公式引入哲学，引入经济学，引入人文社会科学研究，但是，要适当。譬如，马克思主义政治经济学的主要研究对象是生产关系，是宏观的重大理论问题，而不是细节和碎片化问题。经济研究所一定要成为马克思主义政治经济学、社会主义政治经济学的学科大本营。

解决为什么人的问题，解决"三风"问题，最终是为了解决好实现中央对我院"三大定位"要求的问题，就是努力把我院建设成为马克思主义的坚强阵地、党中央国务院重要的思想库和智囊团、我国哲学社会科学研究的最高殿堂。这是党组和全院同志要集中解决的社科院发展的根本方向问题。

第三，把"改"贯彻教育实践活动始终，边学边改，边整边改，建立起密切联系群众、落实党的群众路线的长效机制。

要把提出的问题梳成辫子，发现问题马上整改，不要等，不要拖。在改的过程中，逐步建立起长效机制。院是这样做的，所也要这样做。对所领导班子提出的问题，所领导班子必须高度重视，严肃对待，认真整改。院要有针对性地出台三个整改措施：一是解决好机关职能部门如何为科研服务、改进工作作风问题。准备出台一个意见，现在已完成初稿，正在讨论。二是解决好所局领导班子特别是主要负责同志的思想建设问题。三是解决好科研人员的主攻方向和学风问题。办公厅、人事局、科研局分别负责起草。

三　关于实施创新工程

大家对创新工程评价很高，充满期望。对于创新工程，还要进一步统一思想，提高认识。要充分认识到创新工程是机遇工程、爬坡工程、改革工程、发展工程、人才工程、希望工程，把"六大工程"的内涵吃透。

要搞清楚创新工程的"新"，一是新在制度创新上，更重要的是新在成果创新上。创新工程主要推行了五项制度创新。第一是报偿制度。这是科研管理体制机制的一个重大改革，起到了解放科研生产力的激励作用，时间越久，它的激励机制作用越发显现。第二是准入制度。进创新工程，建立了严格的准入制度，规定了单位和个人进入创新工程的准入条件，达不到条件的不能进入创新工程。今年达到条件今年进，明年达不到条件就不能进。这次为职能部门进入创新工程规定了严格的准入条件，就是完不成规定任务的单位和个人不能进入。即将公布实施的院党组关于践行群众路线、改进机关工作作风的意见中规定，将贯彻落实上级领导机关指示、院"三会"决议和院领导重要批示完成情况，作为机关作风建设的重要指标，与职能部门进入创新工程挂钩，实行机关职能部门管理失职"一票否决"制。党组要求严格执行这一规定。各研究所也要认真查看自身是否符合准入条件，院里将像要求职能部门一样严格要求研究所。第三，退出制度。创新工程就是要打破干好干坏一个样的大锅饭，考核不合格的必须退出。有的人很怀念过去的大锅饭，想回到过去，放弃20%的比例，实行百分之百，这是不行的。一定要坚持20%不能进的比例，决不能退回去。搞了那么多年大锅饭，如果再搞一个新的大锅饭，来之不易的机遇就会失之交臂。为了让不干活的人干活，让这些人真正有危机感，必须建立退出机制，要坚定不移地执行退出机制。年底进行考核评价时，要把落实退出机制作为工作重点。通过制度设计，实现能进能出、能上能下，不能让先期进入的80%的人一劳永逸，万事大吉，稳坐钓鱼台，另外的20%始终徘徊在创新工程的大门之外，永无进入的机会。当然，对于未进岗人员已有配套措施。各个研究所要开动脑筋，想办法。要稳住大局，做好思想工作。第四，配置制度。把财权下放给所里，这是扩大研究所自主权的第一步。实行年度经费总额拨付制度，同样前所未有，将来院里掌握的科研经费就是每年立项的15项科研经费和少量管理经费，其余经费全部拨付所里。实行新的经费配置方法。第五，评价制度。院里正在积极探索符合中国社科院特点的评价体系。这五项制度是创新工程的创造，主要体现了两大创新，即制度创新和成果创新。成果创新主要体现在：一是政治方向和学术导向好；二是关注党、国家和人民关注的重大理论和现实问题；三是学科和学术观点有所突破；四是质量高，经得起检验。在制度创新和成果创新的基础上，才能实现人才创新。

关于如何抓好创新工程，我给大家提几项要求，第一，要抓好体制机制改革，特别要在退出机制创新上下功夫。这是闯关，不闯关，中国社科院就没有希望。大家要对得起每年国家给我院的创新工程经费，要对得起人民的血汗钱。第二，要注重出成果、出人才，特别要在党和人民需要的成果创新和人才创新上下功夫。成果创新和人才创新密不可分，通过进人可以解决人才创新问题，但是，人才问题和成果问题是分不开的，有了郭沫若，才有甲骨文研究，郭沫若和甲骨文研究是分不开的，有了范文澜，才有中国近代史，范文澜和中国近代史是分不开的。第三，要持续地发动群众，特别要在个别人的思想工作上下功夫。第四，加强领导，强化管理，特别要在精细化管理上下功夫。现在我院大局已定，同志们要考虑怎么实现科学化、制度化、规范化和精细化管理。

下半年创新工程的主要任务是：一是要进一步推进职能部门和直属单位进入创新工程的顺利实施。二是各单位要做好明年80%的人员全面进入创新工程的申报和准备工作。三是要做好年底创新工程的考核和评价工作。四是要进一步修改完善各项制度。这四项工作是下半年创新工程的主要任务。所局领导干部回去后要结合教育实践活动，把这些工作抓紧抓好抓落实。

四　关于抓好党的意识形态工作

　　繁荣发展哲学社会科学，其要害和关键就是做好党的意识形态工作。我院是党的意识形态的重要阵地。哲学社会科学工作说到底，就是要用党的、主流意识形态来统领哲学社会科学。抓住了、抓好了党的意识形态工作，就抓住了哲学社会科学的牛鼻子。以习近平同志为总书记的党中央高度重视意识形态工作。

　　中央9号文件指出："历史经验证明，经济工作搞不好要出大问题，意识形态工作搞不好也要出大问题。面对西方反华势力对我国进行西化分化和'颜色革命'的现实危险，面对当前意识形态领域的严峻挑战，各级党委和政府特别是主要领导同志要高度重视意识形态工作，牢牢掌握领导权和主动权。"这是极其重要的精神，必须深刻领会，坚决贯彻落实。党的意识形态工作，用一句话来概括，就是用社会主义意识形态战胜资本主义意识形态。抓不好意识形态工作，要出大乱子。我希望书记、所长们把意识形态工作放在重要位置，加强党委对意识形态工作的领导权。关于意识形态工作，我强调几个问题。

　　第一，关于意识形态工作面临的时代背景和国内外形势。

　　一是要从中国特色社会主义所处的时代背景来看意识形态工作的重要性。我认为，目前我们所处的时代，就根本性质而言，仍然是马克思、恩格斯所判断的那样，是社会主义和资本主义两种意识形态，两种社会制度、两种前途、两种命运、两条道路、两种力量反复较量和进行博弈的时代，也就是资本主义终究要走向灭亡，社会主义终究要逐步取代资本主义的时代。当然，在较量中有时我上你下，有时我下你上，我中有你，你中有我，有斗争也有策略上的妥协和暂时的合作，既有对立，又有共同发展的共同点，呈现出一种极其复杂的胶着局面。总体上，资本主义走向衰落，但还是强势的；社会主义是代表人类发展方向的新生力量，但还处于弱势地位。敌强我弱的状态仍然是现在的主流。两种社会形态的较量必然在当代世界的意识形态领域反映出来。伴随衰退的总趋势，资本主义必然加大在意识形态领域与社会主义博弈的分量。争夺的重点，越发集中在意识形态问题上。朝鲜战争结束以后，杜勒斯和杜鲁门就判断，从军事上战胜中国是不可能的，只能走"和平演变"的道路，打一场没有硝烟的战争。从杜鲁门到现在，美国历届总统从来没有放弃过对中国实行西化分化的战略选择。现在，美国驻香港领事馆有两千多名工作人员，还有散落在香港各个方面的情报人员和敌对势力，香港成为美国对我国进行策反的敌对势力的一个集中地。前几天，在美国领导集团内部负责对中国进行西化分化，也就是负责对中国进行意识形态渗透的国务卿克里，到香港组织力量研究如何对我国进行进一步的意识形态渗透。这些动向，我们必须高度警觉。

1. 迄今为止，马克思主义所揭示的总的时代性质和历史趋势并没有改变，只不过经历了三个发展阶段，每个阶段都具有自己的阶段性特征。第一个阶段，是马克思、恩格斯所处的自由竞争资本主义和工人运动、社会主义运动兴起阶段。第二个阶段，是列宁所处的垄断资本主义阶段，即帝国主义战争与无产阶级革命阶段。列宁认为该阶段的特征即时代主题是战争与革命。第一次世界大战，引发十月革命；第二次世界大战，引发一系列社会主义革命（包括中国革命），这些历史事实证明了列宁的判断是正确的。第三个阶段，就是 20 世纪七八十年代以来的阶段。1989 年"柏林墙"倒塌，1991 年苏联解体、东欧剧变，"冷战"结束，形势发生了逆转。邓小平做出总的时代特征没有变，但有了新的阶段性特征的变化的判断。他关于和平与发展两大时代主题的判断符合第三个阶段性特征的变化。这个判断决定了中国特色社会主义的改革开放与和平发展的总的战略选择。

邓小平的判断是对今天资本主义与社会主义两大力量对比发生阶段性变化的科学分析，并不影响对总的时代性质的判断。我们主张尊重世界文明多样性、发展道路多样性，尊重和维护各国人民自主选择社会制度和发展道路的权利，相互借鉴，取长补短，推动人类文明进步。但不代表两种社会形态的矛盾较量就消失了。我们党也清醒地认识到，和平与发展这两大课题至今一个都没有解决，天下仍很不太平，世界仍然很不安宁。这次金融危机说明资本主义内在矛盾依然存在、依然起作用、依然不可克服，只不过表现形式不同，资本主义必然在阵发性的经济危机中逐步走向衰落。总的历史时代并没有改变，马克思主义也没有过时。

2. 两种社会形态、两条道路、两大力量的较量必然在意识形态领域表现出来，表现为社会主义的意识形态、价值取向与资本主义的意识形态、价值取向的激烈交锋和反复较量，这就决定了意识形态斗争的根本性质。而这种较量又同当今复杂的国家利益、民族利益的诉求，同当今复杂的民族、宗教问题，同全世界维护人类生存环境的共同要求纠结在一起，同求和平、求发展的利益争斗纠结在一起，往往为国与国、民族与民族、地区与地区、宗教与宗教之间的利益争夺所掩盖。资本主义意识形态为了掩盖其实质，往往又披上普世的、人权的、全人类的、中立的、抽象的外衣，让人们搞不清楚它的阶级本质。

二是要从一个半世纪以来世界历史进程看意识形态斗争的复杂性。纵观一个半世纪以来的世界历史进程，已经发生了四次重大转折，可以分前两次和后两次。前两次转折发生在 20 世纪前半叶。第一次转折发生在 20 世纪初叶，其标志是 1917 年爆发的俄国十月社会主义革命。第二次转折发生在 20 世纪中叶，其标志是 1945 年"二战"之后一系列国家社会主义革命的成功，形成了一个社会主义阵营。社会主义运动从兴起到发展，处于上升期，资本主义则经历了一系列经济危机和两次世界大战的折腾，步入缓冲下降期。

20 世纪八九十年代至今的 20 余年中，又接连发生了两次重大的世界性历史转折。第三次转折发生在 20 世纪末叶，其标志是 20 世纪 80 年代末 90 年代初的苏联解体、东欧剧变，社会主义阵营解体，世界社会主义运动陷入低谷。第四次转折发生在 21 世纪初叶，其标志是 2008 年爆发的国际金融危机。这对世界发展格局和中国特色社会主义事业的发展产生的影响，现在仍无法估量。中国特色社会主义的成功使世界社会主义运动呈低潮中起步之势。而美国金融危机却使一些西方国家陷入困境，美国一超独霸格局难以维持，资本主义整体实力趋于下降。

四次转折反映了社会主义不是直线性发展，而是曲折地、波浪式、螺旋式地前进。这种前进过程充满了两种不同世界观、价值观的斗争，即意识形态的争夺。历史事实雄辩地证明了社会主义意识形态的科学性和生命力，也证明了资本主义意识形态的欺骗性、顽固性和不甘心退出历史舞台的反能量。

三是要从第一个社会主义国家苏联的解体、东欧一系列社会主义国家蜕变看意识形态斗争的严重性。2012 年 2 月 12 日，习近平总书记在广东调研时明确指出，苏联为什么解体，苏东为什么垮台，一个重要原因就是理想信念动摇了。苏联全面否定苏联历史、苏共历史，否定列宁，否定斯大林，一路否定下去，搞历史虚无主义，思想搞乱了，各级党组织几乎没有任何作用。2013 年 1 月 5 日，习近平同志在新进两委研讨班上明确指出："苏联亡党亡国一个重要原因就是意识形态领域斗争十分激烈"，"思想搞乱了"。在意识形态领域，放弃马克思主义、放弃正确路线、放弃党的领导，让资产阶级意识形态长驱直入、潜移默化、蛊惑人心、占领阵地，致使党变质是最后导致苏东总崩盘的思想路线根子。最近习近平同志批示要把我院制作的《居安思危》进行压缩，作为全党群众路线教育实践活动的学习材料。

四是要从世界金融危机的爆发及其持续发酵看意识形态斗争的尖锐性。由美国次贷危机所引发的世界经济危机可以定论了，这是一场资本主义经济危机，进而引发了资本主义全面的政治危机、社会危机、意识形态危机，说到底是一场制度危机。这场危机，不仅使资本主义意识形态陷入危机，而且使资产阶级意识形态的反动性、落后性、欺骗性和两面性凸显出来，更加大了这场斗争的激烈性。

五是要从中国特色社会主义的新成就看意识形态斗争的艰巨性。形势的变化，一方面为我们党大力推进中国特色社会主义提供了有利的氛围、条件和机遇，另一方面也越发促使西方资本主义运用两手策略：在经济上利用我们、拉拢我们、捧杀我们；同时，在军事上加紧包围我们，在经济上加紧挤压我们，在意识形态领域加紧大力西化分化我们，使我们面临更加复杂严峻的考验。西方敌对势力越来越把注意力集中在意识形态渗透上，放在打一场没有硝烟的战争上。这个意图是再明显不过了。

第二，关于意识形态于我有利与不利局势的总判断。

国际金融危机所引发的世界格局的深刻变化，为加强和改进意识形态工作提供了有利的条件，当然也有不利的因素。

一方面，回顾 20 世纪八九十年代，第三次世界性的历史转折，社会主义陷入低谷，暂时处于劣势，资本主义反而上升，暂时显示优势。伴随力量对比格局的变化，意识形态领域内呈敌进我退之势。反社会主义、反马克思主义、反对共产党执政的声音甚嚣尘上。西方资本主义到处大力推销新自由主义理论，鼓噪一时，不可一世，导致国内反马克思主义、反社会主义、新自由主义、历史虚无主义、民主社会主义等错误思潮泛滥，沉渣泛起。最近，历史所主持制作的百集《中国通史》纪录片很好，把历史虚无主义存在的问题说得很清楚。

二十多年过去，这次金融风险造成的第四次世界历史性转折，一方面使资本主义遭遇前所未有的打击，陷入全面制度危机和衰退，资产阶级意识形态的集中表现——新自由主义宣告破产。即使在资本主义内部，对资本主义制度的批评之声，也不绝于耳。现在马克思的《资本论》、列宁的《帝国主义论》开始回到了西方的课堂上和研究人员的书桌上。就连意识形态终结论者福山也改变了调子。布热津斯基也在疑惑西方民主制度到底怎么了，西方民主制度还能不能维持下去？这些发人深省的问题都是资本主义阵营内部提出来的。另一方面，中国特色社会主义取得成功，并顶住金融风险，社会主义从低谷中走出来，批评新自由主义、批评资本主义的声音日渐增多，大声呼唤马克思主义、社会主义的声音越发强烈。坚持和发展马克思主义、坚持和发展中国特色社会主义、坚持和发展社会主义意识形态的底气更足了。

形势的变化一方面为我们党加强意识形态工作提供了极为有利的氛围、条件和机遇，另一方面这种形势也越发促使西方资本主义加大意识形态的攻击力度。以美国为首的西方国家在国际舆论上依然占据主导地位，仍然掌握文化霸权、媒体霸权，在意识形态领域加紧向我国进攻。"西藏事件""新疆事件"都是这种国际大环境的产物。我们面临着更加严峻、复杂的考验。我们当前意识形态工作的主流是好的，但是形势依然十分严峻。我们要重视意识形态工作，完全按照习近平总书记指示来掌握领导权。

第三，当前意识形态工作的主流态势和严峻形势。

当前，我国意识形态领域主流是好的，继续保持积极健康向上的良好态势，特别是党的十八大以来，中央采取一系列措施加强马克思主义在意识形态领域的指导地位，收到明显成效。然而也要清醒地看到，意识形态领域的斗争是错综复杂的，并将是长期的。西方与我国在意识形态、社会制度、人权、民主等问题的对抗、对立、争斗十分突出，思想理论领域呈现十分活跃、十分复杂的胶着状态。境内外敌对势力对我国施压促变的一贯立场没有改变，通过各种途径、运用各种手段，对我国在发展上遏制、思想上渗透、形象上丑化，企图压我国放弃马克思主义，改变政权性质，接受西方价值观念和制度模式。意识形态领域始终是渗透与反渗透的重要战场，对敌对势力的攻击任何时候都不可掉以轻心、不可疏于防范。加强党的意识形态工作的任务更加艰巨繁重。

第四，全面加强党的意识形态工作。

一是实行意识形态工作党委负责制，全面加强党的意识形态工作。

毛泽东指出："掌握思想领导是掌握一切领导的第一位。"在当前各种思想、思潮和文化争鸣争锋非常激烈，形势十分复杂的情况下，必须实行意识形态工作党委责任制，主要负责人必须亲力亲为。全面加强党的意识形态工作，坚持党对意识形态工作的领导，坚持马克思主义主流意识形态的指导，牢牢掌握意识形态工作的领导权、主动权，用马克思主义的、社会主义的、工人阶级的意识形态战胜反马克思主义的、资本主义的、资产阶级的意识形态，真正占领意识形态的制高点，这是中国特色社会主义事业、人民的事业、党的事业不被"颜色革命"的根本保证。出了问题，党委要负全责，党委书记、所长要负全责。

二是提高领导干部的马克思主义理论素养，是抓好党的意识形态工作的关键。

毛泽东说："领导我们事业的核心力量是中国共产党，指导我们思想的理论基础是马克思主义。"这是巩固党执政地位、巩固社会主义的至理名言。要坚持两条，一是马克思主义，二是共产党领导。这两条归结为一条，就是坚持马克思主义执政党的坚持领导核心作用。这是意识形态的根本问题，也是党的意识形态工作坚持的政治底线。

坚持马克思主义指导，坚持马克思主义武装，坚持马克思主义创新，坚持马克思主义政党建设，是意识形态工作的根本任务。必须下大气力，用硬功夫，长期坚持用中国化的马克思主义建设我院，武装我院干部和科研人员、工作人员，关键是我院的各级领导干部。毛泽东讲："政治路线确定之后，干部就是决定的因素。"院党组要坚持用马克思主义世界观方法论武装我院领导干部，特别是主要领导干部，提高他们用马克思主义指导科研的能力，头脑清醒，是非清楚，立场坚定，守住党和社会主义的意识形态阵地，战胜西方势力的意识形态进攻，保证中国特色社会主义不变向、不变色、不变味、不变质。

三是清醒地认识意识形态斗争的性质，展开积极思想斗争。

意识形态争斗说到底就是工人阶级意识形态反对并最终战胜资产阶级意识形态的斗争，要深刻认识意识形态斗争的性质和严重性。

在我国，虽然社会主要矛盾已经不是阶级斗争了，但不意味着阶级、阶级差别、阶级矛盾、阶级斗争没有了。一定范围内的阶级斗争往往集中表现在意识形态领域，当然也有经济、政治、军事、文化的。一定范围内的阶级斗争，特别是意识形态领域内的阶级斗争在有些时候、在一定条件下还是很激烈的。"树欲静而风不止"，这是不以我们的意志为转移的。离开阶级分析，分不清、辨不明、看不透国内外各种思潮较量的实质。要旗帜鲜明地用马克思主义立场、观点、方法，利用一切手段、方式，包括新媒体、互联网，组织力量，有力批驳西方"宪政民主""普世价值""公民社会""新闻自由"和新自由主义、历史虚无主义，以及各种错误观点和思潮。当然也绝不回到"以阶级斗争为纲"的老路上去，切忌阶级斗争扩大化、绝对化、到处贴标签。具体把握上，还要注意内外有别，阶级分析是一回事，对外策略及说法、具体工作是另一回事。这两回事既一致，又有区别。对意识形态工作实质，要心中有数。在具体宣传工作中，要内外有别，讲究策略艺术，做到有理、有利、有节。

四是开展马克思主义基本原理和正确世界观、人生观、价值观、利益观的教育。

在党员、干部、科研人员、工作人员，特别是青年人中，长期持久地开展正确的思想教育和舆论引导。对此，必须各级党委重视，一起动手，狠抓落实，"实干兴邦，空谈误国"，也包括思想教育，不能落空。

五是积极谋划和实施文化"走出去"战略，打破西方势力的意识形态围剿。

着眼于打破美国等西方国家在国际舆论领域的话语霸权，突破其对我国"误读"和"歪曲"的文化屏障，破解所谓的"中国威胁论""中国崩溃论""中国责任论"等唱衰中国的论调，积极开展舆论斗争，营造于我有利的国际舆论环境。哲学社会科学有独到优势，可以发挥独特作用。鼓励一批观点正、学问好的专家学者，从学术的角度，用西方人听得懂的语言、接受得了的方式，阐扬中国道路，揭示真理。

第五，做好意识形态工作的基本要求。

一是增强政治定力。我们党一以贯之地、始终如一地、从一而终地坚持的最基本的东西，就是马克思主义世界观方法论、马克思主义立场、观点和方法。习近平总书记的一系列重要讲话通篇贯穿了马克思主义立场、观点、方法。只要掌握了马克思主义立场、观点、方法，我们就有了政治定力。郑板桥在《竹石》这首诗中说得好："咬定青山不放松，立根原在破岩中。千磨万击还坚劲，任尔东西南北风。"就像青松那样扎在石头上，不管刮东西南北风，反正刮不倒我，因为深深地扎在了岩石上，岩石就是马克思主义的立场、观点、方法。我希望党委书记们、所长们，不管是研究什么学问的，都得在马克思主义立场、观点、方法上站稳脚跟，把马克思主义基本立场、观点、方法搞明白。

二是保持理论彻底。政治坚定来自于理论彻底。夏明翰有一首诗："砍头不要紧，只要主义真。杀了夏明翰，还有后来人。"夏明翰为什么不怕死？因为他从马克思主义理论出发坚信自己的理想信念是真理。"只要主义真，砍头不要紧。"这种大无畏、不怕牺牲的精神来自对马克思主义和共产主义理论的彻底的坚信。

三是独具辨别慧眼。只有拥有马克思主义的望远镜和显微镜，才能分出是非。在 60 年代，绍剧《孙悟空三打白骨精》进京上演，郭沫若写了一首诗："人妖颠倒是非淆，对敌慈悲对友刁。咒念金箍闻万遍，精逃白骨累三遭。千刀当剐唐僧肉，一拔何亏大圣毛。教育及时堪赞赏，猪犹智慧胜愚曹。"郭沫若认为唐僧犯了大错误。毛泽东为此写了一首《七律·和郭沫若同志》，"一从大地起风雷，便有精生白骨堆"，意思是说白骨精的出生，即反动势力的存在，是不以人的意志为转移的，只要大地有风雷就有白骨精。"僧是愚氓犹可训，妖为鬼蜮必成灾"，唐僧毕竟是糊涂，但是还是可以教育好的，最害人的是白骨精，所以毛泽东把首要的斗争重点不是放在唐僧身上，而是放在白骨精身上。"金猴奋起千钧棒，玉宇澄清万里埃。今日欢呼孙大圣，只缘妖雾又重来。"孙大圣为什么有这么大的本事？因为他有火眼金睛。对于我们哲学社会科学工作者来说，火眼金睛就是马克思主义的立场、观点、方法，掌握了马克思主义，就独具辨别慧眼。什么思潮是对的？什么思潮是错的？什么言论是对的？什么言论是错的？有了马克思主义显微镜和望远镜，我们就能辨别清楚。

　　四是遵守政治纪律。

　　五是树立担当意识。对于错误的言论和思潮，要敢于担当，肩膀不能垮，不能过于爱惜自己的羽毛，不能怕别人不投自己票而束手束脚，丧失立场。

坚持"三条基本经验"和 "五三一工作总思路"， 办好中国社会科学院

——在 2014 年所局级主要领导干部"三项 纪律"建设专题研讨会上的讲话

（2014 年 7 月 29 日）

同志们：

这次专题工作会议的主题，是加强我院政治纪律、组织纪律、财经纪律建设。围绕这个主题，这次会议分两个会来开。第一个会，安排的是理论学习，学习习近平总书记系列重要讲话、《习近平总书记系列重要讲话读本》、中央关于加强意识形态工作的相关文件，让大家掌握理论、吃透精神、统一思想、提高认识；第二个会，在学习的基础上，围绕加强"三项纪律"建设、党委集体领导下的所长负责制制度建设、创新工程制度建设等问题展开研讨，以进一步明确工作思路和举措，同时检查年初院工作会议精神的贯彻落实情况，交流工作经验，研究和部署下半年工作。

讲三点，一是近年来我院工作的基本经验和总体思路；二是必须明确的几个问题；三是下半年的主要工作。

一　近年来我院工作的基本经验和总体思路

根据中央安排，2007 年年底我来院工作，至今已有六年半的时间。几年来，在党中央的正确领导下，在陈奎元同志带领下，我院面貌发生了较大变化，各项工作取得了较大进展。回顾起来，我认为，以下三条经验对做好我院工作至关重要。

第一，坚持正确的政治方向和学术导向，解决好哲学社会科学为什么人这个根本问题。

《毛泽东选集》第一卷开篇即指出，"革命党是群众的向导，在革命中未有革命党领错了路而革命不失败的"。同样，在建设社科院、繁荣发展哲学社会科学的全部活动中，党组能不能按照中央的要求，把住方向，引好路，具有极端重要性。坚持正确的政治方向和学术导向是办院的根本原则，是办院的生命线和政治保证。全院上下在这个根本原则问题上，认识必须高度一致，绝不能有半点含糊。

为什么必须始终坚持坚定正确的政治方向和学术导向？这是由我院的性质、地位、任务、作用所决定的。我院是中国哲学社会科学研究的最高殿堂，更是党的重要理论阵地和意识形态重镇。必须始终把坚持坚定正确的政治方向、自觉在思想上政治上行动上与党中央保持高度一致摆在办院头等重要的位置上。我院的工作千条万条，把住方向是最重要的一条；我院的工作千头万绪，抓住了这一条，就抓住了根本、抓住了关键。这一条就像阳光、空气、水分和食物，任何人都离不开一样，一时一刻须臾不可忘记、不可忽视。一定要始终紧紧抓住这一条，不打马虎眼，不能松口，绝不松手。在所局主要领导干部的头脑中，一定要绷紧这根弦，凡是忽视这一条、忘记这一条，不把这一条当回事的，就不是合格的领导干部。选拔人，选拔领导干部，特别是主要领导干部，必须把思想政治标准放在首位，不符合这个标准，就是不合格。

为什么要在"正确的政治方向"后面再加一个"正确的学术导向"？在我院，学术研究是中心工作，坚持坚定正确的政治方向是通过学术活动体现出来的，坚持马克思主义的指导地位是通过学理研究体现出来的。也就是说，要把坚定正确的政治方向寓于学术之中，形成正确的学术导向。一定要把正确的政治方向和学术导向统一起来，寓政治于学术之中，寓马克思主义道理于学理之中，将把住方向贯穿于一切科研活动的导向之中。

头脑的清醒、行动的自觉，来自理论上的坚定和彻底。怎样才能坚持正确的政治方向和学术导向，在错综复杂的意识形态形势下坚持正确的、反对错误的，牢牢把握意识形态工作的主导权、话语权和管理权呢？办法只有一个，就是用马克思主义世界观方法论武装全院同志的头脑，提高全院人员，特别是领导干部和学术骨干的理论素质，学会运用马克思主义立场观点方法研究问题、分析问题、回答问题，也就是说，提高运用马克思主义指导科研的能力。怎样才能做到这点呢？途径只有一个，就是针对新的实际，认真学习马克思主义。今天，学习马克思主义，一定要结合中国特色社会主义理论体系，结合习近平总书记系列重要讲话精神，结合中央重要文件，结合党和国家面临的新形势、新任务、新问题来学。

这几年，党组把举办所局级主要领导干部理论读书班、处级干部（包括研究室主任、编辑部主任）理论读书班作为重要政治任务，一直抓住不放，效果是很明显的。今年大规模地举办处级干部（包括研究室主任、编辑部主任）理论读书班，反响很好，大家希望年年办，长期坚持下去。党组认为这个建议很好。人的思想理论素质的培养是潜移默化的，只要持之以恒地长抓下去，一定会收到更加显著的效果，一定会从根本上发挥作用。从举办第一期所局级主要领导干部理论读书班学习马克思主义经典著作到今天，几年坚持下来，我相信同志们一定会有很大的收获。

坚定正确的政治方向和学术导向，来自理论的坚定和彻底，而理论是否坚定和彻底，关键看能不能始终站在人民的立场上，能不能始终对人民怀有深厚和真挚的感情。相信马克思主义、坚信马克思主义、发展马克思主义，用马克思主义指导科研，必须解决好哲学社会科学为什么人这个根本问题，即为什么人做学问的问题。为人民做学问，把个人学术活动与党、国家和人民的事业密切联系在一起，而不是为个人名利或为其他什么目的做学问。只有这样，政治方向和学术导向才能正确。我院群众路线教育实践活动一个最大的成果，就是在解决为什么人的问题上，全院达成了最大共识。我们之所以始终把解决好为什么人这个根本问题，作为群众路线教育实践活动的主题，作为我院思想政治工作的重点，用这一条来教育、引导我们的干部、科研人员、年轻人，就是为了解决好选择什么指导思想作为武器、选择什么样的政治方向和学术导向来建设社科院、繁荣发展哲学社会科学。

第二，坚持科学的工作思路和举措，紧紧抓牢创新工程这一实践载体。

毛泽东同志在与程思远先生谈话时曾讲过："我是靠总结

经验吃饭的。""以前我们人民解放军打仗，在每个战役后，总来一次总结，吸取过去正反两方面的经验。发扬优点，克服缺点，然后轻装上阵，继续前进，从一个胜利走向另一个胜利，终于建立了中华人民共和国。"办好社科院，既有一个根本方向问题，在方向确定后，也有坚持科学的思路和正确的举措问题。几年来，在中央的领导下，党组与全院同志一起，在实践中推进创新，在创新中及时总结，将实践证明正确和成熟的做法上升为经验，作为指导新的实践的基本方针和工作思路。经过六年多的摸索，党组大体形成了我院工作总体思路，可以概括为"五个三，一个一"，也可以简称为"五三一"。

"五个三"，具体来说，一是"三大定位"。即努力把我院建设成为马克思主义的坚强阵地，我国哲学社会科学研究的最高殿堂，党中央国务院重要的思想库和智囊团。这是中央对我院提出的最高目标要求，是我院的努力方向。"三大定位"不是平铺直叙、不分座次的，而是有重点、有顺序的。马克思主义坚强阵地是第一位的要求，是统领，马克思主义坚强阵地建设好了，实现其他两个目标，方向就没有问题。现在我院整体工作是朝着这个目标行进，全院同志尚需不懈努力。

二是"三大功能"。即我院具备的阵地功能、殿堂功能、智库功能。这把我院的作用、任务，要干什么事情说得很清楚了。有人说，"三大定位"和"三大功能"岂不是一回事？其实，它们还是有区别的。"三大定位"是目标要求，或者说是我们要达到的目标，目前，距离这三个目标要求还有很大差距，还不能理直气壮地把这"三顶帽子"戴在自己的脑袋上。但发挥什么样的作用、完成什么样的任务、干什么样的事情，是无止境的。一定要把"三大功能"发挥好，逐步达到"三大定位”要求。

三是“三大战略”。即科研强院战略、人才强院战略、管理强院战略。这是我院强院之本、兴院之基。为了达到“三大定位”，发挥“三大功能”，必须实施“三大战略”。科研强院是中心，人才强院是关键，管理强院是保障。管理强院是党组根据我院的实际情况特别提出来的，具有我院特色。一个单位管理得好不好，是考察这个单位的绩效、单位领导班子政绩的重要标准。管理水平高不高，也是评价一个领导干部素质高低的重要标准。经过几年实践，抓管理体制机制改革，抓创新工程制度建设，抓严格管理，取得了很大成效。但我院还存在很多管理上的漏洞，比如科研管理、经费管理、进人管理、房产管理、古籍管理等，要一项一项理清楚，堵住管理漏洞。管理强院是抓好科研强院、人才强院的法宝，不要丢掉这个法宝，要紧紧抓住和用好这个法宝。这次发给大家的会议材料里，有一份关于哲学所和民族学与人类学所古籍管理工作的情况通报，通报中反映的情况暴露了这两家单位在古籍保护和管理方面存在的制度不严、责任不明、管理混乱的问题，两家单位领导班子负有不可推卸的责任。院里决定给予通报批评，对相关责任人作出从今年 8 月到明年年底退出创新工程的处理。大家回去后，一定要原原本本地传达这份通报。我院古籍储藏量占全国的十分之一，这是一笔十分宝贵的财富，同志们一定要看好自己的家当啊！

四是“三大风气”。即学风、作风、文风。解决好哲学社会科学为什么人的问题，就必须加强学风、作风、文风建设，这是要始终抓住不放的思想建设、道德建设、作风建设的基本任务，是全院人员树立社会主义核心价值观的实际抓手，是加强队伍建设的基本要求。今年实行道德论坛巡回演讲，震动很大，效果颇佳。抓好"三风"建设，有了良好的学风、作风、文风，我院就会形成良好的院风，形成具有社科院特色的研究氛围。

五是"三项纪律"。即政治纪律、组织纪律、财经纪律。这是我院思想政治建设的基本内容，是我院实现"三大定位"要求，发挥"三大功能"，转变"三大风气"，实施"三大战略"的纪律保证，是我院反腐倡廉建设的工作重心。加强政治纪律、组织纪律、财经纪律建设，是一项长期的政治任务，要从现在抓起，年年抓，抓好了，领导班子才会真正强起来，队伍才会真正强起来，我院才会真正强起来。

"一个一"，就是哲学社会科学创新工程。这是"五个三"工作思路落地的实践载体。我多次讲过，创新工程是机遇工程、爬坡工程、改革工程、发展工程、人才工程和希望工程。通过实施创新工程，广大科研人员和工作人员的积极性和创造性被激发出来了，被调动起来了，给全院发展带来了巨大机遇，使我院的面貌焕然一新。长久地抓下去，我院必大有希望，大有前途。创新工程，制度创新和建设是根本。党组提出了六大制度创新，即准入制度、报偿制度、退出制度、配置制度、评价制度和资助制度创新。这里要抓好两点：一要不断在实践中创新完善这些制度，把这些制度固定化、配套化，最大限度地解放和发展科研生产力。二要让全院领导干部、科研人员、工作人员学习制度，执行制度。如果人人熟悉制度，人人遵守制度，全院上下按制度办事，执行制度不搞例外、不搞特殊化，创新工程才真可谓创新工程，创新工程才能不走样，不会变成新的"大锅饭"、大平台。我反复给创新办讲，创新工程不能搞例外，不能搞特殊；没有制度，不严格执行制度，创新工程是维持不下去的。明年处级干部（包括研究室主任、编辑部主任）培训班要集中进行"三项纪律"教育和"六项制度"学习，直属机关党委要做好准备。

搞好创新工程，最重要的是全院同志一定要把认识提高到习近平总书记系列重要讲话精神和中央要求上来，把思想统一到党组关于实施哲学社会科学创新工程的决策和部署上来，把行动落实到执行党组制定的一系列创新制度上，以制度创新为关键，把创新工程稳步地、健康地、科学地推向深入。一定要紧紧抓住创新工程不放松，抓出制度来，抓出作风来，抓出人才来，抓出成果来。这是我院的希望之所在，未来之所在，发展前景之所在。

第三，坚持把科研人员和全院群众的工作和生活需要放在重要位置，办实事，办好事，办让大家满意的事。

毛泽东同志在 1934 年写作的《关心群众生活，注意工作方法》一文中指出："要得到群众的拥护吗？要群众拿出他们的全力放到战线上去吗？那末，就得和群众在一起，就得去发动群众的积极性，就得关心群众的痛痒，就得真心实意地为群众谋利益，解决群众的生产和生活的问题，盐的问题，米的问题，房子的问题，衣的问题，生小孩子的问题，解决群众的一切问题。"如果把这段话换成今天党组要跟大家说的就是：你们想要得到群众的拥护吗？你们想要群众把全力放在科研工作上吗？那么，就得和群众在一起，就得关心群众的痛痒，关心他们的一切问题。党中央把我们党组一班人安排到社科院，党组把在座各位安排在主要领导岗位上，就是让大家团结科研人员和全院群众，做好科研人员和全院群众工作，让科研人员和全院群众全心全意地和党一条心，在党的领导下，团结在党的周围，繁荣发展哲学社会科学。要做到这点，必须时刻注意工作方法，密切联系群众，解决好科研人员和全院群众的切身利益问题，努力满足科研人员和全院群众工作和生活上的迫切需求。如果说这几年全院群众对党组是拥护的、满意的，一个主要原因是党组为群众办了实事。

这几年，党组集中解决科研人员和全院群众的生活待遇问题、科研条件问题，以及工作和生活的基本需求问题，有人把这些称为"票子""房子""孩子"三大问题。票子是一个待遇问题，要让我们的科研人员和工作人员过上体面的日子，不为生活所累，不为一点小钱去报虚假小票，不让大家斯文扫地。要努力解决好大家的住房问题、办公用房问题、科研经费和科研设施设备问题，做到居者有其屋，有良好的科研办公条件。解决好孩子上学这样一些群众心中的大事，让大家无后顾之忧。在这些方面，党组是下了功夫的，相关部门一直千方百计努力争取。全院人员的待遇有了较大提升，住房问题有了很大改观，科研经费基本得到满足，科研用房、办公用房有很大改善，科研设施设备配置明显改进，孩子上学问题基本解决，全院基本建设、硬件建设面貌一新，这些都是有目共睹的。

据统计，我院财政预算拨款从 2008 年的 63046.78 万元增长到 2014 年的 172982.05 万元，增长 174.37%，年均增长率为 29.06%。其中，创新工程专项经费从 2011 年的 1 亿元增长到 2014 年的 6 亿元。院本级创收从 2007 年的每年 500 余万元增长到 1 亿元。2008 年以来，我院向国管局申请职工住宅共 71 套，共 9022 平方米；共办理申请限价商品住房手续 446 人次，共有 138 人申请到北京市限价商品住房，面积 11730 平方米；

清理现有房产资源 100 余套，分三批解决大家的住房问题，已完成第一批住房分配，全院利用现有房产资源使 94 户享受或改善了住房。至今全院已享受住房和改善住房达 1000 多户。2008 年以来，国家批复我院新建立项 8 项，基本建设共投入 119416 万元，新建成面积 52576 平方米，在建 30376 平方米。建设起一个全新的研究生院。对老旧住宅小区进行综合整治，向国管局申请老旧住宅小区综合整治立项 11 个，居住 2518 户，建筑面积 191216 平方米，申请综合整治经费 3.6 亿元；向国管局申请平房住宅综合整治立项 10 处，居住 285 户，建筑面积 5625 平方米，申请综合整治经费约 1500 万元；老旧小区和平房住宅申请综合整治立项合计建筑面积约 20 万平方米，居住 2803 户。国管局已批准我院太阳宫、车公庄、昌运宫、干面胡同、劲松五个住宅小区综合整治立项申请，涉及 1561 户，建筑面积 12.3 万平方米。太阳宫住宅小区综合整治方案通过国管局审核批准，下一步进入招标施工程序，审核批准综合整治面积 4.7 万平方米，511 户，概算投资 6674 万元。2008 年以来，办公用房改造及基础设施改造主要有 14 项，面积 95872 平方米，投入资金 33606.42 万元，改造了院部大院、历史片院、法学所院、国际片院、民族所院和北戴河党校校区、密云党校校区。租用办公用房共 5 处，面积 22952 平方米，投入资金 14630.25 万元。科研实施设备，包括仪器投入共计 16373 万元，其中修缮购置投入 13505 万元，创新工程专项投入 1334.82 万元，考古仪器投入 1245 万元，考古所田野考察基本实现了车辆设备设施的标准配置。自 2010 年启动我院职工子女入学申报工作以来，我院共有 55 个单位 534 名职工提出子女入学申请。其中 295 人幼升小，239 人小升初，涉及北京市 4

个城区，50 多所学校。在各方共同努力下，提出入学申请的
534 名职工子女全部落实了学校，基本做到了让全院职工满意。
为了做好我院职工子女入学工作，直属机关党委付出了辛苦。

　　解决"票子""房子""孩子"问题，"三子登科"，这是
党组主抓的"民心工程"，为稳定我院人才队伍、顺利推动创
新工程提供了有力保障。当然，由于客观条件和政策的限制，
有些问题的解决不像大家预期的那样快、那样顺畅，已经初步
解决的问题也还有不如意的地方，希望在座的同志和全院同志
能够理解。希望书记们、所长们、局长们、主任们，一定要把
科研人员和工作人员的冷暖放在心上，不能只顾自己，不顾他
人，不能只顾自己小圈子里的人和事，不顾多数，不管大局。
在群众路线教育实践活动中，群众批评极个别书记和所长，
"两耳不闻所内事，一心只为个人计"。如果只关心自己的利
益，只关心自己那一亩三分地，只关心自己的小圈子，不关心
群众的利益，不关心群众的冷暖，是难以赢得群众尊重的，是
难以有号召力和说服力的，就不可能在群众中树立起威信，更
不可能把一个单位领导好。

　　三条基本经验、"五三一"工作思路是党组按照中央的要
求，总结我院长期发展的历史经验，总结全院科研人员和工作
人员的新鲜实践而形成的。实践证明，它们符合哲学社会科学
发展规律，符合社科院办院规律，符合哲学社会科学人才成长
规律，是管用可行的，是全院宝贵的精神财富。我相信，只要
按照三条基本经验、"五三一"工作思路扎扎实实地、有板有
眼地、一步一个脚印地推进创新工程，就能保证方向不走偏、
道路不走歪，就能取得更大的成绩。

二　必须明确的几个问题

再讲五个问题，希望同志们进一步统一思想，以求共识。

（一）中国社会科学院不是"自由撰稿人"的松散联盟，而是党领导的宣传思想的重要战线、学术理论的重要机构、意识形态的重要阵地

"三大定位"要求对我院的重要性、地位、性质、任务和作用都作了非常明确的规定，这不仅明确了我院的学术性，而且明确了我院的政治性，即我院是党领导的、以马克思主义为指导的、为人民做学问的、有正确的政治方向和学术导向的、有坚定理想信念的、坚守党的纪律的、为中国特色社会主义服务的坚强阵地、学术机构和意识形态重镇。我院不是"自由撰稿人"的松散联盟，想来就来，想走就走，想说什么就说什么，想写什么就写什么，想干什么就干什么，毫无政治性、组织性和纪律性。

在现实生活中，根本不存在没有任何政治立场和思想倾向的所谓"自由撰稿人"。在反动统治下的旧中国，虽然有的先进知识分子自称或被称为"自由撰稿人"，但他们实际上是追求远大理想、为人民事业而奋斗的战士，鲁迅先生就是其中的杰出代表。在党领导的中国特色社会主义条件下，需要的是党的领导，拥护中国特色社会主义、热爱人民、热爱祖国、发挥正能量的"自由撰稿人"。企图摆脱党的领导，离开政治大方向，离开为人民做学问，做不受任何约束的"自由撰稿人"，无论怎样标榜，充其量也都不过是自觉不自觉地为追逐个人名

利，或为他人所利用以达到某种政治目的的工具，极端者甚至会走上反党反社会主义的道路。我院学者绝不能为了个人名利或其他什么政治目的而从事理论学术研究，而要为党和人民做学问，为国家发展和民族振兴服务。我院的研究人员不仅仅是普通学者，而是党的思想理论文化工作者，更是党的思想文化战线上的战士，绝不能"自拉自唱""自说自话""自娱自乐"，甚至发出不和谐的、反能量的噪音、杂音，如某些无良社会大 V、网络公知那样。党和国家不需要这样的学者，也不能白白供养这样的学者。这一点全院同志必须明白。我院的一切研究都要服从党和人民的需要，为党中央的决策服务，为繁荣发展中国特色的哲学社会科学服务，为中国特色社会主义事业服务。对于错误言论要敢于发声批判、展开斗争，为推进中国特色社会主义事业，为早日实现中华民族伟大复兴的中国梦提供精神动力和智力支持。

（二）衡量哲学社会科学研究和我院工作做得怎样，关键是看能否拿得出经得起实践和历史检验的科研成果，这是最高标准，也是最终标准

衡量一个单位或一项事业搞得好不好，是有客观标准的。从哲学上来讲，衡量一个社会是否进步，要看生产力，生产力是衡量社会进步与否的根本标准。衡量人的认识是否正确，要看实践，实践是检验认识是否正确的唯一标准。衡量部队建设怎么样，要看战斗力，战斗力强不强、能不能打胜仗是军队建设的根本标准。衡量哲学社会科学研究怎么样，我院工作做得怎么样，关键是看能否拿得出经得起实践和历史检验的科研成果，这是最高标准。我院创新工程已经实施三年多了，能不能拿得出过硬的科研成果，也是检验创新工程效果的最终标准。

科研是我院的中心工作。我院整体工作搞得好不好，最重要的要看科研工作做得怎么样；科研工作做得怎么样，最重要的要看科研成果怎么样；科研成果怎么样，最重要的要看是不是精品，也就是说是不是高质量的研究成果。质量包括政治质量和学术质量两个方面，二者相辅相成，缺一不可。其中，政治质量是灵魂、根本的，学术质量是基础、主要的。《中国社会科学报》创办时，总编辑问我办好报纸的最高标准是什么？我说没有什么最高标准，只有底线要求，就是不能出政治硬伤，在这个政治质量要求基础上，学术质量越高越好，永无止境。

科研工作搞得好不好，关键看成果质量。抓成果质量，要处理好四方面的关系。

一是要处理好政治方向与学术内容的关系。作为党领导的哲学社会科学研究机构，我院必须坚持正确的政治方向，这是出精品成果的前提和保证。在我国当代学术领域，许多大师名家，正是以正确的政治方向为指引，进而找到了指导研究工作的科学世界观方法论钥匙，取得了辉煌的学术成就，从而在学术史上留下了不朽的篇章。同时，还应坚决贯彻"百花齐放、百家争鸣"的方针，为科研人员提供充分的创造空间和学术自由。德国柏林大学创始人洪堡提倡学术自由，要求大学的研究应遵从科学的内在要求，在自由的条件下进行。蔡元培先生20世纪二三十年代之交在北京大学实行"循思想自由原则，取兼容并包主义"，提出"兼容并包"原则，至今还为人们大书特书。学术自由是学者从事学术活动的基本条件。贯彻"双百"方针，为哲学社会科学界的思想创造和理论创新营造良好环境，科研人员可以畅所欲言，各展其长，为党和国家发展建言献策。当然，学术自由必须以正确的政治方向为准绳，以党纪国法和道德规范为约束，只有这样才能保障学术研究不走偏。

二是要处理好科研质量与成果数量的关系。马克思主义辩证法讲三大规律，其中质量互变规律告诉我们，质和量是对立统一的，互为因果、互相联系，又有区别。量是质的前提，如果没有一定量的保证则质无从谈起，质是建立在一定量的积累之上的。质又是量的生命，没有质的粗制滥造的成果，即使再多，也没有生命力，也没有任何学术价值，甚至会造成负面影响。科研工作的效果要通过成果质量体现出来，这就要求必须质量为先。但是，强调质量第一，并不意味着对数量不作要求。我们这么大一个国家级研究机构，必须做到科研成果的质与量的统一。如果说科研成果质量高，但是一年只搞出一篇或几篇论文，那无论如何也是说不过去的。对科研人员个人来说也是如此，几年甚至十年、二十年写不出一篇论文，那就更说不过去了。我们要的是质与量相统一的科研成果。如果科研成果只有数量而没有质量，那么也反映不出我院作为"国家队"的水平，那就不仅会受到学界同行的质疑，也会受到社会公众的质疑。在创新工程评价体系中，既有质的要求，也有量的要求，在数量方面有一个最低的要求。去年，对进入创新岗位的科研人员做出每年必须至少在核心学术期刊上发表一篇论文或出版一部专著的规定，这已经是最低要求了。即使这样，在去年实行时，有的单位提出很多研究人员没有准备，达不到这个要求，党组经过讨论，去年让了一步，今年必须坚持这一条件。

三是要处理好研究过程与最终成果的关系。科学研究是一个过程，包括调查研究、搜集和整理资料、座谈交流、学术讨论、学术评价等诸多环节。在这一系列环节中，有诸多的人力投入、智力投入，甚至包括一系列的行政管理投入、后勤保障投入，但这个过程有没有效果，要看最终能不能产出科研成果，如果只有过程却没有成果，那么这个过程是徒劳无功的。当然，没有过程，也就不会有最终成果。我院推进创新工程，建立了报偿制度。智力报偿包括过程报偿和目标报偿，过程报偿是支付给一切参与科研过程人员的智力成本支出，当然主要是科研工作，也包括科辅、管理、后勤岗位的劳动支出，这部分报偿基本上是按层级分配的。目标报偿在完成年底绩效考核后发放。同时又设立了创新报偿，鼓励没有进入创新岗位但参与创新工程某些工作的同志努力工作。今后要把报偿制度的重点放在后期资助目标报偿上。

我院创新工程已经搞了三年半了，用高质量的科研成果来回答创新工程搞得怎么样、回答各项工作成效怎么样的时候已经到了。实施创新工程的最终目的是出科研成果，最终结果也看科研成果。现在，一定要集中力量把有质有量、党和人民满意、经得起检验的科研成果搞出来、搞上去。

四是要处理好研究一线与科研保障的关系。也就是要处理好科研工作与其他工作的关系。我院是以科研为主的单位，但是如果没有科辅工作，没有图书资料、信息网络、科研和行政管理、采编翻译和后勤服务等方面的工作，科研工作也难以做好。一切科辅工作，都是为了同一个目的——出科研成果。科辅工作搞得怎么样，标准就是为科研服务得怎么样。要按照这样的标准来检验这些工作。

"潮平两岸阔，风正一帆悬。"现在正是发展哲学社会科学的大好时机，我院要抓住创新工程这个机遇，在哲学社会科学基础研究方面，要拿出千锤百炼的、代表国家级水平的、经得起实践和历史检验的科研成果来；在重大理论问题研究方面，要拿出当年实践是检验真理唯一标准、社会主义市场经济这样重量级的成果来；在现实对策研究方面，要拿出对党和国家决策有重大参考价值的研究成果来。

（三）让科研工作上新台阶，总的方法是加强创新工程制度建设，抓住两头，管好中间，打好学科建设这个基础

发展生产力，把经济建设搞上去，是社会主义初级阶段的根本任务。集中力量抓科研，不断推动科研工作上新台阶，出成果、出人才，是我院的中心任务。怎么抓呢？

第一，加强创新工程制度建设，让制度完善起来、配起套来、固定下来，发挥作用。

党组从谋划创新工程，到先行试点，重点突破，再到全面实施创新工程，始终把制度建设作为关键环节。创新工程的关键是制度创新。制度创新有两个重要环节，第一个环节是人事制度改革，根本问题是形成人员"准入"和"退出"机制，也就是要解决能干的人怎么办和不能干的人怎么办的问题，真正建立条件准入、严格退出、能进能出、能上能下、竞争淘汰的用人机制。有的研究所在年中时就让有的人退出创新岗位了，因为这些人达不到创新工程相关制度的要求。对于这样的研究所，对于这些研究所的党委书记、所长，应当表扬。第二个环节是报偿资助制度的改革，根本问题是形成合理的多劳多得、少劳少得、不劳不得的竞争激励机制，最大限度地调动科研人员和工作人员的积极性。围绕这两个重要环节，经过三年多的实践，我们形成了六大制度，即准入制度、退出制度、配置制度、评价制度、报偿制度和资助制度。实践证明，这六大制度是体制机制制度创新的最新成果，符合客观规律，能够调动全院同志的积极性。今年，经过实践，又新出台了一些制度文件，废止了一些制度文件，修订了一些制度文件，编成 2014 年度《创新工程文件汇编》发给大家，希望大家认真研读，认真贯彻落实。大家不要再用 2013 年度《创新工程文件汇编》的某些文件对照了，而是要按照 2014 年度《创新工程文件汇编》，即新的文件或新修订的文件办事。当然，还要在实践中不断改进完善这些制度，使这些制度逐步配套、固定下来，长期发挥作用。制度建设是全院的一项基础工作，要坚持不懈地抓下去，一丝不苟地、不能走样地坚持下去。

为了鼓励多出创新成果，今年对报偿制度进行了重大改革，加大了后期资助力度。总的思路是报偿逐步向后期资助目标报偿转移和看齐。在严格考核评价的基础上，加大后期资助目标报偿力度。为什么叫后期资助目标报偿？就是把重点放在后期资助上，放在目标报偿上，放在对最终科研成果的资助上。后期资助，也就是一个年度下来，对科研人员的最终科研成果加以后期激励。多干多给，少干少给，不干不给，以科研成果为最终检验标准，这是一项很重要的措施。在前期敲锣打鼓，过程搞得很热闹，最后不出成果，那奖励什么？目标报偿，就是看科研成果是不是达到了预期目标，如果达到了预期目标，就按照后期资助的办法兑现目标报偿，也就是用最终科研成果来衡量科研人员的绩效。实施后期资助目标报偿制度，就是通过管理将报偿制度的重心后移，引导学者真正重视成果产出，重视成果质量，让真正潜心研究、能够推出高质量研究成果的学者得到褒扬。当然，也有人提出不同意见，认为前期做了调研、资料搜集、管理服务等辅助工作，在研究过程中也付出劳动了，为什么不支付后期资助目标报偿呢？道理很简单，过程的劳动支出的报偿已经体现在过程报偿里了。无论你是首席专家、主任、所长，还是普通研究人员，都已按层级支付过程报偿了。而后期资助目标报偿是以最终成果为依据的。马援同志还要就六大制度创新、后期资助目标报偿制度再作详细介绍。

第二，抓好科研选题规划和成果评价发布这两头，管好创新工程实施这个中间环节。

一头是抓好科研规划。老百姓有一句老话，"吃不穷，喝不穷，算计不到一辈子受穷"。清代的陈澹然说："不谋万世者，不足谋一时；不谋全局者，不足谋一域。"所谓算计、计划、谋划，也就是搞好规划。具体来说，就是要搞好科研年度计划和长期规划。首先，务必把党和人民关注的重大理论和现实问题作为主攻方向。要通过年度及中长期科研规划和选题策划，紧紧围绕坚持和发展中国特色社会主义这个主题主线，把党和人民关注的重大理论和现实问题作为研究重点，推出高水平的研究成果。其次，务必把满足哲学社会科学学科建设、学术发展和人才建设的实际需要作为科研规划的重点方向。具体来说，要完善学科布局、培育和支持新兴交叉学科，促进学科全面协调发展；在若干学科前沿领域实现重点突破；发展和完善学科研究支撑体系；建设一支高水平的学术研究队伍，造就一批具有世界影响力的学术大家和研究团队。

长期以来，我院科研工作存在一个明显的问题，就是一些学者自己想研究什么就研究什么，研究带有很明显的随意性、局部性、碎片性、重复性、短期性和个体性，主要表现为两个方面：一是研究缺乏针对性的问题比较突出。在紧密联系党和国家关注的重大理论和现实问题方面，紧密联系我国和我院哲学社会科学发展实际需要方面，做得很不够。学者申报什么，科研局就受理什么，整理出来就成为院发布的科研指南，实际上只起一个汇总的作用，整体规划缺乏现实性、针对性、系统性、全面性、战略性、连续性和长期性。二是研究存在重复性的问题比较突出。由于缺乏整体规划，课题设置重复、研究内容重复、经费投入重复、人力资源配置重复、成果产出重复，甚至研究室设置、学科设置也是重复的，等等。

党组要求必须解决科研针对性缺乏和重复性严重的问题。科研局要做好科研规划的顶层设计。科研局是党组科研管理工作的参谋部、作战部。科研局要像参谋部那样，发挥党组领导科研工作的参谋助手作用，在掌握全院科研工作情况、了解哲学社会科学概况和学术动态的基础上，对我院科研的方向、任务、学科的调整和设置进行深入细致的分析，提出科学合理的建议，组织制定好年度及中长期科研规划，增强科研选题的策划力度，增加选题的前瞻性、战略性、全局性和主动性，抓好年度科研指南和国情调研指南。要建立健全并严格执行以重大理论和现实问题为科研主攻方向的激励机制。院对三类研究所的选题方向都作了严格的制度规定，必须坚决执行。要通过制定年度科研指南和国情调研指南，引导研究人员将重大理论和现实问题作为主攻方向，提高服务党和国家工作大局的能力。要围绕重大基础理论和学科前沿问题，院直接抓一批重大课题，发挥学部和院重大问题综合研究中心的作用，开展跨学科、跨研究所乃至跨院研究，开展重大科研攻关，推出代表我院学术水平的研究成果，引领中国哲学社会科学发展方向。

要逐步建立三类科研规划体系。第一类是"指令性计划"，由院直接拟定并考核的重大课题、交办课题，通过招投标方式或领导交办方式进行。第二类是"指导性计划"，院发布科研和国情调研指南，由各研究单位按指南规定的领域，在广泛调研征求意见的基础上，形成创新项目，以研究单位为主，加以推进。第三类是"自主选择性计划"，为学术自由、个人研究兴趣留出一定空间，但也要纳入并服从总体规划。学者个人研究、项目一旦被批准，要按要求完成。纳入学者资助体系的大多是这些项目。要将"指令性计划""指导性计划"和"自主选择性计划"三者有机结合起来，除少数必须由院直接抓的项目外，坚持简政放权，将多数科研项目交由研究单位负责，再划出少数项目由学者自主选择。院加强指导、督查、评价、考核和监管。

另一头是抓好年度创新工程的科研成果评价和重大科研成果的社会发布。院制定了严格的创新评价标准、办法，形成了一套评价制度和体系，抓好年底检查、评价、考核、奖励，在这个基础上抓好科研成果发布。去年年底至今年年初，以我院名义举行了4场科研成果发布会，发布了16项具有创新性的重要思想理论观点的科研成果。这是我院实施创新工程以来所取得科研成果的集中展示。要总结首批成果发布会的经验教训，完善科研成果发表、发布机制，加强与有关部门以及媒体合作，定期发布重大科研成果和重要学术信息，提高我院学术影响力和社会影响力。

抓好中间环节是指通过创新工程这个实践载体把两头串联起来。就是要全面实施创新工程，按照制度创新、体制创新、管理创新的要求，深化科研管理体制机制改革，抓好过程管理，严格日常管理，形成全院上下共同奋进的工作局面。

第三，加强学科建设，是实施科研强院战略的重要措施，也是抓好科研工作的重要基础。

经过多年的发展，我院的学科数量和学科布局都有了很大改善，研究机构设置基本覆盖了哲学社会科学的主要学科领域。根据学科建设现状，我院目前学科建设的方针是坚持统筹布局，保持学科平衡，实行基础研究和应用研究并重并举。基础研究和应用研究二者不可偏废，不能将其割裂开来，更不能对立起来。然而客观现实是，由于应用研究容易出成果，在职称评定、待遇收入方面占据先机，搞应用研究的人多了，愿意做基础研究的人少了，"板凳要坐十年冷"的执着和坚持少了。近年来，我院科研人员发表的论文数量不少，但真正具有原创性的重大成果却屈指可数。基础研究是推动人类文明进步的内在动力，也是应用研究取得突破的重要基础和前提。那些能够为解决经济社会发展的重大问题提供认知新途径的科学研究，是基础研究应该努力的方向。只有更多的科研人员致力于原创性、原理性的重大发现，我院才能成为真正的最高殿堂，才能为应用研究和对策研究提供强大厚重的学理支撑。

目前我院学科建设主要存在以下问题：一是有些传统学科的优势地位正逐渐丧失，人才队伍力量薄弱；二是应用学科中一些国家经济社会发展急需的学科力量不足，针对性不强，不能适应我国经济社会发展的需要；三是在学科管理方式、规章制度建设方面，存在着"不适应"和"跟不上"的问题。

怎样加强学科建设呢？第一，巩固和加强基础学科优势地位。我院的学科历来以基础雄厚见长，基础学科代表着我院学术殿堂的高度，也是我院值得骄傲之处。我们不仅要保持住基础学科的优势，还要不断发展壮大其优势。第二，充分体现应用学科建设的智库定位。针对中央关注的重大问题和今后一个时期经济社会发展的重点领域和重大问题，调整或新设一些急需的学科。第三，大力培育和扶持新兴学科。新兴学科是学科发展的增长点，也是创新学科体系的一个重要方面，在学科布局上应给予必要的位置。第四，探索和推进交叉学科发展。通过自然科学和社会科学交叉融合，产生新的学科领域。第五，创新促进学科发展的体制机制。总结经验，探索规律，制定配套的制度和措施，创造有利于出成果、出人才的学科发展的新体制新机制。

（四）加大人才引进培养力度，大胆引进人才、大力培养人才，将我院建设成为哲学社会科学高端人才的聚集高地

"盖有非常之功，必待非常之人。"人才是科学研究最关键的因素。哲学社会科学事业繁荣发展呼唤优秀人才。被誉为清华"终身校长"的梅贻琦先生有一句名言："所谓大学者，非谓有大楼之谓也，有大师之谓也。"归根结底，一个学术机构的地位，最终取决于人才的因素。诞生于抗战时期的"国立西南联合大学"，生存环境恶劣，办学条件简陋，学生宿舍全是土墙茅草顶结构，教室、办公室、实验室为土墙铁皮顶结构，仅食堂和图书馆为砖木结构，却会集了一批著名专家、学者、教授，他们都是各个学科、专业的泰斗和顶级专家，同时还孕育了大批人才。"中央研究院"1949 年首届院士中，有联大师生 27 人。中国科学院历届院士中共有联大师生 154 人，其中学生 80 人；中国工程院历届院士中有 12 名联大学生。其中有杨振宁、李政道 2 人获得诺贝尔物理学奖；赵九章、邓稼先等 8 人获得"两弹一星"功勋奖；黄昆、刘东生、叶笃正、吴征镒 4 位为国家最高科学技术奖获得者；还有不少人后来成为党和国家领导人。正是从这个意义上讲，中国社科院搞得好不好，既不取决于有多少座大楼，也不完全取决于经费和设备的投入——当然这些是必要的——而是取决于有没有人才，有没有高端人才，有没有青年才俊，有没有学术大师。对于我院来说，人才越多越好，他们的本事越大越好。

第一，大力加强以研究人才为主的人才队伍建设，培养一支又红又专、德才兼备的人才队伍。

人才资源是第一资源，人才对事业的兴旺往往起着关键性的作用。先有梅兰芳后有梅派，先有程砚秋后有程派，先有尚小云后有尚派，先有荀慧生后有荀派。一个人才的出现，能够带活一个领域，兴起一个行业；一个人才的离开，可能会导致一个领域的沉寂，造成一个行业的没落。繁荣发展哲学社会科学事业需要各方面人才。我院需求的人才主要是四类。第一类是研究人才，这是核心人才。第二类是管理人才，这是不可缺少的人才。第三类是科辅人才，包括图书资料、采编出版、信息数据、新闻宣传人才等。第四类是服务人才，包括炊事员、驾驶员、服务员等。有的同志一听"科辅""服务"就认为是辅助的、次要的、打下手的、伺候人的，这么理解是不对的。如果说科研人才是作战部队，那么科辅、后勤人才就是保障部队。不能说作战部队重要，保障部队就不重要。自古就有"兵马未动，粮草先行"的说法。从一定意义上说，保障是否及时和充足关系到整个战争的成败，保障是否强大，代表着国家的国力是否强大。第二次世界大战中的北非战役、诺曼底登陆作战等经典战例，都体现出保障是战争的命脉所在。对于科研事业，道理相同，没有科研辅助、后勤服务等保障工作，科研工作照样做不好。在1978年3月召开的全国科学大会上，复出不久的邓小平同志向科学家们诚恳地表白："我愿意当大家的后勤部长。"当时与会的许多科技工作者热泪盈眶，倍感振奋。在他的号召、带动下，一个科学的春天到来了。四类人才好比马之四蹄、车之四轮，缺一不可。加强人才队伍建设，虽然要以培养研究人才为主，但只有讲加强以研究人才为主体的四支人才队伍建设，才是我院完整的人才队伍概念。

我院对人才的要求是又红又专。"红"是指具有坚定的政治信仰、深厚的理论功底、远大的理想追求和高尚的道德情怀，使自己的研究工作与时代相互激荡，同党和人民保持一致，对人民怀有深厚感情，与人民的利益相联系，为人民谋福祉，为人民搞科研，为了伟大的目标而奉献一生，矢志不渝。机关党委组织过两次道德论坛，论坛上列举的案例涉及的几乎都是房产问题。有些科研人员和工作人员无理抢占公房据为己有，或把公房出租将租金据为己有，作出斯文扫地的丑事。这样不道德的"人才"，不是我院所需要的。"专"是指业务上要拔尖，为学术领域中某一学科或多个学科的杰出代表，学术水平高超、造诣精深、成果丰硕，要有比一般学者更为广博丰富的知识，形成系统深刻而独到的见解、理论、学说。人才队伍建设应该坚持以德为先，德才兼备。也就是说，我院要培养的大师，应当既是学问之师，又是品行之师。"学高为师，德高为范。"当然，对管理人才、科辅人才、服务人才的要求也是又红又专、德才兼备，只是"专"的要求与科研人员不同。

第二，要坚持引进人才和培养人才两条腿走路，立足自主培养，同时引进适当数量的拔尖人才，以弥补我院人才队伍的不足。

一条腿是引进人才。从世界范围看，加强引进人才，促进人才流动，是科研学术单位人才队伍建设的重要途径。我院也不例外。从历史上看，我院大量成批地引进大师级人才主要有两次。第一次是新中国成立后，在中国科学院设立作为我院前身的哲学社会科学部，把全国哲学社会科学领域的许多高端人才引进来了。比如郭沫若、范文澜、陈垣、金岳霖、郑振铎、侯外庐、夏鼐、吕叔湘、丁声树、孙冶方、许涤新、何其芳、俞平伯、贺麟、钱锺书、张友渔、宦乡等，可谓星光璀璨。第二次是1977年我院正式建院的时候，也从全国各地引进了大量优秀人才，他们当中的很多人后来成为享誉中外的学术大家。

在引进人才问题上，有人存在"武大郎开店"的思想，即"不容大个儿"，比自己高的都不要，或存在《水浒传》里"白衣秀士"王伦的狭隘心理和排斥态度，凡是强于自己的一概排斥、压制、剪除。这都是典型的"小心眼""小气量"，缺乏大局观念，办不成大事。一是怕引进比自己强的人把自己压住，把老人压住。当然，从现实情况来看，也怕引进优秀人才占用本单位的高研指标。二是担心引进领导干部和管理人才，把自己人的位置占了，存在消极情绪。我院可谓人才济济，会写字的人不少，但真正懂管理、会管理的人才还是缺乏的。引进人才一定要有开阔的胸襟，破除武大郎开店或王伦自当老大的思维模式。

大家要明白，只有坚持竞争激励，引进强手，才能为人才成长创造良好的环境，才能为人才发挥作用、施展才华提供更加广阔的天地。"林李争霸"堪称羽坛巅峰对决。从北京奥运到伦敦奥运，从汤姆斯杯到苏迪曼杯，从全英赛到世锦赛，羽坛各类的高级别赛事见证了林丹与李宗伟堪称"五星级"的较量，他们的职业生涯正是因为对方的存在，才变得更加精彩，更加值得书写。美国 NBA 的选秀制度，把世界上最优秀最有天赋的篮球运动员吸引到 NBA，使美国篮球始终保持领先水平。在刚刚结束的巴西世界杯上大放异彩的德国球员穆勒、阿根廷球员梅西、荷兰球员罗本、巴西球员内马尔等都效力于竞争激烈的欧洲联赛，这里汇聚了全世界最优秀的球员。初出茅庐的文艺新秀与德艺双馨的艺术家同台献艺，通常能有非常出彩的发挥，且获益匪浅。希望大家从大局出发，支持引进人才，胸怀宽广地引进人才，不要当"武大郎"，容不得比自己个儿高的，更不要当"白衣秀才"王伦，心眼儿比绣花针还小。

"国以才立，政以才治，业以才兴。"海纳百川，有容乃大，只有善于吸纳各路人才，为我所用，才能成就大业。春秋战国时期，凡是国力强盛、成就霸业的国家，靠的大都是号称"客卿"的外来"干部"。战国末期，随着秦国越来越强大，各诸侯国贵族为了对付秦国的入侵和挽救本国的灭亡，竭力网罗人才。他们礼贤下士，广招宾客，以扩大自己的势力，因此养"士"之风盛行。当时，以养"士"著称的有魏国的信陵君魏无忌、齐国的孟尝君田文、赵国的平原君赵胜、楚国的春申君黄歇，后人称之为"战国四君子"。秦国的发展始自穆公，因受制于晋国，其后 15 代 200 余年困于西戎。自孝公任用卫国人商鞅变法以来方迅速强大，而后秦昭襄王任用魏国人范雎，远交近攻，长平之战坑赵人 45 万，又亡东周，奠定了统一基础。魏国人张仪被秦惠王封为相，后出使游说各诸侯国，以"横"

破"纵"，使各国纷纷由合纵抗秦转变为连横亲秦。楚国人李斯学成入秦，劝说秦王政灭诸侯、成帝业，在秦灭六国的事业中起了较大作用。自始皇奋六世余烈，终一统六国。"得民心者得天下，得士者得民心。"他们的人才观，他们对人才的重视，以及运用人才来振兴国家的做法，对后世影响深远。引进人才对改变我院的人才和队伍结构是非常必要的。我们引进人才的重点，一是大师级的学术带头人；二是有培养前途的后备人才；三是有管理经验的管理人才。

引进人才要严格把关，提高门槛。引进的人不行，再怎么培养也成不了大师，也培养不出好的人才。有这样一则寓言：龙门太高，鲤鱼们纷纷请求龙王降低门槛，然后都轻松跳过了，但后来发现，跳过龙门的鲤鱼还是鲤鱼，并没有真正变成龙。列宁曾经常引用《克雷洛夫寓言》中的一句话：鹰有时飞得比鸡低，但鸡永远不能飞得比鹰高。这两则寓言告诉我们一个道理，就是标准很要紧，凡事有高标准才有高质量。因此，人才引进工作必须从严进行，不能降格以求。要把好质量关，选择有培养价值的科研、管理人才。我认为，我院工作好做，也不好做。从一个方面说，正如陈奎元同志讲的，我们是在同明白人打交道，大家都懂道理，所以工作好做。从另一个方面说，工作也不好做。几乎每个单位都有一些不干活的人，还有若干难缠的人，让领导非常头疼，让一些书记、所长苦不堪言。有个别单位，"七大姑八大姨"扎成堆，师傅带徒儿、徒儿带徒孙，打断骨头连着筋。这些人里面有多少算得上人才？到底是怎么进来的？一定要总结经验，吸取教训。我认为，根本原因就是把关不严，没有程序，不守规矩，你进学生，我就进亲戚，你进一个，我也得搭一个，一下子就乱了套。久而久之，积重难返。加强管理工作，严把人才引进关，十分必要。有些单位做得很好，就是因为按规矩、按程序，严格把关。在这方面，社会学所多年来就做得很好。院里制定了引进人才的制度文件，同志们要好好学习文件，不要坏了规矩。大家要在这个问题上统一思想，不能因小失大，只图一时之利，给后来人带来无尽的苦恼和麻烦。张冠梓同志还要具体介绍严格进人制度问题。

另一条腿是培养人才。要在现有人员中发现人才、使用人才、培养人才。要按照人才成长规律改进人才培养机制，努力造就一批国内甚至世界一流水平的领军人才和高水平创新团队，"顺木之天，以致其性"，避免急功近利、拔苗助长。要促进人才资源合理有序流动。要在全院积极营造鼓励大胆研究、勇于创新、包容创新的良好氛围，既要重视成功，也要宽容失败，完善好人才评价指挥棒作用。要注重培养青年人才。拥有一大批创新型青年人才，是我院创新活力之所在，也是繁荣发展哲学社会科学希望之所在。当前我院的科研及管理人才，20世纪50年代出生的是主干力量，60年代出生的也逐渐成为骨干力量，70年代出生的已经崭露头角。当然，一些40年代、30年代甚至20年代出生的老同志还在发挥作用。要大胆引进、大胆使用、大胆培养六七十年代出生的人才，把80年代和90年代出生的人才纳入视野。我院的中老年科研骨干不仅要做研究的开拓者，更要做提携后学的领路人。希望大家肩负起培养青年人才的责任，甘为人梯，言传身教，慧眼识才，不断发现、培养、举荐人才，为拔尖青年人才脱颖而出铺路搭桥，甘当人梯。

第三，采取必要措施，加大领导干部和复合型管理人才的培养力度。

一是选拔一批有发展后劲的所局级正职后备人选加以培养。针对他们马克思主义理论功底不够扎实，长期党内生活磨炼不够严格，担任领导干部具备的基本素质不够完备的问题，缺什么补什么，不能条件不具备就仓促推上马，欲速则不达。要让他们知道怎么当书记，怎么当所长，怎么当局长，怎么管理好一个所、一个局。党组下决心培养一批年轻有为的，讲政治、明方向、守纪律、懂科研、善团结的党委书记、所长和局长。我院绝大多数党委书记、所长和局长是合格的，党组是信任的，但要把思路和眼光放在年轻人身上。二是加大干部交流和交叉任职的力度。比如党委书记、行政副所长一般不从本单位产生，加大管理干部交流力度，今年党委书记、行政副所长的选配，就是按照这样的规矩进行的，效果不错。第一批交流了 21 个处级干部，效果也是好的。三是实行领导干部和研究室主任任期制。虽然目前还在试点，大家是拥护的。有些小道理，从局部、短期看是合理的，但从大局、长期看是不合理的。希望同志们从大局、长远、根本出发，打破一潭死水，支持人才制度的改革创新。

（五）坚持、加强和改进党对哲学社会科学的领导，坚持把思想政治领导放在第一位，落实好"一项制度、两个建设、三项纪律"的我院党建工作基本要求

党的领导是在中国特色社会主义条件下，繁荣发展哲学社会科学的基本政治前提和根本政治保证。对于我院来说，坚持、加强和改进党的领导具有极端重要性和不可动摇性。

第一，坚持、加强和改进党的领导，具体到我院，就是加强党对哲学社会科学的领导，对思想政治工作和学术研究的领导，坚持党要管党、管干部、管意识形态、管大政方针。

一定要把坚持党的领导作为领导干部的第一政治责任。党的领导首先体现为党组和各级党组织要坚持坚定正确的政治方向和学术导向，坚决贯彻执行党中央和上级党组织的决定，在思想上、政治上、行动上与以习近平同志为总书记的党中央保持高度一致，一切服从党中央的要求和决定，使中央的决策部署在我院得到不折不扣的切实贯彻落实。其次是坚定不移地、一丝不苟地贯彻执行党的决议，善于把中央的要求和精神变成本单位自觉的行动、具体的举措，努力办好院，治好所。再次，领导干部要树立党的观念，树立个人服从组织、少数服从多数、下级服从上级、全党服从中央的组织观念和纪律观念。

毛泽东同志说，党的领导第一位的就是思想政治领导。加强党的领导，最重要的就是加强思想政治领导，加强对意识形态的领导。当前，党在意识形态领域面临着长期的、复杂的斗争和较量。只有坚持党的坚强领导，才能牢牢占领党的意识形态阵地，避免犯无可挽回的历史性错误。在座的书记们、所长们，你们既是哲学社会科学工作者，又是党的思想文化战线上的战士，意识形态领域的骨干，绝不是"自由撰稿人""松散联盟"的召集人，而是党的意识形态阵地的领导干部，是党在思想文化战线上、在哲学社会科学研究上的组织者和管理者，不能把自己降低为一般学者，更不能降低为"自由撰稿人"，应该始终站在党的立场上把研究所治理好。

第二，坚持、加强和改进党的领导，关键要落实好党委集体领导下的所长负责制。

党委集体领导下的所长负责制把党对哲学社会科学的领导同发挥专家学者治所管所的作用充分结合起来，是我院的一项根本性的领导体制。只有坚持党委集体领导下的所长负责制，才能体现中国社会科学院是党所领导的国家级学术机构和党的意识形态部门的政治性质，才能保证始终坚持正确的政治方向和学术导向。一定要把这个制度执行好、完善好、巩固好，充分发挥作用，不能动摇，不能变通。

党委集体领导下的所长负责制在贯彻落实的过程中还存在一些值得注意的问题。第一，个别单位党委集体领导作用发挥不够。存在对党委集体领导下的所长负责制认识不高、职责不清晰、执行不到位；党委会、所长办公会、所务会、所务扩大会议等议事制度不健全、不规范，规则不明确，参会人员交叉重叠，议事范围不确定，党委会与所务会职能混淆，甚至以所务会代替党委会，造成管理上的混乱；召开党委会、所长办公会、所务会或有会议记录和纪要，但内容粗略，不能完整反映"三重一大"事项的酝酿过程、责任主体和决策结果等问题。当然，也有极个别单位没有纪要，甚至没有记录。第二，个别领导班子民主集中制落实不到位。存在"过度集中"和"过度民主"两种倾向：如重大决策缺乏沟通协商，没有事先征求班子成员和党员群众的意见；所务公开制度不完善，公开程序不规范，公开内容不明确，公开时间不及时，群众应有的知情权、参与权和监督权得不到落实。今年上半年进行的加强组织纪律建设调研显示，有42.5%的人认为，"不按民主集中制原则办事，个人决定重大事项"；怕担责任，为了避免麻烦，事事讲求"民主"，把一些分管职责范围内的琐事小事当作"三重一大"事项处理，造成"每每开会"却议而不决的低效率局面，一旦出了问题又不敢担责任。第三，个别领导存在作风霸道、"一言堂"问题。个别领导缺乏正确的权力观，接受组织和群众监督的意识不强，个人独断专行，工作方式简单粗暴，不虚心听取各方面意见，习惯于独往独来、包办代替；个别主要领导的权力过于集中，一些重大决策不经党委集体研究决策，课题立项结项、职称评定等重大科研活动党委不能参与，党委把握政治方向、保证公平公正等作用没有得到充分发挥，难以形成有效的监督制约；个别领导无视组织原则和程序，擅自决定重大事项，把自己凌驾于组织和群众之上，听不进不同意见；个别领导不讲组织原则，不注意保密，随意泄露会议内容，有意见当面不提，背后乱说；个别领导私底下拉帮结派，拉选票，左右民意，极个别领导甚至对持不同意见者进行打击报复；个别领导不敢坚持组织原则，对一些错误做法不敢提出批评意见等。

加强党委集体领导下的所长负责制制度建设是一项基本性、根本性的工作。我院有两个条例，一个是党委工作条例，一个是所长工作条例，它们从制度上对党委会和所长办公会、书记和所长的职责作了明确的划分，是管用的文件，必须认真学习，切实执行。

加强党委集体领导下的所长负责制，一要解决好认识问题。对我院坚持党的领导是不能质疑的。有人问，研究所究竟是所长说了算还是书记说了算？谁是老大，谁是"一把手"，这种提法本身就是模糊的、错误的。不能争论书记和所长谁老大、谁说了算，正确的说法是党委集体领导说了算，而不是个人说了算。不能把党委当成配角，把党委书记当成跑龙套的，当成可有可无的职务，当成安排人的位置。书记是集体领导的班长，所长是党委集体领导下的所长负责制的责任人，两人都要服从党委的集体领导。个别同志党的领导观念淡薄，缺乏严格的党内生活锻炼，表现为不懂党的集体领导，不尊重党委，不尊重书记，也不会实施党委的集体领导；在关键时刻对错误言行不敢发声，不敢亮剑，不善于做党的工作。要明确党委的核心领导地位和作用，明确党委领导是方向领导、政治领导，是科学决策的保证，不是代替一切"包打天下"，也不是脱离群众的官僚主义指挥。二要解决好民主集中制问题。既充分发扬民主，又正确实行集中。善于听取各方面的意见，集中大家的智慧，科学决策、民主决策。凡是研究所的重大问题，都要在党委会议上公开讨论，集体决策，切忌个人说了算，杜绝"家长制"和"一言堂"；班子成员应摆正位置，积极建言献策，坚持用好批评与自我批评这个武器，把看法摆在桌面，把意见说在台面，把问题解决在当面，相互提醒、相互监督、相互帮助，保持既严肃又和谐的工作关系，维护班子团结，增强班子活力。三要解决好制定党委议事制度和规则问题。要把党委管什么事、所务会和所长办公会管什么事规划好、分清楚。凡是党委管的，如干部等大事，一定要提交党委会。要建立领导文件传阅制度。办公厅要对文件传阅制度进行专项检查。要有会议制度、会议议题、会议记录、会议纪要，有讨论，有落实。既不能以所长办公会代替党委会，也不能以党委会代替所长办公会，不能开一揽子会。四要解决好党委书记和所长的团结问题。凡是书记和所长搞不好团结的，单位工作也做不好。个别书记和所长口和心不和，甚至连口都不和，或者"表面一团火，脚下使绊子"，互相拆台，甚至公开吵架，闹得一个所兵分两路，人分两派，谈何凝聚力、向心力、战斗力？党委书记和所长既要明确分工，又要密切合作，分工不分家。书记是研究所党的工作的主要负责人，所长是研究所科研和所务工作的主要负责人。所长要支持书记的工作，坚持并服从党委集体领导。五要充分发挥所长的作用。书记要支持所长工作，充分发挥所长在科研工作和所务工作中的积极性。在党委集体领导下，所长要对一个所的科研工作和所务工作负责，副所长要对自己分管的工作负责。所长要按照党的路线方针政策来具体实施领导，充分发挥在科研工作上的组织管理、学术引导、学术把关等重要作用。要把副所长的积极性调动起来，把研究室主任的积极性调动起来，把每一个科研人员和工作人员的积极性调动起来。六要提高党委书记的素质和能力。党委书记要善于当好班长，善于坚持民主集中制，善于调动一班人的积极性。习近平总书记指出："一个高明的领导，讲究领导艺术，知关节，得要领，把握规律，掌握节奏，举重若轻"，"一把手领导艺术的重要体现是有容人之气度、纳谏之雅量，充分发挥党内民主"，"善于把'多种声音'协调为'一首乐曲'"。党组将集中精力选好党委书记。

第三，坚持、加强和改进党的领导，一定要抓好党委领导班子建设和党支部建设。

坚持、加强和改进党的领导，必须加强党的建设。在我院抓党的建设，具体来说，要抓"两个建设"，一个是党委建设，一个是党支部建设。

"火车跑得快，全靠车头带。"研究单位建设得如何，关键在党委领导班子。抓好党委领导班子建设，有三个环节：第一个环节，也是最重要的环节，是要下大气力提高领导班子成员的理论水平。着力抓好领导班子的理论学习，通过学习，切实做到熟练运用马克思主义立场观点方法，准确把握科研方向和学术导向，正确地指导科研工作。第二个环节，要提高领导班子成员的思想道德素质。增强领导班子成员的使命感、责任感，率先垂范，模范带头，彻底地、全心全意地，而不是三心二意地完成党交给的各项工作任务，认认真真带好队伍，认认真真履行职责，认认真真抓好管理，绝不能敷衍了事。第三个环节，要提高班子成员的领导素质和管理能力。班子成员要掌握高超的领导艺术，切实做到管理有办法，执行有力度，工作有思路。善于和科研人员、工作人员打交道、交朋友，为他们排忧解难，调动他们的积极性。只要班子成员具备了上述三个方面的素养和能力，研究所的工作、社科院的工作就会所向披靡，无往而不胜。

另一个建设是加强党支部建设。研究室党支部是我院党的建设的基础，"基础不牢，地动山摇"。党支部建设重在落实，要紧密结合科研工作和业务工作来进行。一要抓好领导落实。党委要高度重视党支部建设，定期听取党支部工作汇报，抓好党员队伍建设。建立党委书记和党支部直接联系机制，党委书记定期与支部书记谈话，了解情况，帮助解决党支部建设中的困难和问题。党委成员要以普通党员身份参加组织生活，深入支部，分工联系若干支部。二要抓好组织落实。把党支部健全起来，把党支部建在研究室上，具备条件的研究室要及时成立党支部。把支部工作和研究室工作有机结合起来，充分发挥党支部在研究室建设和科研工作中的政治保证作用和思想导向作用。选好配齐党支部书记，符合条件的研究室主任应兼任支部书记。条件尚不成熟的，可以由研究室主任以外的党员担任。

加强对支部书记的培训，提高支部书记的素质。重视发展党员，特别是在科研骨干和青年科研人员中发展党员，不能长期不发展党员。三要抓好工作落实。党支部要定期开展活动，突出思想性、政治性、先进性，使活动制度化、规范化、常态化、长效化。建立学习型党支部，支部书记要带头加强学习，有针对性地做好思想政治工作，开展积极的思想交流，加强党员党性教育。四要抓好制度落实。建立健全"三会一课"制度，定期召开支部党员大会、支委会、党小组会，按时上好党课。严格支部的组织生活，使组织生活正常化、制度化、长效化。

第四，坚持、加强和改进党的领导，必须加强"三项纪律"建设。

毛泽东同志早就说过，路线是"王道"，纪律是"霸道"，两者都不可少。在清除林彪反党集团的斗争中，毛泽东同志曾多次在高级干部中领唱"三大纪律八项注意"。遵守党的纪律，这是中国革命成功的重要条件。"加强纪律性，革命无不胜。"习近平同志指出："我们党是靠革命理想和铁的纪律组织起来的马克思主义政党，纪律严明是党的光荣传统和独特优势。党面临的形势越复杂、肩负的任务越艰巨，就越要加强纪律建设，越要维护党的团结统一，确保全党统一意志、统一行动、步调一致前进。""党要管党，从严治党"从来都不是一句口号，而应该落实为刚性的政治纪律、组织纪律和财经纪律。否则，没有纪律性，规模再大也只是乌合之众；缺少组织性，人数再多也不过是散兵游勇。要把"三项纪律"建设作为我院的一项基础性建设长期抓下去。

当前我院在执行政治纪律、组织纪律和财经纪律方面总体上是好的，但也还存在一些值得警惕的问题，必须集中力量加以解决。

在政治纪律方面，主要存在贯彻落实中央和党组决策部署主动性不够强，贯彻不够有力，落实不够到位，对意识形态斗争重视不够，对错误的东西不敢针锋相对地斗争的问题。如个别领导传达中央和院有关精神"三言两语"，甚至根本不传达，对有关政策和改革措施解读不到位，部署不到位，执行不到位；个别领导对违反政治纪律的行为不敢处理，担心被别有用心的人借机炒作，落下被敌对势力攻击的"把柄"；个别领导缺乏实干精神，以会议落实会议，以文件落实文件，不善于从实际出发抓落实；个别领导面对改革过程中的棘手问题麻木不仁，缺少解决的办法和勇气，或者奉行"好人主义"，不愿直面矛盾和问题，习惯于把问题"上交"，不想干事、不愿干事、乃至不干事；个别领导存在有令不行、有禁不止，搞小圈子、不搞"五湖四海"等问题。

在组织纪律方面，一是党的观念淡薄。个别同志缺乏阵地意识，忘记自己的党员身份，坚守党的主张不坚定，履行党员义务不积极，执行党的决议不认真；不注重党性修养和自身学习，忽视了世界观改造。二是组织观念淡薄。个别同志组织观念、程序观念淡化，按组织要求办事、服从组织命令不坚决，该请假的不请假，该请示的不请示，该报告的不报告。三是组织纪律松懈。个别单位长期以来一直存在自由散漫的风气，成为一个没有凝聚力的散摊子；个别人以自我为中心，以自己或小集体利益为重，时常算计自己得失，对组织的意见置若罔闻；个别人没把工作放在首位，返所日迟到早退，甚至长期不来单位，参加所里工作也仅凭个人利益和爱好选择，个别人甚至只要组织照顾，不要组织服从，把所谓的"学术自由"常挂嘴边。四是组织生活松散。个别单位两三年没开过全体党员会议；个别领导长期不参加组织生活，对党员的思想政治建设方面疏于管理、疏于教育，不了解广大党员的思想状况。

在财经纪律方面，在全院开展"小金库"检查和"三项经费"检查过程中，发现有的单位未按照院里要求认真开展自查自纠，对存在问题"零报告"，对有关财经纪律和经费管理制度执行不力，违规违纪行为依然存在。

从我院的实际来看，以上情况虽然是个别的，但问题是严重的。加强"三项纪律"建设，要特别重视加强党的组织纪律建设，强化"四种意识"：第一，强化党员意识。习近平同志强调：党纪问题归根到底是党性问题。共产党员一旦不注重党性修养，理想信念动摇，纪律就会松弛，行为就会失范。从一定意义上说，违规违纪、贪污腐败的过程就是党员干部党性动摇、纪律松弛的过程。必须严格遵守党的纪律，坚定党性原则、坚定理想信念、坚定政治立场，毫无例外地把自己置于党的组织之下。"要强化党的意识，牢记自己的第一身份是共产党员，第一职责是为党工作，做到忠诚于组织，任何时候都与党同心同德。"第二，强化服从意识。我院各级党组织和全体党员必须坚决做到"四个服从"，自觉维护中央权威；坚决贯彻中央和党组的决策部署，决不允许有令不行、有禁不止，阳奉阴违、敷衍塞责；坚决无条件地执行党的纪律，维护组织纪律的权威性，决不能选择性地执行，不能把纪律作为一个软约束或是束之高阁的一纸空文。第三，强化责任意识。每个党员干部都要增强遵守组织纪律的自觉性，把遵守党的纪律作为自己的政治责任、终身责任，自觉在约束中工作、在监督下干事。第四，强化底线意识。党的纪律是铁的纪律，是不可触碰的高压线。要增强执行组织纪律的严肃性，自觉摒弃从众、侥幸、麻痹心理，心存敬畏、守住底线，不越雷池半步。党组提出了党委书记原则上实行坐班制，行政副所长坚持坐班制，所长或业务副所长要把主要精力放在分管工作上的纪律要求，大家一定遵守。

三　下半年的主要工作

现在已经进入第三季度了，时间过半，任务和工作还很多，希望大家学会"弹钢琴"，统筹兼顾，协调各方，全力以赴推进工作。关于下半年的工作，除了正常工作之外，重点要做到"七个抓好"：

一是抓好马克思主义理论学习，特别是习近平总书记系列重要讲话精神的学习。党组带头学，各单位党委中心组认真学，组织好所在单位干部职工学。直属机关党委要建立马克思主义理论学习的长效机制，建立健全党委中心组学习制度、主要领导干部学习制度、处级干部学习制度和全员培训制度。

二是抓好创新工程工作。重点把创新工程制度，主要是六项制度配套化、固定化，让全院人员熟悉制度，学会按制度办事。后期资助目标报偿制度是新提出来的，要尽快制定、试行并加以完善。现在正逐步出台科研单位、管理单位、采编单位绩效考核办法，出台科研人员、管理人员、采编人员后期资助目标报偿管理办法，已经搞了试点，这次会上向同志们广泛征求意见，请大家认真研究。下半年还要出台图资、网络、教学、企业等单位绩效考核办法，出台图资人员、网络人员、教学人员、服务人员的后期资助目标报偿管理办法，争取年底前配套齐备，试行"空运转"，明年全面推开。要做好年底评价考核的总结工作，要重点抓好出科研成果的问题。

三是抓好"三项纪律"建设。"三项纪律"建设是一项长期任务，要制定出具体的实施方案来，一步一步抓好。由英伟同志直接抓、直接管，要抓出成效。下半年，审计署将进驻我院，创新工程经费和津补贴检查、科研经费检查、期刊经费检查要提前进行自查。横向课题的虚假报销问题，审计署已经开始关注了，大家一定要注意。"三项检查"工作要早动手、早布置、早检查。对于违反财经纪律、不守规矩的单位实行一票否决，取消其进入创新工程的资格。今年要彻底解决违反财经纪律问题。

四是抓好今年各项工作任务的完成。时间已经过半，各项工作任务要抓紧往前推进，不要拖到年底算总账。请大家认真对照，查一查2014年"三会"决定事项和2014年工作要点、改革创新工作要点及院督办工作例会确定任务落实情况，党组七个文件落实情况和党的群众路线教育实践活动整改落实方案相关任务落实情况，等等。各单位负责同志要对完成情况了然于心，没有完成的，要分析原因，抓紧督办，不要再拖了。

五是抓好报刊出版馆网库和中国社会科学评价中心建设。下半年要召开报刊出版馆网库和评价中心名优建设工作经验交流会，相关部门要做好组织筹备工作。抓好"七名"建设，抓好学术期刊"五统一"工作。加强"七名"建设，重要的是加强"七名"单位学术编辑队伍建设，目的是抢占学术制高点。

六是抓好领导班子建设、干部交流和研究室主任聘期制。院党组下决心采取管用措施，加强院属单位领导班子建设工作。各单位领导班子也要高度重视自身建设问题，重视研究室主任、处级干部队伍建设。下半年在试点基础上进一步推进干部交流和研究室主任聘期制工作。

七是抓好明年工作的总体思路和规划。院里要考虑院里的，各单位要考虑各单位的，要把明年的工作特别是创新工程推进方案和科研规划制定好，早谋划，早部署，早准备。

谢谢大家！

把"三严三实"专题教育
与"从严入手""从实着力"解决
实际问题结合起来

——在 2015 年所局级主要领导干部"三严三实"专题教
育暨创新工程制度建设专题研讨会上的动员讲话
（2015 年 7 月 27 日）

同志们：

根据大会安排，我代表党组讲几点意见，作为动员。

一　会议主题和开法

这次会议的主题是：认真学习习近平总书记系列重要讲
话，以深入推进"三严三实"专题教育为主要内容，把"三严
三实"专题教育和"从严入手""从实着力"解决实际问题结
合起来，集中研究解决我院在加强党委集体领导下的所长负责
制制度建设、创新工程制度建设、"三项纪律"建设和中国特
色新型智库建设等工作中存在的主要问题，为我院事业发展提
供强有力的制度保障，全面推进我院各项工作。

按照中央统一部署和要求，院党组决定，2015 年在我院处

（室）级以上领导干部中开展"三严三实"专题教育。抓好"三严三实"专题教育，对于解决我院存在的问题，推动各项事业健康发展，是非常必要的，具有极强的针对性。这些年来，党组狠抓制度建设不松劲，在党委集体领导下的所长负责制和创新工程等制度的执行上，在"三项纪律"建设等方面，党组几乎逢会必讲，违事必管，有案必办，相继出台了不少严格具体的规定，强化了刚性约束，而且还组织专门力量到一些单位进行了专项巡视，从严管理、从严治院取得很大进展，制度建设和"三项纪律"建设初见成效，全院同志按规矩办事、按制度用权意识显著增强，越界犯规行为大为减少。一些过去习以为常、司空见惯的"四风"问题得到有效遏制，一人说了就算、一拍脑袋就定、一拍胸脯就办基本行不通了，什么饭都敢吃、什么人都敢交、什么事都敢做的现象受到严格节制，大家头脑中的"紧箍咒"自觉勒紧了。

但是，就全院范围来说，还存在一些突出问题，即使这些问题是极其个别的：一是不讲政治，自行其是，有令不行，有禁不止；二是组织涣散，纪律松懈，我行我素，搞一言堂；三是团团伙伙，亲亲疏疏，形成小圈子；四是以权谋私，公器私用，违反财经纪律，等等。之所以还存在上述个别问题，主要是因为一些人特别是极少数领导干部马克思主义理论素质不高，思想认识不到位，理想信念不坚定；缺乏党的意识，缺乏党的集体领导意识，缺乏制度意识；政治纪律、组织纪律、廉洁纪律、财经纪律观念淡薄，不知什么是底线，甚至胆敢触碰红线，摸到高压线。当然，对这样一些个别问题的存在，党组要负一定的领导责任，作为党组书记，我要负主体领导责任。我们的主要责任就是对领导干部教育还不够，制度制定得不严不细，管理过宽，对存在问题处理得还过软过松，从严管理、从实着力还没完全到位。

当然，出现问题并不可怕，关键是要解决好问题，要从根本上解决问题。1948年纠正土地改革中发生的偏向问题时，毛泽东同志曾经说过："领导者的责任，就是不但指出斗争的方向，规定斗争的任务，而且必须总结具体的经验，向群众迅速传播这些经验，使正确的获得推广，错误的不致重犯。"我们的事业，就是在不断总结经验，坚持正确的、纠正错误的过程中而不断向前发展的。党组下决心，在"从严""从实"方面下更大的功夫，付出更艰苦的努力，把思想教育摆得更重，把制度笼子扎得更紧，把纪律关口封得更严。

这次会议的开法，仍然是突出彻底查找问题，认真总结经验，深入剖析存在问题的原因，从而找到从根本上解决问题的办法，目的是达成高度共识，团结一致，全面推进我院各项工作。会议期间，胜轩、张江、英伟、蔡昉同志，以及冠梓、马援同志，将结合我院不同工作领域中的典型案例，深入剖析存在问题，提出整改要求。为了帮助大家进一步了解国家有关法律法规和政策规定，深刻认识我院在财经纪律和财务管理等方面存在的主要问题，更有针对性地做好工作，邀请了国家审计署科学技术审计局局长韩大川同志就充分认识审计工作的重要性作专题报告。会议安排两次大会交流，其中第一次大会交流安排五家单位围绕会议主题介绍先进经验和成功做法。安排了两次分组讨论，请同志们在小组会上围绕开展"三严三实"专题教育的重要性和必要性，加强党委集体领导下的所长负责制度建设、创新工程制度建设、"三项纪律"建设、新型智库建设等工作展开讨论，分别介绍情况，一起查找存在的"不严""不实"的主要问题，以提高认识，统一思想。希望同志们真正吃透中央和党组的精神，真正理解和把握好国家有关政策，从反面案例中吸取深刻教训，总结好、推广好先进经验和成功做法，进一步发现问题、解决问题。

查找问题，解决问题，找出问题背后的深层原因，寻找解决办法，目的在于推动工作，争取更大的进步。这里最重要的是要有一个正确认识问题、分析问题、看待问题的思想方法。也就是辩证地、全面地、历史地看问题。首先，分清成绩与缺点、主流与支流。明确成绩是主要的，问题是前进中的问题、发展中的问题，与成绩相比是支流，是次要的。刘奇葆同志7月14日到我院考察工作，对我院工作给予高度肯定，他说："总的感到社科院的各项工作都取得了新的进展、新的成果，许多工作都在上台阶、上水平，一些工作取得了新的突破，是一个好的工作状态。""近年来，社科院积极参加马克思主义理论研究和建设工程，成立马克思主义研究院、组建马克思主义学院，实施哲学社会科学创新工程，加强对重大理论和现实问题的研究，率先在全国招收马克思主义专业博士生，为加强党的思想理论建设、繁荣发展哲学社会科学作出了重要贡献。"一个"好的工作状态"，一个"作出了重要贡献"，这两句话是很高的评价，也是对我院工作的高度肯定。所以同志们在查找问题的时候，首先要肯定我们取得的成绩。我们是在这个大前提下分析问题、查找问题的，目的是赢得更大的胜利。其次，气可鼓而不可泄。要树立信心，下定决心，一鼓作气，乘势而上。总结经验、吸取教训，是在肯定成绩基础上开展的。必须通过肯定成绩，看到大好形势，树立必胜信心，而不能因为存在某些问题，就丧失信心，甚至因为看到困难和问题而悲观失望，这不是对待问题与困难的正确态度。再有，有针对性地解决问题。查找问题不是目的，目的是解决问题。这次会议要求大家查摆"不严""不实"的问题，并不说明我们过去管理不严格，而是要更严格，况且有些问题的解决，要有一个过程，冰冻三尺非一日之寒，解决问题总是需要时间的，有一个循序渐进的过程。今天与我们过去相比，已经取得了很大进步。我们的目的是在不断解决问题的过程中，发扬成绩，纠正错误，不断前进。最后，要努力达到更高的奋斗目标。既不能被问题吓住，被困难吓倒，更不能畏缩不前，不敢为、不敢闯、不敢干。刘奇葆同志要求，社科院要发挥好自身优势，积极推动"四大平台"建设，为全国做出示范，在马工程建设中发挥带动作用，在中国特色社会主义理论体系研究中心建设中发挥带动作用，在马克思主义学院建设中发挥带动作用，在报刊网络理论宣传阵地建设中发挥带动作用。这是中央对我们提出的新的更高的要求。我们一定要努力实现中央对我院"三大定位"要求，发挥好"四大平台"建设方面的带动作用，这就是我们的目标，必须为实现这个目标而努力奋斗。

这次会议安排以学习研究、问题剖析、总结交流和研究讨论为主，要求大家发言紧扣主题，突出重点，找出问题，深挖根源。主题集中是开会的关键，一切发言和讨论都要围绕主题进行。毛泽东同志曾不止一次地强调："一次会只能有一个中心，一个中心就好。"1960年，他在杭州召集华东、西南各省领导同志开会，除解决粮食困难这个议题外，又将搞小高炉、技术革新和技术革命、机械化等问题都插了进去，结果导致"一平二调"这个本来急需解决的问题没能够成为会议的中心，在会议上也没能集中精力进行讨论，最终没能提出妥善的解决办法。总结经验，吸取教训，需要把碰到的实际问题摆出来，深入分析，才能找到焦点问题和拿出有针对性的解决办法。如果只是抽象地泛泛而谈，或者东拉西扯、言不及义，只讲原则如何、基本上如何、大体上如何，而涉及具体问题时语焉不详，这样只能让听者如入云里雾里、莫名其妙，即使总结出一些具有共性的所谓经验来，即使不错，也不鲜明；虽然可能皆大欢喜，但却可能不痛不痒或浅尝辄止，最终不能从根本上解决问题。在对需要解决的问题达成共识之后，还需落实到提出解决问题的具体政策、具体措施和具体办法，并一一贯彻落实到工作中去。这样，总结经验、吸取教训才算是真正地全面地收到了实效。因此，这次会议一定要把目标聚焦在"三严三实"问题上，以领会吃透习近平总书记和中央精神以及党组要求为思想前提，聚焦在党委集体领导下的所长负责制制度建设、创新工程制度建设、"三项纪律"建设、新型智库建设这几个主要工作上，从"严"与"实"入手，集中查找"不严""不实"的问题，提出措施，解决问题。小组讨论时，大家要踊跃发言，畅所欲言，但发言不能跑题，要有的放矢，有针对性。要围绕当前工作实际，就如何从严治院、从实着力交流思路和措施，探讨解决问题的有效方法，更好地完成今年各项任务，推进我院工作再上新台阶。

二　几点要求

为了开好这次会议，我代表党组提四点要求。

第一，集中精力，认真开会。

党组安排同志们集中几天时间，专题研究"三严三实"专题教育和创新工程、新型智库建设等几项主要工作，这是很不容易的。同志们平时工作任务繁重，这次暑期专题工作会议就是为大家在工作"热运行"中提供一个"冷思考"的机会，提供一个能静下心来"踱方步"的机会，一个能够进行面对面交流的机会，使大家有时间回顾和总结以往工作特别是上半年工作，从中吸取经验与教训，从而使自己的思想认识和工作谋略立于一个新的起点之上。希望大家安下心来，心无旁骛、专心致志地学习研读，分析问题，总结经验，交流做法，千万不要错过这次互相交流、共同提高的机会。当前我院创新工程正处于爬坡过坎的紧要关口，我院事业进入发展的关键时期。随着创新工程的深入推进，后面遇到的问题会更多，要解决的也都是牵一发而动全身的深层次问题，都是一些难啃的硬骨头。如果不能有效破解前进中的难题，创新工程就难以深入推进，我院工作就难以打开新的局面、迈上新的台阶。同志们要树立问题意识、坚持问题导向，从问题入手，抓住问题的关键，紧密联系当前工作实际，深刻认识存在问题的根源，进一步提高完善制度建设的思想自觉和行动自觉。会议期间，党组成员将分别参加各小组的讨论，认真听取大家的意见和建议。

第二，研读文件，吃透精神。

这次会议为大家提供了一些文件，包括中央领导同志的重要讲话，中央有关文件，"三严三实"专题教育的相关学习资料，创新工程制度建设文件，新型智库建设文件和方案汇编；五位院领导的讲话；科研局、人事局分别就创新工程制度建设、选人用人进人制度等工作提交的说明材料；违规违纪案例材料；各单位交流发言材料等。虽然时间安排得很紧，但是大家一定要认认真真学习文件，领会吃透文件精神，准确把握中央和党组的精神，从而进一步明确下一步工作的方向，增强做好各方面工作的自觉性、主动性和创造性。党组要求同志们一定要把文件一字一句、完完整整地阅读一遍，习近平总书记的重要讲话和中央重要文件要反复研读。白天时间不够，要把晚上的时间也利用起来。

第三，加强交流，借鉴经验。

孔子说："三人行，必有我师焉。择其善者而从之，其不善者而改之"；"见贤思齐焉，见不贤而内自省也"。《礼记》中说："独学而无友，则孤陋而寡闻。"诸葛亮说："集众思，广忠益也。"这样一些古语无非是告诉我们，人与人之间要交流思想、交流学识、交流经验，对交流的内容进行分析、比较和辨别，凡是好的就学习遵从，不好的就自省自戒，这样就可以达到相互学习、取长补短、共同提高的目的。在抓"三严三实"专题教育、加强党委集体领导下的所长负责制制度建设、"三项纪律"建设、创新工程制度建设和中国特色新型智库建设方面，一些单位取得了一些成功经验，形成了一些行之有效的做法，这是值得全院分享的宝贵财富，要坚持下去并发扬光大。安排做交流发言的 5 家单位，在这些方面都是做得比较好的，有各自的特点。他们的经验和做法对于所有单位，特别是对于还做得不够好的单位，都值得借鉴和应用。每个单位都要虚心学习其他单位的好经验、好做法，不断丰富和提高自己，进一步把本单位的工作做好。

第四，深入总结，吸取教训。

善于对思想和工作情况进行总结，对一个领导干部增加工作的战略智慧和主动权很重要，同样，对一个单位不断进步和提高也是很重要的。大家平时工作忙，难得静下心来深入总结，也难得跟其他单位的同志聚在一起交流。希望这次会议有助于解决这个问题。通过认真总结和深入交流，在很多事情上会有豁然开朗的感觉。我们常说，"吃一堑，长一智"，"一智"是怎么长的？就是从教训中长的。这里所说的教训，既有自己的，也有别人的。通过总结，认识到"一堑"为何，从中吸取了教训、引为鉴戒，这样才会长"一智"，长若干个"一智"。也就是说，由"堑"到"智"的转化，是通过总结经验实现的，总结经验是这种转化的认识之桥，没有这座桥，"堑"就无法转化为"智"。1956 年 4—5 月，毛泽东同志在中共中央政治局扩大会议和最高国务会议上作《论十大关系》报告时指出："最近苏联方面暴露了他们在建设社会主义过程中的一些缺点和错误，他们走过的弯路你还想走？过去，我们就是鉴于他们的经验教训，少走了一些弯路，现在当然更要引以为戒。"不言而喻，工作中的经验是宝贵财富，工作中的教训也是宝贵财富，甚至是更宝贵的财富，关键在于是否善于总结。希望同志们注重把正反典型对照起来学，弄清先进典型先进在哪里，反面典型落后在哪里、错误在哪里，特别要从我院出现的实际案例中认真吸取教训，从而不断校正自己，警醒自己，明确努力方向，使自己的思想认识和工作谋略立于新的起点之上，开辟新的局面，取得新的成绩。

同志们：

在建院 30 周年时，中央对我院提出了"三大定位"的目标要求，去年中央颁布实施的《关于加强中国特色新型智库建设的意见》，对我院职责定位作出了更加丰富的描述，刘奇葆同志 7 月 14 日来我院调研，又对我院提出新的要求。我院作为哲学社会科学研究的"国家队"，在科学研究等各个方面都对全国哲学社会科学界起着引领作用，也要在加强中国特色新型智库建设、实施哲学社会科学创新工程方面创造和积累成功经验，真正起到标杆和示范作用。干在实处永无止境，走在前列要谋新篇。我院应当承担起责任，肩负起使命。大家要坚持严律己、有底线、守法纪，有真真切切的情怀、老老实实的态度，把自己摆进去，更好地改造主观世界，既要有直面问题的勇气，也要有解决问题的方法。希望大家把这次会议开成一次统一思想、提高认识的会议，开成一次查找问题、明确举措的会议，开成一次总结经验、吸取教训的会议，开成一次从严治院、从实创业的会议，切实提高全院各级领导干部的领导能力和工作水平。

　　我就先讲这些。谢谢大家。

紧紧抓住从严管理、从实着力不放松

——在 2015 年所局级主要领导干部"三严三实"专题教育
暨创新工程制度建设专题研讨会上的总结讲话
（2015 年 7 月 30 日，根据录音整理）

同志们：

这次在北戴河召开的"三严三实"专题教育暨创新工程制度建设专题工作会议，是在我院开展"三严三实"专题教育、实施哲学社会科学创新工程的关键时刻召开的一次非常重要的会议，必将对我院的建设和发展产生长远的影响。刚才四位同志的发言，分别介绍了四个组的学习研讨情况，总结了大家的学习心得和收获。我就不再另作总结了。下面，我代表党组，针对大家研讨中共同关注的一些问题，谈一些看法，与大家交流。

一　关于我院工作的总体评价和要求

正确判断形势，分清主流和支流、成绩和问题，是我们做好工作的基本前提。只有正确判断形势，分清主流和支流、成绩和问题，才能总结经验、找准问题、增强信心、砥砺再干。我们党历来高度重视对不同时期面临形势的分析和判断。例如，"七七事变"即卢沟桥事变后，抗日战争全面爆发。当时，国内出现了"亡国论"和"速胜论"等论调。特别是由于国民党正面战场全面溃败，大片国土沦陷，"亡国论"的论调更是甚嚣尘上。抗日战争究竟将会是怎样一种发展前途，成为当时人们普遍关注的问题。1938年5月，毛泽东同志撰写了《论持久战》一书。该书初步总结了全国抗战的经验，正确分析了中国必定战胜日本的有利条件，指出抗战10个月的实践证明，"亡国论"和"速胜论"都是完全错误的。同时指出战胜日本帝国主义又是一场长期的、持久的战争。《论持久战》是中国共产党领导抗日战争的纲领性文献，它指明了抗战的前途，提出了正确的方针路线和战略策略，指导中国人民取得了抗日战争的伟大胜利。抗日战争后来的实践充分证明了该书的预见是完全正确的。据说，《论持久战》发表后，连国民党的军政要员都几乎人手一册。在今天看来，《论持久战》不仅是正确地分析判断形势、提出抗日战争正确的战略策略的光辉经典，同时又是重要的哲学著作。

我们院现在面临什么样的形势呢？经过半年多时间的审计，暴露出了我们工作当中存在的一些问题，尽管有些问题是比较严重的，但成绩仍然是主要的，是主流。关于这一点，我想我们已经达成了共识。有的同志说，我院正处于发展的黄金期，正处于历史上的最好时期。是黄金期还是最好时期，我们不一定作这样的判断，但我院正处于积极向上的良好状态。作出这样的评判，是不为过的。在上午分组讨论时，王巍同志说，刘奇葆同志以及审计署韩大川同志对中国社科院的"两次评价""两个认可"，就是对我院形势的充分肯定，也是对我院工作的高度认可。"两次评价"就是刘奇葆同志和韩大川同志的两次评价。"两个认可"就是刘奇葆同志 7 月 14 日来我院考察时说的："社科院的各项工作都取得了新的进展、新的成果，许多工作都在上台阶、上水平，一些工作取得了新的突破，是一个好的工作状态"；"为加强党的思想理论建设、繁荣发展哲学社会科学作出了重要贡献"。一个是"好的工作状态"，一个是"作出了重要贡献"，这就是"两个认可"。王巍同志还讲到，我院实施创新工程 5 年来取得了很大成绩，形成了一套管用的制度，推出了一批重要成果，积累了成功经验，形势很好，成绩是主要的。西亚非所所长杨光同志认为，对比东欧国家一些社会科学研究机构的状况，实施创新工程使我院焕发了生机与活力。当然，类似这样肯定的话同志们还讲了很多，我就不一一列举了。除此以外，我手边这一厚摞纸，是我院普通学者和工作人员写给党组的感谢信。我选一封来信给大家念一段："我是本院历史研究所先秦史研究室的研究员。自从 2011 年 9 月启动创新工程后，科研人员的工作效率、成果产出、生活水平有很大提升。这与院领导的正确决策，院所两级职能部门的高效执行有密不可分的联系。我目睹近年来院所良好的发展势头，体会创新工程带来的激励，享受院领导和机关党委关心职工生活举措给予的实惠，再回首往昔，结合对历史所科研人员的工作、生活状况的所闻所见，对我院近年来突飞猛进的发展感触颇深。略陈如下，以反映个人心声，并向院所领导、机关党委、所职能部门表示诚挚的谢意。""令人振奋的是，院党组提倡科研强院、人才强院和管理强院，大力改善职工生活水平，切实解决职工关心的住房、子女入学等问题，强力推行创新工程，短时间内大大改善了社科院的科研环境和条件，建立了成果激励机制，进入创新工程科研人员的实际收入翻番，使广大科研人员看到了光明的前景，增强了留下来好好干的决心。学部委员、引进人才、学科骨干的住房得到改善，收入大大增加，这些成果有目共睹。甚至有些被高校挖走的研究员说'后悔啦'，希望再回到社科院来。更让人高兴的是年轻研究人员一方面在住房、子女入学方面享受到实惠，另一方面也拥有越来越充足的科研经费及海外交流的机会。对社科院的归属感也越来越强，成为创新工程的一支生力军。"通过群众的这些知心话，同志们可以看出创新工程给社科院带来的变化。在这样的大好形势下，我们应当怎么办？应当肯定成绩，增强信心，振奋精神，正视问题，解决问题，乘胜而上，再创佳绩。

为什么会有这样的好形势呢？我认为主要有以下几个原因。

第一，领导坚强，方向正确。

以习近平同志为总书记的党中央高度重视马克思主义的指导地位，高度重视党的意识形态工作，高度重视哲学社会科学，高度重视中国特色新型智库建设，为中国哲学社会科学的繁荣发展，为我院的建设和发展，指明了正确的方向。大家通过学习习近平总书记系列重要讲话以及其他中央领导同志的重要讲话，可以深深地体会到这一点。

第二，条件保障，积极性高。

近年来，党和国家不断加大对社科院的投入。我到社科院工作已经有八个年头了。刚到社科院时，国家给社科院的财政投入是7个亿。现在，不算专项经费，国家对社科院的财政投入为19个亿，仅创新工程的投入就达7个亿。没有党和国家的关心，没有国家财政的支持，我们不会有今天这样的局面，我们的办公条件、居住条件以及我们开会的条件都不会发生如此翻天覆地的变化。应当说，条件保障是到位的，全院专家学者搞科研干事业的积极性是高涨的。

第三，舞台广阔，源泉丰富。

中国特色社会主义的伟大实践，为我国哲学社会科学的发展提供了广阔的空间和舞台。朱熹有一首《观书有感》的诗，其中有两句是这样说的："问渠那得清如许，为有源头活水来。"大意是说，渠水清亮，是因为有活水源源不断地流进来。我们推出的学术理论创新成果，哲学社会科学工作者的创造力，都来源于波澜壮阔的中国特色社会主义伟大实践。正是这个伟大的实践，为我们哲学社会科学工作者提供了创新思想理论的深厚源泉和大有作为的广阔舞台。

第四，齐心协力，共同奋斗。

我们的工作之所以能够取得比较显著的成绩，得益于几代社科人打下的坚实基础，得益于在座各位的不懈努力，也得益于全体科研人员、全体工作人员和全体离退休老同志的齐心协力和共同奋斗。

刚才我说的这些，都说明我们现在面临的形势是好的。好的形势是来之不易的，发展机遇是千载难逢的。我希望在我们这一代人手里，通过深入实施哲学社会科学创新工程，创造出社科院的发展新奇迹，让后一代人或后几代人在回忆起我们这一代人时，认为我们所做的工作是可圈可点的。

当然，虽说成绩是主要的，但也面临着不少问题。我在和一位同志谈心的时候，这位同志说，社科院的成绩和问题是八二开，80%是喜，20%是忧。喜在何处呢？上面已经讲了。忧在哪里呢？忧在我们还存在着不少问题。我梳理了一下，主要有以下几个问题。一是极个别人与党和人民不是一条心，方向不对头，时有杂音和噪音。二是极个别的领导干部工作不给力、不得力、不出力、不努力。三是极个别人以"小我"为中心，私心很重，小不合意则小闹，中不合意则中闹，大不合意则大闹。有的所长说，他都被闹得晚上得吃安眠药才能睡觉了。四是极个别人学风不正、不严谨，科研不努力，常年不出成果。这些问题聚焦到一点，就是真正经得起实践和历史检验的叫得响的科研成果，真正有影响的科研人才的数量和质量，还达不到党和人民的要求。在这里，我想借用孙中山先生的一句话与大家共勉："革命尚未成功，同志仍需努力。"

我们现在正处于爬坡过坎的关键时刻，必须解决好"从严""从实"的问题。这就要求我们首先解决好以下四个方面的问题。

第一，教育问题。

要用马克思主义立场观点方法教育全院同志，武装全院人员的头脑，真正解决好哲学社会科学为什么人的问题，解决好用马克思主义立场观点方法指导科研的问题。只要这方面的教育持续不断进行下去，解决好理想信念问题，解决好理论素养问题，解决好道德修养问题，解决好学风、文风问题，相信存在的20%的问题就会逐步下降到15%，再由15%逐步下降到10%，从10%会逐步下降到5%，甚至下降到一个更低的比例。

第二，管理问题。

我们在管理问题上还存在失之过松、失之过宽的问题，这不符合中央和习近平总书记"三严三实"的要求。也就是说，我们从严管理、从实着力的力度还不够，我们还要在"从严"

"从实"上下很大的功夫。

第三，制度问题。

我们的制度建设还不够完善，还不够配套，还不够固定化，还没有完全成为全院人员自觉遵守的行动准则，还存在着有制度不照制度办的问题。因而，在解决"严"和"实"问题上，我们要将着力点落在制度建设上，要让制度完善起来、配套起来、固定起来，让制度真正发挥作用，形成人人遵守制度、个个按制度办事的良好局面。

第四，领导问题。

毛泽东同志讲，政治路线确定之后，干部就是决定性因素。党中央关于繁荣发展哲学社会科学的指导思想和总体战略都是十分明确的，院党组关于落实中央精神和习近平总书记重要指示、进一步办好社科院的总的举措也是正确的。能不能按照中央的要求把社科院办好，关键就在今天在座的同志们。当然，党组要承担领导责任，作为党组书记和院长，我是主要责任人。只有不断加大统一思想的力度，使同志们真正成为贯彻中央精神的模范，成为贯彻党组决策的模范，成为贯彻各种制度规定的模范，成为带领全院共同努力向前推进工作的模范，我们的事业才会无往而不胜。

国家审计署驻院审计组对我院进行经济责任审计的时候，认为院党组提出的总的工作要求，即三条基本经验和"五个三"的工作思路是完全符合社科院实际的。三条经验，第一条经验就是要坚持坚定正确的政治方向和学术导向，用马克思主义的立场观点方法来武装全体人员，解决好哲学社会科学为什么人的问题，即为什么人做学问的问题，解决好用马克思主义指导科研的问题。第二条经验就是按照"五三一"的工作思路来推进社科院的各项工作。"五个三"就是三大定位、三大功能、三大战略、三大作风、三项纪律。"一个一"就是实施创新工程。第三条经验就是要下决心不断改善科研人员、工作人员和离退休人员的生活待遇和科研工作条件，使他们和党一条心，和党组一条心，共同努力，齐心协力，把社科院办好。这就是我们的总体工作要求。我希望同志们把这三条基本经验和"五个三"工作思路能够切实落实到各所、各单位的实际工作中去。

二　关于"三严三实"专题教育

党组按照中央要求，在全院组织开展"三严三实"专题教育。希望同志们一定要充分认识开展"三严三实"专题教育的重要性和必要性，切实抓好所在单位的"三严三实"专题教育工作，切实解决好工作中存在的"不严""不实"的问题。

第一，要充分认识开展"三严三实"专题教育的重要意义。

"三严三实"专题教育是党的群众路线教育活动的延展和深化，是持续深入推进党的思想政治建设和作风建设的重要举措，是严肃党内政治生活、严明党的政治纪律和政治规矩的重要抓手，是推进"四个全面"战略布局的核心保障。我们开展"三严三实"专题教育的目的，就是要推进我院党员领导干部自觉践行习近平总书记提出的"三严三实"的要求。

第二，要准确理解"三严三实"的精神实质。

院党组成员和在座的各位书记、所长、局长、主任，都要牢牢记住"三严三实"究竟是指哪"三严"，哪"三实"。如果连"三严三实"都说不出来，你还怎么抓教育？能够记得住、说得出"三严三实"的内容是最基本的要求，但最重要的是要理解"三严三实"的精神实质，按照"三严三实"的要求办事。我认为，"三严三实"贯穿了马克思主义政党建设的基本原则和必然要求，体现了我们共产党人的价值追求和政治品格，是我们领导干部的修身之本、为政之道、成事之要。

第三，要把学习教育放在"三严三实"专题教育的首位。

"三严三实"专题教育，关键是提高认识。这次会议给同志们准备了很多学习材料，就是希望大家能够集中时间认真地研读学习。其中一本是习近平总书记的《党校十九讲》，涉及十九个方面的重大问题，集中反映了习近平总书记当年兼任中央党校校长时的一些重要思想，修身之本、为政之道、成事之要等，在这本书中都讲到了。党的十八大以来，习近平总书记在一系列重要讲话中对这些思想作了进一步展开，作了反复强调。我希望同志们能够抓紧时间认真地读一读，也有必要组织所在单位的骨干好好学一学。我就把这本书放在自己的办公桌上，反复研读，反复学习。

第四，要把解决问题作为"三严三实"教育的最终目的。

开展"三严三实"专题教育，最终目的是解决实际工作中存在的"不严""不实"的问题。刚才我讲了我院目前存在的问题。这些问题可以概括成下面几个字：一是"歪"。极个别人还在宣传不符合马克思主义的歪思邪理。二是"私"。极个别人私心作怪，为一己私利不惜大吵大闹，甚至不考虑社科院的整体荣誉。三是"软"。极个别领导干部怕得罪人，遇到问题不敢管，挺不起腰杆，讲不出硬话，不敢下手，软弱无力。四是"独"。极个别领导干部一个人说了算，将集体领导放在一边。在院这个层面，重大问题必上党组会、院务会，由党组集体进行决策，这已形成制度。党组任何成员，包括我本人在内，都不能一个人拍板。党组会、院务会一旦作出决定，即使个人有保留意见，也要坚决贯彻执行。五是"违"。极个别人违规违纪，敢踩底线，敢碰红线，敢摸高压线。有的人明知电线带电，还敢上去抓一把。这次审计中查出的问题，有些人不是不知道规矩，而是明知故犯。这次会议公布的是 4 月之前查出的问题，4 月之后又陆续查出的一些问题，也要处理，也要加以解决。

第五，要把强化责任落实作为"三严三实"教育的重要目标。

开展"三严三实"专题教育，就要落实责任制，要把责任落实在各级党组织身上，落实在书记、所长身上，落实在纪委书记身上。韩大川同志说，中国社科院摊子太大，风险点多。光靠院党组，就是累死也管不过来。靠谁呢？只有靠在座的同志们。凡是出问题的单位，党组就找书记、所长，找主要负责同志，因为你们吃的"小灶"最多，这个"小灶"就是受的教育最多，学的文件最多，责任也最重。我看只能这么一级抓一级，抓住责任制，把责任落实在人头上。希望同志们切实承担起自己应该承担的责任来，敢抓、敢管、敢负责任。

三　关于加强党的意识形态工作

刚才闫坤同志有一句话讲得很好，就是中国社科院具有意识形态的属性。中国社科院是党的意识形态重镇，是党在思想理论领域的重要战线。"五个三"中的"三大定位""三大功能"，第一个定位、第一个功能就是马克思主义坚强阵地定位和意识形态重镇功能。做好意识形态工作：

第一，要深刻理解习近平总书记关于意识形态工作的系列重要讲话和重要批示精神。

习近平同志担任党的总书记以来，高度重视党的意识形态工作，发表了一系列重要讲话，作出了一系列重要批示。他提出了做好意识形态工作"三个事关"和"三个关乎"的重要观点，即能否做好意识形态工作事关党的前途命运，事关国家长治久安，事关民族凝聚力和向心力；关乎旗帜，关乎道路，关乎国家政治安全。他阐明了意识形态工作对党和国家的极端重要性，肯定了当前意识形态工作取得的成绩和经验，也指出了意识形态工作面临的挑战和问题，指明了意识形态工作必须坚持的正确方向。习近平总书记要求我们必须坚守党的意识形态阵地，必须牢牢掌握意识形态工作的领导权、管理权和话语权，任何时候都不得旁落，绝不能犯不可挽回的历史性错误。他所说的不可挽回的历史性错误，就是指苏联垮台的历史教训。习近平总书记认为，苏联垮台，最根本的原因是垮在意识形态和思想路线上。所以，同志们一定要进一步提高认识，把思想和行动统一到习近平总书记关于意识形态工作的一系列重要讲话和重要批示精神上来，统一到中央关于加强党的意识形态工作的基本精神和基本要求上来。

第二，清醒认识意识形态斗争的性质，高度重视意识形态工作，提高抓好意识形态工作的自觉性和责任感。

对党的意识形态工作的高度重视和行动自觉，从根本上来说，首先取决于对意识形态问题的认识，认识到位了，行动才自觉。必须从理论和实践的结合上，搞清楚什么是意识、什么是意识形态、什么是意识形态斗争、什么是党的意识形态工作。

什么是意识形态？可以从意识和意识形态这两个概念理解起。按照辩证唯物主义原则，物质与精神是两大社会现象。物质决定精神，精神反作用于物质。社会存在决定社会意识，社会意识反作用于社会存在。实践决定认识，认识指导实践。意识是人特有的精神活动，是物质长期高度发展的结果，是人对客观物质世界的反映，是人脑的机能。人是社会的人，人的意识具有社会性，人的意识是社会意识，是社会实践的产物。马克思、恩格斯指出："意识一开始就是社会的产物，而且只要人们还存在着，它就仍然是这种产物。"社会意识包括两个层面：一是低级的社会意识，属于社会感情、情绪、意志、欲望、风俗、习惯等非理性层面的社会心理；二是高级社会意识，即人的感性的和理性的认识层面的社会思想。社会意识并不是各个个人的意识的简单的总和，而是某一社会、阶级、集团的意识，并且制约该社会、阶级、集团成员的个人意识，是该社会、阶级、集团的物质生活条件和社会地位、利益的反映。意识形态专指经过理论加工的一定阶级的高级的社会意识的思想体系。

意识形态具有三个特点。第一个特点是被决定性。社会存在决定社会意识，社会意识是社会存在的反映。意识形态是由社会存在所决定的，有什么样的社会存在就有什么样的社会意识形态。在阶级社会中，一切意识形态都有政治性和阶级性，超阶级的意识形态是根本不存在的。阶级社会中一定的政治、哲学、法律、道德、艺术、宗教等观念的组合，就构成了一定社会的意识形态。绝大多数的自然科学也是社会意识的一种形式，但其本身没有阶级性，不属于意识形态范畴。只有哲学社会科学，或者说绝大多数哲学社会科学是带有意识形态属性的。从这个意义上讲，当社会被分裂成不同阶级的时候，由于人们的阶级地位和利益不同，就形成了不同的社会意识，形成截然不同乃至根本相反的意识形态，它们表达着不同阶级的经济利益和政治目的。任何意识形态都有历史性和阶级性，都有其历史内容和阶级内容，超历史的、超阶级的、普世的意识形态是根本不存在的。鲁迅有句名言，贾府的焦大决不会爱上林妹妹。爱也是有阶级性的。这就是意识形态性。同样一个问题会有不同的结论。比如民主，马克思主义有马克思主义的民主观，与西方的民主观是完全不一样的。意识形态的分歧与意识形态的斗争是社会分裂为阶级以来的阶级斗争在思想领域上的表现。

但是，在工人阶级的意识形态产生之前，任何剥削阶级都在鼓吹自己意识形态的超阶级性和普世性，认为自己的意识形态是超阶级的、普世的，具有"普世价值"。只有以马克思主义为代表的工人阶级的意识形态是不隐瞒自己观点的阶级性的。习近平总书记在同中华全国总工会新一届领导班子集体谈话时，对工人阶级作为领导阶级的历史地位作了充分的肯定。工人阶级是人类历史上最后的阶级，这个阶级担负着消灭一切剥削阶级、消灭一切阶级差别从而最终消灭阶级的历史任务。工人阶级没有本阶级的私利，它代表着全体劳动人民和整个劳动阶级的利益，所以它公开宣称自己的意识形态具有强烈的阶级性，不需要隐瞒自己意识形态的政治性和阶级性，不需要进行超阶级的打扮和粉饰。

第二个特点是具有相对独立性。马克思主义基本原理告诉我们，经济基础决定上层建筑，有什么样的经济基础，就有什么样的上层建筑。上层建筑可以分成两部分，一部分是政治的上层建筑，譬如政府、监狱、法庭、警察、军队……另一部分是意识形态的上层建筑，如哲学、政治、经济、文化、艺术、宗教等观点。剥削阶级私有制的经济基础决定了剥削阶级的上层建筑，而剥削阶级的上层建筑，一部分是剥削阶级专政性质的国家政权及其构成，另一部分是剥削阶级的意识形态。资产阶级意识形态，则是为维持资产阶级国家政权和资本主义经济基础服务的。意识形态一旦产生，就具有相对独立性。比如中国封建阶级已经被推翻了，但时至今日，封建阶级意识形态的影响依然存在。资产阶级的政治制度和经济制度在中国被铲除了，但是资产阶级的意识形态仍然还在起作用。

第三个特点是具有反作用力，意识形态可以反作用于经济基础，反作用于政治的上层建筑。历史唯物主义论证了社会存在决定社会意识，但并不否认社会意识对社会存在的反作用，恰恰是高度重视社会意识的反作用。上层建筑具有相对独立性，可以反作用于经济基础。意识形态的上层建筑同样具有相对独立性和反作用力。当旧的经济基础被新的经济基础替代以后，建筑在它之上的庞大的上层建筑也会发生变革，为新的上层建筑所代替。但旧的意识形态上层建筑还不能马上退出历史舞台，还要拼命地表现自己，并尽可能地维护旧的社会制度。譬如，封建主义灭亡了，但封建主义意识形态久久没有退出历史舞台，为封建制度复辟而发挥反作用；资本主义制度在我国不存在了，但资本主义意识形态还在拼命地表现自己，企图复辟资本主义。这就决定了在社会主义制度的国家里，旧的剥削阶级的意识形态还存在，意识形态领域的斗争远远没有结束。

毛泽东说："凡是要推翻一个政权，总要先造成舆论，总要先做意识形态方面的工作。革命的阶级是这样，反革命的阶级也是这样。"马克思认为，文艺复兴运动是资产阶级革命的意识形态前奏。恩格斯指出："正像十八世纪的法国一样，在十九世纪的德国，哲学革命也做了政治崩溃的前导。"现在看来，要想真正建立中国共产党领导的社会主义的强大国家，推进中国特色社会主义事业的发展，就一定要战胜资产阶级以及其他一切剥削阶级的旧的意识形态，因为它们是绝不会轻易退出历史舞台的。

重视意识形态是马克思主义政党的一个重要原则。旧的、反动的意识形态是为社会上正在消亡的剥削阶级服务的，是阻碍社会发展进步的。新的、先进的意识形态，是为社会上先进的阶级力量服务的，是促进社会发展进步的。先进的意识形态一经产生就会起到巨大的动员组织改造作用，能够团结教育人民群众去反对落后的生产关系和社会力量，去解决社会发展的任务。我们用马克思主义武装头脑，树立社会主义核心价值观，就是为了建立工人阶级的意识形态，最终把中国特色社会主义建设好。

第三，意识形态是共产党人必须坚守的阵地。

以马克思主义理论为基础的工人阶级的意识形态，是在资本主义条件下适应社会生产力发展和工人阶级需要而产生的，是工人阶级战胜资本主义、发展社会主义，最终实现共产主义的强大思想武器。从马克思主义诞生到今天，在社会主义条件下，社会主义意识形态表现出特殊的巨大作用。同时，资本主义以及其他剥削阶级的旧的意识形态绝不会轻易退出历史舞台，也要通过意识形态的作用，与社会主义打一场"没有硝烟的战争"。社会主义意识形态不可能在风平浪静中发挥作用，要在克服各种错误的意识形态斗争中，发挥其社会职能。列宁指出："问题只能是这样：或者是资产阶级的思想体系，或者是社会主义的思想体系。这里中间的东西是没有的（因为人类没有创造过任何'第三种'思想体系，而且在为阶级矛盾所分裂的社会中，任何时候也不可能有非阶级或超阶级的思想体系）。因此，对社会主义思想体系的任何轻视和任何脱离，都意味着资产阶级思想体系的加强。"为了发挥社会主义意识形态的作用，必须长期坚持社会主义意识形态阵地，占领思想文化舆论阵地，以战胜错误的意识形态。忽视意识形态工作，会犯绝大的错误。

意识形态斗争就是指在思想领域根本对立的不同阶级的世界观、价值观、人生观、利益观的对立和论辩、分歧与斗争，根本对立的思想、理论、观点、政治主张的对立和论辩、分歧与斗争。我们党的意识形态工作说到底是工人阶级与剥削阶级、社会主义与资本主义、马克思主义与反马克思主义在意识形态领域的斗争，是工人阶级意识形态反对并战胜剥削阶级意识形态的斗争。

第四，对意识形态工作的认识和对意识形态问题的处理，离不开马克思主义的阶级分析。

列宁指出："马克思主义给我们指出了一条指导性的线索，使我们能在这种看来迷离混沌的状态中发现规律性。这条线索就是阶级斗争的理论。""阶级关系——这是一种根本的主要的东西，没有它，也就没有马克思主义。"习近平总书记强调，马克思主义政治立场，首先就是阶级立场，进行阶级分析；我们是马克思主义者，对待政治问题，不能只看现象不看本质，而要善于透过现象看本质。离开阶级分析，就会分不清、辨不明、看不透国内外各种社会思潮较量的实质及其主要线索；就会认不清、看不透国内外各种社会意识背后的阶级背景；就会被一些似是而非、模糊不清、模棱两可的思潮及其话语蒙蔽眼睛；就会不敢大胆地对反马克思主义、反社会主义、反共产党、反人民的思潮展开坚决的斗争；就会逐步地放弃社会主义的思想舆论阵地。离开马克思主义阶级分析，是不能战胜旧的剥削阶级意识形态的。对意识形态工作的认识，对意识形态问题的处理，离不开马克思主义阶级分析。运用马克思主义阶级分析武器，清醒地认识意识形态斗争的性质，展开正当积极的思想斗争，展开旗帜鲜明的舆论斗争，对于巩固党的执政地位、捍卫社会主义制度，对于团结全体人民共同为中国特色社会主义事业而奋斗来说，是必要的，且是重要的。

党的意识形态工作，必须坚持马克思主义的世界观、价值观、人生观和方法论，反对并战胜一切剥削阶级腐朽的、落后的、反动的意识形态，树立马克思主义的正确的、科学的、先进的意识形态。习近平总书记指出的"巩固马克思主义在意识形态领域的指导地位，巩固全党全国人民团结奋斗的共同思想基础"，是党的意识形态工作的根本任务。

在国际范围内，对意识形态斗争的实质，对世界范围内阶级斗争的实质，要心中有数，要内外有别，要讲究策略。比如对美国，我们讲发展两国关系，实现和平发展共赢，但是这决不意味着我们可以忘掉或放弃阶级分析。如果真的忘掉了，恰恰就上了人家的当。抗美援朝战争结束后，美国的杜勒斯认为，在军事上打败中国已经是不可能的了。战胜中国只有一个办法，就是打一场没有硝烟的战争——和平演变。他寄希望于在第五代、第六代的中国人身上发生变化。美国主管意识形态工作的是国务院，由国务卿挂帅主管对华意识形态斗争。他们每年都有年度报告，都有战略部署。香港就是他们对华进行意识形态和平演变的前沿阵地。香港的"占中"运动就是对中国大陆进行颜色革命、和平演变的试水战。所以，同志们务必要提高对意识形态工作重要性、紧迫性的认识。

当然，坚持意识形态斗争，绝不能回到"以阶级斗争为纲"的老路上去，切忌把阶级斗争泛化、扩大化、绝对化，到处贴标签。坚持阶级分析并不等于以阶级斗争为纲。对错误思潮展开斗争，同对持有错误认识的一些群众进行教育要有所区别。除极少数反党反社会主义的敌对分子以外，对持有错误认识的群众来说，都应是人民内部的思想认识问题，属于人民内部矛盾。对待群众内部的意识形态问题的讨论，应按照人民内部矛盾来处理。对待人民内部的错误倾向和思想认识问题，只能用民主的方法、团结—批评—团结的方法、说服教育的方法、讲道理的方法来解决，切忌使用处理敌我矛盾的方法。即使对待反党反社会主义的敌对分子也要善于运用法律的武器。对待意识形态问题，在具体把握上，要分清两类不同性质的矛盾，注意内外有别。阶级分析与处理策略既一致，又有区别。对意识形态斗争实质，要心中有数。在具体开展舆论斗争时，要内外有别，讲究策略，做到有理、有利、有节。

第五，必须以对党和人民高度负责的精神抓好意识形态工作。

中国社会科学院是党的意识形态重镇，从苏东失败的教训看，在意识形态建设方面，哲学社会科学举足轻重，中国社会科学院举足轻重，必须以对党和人民高度负责的态度重视和抓好意识形态工作。党中央始终高度重视我国哲学社会科学事业，高度重视中国社会科学院的工作。从毛泽东、邓小平、江泽民、胡锦涛，一直到习近平总书记，都高度重视哲学社会科学事业，高度重视中国社会科学院的工作。我们中国社会科学院在党的意识形态工作中曾经发挥很重要的作用。在实践是检验真理唯一标准这场最具转折意义的意识形态领域的博弈中，我们院起到了重要作用。但是，我们在意识形态工作方面的失误，也曾给党和国家工作大局造成不小的干扰和损失。中央把我们派到这个位置上，党组把在座的同志们放在院属单位主要领导的位置上，我们就要做意识形态的战士，发挥好尖刀和利剑的作用。每个党委书记和所长都要记住，大家不但是学问家，更是坚强战士。

近年来，党组高度重视意识形态工作，采取一系列措施抓好意识形态工作。一是强化意识形态工作领导责任制，党委履行意识形态工作主体责任，党委书记为第一责任人。二是实行意识形态工作情况一票否决制，由于领导责任而发生严重意识形态事件的，取消进入创新工程资格。三是建立意识形态工作协调会议制度，由院党组书记主持，党组有关成员和各有关单位领导参加，每季度至少召开一次意识形态工作协调会议，研究协调我院意识形态工作。四是实施马克思主义理论学科建设和理论研究工程、马克思主义文学理论和文学批评工程。每年制定年度工作规划，完成年度工作任务。五是组建马克思主义学术网军和理论写作组，加大理论斗争、舆论斗争和网上斗争的力度。六是成立马克思主义理论创新智库和意识形态研究智库，大力推进马克思主义理论创新研究和意识形态问题研究。七是加强马克思主义研究学部、马克思主义研究院、马克思主义学院、当代中国研究所、中国特色社会主义理论体系研究中心、世界社会主义研究中心六大马克思主义研究平台建设。八是举办所局主要负责人马克思主义读书班，开展处室干部千人马克思主义大培训，提高领导干部马克思主义理论素养，提高用马克思主义指导科研工作的能力。九是重视马克思主义理论队伍建设，努力培养年青一代马克思主义理论人才。十是推动报刊出版馆网库志名优工程建设，强化理论学术传播阵地建设。

关于怎样进一步加强党的意识形态工作，这里我再强调六点：一是要把中国社科院建设成马克思主义坚强阵地作为重要的历史使命。二是要把深入研究中国特色社会主义重大理论和现实问题作为科研主攻方向。三是要把加强党的意识形态工作作为重要责任。四是要把以马克思主义为指导的哲学社会科学创新体系建设作为战略目标。五是要把学习贯彻落实习近平总书记系列重要讲话精神作为第一位的政治任务。六是要把加强马克思主义人才队伍建设作为关键举措。

四　关于加强党委集体领导下的所长负责制建设

毛泽东同志有一句至理名言："领导我们事业的核心力量是中国共产党。指导我们思想的理论基础是马克思列宁主义。"没有共产党的领导就没有新中国，就没有中国特色社会主义。党政军民学，东西南北中，党是领导一切的。党的领导是坚持中国特色社会主义道路、理论体系和制度的关键保证。坚强党的领导，是坚持四项基本原则的一项重要原则，也是习近平总书记近来一再强调的核心问题。

从理论上讲，马克思主义的阶级、政党、领袖学说告诉我们，实现工人阶级解放全人类的历史使命，必须坚持共产党的领导。在阶级社会中，人是划分为阶级的，任何阶级要实现本阶级的利益和诉求，就要有本阶级的政治集团和代表人物，这是一个阶级成熟的标志。工人阶级是代表先进生产力的先进阶级，是肩负消灭压迫、消灭剥削、消灭阶级这一历史使命的物质力量。工人阶级斗争的最终目的，是消灭阶级，也就是说，真正想消灭阶级的是工人阶级及其政党，而不是其他任何阶级及其政党。不要只看共产党讲阶级斗争、讲阶级分析，但真正主张消灭阶级的就是共产党人，真正主张消灭阶级差别的就是共产党人。马克思主义告诉我们，工人阶级政治上走向成熟，要经历一个从自在的阶级向自为的阶级转变的过程。自在的阶级是指工人阶级还没有以先进的理论来武装和指导的阶级，没有产生坚强领导核心的阶级。当工人阶级接受了马克思主义指导，建立了由工人阶级先进分子所组成的工人阶级政党并接受该政党的领导，工人阶级才可以成为自为的阶级，也就是说，才能成为自觉实现自己历史使命而斗争的阶级。工人阶级必须由它的政党来领导，只有实现工人阶级坚强政党的领导，工人阶级才能实现自己的历史使命。

从现实来看，西方敌对势力想要搞垮社会主义中国，集中攻击的就是党的领导，这从反面说明了党的领导的极端重要性。苏联垮台的前奏，就是从宪法上取消了党的领导，取消了马克思主义指导思想的地位。西方攻击我们搞一党专制，目的就是取消中国共产党的领导，这是从根本上颠覆中国特色社会主义。坚持党的领导是一个根本原则，任何时候都动摇不得。

　　从中央对我院"三大定位"的要求来看，在我院加强党的领导具有特别重要的意义。我院具有意识形态的特殊属性，必须始终坚持正确的政治方向和学术导向。这就决定了我院必须要坚持党的领导。毛泽东同志讲过，自从有了中国共产党，中国革命的面貌焕然一新。毛泽东同志领导的古田会议从根本上确立了党指挥枪而不是枪指挥党的根本原则，从而创立了人民军队，即党领导和指挥下的人民军队，中国革命从此走上了胜利的轨道。同志们可以看一看毛泽东同志关于纠正党内错误思想的古田会议决议。红军是武装起来的政治集团，确立党指挥枪而不是枪指挥党的原则，把支部建在连上，这就是在军队工作中坚持党的领导的根本道理。同样，哲学社会科学也离不开党的领导，离开了党的领导，就会遗失方向；离开党的领导，就是一盘散沙；离开党的领导，就会走到一个人说了算最后出大问题的歪路上。"不是笔指挥党，而是党指挥笔"，对于社科院来说，坚持党的领导，就要坚定不移地落实党委集体领导下的所长负责制。我刚到院里来的时候，时不时有人问，究竟书记是老大还是所长是老大，谁是"一把手"，谁说了算？这样的争论，恰恰是忘记了党的领导，忘记了集体领导这个根本原则。

　　当前，我院在落实党委集体领导下的所长负责制方面，有些单位仍然不同程度地存在这样那样的问题，必须坚决加以纠正。一是党的观念淡薄。认为我院是一个学术单位，学术高于一切，可以不要党的领导，党委只是配角，书记只是摆设，甚至认为从当书记到当所长是提拔重用。二是集体领导观念淡薄。认为我院是学术单位，应当所长说了算，而不是党的集体领导说了算。三是团结观念淡薄。所长和书记互相不尊重，互相争老大，所长不尊重书记，书记不尊重所长，各搞自己的小圈子。四是制度观念淡薄。不按程序办事，不按制度办事，不按规矩办事。有的研究单位长期不开党委会，就是开了党委会也没有纪要、没有记录。党委会议题事先不发给大家，搞临时动议，突然上会。院党组开会都会事先将议题和相关材料发给大家，有些重要的议题还要事先进行沟通。这里我可以负责任地跟大家说，在党组会上，虽然党组成员对有关议题会有不同意见，而且互相之间也会有争论，但是，大家都遵守民主集中制原则。应当说，我们这一届党组是高度团结的一个班子。一旦党组形成决定，大家都一致贯彻执行。五是纪律观念淡薄。不知道个人服从组织，少数服从多数，下级服从上级，全党服从中央的道理。党委集体决定的事，多数通过以后，个人可以有保留意见，但是必须执行党委集体决定。个人意见可以放在一边，到底对错可以由实践来检验，但一定要服从党委多数决定的意见，这是原则。要坚决批评纠正这"五个观念淡薄"，从繁荣发展哲学社会科学，办好中国社科院，真正落实"三大定位"的高度，来加强党委集体领导下的所长负责制制度建设。加强党委集体领导，要长期抓，紧抓不放。任何轻视党的集体领导、破坏党的集体领导、不遵守集体领导原则的行为都是错误的，都会给我院工作带来重大损失。

实行党委集体领导下的所长负责制，不是权宜之计，而是我院一项具有根本性的制度设计，是我院工作的政治保证、组织保证、制度保证，决不能偏废。全院领导干部一要增强党的领导观念、集体领导观念、制度观念、组织纪律观念和团结观念。二要做坚持和践行党委集体领导下的所长负责制的模范，党委书记和所长都要认真地、模范地执行这一制度，谁也不能违背和破坏这一制度。三要搞好党政"一把手"的团结，要像爱护眼睛一样维护党政"一把手"的团结，维护班子的团结，多配合、多商量、多谅解，当然也不能搞无原则的交易。四要按照程序、规矩、制度办事。习近平总书记一再强调政治纪律、政治规矩。坚持党的集体领导，就是政治纪律，大家必须坚决遵照执行。五要切实负起领导责任来。书记要负书记的责任，所长要负所长的责任，书记要支持所长，所长要支持书记，要敢管、善管，把主要精力放在治所上，而不是放在其他事上，齐心协力把研究所治理好、管理好。当然，院党组要进一步加强党委集体领导下的所长负责制制度建设，首先按照政治标准选好书记、选好所长，加强书记、所长的培训力度。从抓思想入手，从抓制度入手，从抓纪律入手，从抓团结入手，从抓管理入手，把党委集体领导下的所长负责制制度落实好。下半年，院党组将适时召开党委集体领导下的所长负责制建设经验交流会。

五　关于加强"三项纪律"建设

经过这轮集中审计，充分暴露出我院在"三项纪律"建设方面还存在一些差强人意的地方，也充分说明了抓好"三项纪律"建设的重要性和必要性。关于这个问题，英伟同志已经专门讲了，这里我就不展开了。我要强调的是，加强"三项纪律"建设是一项长期的、艰巨的、基础性的工作，必须常抓不懈、抓住不放、一抓到底。第一是政治纪律。要严守党的意识形态阵地，当好党的意识形态领域的先锋战士，建设好马克思主义坚强阵地，严格遵守政治规矩。第二是组织纪律。我们的领导同志首先要遵守党的组织纪律，同时要教育我们的干部以及我们的科研人员、工作人员也要遵守组织纪律。现在有的人是进不了创新工程要闹，当不上官要闹，评不上职称要闹，钱发少了要闹，总之稍有不如意就闹，必须严加教育、严加管理。第三是财经纪律。必须从严要求，从严管理，从严治理。比如，如何管理横向课题是一个大难题，我们准备制定一个办法，彻底解决这一难题，既调动大家的积极性，又定出规矩，避免大家犯错误。我认为，导致"三项纪律"建设方面出现问题的原因，一是长期抓教育不够。责任在我们领导身上。二是选人、用人、进人不严。引进个别素质不高的人员造成了大量的麻烦。三是领导不敢管，怕得罪人。要严肃"三项纪律"，必须解决这三个问题，加强教育；严把选人、用人、进人关；严格管理，敢于管理。在矛盾和问题面前，领导干部不能当"缩头乌龟"。

六　关于加强创新工程制度建设

日月如梭，光阴似箭。弹指之间又过了五年，时间过得真快呀！我院实施创新工程已经整整五个年头了。同志们对创新工程总体评价是高的，对实施创新工程是积极的、赞成的。我曾经说过创新工程是六大工程，即机遇工程、爬坡工程、改革工程、发展工程、人才工程和希望工程。这次审计署进驻还有一项重要任务是帮助我们总结创新工程。关于创新工程，同志们评论很多，认为成绩不小，可以说上个五条、八条的。但我认为创新工程最重要的一条成绩，是形成了一个有益于调动科研人员和工作人员积极性，有益于奖勤罚懒、优胜劣汰，有益于出成果、出人才，有益于繁荣哲学社会科学的体制机制，而这一个新的体制机制，恰恰就靠一整套行之有效的制度保证。一个新的体制机制，一套新的制度保证，这是创新工程最大的收获。所以，有人讲创新工程就是一场革命，一场体制机制的创新变革，一场观念的创新变革，一场制度的创新变革。五年来，每年我们编一本制度汇编，然后在新的一年实践中，再完善、再配套、再补充、再修订。今年，又编了新的一本，即2015年版的制度汇编。制度创新，最基本的是六大制度。

一是报偿制度。创新工程最重要的一个创造，是承认哲学社会科学研究是科研人员的脑力劳动，既然是脑力劳动，就要承认智力成本支出。所以，创新工程建立智力报偿制度，肯定科研人员脑力劳动的应有地位，给予应有的补偿，使尊重知识、尊重劳动、尊重人才落到实处。同时，开前门堵后门。既然科研人员的报酬在智力报偿上得到正大光明的认可，那么虚假报销、报"小三票"这种让知识分子斯文扫地、"逼良为娼"的做法就应当取消。在实行报偿制度的同时，我们制定了严格的科研经费报销制度，把"后门"堵死。这也是科研经费报销制度的一场革命，也是拨乱反正。当然，下一步"前门"要开得更大，"后门"要堵得更死。

二是准入制度。既然实行"按劳取酬、有劳有得、多劳多得"的报偿制度，那么就要打破干多干少一个样、干和不干一个样的平均主义"大锅饭"和大平台，这就必须实行严格的准入制度，提高进入创新岗位的门槛。院里根据上年度的考核情况，制定了严格的进入创新工程的门槛，对单位有进入规定，对个人也有进入条件。每年严格执行80%进入创新工程的最严格的名额限度，同时又制定了一系列准入条件。一年一评，一年一进。

三是退出制度。有进就有退。对本年度创新工程考核不达标的，实行严格退出制度。特别是实行一票否决制度。

四是配置制度。避免原有课题制度的弊端，建立科研经费年度总额拨付制度，按照院里经费使用规定，分别用于项目经费、学科建设和研究室建设等，赋予所里更大的科研经费支配权，极大地调动了所里、科研人员的积极性。现在的问题是，有的研究所把人均经费直接分配给了个人，这个做法是违规的，必须纠正。

五是评价制度。建立一整套完整的适应社科研究规律的、有社科院特色的科研评价体系，并且实现了网络管理。当然，这套体系还要不断完善。

六是资助制度。资助制度主要分两类，一类是学者资助制度，如长城学者、青年学者资助计划，保证长期的、人文的、基础学科的、基础研究的需求。另一类是后期资助办法，"不见兔子不撒鹰"，见到科研成果再资助。今后要逐步加大后期资助力度，使后期资助制度更完善、更有效。

当然，保证我院创新工程不断取得新的进展，除了制度建设之外，还要有人才的保证。制度是靠人来制定，靠人来实施的。人不行，制度也就成为聋子的耳朵——摆设了。人的问题，最重要的是选好人、进好人、培养好人、用好人这四句话。具体来说，是三个层面的选人用人问题：一是领导干部看准用准了没有；二是科研人员看准用准了没有；三是管理人员看准用准了没有。这三个层次的人才没有看准，进错人，用错人，就会误事，不仅误事，还可能带来许多麻烦事。我院许多研究单位的麻烦事都是出在进人、用人上。进错一个人，用错一个人，会带来无限的麻烦。在这次会上，张冠梓同志列举了我院进人、用人的许多问题，请同志们注意纠正，真正选准人、进准人、用准人。总而言之，制度创新是创新工程的一个根本性经验。制度是管根本、管长远、管基础的东西。今后创新工程的重点，是加强创新工程制度建设，使创新工程制度不断地完善化、固定化、配套化，发挥应有的作用。我曾在党组会上说过，有些事做错了可以改，但是改之前必须先改制度，按制度办事。改了制度，再改事情。不能随着时间的推移，放松制度的严肃性，使一些制度名存实亡，不起作用，或自降制度门槛，使制度的效益递减。希望大家都能严格按制度办事。

七　关于中国特色新型智库建设

党中央和习近平总书记高度重视中国特色新型智库建设，作了重要指示，发了重要文件。我们现在的任务就是贯彻落实，切实发挥我院作为国家级综合性高端智库的优势，真正把我院建设成具有国际影响力的世界知名智库。对于中央的要求和希望，院党组高度重视，形成了中国社会科学院《关于加强中国特色新型智库建设的若干意见》《关于中国特色新型智库建设 2015 年先行试点方案》《关于中国特色新型智库管理办法》，出台了一系列重要举措。具体怎么抓，党组文件讲得很清楚了，会上蔡昉同志专门做了部署讲话，我就不再多讲了。请同志们务必抓紧抓实这项工作，重在出智库成果，以智库成果的质量论英雄。

刚才，我强调了全院七个方面的工作。会议马上就要结束了，希望同志们回去后传达好、贯彻好、落实好会议精神。围绕"三条经验，'五三一'思路"的工作总要求，紧紧抓住思想教育不放松，紧紧抓住制度建设不放松，紧紧抓住从严管理、从实着力不放松，紧紧抓住多出成果、多出人才不放松，把我院办得更好，办得越来越好。

以马克思主义为指导，
构建中国特色哲学社会科学

——在 2016 年所局级主要领导干部贯彻落实习近平
总书记重要讲话精神专题研讨会上的动员讲话
（2016 年 7 月 25 日）

同志们：

我代表党组讲三个问题，一是研讨班议程；二是几点要求；三是学习体会。

一　研讨班议程

今年专题研讨班分两个阶段召开。第一个阶段三天时间，学习习近平总书记在哲学社会科学工作座谈会上重要讲话精神，领会精神实质，提高认识，统一思想。

第一个阶段主要安排了四个方面内容：一是读书学习。认真研读习近平总书记在哲学社会科学工作座谈会上重要讲话。学习习近平总书记在庆祝中国共产党成立 95 周年大会上的重要讲话。同时，还按照中央的要求，把习近平总书记在全国宣传思想工作会议、文艺工作座谈会、全国党校工作会议、新闻舆论工作座谈会、网络安全和信息化工作座谈会上的重要讲话和在全国科技创新大会、两院院士大会、中国科协第九次全国代表大会上的重要讲话，以及十八大以来中央办公厅关于当前意识形态领域情况的通报，也一并汇集起来发给大家，供同志们系统研读。二是代表发言。请几位同志谈一下学习习近平总书记在哲学社会科学工作座谈会上重要讲话精神的体会和贯彻落实的举措。我也谈谈我的学习体会，作为同志们研读的参考。请李慎明同志讲解习近平总书记关于意识形态工作重要指示精神，进一步落实党的意识形态工作责任制，抓好意识形态工作。三是研讨交流。大家在一起研讨交流学习体会和落实举措，各单位主要负责同志都要汇报贯彻落实习近平总书记重要讲话精神的方案。四是布置落实。由张江同志代表院党组布置我院贯彻落实习近平总书记重要讲话精神的工作方案。

第二个阶段两天时间，研究我院贯彻落实习近平总书记重要讲话精神的具体思路和举措。遵循习近平总书记重要讲话精神，总结审计和巡视整改经验和做法，巩固审计和巡视整改成果，加强"三项纪律"督查，大力推进创新工程，最大限度地解放科研生产力，调动科研人员积极性，努力发挥我院阵地、重镇、殿堂、智库四大功能，加强"三大定位"建设，真正把习近平总书记重要讲话精神落在实处。一是工作布置。分别请张江同志对我院《贯彻落实习近平总书记在哲学社会科学工作座谈会上的重要讲话精神总体方案》作说明，请李培林、蔡昉、荆惠民同志对审计和巡视整改形成的三个文件进行说明，请张英伟同志对整改工作作总结并就纪检工作讲话，请李培林同志就进一步完善创新工程考核评价和目标报偿后期资助工作作说明，请韩大川同志就有关财经政策和管理改革作说明。二是讨论交流。各单位交流审计和巡视整改的做法和经验，交流推进创新工程工作的经验和做法，交流落实习近平总书记重要讲话精神的具体打算。三是研讨班总结。请各小组代表发言，最后由我作会议总结。

二　几点要求

为办好这次研讨班，向同志们提几点要求。

第一，坐下来，静下心，读好书，实实在在学起来，真正思考研究问题。

诸葛亮在《诫子书》中说："非淡泊无以明志，非宁静无以致远。""淡泊明志"讲的是廉洁奉公，才能坚守理想信念，"宁静致远"讲的是人无杂念，平心静气，才能想大局、务长远，提出和解决重大战略性全面性的问题，办成大事。也就是说，淡泊名利才能志趣高洁，心态平和，不为杂念所左右，静思反省，才能树立和实现远大的目标。在座的是我院的"关键少数"，能否带领全院同志落实习近平总书记重要讲话精神，构建中国特色哲学社会科学，开创我院各项工作新局面，关键在诸位想什么、做什么？怎么想、怎么做？是想个人的事，还是想全院全所的大事；是做自己那点小事，还是做创新工程的大事，对全院发展起着决定性作用。同志们要像诸葛亮在《诫子书》中谆谆告诫的那样"淡泊明志、宁静致远"，想全党全国之大事，务社科院发展之大计。具体到这次专题工作会议，同志们一定要静下心来，原原本本、学深吃透习近平总书记重要讲话精神，领会本质，把握要领。把学习材料读完，做好读书笔记，不能"身在曹营心在汉"，身在研讨班，心跑到研讨班以外的其他地方去了。

第二，认真领会习近平总书记重要讲话中一以贯之的精神实质，真信、真懂、真用马克思主义世界观和方法论。

学习习近平总书记重要讲话精神，除了要弄明白他讲的是什么，要求的是什么，赞成什么，反对什么，要求我们做什么、怎么做，更重要的是要领会重要讲话中贯穿的一条红线，这就是马克思主义立场、观点和方法，也就是马克思主义世界观和方法论。这是我们必须掌握的精神实质。《论语》中两次提到"一以贯之"。一处是《论语·里仁》篇记载，孔子教导曾子："吾道一以贯之。"另一处是《论语·卫灵公》篇记载，孔子和子贡对话时认为自己是"予一以贯之"。显然，"一以贯之"就是用一个根本性的事理贯通事情的始末或全部的道理。习近平总书记重要讲话中一以贯之的就是马克思主义立场、观点和方法，就是马克思主义世界观和方法论。毛泽东同志是伟大的马克思主义理论家，当然也是举世公认的杰出的马克思主义哲学家。他始终认为，党的领导干部能否学好马克思主义哲学即马克思主义世界观和方法论，是一个重大的思想问题和政治问题。毛泽东同志把学习、研究、发展马克思主义哲学作为毕生的事业，反复告诫全党要学习掌握马克思主义哲学。他不仅反复研读马克思、恩格斯、列宁的著作，亲自为领导干部讲授哲学课，而且撰写了《实践论》《矛盾论》《论十大关系》《关于正确处理人民内部矛盾的问题》《人的正确思想是从哪里来的?》等大量马克思主义哲学的经典之作。毛泽东同志不仅身体力行带头学习、研究、宣传、发展马克思主义哲学，而且要求党的高级干部学哲学，主张把哲学从哲学家的书斋里解放出来，变成人民群众的锐利思想武器和伟大认识工具。只有真正领会和掌握马克思主义立场、观点和方法，才能做到真懂、真信马克思主义真理，真懂、真信中国特色社会主义理论体系，真懂、真信习近平总书记系列重要讲话精神，才能真正做到习近平总书记在哲学社会科学工作座谈会重要讲话中所要求的坚持马克思主义的指导地位，加快构建中国特色哲学社会科学。

第三，真正学会运用马克思主义立场、观点、方法指导科研工作，指导管理工作，指导我院各项工作。

"温故而知新。"经典需要反复阅读，可以悟出许多新的道理。我建议同志们重温毛泽东同志在延安时期的三篇重要文章——《改造我们的学习》《整顿党的作风》《反对党八股》，深刻领悟对待马克思主义的正确态度，认真体会我们党理论联系实际的优良学风。

1942 年 2 月 1 日，毛泽东同志在《整顿党的作风》一文中指出："现在我们的党还有什么问题呢？党的总路线是正确的，是没有问题的，党的工作也是有成绩的。党有几十万党员，他们在领导人民，向着敌人作艰苦卓绝的斗争。这是大家看见的，是不能怀疑的。那末，究竟我们的党还有什么问题没有呢？我讲，还是有问题的，而且就某种意义上讲，问题还相当严重。"那么，有什么问题呢？毛泽东同志指出，就是有几样东西在一些同志的头脑中还显得不大正确，不大正派。就是学风、党风、文风还有些不正的地方。而且，毛泽东同志把学风问题提到了第一位。毛泽东同志说："学风问题是领导机关、全体干部、全体党员的思想方法问题，是对待马克思列宁主义的态度问题，是全党同志的工作态度问题。""学风问题就是一个非常重要的问题，就是第一个重要的问题。"

　　毛泽东同志指出，对待马克思主义有两种根本对立的态度，一种是错误的态度，一种是正确的态度，这也是两种根本对立的学风。毛泽东同志严肃批评了对待马克思主义有害的错误态度，即理论脱离实际的主观主义学风。毛泽东同志认为主观主义有两种表现，一种是教条主义，一种是经验主义。教条主义墨守书本，脱离中国的实际。经验主义否定理论的指导意义，固守自己的局部经验。无论教条主义，还是经验主义，都以主观脱离客观、理论脱离实际为特征。毛泽东同志着重批评了教条主义错误，他指出："许多同志的学习马克思列宁主义似乎并不是为了革命实践的需要，而是为了单纯的学习。所以虽然读了，但是消化不了。只会片面地引用马克思、恩格斯、列宁、斯大林的个别词句，而不会运用他们的立场、观点和方法，来具体地研究中国的现状和中国的历史，具体地分析中国革命问题和解决中国革命问题。这种对待马克思列宁主义的态度是非常有害的，特别是对于中级以上的干部，害处更大。""不注重研究现状，不注重研究历史，不注重马克思列宁主义的应用。这些都是极坏的作风。这种作风传播出去，害了我们的许多同志。""我们学的是马克思主义，但是我们中的许多人，他们学马克思主义的方法是直接违反马克思主义的。这就是说，他们违背了马克思、恩格斯、列宁、斯大林所谆谆告诫人们的一条基本原则：理论和实际统一。他们既然违背了这条原则，于是就自己造出了一条相反的原则：理论和实际分离。在学校的教育中，在在职干部的教育中，教哲学的不引导学生研究中国革命的逻辑，教经济学的不引导学生研究中国经济的特点，教政治学的不引导学生研究中国革命的策略，教军事学的不引导学生研究适合中国特点的战略和战术，诸如此类。其结果，谬种流传，误人不浅。在延安学了，到富县就不能应用。经济学教授不能解释边币和法币，当然学生也不能解释。这样一来，就在许多学生中造成了一种反常的心理，对中国问题反而无兴趣，对党的指示反而不重视，他们一心向往的，就是从先生那里学来的据说是万古不变的教条。"

毛泽东同志高度肯定对待马克思主义的正确的态度，即理论联系实际的优良学风，强调要把马克思主义与中国实际相结合。毛泽东同志指出，对待马克思主义正确的态度是从马克思主义道理中找立场、观点、方法，运用立场、观点、方法具体分析中国实际，找出规律，提出规律性的认识，以指导实践。毛泽东同志把这种态度比作"有的放矢"。他把马克思主义比作箭，把中国实际比作靶，所谓有的放矢，就是放箭要对准靶。如果只是把箭拿在手里，连呼好箭，就是不对准靶放箭，这就是"无的放矢"，乱放一通。毛泽东同志指出，理论联系实际的态度，就是要有目的地去研究马克思列宁主义的理论，要使马克思列宁主义的理论和中国革命的实际运动结合起来，是为着解决中国革命的理论问题和策略问题而去从它找立场，找观点，找方法的。这种态度，就是有的放矢的态度。"'的'就是中国革命，'矢'就是马克思列宁主义。我们中国共产党人所以要找这根'矢'，就是为了要射中国革命和东方革命这个'的'的。"毛泽东同志指出："对于在职干部的教育和干部学校的教育，应确立以研究中国革命实际问题为中心，以马克思列宁主义基本原则为指导的方针，废除静止地孤立地研究马克思列宁主义的方法。"他主张："我们党校的同志不应当把马克思主义的理论当成死的教条。对于马克思主义的理论，要能够精通它、应用它，精通的目的全在于应用。如果你能应用马克思列宁主义的观点，说明一个两个实际问题，那就要受到称赞，就算有了几分成绩。被你说明的东西越多，越普遍，越深刻，你的成绩就越大。现在我们的党校也要定这个规矩，看一个学生学了马克思列宁主义以后怎样看中国问题，有看得清楚的，有看不清楚的，有会看的，有不会看的，这样来分优劣，分好坏。"

我们就要以这种正确的态度，以这种优良学风，用马克思主义研究中国今天的实际，从而得出正确的结论。具体到我院，同志们要学会运用马克思主义立场、观点、方法指导科研工作，指导管理工作。就科研工作来说，就是如何运用马克思主义立场、观点、方法研究我国经济、政治、文化、历史、文学、法律、宗教等，研究中国特色社会主义的实际，研究党和人民关注的重大理论和现实问题，提高到理论学术高度，从而构建中国特色哲学社会科学。

第四，总结经验、查找不足，巩固成果、规划未来，抓好落实。

我们要认真总结审计巡视整改的经验和做法，巩固审计巡视成果，大力推进创新工程，努力推进中国特色哲学社会科学创新体系建设。

2015 年是我院实施创新工程第一个五年的最后一年，又是历经两轮审计一轮巡视的洗礼之年。2016 年则是创新工程第二个五年规划实施的开局之年，又是深入整改、巩固整改成果的一年。2016 年对我院发展来说，是承前启后的关键之年，又恰逢习近平总书记在哲学社会科学工作座谈会上发表重要讲话，吹响了向构建中国特色哲学社会科学进军的号角。对我院来说，这是哲学社会科学繁荣发展、中国社会科学院繁荣发展的大好机遇，我们一定要抓住机遇、乘势而上。

在这次会议上，同志们要深入讨论院党组在反复征求意见基础上形成的四组文件：一是我院贯彻落实习近平总书记关于哲学社会科学重要讲话的总体方案，关于研究宣传以习近平同志为总书记的党中央治国理政新思想、新理念、新战略的方案；二是《中共中国社会科学院党组关于加强党的意识形态工作建设马克思主义坚强阵地的意见》《中共中国社会科学院党组关于落实全面从严治党切实加强党的建设的意见》《中共中国社会科学院党组关于改进和完善选人用人制度加强领导班子和人才队伍建设的意见》三个整改文件；三是重新修订的《中国社会科学院研究所党委工作条例》《中国社会科学院研究所所长工作条例》；四是《关于改进和完善创新工程考核评价和后期资助目标报偿的办法》《关于推进经费配置和管理制度改革，进一步解放科研生产力的实施细则》。这四组文件，都是事关我院长远发展和建设的制度性、根本性的举措。希望同志们认真讨论，提出修改意见，会后正式印发贯彻落实。

大家可以结合会议精神，分析我院面临的形势和任务，总结以往经验和做法，进一步推进创新工程，巩固整改成果。各单位都要考虑谋划本单位的落实方案，使我院各项工作上一个新台阶。北宋哲学家张载"为天地立心，为生民立命，为往圣继绝学，为万世开太平"的名言，影响和激励了一代又一代中国知识分子。大家要有"横渠四句"所提倡的襟怀抱负，始终坚持对理想的追求和实践，对构建中国特色哲学社会科学的信心和激情，彰显中国社科人的担当和责任。

三　学习体会

下面我谈一下学习习近平总书记在哲学社会科学工作座谈

会上重要讲话的体会，抛砖引玉，供同志们学习参考。

习近平总书记5月17日关于哲学社会科学的重要讲话高度评价我国哲学社会科学在中国特色社会主义伟大事业中的重要地位和不可替代的作用，科学阐述繁荣发展哲学社会科学的极端重要性，充分肯定我国哲学社会科学所取得的成绩，正确分析我国哲学社会科学所面临的新形势、新任务和应着力解决的问题，明确提出构建中国特色哲学社会科学的历史使命、指导思想、根本要求、主要任务和政治保证，深刻阐明事关哲学社会科学性质、方向和前途的一系列重大原则问题。习近平总书记的重要讲话，立意深远、思想深刻，通篇贯穿着马克思主义立场观点方法，凝结着我们党对哲学社会科学工作规律的新思想、新认识，富有时代性、战略性，具有很强的思想性、理论性和指导性。讲话具有巨大的理论说服力和思想引领力，是一篇指导我国哲学社会科学创新发展的马克思主义纲领性文献，为做好新时期哲学社会科学工作提供了根本遵循和行动指南。

（一）深刻领会和全面把握关于哲学社会科学重要地位和不可替代作用的重要论述

习近平总书记指出，坚持和发展中国特色社会主义，必须高度重视哲学社会科学。习近平总书记站在人类历史规律的高度，站在中国特色社会主义发展大局的高度，站在国家文化安全战略的高度，科学论述了哲学社会科学的地位和作用，高度肯定了哲学社会科学对于坚持和发展中国特色社会主义的极端重要性。

1. 哲学社会科学是人类认识世界、改造世界的重要工具，是推动历史发展和社会进步的重要力量

习近平总书记强调："哲学社会科学是人们认识世界、改

造世界的重要工具，是推动历史发展和社会进步的重要力量，其发展水平反映了一个民族的思维能力、精神品格、文明素质，体现了一个国家的综合国力和国际竞争力。一个国家的发展水平，既取决于自然科学发展水平，也取决于哲学社会科学发展水平。一个没有发达的自然科学的国家不可能走在世界前列，一个没有繁荣的哲学社会科学的国家也不可能走在世界前列。坚持和发展中国特色社会主义，需要不断在实践和理论上进行探索、用发展着的理论指导发展着的实践。在这个过程中，哲学社会科学具有不可替代的重要地位，哲学社会科学工作者具有不可替代的重要作用。"

哲学社会科学是以世界总体和社会历史各个特定领域为研究对象的通称，是认识和把握自然发展规律、社会发展规律和思维发展规律的理论体系。哲学社会科学和自然科学犹如车之两轮、鸟之两翼，在人类社会发展进程中具有同等重要的地位和作用。

第一，哲学社会科学是解放和发展社会生产力的巨大动力。哲学社会科学同社会生产力之间是一种辩证统一的关系，对于社会生产力的解放和发展，对于人类物质文明的创造发挥着巨大的作用。一方面，在人类历史发展过程中，生产力是"有力的杠杆"和"最高意义上的革命力量"，哲学社会科学是在批判与揭露旧世界中发现新世界、建立新世界这一"历史发展总过程的产物"和"这一发展总过程的精华"，生产力和社会经济的发展决定和推动哲学社会科学的发展。另一方面，哲学社会科学对社会生产力有巨大的反作用，甚至在一定条件下起着决定性作用。恩格斯指出："政治、法、哲学、宗教、文学、艺术等等的发展是以经济发展为基础的。但是，它们又都互相作用并对经济基础发生作用。"当生产力与生产关系、经济基础与上层建筑发生严重矛盾和根本冲突时，人们必须对旧制度或旧体制、旧观念进行批判和变革。在这个过程中，哲学社会科学不仅提供关于社会发展的规律性认识，而且提供理论思维方式方法，指导人们的社会实践沿着正确的方向发展，推动生产力的解放和发展。

第二，哲学社会科学是实现社会变革、创建制度文明的理论先导。对社会制度革故鼎新的要求，首先是以代表一定阶级的先进的哲学家和思想家提出的新思想、新理论反映出来，这些新思想、新理论从而成为政治革命和社会变革的先导。恩格斯指出，哲学革命是政治变革的前导。列宁指出，"没有革命的理论，就不会有革命的运动"。这都从不同的侧面阐明了哲学社会科学在人类社会发展和进步中所发挥的重要作用。作为世界哲学社会科学发展最高成果的马克思主义理论，是认识、变革人类社会的根本性理论武器。自马克思主义诞生开始，哲学社会科学通过对社会矛盾和社会发展规律的正确把握和运用，使人类的社会变革活动逐步由自发趋向自觉，并进而指引一些国家和民族建立了符合社会发展规律和历史发展总趋势、反映时代和实践要求的社会制度。社会主义革命是人类历史上最伟大的历史性变革，社会主义制度的创立和发展是人类制度文明建设最突出的成就，而只有掌握了包括哲学社会科学在内的人类全部文化知识，才能更好地建设社会主义。

第三，哲学社会科学是创造精神文明、实现人的全面发展的强大支柱。哲学社会科学是精神文明的核心与灵魂，是传承、弘扬民族精神的最重要的文化载体。马克思曾经说过："人民最精致、最珍贵和看不见的精髓都集中在哲学思想里"，而"任何真正的哲学都是自己时代精神的精华"。哲学社会科学的发展不断创造和丰富着精神文明的内涵，不断提升和加强着整个人类的素质。马克思指出："艺术对象创造出懂得艺术和具有审美能力的大众，——任何其他产品也都是这样。因此，生产不仅为主体生产对象，而且也为对象生产主体。"也就是说，文化艺术、哲学社会科学在推动人类精神文明发展的同时也推动了人类自身的发展。

哲学作为时代精神的精华和"文化的活的灵魂"，在实现人的全面发展上起着指导性和方向性的作用；政治经济学以其对经济运行规律的探索和理性把握，指导人们更好地从事经济活动，更有效地调控社会经济的发展；政治学和法学通过揭示政治、法律与现实生活的本质联系，帮助我们优化对社会秩序的调控和管理；伦理学借助于对人际关系的伦理基础和道德准则的研究与阐释，帮助人们提高道德境界，实践伦理道德规范；文学理论和美学，则是要促进人民提高审美意识和审美情趣，以陶冶人的情操，净化人的心灵，如此等等。

第四，哲学社会科学的发展水平和繁荣程度，是一个国家和民族综合素质和文化力量的重要体现和标志。哲学社会科学的研究能力和成果，是国家的软实力，也是综合国力的重要组成部分。哲学社会科学是帮助人民解决世界观、人生观、价值观问题，解决理论认识和科学思维问题，解决把握和运用社会发展规律、社会管理规律问题的科学，对于人们正确认识纷繁复杂的社会现象，提高道德素养和精神境界是十分重要的。在当代中国，马克思主义对整个文化的前进方向具有导航作用，社会主义核心价值观对整个民族的精神文明状况和道德水准具有灵魂作用，马克思主义理论、社会主义核心价值观构成我国哲学社会科学核心内容，是社会主义先进文化最重要的组成部分，凝聚着我国强大的民族精神。只有繁荣发展哲学社会科学，才能繁荣发展先进文化并坚持先进文化的前进方向。

2. 哲学社会科学在中国特色社会主义事业发展中具有不可替代的重要作用

习近平总书记指出，在当代中国，繁荣发展哲学社会科学，对于坚持马克思主义在我国意识形态领域的指导地位，对于探索中国特色社会主义的发展规律，增强我们认识世界、改造世界的能力，具有重要意义。

第一，哲学社会科学深刻而长远地影响着中国特色社会主义的前途命运。哲学社会科学研究的方向正确与否，发展状况如何，直接影响着人们的思想意识和社会道德风尚，影响着经济建设、政治建设、文化建设、社会建设、生态文明建设和党的建设，并深刻而长远地影响着中华民族的兴衰和中国特色社会主义的前途命运。早在 20 世纪 50 年代，毛泽东同志就指出："无产阶级没有自己的庞大的技术队伍和理论队伍，社会主义是不能建成的。"党的十八大以来，习近平同志对哲学社会科学特别是马克思主义哲学给予了高度重视。他说："我们的领导干部要正确判断形势，在错综复杂的形势变化面前保持头脑清醒，坚定理想信念，科学分析我国发展面临的机遇和挑战，全面看待前进道路上的主流和支流、出现的矛盾和问题，都离不开马克思主义哲学的指导，离不开辩证唯物主义和历史唯物主义的思想方法。"

第二，哲学社会科学深刻影响着人们的思想意识、道德风尚和精神风貌。作为文化观念形态的哲学社会科学对我国人民群众的思想认识、道德情操、知识水平、理论素质、社会风尚等产生潜移默化的导向、影响和塑造作用。

第三，哲学社会科学为党和人民事业发挥着重要的思想库和智囊团作用。长期以来，党和国家对哲学社会科学的发展始终给予充分肯定并寄予厚望。2004 年《中共中央关于进一步繁荣发展哲学社会科学的意见》中提出，要使哲学社会科学界成为党和政府工作的"思想库"和"智囊团"。2007 年，党的十七大报告中明确提出，要"鼓励哲学社会科学界为党和人民事业发挥思想库作用"，这是我们党第一次将哲学社会科学的"思想库"作用写进党的代表大会报告。党的十八大以来，以习近平同志为总书记的党中央，基于哲学社会科学的独特地位和重要作用，多次强调要大力加强中国特色新型智库建设。2013 年 4 月，习近平总书记就加强中国特色新型智库建设作出重要批示。2013 年 11 月，党的十八届三中全会明确提出建设中国特色新型智库的重要任务。2014 年 10 月 27 日，习近平总书记主持召开中央全面深化改革领导小组第六次会议，审议《关于加强中国特色新型智库建设的意见》（以下简称《意见》）。习近平总书记强调指出：要从推动科学决策、民主决策，推进国家治理体系和治理能力现代化、增强国家软实力的战略高度，把中国特色新型智库建设作为一项重大而紧迫的任务切实抓好；要统筹推进党政部门、社科院、党校行政学院、高校、军队、科技和企业、社会智库协调发展，形成定位明晰、特色鲜明、规模适度、布局合理的中国特色新型智库体系，重点建设一批具有较大影响和国际影响力的高端智库，重视专业化智库建设。习近平总书记的重要讲话及会议审议的《意见》向我国哲学社会科学界明确了新的任务、提出了新的要求。

第四，哲学社会科学影响着我国社会主义的意识形态安全。哲学社会科学的政治方向、学术导向、理论学术观点，对意识形态发挥着举足轻重的作用。哲学社会科学战线是意识形态重要战线，哲学社会科学工作者是党的意识形态的重要方面军。哲学社会科学如何，直接关系到党的意识形态安全。

总之，哲学社会科学在中国特色社会主义大局中占据重要战略地位。以马克思主义为指导的当代中国哲学社会科学，为巩固全党全国人民团结奋斗的共同思想基础提供了重要的理论支撑，为党和政府决策的科学化民主化提供了重要的科学依据，为经济建设和社会发展提供了探索成果和发展思路，为全国各族人民提供了重要的精神食粮，为增强中华文明的影响力、促进祖国和平统一、实现中华民族伟大复兴提供了强有力的思想保证、精神动力和智力支持。

3. 坚持和发展中国特色社会主义，迫切需要哲学社会科学发挥更好的作用

习近平总书记强调：新形势下，我国哲学社会科学地位更加重要、任务更加繁重。提出了"五个面对""五个迫切需要"的重要论述。

一是面对社会思想观念和价值取向日趋活跃、主流和非主流同时并存、社会思潮纷纭激荡的新形势，如何巩固马克思主义在意识形态领域的指导地位，培育和践行社会主义核心价值观，巩固全党全国各族人民团结奋斗的共同思想基础，迫切需要哲学社会科学更好发挥作用。

二是面对我国经济发展进入新常态、国际发展环境深刻变化的新形势，如何贯彻落实新发展理念、加快转变经济发展方式、提高发展质量和效益，如何更好保障和改善民生、促进社

会公平正义，迫切需要哲学社会科学更好发挥作用。

三是面对改革进入攻坚期和深水区、各种深层次矛盾和问题不断呈现、各类风险和挑战不断增多的新形势，如何提高改革决策水平、推进国家治理体系和治理能力现代化，迫切需要哲学社会科学更好发挥作用。

四是面对世界范围内各种思想文化交流交融交锋的新形势，如何加快建设社会主义文化强国、增强文化软实力、提高我国在国际上的话语权，迫切需要哲学社会科学更好发挥作用。

五是面对全面从严治党进入重要阶段、党面临的风险和考验集中显现的新形势，如何不断提高党的领导水平和执政水平、增强拒腐防变和抵御风险能力，使党始终成为中国特色社会主义事业的坚强领导核心，迫切需要哲学社会科学更好发挥作用。

总之，坚持和发展中国特色社会主义，统筹推进"五位一体"总体布局和协调推进"四个全面"战略布局，实现"两个一百年"奋斗目标、实现中华民族伟大复兴的中国梦，"我国哲学社会科学可以也应该大有作为"。

4. 我们党一贯高度重视哲学社会科学，重视发挥哲学社会科学工作者的作用

我们党历来高度重视哲学社会科学。1940 年 2 月 5 日，毛泽东同志明确将自然科学和社会科学相提并论，提出了一个极富创见的观点："自然科学是要在社会科学的指挥下去改造自然界。"还指出："必须用社会科学来了解社会，改造社会，进行社会革命。"邓小平同志明确指出："科学当然也包括社会科学。""自然科学固然重要，要搞好，社会科学也很重要。"他

还说："哲学、社会科学同自然科学一样，决不能忽视基础理论的研究，这些研究是理论工作的任何巨大前进所不可缺少的。"江泽民同志提出"四个同样重要"的思想："在认识和改造世界的过程中，哲学社会科学和自然科学同样重要；培养高水平的哲学社会科学家，与培养高水平的自然科学家同样重要；提高全民族的哲学社会科学素质，与提高全民族的自然科学素质同样重要；任用好哲学社会科学人才并充分发挥他们的作用，与任用好自然科学人才并发挥他们的作用同样重要。"2005年5月19日，胡锦涛同志主持召开中央政治局常委会议，专门听取中国社会科学院工作汇报，明确要求全党"一定要从党和国家事业发展全局的高度，把繁荣发展哲学社会科学作为一项重大而紧迫的战略任务切实抓紧抓好"，强调要"进一步办好中国社会科学院"。党的十八大以来，以习近平同志为总书记的党中央，多次强调要大力加强中国特色新型智库建设，高度重视哲学社会科学的独特地位和重要作用。习近平总书记强调指出，要从推动科学决策、民主决策，推进国家治理体系和治理能力现代化、增强国家软实力的战略高度，把中国特色新型智库建设作为一项重大而紧迫的任务切实抓好。习近平总书记的一系列重要指示和重要讲话，向我国哲学社会科学界明确了新的任务、提出了新的要求。

　　5. 当代中国在经历伟大的社会变革和社会实践，为哲学社会科学繁荣发展提供了强大动力和广阔空间

　　习近平总书记指出："历史表明，社会大变革的时代，一定是哲学社会科学大发展的时代。当代中国正经历着我国历史上最为广泛而深刻的社会变革，也正在进行着人类历史上最为宏大而独特的实践创新。这种前无古人的伟大实践，必将给理

论创造、学术繁荣提供强大动力和广阔空间。这是一个需要理论而且一定能够产生理论的时代，这是一个需要思想而且一定能够产生思想的时代。我们不能辜负了这个时代。"中国特色社会主义事业是前无古人的伟大实践，为哲学社会科学的发展提供了广大的舞台、空间和不竭的源泉，我国哲学社会科学大有可为，必有可为，一定能够创造出无愧于伟大时代和伟大实践的灿烂的哲学社会科学。

6. 肯定我国哲学社会科学的成绩，客观分析存在的问题，对哲学社会科学工作者提出了明确要求

习近平总书记回顾了我国哲学社会科学发展的历程，总结了我国哲学社会科学发展的经验，肯定了我国哲学社会科学取得的成绩，同时又指出了我国哲学社会科学面对新形势新要求，还存在一系列急需解决的问题：一是有些同志对马克思主义理解不深、理解不透，在运用马克思主义立场、观点、方法上功力不足，高水平成果不多，在建设以马克思主义为指导的学科体系、学术体系、话语体系上功力不足，高水平成果不多。二是社会上也存在一些模糊甚至错误的认识。有的认为马克思主义已经过时，中国现在搞的不是马克思主义；有的说马克思主义只是一种意识形态说教，没有学术上的学理性和系统性。三是实际工作中，在有的领域中马克思主义被边缘化、空泛化、标签化，在一些学科中"失语"、教材中"失踪"、论坛上"失声"。四是哲学社会科学发展战略还不十分明确，学科体系、学术体系、话语体系建设水平总体不高，学术原创能力还不强。五是哲学社会科学训练培养教育体系不健全，学术评价体系不够科学，管理体制和运行机制还不完善。六是人才队伍总体素质亟待提高，学风方面问题还比较突出，等等。他认为，总的来看，我国哲学社会科学还处于有数量缺质量、有专家缺大师的状况，作用没有充分发挥出来。这种状况必须引起我们高度重视。

习近平总书记要求我们哲学社会科学工作者加倍努力改变现状，解决存在的突出问题，推进哲学社会科学的发展。他要求我们："一切有理想、有抱负的哲学社会科学工作者都应该立时代之潮头、通古今之变化、发思想之先声，积极为党和人民述学立论、建言献策，担负起历史赋予的光荣使命。"

（二）深刻领会和全面把握坚持马克思主义在哲学社会科学指导地位的重要论述

习近平总书记强调："坚持以马克思主义为指导，是当代中国哲学社会科学区别于其他哲学社会科学的根本标志，必须旗帜鲜明地加以坚持。"坚持以马克思主义指导我国哲学社会科学工作，是构建中国特色哲学社会科学必须解决好的首要问题。我国的哲学社会科学离开了马克思主义指导，也就失去了方向，丧失了灵魂。必须牢牢把握坚持以马克思主义为指导的灵魂和方向。

1. 哲学社会科学具有意识形态属性

为什么我国的哲学社会科学必须坚持以马克思主义为指导？这是由哲学社会科学的政治和意识形态属性所决定的。毫无疑义，哲学社会科学研究是以追求真理为宗旨、与自然科学一样严谨科学的学问。同时，就其总体而言，哲学社会科学具有鲜明的政治和意识形态属性，这是哲学社会科学与自然科学的一个重要区别。

为什么哲学社会科学具有政治和意识形态属性，而自然科学却没有呢？

理由一，自从原始社会末期人类分裂为阶级对立的社会以来，人类社会总体上还处于阶级社会，这就决定了当代世界哲学社会科学具有政治和意识形态属性。

理由二，唯物史观告诉我们，社会的经济基础决定上层建筑，而上层建筑又分为政治的上层建筑和意识形态的上层建筑。我国社会主义的经济基础决定了社会主义政治的上层建筑，即社会主义的国体和政体，而社会主义政治的上层建筑又决定社会主义意识形态的上层建筑。我国哲学社会科学作为意识形态的上层建筑部分，显然具有社会主义的政治和意识形态属性。

理由三，人类社会存在两大类社会现象，一是物质的、经济的现象，二是精神的、思想的现象。精神的、思想的现象又分为两部分，一部分是社会心理、情感、经验等感性认识，另一部分是经济、政治、哲学、宗教等观点的总和，被称为人类的理性认识，即上升为理论学术的认识，即意识形态。"'思想'一旦离开'利益'，就一定会使自己出丑。"哲学社会科学即是哲学、经济、政治、文学、艺术、历史、法律、宗教等观点的综合，当然具备鲜明的政治和意识形态属性。

理由四，哲学社会科学作为观念形态的文化，是一定社会政治经济的集中体现。毛泽东同志指出，"一定的文化（当作观念形态的文化）是一定社会的政治和经济的反映，又给予伟大影响和作用于一定的政治和经济"。哲学社会科学作为文化的灵魂，是文化最概括的思想结晶，是一定社会的政治、经济最集中的理论反映，是为一定社会的政治、经济服务的。迄今为止，任何社会形态（除去原始社会）的文化都是有着鲜明的政治性和意识形态性的总和，作为一定社会形态反映的哲学社会科学就必然具有鲜明的该社会形态的属性，即政治和意识形态属性。

我国哲学社会科学作为理论学术的产物，作为思想精神力量，作为观念形态的文化，首先是社会主义方向、性质的理论学术，为中国特色社会主义的政治、经济服务，是党的思想文化和意识形态的重要战线。就总体属性来说，首先是党领导的、工人阶级的、人民大众需要的、社会主义性质的观念形态的文化，从属、服务于社会主义主流意识形态，必须从总体上接受马克思主义指导，因此，我们哲学社会科学许多学科带有强烈的意识形态属性和政治属性。有的学科如形式逻辑、数理逻辑等，虽然意识形态属性不强，或不具有意识形态属性，但其研究对象与内容也是某类社会历史现象，研究者本身也有一个为什么人服务的感情问题、立场问题，也有一个用什么样的立场、观点、方法指导学术研究的问题。

强调哲学社会科学具有意识形态属性，绝对不会否定或削弱其科学属性和文化、学术价值。当然，我们也要反对把学术问题、理论问题和不同观点的讨论无限上纲，与政治问题、意识形态问题不加区别地混淆在一起的做法。在这方面，我们有过惨痛教训，再也不能犯那样的错误。但是，这绝不意味着我们的哲学社会科学研究没有政治和意识形态属性，可以脱离党的政治领导和党的理论的指导。正确认识这一问题，不仅关系到哲学社会科学的性质方向和繁荣发展，也关系到我院的办院方向和繁荣发展。

世界上没有任何哲学社会科学研究与政治、意识形态可以完全不沾边，可以完全相脱离。我们不否认也不反对个人研究兴趣、爱好和追求，但作为党领导的社会主义哲学社会科学工作者，个人的兴趣要服务于人民、党和国家的需要。我们也不反对研究古人、研究洋人，借鉴古学问、借鉴洋学问是需要的，但要为现实服务、为人民服务。对外国和中国古代传统的学术，必须一分为二，去粗取精，去伪存真。必须处理好学术与政治和意识形态的关系，既要看到它们之间的区别，又要看到它们之间的必然联系，既坚持正确的政治方向和学术导向，又坚持贯彻落实党的"双百方针"，调动研究人员的积极性、主动性和创造性。

2. 中国特色哲学社会科学，特就特在坚持以马克思主义为指导上

哲学社会科学的意识形态属性和政治属性，决定了我国哲学社会科学必须坚持正确的政治方向和学术导向，决定了坚持马克思主义指导是我国哲学社会科学区别于其他哲学社会科学的根本标志。坚持以马克思主义为指导，是我国哲学社会科学最鲜明的特色。加强马克思主义理论学习，提高运用马克思主义指导科研的能力，不是权宜之计，也不是一时之策，而是事关我国哲学社会科学事业方向和发展的长远大计、根本大计。

从哲学社会科学的政治和意识形态属性来看，坚持马克思主义指导，是我们哲学社会科学繁荣发展的题中应有之义，是我们在错综复杂的形势下，保持清醒头脑，保持坚定正确的政治方向和学术导向的思想政治保证，是哲学社会科学第一位的政治任务。加强马克思主义指导，要落实在行动上而不是口头上，最根本的是抓住两条，一是坚持"老祖宗不能丢"，要组织哲学社会科学工作者认真学习马克思主义理论，加强马克思主义学习型党组织和学习型研究机构建设，提高用马克思主义

指导哲学社会科学研究的能力和水平，提高政治素质、理论素养和思想道德水平，坚定理想信念，自觉接受马克思主义指导。二是坚持马克思主义基本原理同中国具体实际相结合，在新的时代条件下积极推动马克思主义的中国化、时代化和大众化。总之，要在大是大非面前，保持头脑清醒，政治敏锐，是非分明，立场坚定，搞清楚哪些是正确的，哪些是错误的。要有勇气、有担当，旗帜鲜明地对错误思想观点进行说理斗争。扫帚不到，灰尘不会自己跑掉。错误的东西不加以批驳，照例也不会自动消失。

3. 马克思主义是科学的真理，是伟大的认识工具，是哲学社会科学研究的利器

习近平总书记指出："无论时代如何变迁、科学如何进步，马克思主义依然显示出科学的威力，依然占据着真理和道义的制高点，是伟大的认识工具。"在我国，不坚持以马克思主义为指导，哲学社会科学就会失去灵魂、迷失方向，最终也不能发挥应有的作用。

1956 年，在中华人民共和国全国人民代表大会第一次会议的开幕式上，毛泽东同志郑重地强调："领导我们事业的核心力量是中国共产党，指导我们思想的理论基础是马克思列宁主义。"这既是中国共产党及其领导的人民事业永远立于不败之地的根本原则，也是我国哲学社会科学的根本遵循。

有人认为现在时过境迁，时代变了，马克思主义过时了，不管用了。实践雄辩地证明，马克思主义没有过时，马克思主义仍然具有强大的生命力，仍然具有强大的现实指导意义。

20 世纪东欧剧变、苏联解体，世界社会主义运动遭受严重挫折。"历史终结论""社会主义失败论""马克思主义过时

论"甚嚣尘上，邓小平同志以坚定的马克思主义信念，斩钉截铁地说："不要惊慌失措，不要认为马克思主义就消失了，没用了，失败了。哪有这回事！""我坚信，世界上赞成马克思主义的人会多起来的。因为马克思主义是科学。"马克思主义并不过时，在今天仍然是我们党的指导思想，这也是由马克思主义的科学性所决定的。马克思主义的实践性、发展性和创造性，决定了马克思主义是科学，是有生命力的，绝没有过时。

首先，马克思主义的立场、观点、方法，马克思主义的世界观、方法论，是科学的、正确的，是指南，是思想方法，是有生命力的。毛泽东同志说："马克思主义有几门学问……但基础的东西是马克思主义哲学。这个东西没有学通，我们就没有共同的语言，没有共同的方法，扯了许多皮，还扯不清楚，有了辩证唯物论的思想，就省得许多事，也少犯许多错误。"所谓具有普遍指导意义的真理，就是指马克思主义哲学世界观和方法论。

学习马克思主义，正确的态度是从马克思主义中找立场、找观点、找方法，并且学会运用马克思主义的立场观点方法分析具体问题，从中找出规律，以指导我们的实践。所谓立场，就是工人阶级及广大劳动人民的立场。用马克思主义看问题首先要站在工人阶级的立场上，从工人阶级和广大人民的立场出发。所谓观点，就是马克思主义对世界的基本看法，就是运用马克思主义的观点认识世界、解释世界、改造世界。所谓方法，马克思主义世界观同时就是方法论，就是运用马克思主义世界观分析问题、解决问题。毛泽东同志认为，正确的哲学思维方法是经济学家写出好的经济学论著的必要条件。他说："没有哲学家头脑的作家，要写出好的经济学来是不可能的。

马克思能够写出《资本论》，列宁能够写出《帝国主义论》，因为他们同时是哲学家，有哲学家的头脑，有辩证法这个武器。"正因为马克思有了辩证法、有了唯物论、有了正确的方法论，才创造了科学的论著。

其次，马克思主义的基本原理是有生命力的，马克思主义所揭示的客观规律和历史趋势而得出的一般结论，是科学的、正确的原理。

再次，即使马克思主义经典作家个别结论具有历史局限性，也不能否定马克思主义的科学性。真理是具体的。从历史发展的规律来讲，任何一个历史人物都是有历史局限性的。任何一个理论形态也是一定历史时代的产物。马克思、列宁、毛泽东的某些具体结论必然受到各自所处的历史和时代条件的制约，不能不具有一定的历史局限性。马克思主义的科学性主要在于它对社会历史发展客观规律的深刻洞察和揭示，个别结论和论断的局限性并不说明可以否定马克思主义的科学性。马克思主义的科学性决定了马克思主义永远是我们党的指导思想，这一点是不可动摇的。一旦动摇了、放弃了马克思主义的指导，必然会发生东欧剧变、苏联解体之类的山崩地裂的蜕变。

4. 坚持马克思主义指导地位，哲学社会科学工作者必须做到以下六点。

第一，坚持以马克思主义为指导，首先要解决真懂真信的问题，自觉接受马克思主义指导。

习近平总书记指出："我国广大哲学社会科学工作者要自觉坚持以马克思主义为指导，自觉把中国特色社会主义理论体系贯穿研究和教学全过程，转化为清醒的理论自觉、坚定的政治信念、科学的思维方法。"

我们党虽然始终强调坚持以马克思主义为指导，但对于每一位哲学社会科学工作者来说，并不是都已经完全解决好了真懂真信问题。只有坚持以马克思主义为指导，才能推进我国哲学社会科学繁荣发展，构建中国特色哲学社会科学创新体系。每一个哲学社会科学工作者只有解决了对马克思主义真懂真信问题，才能真正掌握马克思主义立场、观点和方法，才能提高运用马克思主义指导科研的能力和水平，才能自觉接受马克思主义指导，才能把马克思主义真正用于指导哲学社会科学研究工作。

第二，坚持以马克思主义为指导，核心要解决好为什么人的问题。

为什么人的问题是哲学社会科学的根本性、原则性问题。必须解决好为什么人的问题。为什么人的问题，是马克思主义群众观的根本问题。这就是刘云山同志所讲的"为了谁、依靠谁、我是谁"的问题。所有从事哲学社会科学研究的同志，都有一个为什么人的问题，为什么人做学问、为什么人服务。哲学社会科学工作者当然要为人民搞科研，为人民服务，为党和政府的决策服务。在今天，就是为中国特色社会主义服务，为实现中国梦的总方针服务。王阳明讲过："为学大病在好名。"我们搞科研是为了中国特色社会主义，为了中华民族伟大复兴，为了发展社会主义文化事业，这样就不会把追逐个人名利放在第一位，而是把拿出让党和人民放心的科研成果放在第一位。

毛泽东同志曾经借用"皮之不存，毛将焉附"这句成语论述知识分子与人民大众的关系。知识分子就是附着在中国人民大众身上的"毛"。今天，社会主义中国的知识分子就要为人民群众服务，否则还要我们干什么？为什么人的问题，就是马克思主义立场问题。坚持马克思主义立场，就会对人民产生深厚感情，对党产生深厚感情，就会知道什么样的政治方向和学术导向是正确的，就会站在人民的立场上，为人民鼓与呼，为人民的利益发声，为党的事业发声。为人民做学问，就必须坚持正确的政治方向和学术导向，必须严格遵守政治纪律，不能跟人民唱反调。比如，个别学者不为工人农民说话，这就有方向问题了。个别学者言必称西，言必称洋，崇拜洋教条，甚至名词用语都照抄照搬外国的，这也是没有解决好为什么人的问题的表现。当然，崇拜土教条也是不对的。

为人民搞科研，有一个对人民负责和对党负责的一致性问题。对人民负责和对党负责是一致的，这就决定了我们要紧密地团结在以习近平同志为总书记的党中央周围，这与为人民谋利益是一致的。就要从党和国家的需要出发，以实际工作中亟待回答和解决的重大理论和现实问题，以经济社会发展中的全局性、前瞻性、战略性问题，以干部群众普遍关注的热点、焦点、难点问题为科研工作的主攻方向。我们不反对和否认个人研究兴趣、爱好和追求，但是，科学研究必须首先解决好为什么人的问题。

第三，坚持以马克思主义为指导，最终要落实到怎么用上来。

"真懂真信"是为了"真用"。马克思主义不仅在于解释世界，更重要的是在于"改造世界"，掌握马克思主义必须体现在用上。对于我们哲学社会科学工作者来说，体现在用马克思主义提出问题、分析问题、认识问题，找到解决问题的答案，用马克思主义指导哲学社会科学研究，出成果，出人才。

第四，坚持以马克思主义为指导，必须解决好学风问题。

习近平总书记强调："对待马克思主义，不能采取教条主义的态度，也不能采取实用主义的态度。"必须采取理论联系实际的学风，这是对待马克思主义的正确态度。

第五，坚持以马克思主义为指导，必须坚持问题导向。

习近平总书记指出："坚持问题导向是马克思主义的鲜明特点。"问题是时代的灵魂。具体问题具体分析是马克思主义活的灵魂。只有抓住时代问题、分析问题、思考问题、解决问题，才能推进哲学社会科学发展。哲学社会科学工作者必须坚持问题导向，以党和国家当前重大理论和现实问题为科研主攻方向，把哲学社会科学研究落实在思考和解决重大问题上来。

第六，坚持以马克思主义为指导，必须不断推进马克思主义中国化、时代化、大众化。

习近平总书记指出："马克思主义中国化取得了重大成果，但还远未结束。我国哲学社会科学的一项重要任务就是继续推进马克思主义中国化、时代化、大众化，继续发展 21 世纪马克思主义、当代中国马克思主义。"紧密结合中国特色社会主义伟大实践创新，不断推进马克思主义中国化理论创新，是摆在哲学社会科学工作者面前的重大的历史使命。

（三）深刻领会和全面把握关于加快构建中国特色哲学社会科学历史使命的重要论述

习近平总书记指出，观察当代中国哲学社会科学，需要有一个宽广的视角，需要放到世界和我国发展大历史中去看。人类社会每一次重大跃进，人类文明每一次重大发展，都离不开哲学社会科学的知识变革和思想先导。在深刻把握当今时代、当代中国新形势、新实践、新需要的基础上，他提出了加快构建中国特色哲学社会科学的战略任务和历史使命。

人类历史证明，社会大变革的时代，就是哲学社会科学大繁荣的时代。伟大的时代一定是产生伟大理论的时代，伟大的实践一定是推进学术繁荣的实践。放眼当代中国，中国特色社会主义实践是前无古人的伟大实践，当今我国正经历着中国历史上最为广泛而深刻的社会变革，中国人民正在进行着人类历史上最为宏大而独特的实践创新。这就为我国哲学社会科学提供了理论创造、学术繁荣的广阔舞台、材料源泉和强大动力，我国哲学社会科学正面临着发展的大好机遇。一切有理想、有抱负的哲学社会科学工作者应积极为党和人民述学立论、建言献策，努力担负起建构当代中国特色哲学社会科学的光荣使命。

纵观今日全球，世界也正处于大发展、大变革、大调整时期，面对复杂的国际形势和国际环境，需要哲学社会科学认真研究、正确阐释、广泛宣传中国发展道路和发展理念，提升国家话语权和舆论主导权，为党和国家应对国际挑战和风险提供及时有效的建议；迫切需要建立与我国国际地位相称、能够为增强国家综合实力和国际竞争力提供有力支撑的哲学社会科学，使我国哲学社会科学以前所未有的崭新姿态出现在世界舞台上，进一步扩大我国学术和文化在国际上的影响力、吸引力、感召力。

构建中国特色哲学社会科学，是增强国家软实力、提高国际竞争力、争夺国际话语权的必然要求，也是我国哲学社会科学繁荣发展的必由之路。

1. 提出构建中国特色哲学社会科学的总思路

习近平总书记提出的加快构建哲学社会科学的总思路是：

要按照立足中国、借鉴国外，挖掘历史、把握当代，关怀人类、面向未来的思路，着力构建中国特色哲学社会科学，在指导思想、学科体系、学术体系、话语体系等方面充分体现中国特色、中国风格、中国气派。这就要求我们必须立足中国大地，根据中国文明，凝练中国智慧，创新中国思想，解决中国问题，服务中国发展，真正体现中国特色、中国风格、中国气派。

2. 提出构建中国特色哲学社会科学的总特点

习近平总书记强调指出，构建中国特色哲学社会科学要突出"六个"特点。一要体现继承性、民族性。要善于继承、吸收借鉴人类优秀文明成果，善于融通马克思主义的资源、中华优秀传统文化的资源、国外哲学社会科学的资源，坚持不忘本来、吸收外来、面向未来。体现继承性，就要坚定文化自信，挖掘和阐发中华优秀传统文化，努力实现中华传统美德的创造性转化、创新性发展，把具有当代价值的中国文化精神弘扬起来，把继承优秀传统文化又弘扬时代精神、立足本国又面向世界的当代中国文化创新成果传播出去。中国特色哲学社会科学要具有鲜明的民族性，一不照抄照搬国外的东西，反对洋教条；二不照抄照搬本国已有的传统结论，反对土教条，而是深深扎根于中国的土地，是在中国的土地上创造出来的思想学术成果。在弘扬民族优秀文化成果的同时，必须以宽广视野观察世界，以主动的姿态面向世界，以积极的态度了解世界，以比天空更宽阔的胸怀对待不同文明，大胆吸收和借鉴人类社会一切有益思想成果。哲学社会科学只有在古今中外丰富的学术思想中汲取营养、推陈出新，才能传承中华文明、弘扬社会主义先进文化，才能健全完善具有中国特色、体现时代精神的哲学社会科学创新体系。

二是要体现原创性、时代性。习近平总书记指出，我们的哲学社会科学有没有中国特色，归根到底要看有没有主体性、原创性。创新是哲学社会科学的本质所在，是一个国家、民族、政党发展的不竭动力。只有以我国实际为研究起点，提出具有主体性、原创性的理论观点，构建具有自身特质的学科体系、学术体系、话语体系，我国哲学社会科学才能形成自己的特色和优势。要回答和解决实践当中遇到的各种新课题，要想在中国特色社会主义这项前无古人的伟大实践中发挥出哲学社会科学强大的助推力，就要始终坚持解放思想、实事求是、与时俱进、开拓创新，真正做到把马克思主义基本原理同中国具体实际相结合，积极推动马克思主义中国化进程；真正做到准确把握当今世界发展趋势和当代中国经济社会发展规律，积极推动学术观点创新、学科体系创新和科研方法创新。要赢得具有许多新的历史特点的伟大斗争，就应该以我们正在做的事情为中心，加强对改革开放和社会主义现代化建设实践经验的系统总结，加强对发展社会主义市场经济、民主政治、先进文化、和谐社会、生态文明以及党的执政能力建设等领域的分析研究，加强对党中央治国理政新理念、新思想、新战略的研究阐释，从我国改革发展的实践中挖掘新材料、发现新问题、提出新观点、构建新理论。

三要体现系统性、专业性。中国特色哲学社会科学应该涵盖历史、经济、政治、文化、社会、生态、军事、党建等各领域，囊括传统学科、新兴学科、前沿学科、交叉学科、冷门学科等诸多学科，不断推进学科体系、学术体系、话语体系建设和创新，努力构建一个全方位、全领域、全要素的哲学社会科学体系，敢于创立中国学派、中国理论、中国观点，使中国哲学社会科学真正屹立于世界哲学社会科学之林。要加强以马克思主义为指导，努力瞄准世界学术发展前沿，立足当代中国学术实际，大力加强学科建设，完善学科布局，形成具有支撑作用的基础学科，具有较强优势的重点学科，具有重要现实意义和良好发展前景的新兴学科、交叉学科，具有重要文化价值的"绝学"和濒危学科。要与学科体系相配套，大力抓好教材建设，形成适应中国特色社会主义发展要求、立足国际学术前沿、门类齐全的哲学社会科学教材体系。要通过总结经验，探索规律，制定配套的制度和措施，创造有利于出成果、出人才的学科发展的新体制、新机制。要实行基础研究和应用研究并重并举，鼓励那些能够为解决经济社会发展的重大问题提供认知新途径的科学研究，鼓励科研人员致力于原创性、原理性的重大发现，为应用研究和对策研究提供强大厚重的学理支撑。

3. 提出构建中国特色哲学社会科学的具体任务

习近平总书记指出了构建中国特色哲学社会科学的具体任务：一是抓好马克思主义经典著作的学习和研究；二是继续推进马克思主义中国化、时代化、大众化；三是加强对中华优秀传统文化的挖掘和阐发；四是系统总结改革开放和社会主义现代化建设实践经验，加强对党中央治国理政新理念、新思想、新战略的研究阐释，提炼出有学理性的新理论，概括出有规律性的新实践；五是按照突出优势、拓展领域、补齐短板、完善体系的要求，加强学科体系建设，统筹抓好基础学科、优势重点学科、新兴学科和交叉学科、冷门学科建设；六是抓好教材体系建设，形成适应中国特色社会主义发展要求、立足国际学术前沿、门类齐全的教材体系；七是加强话语体系建设，善于提炼标识性概念，打造易于为国际社会所理解和接受的新概念、新范畴、新表述，引导国际学术界展开研究和讨论；八是推进评价体系改革，建立科学权威、公开透明的成果评价体系，等等。对这些重要任务和工作，要一项一项地进行梳理研究，明确远期、中期、近期的目标要求，有路线图、有时间表，有具体分工和责任单位，以钉钉子精神抓好各项任务和举措的落实。

4. 提出构建中国特色哲学社会科学，要从人抓起，久久为功

要实施以育人育才为中心的哲学社会科学整体发展战略，构筑学生、学术、学科一体的综合发展体系。要实施哲学社会科学人才工程，建立哲学社会科学人才体系。关心好、培养好、使用好哲学社会科学工作者队伍，让他们成为现今思想的倡导者，社会风尚的引导者，党执政的坚定支持者。

5. 提出构建中国特色哲学社会科学要注意顶层设计、统筹协调

习近平总书记指出，构建中国特色哲学社会科学是一个系统工程，是一项极其繁重的任务，要加强顶层设计，统筹各方面力量协同推进。

（四）深刻领会和全面把握加强和改善党的领导是繁荣发展哲学社会科学的根本保证的重要论述

习近平总书记指出："哲学社会科学事业是党和人民的重要事业，哲学社会科学战线是党和人民的重要战线。加强和改善党对哲学社会科学工作的领导，是繁荣发展我国哲学社会科学事业的根本保证。"

坚持正确的政治方向和学术导向，坚持以马克思主义为指导，必须坚持和改进党对哲学社会科学的领导。党的领导是繁荣发展哲学社会科学事业的根本保证。院属单位党委总部、支部要重视和加强对哲学社会科学工作的政治领导和工作指导，一手抓繁荣发展，一手抓管理，从政治方向、学术导向、科研课题、机构设置、人才培养、物质保障等方面关心和支持哲学社会科学事业发展。我院科研人员要自觉接受党的领导。另一方面，要切实改进党对哲学社会科学工作的领导，尊重哲学社会科学发展规律，不断改进领导方式，提高领导水平。要认真贯彻"二为"方向"双百"方针，重视人才、爱惜人才，实施哲学社会科学人才工程。要落实知识分子政策，调动科研人员积极性，关心好、培养好、使用好科研人员，实施以育人、育才为中心的哲学社会科学整体发展战略，让广大哲学社会科学工作者成为先进思想的倡导者、科学研究的开拓者、社会风尚的引领者、党执政的坚定支持者。要大力实施哲学社会科学创新工程，积极倡导学术民主，充分尊重学术自由，正确处理思想理论领域的问题，注意区分学术问题和政治问题的界限，引导科研人员在坚持正确政治方向的前提下，进行大胆探索和创造。

同志们，习近平总书记发表的关于哲学社会科学的重要讲话，提出了关于哲学社会科学的一系列新理念、新思想、新战略，是我国哲学社会科学发展进程中具有里程碑意义的标志性大事。

习近平总书记的重要讲话精神集中回答了一个核心问题：面对新形势"发展什么样的哲学社会科学，怎样发展哲学社会科学"。全面提出了结合中国特色社会主义伟大实践，繁荣发展哲学社会科学，构建中国特色哲学社会科学创新体系这样一个战略任务。学习贯彻习近平总书记重要讲话，必须吃透精神、领会实质、掌握要领、真学会用。其中最重要的是要深刻领会和全面把握关于哲学社会科学重要地位和作用；关于哲学社会科学"五个面对""五个迫切"需要更好发挥作用；关于马克思主义是哲学社会科学的指导思想和根本遵循；关于加快构建中国特色哲学社会科学的目标任务；关于加快和改善党是创新繁荣发展哲学社会科学根本保证这五个方面的重要观点。

　　学习领会习近平总书记关于哲学社会科学重要讲话精神，还要全面地深刻领会和把握以下重要论述：关于坚持和发展中国特色社会主义，必须高度重视哲学社会科学的重要论述；关于坚持以马克思主义为指导，是当代中国哲学社会科学区别于其他哲学社会科学的根本标志，必须旗帜鲜明地加以坚持的重要论述；关于继续推进马克思主义中国化、时代化、大众化，继续发展21世纪马克思主义、当代中国马克思主义的重要论述；关于我国哲学社会科学工作者要自觉以马克思主义为指导，自觉把中国特色社会主义理论体系贯穿研究和教学全过程，转化为清醒的理论自觉、坚定的政治信念、科学的思维方法的重要论述；关于哲学社会科学工作者以马克思主义为指导，首先要解决真懂真信的问题，核心要解决好为什么人的问题，最终要落实到怎么用上来的重要论述；关于哲学社会科学工作者要自觉担负起为党和人民述学立论、建言献策光荣使命的重要论述；关于按照立足中国、借鉴国外，挖掘历史、把握当代，关怀人类、面向未来的思路加快构建全方位、全领域、全要素中国特色哲学社会科学创新体系，在指导思想、学科体系、学术体系、话语体系等方面充分体现中国特色、中国风格、中国气派的重要论述；关于构建中国特色哲学社会科学创新体系要体现继承性、民族性、原创性、时代性、系统性、专业性要求的重要论述；关于实施以育人、育才为中心的哲学社会科学整体发展战略，构筑学生、学术、学科一体的综合发展体系的重要论述；关于构建中国特色哲学社会科学，要从人才抓起，久久为功，实施哲学社会科学人才工程，建设哲学社会科学人才体系的重要论述；关于落实党的知识分子政策，切实做到政治上充分信任、思想上主动引导、生活上关心照顾的重要论述；关于繁荣哲学社会科学，必须解决好学风问题的重要论述；关于落实"双百"方针，提倡哲学社会科学理论创新和知识创新，营造哲学社会科学风清气正、互学互鉴、大胆探索、积极向上学术生态的重要论述；关于加强和改善党对哲学社会科学的领导，是繁荣发展我国哲学社会科学的根本保证的重要论述，等等。

我们一定要把习近平总书记的重要论述学深吃透，切实用到哲学社会科学的实际工作中，牢牢把握马克思主义指导的地位和方向，始终坚持党对哲学社会科学领导这个政治保证，有针对性地着力解决工作中存在的问题，实实在在地推进我国哲学社会科学事业。

加快构建中国特色
哲学社会科学

——在 2016 年所局级主要领导干部贯彻落实习近平
总书记重要讲话精神专题研讨会上的总结讲话
（2016 年 7 月 29 日）

同志们：

　　为期 5 天的专题研讨班办得很好，达到了预期的效果。这次专题研讨班，是我院学习贯彻习近平总书记重要讲话精神、加快构建中国特色哲学社会科学的再动员，是共同谋划我院未来建设和发展的开拓创新会，也是部署工作的责任落实会。对于我院深入贯彻落实习近平总书记系列重要讲话精神，巩固审计和巡视整改成果，深入实施创新工程，推进全面从严治党，加强党的意识形态阵地建设，发挥我院"四大功能"作用，实现中央"三大定位"要求，具有重要意义。

　　研讨班主题鲜明、内容丰富。研讨班的主题是深入学习贯彻习近平总书记在庆祝中国共产党成立 95 周年大会上和在哲学社会科学工作座谈会上的重要讲话精神，结合学习习近平总书记十八大以来关于意识形态和宣传思想文化工作的重要讲话，部署我院贯彻落实讲话精神的各项工作，巩固巡视和审计整改成果，大力推动创新工程，为构建中国特色哲学社会科学作出更大的贡献。院党组把习近平总书记在全国宣传思想工作会议、全国党校工作会议、文艺工作座谈会、新闻舆论工作座谈会、网络安全和信息化工作座谈会和在全国科技创新大会、两院院士大会、中国科协第九次全国代表大会上的重要讲话，以及十八大以来中央办公厅关于当前意识形态领域情况的通报等重要文件印发与会代表进行学习，并把学习贯彻讲话精神与我院改革发展紧密结合起来，使之成为进一步办好中国社会科学院的强大精神动力。

开班当天，我代表院党组作了动员报告，重点谈了学习习近平总书记"5·17"重要讲话精神的体会。研讨班还邀请李慎明同志作了十八大以来意识形态总体形势的报告；院领导分别就我院贯彻落实重要讲话精神总体方案和落实中央巡视组意见形成的三个重要文件以及相关工作作了说明，提出了要求。

六个单位负责同志交流了学习讲话精神的体会和治所思路。与会同志结合院所工作实际，进行了认真学习和热烈讨论。刚才，四位同志对各小组讨论情况作了很好的交流，集中反映了大家的学习成果。

同志们一致认为，习近平总书记在哲学社会科学工作座谈会上发表的重要讲话，从坚持和发展中国特色社会主义的政治高度，深刻回答了事关我国哲学社会科学长远发展的一系列根本性问题，明确提出了关于哲学社会科学发展的一系列新理念、新思想、新战略，系统阐明了加快构建中国特色哲学社会科学的重要性、特殊性、紧迫性和创新性，是我国哲学社会科学发展进程中具有里程碑意义的标志性大事，是当前和今后一个时期指导哲学社会科学发展的纲领性文件。讲话吹响了向构建中国特色哲学社会科学进军的号角，我们要用讲话精神统一思想和行动，认清肩负的重任，珍惜难得的机遇，为繁荣哲学社会科学贡献力量。

大家普遍认为，近年来，在院党组的领导下，我院实施创新工程，加强高端智库建设，进行体制机制改革，科研和各项工作都取得很大成绩，为党和国家重大决策及哲学社会科学的繁荣发展作出了一定贡献，院党组的工作得到党中央国务院的充分肯定和全院同志的高度评价。但是，与习近平总书记重要讲话要求相比，与新形势、新任务要求相比，还有很多工作要做。我们要乘着习近平总书记在哲学社会科学工作座谈会上发表重要讲话的东风，站在新的历史起点上，开拓进取、奋发有为，推动全院各项工作再上一个新的台阶，在繁荣发展哲学社会科学事业方面继续发挥示范引领作用。通过学习、讨论和交流，大家对坚持以马克思主义为指导、加快构建中国特色哲学社会科学的重要性和紧迫性、主要任务和具体措施上，思想更加统一，认识更加深刻，工作的积极性和自觉性大大增强。

同志们认为，这次专题研讨班印发的文件及方案、实施细则、实施办法，是院党组经过反复调查研究、反复讨论形成，务实且具可操作性和创新性，具有非常重要的指导意义，鼓舞人心。大家反映，这次研讨班虽然时间比较短，但是节奏紧凑，内容丰富，研讨深入，认真思考了许多问题，感到很振奋，很充实，收获也很大。

研讨班上，同志们带着强烈的责任感和问题意识，共同为我院改革发展献计献策。许多同志提出，哲学社会科学有数量缺质量、有专家缺大师的问题还没有得到有效解决。我院要在科研成果、智库建设、人才培养等方面得到较大提升，在以坚持马克思主义为指导、构建中国特色哲学社会科学方面发挥更大作用，必须正视这个问题，并积极采取有力措施加以解决。

在研讨班期间，党组召开了中心组理论学习会议。会议围绕学习贯彻习近平总书记在哲学社会科学工作座谈会上的重要讲话精神开展集中研讨。会议指出，院党组对贯彻落实习近平总书记在哲学社会科学工作座谈会上的重要讲话精神高度重视。作为党中央国务院直接领导的哲学社会科学研究机构，如果我们不学习、不执行、不落实讲话精神，就是失职、失责，要严肃问责、追责，必须提到这样的高度来认识。党组要不断提高自觉性和责任感，切实抓好讲话精神的学习贯彻落实。

党组认为，我院贯彻落实习近平总书记重要讲话精神，最重要的是坚持马克思主义的指导，加快构建中国特色哲学社会科学，多出高质量的成果、多出高水平的人才。党组一致认为：第一，一定要把以科研为中心的办院要务扎扎实实地落在实处，坚定不移地抓住科研这一中心任务，牢牢咬定创新工程不放松，聚精会神抓科研，一心一意谋创新，把学习总书记重要讲话精神的成果，把审计和巡视整改的成果，体现在最大限度地解放科研生产力上，尽一切力量调动科研人员的积极性和创造性上。第二，一定要抓住科研质量这一关键环节，坚持质量至上，在学科体系创新、学术观点创新、科研方法创新、话语体系创新上下功夫，出传世之作、出精品力作、出鸿篇巨制。要增强议题设置能力，善于提炼标识性概念，提高我院学术影响力、决策影响力和国际影响力。第三，一定要坚持基础学科和应用学科、基础研究和应用研究并举并重，大力实施学科建设"登峰计划"，统筹抓好濒危学科、冷门学科建设，努力推进学科体系创新。第四，一定要努力实施人才强院战略，加大留住人才、引进人才、培养人才、使用人才的力度，加大对长城学者和青年学者的支持力度，鼓励潜心为人民做学问。第五，一定要进一步推进创新工程体制机制改革，思想更解放一些，胆子更大一些，思路更开阔一些，方法更多一些，在坚持和完善后期资助目标报偿的制度设计和实施上，在科研评奖、科研表彰制度的设计和实施上，在科研经费管理的制度设计和实施上下功夫，继续加大科研经费投入，今年打算在后期资助目标报偿上投入 8000 万元，在学科建设，人才引进、培养，调动人才科研积极性上投入 4000 万元。第六，一定要全力解决好科研人员的切身利益问题，做好行政后勤保障工作，关心他们的生活，关心他们的工作，让科研人员心无旁骛、毫无后顾之忧地一门心思搞科研。

这次专题研讨班严格执行中央八项规定和我院有关制度要求，本着务实节俭的原则，严格落实了各项节约措施。当然，党组也要求在有限的经费内，让大家吃好、住好，把班办好。为办好这次研讨班，院里专门成立了筹备工作领导小组，下设文件组、简报组、会务组和后勤保障组四个专项工作小组。工作小组的同志们加班加点，努力工作，认真准备文件，编写简报，合理安排日程，做好后勤保障。在此，我代表院党组，向辛勤为研讨班提供服务的同志们表示衷心的感谢！

根据院党组部署，各单位要尽快传达学习这次研讨班精神，并认真扎实地推进各项任务的贯彻落实。关于研讨班精神的学习贯彻问题，我讲几点意见。

第一，要认真学习贯彻习近平总书记重要讲话精神。

院属各单位要在前一阶段学习的基础上，继续深入推进对习近平总书记重要讲话精神的传达学习和贯彻落实工作。要把学习习近平总书记在庆祝中国共产党成立 95 周年大会上和在哲学社会科学工作座谈会上的讲话，与学习习近平总书记系列重要讲话特别是关于宣传思想文化工作的重要讲话结合起来，与学习十八大以来中央关于意识形态工作的指示精神结合起来，切实用讲话精神统一干部职工思想，指导我院各项工作。根据中宣部要求，我院要在今年下半年和明年上半年组织开展学习贯彻习近平总书记在哲学社会科学工作座谈会上重要讲话精神的专题培训工作，院属各单位都有自行培训任务，目前我院的专题培训工作方案已报中宣部，待批准后向院属单位正式发文实施。

第二，要把全院同志的思想和行动统一到这次研讨班精神上来，充分认识加快构建中国特色哲学社会科学的重要性和紧迫性。

会后，各单位负责同志要尽快将这次研讨班精神传达到每一位干部职工，组织本单位人员认真学习习近平总书记重要讲话，学习这次研讨班上院领导所作的相关讲话和部署、审议的有关文件，特别是形成的重大认识成果，真正用研讨班精神统一全院同志的思想，并认真落实到各项工作中去。

第三，结合工作实际，制定切实可行的落实措施。

会后，各单位要根据党组的要求和部署，在认真学习的基础上，从本单位实际出发，根据我院贯彻落实习近平总书记在哲学社会科学工作座谈会上重要讲话精神的总体方案，修改完善本单位的落实方案。这里需要说明的是，这次审议的文件，都是事关我院长远发展和建设的带有制度性、根本性的举措，等会后充分吸纳大家提出的意见和建议后正式发文贯彻执行。党组要求，对我院《贯彻落实习近平总书记在哲学社会科学工作座谈会上的重要讲话精神总体方案》《中共中国社会科学院党组关于落实全面从严治党切实加强党的建设的意见》及实施细则、《中共中国社会科学院党组关于加强党的意识形态工作建设马克思主义坚强阵地的意见》及实施细则、《中共中国社会科学院党组关于改进和完善选人用人制度加强领导班子和人才队伍建设的意见》及实施细则，以及《关于中国社会科学院创新工程研究单位、科研人员绩效考核和后期资助目标报偿实施办法》《贯彻落实〈完善中央财政科研项目资金管理等政策的若干意见〉工作方案》的意见建议，由相关责任单位修改后于8月10日前提交办公厅，印发全院贯彻执行。各单位的具体实施方案，8月20日前提交办公厅。办公厅负责把同志们的意见汇总转各相关单位提出整改措施。

第四，切实发挥党的领导核心作用和政治保证作用。

院属各单位党组织要切实增强管党治党意识，坚决贯彻落实中央和院党组的重大决策部署，加强领导，精心组织，狠抓落实，最大限度地调动全院人员的积极性。院党组对全院全面从严治党负总责，全院各级党组织都要严格落实全面从严治党主体责任，把从严从实推进党的建设作为分内之事、应尽之责。要认真执行党委领导下的所长负责制，建设强有力的领导班子，提高执行力，坚持"聚精会神抓科研，一心一意谋创新"，带领本单位干部职工努力完成好下半年的改革创新任务和各项工作，深入推进创新工程。办公厅等单位要加强对落实情况的督促和检查，确保年度各项工作任务的完成。

最后说一下休假。院暑期集中休假时间在8月1日至8月15日，在此期间，除特殊情况外不安排全院性的会议和活动。希望同志们在休假期间严格遵守中央八项规定精神和有关规章制度，把"两学一做"学习教育落在实处，坚决反对"四风"，严禁公款旅游、公车私用等行为，要严格执行请假报备和值班制度，加强防汛防火工作。休假通知办公厅已下发，要认真贯彻落实。

同志们，这次会议是一次团结的会议，鼓劲的会议，振奋人心的会议，推动科研大发展的会议，必将在我院发展历史上留下浓墨重彩的一页。党组对在座的"关键少数"寄予殷切的希望和重托。同志们，哲学社会科学又一个春天到来了，让我们张开双臂，满怀激情地拥抱这个春天，放下包袱，轻装上阵，凝聚共识，团结一致，不辱使命，奋力拼搏，推动我院乘风而上。

谢谢大家！

院名优建设会议讲话

强管理，上质量，
掌握话语权，占领制高点

——在 2009 年报刊出版馆网名优建设
工作会议上的讲话
（2009 年 10 月 21 日）

同志们：

　　今天召开的这次会议，是贯彻落实 2009 年度院工作会议和所局级主要领导干部管理强院专题研讨会会议精神，深化报纸、刊物、出版、图书和信息化管理体制机制改革，加大报刊出版馆网建设力度的动员会，是总结经验的交流会，也是进一步实施科研强院、人才强院、管理强院战略的部署会。有关单位交流了加强报刊出版馆网建设的经验和办法，其中有许多好的措施和做法值得肯定、借鉴和推广。武寅同志和李扬同志就分管工作作了讲话，我都赞成。下面，我就加强报刊出版馆网建设再讲几点意见。

一　为什么要加强报刊出版馆网建设

　　报纸、刊物、出版、图书和信息化建设在我院全局中占有重要地位，报纸、刊物、出版社、图书馆和网站是我院的重要学术阵地，在繁荣发展哲学社会科学、推动我院事业健康发展中发挥着不可替代的重要作用。目前，我院已有报纸 3 份；刊物 91 种，其中学术刊物 79 种，占 86.8%；出版社 5 家；院图书馆 1 个，分馆 1 个，研究所图书馆 16 个，专业特色书库 2 个，资料室 15 个；中国社会科学院和哲学社会科学网集中了专业网和门户网的双重优势，其栏目数达 300 余个，动态数据库中有 75 个栏目每天及时更新，截至今年 8 月，各项信息累计达 32 万余条。从一定意义上讲，报纸、刊物、出版社、图书馆和专业学术网，体现我院的科研能力，代表我院的学术水平，是我院作为党的意识形态部门和中国哲学社会科学最高学术机构，掌握话语权、占领学术制高点的重要武器。

党组和奎元同志一向高度重视我院报刊、出版、图书和信息化工作，提出了创建"名报名刊名社名馆名网"的建设任务和目标，即建设政治方向和学术导向正确，社会效益第一、社会效益与经济效益并举，质量上乘，特色突出，国内一流，世界知名，充分履行认识世界、传承文明、创新理论、资政育人、服务社会职责的报纸、刊物、出版社、图书馆和专业学术网。大力加强报刊出版馆网建设是我院努力实现中央"三大定位"要求的有力举措，是大力实施科研强院、人才强院和管理强院战略的重要工作，也是实现哲学社会科学体系创新的战略任务。加强报刊出版馆网建设，对于我院围绕中心，服务大局，积极推进马克思主义的中国化、时代化和大众化，推进哲学社会科学创新体系建设，推进中国特色、中国风格、中国气派哲学社会科学的繁荣发展，推进社会主义文化的大繁荣大发展，具有十分重要的意义。

我院报刊出版馆网：

第一，是党在意识形态领域的重要阵地。

我院作为党中央领导的意识形态的重要部门，必须按照党中央关于加强意识形态工作的要求，用马克思主义、党的理论路线方针指导哲学社会科学研究，掌握学术话语权，努力成为党在意识形态领域的坚强阵地，这就迫切需要充分发挥我院报刊出版馆网的学术阵地作用。当前，我国意识形态领域的总体态势是好的，但同时必须清醒地看到，意识形态领域渗透和反渗透的斗争仍然十分尖锐复杂，国内外敌对势力仍在加紧一切机会进行捣乱破坏活动，妄图西化、分化我国，颠覆我们的社会主义制度。我院的报刊出版馆网，必须在思想政治上与党中央保持高度一致，在巩固马克思主义在意识形态领域的主导地位方面，在研究宣传中国化的马克思主义、传播社会主义核心价值体系、打牢全党全国各族人民团结奋斗的共同思想基础方面，在为推进党和国家事业发展凝聚强大精神力量和提供智力支持方面，在推进哲学社会科学创新体系建设方面，应当发挥更加积极的阵地作用。

第二，是中国哲学社会科学的重要论坛。

我院作为中国哲学社会科学研究的最高学术机构，义不容辞地担负着创新中国哲学社会科学体系的重任。哲学社会科学的最高殿堂，从来不是自封的，也不是靠上级指定的，而是一定要有拔尖的学术领军人才，有扎实的科研工作和创新的研究成果，也就是说，一定要站在学术制高点上，走在哲学社会科学发展创新的最前沿。我院的报刊出版馆网是重要的科研帮手，具有独特的学术优势，应当充分发挥其优势，依托我院的研究机构和研究人员，联系全国各地社科院、高校及其他哲学社会科学机构，办成面向全国、走向世界的重要学术论坛。要全面展示我国哲学社会科学的重要成果，为哲学社会科学工作者和爱好者提供学术交流的渠道，主动发挥报刊出版馆网的论坛作用。

第三，是履行党和国家思想库智囊团职责的重要平台。

当前，我国在经济建设、政治建设、文化建设、社会建设和生态文明建设及党的建设方面，面临着许多重大理论和现实问题。为了努力当好思想库智囊团，我院必须以重大理论和现实问题为主攻方向，对社会各界普遍关心的热点、难点、焦点和前沿问题，及时跟踪，加强研究，作出具有说服力的研究和回答。我院报刊出版馆网，在这方面应该并可以大有作为，促进学术界积极投身中国特色社会主义伟大实践，从中汲取理论创新的源泉和动力，多为党和政府的决策提供有价值的参考，充分发挥我院作为党和国家智库的平台作用。

第四，是实施"走出去"战略的重要窗口。

总体而言，改革开放以来，我国哲学社会科学对外学术交流与合作有了长足的进展。我院坚持开门办院，积极实施"走出去"战略，对外学术交流的规模和领域也不断扩大。但与我国的国际地位相比，我国哲学社会科学和我院在国际上的学术话语权和影响力尚远远不够，声音相对较弱，走出去的学者和成果相对较少，"出口"远远不及"进口"，形成了明显的"文化逆差"。一定要下决心改变这种状况。我院的报刊出版馆网应当成为实施"走出去"战略的重要窗口，立足国内，面向世界，向国外介绍我国哲学社会科学优秀成果和优秀学者，尤其要反映我国哲学社会科学最前沿的研究成果，体现中国哲学社会科学的最高研究水平，充分发挥中国哲学社会科学"走出去"的窗口作用。

第五，是普及哲学社会科学知识的重要工具。

全民族的哲学社会科学文化素质是国家软实力的重要组成部分。普及哲学社会科学知识同普及自然科学知识同等重要，提高全民族的哲学社会科学素质同提高全民族的自然科学素质同等重要。提高全民族的哲学社会科学文化素质是发展中国特色社会主义事业的题中应有之义。我院的报刊出版馆网要做好哲学社会科学知识的大众化、普及化工作，努力成为普及哲学社会科学知识的重要工具，为提高全民族的人文社会科学素质作出应有贡献。有的人认为我院的报刊出版馆网是哲学社会科学研究最高殿堂的精英俱乐部，是为哲学社会科学的专门研究人员服务的，把普及哲学社会科学看作是下里巴人的事情，不屑一顾，这是一种片面的理解。向全民族普及哲学社会科学，传播中国化的马克思主义，是中国社会科学院不可推卸的职责，也是我院报刊出版馆网的光荣使命。一定要在发表、宣传和推介理论创新成果、专业学术成果的同时，积极普及、推广社科知识，以通俗易懂的文字和干部群众喜闻乐见的形式，把社科知识和优秀科研成果推介给全社会，使中国化的马克思主义和哲学社会科学知识走出专门家的书斋，走向群众，充分发挥普及知识、传播文明的媒体作用。

二　怎样加强报刊出版馆网建设

要把报刊出版馆网建设成为名副其实的"阵地、论坛、平台、窗口和媒体"，成为国际知名、国内一流的"名报名刊名社名馆名网"，就必须坚持正确的政治方向和学术导向，深化改革，创新体制机制，加强管理，注重质量，办出特色，彰显哲学社会科学的学术穿透力和影响力。

如何办好报刊出版馆网，争创"名报名刊名社名馆名网"：

第一，必须树立阵地意识。

努力把我院建设成为马克思主义坚强阵地，这是中央对我院"三大定位"中的第一位要求。建设坚强阵地，不仅仅是院党组的事情，也不仅仅是少数几个研究所和研究人员的事情，而是需要全院上下共同努力。在阵地建设方面，我院的报纸、刊物、出版社、图书馆、专业学术网具有不可替代的使命和作用。马克思主义坚强阵地的定位要求，决定了我们无论是办报办刊办社，还是办馆办网，都必须始终坚持正确的政治方向和学术导向，这是报刊出版馆网建设的最根本的要求。如果在方向和导向上出了问题，其他一切都无从谈起，在大是大非的方向问题上绝不能含糊。我院的每一张报纸，每一份期刊，每一家出版社，每一所图书馆，每一个网站，都应当提高政治敏锐性和政治鉴别力，牢固树立阵地意识，守土有责。只有把各自的阵地守好了，我院作为坚强阵地才能巩固发展。

当然，坚持正确的政治方向不是说要刊登标语口号式的文章，而是要用马克思主义的立场、观点、方法指导办报、办刊、办社、办馆、办网，加强马克思主义的舆论引导力。办好报刊出版馆网既要坚持正确的政治方向，又要充分体现理论学术特色。如果报刊出版馆网离开党的领导、迷失正确方向，肯定是要失败的。同样，没有理论学术特色、与其他类型的媒体完全雷同，也是不成功的。我院是学术机构，不是政府部门，与党的宣传部门、干部教育学校的定位不同，职能不同，要通过学术、学科、学理体现出政治方向，体现出党的意识形态，要寓党的指导思想、党的主张、党的意识形态于学术观点之中、于学理之中、于学科建设之中。

第二，必须树立大局意识。

办好报刊出版馆网，要具备"两个大局"的观念：一是全党全国的大局观，二是哲学社会科学繁荣发展的大局观。我院的报纸、刊物、出版社、图书馆和专业学术网一定要围绕党和国家的中心工作，服从大局，关注和研究全局性、前瞻性、战略性的重大理论和现实问题，确立具有重大理论和实践意义的选题，开辟重大问题专栏，约请国内外知名专家学者撰写高水平的著作和文章。要经常组织开展对有关重大理论和现实问题的讨论，积极引导，及时刊发重要成果。既要加强对重大政治问题、重大原则问题、重大制度问题、重大理论问题的研究，又要主动研究事关国计民生的重大问题。要加强对金融风险、医改、社保、住房、分配、教育改革、民族宗教问题等重大国内现实问题的研究，同时也要注重研究重大的国际问题。

第三，必须树立服务意识。

要教育我们的工作人员树立"三个服务"的意识，一是为党和国家工作大局服务；二是为社会主义文化和哲学社会科学的繁荣发展服务；三是为我院科研工作和科研人员服务。必须坚持"为人民服务，为社会主义服务"的方向，为党和国家的大局服务，为中国哲学社会科学事业的繁荣发展服务。科研是我院的中心工作，是我院安身立命之本和核心竞争力所在，应该围绕科研这个中心来开展报刊出版馆网工作。报刊出版馆网要发挥对科研工作的辅助、支持和保障作用，把握科研成果生产的规律，围绕课题选择、图书使用、资料收集、信息分析、观点交流、成果发表、著作出版、推广普及等科学研究的各环节，满足科研人员的需求，提供周到的服务。

第四，必须树立创新意识。

报刊出版馆网的生命力在于创新，如果没有创新的思想理论和学术观点，就没有出路。要坚持用时代的要求、创新的精神审视办报、办刊、办社、办馆和办网工作，实现观念创新、内容创新、体制创新、机制创新、形式创新、方法创新和手段创新。要创新就必须坚决贯彻"百花齐放、百家争鸣"这一繁荣发展哲学社会科学的指导方针，营造鼓励探索、鼓励试验的氛围。同自然科学研究一样，哲学社会科学研究是一项艰苦的创造性劳动。认识真理、发现真理是一个过程，要鼓励大胆探索，当然也要允许失误。一种学术观点是否正确，不能凭个人之见来决定，要经过实践和时间的检验，要在确保正确政治方向和学术导向的前提下，允许不同的观点和流派"交锋"，允许不同观点和流派之间开展正常的批评与反批评。

办好报刊出版馆网，要有创新的管理体制机制保障，通过深化改革和体制机制创新，为报刊出版馆网建设创造良好的制度环境。在报刊出版馆网的管理体制机制改革创新方面，我院已经做了很多工作，但是就整体而言，体制机制还有待完善，改革还有待深化，创新还有待加强。目前，《中国社会科学报》等单位的办报体制机制已进行了一定的创新，还需要在认真汲取和借鉴其他单位办报经验的基础上，进行不懈探索。根据国家统一部署，我院出版社的改企转制工作正在顺利进行，年底之前必须完成预定的各项任务。工业经济研究所已经组建了报刊出版集团，正在进一步推进。院里加大了对学术期刊的投入，已投入1500万元，在学术期刊的管理体制、选稿组稿机制及编辑印刷机制的改革创新方面，还要加强研究，形成新的思路，走出新的路子。谢寿光同志提出了出版印制发行代理制，这是很好的改革设想，希望同志们认真考虑，自愿参加。图书馆要大力推进三级管理体制改革，今年要建成民族分馆和文学专业书库。图书馆建设、信息化建设都要进一步完善各自的改革方案，特别要解决好信息化建设重复投入问题，建立好协调机制。

第五，必须树立管理意识。

在今年召开的所局级干部管理强院专题研讨会上，院党组专门强调了管理问题。可以说，如何加强报刊出版馆网建设，是对所局级领导同志管理能力的一次挑战和考验。我院报刊出版馆网的理论学术性强，质量要求高，是一个重要的、特殊的学术领域。如何管理好报刊出版馆网，发挥好报刊出版馆网的作用，是管理强院的重要内容。要认真研究和把握报刊出版馆网发展和建设规律，认识规律，按规律办事；在认识和把握规律的基础上，强化管理，向管理要发展，向管理要成果，向管理要质量，向管理要效益，向管理要一流。

第六，必须树立质量意识。

我院相当数量的学术刊物已被确定为国家核心期刊，我院的报纸和出版社在国内也具有相当影响，图书馆和网络建设也达到了一定水准。然而，是不是已经得到国内外理论学术界的认可了呢？应当打一个大大的问号。应当承认，我院的报纸、刊物、出版社、图书馆、网络之所以在国内外有一些影响，与我院在国内哲学社会科学界所处的地位有很大关系。而就实际工作来说，说实话，我们办报办刊办社办馆办网水平还不是很高，距离"国内一流、国际知名"的要求还有很大差距。真正办好报刊出版馆网，实现"名报、名刊、名社、名馆、名网"

的目标，还有大量工作要做，还要付出相当艰苦的努力。仅仅满足于现状、吃老本是不行的，任何自我满足和停滞不前都要不得。办好报刊出版馆网，第一位的工作就是抓好质量，坚持质量第一，视质量为生命。必须狠抓质量，打造精品，不断前进，不断提升，建设一流知名的学术品牌。

第七，必须树立特色意识。

马克思恩格斯在办报办刊方面给我们留下了弥足珍贵的思想财富，对我们今天的报刊工作具有十分重要的启示意义。马克思担任过《莱茵报》的记者、撰稿人和主编，创办和主编了《德法年鉴》，与恩格斯一同创办和主编了《新莱茵报》，他们在办报办刊方面积累了丰富的经验，形成了办报办刊思想，其中重要的一条就是强调办报办刊要办出自己的特色来。马克思指出："在人民报刊正常发展的情况下，构成人民报刊实质的各个分子都应当首先各自形成自己的特征。这样，人民报刊的整个机体便分成许多各不相同的报纸，它们具有各种不同而又相互补充的特征……只有在人民报刊的各个分子都有可能毫无阻碍地、独立自主地各向一面发展，并使自己成为各种不同的独立报刊的条件下，'好的'人民报刊，即和谐地融合了人民精神的一切真正要素的人民报刊才能形成。那时，每家报纸都会充分地体现出真正的道德精神，就像每一片玫瑰花瓣都散发出玫瑰的芬芳并表现出玫瑰的特质一样。"[1] 在马克思看来，如果各种报刊千篇一律，没有各自的特点、内容和风格，那么，

---

[1] 马克思：《〈莱比锡总汇报〉的查封》，写于 1843 年 1 月 3 日，载于 1843 年 1 月 4 日《莱茵报》第 4 号。中文参见《马克思恩格斯全集》第 1 卷，人民出版社 1956 年版。

就会失去人民报刊的特点。唯有各具专长，各有特色，才能体现出人民精神。这是一个规律，一种必然。恩格斯1845年2月22日给马克思的信中也突出强调刊物要办出自己的特色。我国现代著名的编辑、记者、出版家和政论家邹韬奋先生在讲到办刊时曾说过这样的话，刊物要在遵循新闻事业自身规律的前提下，办出特色，办出个性。这句真言对我们建设报刊出版馆网知名品牌也具有重要的启示。目前，哲学社会科学专业报纸不止我们一家，学术刊物数以百千计，哲学社会科学类的出版社也不少，全国哲学社会科学的专业图书馆和网络建设在不断加强，我们面临着日趋激烈的竞争压力。为扩大我院报、刊、社、馆、网的影响，增强它们在国内外哲学社会科学界及社会上的影响，必须在凸显特色上下更多功夫。要坚持理论学术特点，强调个性，突出特色。在内容和形式上都要有我院独有的魅力和特点。没有自己的特色，照搬照抄别人的做法，总跟在人家后面跑，甚至流俗媚俗，是很难站住脚的。

第八，必须树立人才意识。

办好报刊出版馆网，关键在人才。必须重视和加强专门人才队伍建设，加强培养和监督，不断提高他们的思想政治水平，强化他们的事业心和责任感，增强他们的学术水平和业务本领。要吸收更多高层次的专业人才进入我院编辑出版、图资管理、发行运营和网络运行等工作岗位，努力建设一支政治强、素质高、业务精、作风正、纪律严的报刊出版馆网专门人才队伍。要发挥好我院人才优势，整合资源，依靠全院，面向社会，团结一批品行高尚、造诣深厚的知名学者，培养、引进和造就一批人民群众喜爱的名记者、名编辑、名评论员、名作者、名报人、名馆员、名出版家、名网络人。怎样组好稿、当好编辑是一门学问，怎样根据科研需要采购配置图书、为科研服务是一门学问，怎样确保网络安全也是一门学问，怎样做好编辑出版、校对印刷、市场发行、图书管理、网络运行、网站维护、信息处理，等等，都是学问。办好报刊出版馆网是专业性要求很高的工作，要把培养和引进优秀的编辑人才、图书人才、发行人才、网络人才和管理人才放在重要的位置。要关心他们的培养、使用和提拔，关心他们的职称、职级和生活待遇，真正做到"事业留人、感情留人、适当待遇留人"。不仅要鼓励科研人员成为大师，也要鼓励报刊出版馆网人员出大师、出名家，实现专家和行家办刊办报办社办馆办网。

三　几点要求

加强报刊出版馆网建设是一项紧迫的任务。当前，目标已经明确，保障经费已基本到位，需要积极行动起来，狠抓落实，抓紧推进。

第一，提高认识，高度重视。

加强报刊出版馆网建设首先有个认识问题，有了正确的认识，才会有自觉的行动。要像重视科研那样重视报刊出版馆网建设。有人认为报刊出版馆网属于科研辅助体系，没有科研工作重要，这是一种误解。我院的科研体系、科研辅助体系、行政后勤体系，是根据各部门的职能定位来分类的，不存在高低贵贱之分，不要以为叫辅助，就不重要了，所有部门都是我院工作的重要组成部分，缺了哪一行都不行。有人对加强报刊出版馆网建设的必要性认识不足，认为我院的刊物天然就是国家级的"核心期刊"，已经是国内的"名刊"了。还有人认为我院的中心工作是科研，科研搞好了，"名报、名刊、名社、名馆、名网"自然就有"名"了，等等，必须坚决纠正和祛除这些不正确的认识。一定要从思想上重视报刊出版馆网建设，深刻认识报刊出版馆网的阵地、论坛、平台、窗口和媒体作用，统一认识，把创建"名报、名刊、名社、名馆、名网"工作列入重要议事日程，作为重要工作任务，形成全院上下互动的良好局面。

第二，制定规划，形成方案。

建设报刊出版馆网是一项系统工程，必须坚持规划先行。要在充分调研、广泛征求意见和总结经验的基础上，对报刊出版馆网分门别类地进行专门研究，科学论证，制定切合实际的、可行的、操作性强的长远规划和实施方案，采取切实有效的措施。需要强调的是，制定规划和方案，一是要看长远、管长远，以十年发展周期为基点来考虑五年规划；二是要务实，制定的规划和方案绝不能是"假、大、空"的宣传口号，或对付领导的文字游戏，也不能是停留在概念层面的理论探讨，必须提出第一年干什么，第二年干什么，五年要干成什么，有什么长远打算，要有针对性强、可操作性强、符合改革精神的具体措施。科研局负责制定全院刊物、杂志社、出版社建设整体规划和方案，图书馆负责制定图书馆建设整体规划和方案，网络中心负责制定信息化建设整体规划和方案。院属有关单位都要制定本单位报刊出版馆网建设具体方案。办公厅负责汇总形成中国社会科学院报刊出版馆网建设整体规划和方案。有关单位要制定出规划和方案，统一上报院党组，由办公厅督办，年底交稿。

第三，分工负责，全力推进。

加强报刊出版馆网建设不是某个单位某个人的事，而是全院的大事。各职能部门一定要分工负责，切实履行相关职责，相互合作，善于协调，形成合力。科研局负责报纸、杂志社、出版社和期刊总体创建工作，要抓好学术名刊建设工程和出版社转型改制工作；图书馆负责全院总馆、分馆、研究所图书馆以及特色书库和资料室总体创建工作；网络中心负责信息化总体创建工作；国际合作局负责报刊出版馆网"走出去"的总体创建工作；办公厅负责总督查。这几个职能局要明确领导分工，安排专门处室负责，实实在在地集中一定的人力、物力和财力，抓规划，抓推进，及时解决工作中遇到的实际困难和问题，做报刊出版馆网建设的促进派。各研究所、杂志社、出版社和有关单位要切实抓好本单位的报纸、刊物出版的具体创建工作。办公厅与科研局等单位要通力合作，健全我院重大问题综合研究中心与要报等信息报送工作的有效对接协调体制机制。

第四，制定措施，狠抓落实。

各单位回去后，在形成全面规划和方案的前提下，根据规划和方案要求，提出加强报刊出版馆网建设的具体措施，譬如在报刊出版建设方面，要建设一个好的编辑部，配备一个认真负责的编辑部主任，建设一支得力的编辑队伍，等等，要一件一件地抓好落实。办公厅等职能局要加强督查，把每一项任务、每一个措施都纳入督查督办的范围。会后，办公厅要把会上达成的共识细化成具体任务分解给有关单位，形成督办落实文件，督促抓好落实。

第五，加强领导，真诚服务。

能不能实现"名报、名刊、名社、名馆、名网"的目标，领导是关键。院党组统筹抓总，武寅和李扬同志分别负责报刊出版馆网工作。报刊出版馆网建设单位的领导班子和负责同志要切实加强领导，认真负责，"一把手"亲自挂帅，实行领导分管责任制。

院职能局和有关部门要加强和改进对报刊出版馆网工作的管理和服务。加强管理，特别要注意意识形态安全问题、网络安全问题，防止失密泄密，防止敌对势力钻空子。管理就是服务。报刊出版馆网工作具有很强的意识形态性和时效性，各方面的需求往往很迫切，各职能局在加强管理的同时，要切实增强服务意识，尊重各单位的自主权，支持他们健康发展，鼓励他们根据自身实际，大胆开拓、改革创新，想方设法为他们的改革发展创造条件，不能有衙门习气，用行政强制代替真诚服务，要当好各单位创新发展的坚强后盾，把我院的报刊出版馆网事业真正向前推进。

同志们，加强报刊出版馆网建设是我院的一件大事，意义深远，任务艰巨，责任重大。希望全院同志共同努力，解放思想，开拓创新，多想新办法，多出新举措，真抓实干，努力开创报刊出版馆网建设新局面。

全面推动我院报刊出版馆
网名优建设

——在 2010 年报刊出版馆网名优建设
工作会议上的讲话
（2010 年 11 月 30 日）

　　我院 2010 年报刊出版馆网建设工作经验交流会开得很好。上午，武寅副院长和李扬副院长代表院党组就有关工作作了部署，黄群慧、杨沛超、张新鹰、谢寿光、高翔同志分别就本部门工作介绍了情况和经验。下午，进行了分组讨论，8 个小组发言人分别作了发言。大家还参观了中国社会科学杂志社。同志们聚精会神，精神饱满，共同努力，使会议取得了很好的成果，达到了预期目的。

　　前不久，中央召开了宣传部长座谈会，对今年年底到明年年初宣传思想战线的重点工作作出了部署。我在这里先向大家传达一下这次会议的主要精神：

　　第一，从今年年底到明年 5 月，在全国集中开展学习贯彻党的十七届五中全会精神和形势政策宣传教育活动。

　　通过学习宣传十七届五中全会精神，开展形势政策教育，让广大党员群众了解"十一五"时期经济社会发展的成绩和经验，了解"十二五"规划的指导思想、总体思路、目标任务和重大举措，增强贯彻落实科学发展观的自觉性，坚定走中国特色社会主义道路的信心和决心。

第二，深入推进学习型党组织建设工作。

通过建立学习制度，强化工作措施，特别是加强党委中心组的学习，提高领导干部的政治素质和理论素养，把中国共产党建设成为马克思主义学习型政党，更好地担负起领导中国特色社会主义建设的使命。为推动学习型党组织建设的深入开展，明年要召开全国学习型党组织建设经验交流会。

第三，扎实做好意识形态工作。

最近，中央转发了中宣部《关于当前意识形态领域情况和做好下一步工作的意见》（以下简称《意见》），总结了前一阶段意识形态工作取得的成绩，分析了当前意识形态领域的形势和问题，提出了进一步做好意识形态工作的意见和措施。院党组在陈奎元同志的主持下，召开专门会议学习领会《意见》精神，研究部署我院贯彻《意见》有关工作。胡锦涛同志在十七届三中全会讲话中强调，经济工作做不好要出大问题，意识形态工作做不好同样要出大问题。院党组要求全院各单位特别是各所局党委中心组，进一步提高对意识形态工作重要性的认识，认真学习《意见》精神，切实增强阵地意识、政治意识、大局意识和责任意识。直属机关党委将发出通知，对院属单位党委中心组和党员干部认真学习《意见》做出安排。我院要认真落实胡锦涛总书记的重要指示，学好最近中央转发的《意见》，更加重视意识形态工作，加强理论武装和思想政治工作，澄清干部和群众在一些重大问题上的模糊认识。

第四，进一步加强和改进互联网管理。

新兴媒体的管理，对我们党来讲是新生事物。中央专门成立了互联网管理办公室。我院也要重视加强和改进网络管理，协助有关部门做好新兴媒体管理工作。

第五，早谋划、早思考、早安排明年宣传工作。

明年宣传工作有几大因素要考虑：（一）明年是"十二五"规划起步之年，如何巩固我国在应对金融风险过程中积累的成绩和成果，进一步推进经济社会全面发展，是明年工作要考虑的一个问题。（二）明年是中国共产党成立九十周年，辛亥革命一百周年，西藏和平解放六十周年，还要召开党的十七届六中全会。这几个重要节点，在做好宣传思想和意识形态工作时要充分考虑。（三）明年是《"十二五"文化发展改革纲要》（以下简称《纲要》）的起步之年。《纲要》把繁荣发展哲学社会科学作为一个重要内容写入。我院正在制定哲学社会科学创新工程。最近陈奎元同志批示，要求进一步完善方案，争取进入"十二五"规划，进入《纲要》。（四）我国面临的国际环境还存在很多变数。如何谋划好明年的意识形态工作，如何谋划好明年我院的工作，包括"五名"建设，院属各单位都要早作打算，提前谋划。总之，要着眼全局，把握大势，谋篇布局，开拓创新，进一步把我院的工作做好。

加强报刊出版馆网建设，是我院一项重要工作，是繁荣发展哲学社会科学的重要举措。去年，全院的报纸、期刊、出版社、图书馆、网络和数据库建设都取得了很大成绩。今后，我院每年都要召开这样的经验交流会，推动院属报刊出版馆网事业的发展和繁荣。我讲几点意见，供同志们参考。

第一，要提高对报刊出版馆网建设重要性的认识。

我院的报纸、期刊、出版社、图书馆、网络、数据库，是我院的重要战略资源和宝贵财富，是意识形态和哲学社会科学工作的重要工具和主要阵地。一定要高度重视报刊出版馆网建设，把创建名报、名刊、名社、名馆、名网、名库作为我们的努力目标。所谓"名"，就是要有竞争力、影响力和穿透力。一定要从这样的高度，来认识抓好报刊出版馆网建设的重要性。主要体现在六个方面：第一，是党的意识形态和马克思主义理论的前线阵地；第二，是哲学社会科学的交流论坛；第三，是理论学术的战略高地；第四，是党和国家的宣传喉舌；第五，是学科发展的主要载体；第六，是中国社会科学"走出去"的开放窗口。一定要树立阵地意识、机遇意识、忧患意识、责任意识和大局意识，把我院的报刊出版馆网建设抓实、抓好，把我院的报刊出版馆网办活、办大、办强，真正占领理论学术制高点。报刊出版馆网建设的重点是一报、一刊、一馆、一网、一库、两社，基础是所有院属的报纸、期刊、图书馆、网站、数据库和出版社。希望同志们重视这项工作，也重视这次会议精神的传达落实。

第二，加强管理，提高质量。

这次会议的主题就是加强管理，提高质量。我院的发展要靠三大战略——管理强院、科研强院和人才强院，这是实现中央对我院"三大定位"要求的基本保障。报刊出版馆网建设，靠什么成为"名优"品牌？主要是靠质量。以质量取胜，以质量树立自己的形象，扩大自己的影响，以质量来解决"名优"问题。解决质量问题的一个关键环节是什么？是管理。要靠加强管理来解决质量问题。加强管理，要做好四个方面工作。一是管好方向。我院是国家哲学社会科学研究的最高殿堂，同时又是党的意识形态工作的重要部门，树立坚定正确的政治方向和学术导向，是报刊出版馆网建设的第一位任务，也是保证质量的第一项要求。有的同志提出政治方向一票否决，我赞成这样的提法。我院所属的学术刊物、报纸、杂志、出版社、图书馆、网络、数据库，都要始终把保证正确的政治方向和学术导向放在第一位。二是管好队伍。报刊出版馆网建设的关键在队伍，在人才。管理好队伍和人才，是重中之重。管好人才，首先要培养好人才。要建立人才辈出的机制和体制，鼓励人才在报刊出版馆网建设中做出贡献。要抓好作者、编辑、管理和技术这四支队伍。报纸、期刊、出版社都需要作者和编辑，需要管理和技术人才，必须形成靠得住、冲得上的作者、编辑、管理和技术队伍。我们的媒体是现代化的媒体，没有现代化的管理和技术人员是不行的。管理和技术队伍包括图书馆管理人员和网络的专门技术人员。当然，四支队伍中的关键是编辑队伍，包括出版社的编辑、报纸的编辑、刊物的编辑、网络的编辑、数据库的编辑和图书馆的馆员等。要抓好编辑队伍建设，吸引愿意当编辑的学者，建设学者型的编辑队伍。提高编辑队伍的素养，最重要的是要用马克思主义基本理论和中国特色社会主义来武装编辑人员，加强理想信念教育，使之能够运用马克思主义立场观点方法，编辑好本学科、本专业的学术文章。同时要加强编辑人员的专业训练。要搞好编辑队伍的梯队建设，以老带新，保证后继有人。我院要进一步研究如何改进编辑人员待遇问题，关心编辑的职称评定和发展问题，解除他们的后顾之忧，真正留住人才。三是管住钱物。建设的一项重要措施，是从 2008 年开始每年投入 1500 万元用于支持刊物发展。如何管好这笔钱，用好这笔钱，是一个重要问题。总的原则，是既要搞活，又要守规矩，靠严格的制度和程序进行财务管理。四是管好文章。《中国社会科学报》第一次编委会开会时，高翔同志要我提出高标准。我提了最低标准，就是报纸不能出硬伤。总之，加强管理要靠思想、靠骨干、靠程序、靠制度、靠真抓实干，真正把报刊出版馆网建设好，达到高质量的要求。

第三，领导重视，亲自抓报刊出版馆网建设。

各个研究所的负责同志和职能部门的负责同志要高度重视报刊出版馆网建设工作，关心报纸、刊物、出版社、图书馆、网络和数据库建设。树立良好的学风、作风、院风，扎扎实实地抓好各个单位的名报、名刊、名社、名馆、名网、名库建设。领导干部不能做甩手掌柜，把重要的阵地交给别人去管；也不要把报刊出版馆网变成自己发表学术文章的"自留地"，要从大局出发，重视并亲自动手抓好报刊馆网建设。

会议结束后，大家要把这次会议的精神及时向本单位领导班子汇报，并研究如何贯彻落实好会议精神。各单位要总结好今年报刊出版馆网建设的经验和做法，围绕"加强管理、提高质量"的主题，针对存在的问题和不足，安排好新的一年抓好报刊出版馆网建设的措施，真正把 2011 年的全院报刊出版馆网建设工作抓好。

加强管理，提高质量，大力推进
报刊出版馆网库名优建设

——在 2011 年报刊出版馆网库名优建设
工作会议上的讲话

（2011 年 12 月 7 日）

　　我院 2011 年报刊出版馆网库名优建设工作经验交流会开得很成功。第一阶段举行了院调查与数据信息中心揭牌仪式，第二阶段武寅同志和李扬同志分别代表院党组就有关工作作了总结和部署，我都完全赞成。刚才，王诚、周军兰、周溯源、何涛、赵剑英同志分别就本部门报刊出版馆网库名优创建工作介绍了情况和经验，讲得都很好。

　　这次会议的主题是实施哲学社会科学创新工程，加强管理，提高质量，大力推进报刊出版馆网库名优建设，努力建设中国特色社会主义理论学术传播阵地，为繁荣发展哲学社会科学，繁荣发展中国特色社会主义文化作出贡献。这次是第三次举行报刊出版馆网库名优建设工作经验交流会，前两次会议分别于 2009 年在精品购物指南报社，2010 年在中国社会科学杂志社举行。这三次会议分别对我院的报刊出版馆网库名优建设工作起到了重要的助推作用。结合上述同志的发言，我再讲几点意见，供同志们参考。

一　认真学习贯彻落实党的十七届六中全会精神,大力推进哲学社会科学创新工程

当前，我院的中心工作是学习好、贯彻好、落实好党的十七届六中全会精神，把认识提高到党中央繁荣发展哲学社会科学、办好中国社会科学院的决定精神的高度上来，把思想统一到院党组实施哲学社会科学创新工程的决策和部署上来，乘十七届六中全会的东风，抓住社会主义文化大繁荣大发展的机遇，把我院各项工作推向一个新的阶段，把报刊出版馆网库名优建设工作推上一个新的台阶。

党的十七届六中全会对于推动我国社会主义文化建设事业、繁荣发展哲学社会科学，有着极其重要的、划时代的战略意义。在我们党的中央全会上，第一次专门就文化工作作出决定。对发展繁荣哲学社会科学作出全面部署，在党的历史上也是第一次。六中全会为哲学社会科学事业的发展，为中国社会科学院的发展，为我院报刊出版馆网库的发展，指明了方向，提供了千载难逢的机会。能不能抓住机遇，能不能推进发展，能不能发展好，关键在我们自身，关键在于我们的认识能力和精神状态，在于我们的主观努力和踏实肯干。今年，我院在报刊建设、出版资助、图书馆建设、网站建设、数据库建设上，累计投入了5000多万元，明年还会进一步加大投入。在这样的情况下，困难、问题、矛盾是有的，但过于强调困难，过于强调客观原因，过于囿于矛盾和问题，不做主观努力，不去克服困难、解决矛盾，无论如何是说不过去的。对于我院来讲，

如果这次抓不住机会，就会错过发展机遇。对于全院同志，特别是今天参加会议的分管报刊出版馆网库建设工作的各位同志来说，抓住六中全会提供的大好机遇也是非常重要的。干好的关键是提高认识，统一思想，把思想和行动统一到十七届六中全会精神上来，统一到院党组的工作部署和陈奎元同志重要讲话精神上来。

从今年年初开始，我院就正式谋划实施创新工程。实际上，前期准备工作早在去年就已经启动。在年初院工作会议上，陈奎元同志对实施创新工程作了重要指示，我受陈奎元同志委托，代表党组作了《加强管理，深化改革，加快推进哲学社会科学创新体系建设》的工作报告，正式拉开了推进创新工程的帷幕。在今年暑期北戴河召开的所局级主要领导干部哲学社会科学创新工程专题研讨会上，陈奎元同志再次对实施创新工程作出重要指示，我受陈奎元同志委托，代表党组作了题为《继续实施三大强院战略，全力启动哲学社会科学创新工程》的主题报告。北戴河会议之后，陈奎元同志几次主持院党组会议，逐渐形成了全院推进创新工程的思路和方案，这些思路和方案以及各项配套制度都凝聚在最近印发的《中国社会科学院哲学社会科学创新工程文件汇编（一）》和陈奎元同志在最近几次院党组会议上的重要讲话精神中，比如 2011 年 11 月 24 日陈奎元同志在第 242 次党组会议上的重要讲话精神。这些构成了从院工作会议至今，我院在总结经验、摸索试点、反复研讨后形成的关于创新工程的总体思路和要求。这些思路和要求都是符合十七届五中全会、六中全会，"十二五"发展规划纲要，以及中央的一系列关于繁荣发展哲学社会科学、推进哲学社会科学创新的精神的，对哲学社会科学创新工程的指导思想、重要目标、战略任务、方法步骤、关键环节等阐述得非常清楚。学好这些精神，统一思想，提高认识，是把我院哲学社会科学创新工程推向前进，抓住机遇，发展繁荣中国哲学社会科学，办好中国社会科学院的关键点。全院同志一定要树立机遇意识、全局意识、大局意识、奋斗意识，全力推进哲学社会科学创新工程。从最近推进情况来看，与十七届六中全会精神，与党组决策、部署和要求还有很大差距，甚至有的同志至今对创新工程文件的基本精神和若干规定还没有搞清楚。借此机会，我再重复一下我院创新工程的相关要点，以便于同志们加深提高认识。

首先，要认清我院实施哲学社会科学创新工程的重要战略意义。我院实施创新工程要完成六项主要任务：第一，建设马克思主义坚强阵地；第二，建设党和国家重要的思想库智囊团；第三，建设中国哲学社会科学研究的最高殿堂；第四，建设中国特色社会主义理论学术传播平台，报刊出版馆网库名优建设工作集中于这项任务中；第五，建设"走出去"战略的学术窗口；第六，建设中国哲学社会科学研究人才高地。

其次，要认清我院推进哲学社会科学创新工程，关键是实行制度创新。推进创新工程，就要推进体制、机制、制度、机构的改革和创新。在今年的院工作会议上，陈奎元同志强调我院要改革创新，他指出："我院的体制、机构设置、人才使用和培育的方式、研究成果的评价和奖励办法需要继续创新。""实施创新工程主要目的就是要建立有利于社科研究的组织方式、激励机制和良好风气。"所以，我院实施创新工程，不是简单地提高待遇、增加收入，更不是分钱、发钱、花钱，而是一场兴利除弊的革新、创新，一场体制、机制、制度，包括科研组织方式在内的转变。如果仅仅停留在分钱、发钱、花钱上，就不是创新工程。在这一点上，在座的同志一定要提高认识，把创新工程的重点真正放在体制、机制、制度转变上。

创新工程制度转变的第一个关键环节是人事制度的转变，核心是建立退出机制，目标是建立能进能出、能上能下、竞争淘汰的用人机制。创新岗位实际上是流动的，不是铁饭碗，涨工资、提级别、给补贴是终身的，一旦给了，一般情况下就不会改变了，而创新岗位则不同，这次进入创新岗位，如果下次考核不合格，就要退出创新岗位。与涨工资、提级别、给补贴不同，创新岗位是完成了创新任务才能拥有，完不成创新任务就要失去。一定要形成这样的退出机制和用人机制。有的研究所里沉积了一些不干事的人，要通过创新工程制度革新，把这些人的潜力挖掘出来，把干事的人与不干事的人区别开来，形成奖勤罚懒的机制，是人事制度改革的重要目标。

这次改革的第二个关键环节是科学配置经费资源。我院出台了创新工程研究经费年度总额拨付配置制度，一个重要目的就是充分调动研究所党委书记、所长的自主性和积极性。院里按创新单位的创新任务拨付全年研究经费，配置这些经费的决定权在所里；当年的研究经费当年花完，没有实事求是的理由而不能完成创新任务，要受到相应的严格管理。当然，研究经费总额拨付制度要符合哲学社会科学发展规律，对于长期跟踪研究的课题，可以做长期经费规划，根据任务逐年拨付使用。这里的关键是建立严格的、完整的评价制度、考核制度和奖惩制度。在经费配置上进行改革创新，过去好的体制、机制、制度，要坚持并发扬光大，过去存在的弊端要革除，以达到兴利除弊、改革创新的目的。

　　体制、机制、制度改革创新，要求同志们进一步解放思想，转变观念，大胆探索，勇于创新。不能穿新鞋走老路，按老套路、老办法办事。有个别人认为，创新工程就是找院领导忽悠点儿钱，这种思想和认识是很浮浅的。党的十七届六中全会如此重视繁荣发展哲学社会科学事业，中央财政给予我院创新工程大力支持，我们要对得起中央和人民对我院的重托。每一分创新经费都是人民的血汗，要把这些钱用在刀刃上。

　　第三个关键环节是坚持试点先行，重点突破。陈奎元同志在第 242 次党组会议上强调："实施哲学社会科学创新工程，是我院在新的历史条件下，为从整体上推进我院的建设和发展采取的一项重大改革举措。为此，要有一些新的思路和新的决策。我们没有具体学习目标和模式，采取的是'摸着石头过河'的办法。"因此，要建立几个新型研究机构，选择几个突破口，进行改革试点，为哲学社会科学创新做一些先行的探路工作。显而易见，到底我院实行的改革措施是不是符合哲学社会科学发展规律，是不是符合中国社会科学院办院规律，是不是能够调动全院同志的积极性，需要在实践中摸索，逐步加深认识。我在 2011 年 9 月 23 日有关创新工程会议讲话中指出，根据党组会议精神，2012 年仍将处于创新工程试点阶段，进入第二批试点的单位总体上控制在 1/3 左右，试点单位的创新岗位也控制为在编实有人数的 1/3。这两个 1/3 的提出，不是一个绝对数字界限，而是一个试点数量的大体控制规模。问题不在多少数量，而在于试点必定少数，否则就不是试点先行了。

　　之所以做出这个决定，主要基于以下几个因素：一是，2011 年有一批单位正处于主要负责人调整和即将调整阶段，从全院工作大局出发，从加强领导班子建设出发，从新任领导集中精力了解情况、搞好工作调研和谋划工作出发，党组认为这些单位还是暂缓进入为好。但是，不申报不等于不动员，不等于不做准备。二是，我院创新工程的实践正处于试点起步阶段。创新工程是一项全新工作，实施创新工程存在哪些问题？还会出现哪些问题？需要在哪些问题上进行突破？制定哪些政策？进行哪些体制、机制、制度改革？这些都需要在实践中探索，取得成功经验后再在全院推广。院党组制定《创新工程文件汇编（一）》，前前后后用了一年的时间。有些条款、措辞，都是反复斟酌，几经修改。姑且不说职能部门所付出的努力，就是党组成员都为这些文件不知道花费了多少时间和精力。党组几乎每周都要拿出一天时间来讨论创新工程问题，因为这是关系中国社会科学院生死存亡的大事。不经历一个认识、探索的过程，急躁冒进是不行的，回到老路上去也是不行的。甚至在改革过程中，院里放松了监管，有些单位也可能由于惯性又跑回到老路上去。如果这样，那我们何必还改革？这说明要在实践中摸索解决办法，制定政策，完善规定。要把事情办好，需要一个实践、认识，再实践、再认识的循环往复、循序渐进的过程。这就是陈奎元同志所讲的"摸着石头过河"。三是，思想发动工作还不够深入，对创新工程的实质和任务的理解还不够充分。有些领导和同志认识不到位，甚至还存在相当多的模糊认识。我认为，到目前，对创新工程的重要性、指导思想、方针、目标、任务、要求的认识，还没有完全到位。四是，从全院来看，各项准备工作尚不充分，甚至很多事情都没有梳理清楚。包括许多研究所、直属单位对自身情况根本没有梳理清楚。需要相当一段时间才能做好思想准备、干部准备、经费准备、管理准备等各项工作。职能部门制定了创新工程文件汇编，在讨论时自己忘记了其中的内容。党组要求所有职能部门安排时间，继续学习创新工程文件，学深吃透文件精神。五是，尚需抓好管理，堵住漏洞，抛掉包袱，轻装进入创新工程。近几年，我院狠抓管理，解决了不少问题，但是管理方面还有漏洞。比如，从 2006 年至今，我院国情调研项目结项率很低，一些单位只有 20%；有的单位把经费花完了，也进行调研了，报告却无法提交。从 2000 年至今，不少单位的课题结项率都不到 60%，甚至还有的单位低于 30%。近期，全院各单位上报创新报偿名单时，也出了很多差错。这说明我院的管理还很粗放，有很多的漏洞。以这样的管理，我们怎么向前推进创新工程？没有严格管理，没有成熟的试点，没有严格操作，没有责任心、事业心，创新工程就无法向前推进。这让我想起了三年解放战争，想起了塔山阻击战。塔山阻击战是解放战争时期东北野战军第 4、11 纵队等部在辽沈战役中，为保障主力夺取锦州，在辽宁省锦州市西南塔山地区对从锦西、葫芦岛方向驰援锦州的国民党军所进行的一次防御作战。我军以 8 个师阻援，而国民党军是以 11 个师进攻，也就是说，我军 8 个师顶住敌军 11 个师的进攻，战斗是异常激烈的，其激烈的程度也可以说无法用语言来描述。塔山阻击战的意义远远超出了一个局部战场——塔山之战的胜负，不但关乎辽沈战役的进展乃至结局，而且在相当程度上影响了自此以后解放战争的进程。阻击战总指挥是东野第二兵团司令员程子华，他甚至连每个战士的枪放在什么位置都要设计好，连续几天几夜没合眼。以我院现在这种管理状况，抓好创新工程，还有相当大的差距。所以，基于这种状况，必须"摸着石头过河"，试点先行。六是，院里自感能力不足，水平不足，对全院创新工程的领导还需要实践，需要提高，需要锻炼，需要一个学习、认识的过程。陈奎元同志指出，试点先行是符合我院实际的。请同志们一定要理解党组试点先行的决策。同时，积极推进本单位创新工程工作。

创新工程一定要在管理上下功夫。要严格准入，严格管理，严格要求，带出一支能战斗的队伍。我很赞赏一些所长的工作态度。他们不怕丢选票，不怕背骂名，严格按照院里的规定管理队伍。只有这样，才能带出一支在科研战线上骁勇善战的科研队伍。当然，管理不等于不给科研人员以充分自由的空间和时间。既要严格管理，又要给科研人员充分自由的空间和时间。

总之，要从大局出发，树立大局观念、全局观念，积极推进创新工程。

二　关于报刊出版馆网库名优建设工作

党组高度重视报刊出版馆网库名优建设工作，希望同志们树立高度的文化自觉和文化自信，以十七届六中全会建设为指导，抓住实施哲学社会科学创新工程的机遇，大力推进这项工作。对于报纸、期刊、出版社、图书馆、社科网、数据库的地位和作用，要从三点来把握：第一，是社会主义主流意识形态和社会主义文化的前沿阵地，所有的科研成果都要通过这个平台发布，我院的话语权和影响力要通过这个平台树立。第二，是中国社会科学院最重要的财富和战略资源。80 多个国家一级学术刊物，报纸、网站、图书馆，以及今年新建成的社科网、数据库，都是重要的战略资源，是我院保本养命的根本所在。

只要把工作做好了，刊物、报纸、网站、出版社、图书馆、数据库就会永远长青，蒸蒸日上。不把这些重要的战略资源充分建设好、发展好、利用好，就对不起党和人民。第三，是中国哲学社会科学学术研究的战略高地。

抓好报刊出版馆网库名优建设工作，第一，要靠正确的政治方向和学术导向。第二，要靠质量。文章、网上发布的任何信息一定要把质量放在第一位。第三，要靠人才。要大力加强采访记者、编辑、经营管理、工程技术人才队伍建设。第四，要靠统一思想，提高认识。第五，要靠管理。把这几件事抓好了，就能在报刊出版馆网库名优建设工作中做出成绩。一定要树立阵地意识、机遇意识、竞争意识、奋斗意识，把报刊出版馆网库名优建设工作抓好。

要把报刊出版馆网库名优建设工作纳入创新工程。中国社科网、中国社会科学杂志社、《中国社会科学报》是整体进入创新工程，院里通过给予出版资助的方式来探索出版社进入创新工程的途径，通过加大出版资助的办法支持出版社发展。今年已经投入1400多万元，明年还会继续增加。希望图书馆能把古籍图书整理和数字化作为进入创新工程的一个重要突破点。科研局近期要组织专题调研，研究编辑部以哪种方式进入创新工程，拿出具体方案，推进学术名刊群建设。总之，报刊出版馆网库名优建设工作要纳入创新工程的整体设计，整体推进。根据报刊出版馆网库的不同特点和情况，分别考虑，摸索探索。

三　关于今年年底和明年年初的工作任务

今年年底和明年年初是我们实施创新工程的重要时间段。第一，要认真学习贯彻十七届六中全会精神，为十八大召开做好思想准备和组织准备。第二，要积极推进创新工程第二批试点工作。12月15日要召开全院所局级主要领导参加的专题会议，对创新工程相关精神和要求进行深入宣讲，对有关制度文件进行细致解读，进一步统一思想、提高认识，保证创新工程顺利推进。同时，对首批试点的8家单位及信息情报院进行创新单位及首席管理年度考核，各创新单位对创新岗位人员进行年度考核。继信息情报研究院成立后，财经战略研究院、国际战略研究院、社会发展战略研究院要于年底前挂牌成立。第三，搞好2011年工作总结和各项工作。第四，大力推进基本建设，为创新工程提供良好的物质条件。我院基建项目都有明显的进展。贡院东街项目，尽管拆迁难度很大，但已经拆掉近70%，是北京市目前拆迁最快、最平稳的单位。院里每周要开一次协调会，逐户分析，向前推进。在基建办的努力下，东坝项目的拆迁工作进入尾声。研究生院一期工程已经投入使用，3000多名学生入住。北京市最大的气模体育馆已经建成。二期工程正式启动，还要建一幢集体宿舍和一所现代化党校。院部五号楼和六号楼马上拆迁，明年6月开工建设一座近一万平方米的档案和科研附属大楼。新组建的财经战略研究院将要迁入的中商大厦，几个研究所要入驻的中冶大厦都已经租下来了。院里下大力气全面改善办公条件。总之，全院工作正在迈上一个新台阶，全院上下处在一个积极向上的状态。希望同志们以高昂饱满的热情推进各项工作。

四　认真及时落实本次会议精神

第一，要迅速把会议精神传达到领导班子，传达到全体工作人员和科研人员。第二，有关责任单位和牵头单位要召开专题会议，讨论提出加强本单位报刊出版馆网库名优建设工作的各项措施，特别要制订好 2012 年工作计划。第三，推进落实。各单位要提出落实这次会议精神的方案，方案不能长篇大论，要简单明了。月底前报到办公厅。办公厅负责催办。各单位的落实措施还要写到 2012 年的工作要点中。

加强领导，严格管理，扎实搞好
创新工程学术期刊试点工作

——在 2012 年创新工程学术期刊
试点工作会议上的讲话
（2012 年 11 月 6 日）

同志们：

在全党全国上下喜迎党的十八大胜利召开之际，我们今天在这里组织大家对创新工程学术期刊试点工作进行动员，充分体现了党组带领全院科研人员、干部职工扎扎实实做好各方面工作，以优异成绩迎接党的十八大胜利召开的决心。

实施学术期刊试点，是我院全面推进创新工程的一个重要组成部分，也是名刊建设工程的继续和深入，对办好我院学术期刊群，打造国际知名、国内一流的学术期刊具有重要意义。召开这次会议，主要任务是进一步统一思想，提高认识，明确工作的目的、步骤和方法，以便顺利启动创新工程学术期刊试点工作。刚才，李扬同志就如何推进学术期刊进入创新工程试点进行了工作部署和动员，晋保平、段小燕同志分别就创新工程学术期刊试点实施办法、经费管理及细则作了专题说明。各单位要及时传达，认真学习，抓紧落实，以高度的责任感和使命感，把这项事关我院学术期刊发展壮大、院创新工程整体部署顺利推进的重要工作抓好。在此，我代表党组提几点要求和希望。

一　统一思想，提高认识，深刻理解开展创新工程学术期刊试点工作的重要意义

创新工程试点启动实施以来，在中央的指导和有关部门的支持下，在党组的正确领导下，我院按照中央的战略部署，精心组织，深入发动，开局工作取得了阶段性胜利，得到了中央领导同志的充分肯定，李长春同志和刘云山、刘延东同志分别对我院创新工程工作做出重要批示。在肯定成绩的基础上，进一步统一思想，提高认识，增强做好创新工程的信心和决心，是贯穿今年创新工程实施工作的一条主线，为我们做好下一阶段工作奠定坚实的思想基础。这次动员会议，首要任务仍然是统一思想、提高认识，把同志们的思想统一到深化学术期刊管理体制机制改革、提升学术期刊竞争力的认识上来，为顺利推进创新工程学术期刊试点工作做好思想准备。

我院目前主管、主办各类学术期刊 80 种。这些学术期刊刊载了大量具有重大学术及社会影响的论文、研究报告和重要文章，以其突出的理论性、学术性和专业化特色，成为新中国哲学社会科学学术积累的集中体现，在某种程度上代表了我国哲学社会科学研究的整体水平，成为我国社会主义精神文明建设和国内外学术文化交流的重要窗口。这些学术期刊是我院几代学人创下的学术品牌，是不可多得的优势资源。正是因为拥有这些出版资源，中国社会科学院成为国家哲学社会科学研

最新科研成果展示的重要平台，在交流哲学社会科学研究最新成果、推进学术研讨和倡导优良学风等方面，发挥了引领方向的重要作用。

面对全国学术期刊领域改革发展、竞争激烈的新形势，我们必须高度重视学术期刊工作，继续深化期刊管理体制机制改革，推动与我院学术地位和学术水平相称的学术期刊事业健康、快速、科学发展。此次将期刊建设纳入院创新工程的整体部署是创新工程试点自启动以来的又一重要举措，是提高学术期刊整体办刊水平、加强学术期刊名刊建设、增强全院科研竞争力和影响力、全面落实党和国家对我院提出"三大定位"目标要求的重要保证。我们一定要紧紧抓住全面推进创新工程这一重大机遇，通过进一步加大投入，改善办刊条件，整合资源，规范期刊编辑、出版、发行、数字化等工作机制，以应对学术期刊领域的激烈竞争，保持和进一步扩大我院学术期刊的整体优势，走出一条具有中国社会科学院特色、"统一管理、统一经费、统一印制、统一发行、统一入库"的期刊管理体制机制创新之路。

二 突出重点，把握关键，认真学习文件精神和相关规章制度，准确把握试点工作具体要求

认真学习文件精神和相关规章制度，准确把握试点工作具体要求，是组织实施好创新工程学术期刊试点工作的根本前提。文件吃不准、吃不透，制度就无法有效执行，创新工程学术期刊试点就会遇到困难。提出这个要求，就是让同志们再次

认认真真学习文件内容，扎扎实实吃透文件精神，深刻领会和把握党组关于实施创新工程学术期刊试点工作的意图，从而提高认识，增强自觉性。实施创新工程学术期刊试点工作，就是要在"统一管理、统一经费、统一印制、统一发行、统一入库"方面下功夫，要在创新岗位设置、科研组织方式创新、资源配置方式调整、绩效考评激励上做好文章，整合资源、提高质量、降低成本、改进服务、提高效益，调动期刊编辑人员的积极性和创造性，真正解放和激活学术期刊的科研生产力。

　　实施创新工程是一个不断实践、认识，再实践、再认识的过程，是一项全新的改革事业，出台的制度办法难免有不周全、不缜密的地方，尚需继续调整、补充、完善。创新工程如此，学术期刊试点工作更是如此。但是这些存在的问题不能成为试点工作推进过程中的障碍。为什么要搞创新工程期刊试点？什么是"五统一"？怎样搞"五统一"？大家要弄明白这些问题，要让广大期刊编辑部及其相关工作人员搞明白不实施期刊试点，我院的学术期刊就不会有突破性的发展，不推进期刊管理体制机制创新，期刊建设就难以打开新局面，创新工程整体部署也会受到影响。在具体的贯彻落实工作中，要准确把握和深刻领会党组开展创新工程学术期刊试点工作的目标和思路，认真研读吃透相关文件，杜绝出现态度不认真，工作不负责，措施不合规，执行不得力，管理不细致，落实不到位的情况。

三　加强领导，认真组织，积极稳妥地推进实施创新工程学术期刊试点

　　在今年余下的两个月的时间里，我院将先后进行学术期刊

试点、创新单位年度综合评价和创新岗位年度考核两项重要的工作，同时，还有更为重要的中心工作就是学习贯彻党的十八大会议精神。时间紧，任务重。请所长、党委书记调整好工作重心，务必将主要精力放在这三项工作上面。对于学术期刊试点工作，所领导要把它作为"一把手"工程，亲力亲为，认真负责地抓好。

一是要解放思想，转变观念，深入细致地做好思想发动工作，这是我们多年来改革的成功经验和法宝。所谓"深入"，就是要真正使参与创新工程学术期刊试点工作成为领导干部、全体编辑部人员和相关工作人员的自觉行动，实心实意地支持、参与、推进创新工程学术期刊试点工作。所谓"细致"，就是要注意觉察未进入创新岗位那部分人员的思想波动，提前介入，积极主动地做过细的思想工作，消除他们的疑惑和顾虑，鼓励他们通过下一轮竞聘尽早进入创新岗位。

二是要带领编辑部做好试点工作方案。创新工程学术期刊试点不是简单地增加经费资助，更不是单纯地增加编辑收入，而是顺应全国文化体制改革的大潮，通过体制机制创新，增强学术期刊的竞争力，打造哲学社会科学界的名刊。因此，所领导一定要按照《中国社会科学院创新工程学术期刊试点实施办法》《中国社会科学院创新工程学术期刊试点实施细则》的要求，和编辑部的同志们一起精心组织，认真制定工作方案，真正把"五统一"的精神和要求贯彻落实到位。

三是要从大局出发，把握工作导向，稳妥推进。党的十八大召开在即，各单位特别是领导干部要以高度的政治责任感自觉与党中央保持一致，坚决维护好稳定和谐的环境，开好党的十八大。推进创新工程学术期刊试点，要注意统筹兼顾，积极稳妥，不能简单粗糙，当"甩手掌柜"。不能因为学术期刊试点而产生新的问题或是激化原有的矛盾，要照顾到方方面面的关系，维护好本单位乃至我院良好的创新氛围和工作环境。

四　严格准入，规范管理，扎实做好第一批学术期刊试点的开局起步工作

根据工作安排，学术期刊试点将结合国家社科基金学术期刊资助分批推进，首批进入试点的期刊肩负着探索创新、积累经验的重任，因此，首批试点单位开好头起好步，对于后面的单位顺利进入创新工程试点将起到重要的示范作用。

第一，要严格执行准入条件。

创新工程试点工作启动实施以来，对于试点单位、创新岗位的准入条件以及创新报偿的发放条件，我院一直按照有关规定严格执行，从没有放宽过标准。同样，学术期刊试点也有严格的准入条件，各单位要按照《中国社会科学院创新工程学术期刊试点实施办法》《中国社会科学院创新工程学术期刊试点实施细则》的有关规定，对编辑部和创新岗位的准入条件进行对照审核，通过后再向院申报。院在审核过程中，会严格把关。各单位回去后要向编辑部工作人员讲明准入条件，做到公开透明，相互监督。

第二，要按照"五统一"的要求规范管理。

这次学术期刊试点工作在管理体制机制上的一个重大改革创新就是实行"五统一"。"五统一"是在有关职能部门经过几个月调查摸底的基础上，针对原有制度设计上存在的漏洞和问题而提出来的，是规范期刊管理的重要举措。首批进入试点的

单位要切实执行好"五统一"，相关职能部门和院属单位也要按照"五统一"的要求，为编辑部提供更优质、更规范的服务，通过院所两级单位的共同努力，真正把我院学术期刊的管理水平提高到一个更高的层次。

第三，要按照经费管理办法，实行全额财政资助制度、经费预决算制度、经费报销管理制度、统一印发入库制度、年度财务审计制度、收支两条线制度和财务审计不合格退出制度。

这次期刊管理体制机制改革，院对进入创新工程的期刊和尚未进入创新工程的期刊均实行财政经费全额资助，要求其必须有严格的预决算、严格的经费支出报销管理，均要求统一印制、统一发行、统一入库，支出经费统一结算。要实行严格的收支两条线，院财政全额资助、收入不能坐收坐支，要全部上交，然后院按津贴发放类别返还。当然，进入创新工程的期刊有更为严格的财务准入条件，不达标的暂时不进入创新工程。

第四，进入创新岗位的期刊编辑部要定编、定岗、定任务，按照编制、岗位、任务要求，按照公开、公正、透明原则，严格执行进入创新岗位的准入条件，实行公开竞聘上岗，不搞指定。

同志们，会后做四件事：第一件事，传达文件精神，吃透文件精神。首先是领导班子要在学习文件精神上下功夫，编辑部主任和编辑们也要认真研读文件。第二件事，按照文件规定和财务要求，拟定明年期刊预算方案，月底前报财计局。第三件事，按照文件要求，制定期刊创新工程试点实施方案，12月10日前报科研局。第四件事，按照文件规定，制定统一印制、统一发行、统一入库方案，月底前送社会科学文献出版社和调查与数据信息中心。

　　同志们，在院党组的领导下，经过几个月的紧张有序的筹备，创新工程学术期刊试点工作已经拉开大幕，即将向全院推开，下一步组织实施的重任就要落到你们的肩上，希望大家继续发扬锐意进取、改革创新的精神，以高度负责的工作态度，落实好期刊试点的各项工作要求，为我院的期刊建设探索出一条改革创新之路。

加强马克思主义阵地建设，占领哲学社会科学学术传播制高点

——在 2013 年报刊出版馆网库名优建设工作会议上的讲话

（2013 年 12 月 13 日）

同志们：

在全国宣传思想工作会议和党的十八届三中全会闭幕不久，我院专门召开报刊出版馆网库名优工程建设会议，肯定成绩，查找差距，全面推进我院哲学社会科学报刊出版馆网库名优工程建设，进一步加强马克思主义阵地建设、理论学术传播能力建设，增强理论学术传播水平，占领哲学社会科学学术制高点。这就是这次会议的指导思想、主题和目的。

今天讲三个问题。

一　成绩与问题

这次是我院名优工程建设的第四次会议了。

第一次会议于 2009 年 10 月 21 日在精品购物指南报社召

开。会议主题是贯彻落实院工作会议和北戴河管理强院专题研讨会精神，推进报刊、出版、图书管理和网络管理体制机制改革创新，坚持正确政治方向，强化阵地意识，加大名刊名社名馆名网建设力度，占领哲学社会科学创新体系学术制高点，交流创建名刊名社名馆名网的措施、经验和体会。

第二次会议于 2010 年 11 月 30 日在中国社会科学杂志社召开。会议主题是贯彻落实院工作会议和北戴河暑期专题研讨会精神，以加强管理、提高质量为重点，总结一年来报刊出版馆网名优工程工作的落实情况，推进报刊出版馆网名优创建工作。

第三次会议于 2011 年 12 月 7 日在社会科学文献出版社召开。会议主题是贯彻落实党的十七届六中全会精神，贯彻落实院工作会议和北戴河暑期专题工作研讨会精神，总结一年来报刊出版馆网库名优工程的落实情况，推进报刊出版馆网库在我院哲学社会科学创新工程中发挥应有作用。

经过四年的努力，我院名优工程建设工作取得了很大成绩。迄今为止，《中国社会科学报》已办成有相当影响的理论学术大报，创造了学术报刊史上的"社科速度"和"社科奇迹"。学术名刊建设取得显著进展。今年 9 月 16 日，我院 70 余种学术期刊，整体亮相首届期刊博览会，并荣获优秀组织奖、创新设计优秀奖。11 月 8 日，全国哲学社会科学规划办公室发布国家社科基金资助学术期刊 2013 年度考核情况的通报，我院主办的《中国社会科学》和《数量经济技术经济研究》两个杂志，被考核为"优秀"期刊。我院出版社全部完成了转企改制工作，经济效益和社会效益明显增长，在国内外出版界的地位日益提高，影响不断扩大。根据南京大学人文社会科学评价中心发布的出版社学术影响力数据资料，中国社会科学出版社的综合学术影响力在全国 588 家出版社中位列前五。2013 年 8 月 30 日，北京外国语大学文化走出去协同创新中心发布《2013 年中国图书世界馆藏影响力报告》显示，中国社会科学出版社图书的世界影响力在全国 588 家出版社中位居第六。社会科学文献出版社在积极推动文化体制机制创新，打造一流的专业学术出版机构方面做出了突出成绩。2012 年 9 月，社会科学文献出版社荣获中宣部、文化部、国家广电总局、新闻出版总署联合授予的"文化体制改革工作先进单位"称号。其他三家出版社也在精品出版和品牌建设方面取得了可喜的成绩。新闻出版广电总局对科研局 2012 年的图书质量专项检查工作给予了全国通报表扬。理顺中经传媒集团的领导管理关系，明确定位和职责。基本完成总馆—分馆—资料室的图书馆统一体系建设，法学分馆、民族学与人类学分馆、研究生院分馆、国际研究分馆和文学专业书库、哲学专业书库已挂牌成立，经济学分馆建设也在积极推进。数字化图书馆初见雏形。自开办以来，中国社会科学网以"国内最大、世界一流的哲学社会科学领域专业门户网站"为目标，以"高水平的马克思主义理论宣传网、国家级社会科学学术研究网"为定位，不断推进，开通了英文网，完成了与中国社会科学杂志社的整合，即将于 2014 年元旦改版上线运行。几十个院所网站，在各自学科领域享有较高的权威性和知名度。海量数据库建设从起步到现在迅速发展。陆续引进大型中外文数据库 100 余个，建设各类资源数据库 200 余个，其中中国哲学社会科学综合信息支持系统实现了 140 多万种中文电子图书的全文检索与利用。正在建设的古籍善本全文数据库，预计收录全院馆藏善本图书 8000 余种 10 万余册，其中不乏宋元珍稀版本。经全国哲学社会科学规划领导小组批准，由我院调查与数据信息中心承建，以"公益、开放、协同、权威"为定位的国家哲学社会科学期刊数据库于今年7月正式上线运行，计划用两年时间，建成一个国家级、公益性、开放型的哲学社会科学学术期刊数据库。一批所级实验室日趋成熟。

当然，距离党和国家的要求，名优工程建设还存在不少问题：海量的哲学社会科学数据库尚未成形、刚刚起步；综合集成实验平台等待上马；综合管理平台正在试运行；学术期刊"五统一"改革需要巩固；学术报刊质量和影响力与社科院地位尚不相符；数字化图书馆、数字化社科院刚刚起步；出版社管理体制机制创新还需推进；社科网影响力远远不够；数据信息资源分散不统一，全院信息化建设多头管理、重复投入，经费使用效率不高问题还很突出；信息化管理体制机制改革亟须推进；统一有力的名优工程建设管理体系尚待建立……总而言之，名优工程建设工作亟待加强，管理创新亟待推进，信息化、数字化水平亟待提高，影响力、传播力亟待强化。名优工程建设工作一定要全力解决好这些问题。

二　工作的着力点

下一步工作的主攻方向是：

第一，增强阵地意识，坚持正确的政治方向和学术导向，牢牢把握报刊出版馆网库的领导权、管理权和话语权。

习近平总书记在全国宣传思想工作会议上的讲话中强调，我们在集中精力进行经济建设的同时，一刻也不能放松和削弱意识形态工作。党校、干部学院、社会科学院、高校、理论学习中心组等都要把马克思主义作为必修课，成为马克思主义学习、研究、宣传的重要阵地。十八届三中全会通过的《中共中央关于全面深化改革若干重大问题的决定》指出："建设社会主义文化强国，增强国家文化软实力，必须坚持社会主义先进文化前进方向，坚持中国特色社会主义文化发展道路，培育和践行社会主义核心价值观，巩固马克思主义在意识形态领域的指导地位，巩固全党全国各族人民团结奋斗的共同思想基础。"全院同志，从事报刊出版馆网库工作的同志，必须深入学习贯彻习近平总书记一系列重要讲话和党的十八大，十八届二中、三中全会精神，按照中央对我院"三大定位"的要求，树立阵地意识，扎实推进名优工程建设，用马克思主义的主流意识形态指导理论学术传播，占领理论学术传播阵地，切实做到守土有责、守土尽责，人在阵地在，坚守巩固发展阵地。

哲学社会科学是宣传思想文化工作的重要领域，我院报刊出版馆网库是党和国家重要的思想理论阵地和文化舆论资源，是发展和繁荣我国哲学社会科学极其重要的载体和平台，是我院重要的理论学术传播阵地，体现了我院的理论学术传播能力。它既有严谨的学术性或科学性，又不同程度地带有意识形态属性。要坚持科学性与意识形态性的统一、党性和人民性的统一，弘扬主旋律，传播正能量，突出理论学术特色，增强社会责任感，提高社会公信力，靠理论和学术的力量增强感染力、影响力和传播力。

要建设和巩固好这些阵地，必须始终坚持马克思主义的指导地位，坚持"二为"方向和"双百"方针，坚持正确的政治方向和学术导向，增强政治意识、大局意识、责任意识，坚持政治家和学问家办报、办刊、办出版社、办馆网库的原则，坚持党对媒体的领导权、管理权和话语权，自觉地为党和国家的决策服务，为中国特色社会主义事业服务，充分发挥哲学社会科学认识世界、传承文明、创新理论、资政育人、服务社会的重要作用。

　　第二，增强机遇意识，加强理论学术传播信息化建设，实现报刊出版馆网库的数字化。

　　当今世界已进入信息化时代。信息化在重塑人类的经济、政治、文化、社会和生态新格局的同时，也对哲学社会科学提出了新的挑战。互联网、大数据和云计算等对哲学社会科学来说，不仅能够提供一系列新的研究方法和传播手段，而且还能催生新的科研思维方式和组织形式。哲学社会科学如果不适应信息化的大趋势，不占领信息化的制高点，就可能丧失地位、丧失未来。从研究方法、手段和组织形式创新的意义上说，我院名优工程建设，可以概括为一句话，就是努力实现哲学社会科学研究的信息化，建设数字化社科院。也就是建设数字化图书馆、中国社会科学网、哲学社会科学海量数据库、综合集成实验室研究平台、综合管理统一平台，实现科研方法和管理手段的现代化、信息资源的一体化。简而言之，就是一馆（数字化图书馆）、一网（社科网）、一库（数据库）、一室（综合集成实验室）、一平台（全院统一的综合管理平台），这是我院信息化建设的重点工程，必须抓紧，抓实，抓出进度、速度和实效来。这是贯彻党的十八大和十八届三中全会确定的创新驱动发展战略，建设哲学社会科学创新体系的必然要求，是推进我院创新工程的重大战略举措。

第三，增强质量意识，实现报刊出版馆网库的规范化、制度化和科学化，提高理论学术传播能力和水平。

我院的报刊出版馆网库是展示哲学社会科学学术成果的窗口，是全国哲学社会科学理论学术媒体重镇，是中外学术交流与合作的平台。加强学术规范建设，强化管理，提高质量，全面推进报刊出版馆网库的规范化、制度化和科学化建设，尤为重要。

报刊出版馆网库建设，质量第一。规范化、制度化、科学化建设，核心是解决好质量问题。质量问题，最重要的是把住三个关，一是政治质量关，二是学术质量关，三是文字质量关。把住政治关，前面已经讲了。把住学术质量关，要提高报刊出版馆网库的学术门槛，要打出理论学术精品，通过抓优秀栏目和重点图书选题，不断提升我院理论学术影响力。把住文字关，要严格遵守体例规范，抓好编辑校对印制工作，严格质量管理，不要犯低层次的错误。把住质量，要建立规矩、程序和规定，用规范、制度才能管住质量，才能实现科学化管理。

提高质量，还要实施"引进来"和"走出去"战略，将国外有价值的理论学术成果选介进来，将中国的优秀理论学术成果推介出去，鼓励与国外知名报刊出版馆网库机构合作，进入国际主流学术交流传播渠道。

第四，增强创新意识，实现科研创新、人才创新和管理创新，提高报刊出版馆网库的权威性和影响力。

名优工程建设要贯彻落实"科研强院、人才强院、管理强院"三大战略，实施科研创新、人才创新和管理创新，靠"三大创新"强力推进名优工程建设工作。

名优工程建设要坚持走科研创新的道路。科研创新是名优工程之源，没有源哪里有水；科研创新是名优工程之米，没有米何以下锅。巩固马克思主义阵地建设，增加理论学术传播能力，根本在于科研创新。报刊出版馆网库建设要以科研创新为基础、为前提，以研究院所为根据地，以科研人员为主体，利用创新工程给科研工作带来的动力和契机，抓好重大科研选题和科研成果的产出，选好精品科研成果，切实把报刊出版馆网库作为我院科研成果的展示平台。

名优工程建设要坚持走人才创新的道路。巩固马克思主义阵地，增强理论学术传播能力，关键在人才培养，关键在队伍建设。在新媒介环境下，报刊出版馆网库工作人员仅仅具备采、编、写等基本编辑能力已远远不够了，媒介策划与运营、媒介内外部资源整合等经营管理能力的提高也是必不可少的。提高质量，必须提高报刊出版馆网库工作人员的能力。要紧紧抓住培养选拔人才、动员组织队伍等环节，创造有利于报刊出版馆网库人才顺利成长、队伍迅速壮大的良好环境和体制机制。

要将报刊出版馆网库人才队伍建设纳入"人才强院"战略。要开展对报刊出版馆网库人才资源的调研，促进报刊出版馆网库人才的优化配置和高效使用。通过调查研究，摸清人才的现状、具有的优势和存在的问题，依据现有岗位和工作需要，科学确定人才队伍规模和比例，保证各类人才个体素质良好，整体结构优化，使之与各类岗位的需求相适应，与名优工程建设任务相符合。在适当引进高层次人才的同时，盘活现有人才，通过有序流动、科学调配，营造人尽其才、人才辈出的良好氛围，实现人才资源效益的最大化。

要加强理论教育和业务培训，建设一支高素质、专业化的报刊出版馆网库人才队伍。唐代著名诗人杜甫在《偶题》一诗中说："文章千古事，得失寸心知。作者皆殊列，名声岂浪垂。"奋斗在报刊出版馆网库岗位上的同志们从事的是艰巨、繁杂、细致的工作，不仅要甘为人梯，无私奉献，为作者文章拾遗补阙，润色修饰，而且要把好政治关、学术关、事实关、文字关，不愧为文明成果的鉴赏家，真理正义的传播者，承担着向社会提供优秀精神食粮的光荣使命。报刊出版馆网库战线上的同志们，要自觉加强理论学习和业务学习、道德修养和实践锻炼，全面提高思想政治素质和实际工作能力。

认真落实院"十二五"人才建设规划和信息化建设规划，对报刊出版、计算机、数据库、图书馆、网络等编辑和技术人员进行专门培训，实行科学合理的政策、措施，尽快造就一批报刊出版馆网库编辑、记者、计算机和网络工程师、数据分析师、业务管理者等专门人才。既要考虑当前人才培养问题，又要考虑长期培养问题，尽快形成一支既满足当前急需又能适应未来发展的业务精、素质高的专业人才队伍。要建立多渠道、网络化的培训体系，提高全院人员运用现代信息技术的能力，造就越来越多的既掌握专业技术，又有学术造诣的创新型人才，培养一大批编辑和研究相结合、记者与采编相结合、科研和管理相结合、运营和管理相结合的复合型人才，以此推动报刊出版馆网库和信息化工作迈上一个新台阶。

名优工程建设要坚持走管理创新的道路。报刊出版馆网库的体制机制改革创新要坚持"集中统一管理"原则。如何在制度创新、管理创新与技术创新同步推进的大环境下，处理好我院报刊出版馆网库和信息化建设中的各种关系，是我院名优工程建设必须解决的重点和难点问题。今年8月以来，在党组的领导下，我院推进信息化体制机制改革，成立信息化管理办公室，强化了信息化建设的宏观指导和统筹协调，将图书馆与网络中心、调查与数据信息中心并轨，社科报与社科网并轨，将信息化基础设施建设及信息资源建设交由社科杂志社和院图书馆承担，院属各单位负责各自的信息化工作，形成信息化建设的三级管理体制，分工明确，关系理顺，有利于统筹整合全院信息数据资源，构建高端理论学术传播平台。我院报刊出版馆网库的建设要在坚持"九统一"，即统一领导、统一管理、统一经费、统一网站、统一机房、统一数据库、统一数字化图书馆、统一综合集成实验室平台、统一综合管理平台的原则基础上，以服务为中心，实行管理、运营、建设、服务四个职能相对分离，集中人力、物力、财力尽快建成数字化中国社会科学院。学术期刊坚决推行"五统一"的改革，即统一管理、统一经费、统一印制、统一发行、统一入库。典藏古籍整理要坚持统一登记、统一建档、统一数字化、统一联网、统一服务、统一管理。各出版社要加强统筹管理，适当分工，协同作战。数据库建设要统一管理、统一经费、统一机房、统一资源、统一入库、统一联网。社科网要在与社科杂志社统一整合的基础上实现全院一网，统一整合全院网络资源。图书馆建设要继续推行"总馆—分馆—资料室"三级管理体制的一体化体系建设和图书采购总代理制，整合资源，提高资源利用效率。总之，我院报刊出版馆网库要通过整合资源、提高质量、降低成本、改进服务，实现社会效益与经济效益、数量增长与品牌提升、当前利益与长远利益相一致，使报刊出版馆网库尽快步入高效益、高质量、高水平的科学发展道路。

建立激励约束机制，实行绩效考核奖惩办法，真正把报刊出版馆网库建设的成效与工作人员利益挂钩。要制定报刊出版馆网库评价标准，实行名优工程建设目标责任制，加强对名优工程建设的指导检查和考核评比。在新制定和修订的我院创新工程文件中，对准入和考核条件进行了细化和扩充，对创新单位、创新岗位、编辑和工程技术人员都提出了明确的、具体的要求。院相关职能部门和单位要严把准入关、竞聘关、检查关、考核关、退出关，该奖的奖，该罚的罚，该给的给，不该给的不给，该一票否决的坚决实行一票否决。只有这样，才能确保报刊出版馆网库工作的质量和水平得到全面提升，绝不能干和不干一个样、干好和干坏一个样、进和不进创新工程一个样。

第五，增强责任意识，加强名优工程建设，全面提升理论学术传播力。

名优工程建设能否搞好，关键在于领导班子重视。在名优工程建设工作上，领导班子不能仅仅停留在伸手向上要钱、要人、要物上，要从党和国家工作大局出发，从社科院全局出发，提高认识，统一思想，明确责任，认真谋划，真抓实干，充分利用现代信息技术手段，着力提高我院理论学术传播和信息化应用及服务能力。

名优工程建设必须实行"班子工程"和"一把手工程"。院属各单位领导班子、主要负责同志要高度重视名优工程建设，专门开会研究，要有规划、有方案、有实际措施、有专人负责推进，有定期检查督办。

按照中央赋予我院"三大定位"的基本要求，我院的名优工程建设必须树立高度的信息安全和保密责任意识，构建分级授权的信息安全和保密管理体系，形成各单位"一把手"负总责、专人管理与全员参与的信息安全和保密管理体制。要完善我院信息安全与保密的相关制度，定期督促有关单位进行信息安全与保密检查，消除安全隐患，严格实行全方位、立体化的信息安全与保密责任制，以推动全院信息安全和保密保障体系建设。

三　应注意的几个问题

第一，统一思想，提高认识，按照党组关于报刊出版馆网库名优工程建设系列决定精神办事。

思想统一，步调才能一致。关于报刊出版馆网库建设，党组出台了一系列原则、规定和办法。各直属单位领导班子要认真学习、理解这些精神，一定要把思想认识统一到这些重要决定精神上来，按照党组的决定和部署，有条不紊地推进工作，不可想干什么就干什么，不想干就不干，不可另搞一套。

第二，制定一个好的发展规划和实施方案，稳扎稳打，逐步推进。

俗话说得好："预则成。"有谋划、有规划，且谋划好、规划好，才能成事。我院名优工程建设目标是什么、步骤是什么、怎么抓、分几步抓、每年抓点什么，一定要计划先行。这些年，我院在信息化建设上一方面取得了一定进展，另一方面也走了一些弯路，浪费了不少时间、钱财和人力，最重要的是丢了发展机遇。一定要抓好规划。各单位要按照院的要求，根据本单位的情况，制定一个五年发展规划和2014年具体实施方案。明确责任人，谁负责；明确工作队伍，哪些人干；明确路线图、时间表、任务书和责任状。要一步一个脚印地，扎扎实实地向前推，一步一成，步步事成。

第三，把全院资源整合起来，发挥整体效益。

我院名优工程建设存在管理分散、投入分散、资源分散三个突出问题。结果是各搞一摊，重复建设，形成一个又一个信息孤岛，不仅全院统一的信息化体系发展不起来，而且谁也发展不起来。这么多年过去了，我院并没有形成统一的数据库、统一的机房、统一的实验室、统一的管理平台、统一的网络、统一的管理。明年全院要集中力量抓好资源整合统一，形成统一的一库、一网、一机房、一室、一平台。

一切数据资源必须统一入库。明年要抓到位、抓到底的第一件事是院一切数据资源，都要统一整理，进入院库。科研成果数据库的建设要从科研成果产出的源头抓起。科研局和创新办要精心组织，积极支持院图书馆的工作，从科研项目的立项、出版、发布、资金拨付进度以及数字化质量评审等环节统筹考虑，切实保证科研成果按时、按量数据化后进入我院科研成果数据库。要把数字化科研成果是否入库作为创新工程考评的重要指标。

第四，把工作重点放在数字资源内容建设上，而不是买设备、购电脑等硬件建设上。

信息化建设包括两方面内容，一是内容资源信息数据建设，这是主要的，这是重点；二是程序设备设施等软硬件建设，这是为内容信息资源数字建设服务的。路修好了，库修好了，没有东西在路上流动，没有东西放在库里，路和库就是浪费。全院信息化经费实行统一预算、统一投入。院负责全院性规划、硬件投入和资源整合，院属单位重点负责本单位资源建设，院实行后期资助。

第五，实行集中统一领导，全院一盘棋，不搞分散主义，不搞本位主义。

名优工程建设必须统一集中、统一管理、统一领导。各单位要树立全局意识、大局观念、整体理念，反对分散主义、本位主义。明年在统一管理问题上要实行以秘书长为主要协调人的全院名优工程和信息化建设协调机制，各位分管院领导、各个部门、各个单位都要支持并服从这个统一协调机制。

第六，坚持为科研服务、为科研人员服务、为繁荣发展哲学社会科学服务、为中国特色社会主义服务。

办好报刊出版馆网库，要解决好为什么服务、依靠什么的问题。一定要依靠研究院所、依靠科研人员、依靠报刊出版馆网库的工作人员，调动他们的积极性。要明确为科研院所、为研究人员、为繁荣发展哲学社会科学、为中国特色社会主义服务的方针。

同志们：

我院名优工程建设已经取得的成绩和经验值得肯定，但我们也要清醒地认识到，我们的报刊出版馆网库工作与党和国家的要求相比，与我院在全国哲学社会科学事业中的地位相比，与国内外宣传出版和信息化发展的前沿、趋势相比，还存在相当大的差距。我们必须痛定思痛，下定决心，迎头赶上，紧紧抓住实施哲学社会科学创新工程的契机，大力发扬求真务实和改革创新精神，不断推进名优工程建设工作，为繁荣发展哲学社会科学事业，实现中华民族伟大复兴的中国梦作出新的更大的贡献。

深化改革，加强管理，
开创报刊出版馆网库和学术
评价名优建设工作新局面

——在 2014 年报刊出版馆网库名优建设
工作会议上的讲话
（2014 年 12 月 12 日）

同志们：

在党的十八届四中全会、中央经济工作会议以及院暑期专题研讨会召开后不久，我院专门举办第五次名优建设工作会议，总结经验，谋划未来，承前启后，意义重大。这次会议的主题是全面贯彻党的十八大和十八届三中、四中全会精神，学习贯彻落实习近平总书记系列重要讲话精神，落实院暑期专题研讨会精神，总结名优建设工程六年来取得的成绩和经验、存在的问题和不足，深化改革，加强管理，努力开创我院名优建设的新局面。

一 回顾总结

早在 2008 年，我院就启动名刊、名社、名馆、名网建设工程，致力于打造在国内外具有领先优势的知名学术期刊、出版社、图书馆和网站。2009年10月21日，我院召开了第一次名优建设工作会议，交流创建名刊、名社、名馆、名网的措施、经验和体会，提出推进报刊、出版、图书管理和网络管理体制机制改革创新的任务和要求。2010年4月，我院制定印发报刊出版馆网名优建设工程总体规划，确定3—5年内创建具有我院特色、国内一流、世界知名的报纸、学术期刊、出版社、图书馆和网站。

2011年我院实施哲学社会科学创新工程以后，在报刊出版馆网名优建设的基础上，陆续增加了数据库和中国社会科学评价中心名优建设的内容，报刊出版馆网库和学术评价相继纳入创新工程资助和管理，形成了报刊出版馆网库和学术评价名优建设"七位一体"的新格局，迈上了快速发展、规范运行的科学轨道。2013年8月，党组制定印发《中国社会科学院信息化体制机制改革方案》，进一步提出"用3—5年时间，通过对'一馆、一网、一库、两平台'的建设，全面提升我院信息化水平，实现科研手段现代化、信息资源一体化、办公自动化，基本实现数字化中国社会科学院"的总任务。按照改革方案，实行管建分离，将院计算机网络中心调整为信息化管理办公室，将中国社会科学网整体划拨到中国社会科学杂志社，将调查与数据中心与院图书馆整合，使中国社会科学杂志社和图书馆成为院信息化的主要建设单位，促进名优建设工程的体制机制和格局的转变。从去年12月开始，我院又实行名优建设工程协调会议制度，由秘书长高翔同志主持，信息化管理办公室具体组织，召集相关单位和职能部门，一般每周召开一次协调会，集中研究名优建设工程的有关议题，部署各项工作。截至

10 月底，共召开 22 次协调会，编发 22 期纪要，部署 183 项工作，并通过督办机制，狠抓事项的落实。党组还将协调会决定事项纳入职能部门和直属单位创新工程绩效考评体系，使协调会议制度成为推进名优建设工程的常态机制。

中国社会科学杂志社通过报刊网一体化实现了传统媒体和新兴媒体的融合发展，形成了"两报、八刊、两网"的全媒体格局。《中国社会科学报》2009 年创刊，全国哲学社会科学界有了第一份自己的专业报纸；2012 年创办英文版电子报，为国外读者了解我国人文社会科学界又打开了一个窗口；到 2013 年底建成 10 家国内记者站和 1 家海外报道中心，并在北京、广州、南京、西安四地实现同步印刷，创造了学术报刊史上的"社科速度"和"社科奇迹"。《中国社会科学》2012 年改为月刊，加快了出版周期，扩大了学科覆盖面，增强了学术影响力，展现了我国大型综合学术期刊的新风貌。中国社会科学网 2011 年 1 月 1 日成功上线，2014 年 1 月 1 日闪亮改版，设立资讯、学科、综合和互动四大版块，共 50 多个频道，1300 多个栏目，点击量屡创新高，最高日点击量超过 100 万人次，成为名副其实的"全球最大学术门户网站"。在中国社会科学网的带动下，各研究单位专业学术网站也有较大发展。

院属学术期刊从 2008 年启动"名刊"建设工程，2014 年整体进入创新工程，67 家期刊实行"五统一"，即"统一管理、统一经费、统一印制、统一发行、统一入库"制度，加大了对学术期刊的投入，改革了学术期刊管理体制和运行机制，办刊质量稳步提高，保持和扩大了我院学术期刊的整体优势，形成了学术期刊发展的良好态势。经国家新闻出版广电总局认定，我院共有各类报刊 98 种，其中持有国际或国家标准连续出版物号的学术期刊 79 种，英文学术期刊 5 种，学术年鉴 4 种。新创办的《中国社会科学评价》和《中国文学批评》，进一步壮大了院属期刊阵容。

院属出版社坚持科学经营理念，推进管理体制机制、出版结构、技术手段、出版方式、传播途径、服务平台等创新，图书质量稳步提升，在国内外出版界的地位日益提高。近两年来，共出版图书 7616 种，其中引进版权图书 320 多种，输出版权图书 170 多种，159 种图书获国家出版资金资助，金额达 4200 万元，300 多种图书获得国家和省部级以上优秀科研成果奖，取得了社会效益和经济效益双丰收。

院图书馆在理顺总馆—分馆—所（馆）资料室相互关系，推进海量数据库、综合管理平台建设，提高馆藏图书和信息资源服务等方面取得了突出成绩。馆藏文献数据库和社会调查数据库日益丰富，古籍普查登记工作基本完成，科研成果库建设顺利启动，创新工程综合管理平台交付使用。国家哲学社会科学期刊数据库 2013 年 7 月上线运行，今年两次改版升级，已收录主要期刊 600 种，上线论文 258 万余篇，日最高点击量达 88 万次，成为国内最大的公益服务期刊数据库，受到中宣部领导的肯定和国内外学术界的欢迎。

中国社会科学评价中心 2013 年下半年筹建，今年 9 月挂牌成立，努力占领哲学社会科学和全球智库评价制高点。短短数月内，评价中心就建立以吸引力、管理力和影响力为主要指标的哲学社会科学综合评价体系，简称 AMI，完成全国人文社会科学期刊 AMI 打分测评，于 11 月 22 日成功召开首届"全国人文社会科学评价高峰论坛"，发布期刊评价报告，受到学术界的广泛关注和好评。与此同时，评价中心还收集全球 2000 家著名智库基本信息，为发布全球核心智库评价报告奠定了良好基础。

院信息化管理办公室2013年9月组建以来，履行全院信息化的建设规划和预算、项目评审和监督、信息安全及考核等职能，制定实施《院重大信息化项目管理办法》《院属单位信息化工作经费管理办法》等四个制度文件，加强科研信息化的调查、研讨和业务培训，推动与华为公司建立战略合作关系，强化对信息化重大项目的审批监管。截至11月底，信管办共评审立项"海量数据库建设工程一期""域外汉籍电子文库""互联网视听舆情智库""创新工程综合管理平台""全院期刊统一采编系统"等25个，结项验收6个。信管办成立后积极开展工作，推动信息化建设和管理的制度化、规范化和程序化，提高信息化经费使用效率，有利于形成我院信息化工作的新格局。

观念思路的转变、体制机制的改革和工作实践的创新，给名优建设工程注入强大动力。六年内名优建设工程从名刊、名社、名馆、名网"四名"迅速扩展到报刊出版馆网库和学术评价"七名"，范围越来越广，成果越来越多，影响越来越大。名优建设工程以加强阵地建设为根本，坚持正确的政治方向和学术导向；以质量建设为中心，推进各项工作科学化、规范化和制度化；以改革创新为动力，提高各类资源配置效率和科研信息化水平；以增强学术引领为目标，占领哲学社会科学研究和传播制高点，推动名优建设工程进入新的发展阶段。名优建设工程确保了我院传播阵地、传播平台，在思想理论斗争的风雨中，旗帜鲜明地坚持正确的政治方向、理论方向和科研方向，关键时刻敢于发声，敢于亮剑，通过推出一流的优秀学术成果，彰显马克思主义理论学术强大的生命力、感召力、创新力，引领学术发展，推动具有中国特色、中国风格、中国气派的哲学社会科学创新体系的形成。

实践证明，党组关于名优建设工程的一系列工作部署和改革决策是正确的，报刊出版馆网库和学术评价工作所取得的成果和经验应该充分肯定。我代表党组对名优建设工程中付出辛劳的全体同志致以衷心的感谢和诚挚的慰问。

在充分肯定成绩的同时，也要清醒地认识到，我们的工作还有大量需要改进的地方。社会实践的推进没有止境，学术事业的发展没有止境，名优建设工程也没有止境。报刊出版的编辑、管理和经营能力水平亟待提高；学术期刊"五统一"仍需完善；图书馆数字化转型需要科学谋划；社科网跨越发展面临瓶颈；哲学社会科学综合集成海量数据库的规划建设亟待加强；评价中心各项业务刚刚起步；尤其是我院信息网络基础设施还比较落后，数据信息资源使用效率还不高，信息化管理体制机制还需进一步理顺，传统媒体和新兴媒体融合发展还需摸索，名优建设工程管理体系尚待建立，等等。我们要牢记，不论报刊出版工作，还是馆网库学术评价，都任重道远。同志们一定要振作精神，奋发有为，将我院学术传播阵地、传播平台打造得更加高端，更加牢固，更加强有力，引领和推动中国学术走向新的更大的繁荣。

二　战略意义

我院的报纸、期刊、出版社、图书馆、网络、数据库和学术评价，是我国哲学社会科学的重要资源和宝贵财富，是我院科研、管理和服务工作的必备条件和根本保障。报刊出版馆网库和学术评价名优建设，关系到我院的定位功能和前途命运。党的十八大以来，全面建成小康社会进入决定性阶段，改革进入攻坚期和深水区，国际形势复杂多变，我们面对的改革发展稳定任务之重前所未有、矛盾困难风险挑战之多前所未有，必须进行具有许多新的历史特点的伟大斗争。只有站在党和国家事业发展全局和战略的高度，贯彻党组"五个三、一个一"的工作总体思路，即"三大定位""三大功能""三大战略""三大风气""三项纪律"和"一个载体"，才能深刻认识名优建设工程的重大意义，充分发挥名优建设工程的重要作用。

第一，推进名优建设工程是巩固马克思主义坚强阵地，发挥我院阵地功能的战略举措。

习近平总书记在去年8月全国宣传思想工作会议上指出，经济建设是党的中心工作，意识形态工作是党的一项极端重要的工作。我们在集中精力进行经济建设的同时，一刻也不能放松和削弱意识形态工作。"党校、干部学院、社会科学院、高校、理论学习中心组等都要把马克思主义作为必修课，成为马克思主义学习、研究、宣传的重要阵地。"我院作为党中央领导的意识形态的重要部门，努力建设成为马克思主义坚强阵地，是中央对我院"三大定位"中第一位的要求。我院的报刊出版馆网库和学术评价是党和国家的宣传喉舌，处于国际国内思想理论斗争的前沿前线，必须坚持党对媒体的领导权、管理权和话语权，为培育和践行社会主义核心价值观，巩固马克思主义在意识形态领域的指导地位，巩固全党全国各族人民团结奋斗的共同思想基础发挥应有的作用。

我院要巩固马克思主义阵地、发挥阵地功能，必须不断推进名优建设工程。不管是办报办刊办出版社，还是办馆办网办库办学术评价，都必须坚持正确的政治方向和学术导向，坚持为人民做学问的根本宗旨，坚持"二为"方向和"双百"方针，坚持党性和人民性的统一、科学性和意识形态性的统一，坚守和扩大马克思主义理论阵地。这是我院名优工程建设的首要任务和根本要求。如果在政治方向和学术导向上出了问题，在大是大非和原则问题上发生动摇，其他一切都无从谈起。有些同志提出政治方向和学术导向一票否决，我完全赞成。只有坚决同党中央保持高度一致，坚定宣传党的理论和路线方针政策，坚持以马克思主义指导理论研究和学术传播，坚持政治家办报原则，坚持调动学问家的积极性与学问家携手共办报刊出版社、办馆网库和学术评价，保证我们在同各种错误思潮和敌对势力的斗争中，打好主动仗、占领制高点，弘扬主旋律、传播正能量，我院作为马克思主义思想阵地的定位和功能才能巩固发展。

第二，推进名优建设工程是建设哲学社会科学创新体系，发挥我院殿堂功能的迫切需要。

党的十八大强调，要坚持走中国特色自主创新道路，实施创新驱动发展战略，建设哲学社会科学创新体系。我院作为中央直接领导下的哲学社会科学国家级学术机构，理应在探索中国特色自主创新道路，建设哲学社会科学创新体系方面走在全国乃至世界的前列。我院实施哲学社会科学创新工程，是建设哲学社会科学创新体系，建成我国哲学社会科学最高殿堂的主要载体和实践形式。创新工程是机遇工程、爬坡工程、改革工程、发展工程、人才工程和希望工程。一定要紧紧抓住创新工程不放松，抓出制度来，抓出作风来，抓出人才来，抓出成果来。这是我院的希望之所在，未来之所在，发展前景之所在。我院各个单位、各项工作，包括报刊出版馆网库和学术评价都要贯彻党组关于实施哲学社会科学创新工程的决策和部署，为把我院尽早建成我国哲学社会科学最高殿堂，充分发挥我院殿堂功能而努力奋斗。

名优工程和创新工程是有机统一、相辅相成的。我院的名优工程早于创新工程启动，为创新工程做过先期探索和尝试。创新工程实施以后，名优工程不仅成为创新工程的重要组成部分，而且为创新工程提供学术信息资源、学术评价引领和成果发布平台，有助于创新工程稳步、健康、科学地拓展和深化。哲学社会科学最高殿堂是不能靠上级一时指定的，更不能靠自夸自封，而是要靠出类拔萃的学术领军人才，博大精深的科研创新成果和与时俱进的学术传播平台。我院的报刊出版馆网库和学术评价掌握着我国哲学社会科学的高端论坛和重要媒体，是我国哲学社会科学对外交流与合作的广阔平台和重要窗口。推进名优建设工程，尽快建成与我院学术地位相称的、体现我国哲学社会科学最高水平的名报、名刊、名社、名馆、名网、名库、名学术评价中心，引领全国哲学社会科学的理论研究和学术传播，引导人们全面客观地认识当代中国、看待外部世界，扩大中国哲学社会科学在国内外的影响力、吸引力和感召力，为实施哲学社会科学创新工程、发挥我院殿堂功能构建更好的基础平台，提供有力的支撑保障。

第三，推进名优建设工程是应对世界局势新变化和新科技革命到来的机遇和挑战，发挥我院智库功能的必由之路。

人类进入 21 世纪以后，以互联网、云计算、大数据等信息技术为核心的新科技革命突飞猛进，并与全球化相互促进，对世界经济、政治、文化、社会、军事等各领域产生了巨大影响，世界局势正在发生急剧的变化，深刻改变着人们的生产方式和社会关系、思维方式和价值观念，进而给哲学社会科学带来了新的机遇和挑战。面对信息社会、网络社会的出现，面对从国际到国内复杂的社会系统愈益增多的不确定因素、突变因素，我们不仅要进行思维方式方法的创新，而且要促成认识工具手段的革命，实现从社会科学或自然科学各自独立的研究，走向社会科学与自然科学的综合研究；从思辨的定性研究走向精确的定量研究，实现定量与定性研究相结合；从分门别类、单独部门和个体的、单一学科的研究，转向全面系统、集体合作、综合集成的研究；从主要依靠人的感觉和思维器官进行分析判断的传统手段，转向依赖计算机、互联网、大数据、云计算等现代实验室的认识手段，实现人机结合、人脑与电脑的结合。我们只有完成这些转变，保持和发挥已有哲学社会科学研究优势；同时构建计算密集型和数据密集型社会科学研究新范式，深化对人类社会乃至整个世界的本质特征和发展规律的认识，提高认识世界和改造世界的能力和水平。

当今世界，智力资源已成为一个国家、一个民族最宝贵的资源；智库已成为影响政府决策、推动社会发展的重要力量。习近平总书记在中央全面深化改革领导小组第六次会议上指出：要从推动科学决策、民主决策，推进国家治理体系和治理能力现代化、增强国家软实力的战略高度，把中国特色新型智库建设作为一项重大而紧迫的任务切实抓好。中央专门出台了《关于加强中国特色新型智库建设的意见》，提出要统筹推进党政部门、社科院、党校行政学院、高校、军队、科技和企业、社会智库协调发展，形成定位明晰、特色鲜明、规模适度、布局合理的中国特色新型智库体系，重点建设一批具有较大影响力和国际知名度的高端智库。要求我院发挥中国社会科学院作为国家级综合性高端智库的优势，成为具有国际影响力的世界知名智库。我院作为党中央国务院重要的思想库和智囊团，在建设综合性高端智库，构建中国特色新型智库体系方面，要承担义不容辞的责任。

世界局势新变化、新科技革命和智库建设需要，既为我院名优建设工程提供了先进的技术手段，也提出了新的更高的要求。我们一定要站在马克思主义世界观、方法论的高度，从人类思维方式方法和认识工具手段根本变革的角度，把握名优建设工程的必然性和重要性。哲学社会科学如果不吸收新科技革命的最新成果，不占领信息化、大数据、云计算的制高点，就会被边缘化甚至被淘汰出局。从哲学社会科学研究、管理、评价等方法、手段和组织形式创新的意义上说，名优建设工程的重点是推动哲学社会科学信息化，建设数字化社科院。也就是建设数字化图书馆、中国社会科学网、哲学社会科学综合集成海量数据库和学术评价中心，提高报刊出版数字化、信息化水平，进而实现全院科研方法和管理手段的现代化、学术资源和信息系统的一体化。这是建设哲学社会科学创新体系，发挥我院智库功能的必然要求和战略举措。

三　目标要求

明年是"十二五"规划实施的收官之年，也是"十三五"规划制定的谋略之年。古人云：凡事预则立，不预则废。没有事先的计划和准备，名优建设工程就会陷入盲目和被动。我院名优建设工程"十二五"规划执行得如何？有哪些成果？有什么教训？"十三五"规划要明确目标是什么？步骤是什么？抓手是什么？一定要搞好总结和计划。名优建设工程的有关单位要按照党组的总体工作思路和全面深化改革的顶层设计，根据本单位的实际情况，制定2015年工作方案和"十三五"发展规划，并纳入全院"十三五"规划通盘考虑，分步实施。这里，我仅就报刊出版馆网库和学术评价明年和"十三五"的发展目标和工作要求讲一些原则性的意见。

《中国社会科学报》要办成中国最具影响力、享誉海内外、反映我国哲学社会科学最新成果和前沿动态的大容量、多语种、全媒体、综合性、理论学术类的哲学社会科学专业大报，使之成为国内外学术界了解中国哲学社会科学的主要渠道和窗口。

院属学术期刊要加强数字化、网络化建设，探索刊网融合发展新路径，推进统一管理、统一经费、统一印刷、统一发行、统一入库的"五统一"改革，提高期刊质量与学术影响力，打造与我院马克思主义坚强阵地、哲学社会科学最高殿堂和世界知名智库相适应、在国内外哲学社会科学界享有崇高声誉和公认度的学术期刊集群。

院属出版社要适应出版数字化和现代化发展趋势，加强图书品牌、人才队伍和出版能力建设，完善出版传媒集团和各出版社的管理体制和运行机制，整合院内外、国内外学术出版资源，建成全国哲学社会科学出版传媒中心和国际知名的专业学术出版机构。

图书馆要完成全院图书信息资源整合，加快自动化系统升级和数字化转型，搞好图书资料和数字资源的引进、开发和服务，建成充分满足哲学社会科学工作者需要的国内外知名的、高水准和现代化的专业图书馆和数字图书馆。

中国社会科学网要完成网络基础设施和环境的整体技术改造，加强学科频道建设，提高外文频道水平，优化子网站群布局，立足高水平的马克思主义理论宣传网、国家级社会科学学术研究网，建成国内最大、世界一流的哲学社会科学领域专业门户网站。

哲学社会科学综合集成海量数据库是支撑马克思主义创新研究，支撑哲学社会科学基础研究和支撑中国特色新型智库对策研究，及其管理、评价和服务的资源和手段。要大力推进哲学社会科学图书文献数据库、学术期刊数据库、社会调查数据库、科研成果数据库、古籍善本数据库、域外汉籍数据库等建设，并且按照"社科云"的构架，建成全院统一、协同使用的海量数据库，为建设全院综合管理平台和综合集成实验室平台创造条件。

中国社会科学评价中心要加快组织管理制度和人才队伍建设，丰富完善哲学社会科学 AMI 评价体系，建设中国最好、世界一流的哲学社会科学引文数据库，办好《中国社会科学评价》期刊，推进对哲学社会科学期刊、机构和全球核心智库全面客观的评价，建成我国哲学社会科学的公正权威、最具影响力和话语权的最高学术评价机构。

名优建设工程下一步工作的基本要求是：

第一，树立大局观念、责任意识，增强名优建设工程的自觉性、坚定性和使命感。

报刊出版馆网库和学术评价是党的意识形态工作的重要工具和手段，是中国特色社会主义文化事业和哲学社会科学事业的方面军和骨干力量，是我院研究、管理工作的支撑和保障。推进名优建设工程要具备"两个大局"的观念：一是服从和服务于党和国家工作的大局，自觉为党和国家的决策服务，为研究和宣传马克思主义和中国特色社会主义服务，为繁荣发展哲学社会科学服务。二是服从和服务于全院工作的大局，自觉为我院的科研和管理工作服务，为实现中央对我院"三大定位"的要求服务，为全院科研人员、工作人员和离退休人员服务。只有在上述两个大局中，找准自己的位置，做好自己的工作，才能体现名优建设工程的真正价值。

报刊出版馆网库和学术评价的工作艰巨光荣，责任重于泰山。名优建设工程能否搞好，关键在领导班子是不是高度重视，能不能落实目标责任制。名优建设工程是"班子工程"和"一把手工程"，必须实行任务到岗、责任到人、奖惩到位，做到多方审核、全程监督、终生追究。院属各单位主要负责同志和领导班子，都要重视和支持名优建设工程，要时常专门开会研究，要有规划方案设计、有措施抓手落实、有专人负责推进、有定期检查督办。尤其是信管办要加强信息化管理的制度建设，在预算编制、项目评审、经费拨付、考核验收、绩效评估、全程监管等方面充分发挥职能作用，确保监督管理到位。有些单位的领导抓名优建设工程热衷于向上要经费、搞编制、买设备，过后就不操心了，这是缺乏责任心的表现，是失职渎职行为。有的主编和编辑马马虎虎，在他们的出版物和网络媒体上不时出现常识性甚至政治性的错误。今后要加大对名优建设工程监督、考核和奖惩力度，凡是出现延误差错，造成消极影响的单位领导及有关人员，都要受到相应处理，退出创新工程。名优工程必须纳入纪检监察全程监督。

第二，树立纪律观念、法治意识，推进名优建设工程的制度化、规范化和程序化。

没有规矩，不成方圆。铁的纪律是组织力量、成功事业的重要保障。我院名优建设工程涉及政治方向和舆论导向，关系党的组织和思想阵地的巩固，事关几百万、数千万甚至上亿资金和设施的安全使用，必须严格执行政治纪律、组织纪律和财经纪律。目前，名优建设工程在执行"三大纪律"方面总体上是好的，但还存在一些值得警惕和防范的问题。例如，有的报刊对意识形态领域的斗争重视不够，对错误的思潮和言论没有勇于开展舆论斗争，甚至极个别的还有噪音杂音出现；有的网站发布会议报道，未经领导审阅批准，造成严重后果；有的单位不经领导班子集体研究，也不向上级领导请示报告，更不经有关部门审计监督，使用资金采购资源与设备等。这类问题必须集中力量加以解决。对于严重违反"三项纪律"、不守规矩的单位实行一票否决，取消其进入创新工程的资格。

法律是社会秩序和公平正义的法制防线。增强法治意识、依法办事是社会主义法治的根本要求，制度化、规范化、程序化是社会主义民主的重要保障。党的十八届四中全会专门审议和通过《中共中央关于全面推进依法治国若干重大问题的决定》，提出"增强全民法治观念，推进法治社会建设"，强调"提高党员干部法治思维和依法办事能力"。推进名优建设工程，必须贯彻党的十八届四中全会精神，自觉遵守国家宪法和法律、法规，依法办报刊出版社，依法办馆网库学术评价。院属各单位要自查自纠"关系稿、人情稿"问题，纠正潜规则、暗箱操作等不正之风。名优建设工程的立项审批和经费使用，都要符合财务制度和法律法规，该招标、政采、监督、审计的项目，都要合法合规合程序进行，以防止行贿受贿、贪污腐败等违法犯罪案件发生。

第三，树立务实作风、改革精神，提高名优建设工程的科学性、创造性和实效性。

报刊出版馆网库和学术评价工作有自身的特点和规律，政策性、学术性、技术性都很强。特别是计算机、互联网、大数据、云计算等现代信息技术的飞速发展和广泛运用，极大地改变了理论研究、学术传播和舆论扩散的方式、手段和途径，形成了传统的报刊出版图书馆和新兴的网络数据库融合发展的传媒生态、舆论格局，急需建立新的网络信息资源和媒体运营管理的体制机制。这就要求我们大兴求真务实之风，发扬改革创新精神，研究解决报刊出版馆网库和学术评价出现的新情况、新问题，敢于摆脱传统观念的束缚，打破既有利益的藩篱，大力推进社会科学研究和管理的信息化，力争在转变科研范式、创新科研手段、拓展传播平台等方面有重大突破，不断取得名优工程建设的新进展、新成果。

成就事业，人才为本。搞好名优建设工程，关键是要落实人才强院战略，坚持走人才创新的道路，全面推进报刊出版馆网库和学术评价人才队伍建设。必须重视和加强学术传播和信息化专门人才队伍建设，不断提高他们的思想境界、政治素质、学术水平和业务技能，吸引更多高层次的专业人才进入我院编辑出版、图资管理、经营发行、网络运维、数据分析、学术评价等重要岗位，努力建设一支政治强、素质高、业务精、作风正、纪律严的报刊出版馆网库和学术评价专门人才队伍。

特别值得我们高度重视的是，为了开展思想舆论斗争，我院必须建设一支理论功底扎实、是非观念分明、敢于并善于斗争的马克思主义网络人才队伍，创作出政治立场坚定、理论水平高、人们喜闻乐见的学术成果占领网络阵地。要大力构建和传播中国特色、中国风格、中国气派的哲学社会科学话语体系，加大报送信息力度，更好地发挥认识世界、传承文明、创新理论、资政育人、服务社会的重要作用。

名优建设工程的评判标准主要是看工作实践的效果如何，资源使用的效率如何。要提倡真抓实干、善做善成，切忌纸上谈兵、坐而论道；要坚持循序渐进、厉行节约，反对好大喜功、铺张浪费；要鼓励顾全大局、团结协作，克服各自建设、条块分割；要坚持集中领导、统一管理，不搞分散主义、本位主义。要继续探索和遵循报刊出版馆网库和学术评价各自发展的客观规律，推进信息化体制机制改革和科研创新、人才创新、管理创新，既加强全院学术出版和网络信息资源的整合使用、统一管理，又充分调动各单位和个人的积极性、主动性、创造性，从而提高名优建设工程的质量水平和总体绩效。

同志们！

名优建设工程犹如逆水行舟，不进则退。法国作家雨果说："已经创造出来的东西比起有待创造的东西来说，是微不足道的。"总结历史，展望未来；立足中国，放眼世界，我们不难感受到名优建设工程只有进行时，没有完成时，今后要走的路还很长，面临的困难还很多，遇到的挑战还很大。"雄关漫道真如铁，而今迈步从头越。"让我们紧密团结在以习近平同志为总书记的党中央周围，紧紧抓住实施哲学社会科学创新工程的机遇，同心同德，群策群力，推动名优建设工程不断迈上新台阶，为繁荣发展哲学社会科学，实现"两个一百年"宏伟目标和中华民族伟大复兴的中国梦作出我们应有的贡献！

全面推进名优建设工程，
巩固和扩大理论学术传播阵地

——在 2015 年度报刊出版馆网库志和学术评价
名优建设工作会议上的讲话

（2015 年 12 月 22 日）

同志们：

在党的十八届五中全会、中央经济工作会议召开不久，我院举办第六届名优建设工程工作会议，回顾过去，谋划远景，承前启后，继往开来，意义重大。这次会议的主题是深入贯彻党的十八大和十八届三中、四中、五中全会精神，总结"十二五"时期名优建设工程取得的成果和经验、存在的问题和不足，确定"十三五"时期全面推进名优建设工程的目标、任务和举措，切实加强理论学术传播阵地建设，努力开创我院报刊出版馆网库志和学术评价名优建设的新局面。

一　历程与经验

早在 2008 年，我院即启动名刊名社名馆名网建设工程。2009 年 10 月 21 日，我院召开了第一届名优建设工程工作会议，提出推进报刊、出版、图书和网络管理改革创新的任务和要求。2011 年我院开始实施哲学社会科学创新工程和"十二五"发展规划以来，在报刊出版馆网增加了数据库的内容，2015 年又增加了地方志和学术评价的内容，形成了报刊出版馆网库志和学术评价名优建设"八位一体"的新格局。

2013 年 8 月，党组印发信息化体制机制改革方案，实行管建行分离，将计算机网络中心调整为信息化管理办公室，将中国社会科学网划拨到中国社会科学杂志社，将调查与数据中心与院图书馆整合，形成信息化名优建设整体格局。从 2013 年 12 月开始，又实行名优建设工程协调会议制度，由秘书长高翔同志主持，信息化管理办公室具体组织，召集相关单位和职能部门，研究名优建设的有关议题，部署各项工作。党组还将协调会决定事项纳入职能部门和直属单位创新工程绩效考评体系，使协调会议制度成为推进名优建设的重要抓手。

《中国社会科学报》2009 年创刊，2012 年由周二刊改为周三刊，2015 年又由周三刊改为周五刊，创办英文数字报在美国正式上线，加入世界两家最大的电子报刊数据库。该报已建成 9 家国内记者站和北美、欧洲报道中心，通讯人员已覆盖国内主要高校和科研单位以及五大洲 30 多个国家，并在北京、广州、南京、西安四地同步印刷，创造了学术报刊史上的"社科速度"和"社科奇迹"。评论版刊发大量优秀文章，为国内外读者全面了解我国哲学社会科学打开了一个重要窗口。

院属期刊实行"统一管理、统一经费、统一印制、统一发行、统一入库"制度，办刊数量、质量和效益大幅提高，保持和扩大了我院学术期刊的优势地位。"十二五"期间，我院新办国内统一刊号的学术期刊《劳动经济研究》《中国社会科学评价》《中国文学批评》《财经智库》等 8 个，使我院主办的中文学术期刊达到 80 种，外文学术期刊达到 16 种，学术年鉴达到 4 种。其中，44 种被国内四大期刊评价机构共同认定为核心期刊，《中国社会科学》《考古》《历史研究》《社会学研究》《哲学研究》等 10 种期刊被国家新闻出版广电总局评选为 2015 年"百强报刊"。多家期刊还改版升级，扩大容量和版面。

院属出版社坚持正确的出版方向，创新经营管理体制，图书数量和质量稳步提高。五年来，共出版图书 2 万多种，销售收入从 2010 年的 2 亿元增长到 2015 年的 5 亿多元；累计完成"十二五"国家重点图书项目、"三个一百"原创图书出版工程项目等 1000 余项，出版《新大众哲学》《居安思危》《理解中国》《中华人民共和国史编年》等大批精品图书，获得两届中国出版政府奖 14 项，国家和省部级以上优秀科研成果奖 300 多项；扩大中外文图书的交流，签约输出、引进版权 1000 多项，取得了社会和经济效益双丰收、国内和国际影响同提升。

院图书馆建立健全总馆—分馆—资料室三级管理服务体系，加大数字图书馆建设力度，在扩大数字资源引进，改造网络基础设施，启用远程访问系统，提高馆藏图书和信息资源服务等方面取得了较大进展。引进期刊、图书、数值数据等中外文数字资源 130 多个，涵盖哲学社会科学的各个领域。网络带宽大幅扩容，形成 1000 兆出口带宽和 22 条互联链路，上网速度明显加快；个人用户邮箱达 2G，网盘空间 500 兆。创新工程综合管理平台建成使用，为实行科研动态管理提供保障。大力推进数字化服务，使我院学者在家即可查阅大量数字资源。

网站建设成效显著。中国社会科学网 2011 年 1 月 1 日成功上线，2014 年 1 月 1 日闪亮改版，设立资讯、学科、综合和互动四大版块，共 50 多个频道，1300 多个栏目。院属各单位网站和专业网站不断扩展，50 多家子网迁移到新平台上。以中国社会科学网为龙头的网站集群发挥报刊网联动机制，实现平台、域名、风格统一，专题制作更加丰富，点击量大幅攀升，移动客户端稳步增长，成为全国 7 家理论传播重点网站之一。

数据库建设成果突出。馆藏文献数据库和社会调查数据库日益丰富，科研成果库建设顺利启动，中国人文社会科学引文数据库和论文摘转统计数据库也初步建成。国家哲学社会科学期刊数据库 2013 年 7 月上线运行，2014 年改版升级，已收录主要学术期刊 660 种，论文 300 万篇，410 种期刊回溯至创刊号，免费下载论文 240 万篇，成为国内大型的公益服务期刊数据库。在海量数据库建设的基础上，建成 27 个专项实验室，推出一批要报、论文等重大成果。

全国地方志工作掀起新高潮，上了一个新台阶。方志出版社打造"名镇""名村""名志""名鉴""名训"五大书系，不断推出精品力作。今年 12 月 1 日，中国地情网、中国方志网正式开通，实现国家、省、市、县四级地情网站全覆盖，建成全国地方志系统的信息发布、在线服务和互动交流平台，为名优建设工程增添了新亮点。

学术评价工作开局良好。中国社会科学评价中心 2014 年 9 月挂牌成立，11 月 22 日召开首届全国人文社会科学评价高峰论坛，发布《中国人文社会科学期刊评价报告》。2015 年又发布《马克思主义理论学科期刊报告》，举办第二届全国人文社会科学评价高峰论坛，发布《全球智库评价报告》。建构以吸引力、管理力和影响力为主要指标的哲学社会科学综合评价体系，简称 AMI，克服以往哲学社会科学评价体系导向不明确、指标不全面、数据不透明等问题，受到国内外的广泛关注和认同，有利于占领哲学社会科学和全球智库评价制高点。

信息化建设全面推进。信管办成立两年来，履行全院信息化的建设规划和预算、项目评审和监督、信息安全及考核和组织名优建设协调会等职能，制定实施《院重大信息化项目管理办法》《院属单位信息化工作经费管理办法》等制度文件，加强科研信息化的考察、研讨和业务培训，推动与华为公司、中央网信办建立战略合作关系，加强对信息化重大项目的审批监管和名优建设工程项目的督办。截至今年 12 月 15 日，信管办共评审立项"海量数据库建设工程一期""创新工程综合管理平台""全院期刊统一采编系统"等 35 个，结项验收 33 个；共组织召开 41 次名优建设协调会，编发 41 期纪要，部署和督办 360 余项工作，每季度编发 1 期名优建设工程报告。信管办作为院职能部门，不仅在推动信息化工作的制度化、规范化和程序化，提高信息化经费使用效率方面，而且在联系名优建设单位形成合力，保证名优建设工程有序推进，加大信息化建设力度等方面，都发挥了重要作用。

"十二五"期间，名优建设工程从名刊名社名馆名网"四名"迅速扩展到报刊出版馆网库志和学术评价"八名"，范围越来越广，成果越来越多，影响越来越大。实践证明，党组关于名优建设工程的一系列发展思路、工作部署和改革决策是正确的，报刊出版馆网库志和学术评价"八名"建设的主要工作及丰硕成果应该充分肯定。我代表党组对名优建设工程中付出辛劳的同志们致以崇高的敬意和衷心的感谢。

名优建设取得的成果来之不易，积累的经验弥足珍贵：第一，以加强阵地建设为根本，坚持正确的政治方向和学术导向，关键时刻敢于发声，敢于亮剑，彰显马克思主义理论学术强大的生命力、感召力、创新力；第二，以质量建设为中心，严把政治、学术、文字三道关，遵守采编审核流程和规矩纪律约束，推进理论学术传播工作科学化、规范化和制度化；第三，以改革创新为动力，实施"引进来"和"走出去"战略，提高各类资源配置效率和信息化水平，促进各类媒体取长补短、融合发展；第四，以增强理论学术引领为目标，推动具有中国特色、中国风格、中国气派的哲学社会科学创新体系和话语体系的形成，占领哲学社会科学研究、传播、评价和管理的制高点。这些重要经验，体现了对信息化、全球化的时代背景下哲学社会科学理论研究及学术传播规律的认识，必须高度重视、倍加珍惜，并且作为加强和推进名优建设工程的基本原则长期坚持。

二　形势与任务

党的十八大以来，改革进入攻坚期和深水区，国际形势复杂多变，我们面对的改革发展稳定任务之重前所未有、矛盾困难风险挑战之多前所未有，必须进行具有许多新的历史特点的伟大斗争。党的十八届五中全会分析了全面建成小康社会决胜阶段的形势和"十三五"时期我国发展环境的基本特征，确定了未来五年我国发展的指导思想、主要目标，提出了创新、协调、绿色、开放、共享的发展理念。从总体上看，我院名优建设工程与党的十八大以来的形势任务是相适应的，与"十三五"时期我国发展的目标要求是相符合的。在充分肯定成绩的同时，也要清醒地认识到，名优建设工作还存在许多不足和需要改进的地方，主要表现在：有的对名优建设工作不够重视，仅仅作为辅助性、边缘化的工作来对待，认识不到理论学术传播、图书资料和信息化建设的重要性和必要性，马克思主义、党的意识形态、哲学社会科学理论学术传播的阵地作用发挥不够；有的缺乏政治敏锐性和政治鉴别力，坚持马克思主义指导不够自觉，处理不好政治与学术的关系，甚至存在"去政治性"、搞"纯学术性"的个别倾向；理论学术传播阵地的领导班子和专业化骨干队伍建设明显滞后，亟须加强党的建设、思想道德建设、领导班子建设、人才队伍建设、业务建设、管理制度建设和党风廉政建设；信息网络基础设施还比较落后，数据信息资源使用效率还不高，数字化图书馆和海量数据库尚需加快建设，信息化管理体制机制还需进一步理顺，建设全院统一的信息化整体系统差距很大，等等。我们一定要站在党和国家事业发展全局和战略的高度，站在我院定位和功能的高度，来认识和把握推进名优建设工程的重大意义和根本要求，增强做好名优建设工作的自觉性和主动性。

第一，推进名优建设工程，是大力发展 21 世纪中国马克思主义和加强党的意识形态工作的必要保障。

习近平总书记在主持中央政治局 2015 年第一次集体学习时明确提出："要根据时代变化和实践发展，不断深化认识，不断总结经验，不断实现理论创新和实践创新良性互动，在这种统一和互动中发展 21 世纪中国的马克思主义。"他还指出："我们党始终把思想建设放在党的建设第一位，强调'革命理想高于天'，就是精神变物质、物质变精神的辩证法。我们必须毫不放松理想信念教育、思想道德建设、意识形态工作，大力培育和弘扬社会主义核心价值观，用富有时代气息的中国精神凝聚中国力量。"我院作为党中央领导的意识形态的重要部门，要加强对马克思主义基本原理和基本观点的研究宣传，加强对中国特色社会主义理论体系的研究宣传，加强对习近平总书记系列重要讲话精神的研究宣传，为发展21世纪中国的马克思主义，加强党的意识形态工作作出应有的贡献。我院的各类理论学术传播平台，要在深化拓展马克思主义理论研究和宣传教育方面发挥带动作用，在加强党的意识形态工作方面发挥带头作用，更好地引领理论学术研究，引导社会思想舆论。

建设马克思主义坚强阵地，加强党的意识形态工作，是中央对我院"三大定位"中第一位的要求。我们的名优建设工程，归根到底是要建设马克思主义和党的意识形态坚强阵地。离开这一点搞名优，就违背了党中央的要求和院党组的意图，偏离了正确的方向和轨道。我院的报刊出版馆网库志和学术评价，处于国际国内思想理论斗争的前沿前线，必须坚持党对媒体的领导权、管理权和话语权，坚持为人民做学问的根本宗旨，坚持"二为"方向和"双百"方针，坚持党性和人民性的统一、科学性和意识形态性的统一，坚守和扩大马克思主义和党的意识形态的理论学术阵地。这是名优建设工程的首要任务。只有自觉同党中央保持高度一致，坚持以马克思主义指导理论学术研究和传播，坚持政治家和学问家办报刊出版社图书馆、办网库志和学术评价的原则，保证我们在同各种错误思潮和敌对势力的斗争中，打好主动仗、占领制高点，弘扬主旋律、传播正能量，我院作为马克思主义和党的意识形态阵地的定位和功能才能巩固。

第二，推进名优建设工程，是实施哲学社会科学创新工程，建设哲学社会科学最高殿堂的重要举措。

党的十八大强调，要坚持走中国特色自主创新道路，实施创新驱动发展战略，建设哲学社会科学创新体系。我院作为中央直接领导的哲学社会科学国家级学术机构，理应在探索中国特色自主创新道路，建设哲学社会科学创新体系方面走在全国乃至世界的前列。我院的名优工程早于创新工程启动，为创新工程做过先期探索和尝试。创新工程实施以后，名优工程不仅成为创新工程的重要组成部分，而且为创新工程提供理论学术信息资源、学术评价引领和成果发布平台，有助于创新工程稳步拓展和深化。只有推进名优建设工程，才能为实施哲学社会科学创新工程，建设哲学社会科学创新体系提供有效载体和传播平台。

建设哲学社会科学最高殿堂，要靠出类拔萃的学术领军人才，博大精深的科研创新成果和与时俱进的理论学术传播平台。我院的报纸、期刊、出版社、图书馆、网络、数据库、地方志和学术评价中心，是我国哲学社会科学的重要资源和宝贵财富，是我院科研、传播、管理和服务工作的必备条件和根本保障。只有推进名优建设工程，打造与我院学术地位相称的、体现我国哲学社会科学最高水平的报刊出版馆网库志和学术评价，才能引导人们全面客观地认识当代中国、看待外部世界，扩大中国哲学社会科学在国内外的影响力、吸引力和感召力，为发挥我院殿堂功能提供有力的支撑保障，构建高端的传播平台。

第三，推进名优建设工程，是实施网络强国战略和国家大数据战略，建设具有国际影响力的世界知名智库的必然要求。

当今世界，以互联网、云计算、大数据等信息技术为核心的新科技革命，深刻改变着人们的生产方式和社会关系、思维方式和价值观念。党的十八届五中全会提出：实施网络强国战略，加强网上思想文化阵地建设；实施"互联网＋"行动计划，促进互联网和经济社会融合发展；实施国家大数据战略，推进数据资源开放共享。这一系列重大战略部署为推进名优建设工程，加快哲学社会科学信息化提出了新的目标和任务，指明了正确的方向和途径。在研究方面，要鼓励科研人员采用计算机、互联网、数据库等信息技术进行学术研究和社会调查，推动哲学社会科学的方法工具创新、学术观点创新、学科体系创新；在传播方面，要加强哲学社会科学专业学术网站网络建设，推动报刊出版社适应信息化趋势完成数字化转型，促进报刊出版社等传统媒体和网络、微博、微信等新兴媒体融合发展；在评价方面，要建立和使用哲学社会科学引文数据库、查新数据库，并通过各种数据分析和运算，排除恶意自引、互引和伪引等因素，实现对哲学社会科学成果的客观、公正的评价；在地方志工作方面，要加大信息化、数字化的建设力度，建设地方志数据库、网站、数字化办公系统；在管理方面，要建立和使用网上办公系统，打通各部门、各单位之间的信息传输障碍和信息资源壁垒，将科研、人事、财务、外事、所务等都整合到一个管理平台上，实现统一管理平台，集中访问、信息共享、科学决策，推动文档数字化、办公自动化和管理现代化。

我院作为党中央国务院重要的思想库和智囊团，在构建中国特色新型智库体系方面，承担着义不容辞的责任。去年中央专门出台《关于加强中国特色新型智库建设的意见》，要求我院发挥国家级综合性高端智库的优势，成为具有国际影响力的世界知名智库。这既给我院推进名优建设工程提供了有利条件，也提出了新的更高的要求。在基础设施方面，要依托互联网、云计算、大数据等信息技术，为新型智库构建信息网络基础设施和电子数字资源，创造舒适、便捷、高效的科研条件和工作环境；在人员队伍方面，要按照统筹规划、精简集约、协同高效的原则，加强最新信息技术知识和技能培训，提高信息化人才数量和质量，鼓励哲学社会科学专家掌握和运用信息技术，形成一支政治强、总量足、素质高、结构优的智库型人才梯队；在组织机构方面，要建立以研究方向和项目为驱动、以社会网络为平台、以团队协作为主要方式的扁平化、网络化的组织架构和便于上下联动、横向联合的组织形式，以适应新型智库发展创新的需要。

三　规划与举措

今年是"十二五"规划的收官之年，也是"十三五"规划的谋篇布局之年。名优建设有关单位要按照院党组的总体工作思路和全面深化改革的顶层设计，制定本单位的"十三五"发展规划和 2016 年工作方案，确定责任人、路线图、时间表和任务书。这里，我仅就名优建设"十三五"规划以及需采取的举措讲一些原则性的意见。

"十三五"时期我院名优建设的指导思想是：以马克思列宁主义、毛泽东思想、邓小平理论、"三个代表"重要思想、科学发展观为指导，高举中国特色社会主义伟大旗帜，全面贯彻党的十八大和十八届三中、四中、五中全会精神，深入贯彻习近平总书记系列重要讲话精神，坚持全面建成小康社会、全面深化改革、全面依法治国、全面从严治党的战略布局，依据党组三条基本经验和"五个三、一个一"总体工作思路和要求，全面推进报刊出版馆网库志和学术评价名优建设，为把我院建设成具有国际影响力的世界知名智库，充分发挥马克思主义坚强阵地、哲学社会科学最高殿堂、专业化综合性高端智库功能，提供强有力的理论学术传播平台和设施资源信息技术保障。

《中国社会科学报》要按照"政治家办报"的要求，主动适应全球化、全媒体的发展趋势，抓好选题策划和热点报道，优化版面设计和出版周期，增加各地专刊和英文数字报内容，办成中国最具影响力、享誉海内外、反映我国哲学社会科学最新成果和前沿动态的大容量、多语种、综合性的哲学社会科学专业大报、马克思主义和党的意识形态的传播平台，使之成为以理论学术话语传播中国理论、中国道路、中国经验、中国精神，展示国家形象的重要窗口，与国际学术界平等对话的重要窗口。

院属学术期刊要坚持正确的政治方向和学术导向，加强数字化、网络化建设，探索刊网融合发展新途径，推广使用网上投稿采编系统，促进采编队伍建设和编校流程规范化，打造与我国马克思主义坚强阵地、哲学社会科学最高殿堂和世界知名智库相适应、在国内外学术界享有崇高声誉和公认度的学术期刊集群，占领理论学术传播制高点，引领理论学术发展潮流。

院属出版社要坚持正确的出版导向，适应数字化和现代化发展趋势，抓好主题出版重点选题，加强图书品牌、人才队伍和出版能力建设，完善出版传媒集团和各出版社的管理体制和运行机制，整合院内外、国内外学术出版资源，打造更多更好的学术出版名品精品，建成全国哲学社会科学出版传媒中心和国际知名的专业学术出版机构。

图书馆要坚持为科研服务的方针，按照数字化转型的要求，以满足科研、教学和办公需求为目的，系统整合开发全院图书信息资源，优化图书信息资源结构，加大数字资源的引进和自建力度，加快自动化系统升级，建设图书馆综合服务平台和智能化环境，建设数字化图书馆，更好地实现文献采编与借阅、信息咨询与定制服务、特色典籍保护与收藏、网络运维与管理、文献资源对外交流等功能，建成国内外知名的、高水准和现代化的"知识贮存的总库""成果展示的总汇"和"学术辐射的中心"。

中国社会科学网要按照党管媒体的原则，适应"互联网＋哲学社会科学"、统一网络、移动互联的新要求，进行网络基础设施和环境的技术改造，优化子网站布局，加强学科频道建设，提高外文频道水平，建设囊括全院所（局）网站，涵盖哲学社会科学 10 大门类、50 多个一级学科，兼具学术思想性、理论权威性、知识趣味性的理论学术网站集群，实现全院"一网"，建成国内最大、世界一流的马克思主义理论宣传网，哲学社会科学优秀成果的高端发布平台，全球学术资讯的权威集散地，我国主流意识形态的传播阵地，中国理论学术走向世界的重要桥梁。

哲学社会科学综合集成海量数据库要按照"社科云"架构，大力推进哲学社会科学图书文献数据库、学术期刊数据库、社会调查数据库、科研成果数据库、古籍善本数据库、社会科学评价数据库、地方志数据库等建设，通过系统平台实现外购电子资源数据库、自建数据库等信息资源的全面整合、一站式发现与获取，建成标准统一、分别维护、分级准入、内容共享、安全可靠的云平台数据资源池，实现全院"一库""一实验室平台"和"一管理系统"，即全院统一的海量的哲学社会科学专业数据库和综合集成实验室平台和全院统一兼容的管理系统，为支撑马克思主义研究和宣传，支撑党的意识形态舆论斗争，支撑哲学社会科学研究、传播、评价、管理及服务，支撑中国特色新型智库建设提供丰富的信息资源和雄厚的基础平台。

地方志要按照"互联网＋地方志"的要求，以实施全国数字方志建设工程为抓手，大力推进"三网一馆两平台"，即中国方志网、中国地情网、中国国情网、数字方志馆、地方志综合办公平台和地方志新媒体传播平台的建设，实现全国地方志系统的信息资源共建共用，促进中国方志报、中国地方志期刊、方志出版社、各级方志馆的数字化转型，推动方志系统的报刊出版馆网库融合发展，充分发挥地方志记录历史、传承文明、资政育人、服务社会的重要作用。

中国社会科学评价中心要加快组织管理制度和人才队伍建设，完善我国哲学社会科学期刊评价指标体系和全球智库评价指标体系，探索我国出版的英文期刊评价指标体系，推进对哲学社会科学期刊、图书、机构和全球核心智库全面客观的评价，建成我国乃至世界上公正权威、最具影响力和话语权的学术评价机构。

推进名优建设工程必须采取切实有效的措施：

第一，牢固树立阵地意识，落实名优建设主体责任制。

哲学社会科学是党的意识形态工作的重要战线，是宣传思想文化工作的重要领域，我院的报刊出版馆网库志和学术评价是党和国家重要的思想理论阵地和学术传播平台，是我院科研、管理工作的重要支撑和保障。"八名"建设在我院工作全局中，具有十分重要的地位和作用。只有从党和国家工作大局出发，从社科院工作全局出发，找准自己的位置，做好自己的工作，才能做到守土有责、守土负责、守土尽责。

名优建设工程是"班子工程"和"一把手工程"。"十三五"时期能否推进名优建设工程，关键在各级领导班子，特别是主要负责同志是不是高度重视，能不能落实主体责任制。院属各单位都要重视和支持名优建设工程，时常专门开会研究，要有规划方案设计、有措施抓手落实、有专人负责推进、有定期检查督办。名优建设的各项工作，都要实行任务到岗、责任到人、奖惩到位，做到多方审核、全程监督、终生追责。有的领导抓名优工程，热衷于向上要经费、搞编制、买设备，但办事拖拉，不出成果，造成资源的闲置和浪费。有的主编和采编马马虎虎，不时出现常识性甚至政治性的错误。在国家社科基金资助期刊 2015 年度考核中，我院有 9 家期刊考核成绩不理想，其中 2 家没有按时提交材料，没有考核成绩，1 家不合格，6 家基本合格。这与我院国家级学术期刊阵营的地位是很不相称的。今后要加大对名优建设工作的监督、考核和奖惩力度，凡是出现延误差错，特别是出了政治事故的、造成消极影响的单位领导及有关人员，都要受到相应处理。

推进名优建设工程还要增强信息安全和保密意识，形成各单位"一把手"负总责、专人管理和全员参与的信息安全和保密管理体制。要定期督促有关单位进行信息安全与保密检查，消除安全隐患，实行全方位、立体化的信息安全与保密责任制，以推动全院信息安全和保密体系建设。

第二，切实加强制度建设，推进名优建设规范化和程序化。

制度问题带有根本性、全局性、稳定性和长期性。各种规矩纪律、法律法规、规章制度等是搞好名优建设工程的重要保障。我院的报刊出版馆网库志和学术评价，涉及政治方向和舆论导向，关系几百万、数千万、上亿资金和设施的安全使用，必须严格执行政治规矩和政治纪律、组织纪律和财经纪律，严格遵守法律法规。名优建设工程实施以来，在遵守规矩纪律、法律法规等方面总体上是好的，但也存在一些严重的问题。例如，有的不向上级领导请示报告，不经有关部门审计监督，提前拨付大额资金购买信息资源与设备；有的不守规矩和纪律，未经领导审阅批准，发布消息报道，等等。

推进名优建设工程，要健全各项规章制度，执行严格、公开的编审流程，以确保学术出版的严肃性和公正性。各单位要从编辑制度化、正规化做起，推广使用网上投稿采编系统，实行交叉审稿、双向匿名审稿和回避制度，实行在阳光下采编，杜绝人情稿、关系稿。要狠抓编校质量，加大对报刊、图书的审读。图书馆、地方志和评价中心引入的资料，尤其是大型数据库，都要经过严格的学术评审和立项审批，防止泥沙俱下、鱼龙混杂。要严明赏罚，建立综合测评和责任追究制度。在编校质量上出现严重问题的要追究责任，对图书质量出现问题的，要采取必要的处罚措施。对院属网站每年都要进行质量评估，不达标者，下一年度不予资助。

第三，不断加强作风建设，增强理论学术传播的权威性和影响力。

早在延安整风时期，毛泽东同志就指出："学风和文风也都是党的作风，都是党风。只要我们党的作风完全正派了，全国人民就会跟我们学……这样就会影响全民族。"在党的十八届二中全会上，习近平总书记要求全党进一步转变作风、端正学风、改进文风，也是把"三风"作为一个整体来强调的。我院的报刊出版馆网库志和学术评价作为党的思想理论战线上的重要阵地，必须加强包括学风、文风在内的作风建设，赋予名优工程鲜明的主题、不竭的源泉和强大的动力。

作风建设的根本在于树立正确的世界观、人生观和价值观，坚持马克思主义的立场、观点和方法，推进名优建设的各项工作。不论是报刊出版馆网库，还是地方志学术评价，都要从事繁杂、细致和艰苦的工作。必须发扬科学严谨、求真务实的作风，力戒形式主义、虚假浮夸，为人民群众提供优秀的理论成果和丰富的精神食粮。必须发扬马克思主义学风，以改革开放、现代化建设和我们正在做的事情为中心，着眼于马克思主义的运用，着眼于对现实问题的理论思考，着眼于新的实践和发展，反对脱离实际的本本主义、经验主义，反对"左"的和右的错误倾向，有理有利有节开展舆论斗争，帮助人们划清是非界限、澄清模糊认识。必须倡导马克思主义文风，加强话语体系建设，创造人民群众喜闻乐见、融汇古今中外的概念范畴和学术理论，讲好中国故事，传播中国声音，推进马克思主义中国化时代化大众化，增强中国特色社会主义的国际影响力。

第四，发扬改革创新精神，提高名优建设工作的科学性和实效性。

报刊出版馆网库志和学术评价有各自的特点和规律，政策性、学术性、技术性都很强。特别是云计算、互联网、大数据等现代信息技术的飞速发展和广泛运用，极大地改变了理论研究、学术传播和舆论扩散的方式、手段和途径，急需建立新的网络信息资源和媒体运营管理的体制机制。这就要求我们贯彻"科研强院、人才强院、管理强院"三大战略，实施科研创新、人才创新和管理创新，强力推进名优建设工程。

科研创新与名优工程紧密联系、相互促进。科研创新为名优工程提供优秀成果和发展动力，名优工程为科研创新提供宝贵资源和展示平台。巩固马克思主义思想阵地，提高理论学术传播能力，根本在于科研创新。不论报刊出版图书馆，还是网库志学术评价名优建设，都要以科研创新为基础，利用创新工程推出的优秀成果，抓好重大题材的遴选策划，搞好学术精品的出版传播。要大力研究和传播中国特色、中国风格、中国气派的哲学社会科学话语体系，更好地发挥认识世界、传承文明、创新理论、资政育人、服务社会的作用。

搞好名优建设工程，关键是要落实人才强院战略，坚持走人才创新的道路。要认真贯彻院"十三五"人才建设规划和信息化建设规划，对报刊出版、图书馆、计算机、互联网、数据库、地方志、学术评价的编辑和技术人员进行专门培训，全面提高思想政治素质、专业知识水平和实际工作能力，尽快造就一批高层次编辑、记者、计算机和网络工程师、数据分析师、项目管理者等专门人才。建立多渠道、网络化的培训体系，提高全院人员运用现代信息技术的能力，培养一批既掌握信息技术，又有学术造诣的创新型人才。要采取科学合理的政策措施，营造理论学术传播和信息化人才顺利成长、队伍迅速壮大的良好环境，吸引更多高层次人才进入我院编辑出版、图资管理、网络运维、数据分析、学术评价和地方志等重要岗位，建设一支政治强、素质高、业务精、作风正、纪律严的名优建设队伍。为了开展思想舆论斗争，我院必须尽快组建一支理论功底扎实、是非观念分明、敢于并善于斗争的马克思主义网络人才队伍，创作出政治立场坚定、理论水平高、人民喜闻乐见的学术成果占领网络阵地。

推进名优建设工程还要走管理创新的道路，处理好名优建设各单位、各项目之间以及信息化建设之中的各种关系，统筹网络信息数据资源，搭建高端理论学术传播平台。我院名优建设工作要坚持"九统一"，即统一领导、统一管理、统一经费、统一网站、统一机房、统一数据库、统一数字化图书馆、统一综合集成实验室平台、统一综合管理平台的原则，以服务为中心，实行管理、建设、运营、服务四个职能相对分离，集中人力、物力、财力尽快建成数字化中国社会科学院。学术期刊坚决推行"五统一"改革，即统一管理、统一经费、统一印制、统一发行、统一入库。图书馆要继续推行"总馆—分馆—资料室"三级管理体制和图书信息资源采购总代理制，提高信息资源利用效率。要继续深入推进全院"一网一库两平台"，即社科网、海量数据库和综合集成实验室平台与统一的全院管理平台，整合全院网络资源。信管办和名优工程办公室要加强名优工程的制度建设，在预算编制、项目评审、经费拨付、考核验收、绩效评估、全程监管等方面发挥职能作用。要继续推进体制机制改革，既加强全院学术出版和网络信息资源的整合使用、统一管理，又充分调动各单位和个人的积极性、主动性、创造性，切实提高名优建设工程的质量水平和总体绩效。

同志们！

规划蓝图指引前进方向，艰苦奋斗成就伟大事业。马克思在《哥达纲领批判》中指出："一步实际行动比一打纲领更重要。"习近平总书记也强调："空谈误国，实干兴邦"；"人民创造历史，劳动开创未来"。实现名优建设"十三五"规划的奋斗目标，必须依靠全院同志辛勤劳动、攻坚克难，努力开创报刊出版馆网库志和学术评价工作的新局面。让我们紧密团结在以习近平同志为总书记的党中央周围，紧紧抓住实施哲学社会科学创新工程的契机，切实加强理论学术传播阵地建设，推动名优建设工程迈上一个新台阶，为繁荣发展哲学社会科学，实现"两个一百年"宏伟目标和中华民族伟大复兴的中国梦作出新的更大的贡献！

深入学习贯彻习近平总书记
系列重要讲话精神，
加快构建中国特色哲学社会科学
高端传播和评价平台

——在 2016 年报刊出版馆网库志和学术评价
名优建设工作会议上的讲话
（2016 年 12 月 13 日）

同志们：

在全党全国深入学习贯彻党的十八届六中全会精神的形势下，我院召开第七届报刊出版馆网库志和学术评价名优建设工程（以下简称名优工程）工作会议，这是在关键时刻召开的一次十分重要的会议。会议的主题是：高举中国特色社会主义伟大旗帜，以马克思列宁主义、毛泽东思想、邓小平理论、"三个代表"重要思想、科学发展观为指导，深入学习贯彻习近平总书记系列重要讲话精神和治国理政新理念新思想新战略，深入学习贯彻党的十八大和十八届历次全会精神，总结我院 2016 年名优建设工作，确定明年推进名优建设工程的目标和举措，加快构建中国特色哲学社会科学高端传播和评价平台，努力开创我院名优建设工作新局面。

一　成绩和问题

实施名优建设工程是党组加强马克思主义坚强阵地和党的意识形态重镇、理论学术传播和学术评价能力建设的一项战略举措。自 2008 年启动以来，已走过了 8 年的历程，形成了报刊出版馆网库志和学术评价"八位一体"的总体格局，名优阵地逐步壮大，名优成果日益丰富，名优品牌声名远播，理论学术传播力、影响力显著提升。

2016 年是我院实施"十三五"创新工程发展规划的开局之年。名优建设工作以习近平总书记在全国哲学社会科学工作座谈会上的重要讲话精神为根本遵循，在院党组的统一部署下，院属各单位共同参与，各司其职，推动名优建设工程迈上新台阶。

《中国社会科学报》2009 年创刊，在 2015 年由周三刊改为周五刊的基础上，2016 年进一步关注中国特色社会主义重大理论和实践问题，办好特色版面，推出专题板块，刊发主题文章，引领哲学社会科学学科体系、话语体系、学术观点和科研方法的创新。加大马克思主义、毛泽东思想和中国特色社会主义理论体系研究宣传力度，聚焦习近平总书记系列重要讲话精神和治国理政新理念新思想新战略研究阐释；贯彻习近平总书记"5·17"重要讲话精神，开展"繁荣发展哲学社会科学"系列报道；围绕庆祝中国共产党成立 95 周年，推出系列理论文章；"资讯报道""马克思主义月刊""对话"等重要版面和栏目，组织刊发加快构建中国特色哲学社会科学学科体系、学术体系和话语体系的系列成果；办好"学海观潮"等品牌栏目，推出"思潮辨析"学术专版，加强对错误思潮的批驳。报纸刊发的大量文章，被人民网、光明网、求是网、环球网等知名媒体转载，在国内外的传播力和影响力进一步扩大。

院属期刊从 2009 年启动名刊建设工程，2013 年推行"五统一"（统一管理、统一经费、统一印制、统一发行、统一入库）制度以来，坚持正确的政治方向和学术导向，办刊质量不断提高，我院学术期刊的优势地位进一步巩固。2016 年创办了国内统一刊号学术期刊《财经智库》《世界社会主义研究》和外文期刊《民族学人类学学刊》（*Journal of Ethnology and Anthropology*），期刊阵容扩大到 96 种。刊网融合加速推进，开设了全院期刊统一微信公众号"社科期刊荟萃"，近 10 种期刊新开设微信公众号，17 种期刊新加入全院统一期刊采编平台，使用采编平台期刊达到 68 家。期刊审读工作不断加强，完成审读专家换届，扩大学科覆盖面，首次开展外文期刊审读。期刊影响力显著提升，《中国社会科学》《历史研究》《经济研究》等 11 种期刊进入国家新闻出版广电总局评选的"2016 期刊数字影响力 100 强"，20 种期刊被收入知网《中国学术期刊国际引证年报（2016）》。

院属出版社从 2009 年启动"名社"建设工程以来，坚持正确的出版方向，立足学术出版主业，推出系列精品图书，实现了出版规模和销售收入同增长，经济和社会效益双丰收。2016 年院属出版社精心策划主题出版，加快智库成果转化，探索数字化和特色化出版新路，促进智库产品转化，在国内外的影响力显著提高。中国社会科学出版社成立智利分社，社会科学文献出版社成立俄罗斯分社，学术出版"走出去"取得新进展。中国社会科学出版社、社会科学文献出版社、经济管理出版社荣获"中国图书海外馆藏影响力出版100强"，在全国500余家出版社中分别排名第2位、第3位和第54位。

院图书馆大力加强一网（中国社科网）、一库（哲学社会科学海量数据库）、一平台（综合集成实验室平台）建设，加大数字资源引进力度，组织全院古籍资产核查，加强馆际协作，启动骨干网络系统升级改造、远程访问系统设备更新等项目，提升服务科研的能力和水平。筹建国家哲学社会科学文献中心，拟于年底实现文献中心门户网站上线运行，为我院乃至全国的哲学社会科学工作者提供丰富的文献信息资源。

中国社会科学网（以下简称"社科网"）以加强党的网络意识形态工作为主线，于2011年1月1日上线，2014年1月1日改版，影响力显著提升，成为全球最大学术门户网站，成为党的理论学术重要网络阵地。2016年社科网围绕建党95周年、建军89周年、G20峰会、新中国成立67周年、红军长征胜利80周年、党的十八届六中全会召开等重要节点，发布大量高质量的理论文章、视频、图解。利用报网融合互动优势，开展网上理论斗争，批驳历史虚无主义、新自由主义等错误思潮及错误言论。多次获中央网信办表彰，有6篇文章获优秀理论文章奖，4个新媒体作品获创新传播奖，2人获G20峰会网络工作先进个人。社科网微信公众号被《网络传播》杂志评为优秀国际化智库类公众号。创新传播方式，所刊发的学术理论文章可通过中、英、法文网站和手机社科网、微博、微信、学术要闻客户端等移动媒体同时推送，做到传播快、覆盖广。目前总点击量超4亿PV，PC端日阅读量超13万PV，被中央网信办列为全国7家重点建设理论网站之一，列入互联网新闻信息稿源单位名单。

海量数据库建设加快推进。科研成果数据库、图书文献数据库、社会调查数据库等基本建成，即将上线试运行，按照"社科云"理念，为全院科研工作提供便捷服务。国家期刊库建设再上新台阶，年底前收录期刊 1000 种，个人用户注册超过 10 万人，机构用户注册已达 68 家，微信、微博关注度大幅提升，被国家新闻出版广电总局评为"全国报刊媒体融合创新案例 20 佳"。

名志建设取得新成果。2016 年启动中国志书精品工程、名镇志文化工程、名村志文化工程、民族地区与贫困地区志书出版资助工程、年鉴精品工程，全力打造精品佳志。开展地方志优秀成果评奖，共评出优秀年鉴 406 部。国家数字方志馆揭牌，中国地情网二期稳步推进，地方志工作信息化建设取得新进展。开设"方志大讲堂"，举办"方志中国"展览，利用中国方志网、方志中国微信，发布修志动态，推广修志经验，扩大社会影响力。

中国社会科学评价中心自 2014 年成立以来，坚持正确评价导向，着力制定科学、公正、透明的评价规则和标准，构建中国人文社会科学权威评价体系和国内外高端智库评价体系。2016 年加快建设全国最大的人文社会科学期刊引文数据库，强化对我院期刊的考核评价，完成英文期刊评价总体设计，开展全球核心智库评价；举办"绿色发展与智库建设"国际论坛和第三届全国人文社会科学评价高峰论坛。与中宣部、国家社科规划办、国家标准委等合作，开展学术评价标准制定工作，申报评价国家标准。开展国际交流，参与国际学术评价标准制定，努力掌握国际学术评价话语权。

信息化管理办公室以加强信息化规划管理和督办名优协调

会决定事项为抓手，保障名优建设工程有序推进。编制《中国社会科学院"十三五"信息化发展规划》，修订《院重大信息化项目管理办法》，加强信息化的立项审批、结项验收和绩效评估。实行名优建设工程季报和督查月报制度，严格经费预算和使用，抓好网络安全工作，开展大数据与社会科学研究的研讨和培训，在联系名优建设单位形成合力，提高信息化建设效益等方面发挥重要作用。

　　2016 年我院名优建设统筹推进、重点突破，成绩显著，为"十三五"开了好头。实践证明，党组关于名优建设工程的一系列决策部署是完全正确的，报刊出版馆网库志和学术评价"八名"建设是很有成效的。同时，我们要清醒地认识到，名优建设工作离中央对我院"三大定位"的要求还存在很大差距，还有许多不足和亟须改进之处。例如，个别单位对理论学术传播和评价还不够重视，领导班子和队伍建设滞后，专业化骨干人才奇缺的问题还比较突出；个别领导干部不能正确处理政治与学术的关系，存在着淡化马克思主义的指导作用，轻视党的意识形态工作，追求"纯学术""去政治化"的问题；个别编辑人员违反职业道德和编审制度，编发"人情稿""关系稿"的现象屡有发生；"八名"建设还存在着网络基础设施比较落后，报刊出版的管理和经营水平尚需提高，图书馆数字化转型起步较晚，社科网跨越式发展面临瓶颈，海量数据库建设迟缓，方志资源使用效率不高，学术评价体系有待完善，传统媒体和新兴媒体融合发展持续深化等问题。这些问题，必须引起我们高度重视，认真加以解决。我们一定要站在党和国家事业发展全局和战略的高度，认清名优建设工程的重要性和紧迫性，提高名优建设工作的自觉性和实效性。

二　形势与任务

党的十八大以来，以习近平同志为核心的党中央，把握时代大势，回应实践要求，统筹推进"五位一体"总体布局和协调推进"四个全面"战略布局，进行具有许多新的历史特点的伟大斗争，开创了治国理政新境界和中国特色社会主义事业新局面。当前我们正处在世界格局深刻调整、国际竞争日趋激烈，国内改革深化攻坚、社会矛盾集中凸显的关键时期，意识形态领域的渗透和斗争日益复杂、各种思想文化的交流和交锋更加频繁。从国际上看，经济全球化、政治多极化曲折发展，各种战略力量分化组合；全球经济仍未走出金融危机的阴影，欧美国家乱象丛生，新兴经济体陷入困境；在西方保守主义、恐怖主义、民粹主义、贸易保护主义有所抬头，"西强我弱"的国际文化和舆论格局尚未根本扭转。从国内来看，经济发展进入新常态，经济实力和综合国力大幅提高，一方面社会主义市场经济的确立和发展极大地促进了我国经济社会的繁荣发展，另一方面市场经济的消极影响，极易诱发自由主义、拜金主义、利己主义和享乐主义；由于社会经济成分、组织形式、就业方式和分配方式多样化，人们思想活动的独立性、选择性、多变性、差异性明显增强；扩大对外开放有利于人们开阔眼界，增加见识，但西方资本主义腐朽思想文化也会乘虚而入，迫切需要我们坚持以马克思主义为指导巩固思想理论阵地，以社会主义核心价值观引领社会思潮。国内外形势发生的重大变化，给名优建设工作既提供了前所未有的机遇，也提出了前所未有的挑战。

第一，建设马克思主义坚强阵地和党的意识形态重镇，给名优建设工作提出了新的任务。

理论宣传、学术传播和学术评价，是意识形态工作的重要组成部分，事关党和国家的前途命运。早在延安时期，毛泽东同志就指出："应该把报纸拿在自己手里，作为组织一切工作的一个武器，反映政治、军事、经济并且又指导政治、军事、经济的一个武器，组织群众和教育群众的一个武器。"今年5月，习近平总书记在哲学社会科学工作座谈会上强调："哲学社会科学事业是党和人民的重要事业，哲学社会科学战线是党和人民的重要战线。"要充分发挥"报刊网络理论宣传等思想理论工作平台的作用，深化拓展马克思主义理论研究和宣传教育"。我院作为党中央直接领导的意识形态重要部门，努力建设马克思主义坚强阵地和党的意识形态重镇，是中央对我院第一位的要求。我院的报刊出版馆网库志和学术评价是党和国家的喉舌，处于国际国内思想理论斗争前沿，必须坚持党管意识形态、党管媒体的原则，为巩固马克思主义在意识形态领域的指导地位，巩固全党、全国各族人民团结奋斗的共同思想基础发挥重要作用。

研究和传播马克思主义科学真理，维护和巩固社会主义意识形态，是我院名优建设工程的首要任务。不管是办报、办刊、办出版社、办图书馆，还是办网、办库、办方志、办学术评价，都必须毫不动摇地坚持马克思主义指导，坚持"二为"方向和"双百"方针，坚持党性和人民性的统一、科学性和意识形态属性的统一，坚守和扩大马克思主义理论阵地和党的意识形态阵地。只有自觉坚持以马克思主义指导理论研究、学术传播和学术评价，坚定宣传党的理论和路线方针政策，始终保证我院的各类媒体在同各种错误思潮和敌对势力的斗争中，敢于亮剑，激浊扬清，弘扬主旋律、传播正能量，我院作为马克思主义坚强阵地和党的意识形态重镇的定位和功能才能充分彰显。

学习贯彻习近平总书记系列重要讲话和党的十八届六中全会精神，是我院当前和今后一个时期的重大政治任务。报刊出版馆网库志和学术评价单位，要围绕习近平总书记系列重要讲话中蕴含的治国理政新理念、新思想、新战略和六中全会提出的全面从严治党新思路、新观点、新举措，组织选题策划，推出精品力作，推动兴起全院乃至全国哲学社会科学界学习贯彻习近平总书记重要讲话和六中全会精神的热潮。

第二，坚定文化自信和学术自信，增强我国哲学社会科学话语权，给名优建设工作提出了新的要求。

习近平总书记在哲学社会科学工作座谈上指出，"我们说要坚定中国特色社会主义道路自信、理论自信、制度自信，说到底是要坚定文化自信。文化自信是更基本、更深沉、更持久的力量"。坚持文化自信，落实到哲学社会科学领域，就是要坚持学术自信，打造具有中国特色、中国风格、中国气派的哲学社会科学高端传播和评价平台。我院的报纸、期刊、出版社、图书馆、网络、数据库、地方志和学术评价，是我国哲学社会科学极其重要的资源，是树立文化自信和学术自信不可缺少的载体。全面推进报刊出版馆网库志和学术评价名优建设工程，广泛深入地传播能够体现中国立场、中国理论、中国道路、中国智慧、中国价值的理念、方案、主张，才能让全世界越来越多的人了解"学术中的中国""理论中的中国""哲学社会科学中的中国"，知道"发展的中国""开放的中国""文明的中国"，从而提高民族自尊心和自豪感。

传播力决定影响力，话语权决定主动权。但话语的内核是理论、是学术，要增强话语权，就必须打造高端的理论学术传播和评价平台。虽然我国经济总量和国际地位快速提升，但我们在世界上的形象很大程度上还是"他塑"而非"自塑"，中国哲学社会科学的话语权还没有得到应有的彰显和尊重。在加快构建中国特色哲学社会科学学科体系、学术体系和话语体系，推动中国文化走向世界的过程中，我院名优建设工程可以而且应该大有作为。报刊出版馆网库志和学术评价，都要发挥舆论和学术引领作用，主动设置议题，引导哲学社会科学工作者提炼标识性概念，推动国际学术界展开研究和讨论，大力阐释和传播以马克思主义为指导、具有鲜明时代特征和中国特色、饱含民族文化底蕴的哲学社会科学学科体系、学术体系和话语体系，将学术研究、传播和评价的话语权牢牢掌握在我们自己手中，而绝不能成为西方学术思想的附庸。

第三，实施哲学社会科学创新工程，加强理论学术传播和评价能力建设，给名优建设工作提供了新的动力。

创新是一个民族进步的灵魂，是一个国家强盛的动力；哲学社会科学的本质和生命也在于创新。习近平总书记深刻指出："我们的哲学社会科学有没有中国特色，归根到底要看有没有主体性、原创性。跟在别人后面亦步亦趋，不仅难以形成中国特色哲学社会科学，而且解决不了我国的实际问题。"把我院建设成为哲学社会科学最高殿堂和高端智库，必须在探索中国特色自主创新道路，建设中国特色哲学社会科学创新体系方面走在全国乃至全世界的前列。我院名优建设工程不仅早于哲学社会科学创新工程启动，而且为创新工程提供文献信息资源、成果发布平台和学术评价引领。我院报刊出版馆网库志和学术评价都要贯彻院党组关于实施哲学社会科学创新工程的决策部署，为加快构建中国特色哲学社会科学创新体系提供有效载体和传播平台。

当今世界，以移动互联、云计算、大数据等信息技术为核心的新科技革命突飞猛进，深刻改变了人们的生产生活方式，为哲学社会科学的研究和传播提供了新的工具与手段，开辟了新的媒介和空间。习近平总书记在哲学社会科学工作座谈会上强调："要运用互联网和大数据技术，加强哲学社会科学图书文献、网络、数据库等基础设施和信息化建设，加快国家哲学社会科学文献中心建设，构建方便快捷、资源共享的哲学社会科学研究信息化平台。"他提出："要加强优秀外文学术网站和学术期刊建设，扶持面向国外推介高水平研究成果。""要建立科学权威、公开透明的哲学社会科学成果评价体系，建立优秀成果推介制度，把优秀研究成果真正评出来、推广开。"我院的报刊出版馆网库志和学术评价掌握着我国哲学社会科学的高端论坛和重要媒体，是我国哲学社会科学对外交流与合作的广阔平台和重要窗口。从哲学社会科学研究、传播、管理、评价等方法、手段和组织形式创新的意义上说，名优建设工程必须大力推动哲学社会科学信息化，建设数字化社科院。也就是说，要建设数字化图书馆、中国社会科学网、哲学社会科学综合集成海量数据库、数字化方志馆和学术评价中心，提高报刊出版数字化、信息化水平，实现全院科研方法和管理手段的现代化、学术资源和信息系统的一体化。这是实施哲学社会科学创新工程、增强理论学术传播能力的必然要求。

加强理论学术传播能力建设，要实施网络强国战略和国家大数据战略，落实"互联网＋"行动计划。按照"互联网＋哲学社会科学"的要求，以互联网思维开展理论学术研究和传播，创造网络协作型和开放共享型哲学社会科学新形态。要建设好、使用好海量数据库和综合集成实验室平台，创造计算密集型和数据支撑型哲学社会科学新范式。我院报刊出版馆网库志和学术评价要充分利用现代信息技术，借助网站、博客、微博、微信等新兴媒体，建立跨平台的传播矩阵；通过文字、图片、动漫、音频、视频等多种表现形式，建立全媒体的传播方式；通过学术原创和学术翻译，建立多语种的传播媒介；利用国外期刊、出版、网络资源，建立国际化的传播体系和评价体系。通过这些信息化、数字化的传播工具和手段，提升我国理论学术的影响力和话语权，让全世界都能听到、听清中国的声音和主张。

三　目标和举措

2017 年是落实我院创新工程"十三五"发展规划，推进名优建设工程继往开来的关键一年。名优建设工程有关单位要按照习近平总书记系列重要讲话和党的十八大、十八届历次全会精神的要求，按照院党组的"五个三、一个一"总体工作思路和全面深化改革的决策部署，搞好 2016 年工作总结，制定 2017 年工作方案，扎扎实实推进名优建设工程。

《中国社会科学报》要按照"政治家办报"的要求，适应全球化、全媒体的发展趋势，抓好选题策划和热点报道，阐释好习近平总书记系列重要讲话精神和治国理政新理念、新思想、新战略；坚持以马克思主义为指导，开设"文化自信"学术专题，办好"思潮辨析"栏目，加强党的意识形态工作，加大对西方新自由主义、历史虚无主义、普世价值、宪政民主、公民社会等思潮的批驳力度；增加学术通讯、深度报道、新闻专访等体裁，加强报刊网论坛联动，提升理论学术的传播速度和效果。

院属学术期刊要坚持正确的政治方向和学术导向，加强数字化、网络化建设，推广使用网上投稿采编系统，打造在国内外学术界享有知名度和公认度的学术期刊集群。强化马克思主义指导地位，办好马克思主义理论专栏；继续扩大期刊阵容，重点支持智库类期刊发展；加强编审制度建设，改进期刊审读工作，提升编校质量和学术水平；加快期刊"走出去"步伐，扩大期刊的国际影响力。

院属出版社要坚持正确的出版导向，抓好出版重点选题，加强图书品牌、人才队伍和出版能力建设，推出更多更好的精品图书；加强智库成果的转化与出版，推动出版数字化转型；推动学术出版"走出去"，建设全国哲学社会科学出版传媒中心和国际知名的学术出版机构。

院图书馆要按照数字化转型的要求，加快推进"一网一库一平台"和国家哲学社会科学文献中心建设。要加大数字资源的引进和自建力度，优化图书信息资源结构；完善综合服务平台和关键基础设施，完成老旧网络设备的更新换代；搞好图书资料和数字资源的开发和利用，为越来越多的读者提供高质量的服务。

中国社会科学网要按照统一网络、移动互联的要求，完成网络设施和平台的升级改造，建成国内最大、世界一流的哲学社会科学网站集群。要配合中央网信办做好主题宣传，巩固马克思主义和党的意识形态网络传播阵地；加强学科频道建设，反映学科前沿动态，发布高端学术成果；加强与科研机构合作，让中国社会科学网发挥更大的传播力和影响力。

哲学社会科学综合集成海量数据库要按照"社科云"架构，建成标准统一、分级准入、内容共享、安全可靠的数据资源池，为支撑马克思主义研究和宣传，支撑哲学社会科学研究、传播、评价和管理，支撑国家级综合性高端智库建设，提供丰富的信息资源。要完善国家哲学社会科学学术期刊数据库功能，开发手机客户端。加快各库的数据加工和整理工作，开发科研成果数据库、社会调查数据库和古籍数据库的功能，加快推进方志库、外文期刊和图书数据库、馆藏文献数据库建设。

地方志要按照"互联网＋方志"的要求，以实施全国数字方志建设工程为抓手，推进"三网一馆两平台"，即中国方志网、中国地情网、中国国情网、国家数字方志馆、地方志综合办公平台和地方志新媒体传播平台的建设。要继续实施中国志书精品工程、中国年鉴精品工程、中国方志文化走向世界工程，推进"魅力中国"布展工作，发挥地方志记录历史、传承文明、资政育人、服务社会的重要作用。

中国社会科学评价中心要坚持正确的评价导向，加快组织机构和人才队伍建设，完善哲学社会科学期刊和全球智库评价的指标体系。继续推进引文数据库建设，开展科研成果检索服务，为科研评价提供可靠依据。要积极申报评价指标体系国家标准，启动新一轮中国人文社会科学期刊评价工作；开展高端智库评价，发布高端智库评价报告，努力建设我国乃至世界上公正权威、最具影响力和话语权的学术评价机构。

实施"八名"建设工程，对于加快构建中国特色哲学社会科学极端重要，名优建设工作任务艰巨，责任重大。推进"八名"建设工程的任务十分繁重。下一步我们要采取切实有效的措施，扎实推进"八名"建设工作。

第一，增强"四个意识"，落实名优建设主体责任和监督责任。

今年 1 月 29 日中央政治局会议提出："增强政治意识、大局意识、核心意识、看齐意识。"党的十八届六中全会强调，全党必须牢固树立"四个意识"，自觉在思想上、政治上、行动上同以习近平同志为核心的党中央保持高度一致。党的各级组织、全体党员都要向党中央看齐，向党的理论和路线方针政策看齐，向党中央决策部署看齐。"四个意识"集中体现了政治方向、政治立场、政治要求和政治纪律，是检验党员干部思想政治素养的试金石。作为党和国家重要的思想理论阵地和学术传播平台，我院的报刊出版馆网库志和学术评价，必须牢固树立"四个意识"，特别是核心意识和看齐意识，坚持正确的政治方向和学术导向，充分发挥哲学社会科学认识世界、传承文明、创新理论、资政育人、服务社会的重要作用，自觉地为党和国家决策服务，为中国特色社会主义事业服务。

名优建设工程是"领导班子工程"和"一把手工程"。名优建设能否搞好，关键在领导班子是不是重视，"一把手"能不能亲自抓，能不能实行任务到岗、责任到人、奖惩到位，做到多方审核、全程监督、终生追究。名优建设各单位主要负责同志和领导班子，要高度重视和抓好名优建设工程，做到守土有责、守土负责、守土尽责。信管办要加强名优建设工作的协调和督办，在预算编制、项目评审、经费拨付、考核验收、绩效评估、全程监管等方面发挥职能作用。科研局要加强对院属期刊和出版社的政治方向和业务指导，承担起名刊和名社建设工作的协调、监督和管理职责。今后要加大对名优建设工程考核和奖惩力度，凡是出现政治方向问题、造成消极影响的单位领导及有关人员，都要受到相应处置，退出创新工程。

信息管理办是院党组领导下的负责名优建设工程的责任部门，要加大统筹协调、督办检查的力度，建立督办协调会议制度，狠抓工作落实。

第二，加强制度建设，以严的制度和铁的纪律形成名优建设工程的长效机制。

制度问题带有根本性、全局性、稳定性和长期性。遵守法律法规和纪律规矩是搞好名优建设工程的重要保证。1948 年 11 月，毛主席致电各中央局、野战军前委，提出"加强纪律性，革命无不胜"。党的十八届六中全会通过的《关于新形势下党内政治生活的若干准则》规定："纪律严明是全党统一意志、统一行动、步调一致前进的重要保障。"我院名优建设工程涉及政治方向和舆论导向，关系党的思想理论阵地的巩固，事关几十万、几百万甚至上千万资金和设施的安全使用，必须严格执行法律法规和纪律规矩。目前，名优建设工程在执行法律法规和纪律规矩方面总体上是好的，但也存在一些值得警惕的问题。例如，有个别报刊出版社对错误思潮和言论没有勇气进行斗争，甚至出现噪音、杂音；有个别单位不向上级领导请示报告，不经有关部门审计监督，随意使用资金采购资源与设备等。这类问题必须坚决予以纠正。对于严重违反法律法规、不守纪律规矩的单位实行一票否决，取消其进入创新工程的资格。

推进名优建设工程，要建立健全各项规章制度，对已有的制度进行审查，该修订的修订，该废止的废止，该完善的完善。要执行严格、公开的编审流程，确保学术出版的质量和水平。要推广使用网上投稿采编系统，实行交叉审稿、双向匿名审稿和回避制度，实行在阳光下采编，杜绝人情稿、关系稿。要狠抓编校质量，加强对报刊、图书的审读。图书馆、地方志和评价中心引进的文献信息资源，尤其是大型数据库，要经过严格的学术评审和立项审批，防止泥沙俱下、鱼龙混杂。要严明赏罚，建立综合测评和责任追究制度。在编校质量上出现严重问题的要追究责任，对图书质量出现问题的要采取必要的处罚措施。对院属网站每年都要进行质量评估，不达标者，下一年度不予资助。总之，要通过严格的制度和铁的纪律，保证名优建设工程的常态化和长效性。

第三，发扬严实作风，增强理论学术传播和评价的实效性和影响力。

我院的报刊出版馆网库志和学术评价作为党的思想理论阵地，必须加强作风建设。中华民族历来崇尚严谨、崇尚务实，严和实是名优建设工作必须坚持的优良作风。习近平总书记指出："严和实是中华民族传统美德的基本内容，是传承民族品性、倡导社会新风、培育和践行社会主义核心价值观的重要内容。严和实的品德全社会都要弘扬。"不论是报刊出版馆网库，还是地方志学术评价，都要从事繁杂、细致和艰苦的工作，必须发扬科学严谨、求真务实的作风，力戒形式主义、虚假浮夸，为人民群众提供优秀的理论成果和丰富的精神食粮。必须发扬马克思主义学风，以改革开放、现代化建设和我们正在做的事情为中心，着眼于马克思主义的运用，着眼于对现实问题的理论思考，着眼于新的实践和发展，反对脱离实际的本本主义、经验主义，反对

"左"的和右的错误倾向，积极开展舆论斗争，帮助人们划清是非界限、澄清模糊认识。必须倡导马克思主义文风，创造人民喜闻乐见、融汇古今中外的概念范畴和话语体系，讲好中国故事，传播中国声音，推进马克思主义中国化时代化大众化，增强中国特色社会主义的吸引力和感召力。

作风建设与队伍建设紧密联系。作风建设的根本在于教育和引导人们坚定对马克思主义的信仰，对共产主义和中国特色社会主义的理想信念，树立正确的世界观、人生观和价值观，掌握马克思主义立场、观点和方法，具备认真负责的工作态度和过硬的业务能力。要认真贯彻院"十三五"人才建设规划和信息化建设规划，对报刊出版、图书馆、计算机、互联网、数据库、地方志、学术评价的各类人员进行专门培训，全面提高其思想政治素质、专业知识水平和实际工作能力。要采取科学合理的政策措施，营造有利于理论学术传播人才和信息化人才成长的良好环境，吸引更多高层次人才进入我院编辑出版、图资管理、网络运维、数据分析、学术评价和地方志等重要岗位。为开展思想舆论斗争，要努力建设一支政治立场坚定、理论功底扎实、是非观念分明、敢于并善于斗争的马克思主义网络人才队伍，为加强马克思主义坚强阵地建设，占领哲学社会科学学术传播制高点提供人才支撑。

同志们！报刊出版馆网库志和学术评价是我院重要的理论学术传播阵地，名优建设工程在我院工作全局中占有举足轻重的地位。全院同志尤其是名优建设单位的同志，一定要大力发扬忠诚、敬业、奉献精神，改革创新、攻坚克难、奋力前行，不断开创报刊出版馆网库志和学术评价工作新局面，以优异成绩迎接党的十九大胜利召开！

以习近平总书记重要讲话精神
为指导,打造哲学社会科学
高端学术期刊群

——在 2016 年期刊工作会议上的讲话

(2016 年 12 月 13 日)

今天上午,党组召开了一年一度的全院名优建设工作会议。今天下午,又专门召开期刊专题工作会议,听取办刊单位和期刊管理部门汇报,研究我院学术期刊面临的形势,部署下一步工作,充分体现了院党组对学术期刊建设的高度重视。下面,我代表院党组讲几点意见。

一 深入学习贯彻习近平总书记"5·17"
重要讲话精神,进一步提高对
学术期刊地位和作用的认识

今年 5 月 17 日,习近平总书记在哲学社会科学工作座谈会上发表重要讲话。讲话站在党和国家事业长远发展的战略高度,充分肯定了我国哲学社会科学在中国特色社会主义伟大事业中的地位和作用，科学阐述了繁荣发展哲学社会科学的极端重要性，明确提出了加快构建中国特色哲学社会科学的指导思想、根本要求和主要任务，深刻阐明了事关哲学社会科学性质、方向和前途的一系列重大原则问题。讲话凝结着我们党对哲学社会科学工作者的殷切希望和对哲学社会科学事业的迫切期待，体现了我们党对哲学社会科学工作规律的新思想、新认识，是一篇马克思主义的纲领性文献，为做好新时期哲学社会科学工作提供了根本遵循和行动指南。落实总书记重要讲话精神，加快构建中国特色哲学社会科学，需要大力办好我院的学术期刊，打造哲学社会科学高端学术成果传播平台。

我院学术期刊是党领导下的中国特色哲学社会科学理论学术研究传播的重要平台。坚持马克思主义指导，坚持党的意识形态正确导向，是我院学术期刊的根本特性。在这个根本特性规定下，我院学术期刊：

是学术成果传播与交流的重要载体。学术成果的价值，在于传播出去、产生影响。学术期刊无疑是最重要、最专业、最有影响力的学术成果传播渠道与交流平台。学术期刊出现近400年来，一直扮演着学术传播主渠道的角色，近代以来最有影响、最有价值的学术成果，往往最先在学术期刊上发表。

是学科建设的重要依托。学术期刊将同一学科的学者凝聚起来，围绕一些重要学术话题开展研讨，汇集研究资料，记录研究过程，发布研究成果，从而为学科的形成、发展提供基础和依托。一篇在优秀学术期刊上发表的文章，往往构成一个学科发展的脉络；一份学术期刊的发展历史，往往就是一个学科的发展历史。

是学术创新的重要参与者和推动者。优秀的学术期刊不是被动地记录学术研究成果，而是主动参与学术创新过程，成为学术创新的参与者、引领者。优秀的期刊主编和编辑往往善于捕捉重要研究线索，设置学术议题，挖掘有创见的观点，发现有前景的学科，从而推动和引领学术发展。

是人才培养的重要途径。人才的成长需要学习借鉴前人的研究成果，需要向国内外同行学习交流。学术期刊提供了前人和同行的研究成果，提供了研究资料，帮助学术新人成长进步。人才的成长需要得到学界的认可，学术期刊提供了成果发布的平台，为学者展示才华提供了舞台。优秀的学术期刊还善于发现有潜质的人才，培养和推出学术新人，为他们成名成家提供机会。

是学术评价的重要手段。科学的评价是科学管理的基础。如何衡量成果，如何评价人才？是科研管理首先面临的问题。学术期刊提供了重要评价手段。一般认为，能够在国内外顶尖学术期刊上发表的文章，相比之下，是优秀的文章，其作者是拔尖的人才。当然，也不能过于片面，学术评价是复杂的过程，学术期刊只是最重要的评价工具之一，绝不是唯一。

是中国学术走向世界的重要桥梁。我国作为世界第二大经济体，迫切需要提升软实力，增强中国文化在国际上的影响力和话语权。学术是文化的精髓，学术期刊是中国文化走向世界的传播载体。中国在国际上是否有话语权，一个重要方面是中国学术在国际学术界是否有影响力。办好中国学术期刊，提高中国学术期刊的国际话语权和影响力，是提升中国文化软实力的重要组成部分。

总之，要落实好习近平总书记重要讲话精神，加快构建中国特色哲学社会科学，必须高度重视、大力加强学术期刊建设，进一步办好我院的学术期刊群。

二　认真总结经验，高度肯定我院
学术期刊建设所取得的成绩

　　学术期刊是我院占领哲学社会科学研究学术制高点的重要基础，是确立学术话语权的重要资源，是作为国家哲学社会科学研究最高殿堂的重要条件。经过几十年的建设与发展，我院学术期刊规模不断扩大，质量和影响力不断提升，已成为国内人文社会科学领域规模最大、学科结构最完整、综合实力最强的学术期刊群。截至 2016 年 11 月底，全院共拥有持有国内统一刊号（CN）的连续出版物 103 种，其中学术类期刊 82 种。我院多数学术期刊都是所在学科领域的权威期刊、核心期刊，在国内外学术界有着较高的地位和影响力，被誉为我院的核心竞争力和"金字招牌"。

　　党组一向高度重视学术期刊建设。2009 年，启动实施了"名刊"工程，是最早开展名优建设的领域之一。2013 年又启动"五统一"管理体制机制的改革。7 年多来，通过对学术期刊加大经费投入，改革办刊体制，完善编审制度，加强队伍建设，在打造哲学社会科学高端学术期刊集群方面进行了一系列探索，取得了显著成绩。

　　1. 加强思想政治建设，确保正确的政治方向和办刊导向

　　在办刊工作中，院党组始终强调坚持正确的政治方向和学术导向，围绕中心、服务大局，把我院期刊建设成为党在哲学社会科学领域的思想理论宣传和意识形态阵地。每年的编辑人员培训活动，都将政治理论学习和马克思主义新闻观教育作为

培训的重要内容。近两年，院成立了思想理论写作组，定期围绕思想理论领域的重大及热点问题，从政治与学术结合的角度撰写文章，在院属 16 家期刊发表。今年上半年，举办了 3 期编辑人员学习习近平总书记新闻舆论重要讲话培训班，全院 400 多名期刊主编、编辑部主任、编辑人员参加了学习培训。暑期工作会议后，院党组专门颁发文件，要求全院期刊设立本学科马克思主义专栏，发表一定比例的马克思主义理论文章及批判错误思想观点文章。在创新工程的制度设计中，将政治方向和学术导向作为期刊进入创新工程和编辑人员进入创新岗位的首要条件，实行政治方向问题"一票否决"。由于健全了理论学习、编校审稿以及责任追究等制度，近年来我院期刊在政治方向和学术导向上没有出现过偏差，没有刊登过一篇有明显政治方向问题的文章。

2. 加大办刊经费投入，持续改善办刊条件

"名刊"工程实施以来，我院通过多种渠道筹措办刊经费，不断加大对学术期刊的支持力度。目前，全院办刊经费主要来自 3 个渠道：一是中央财政期刊专项经费；二是国家社科基金期刊资助经费，全院有 39 种期刊获得国家社科基金资助，占全国获资助期刊的 1/5；三是哲学社会科学创新工程经费。2015 年，制定了《关于加强创新工程学术期刊"名优"建设的若干规定》，依据国家规定，适度提高了稿费、审稿费、编辑费的标准，全院办刊经费实现了 60% 以上的增长。2016 年，纳入"五统一"管理的 66 种院属学术期刊，共获得办刊经费 4100 余万元。通过这种有重点、持续性的资助，显著改善了办刊条件，吸引了更多优秀作者，稳定了编辑队伍。也正是因为有充足的经费保证，我院严格禁止所属期刊收取任何形式的版

面费、赞助费，有利于在学术期刊界树立良好风气。

3. 积极推进办刊体制机制改革，解放和发展学术出版生产力

我院响应国家推进报刊出版管理体制机制改革的号召，结合实施哲学社会科学创新工程，于 2013 年对办刊体制机制进行了大胆改革创新，实行"五统一"，即统一管理、统一经费、统一印制、统一发行、统一入库。其中，一个重要改革举措，是将全院期刊的印制和发行业务，交由作为企业的社会科学文献出版社负责，从而建立起期刊内容生产与印制发行相分离的新型办刊体制，使学术期刊运作朝着集约化、专业化方向迈出了重要一步。这项改革走在了国内学术期刊界的前面。"五统一"实施以来，通过加大投入、整合资源、规范管理，我院学术期刊的整体优势得以保持，并不断扩大。社会科学文献出版社对印制、宣传、发行实行集约化管理，有效地降低了成本，提升了效益，为各编辑部节省了大量人力物力，从而能够专注于选题策划和内容生产。可以说，通过"五统一"改革，我院已初步探索出一条具有中国社会科学院特色的学术期刊管理创新之路。

4. 加强编审制度建设，严格流程管理

期刊质量的源头在编辑部。为严把学术质量关，近年来在全院期刊编辑部大力强化制度建设，完善编审制度，严格审稿流程。目前全院 85% 以上的期刊建立了"双向匿名"评审、"三审三校"、编辑部集体定稿等制度，对提升刊物质量、遏制学术不端发挥了积极作用。《经济研究》建立了由 1000 多名专家组成的匿名审稿专家队伍，每篇稿件的外审专家由计算机随机产生。《中国社会科学》实行严格的审稿流程，部分文章甚

至达到了六审六校。此外，我院期刊还实行了一些具有本院特色的管理制度，如要求期刊坚持"开门办刊"，规定院属期刊发表本单位人员文章的比例不得超过20%，发表院内人员文章的比例不得超过40%。有的期刊还规定，主编和编辑人员原则上不得在自己所编刊物上发表文章。以上编审管理制度，对确保全院期刊质量发挥了重要作用。

5. 加强和改进期刊审读，发挥"第三方评估"的作用

期刊审读是我院一项有特色的期刊管理制度，开始于1999年，至今已有17年历史。2014年，院务会议通过了《中国社会科学院学术期刊审读办法》，对审读专家的遴选、审读会议的组织、审读内容、审读要求以及审读意见通报等，作出了明确规定，成为规范期刊审读工作的重要制度依据。今年年初，进行了审读专家换届，由23名资深学者、编辑组成新一届期刊审读专家委员会。科研局每季度召开一次期刊审读会议，由审读专家分学科对全院近70种学术期刊开展审读，内容包括政治导向、学术水平、编校质量、装帧质量等，并提交书面审读报告。科研局负责向期刊编辑部反馈审读意见，对于审读中发现的具有普遍性、典型性的成绩及问题，通过印发《期刊审读意见通报》在全院通报，表扬先进，鞭策后进，督促期刊主办单位和编辑部加强管理，减少失误，提升质量。

6. 推进刊网融合发展，提升网络时代学术传播力

为适应网络时代学术传播的新形势和新要求，院属期刊加强网站建设，积极开设微博、微信公众号等新媒体平台，利用网络提升学术传播力。社科杂志社实现了报刊网一体化发展，编辑人员既为报纸、期刊编稿，又为网站编稿，正发展成为学术全媒体。目前，全院80%以上的期刊建立了网站，75%以上

的期刊开设了微博、微信公众号，还有一些期刊准备开发客户端。《社会学研究》微信公众号"社会学研究杂志"用户将近25000个，能够提供论文全文下载等服务。全院期刊统一的微信公众号"社科学术期刊荟"于今年上线，已推送文章298篇，用户数量达3244个。纸质刊物与网络媒体互为支撑、立体融合，有效拓展了我院学术期刊的传播渠道，密切了刊物与读者的联系，提升了学术传播力、影响力。2014年底，启动了全院期刊统一采编平台建设，由社会科学文献出版社负责实施。目前，全院68家期刊进入了统一采编平台，基本实现了作者在线投稿、外审专家在线审稿、编辑人员在线编稿。统一采编平台有利于全院期刊资源共享，提高编辑部工作效率，增强编辑工作的透明度。

7. 推进学术期刊"走出去"，提升国际学术传播力

为推动中国学术走向世界，我院还积极创办外文学术期刊。截至目前，全院已创办15种外文期刊（其中5种有国内刊号），涵盖了哲学、历史学、经济学、民族学、人类学、马克思主义等十多个学科。我院外文期刊总数，占到国内社科类外文学术期刊总数的1/3，成为中国学术走向世界的重要平台。院属外文期刊学术质量不断提高，影响力持续扩大。2006年，《中国与世界经济（英文刊）》入选国际权威学术索引系统SSCI，是目前国内进入SSCI的两份社科类学术期刊之一。多数外文期刊都与国外知名学术出版机构开展合作，合作对象包括泰勒－弗朗西斯、施普林格等世界顶级学术出版机构。合作方式一般为我方负责内容生产，外方负责营销和传播，该方式确保了我院对期刊的主办权，实现了互利共赢。为确保外文期刊学术及编校质量，我院还建立了外文期刊审读制度，于今年上半

年开展了第一次外文期刊审读。

8. 开展编辑人员业务培训，建设高素质学术编辑队伍

加强政治学习、理论武装、业务培训和工作交流，是我院培养期刊编辑人才的重要途径。除了支持编辑人员参加国家新闻出版广电总局系统的培训班外，管理部门还结合社科类学术期刊的特点和实际，每年举办编辑人员培训班，邀请上级主管部门领导、期刊专家授课，讲解期刊发展形势和国家政策，传授期刊编辑业务知识，研讨期刊前沿领域的问题，帮助编辑人员提升业务能力和职业素养。科研局通过定期组织院内期刊主编论坛、编辑沙龙等活动，加强编辑人员工作与思想交流，推广好的经验和做法，帮助新进入编辑岗位人员熟悉业务，尽快进入角色。随着学术期刊国际化的发展，我院还十分重视培养期刊编辑人员的国际视野。2015 年，我院首次组织部分优秀学术期刊的编辑人员赴欧洲国家知名学术出版机构开展调研和交流，受到编辑人员的欢迎。

在全院上下的共同努力下，我院"名刊"建设取得了显著成绩。根据近年来国内四大学术期刊评价体系（南京大学、北京大学、武汉大学、中国社会科学院）的评价结果，全院共有60 种期刊被认定为核心期刊，被四大体系共同认定的核心期刊有 44 种。南京大学《中文社会科学引文索引》（CSSCI），被国内学术界公认为最权威的学术期刊评价标准，全院共有 51 种期刊入选，并在 14 个学科期刊中排名第一。2014 年 11 月，院评价中心发布了《中国人文社会科学期刊评价报告（2014年）》，共评出 17 种顶级期刊，40 种权威期刊，430 种核心期刊。我院主办的期刊，有 11 种入选顶级期刊，占 64.71%；12 种入选权威期刊，占 30%。

根据前不久同方知网发布的《中国学术期刊国际引证年报2016》，我院12种期刊入选"最具国际影响力学术期刊"，8种期刊入选"国际影响力优秀学术期刊"，占全部上榜期刊的1/6，总数比2015年增加1种。国际影响力排名前10位的学术期刊，我院期刊占了5席，比2015年增加1席。

此外，我院期刊还多次荣获国家、政府大奖。2010年，《中国社会科学》《考古》获第二届中国出版政府奖期刊奖；2013年，《中国语文》获第三届中国出版政府奖期刊奖。2013年、2015年，我院各有10种期刊入选全国"百强社科期刊"，《中国社会科学》《经济研究》等6种期刊连续两届获评全国"百强报刊"。

以上成绩的取得，是全院各办刊单位和编辑人员共同努力的结果，也与期刊管理部门、运营单位的支持密不可分。我代表院党组，向全院广大期刊编辑人员、编务人员、管理人员、运营人员和技术保障人员，表示感谢！

在肯定我院办刊成绩的同时，还要清醒看到，我院办刊工作与中央对我院的期待相比，与加快构建中国特色哲学社会科学的要求相比，还存在一定差距。主要问题有：有的期刊不重视马克思主义指导，或者不懂得如何运用马克思主义指导办刊工作；有的期刊内部管理制度不完善，尚未建立双向匿名审稿制度；少数期刊存在超比例发表本单位人员文章问题，影响了期刊质量和公信力；有的期刊不重视网络平台建设，刊网融合发展相对滞后；期刊审读工作有待改进，审读意见反馈的时效性有待增强；编辑队伍建设还有待加强，编辑人员的业务水平和职业素养有待提高；"五统一"体制不够完善，责权利相统一的激励约束机制有待建立；极少数期刊作风不正，存在变相收取版面费，发人情稿、关系稿问题；还有少数期刊不能认真对待社科规划办期刊管理，在 2016 年度社科基金资助期刊考核中，我院有 2 个期刊成绩不佳，被取消资助资格，等等。对这些问题必须引起高度重视，逐项解决和落实。

三　进一步认清形势，增强阵地、责任、精品、忧患和改革意识

今年上半年，根据习近平总书记的重要批示，由中宣部牵头，动员国家新闻出版广电总局、教育部、科技部、卫计委、中科院、工程院、社科院、中国科协等十多个部委参与，开展了"完善学术评价体系、治理遏制论文发表不良倾向"的调研，如此高规格、大规模、专门针对学术期刊的调研，新中国成立以来尚属首次，充分体现了中央对学术期刊的高度重视。根据中宣部提交的调研报告，中央领导同志又进一步做出批示。为落实中央领导同志批示精神，由中宣部牵头，部署了 14 项与学术期刊建设相关的任务，其中包括制定出台《关于改进完善学术评价和人才评价体系的意见》《关于推动学术期刊繁荣发展的意见》等文件。我院牵头承担其中的两项：一是"建立完善社科学术期刊评价体系"；二是"建设国家哲学社会科学文献中心"。可以说，全党对学术期刊的重视，达到前所未有的高度，这对我院学术期刊建设和发展，无疑是一次重要机遇。

此外，有关部门加大了对学术期刊的资助力度。中央财政 2016 年拨给我院期刊专项经费 2000 万元，比 2015 年净增 400 万元，今后还会进一步增加。从明年开始，国家社科基金对期

刊经费资助方式作出改革，对每个期刊，除了基础资助 40 万元，还给予专项资助。我院共有 8 个期刊获 2017 年国家社科基金期刊专项资助，金额从 10 万元到 35 万元不等。前不久，中宣部"马工程"办又开展了针对政治经济学重点期刊和专栏的专项资助，我院 5 个期刊被"马工程"办直接确定为资助对象，每个项目获 10—20 万元的经费资助。

以上这些都表明，我院的学术期刊面临着千载难逢的发展机会，我们一定要抓住机遇，乘势而上，奋发有为，把我院的学术期刊办得更好。

与此同时，我院的学术期刊也面临着严峻的挑战，主要来自两个方面：

一是学术期刊界同行，主要是高校期刊。目前，高校已经普遍认识到期刊建设的重要性，不断加大经费投入，开展校际协同创新，重视人才引进，加大名刊、名栏建设力度，不惜代价办好学术期刊。这些投入和努力取得了明显成效，近年来高校学术期刊发展很快，质量和影响力迅速提高，大有赶超我院期刊之势。如果我们安于现状，不思进取，很可能有一天被高校赶超，丧失优势。

二是商业化学术出版平台。信息技术发展带来了出版模式、出版业态的深刻变革，学术期刊是信息化、国际化程度最高的领域之一，处在变革的最前沿。网络化、数字化技术在出版领域的应用，为学术出版的后来者提供了"弯道超车"的机会。知网、超星等学术期刊数据库，利用所掌握的数字出版技术的优势，正在迅速向网络出版平台转变。它们采用国际最先进的出版理念和出版模式，如网络出版、优先出版、增强出版、全过程出版、域出版等，通过与学术期刊开展合作、提供网络采编平台和传播平台、创办电子期刊和开放出版期刊等方式，争夺网络时代学术出版的主导权。

我院期刊的地位，一定程度上得益于传统办刊模式和国家严格的刊号审批制度。随着网络出版的加速发展，我院的这些优势有可能逐渐丧失。面对学术期刊领域的飞速变革和激烈竞争，我们不能故步自封，夜郎自大；也不能惊慌失措，自乱阵脚；更不能无所作为，坐以待毙。必须认清形势，转变观念，抓住机遇，迎接挑战，发挥我院的优势，迅速弥补短板，积极发展数字化、网络化业务，在新时代续写我院学术期刊的辉煌。作为国家最高哲学社会科学研究机构的学术期刊，当前特别要增强以下五种意识：

一是阵地意识。哲学社会科学具有较强的意识形态属性，社科类学术期刊既是传播与交流学术成果的重要平台，也是党的意识形态工作的重要阵地。我们院的学术期刊必须坚持把正确的政治方向放在第一位，传播马克思主义和中国特色社会主义的理论、理想和信念，以学术方式展现马克思主义强大的生命力和感召力。要在马克思主义指导下，自觉把正确的政治方向和学术导向统一起来，寓政治于学术之中，寓马克思主义道理于学理之中。全院上下在这个根本原则问题上，认识必须高度一致，绝不能有半点含糊。当前要把认真学习领会、贯彻落实习近平总书记系列重要讲话精神和治国理政新理念、新思想、新战略，加快构建中国特色哲学社会科学，作为我院学术期刊办刊工作的头等大事。

二是责任意识。我们院的学术刊物，大部分是几代人打下的根基，是几十年奋斗的结果，不能让它毁在我们手里，让前辈们的辛苦付诸东流。要薪火相传，把期刊事业做大做强，编辑人员要有这样的责任感。一定要与时俱进，把办刊工作推向新的境界，这是对学术界的贡献。我们的学术期刊编辑队伍，尤其是有关领导和期刊负责同志责任重大，任重而道远。

三是精品意识。我院是国家级学术研究机构，我院期刊是学术期刊的"国家队"。院属期刊要努力建成引领当代中国哲学社会科学发展的旗帜，哲学社会科学优秀成果的高端发布平台，中国学术走向世界的重要桥梁，在世界范围内展现当代中国精神、中国水平、中国风格的重要窗口。要始终把质量建设作为期刊建设的生命线，通过加强编审制度建设、采用先进采编技术、培养高素质编辑队伍、树立良好风气等，确保我院期刊在学术质量上处于领先地位，成为哲学社会科学界学术期刊的旗舰。

四是忧患意识。生于忧患，死于安乐。面对学术期刊领域日新月异的形势，我们必须时刻意识到面临的危机和挑战。众所周知，柯达公司曾是世界上最大的感光胶片生产企业，也是世界上第一台数码相机的发明者，年产值曾一度达到 300 亿美元。但由于未能在数码时代及时转型，在市场竞争中落败，不得不申请破产保护。这个事例说明，在瞬息万变的网络时代，如果不能及时转变观念，主动变革，不管过去业绩多么辉煌，都可能被无情淘汰。我院的学术期刊也面临同样的问题。

五是改革意识。集约化、数字化、国际化是当今世界学术期刊的发展趋势，是学术期刊发展的世界潮流。我院的期刊"五统一"走在全国科研单位学术期刊管理体制改革的前列，但与同行学术出版单位、与国际知名学术出版企业相比，还有很大差距。尤其是信息化方面，我院起步晚，发展慢，需要奋起直追。全院办刊单位和编辑人员都要增强改革意识，学习最新的办刊理念、办刊手段，积极探索网络化、全球化条件下学术期刊办刊模式，以改革求生存、谋发展，进一步解放和发展我院学术出版生产力，才能在未来学术期刊的激烈竞争中立于不败之地。

四　以高度的责任感重视期刊工作，努力办好我院学术期刊

面对新的形势和任务，全院各单位要高度重视期刊工作，以高度负责的精神，采取有效措施，动员全院力量，共同支持期刊建设，努力把我院办刊工作提高到一个新境界。

1. 坚持正确的政治方向和学术导向

方向问题，始终是哲学社会科学的根本问题，也是办刊的根本问题。无论时代如何变化，技术如何进步，学术期刊坚持正确的政治方向和学术导向不能变，这是办好我院学术期刊的首要保证。要组织广大编辑人员学习贯彻习近平总书记系列重要讲话精神和治国理政新理念、新思想、新战略，开展马克思主义理论和新闻观教育，强化对党的宣传纪律和国家新闻出版法律法规的学习，提高对重大理论和学术问题的政治把关能力，在当前思想文化和理论学术领域纷繁复杂、多元多变的形势下，始终保持清醒的政治头脑和敏锐的政治鉴别力。学术有其独特的发展规律，学术期刊坚持马克思主义不是简单地喊口号、贴标签，而是要润物细无声，用学术的方式体现马克思主义的普遍真理，将马克思主义的立场、观点、方法运用到我们的研究工作、期刊工作中，推出富有创新意义的学术成果，从而担负起引领和推动哲学社会科学界坚持、丰富和发展马克思

主义的神圣使命。要坚持理论联系实际，围绕党和国家关注的重大理论和现实问题，回应时代的呼声和人民的关切，积极建言献策，服务党和政府决策。院属期刊要认真完成发表院理论写作组推荐文章工作，完成发表马克思主义理论文章和批评错误思潮文章任务。希望各期刊要开动脑筋，从马克思主义与本学科的结合点上，寻找选题的突破口，策划好专栏，组织好相关文章。

2. 加强学术质量建设，提高学术引领能力

质量是学术期刊的生命。我院"名刊"标准，对期刊质量提出了很高要求，"院属期刊所刊载的多数文章，能够反映本学科最前沿的研究状况，代表本学科最高水平的研究成果，引领所在学科发展方向，掌握学术话语权"。学术期刊要成为"名刊"，不能靠坐等来稿，必须主动出击，通过发掘、培养、推出有深度有价值的学术成果、有锐度有意义的学术讨论、有探索有突破的思想创新，始终站在学术前沿，发挥引领学术的作用，从而代表一个时代的思想高度和学术水平。制度问题带有根本性、全局性、稳定性和长期性，确保期刊质量，要继续在全院期刊编辑部推广"双向匿名"审稿、"三审三校"、集体定稿等编审制度，以完善的制度确保刊物质量。院属期刊要带头树立优良作风，把学术质量作为选稿的第一标准，坚决杜绝关系稿、人情稿和金钱稿，牢固树立我院学术期刊的公信力。编辑人员要像爱护自己的眼睛一样爱护期刊的声誉，维护我院期刊的尊严。对于存在利益交换、学术腐败的编辑部，纪检部门将加大案件的查办力度，用党纪国法维护我院学术期刊的纯洁性。

3. 继续加强和改进审读工作

期刊审读是我院加强期刊质量建设的重要手段。要认真贯彻执行《中国社会科学院学术期刊审读办法》，优化审读专家的知识和年龄结构，选聘年富力强的学术骨干进入审读专家队伍，适度增加院外专家的比重，改进审读报告撰写方式和审读意见反馈方式，提高审读工作的时效性。还要根据期刊建设的需要，不定期组织一些专题的期刊审读活动。总之，要通过改进期刊审读工作，发挥好"第三方评估"对期刊建设的督促和推动作用。要认真执行《中国社会科学院学术期刊质量管理规定》，对存在政治方向和学术导向问题，以及明显学术和编校硬伤问题的期刊，要进行问责处罚，坚决维护我院期刊的声誉。

4. 加快推进刊网融合发展

在刊网融合发展问题上，我院已经滞后，必须奋起直追。要加强刊网深度融合，强化互联网思维，坚持传统媒体和新兴媒体优势互补、一体发展，形成立体多样、融合发展的学术传播体系。要通过组织参观学习、举办培训班等形式，帮助我院编辑人员转变观念，尽快跟上网络时代学术期刊全媒体发展的步伐。要把学术期刊网站和新媒体平台建设纳入我院信息化建设重要内容，支持院属期刊加强网站建设，开设微博、微信公众号、移动客户端，提高我院期刊的网络传播力、辐射力。要解决网站建设所需经费、人员和技术问题，通过引进人才、加大培训力度等形式，造就一批网络时代的期刊管理、编辑和运营人才。要进一步做好统一采编平台建设，提高系统的人性化、智能化水平，尽早实现编辑移动办公等功能，使之成为提高我院办刊水平的利器。要积极争取国家主管部门的政策支持，建设我院的学术期刊网络出版平台，申办电子期刊和开放出版期刊，实现我院学术期刊出版由传统向现代的全面转型，实现编辑人员由文字编辑向媒体运营人的转型。

5. 积极推进学术期刊走向世界

学术期刊是中国学术文化走向世界的桥梁和纽带。目前中国学术在国际上的影响力还比较小，与我国的国际地位和影响不相称，与增强国家文化软实力的要求不相称。要适应学术传播国际化的趋势，推进我院更多学术期刊走向世界，打造联结中外、沟通世界的学术期刊群。要在办好现有外文期刊的基础上，适应学术"走出去"的需要，创办更多外文学术期刊，积极参与国际学术话语权竞争。加强院属期刊与国外知名学术出版机构的合作，完善由我方负责内容生产、外方负责营销传播的互利共赢的办刊模式。坚持以我为主、为我所用，确保我院对外文期刊的采编权、主导权，积极宣传中国特色社会主义理论与实践，展现当代中国的学术精神、学术风采、学术成果。随着我院外文期刊的增多，要进一步加强管理，完善外文期刊审读制度。要继续组织编辑人员出国学习交流，借鉴发达国家办刊经验，拓展编辑人员国际视野。

6. 建设高素质期刊编辑队伍

编辑人员的职业素质和业务能力，是办好期刊的关键。要按照思想家、学问家、社会活动家要求，培育期刊编辑人员，加强编辑队伍建设。各研究所要把方向正确、知识面广、学问扎实、甘愿奉献的优秀学者选派到期刊编辑部，要把编辑队伍建好，让编辑人员有尊严、有希望。要完善编辑人员培训制度，帮助新进入编辑岗位的人员掌握做好编辑工作所需的专业知识和技能，提高编辑工作能力和期刊管理水平。支持编辑人员参加国家新闻出版广电总局系统的培训活动。办好院内编辑人员培训班和交流活动，注重对期刊发展前沿问题的解读和研讨，培养编辑人员的战略思维和宏观视野，确保我院的办刊理念和期刊管理处在领先地位。

编辑是高尚的职业，编辑人员做的是"为他人作嫁衣"的工作，是幕后英雄。编辑工作是良心活。院党组充分肯定编辑人员的工作，重视大家的诉求。要继续提高编辑人员的待遇，增强编辑岗位的吸引力，使优秀人才愿意到编辑部工作，使编辑部成为有吸引力的部门。要重视编辑人员的职业发展，解决职称难问题，人事部门要积极探索，建立适合我院特点的编辑岗位专业技术职务晋升办法，拓宽编辑人员的职业发展空间。如对于专职编辑人员，评职称应重点考察其编辑业务能力和工作绩效；对于以科研人员身份从事编辑工作的人员，评职称时则应考虑其编辑工作能力和业绩。要进一步完善创新工程绩效考核评价体系，体现编辑人员的劳动付出，增强他们的职业荣誉感。总之，要充分信任、积极培育、放手使用编辑人员，为编辑人员创造良好的工作、学习和生活条件，使他们能够安心于编辑工作。

7. 加强和改进期刊管理

期刊管理是我院科研管理的重要组成部分，说到底是为办刊工作服务的，是为广大编辑人员服务的。我强调四个问题：

一是继续加大经费投入。要继续多方筹措办刊经费，加大经费投入力度，持续改善办刊条件。要探索符合我院实际的期刊经费管理制度，在符合国家财务规定的前提下，实行更加宽松的期刊经费使用政策，更好地发挥期刊经费对办刊工作的支撑和保障作用。

二是完善"五统一"机制。在统一的基础上，要尊重差异，包容多样，针对不同期刊的特点，实行差异化、个性化管理，实现多劳多得、优劳优酬，进一步调动编辑部的积极性。期刊管理部门要经常开展调查研究，及时了解我院科研管理工作中的问题，了解编辑人员的意见和诉求，不断改进管理，提供更好的服务。

三是加强获得社科基金资助期刊管理工作。全国社科规划办对我院工作一直大力支持，我们一定要吸取今年的教训，进一步端正态度，重视社科基金期刊资助工作，做好相关管理工作。受到资助的期刊，要认真对待规划办布置的任务，加强与规划办的沟通，及时报送工作动态和成果要报，按照财务规定使用好社科基金资助经费，认真撰写并按时报送年度考核报告。如果2017年社科基金期刊考核再出现今年的问题，对于相关责任人，直接扣发年度创新工程后期资助目标报偿，下一年度不得进入创新工程。

四是做好学科集刊工作。学科集刊是以图书形式出版的连续出版物，据统计，全院共有学科集刊70余种，主要集中在二、三级学科，是我院学术期刊方阵的重要补充。学科集刊在促进学术研究、传播科研成果、加强学科建设、发现培养人才等方面，发挥着不可替代的作用。我院一些集刊质量很高，有5种集刊入选南京大学CSSCI，4种集刊被确定为院创新工程增补期刊。要根据集刊出版情况和发展需要，及时调整资助范围，明确资助条件，提高资助标准，扶持优秀集刊做大做强，繁荣发展我院的学术出版事业。

同志们！期刊工作是我院哲学社会科学事业的重要组成

部分，从事期刊编辑工作，责任重大，任务艰巨，使命光荣。大家要切实认识到自己肩上的重任，不断增强阵地意识、责任意识、精品意识、忧患意识、改革意识，以不懈的努力，忘我的工作，为办好我院期刊，贡献智慧和力量。院党组将一如既往地重视和支持期刊工作，调动全院方方面面的积极性，共同办好学术期刊，为加快构建哲学社会科学作出应有贡献。